“十二五”普通高等教育本科国家级规划教材

数学建模 第2版

Shuxue Jianmo

主编 陈光亭 裘哲勇
编者 李 炜 沈 灏 程宗毛
李承家 张智丰

高等教育出版社·北京

内容简介

本书根据作者多年的教学经验编写而成，主要内容包括数学规划与组合优化建模、方程建模、随机方法建模、模糊和灰色系统建模，以及常用数学软件与算法等，涵盖了数学建模常用的方法和工具。每部分内容安排上不追求知识的系统性和完整性，更多地以大量建模问题实例和涉及面较广的背景素材引出需要的方法，并在此基础上简要介绍相关基础知识和基本方法的使用。各部分内容之间具有相对独立性，有利于教师在教学中根据不同的需求以及教学时数的多少进行取舍。

本书可作为一般院校大学生“数学建模”课程的教材，也可作为指导大学生数学建模竞赛的培训参考书，以及供相关科技工作者参考使用。

图书在版编目(CIP)数据

数学建模/陈光亭，裘哲勇主编. --2版. --北京：高等教育出版社，2014.1(2024.7重印)

ISBN 978-7-04-038705-6

Ⅰ.①数… Ⅱ.①陈… ②裘… Ⅲ.①数学模型-高等学校-教材 Ⅳ.①O141.4

中国版本图书馆CIP数据核字(2013)第271291号

策划编辑 杨 波　责任编辑 杨 波　特约编辑 徐 飞　封面设计 张 志
版式设计 余 杨　插图绘制 杜晓丹　责任校对 李大鹏　责任印制 赵义民

出版发行	高等教育出版社	网　址	http://www.hep.edu.cn
社　址	北京市西城区德外大街4号		http://www.hep.com.cn
邮政编码	100120	网上订购	http://www.landraco.com
印　刷	北京中科印刷有限公司		http://www.landraco.com.cn
开　本	787mm×960mm 1/16		
印　张	29.25	版　次	2010年2月第1版
字　数	530千字		2014年1月第2版
购书热线	010-58581118	印　次	2024年7月第8次印刷
咨询电话	400-810-0598	定　价	42.30元

本书如有缺页、倒页、脱页等质量问题，请到所购图书销售部门联系调换

物 料 号　38705-A0

再版前言

《数学建模》教材出版以来，经过一些学校试用，很多外校教师对该书内容提出了很好的修改意见和建议。根据各方面意见建议以及数学建模实际教学需要，编写团队进行了认真讨论，决定对原教材进行修订。

新版数学建模教材在全书结构上保持了原教材的格局，同时针对地方性高校学生的实际情况，补充建模常用的数学基础知识和方法，并把不同的建模案例和应用方法贯穿在各章内容之中，以利于学生尽快熟悉数学建模，并掌握基本的建模方法。此次修订，总的思路是保留并进一步强化原教材的优点，对原教材中不当之处进行修改，并对某些章节内容作了压缩简化。主要体现在以下几点：

简化和压缩基础理论的篇幅。第6章中随机方法本身的内容有所减少和简化，但增加了比较多的应用实例，第7章减少了模糊数学理论的篇幅，应用案例则进一步强化，第8章作为常用算法及软件实现，对数学软件的基础性内容介绍进行简化和压缩，而在实现例子的选择上强调与前面各章内容的结合，可以使学生更好地了解数学软件如何用于前面各章所涉及的数学模型。

在原有基础上，进一步增加理论与实际应用紧密结合的建模案例，更加强调数学建模教材的实用性，突出建模的特性。

增加了习题。练习分为几种类型，一种是针对基础性内容的直接应用，另一种是比较简单的建模练习，还有一部分是有一定难度的建模训练题。

教材的修订工作仍由杭州电子科技大学数学建模教学团队集体完成，各章的具体负责人与第一版相同，最后由陈光亭统稿完成。

作　者

2013年7月

第一版前言

随着现代科学技术的迅速发展，特别是计算机技术的迅速普及与发展，数学的应用范围在迅速扩大，已经从传统的物理、力学以及一般工程技术范围迅速扩展到医学、生态、气象、经济、社会科学等领域，数学已经成为关系国民经济技术基础和国家实力的重要学科。今日的数学已经不仅仅是纯粹的理论，同时还是一种普遍可行的关键技术，成为所有科学不可缺少的工具和高技术的核心成分。

用数学的方法去解决实际问题，必须运用定量分析的方法，在数学向技术转化的链条上，数学建模以及在此基础上的计算和模拟处于中心环节。建立一个恰当合理的数学模型，需要一定的数学工具，更需要运用数学工具的能力，需要一定的创新能力，更需要参与者有较高的综合素质。传统的以传授知识、强调演绎推理为主的数学教学很难满足时代的要求，数学建模课程的开设和大学生数学建模竞赛的开展正好弥补了传统数学教学的不足。数学建模教学是一种创新型人才培养的重要手段已经是不争的事实。

作为一所地方性高等院校，杭州电子科技大学开展数学建模活动始于1995年。学校最初开设数学建模课程只是为了让部分优秀学生参加大学生数学建模竞赛，但学校很快认识到这项活动对人才培养的重要意义，因此，陆续面向全校学生开设了有关数学建模的不同层次不同形式的系列课程，所开课程深受学生欢迎，修读数学建模课程的学生数量从最初的几十名、一两个班到目前全校每年多达2 000名左右，组成十几个教学班，学生中形成了浓厚的数学建模氛围。学校在开设课程的基础上，面向全校组织数学建模竞赛，并选拔学生参加全国和美国建模竞赛。自参加全国和美国数学建模竞赛以来，我校在历年的竞赛中均取得了优异的成绩，得到了各方面的高度评价。

考虑到地方性高校学生的具体情况，我校数学建模教练组从1997年开始编写适用的数学建模入门教材在校内使用，在使用过程中多次修改更新，逐步形成了现在这本教材。本教材的内容安排主要考虑地方性普通高校学生的实际情况，首先补充建模常用的数学基础和方法，并把大小不同的建模案例和应用方法贯穿在每一章内容之中，以利于学生尽快熟悉数学建模，并掌握其基本方法。教材共分八章，内容上涉及简单优化模型、数学规划、组合优化、微分方程、随机方法、模糊数学与灰色系统等建模常用的方法和必要的基础知识，并在最后一章介绍建模常用的数学软件的使用方法以及一些应用实例。教材各块内容相对独立，使用时可以根据实际情况选取所需章节。教材中出现的案例，有的来自于其他已经出版的书籍或杂志并经作者加工整理，也有的直接来自于作者的科研成果，有关参考文献全部列于书末。

本教材的编写由杭州电子科技大学数学建模教学团队集体完成，其中第1章由陈光亭编写，第2、5两章由裘哲勇编写，第3章由李炜编写，第4章由沈灏编写，第6章由程宗毛编写，第7章由李承家编写，第8章由张智丰编写，并由陈光亭最后统稿完成。数学建模课程不同于其他课程，在内容的选取和安排上很难有统一做法，教材的编写难度较大。我们的教材虽然在校内使用多年，但由于编者水平和能力所限，错误与不当之处在所难免，此次出版，也是希望能得到专家和读者的批评指正，以利于我们进一步修订。

在本书即将正式出版之时，作者要特别感谢杭州电子科技大学最早参加数学建模教学工作的张皓、王祖越、包立平等老师，他们的工作为杭州电子科技大学数学建模工作以及本书的编写奠定了良好基础。

本书的完成得到了杭州电子科技大学校领导、教务处、理学院以及浙江省教育厅高教处的大力支持，全国大学生数学建模竞赛组委会秘书长、清华大学数学系谢金星教授对书稿进行了审阅，并提出了诸多宝贵意见和建议，高等教育出版社数学分社李艳馥社长对该书的出版也给予大力支持和帮助，在此对他们表示衷心感谢。

编　者

2009年8月

目 录

第1章 绪 论

1.1 什么是数学建模

工厂要定期订购各种原料,存在仓库里供生产之用;车间一次加工出一批零件供装配线每天生产之需;商店成批购进各种商品,放在货柜里以备零售.这些情形中,若货物贮存量过大,则贮存费用太高,造成资金积压;贮存量太小,则可能无法及时满足生产或经营需求.所以这里有一个货物贮存量多大才合适的共同问题.要解决这类问题,不能光凭经验,而应该根据生产上的一些实际数据,利用合理的数学方法和工具进行量化计算,才能取得一个合适的结果.

又如,拟分配5人去完成5项工作,每人恰好完成一项工作,第 i 人完成第 j 项工作所需要的时间为 C_{ij},问应如何分配工作才能使工人花费的总时间最少?当然可以把所有可能的安排列举出来计算比较后得到花费时间最少的安排,但这个方法不具有一般性,假如问题不是5个人5项工作,而是100个人100项工作,则可能的安排有100! 种之多,根本不可能把所有这些安排列举出来,因此需要有一个合适的数学方法,给出一种有效的一般性的解决途径.

上面所提到的问题的实际背景来自不同领域,但有一个共同点,就是问题来自于现实世界,都有一个明确的目的.为了解决这些实际问题,需要一些数学工具和方法,先把问题翻译成一个数学问题,然后用数学方法甚至计算机工具来加以求解.这实际上就是一个数学建模的过程.

一般而言,所谓数学建模,就是对于现实世界的一个特定对象,为了一个特定目的,根据实际问题的内在规律,进行一些必要的简化和抽象,然后运用适当的数学语言、方法和工具,把现实问题描述为一种数学结构,并对之用数学方法加以求解.用来描述实际问题的数学结构,称为数学模型(Mathematical Model),而建立数学模型并加以求解的整个过程称为数学建模(Mathematical Modeling),简称为建模.

数学建模这个词出现的时间并不是很长，大概也就是三十年，但数学建模本身并不是什么新东西. 可以说，自从有了数学并要用数学去解决实际问题，就有了数学建模过程. 两千多年以前创立的欧几里得几何，17 世纪发现的牛顿万有引力定律，都是科学发展史上数学建模的成功范例. 数学建模过程中一般都要用证明或计算等技术手段求解数学问题，并通过与实际情形比对来验证所得结果，必要时要对数学模型进行反复的修改完善. 建模过程中大量的计算往往是不可缺少的，过去由于没有高性能计算机，使得计算能力受到很大局限，在一定程度上限制了数学建模这一强有力方法的应用和发展. 随着计算机技术的发展和超级计算机的出现（特别是从 20 世纪 80 年代开始），数学建模这一方法获得了如虎添翼般的飞速发展.

数学建模在现实社会中的重要意义日益明显，数学的应用正在向一切领域渗透，各行各业日益依赖于数学，甚至可以说当今社会正在日益数学化. 随着传统工程技术领域的信息化改造以及大量新工艺、新技术的涌现，使数学建模大有用武之地，数学建模和与之相伴的科学计算正在成为工程设计中的关键手段；在高新技术领域，数学建模是必不可少的工具，有人说“高技术本质上是一种数学技术”；数学向诸如经济、人口、生态等学科领域的渗透，产生了计量经济学、人口控制论和数学生态学等新兴交叉学科.

数学建模所面临的实际问题是多种多样的，所用到的数学方法也是五花八门，没有定律的. 问题不同，目的不同，所用的分析方法就会不同，所用到的数学方法也就不同，建立起来的数学模型也不同. 数学模型可以按照不同的分类方法分成多种类型. 按照模型的应用领域分类，数学模型可以分成人口模型、交通模型、环境模型、生物数学模型、数量经济学模型等；按照建立模型所用数学方法分类，可以分为初等模型、几何模型、微分方程模型、统计模型以及最优化模型等；按照模型中变量的表现特性分类，可以分成确定性模型、随机性模型、模糊性模型，或者静态模型、动态模型，或者离散模型、连续模型.

数学建模课程的学习不同于其他数学课程的学习. 它没有完整的理论和固定的内容，仅有一些纲要的引导和常用方法介绍，不同的教材在内容上也可以有很大差异. 学习数学建模，就是要学会**到什么地方，找到什么样的数学方法，来解决什么样的实际问题**. 这看起来是容易的，但实际上也正是数学建模的困难所在. 学习数学建模，不仅要注意培养自己理解实际问题的能力、抽象分析的能力，而且还要训练自己应用各种知识、方法和技能的能力.

1.2 若干建模示例

建模示例一：雨中行走问题

天在下雨，小李要从教学楼走 0.5 km 路程到宿舍楼，如果小李不带伞是冒雨行走的，则他应以什么样的速度行走才能最少淋雨？

这个问题看起来很简单，只要跑得越快越好，然而把雨的方向变换考虑进去，问题就变得有点复杂.

1. 澄清问题

给定一个特定的降雨条件，能否设计出一个方案，使小李被雨淋得最少？我们需要一个依赖于雨速、风向、路程与奔跑速度等因素的确定淋雨量的公式. 给出一组比较典型的数据：雨速 = 4 m/s；行走速度 = 2 m/s；跑步速度 = 6 m/s；路程 = 500 m；降雨量 = 2 cm/h；

与此问题有关的因素罗列如下：

因素	符号	单位
淋雨时间	t	s
雨速	r	m/s
雨的角度	θ	°
走速	v	m/s
人的高度	h	m
人的宽度	w	m
人的厚度	d	m
淋雨量	c	L
雨的强度	I	
行走的距离	D	m

2. 形成模型

先建一个简单的模型，假设人所走的路线是直线，将人体视为长方体，设雨

速为常数，不考虑雨的方向. 若人的跑动速度为 6 m/s，则

$$淋雨时间=\frac{500\ \mathrm{m}}{6\ \mathrm{m/s}}\approx 83\ \mathrm{s}=1\ \mathrm{min}\ 23\ \mathrm{s}.$$

若降雨量为 2 cm/h，则 1 min 23 s 中的降雨量为 2×83÷3 600 cm，若取小李高为 1.5 m，宽为 0.5 m，厚为 0.2 m，简单化为一个长方体，则其前后表面积为 1.5 m^2，侧面积为 0.6 m^2，顶部面积为 0.1 m^2，这样总面积为 2.2 m^2，假设这些表面积都被同样淋雨，则

$$淋雨量=\frac{2\times 83\times 0.01}{3\ 600}\times 2.2(\mathrm{m}^3)\approx 1.014(\mathrm{L}).$$

这显然是一个非常粗略的估计，下面给予更细致的方法讨论.

雨速与降雨量是有区别的，因为雨不是连续水流，而是离散雨点的流. 为描述雨量的大小，下面引入雨的强度概念. 前面已知雨速为 4 m/s $=1.44\times 10^6$ cm/h，而降雨量为 2 cm/h，把降雨量与雨速的比定义为雨的强度，这里强度 $I=\frac{1}{7.2\times 10^5}$. 雨的强度反映雨的大小，如果 $I=0$，则没有雨，雨越大，I 越接近 1.

小李从教学楼到宿舍的淋雨时间为 $t=D/v$，为考虑被淋雨的程度，必须考虑行走方向与雨的方向的关系，简化的示意图如图 1-2-1 所示.

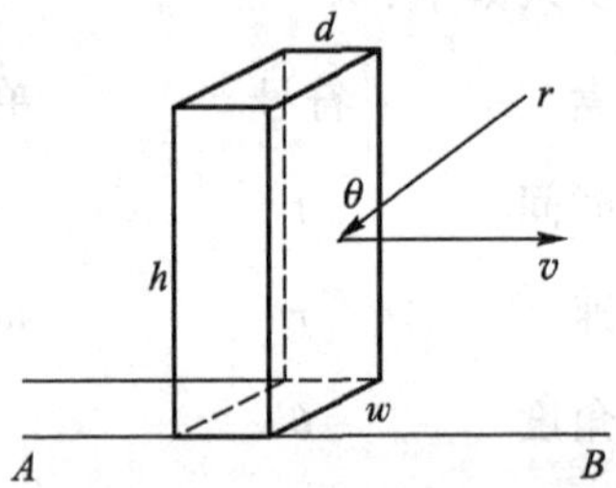

图 1-2-1　行走方向与雨的方向的关系示意图

设雨与铅直方向成 θ 角，淋在人身上的雨量可以按以下情况计算：

(1) 考虑人的顶部

顶部面积为 wd m^2，雨速在铅直方向分量为 $r\cos\theta$ m/s. 小李在时间 D/v 中顶部的淋雨量为

$$\frac{DIwdr\cos\theta}{v}(\mathrm{m}^3). \tag{1.2.1}$$

(2) 考虑人的前部

前部面积为 wh m^2，水平方向相对雨速为 $(r\sin\theta+v)$ m/s. 则小李在时间 D/v 中前部的淋雨量为

$$\frac{DIwh(r\sin\theta+v)}{v}(\mathrm{m}^3). \tag{1.2.2}$$

小李总的淋雨量为

$$C=\frac{IwD}{v}[rd\cos\theta+h(r\sin\theta+v)](\mathrm{m}^3). \tag{1.2.3}$$

已知 $h=1.5\ \mathrm{m}, w=0.5\ \mathrm{m}, d=0.2\ \mathrm{m}, r=4\ \mathrm{m/s}, D=500\ \mathrm{m}, I=\frac{1}{7.2\times10^5}$，于是

$$C=\frac{0.8\cos\theta+6\sin\theta+1.5v}{2\ 880v}(\mathrm{m}^3). \tag{1.2.4}$$

问题转化为根据给定的 θ，选取适当的 v 使 C 最小.

3. 模型求解

把(1.2.4)式转化为

$$C=\frac{1}{1\ 920}+\frac{\cos\theta}{3\ 600v}+\frac{\sin\theta}{480v}. \tag{1.2.5}$$

显然，当 $\theta\geqslant0°$ 时，v 越大，C 越小. 计算几种特殊情况下的淋雨量.

(1) $\theta=0°$ 时，

$$C=\frac{1}{1\ 920}+\frac{1}{3\ 600v}(\mathrm{m}^3),$$

取速度 $v=6\ \mathrm{m/s}$，则 $C\approx0.57\ \mathrm{L}$.

(2) $\theta=30°$ 时，

$$C=\frac{1}{1\ 920}+\frac{\sqrt{3}}{7\ 200v}+\frac{1}{960v}(\mathrm{m}^3),$$

取速度 $v=6\ \mathrm{m/s}$，则 $C\approx0.734\ \mathrm{L}$.

当 $\theta<0°$ 时，雨来自人的背后，取 $\theta=-\alpha$，这时考虑人的背后的淋雨量，分两种情况讨论：

(1) $v\leqslant r\sin\theta$，则背后的淋雨量为 $\frac{IwhD(r\sin\alpha-v)}{v}$，于是总淋雨量为

$$C=\frac{DIw[rd\cos\alpha+h(r\sin\alpha-v)]}{v}.$$

显然取 $v=r\sin\alpha$ 时 C 最小，此时的行走速度与水平雨速一致，淋雨量仅有头顶部分.

(2) $v>r\sin\alpha$，则前部淋雨量为 $\frac{IwhD(v-r\sin\theta)}{v}$，于是总淋雨量为

$$C=\frac{IwD[rd\cos\alpha+h(v-r\sin\alpha)]}{v}.$$

把具体数据代入，得

$$C=\frac{0.8\cos\alpha+1.5v-6\sin\alpha}{2.88\times10^3 v}=\frac{1}{1\ 920}+\frac{0.8\cos\alpha-6\sin\alpha}{2\ 880v}(\mathrm{m}^3).$$

当 $0.8\cos\alpha-6\sin\alpha<0$,即 $\tan\alpha>\frac{2}{15}$时,取 $v=r\sin\alpha$,使得 C 达到最小;

当 $0.8\cos\alpha-6\sin\alpha>0$,即$\frac{2}{15}\geqslant\tan\alpha>0$ 时,v 越大,则 C 越小.

上述结果的实际意义是:如果小李是逆风行走,则越快越好;如果是顺风,则当雨的倾角大于约 8°时,小李应该保持与雨速水平方向一致的速度;而当倾角小于约 8°,即基本是垂直向下时,小李应该走得越快越好.

建模示例二:黄灯时间问题

在十字路口的交通管理中,亮红灯之前,要亮一段时间黄灯,这是为了让那些正行驶在十字路口上或距十字路口太近以致无法停下的车辆通过路口. 那么,黄灯应该亮多长时间比较合适呢?

1. 问题分析

在十字路口行驶的机动车辆中,驾车驶近交叉路口的驾驶员,在看到黄灯信号后要做出决定,是停还是要通过路口,如果他按法定速度范围行驶,当决定停车时,必须有足够的停车距离,少于此距离时不能停车,大于此距离时必须停车,等于此距离时可停车也可通过路口. 当决定通过路口时,他必须有足够的时间使他完全通过路口,这包括做出决定的时间,通过十字路口的时间以及通过停车所需最短距离的驾驶时间,这个时间也就是黄灯应持续的时间.

2. 建模与求解

设驾驶员看到黄灯后反应时间为 T_1,汽车通过十字路口的时间为 T_2,通过停车距离的驾驶时间为 T_3,则 $T=T_1+T_2+T_3$ 为黄灯应持续的时间.

设法定行驶速度为 v_0,十字路口的长度为 S,典型车身长为 L,则有

$$T_2=\frac{S+L}{v_0}.$$

因为汽车尾部通过路口才算完全通过路口,因此路口实际长度应为 $S+L$.

为了计算 T_3,只要确定停车距离. 停车过程是驾驶员刹车产生摩擦力使汽车减速直到停止. 设汽车质量为 m,刹车摩擦系数为 f,行驶距离为 $x(t)$,并简化假设刹车制动力为 fmg(g 为重力加速度),则刹车过程满足下述运动方程:

$$\begin{cases}m\dfrac{\mathrm{d}^2x}{\mathrm{d}t^2}=-fmg,\\ x(0)=0,\left.\dfrac{\mathrm{d}x}{\mathrm{d}t}\right|_{t=0}=v_0.\end{cases}\tag{1.2.6}$$

对方程(1.2.6)积分一次,并代入初始条件$\left.\frac{\mathrm{d}x}{\mathrm{d}t}\right|_{t=0}=v_0$,得

$$\frac{\mathrm{d}x}{\mathrm{d}t}=-fgt+v_0. \tag{1.2.7}$$

令末速度为零,得刹车时间为 $t_1=\frac{v_0}{fg}$. 求解(1.2.7)并代入初始条件 $x(0)=0$,得

$$x(t)=-\frac{1}{2}fgt^2+v_0t. \tag{1.2.8}$$

故停车距离为

$$x(t_1)=-\frac{1}{2}fg\left(\frac{v_0}{fg}\right)^2+v_0\cdot\frac{v_0}{fg}=\frac{1}{2}\frac{v_0^2}{fg}.$$

据此有

$$T_3=\frac{x(t_1)}{v_0}=\frac{v_0}{2fg}.$$

驾驶员的反应时间可根据统计数据或体验得到,通常可假定为 1 s. 这样求得黄灯应持续的时间为

$$T=\frac{S+L}{v_0}+\frac{v_0}{2fg}+1. \tag{1.2.9}$$

若某一个路口,长度为 20 m,车身长按 5 m 计,摩擦系数取 $f=0.4$,重力加速度 $g=9.8\ \mathrm{m/s^2}$,则当限速 v_0 分别取 10 m/s,15 m/s,20 m/s,则按(1.2.9)式计算可得黄灯应亮时间分别约为 4.78 s,4.58 s,4.80 s.

计算所得的时间比人们一般所见的实际道路上灯持续时间要长,实际道路上黄灯时间是按体验估算的,时间抠得比较紧,黄灯结束时,路口车辆往往还没有全部通过.

1.3 怎样建立一个完整的数学模型

一个好的数学模型应该具有以下几个特点. 首先,好的模型对所给问题有比较全面的考虑. 在全面考虑影响所研究问题的各种因素基础上,选取主要因素计入模型,并考虑根据其他因素对模型进行修正. 在全面考虑的基础上,善于在主要因素和次要因素之间,在简单与复杂之间取得适当的平衡. 其次,好的模型应有一定的创新. 无论是采用现成的模型还是自己创造的新模型,创新始终是建立

模型的灵魂.第三,所得结果应具备合理性.数学模型是对实际问题的数学描述,其结果又要应用到实际问题中去,与实际情况必须相符,经得起实践的检验.

数学建模需要经过哪些步骤,并没有一个固定模式,但一般而言,建立一个完整的数学模型,大致上有以下过程.

了解背景,澄清问题. 数学建模所要解决的问题都来自于实际问题,在建立模型之前,应当了解实际背景知识,明确建模目的,搜集必要的信息,弄清对象的主要特征,抓住问题的本质.在此基础上,初步确定用哪种类型的模型,大致明确要用到的数学方法.

如美国数学建模竞赛 1993 年 A 题是有机混合物合成堆肥问题,要求判别堆肥速率和有机物组成(生菜、碎食物、废报纸)是否有一定的关系.该题显然是一个统计分析方面的问题,但如果一开始就直接用相关分析等方法进行显著性检验,其结果不会有很大说服力,因为真菌的生长活力(决定堆肥速率)与碎食物、生菜和废报纸之间的配比并无直接关系,直接做统计分析所得到的结果只是一个数学结果,而实际意义并不明确.事实上,微生物学知识告诉我们,真菌的生长繁殖与原料中 C、N 元素含量比、环境温度湿度等有密切关系,充分了解这些背景知识,就能以各种元素的含量为中间桥梁把有机混合物组成和真菌生长活力联系起来,在此基础上找出决定堆肥速率的真正因素.

数学模型应当是对问题本质的一般性描述,建立模型首先要分析问题的本质,抓住了本质的东西,建立的模型才具有合理性.

分析因素,合理假设. 数学建模所面临的问题是完完全全的实际问题,其中总会有多种因素与所研究对象关联,但这些因素有主次之分.在建立合理的模型之前,必须分析清楚哪些是主要的、本质的因素,哪些是次要的、非本质的因素.实际问题往往非常复杂,为了能够建立数学模型,需要进行一定的理想化或者简化.进行假设的目的,就是抓住主要因素和最本质的因素,忽略非本质因素,使问题简化以便进行数学描述.

全国数学建模竞赛 2000 年 A 题为 DNA 序列的分类问题,DNA 序列中碱基的含量是其重要特征之一,为了简化问题,这里可以假设特定的一种生物的碱基含量服从正态分布.又如美国数学建模 1992 年的 B 题为应急设施的最佳选址问题,为了应急系统设计的方便,这里可以假设:从派遣中心到事故发生地点的距离以两地横坐标之差和纵坐标之差的和为度量,修理队总以 30 km/h 的平均速度行驶,而且修理队在紧急情况下随时可以正常出发.这里的假设都是一种理想化、简单化的约定,实际情况肯定要复杂得多,但如果要完全真实地考虑实际情形,则可能根本无法建立模型,而且这样的简化,基本上也已经抓住了问题的本质.

分析问题，建立模型. 模型的建立是整个数学建模中最关键也是最核心的部分. 根据建模的对象和目的，分析问题的本质，找出所有相关因素，抓住主要方面，采用合适的数学方法进行定量研究. 数学建模中常用的数学方法有最优化、微分方程、统计分析、数值计算和插值拟合等方法. 此外，在处理一些复杂问题时，计算机模拟以及神经网络等也是比较常用的建模工具.

面对一个实际问题，究竟用什么样的方法来建立数学模型，并没有一个绝对的标准. 不同的人可能会用不同的方法，同时，同一个问题，可能要用几个阶段来完成模型，不同阶段则用到不同的方法，组合起来形成完整模型. 数学模型的形式可以是多种多样的，可以是表格的形式，也可以是图形的形式，不一定非得有数学公式才算是数学模型.

建立起来的数学模型是否能够符合实际，也就是是否合理，是至关重要的，一个模型的优与劣，在于是否采用了恰当的方法，合理地描述了实际问题，而不在于是否用到了高深的数学工具.

求解模型，分析检验. 有了数学模型以后，当然就要求解模型. 求解过程中，若是问题数据量比较大，则还需要用计算机工具，在使用计算机求解时可以自己编写算法程序，也可以采用一些现成软件包，这应当根据问题本身来决定.

求解模型，得到数学结果之后，问题并未完全解决. 数学建模的过程是一个"实际—数学—实际"的过程，在建立模型的过程中我们往往进行了一些简化或者近似，而且模型求解中一般仅仅用到了问题中给出的数据，因此模型的结果是否能够符合实际情况，则需要经过仔细的分析检验.

分析检验可以从几个方面入手.

模型对数据的稳定性和敏感性分析. 数学模型依据已有的数据和相关其他信息建立，其作用在于能够从已知信息预测和推断未知的东西，因此，一个好的数学模型的结果对数据应该有较好的稳定性，这样才能使模型有广泛的适用性. 例如，全国数学建模竞赛 1993 年 B 题是要求根据 12 支足球队的一组比赛成绩来给出球队排名，用某种方法依据现有数据给出排名结果后，可以随意改变一两场比赛结果，然后求出新数据下的排名情况，观察排名变化情况，如果变动很小，说明模型对原始数据的稳定性比较好. 数据分析的另一个方面是对模型中所包含各种参数的敏感性进行考虑. 通过参数敏感性考虑可以分析各种因素对结果影响的显著程度，同时也有利于分析模型跟实际情况的符合度或者模型的合理性.

统计检验和误差分析. 数学模型是对实际问题的一个近似描述，因此数学模型所预测的结果与实际数据会有或多或少的偏差，这种偏差可能来源于实验观测，也可能来源于模型的不完善. 为搞清楚偏差的来源，应该对残差（即模型的计算结果与实验数据的偏差)的分布进行统计分析.如果残差服从均值为0且方差很小的正态分布,则说明模型与实际情况很吻合,如果残差分布的均值不为0,则说明模型可能还需要进一步改进和修正.另外,数据测量中不可避免地存在各种因素造成的误差,由于误差的传递和积累,依赖于测量数据的模型所得到的结果必然有一定的不准确度,因此,有必要利用误差估计方法来估计结果的误差范围.

不同模型间的对比分析.数学建模是根据实际问题提出新的模型或在原来一般模型基础上提出新的模型,提出的模型可能是一个模型,也可能是几个不同的模型.模型分析时,可以对不同模型进行比较,判断最新模型是否具有更大的合理性和优越性.如前面提到的球队排名问题,可以用计算机反复模拟,对几种不同排名方法的结果与事先设定的强弱顺序进行比较,从而确定什么方法更具有优越性.

模型分析中还应当考虑每个模型的适用条件、模型与实际问题之间的适用性和可行性,分析什么样的模型有更广泛的适用性.如人口模型是一个典型的微分方程数学模型,最初的 Malthus 模型,是在人口增长率不变的假设下得到的,用较长时期的人口数据稍做分析,即可以发现这个假设的不合理性,为了克服这种不合理性,有了 Logistic 模型,这个模型假设人口增长率随着人口总数的增加而出现下降.Logistic 模型比 Malthus 模型更具有合理性,但是这两个模型都是建立在人口增长率由人口总数决定这样一个假设之下,而数据分析可以发现,人口增长率不仅仅决定于人口总数,更重要的是与人口年龄分布和性别分布有密切关系,因此,又有了考虑人口年龄分布的 Leslie 模型.

为了检验模型对实际情形的适用性,可以用计算机模拟的方法,产生大量模拟数据,用所给出方法进行求解,将得到的结果与实际情形进行比较,观察结果的合理性,确定模型是否适用于实际问题.

改进模型,分析推广. 把模型求解与检验分析的结果翻译到实际问题,检验模型的合理性和适用性.如果结果与实际情形不符,则需要对模型进行改进.模型结果与实际不符,问题常常出在模型的假设上,可能由于假设了过于苛刻的条件,或者忽略了一些不该忽略的因素,使所建立模型与实际相差较远,这时需要对模型进行修改、补充、完善.模型的改进和完善对于模型是否真的在实际当中有用是非常关键的,有时还可能需要多次反复才能达到比较满意的程度.

模型的推广,是针对模型的适用性而言的.一个好的模型不应该对题中所给出数据的结构有过多的依赖性,而应该是对一般问题本质的描述.另一方面,数学模型的应用价值取决于其广泛适用性,因此,模型推广是扩大模型的应用范围,从而提高其使用价值.

对已经建立的模型,还应该进行优缺点分析,这是对模型特性和本质的更深刻认识.在进行优缺点分析时,可以从模型的精确性、实用性,以及对各种因素的考虑等方面对模型进行分析评价.一般来说,所得模型仅依靠问题所给数据和信息,不合理性是难以避免的,阐明这些不合理之处,正是表明对问题本质有着比较清醒的认识.

1.4 关于大学生数学建模竞赛

教育的任务是要教给学生最基本的知识和应用的能力,特别是要教给学生在今后的学习和工作中能展现其智慧和能力的思想、方法和顽强的意志力.数学科学对经济竞争力至关重要,数学是一种关键的,普遍适用并授人以能力的技术,数学除了能够锻炼人们敏锐的理解力和分析能力以外,还具有训练能全面考虑科学系统的头脑的开发功能.数学的重要地位已经得到人们的普遍认同,但传统的数学教育还不能够完全适应社会、经济、科技的迅速发展和变化的形势,学生不能充分了解数学对其今后一生的事业和生活的重要性,许多学生学习数学的积极性下降了.数学建模教育在很大程度上能够弥补传统数学教育的这种不足,数学建模的教学和竞赛也就应运而生了.

大约在20世纪70年代末、80年代初,英国著名的牛津、剑桥等大学专门为研究生开设了数学建模课程,并创设了牛津大学与工业界研究合作的活动.差不多同时,欧美一些工业发达国家开始把数学建模的内容正式列入研究生、大学生甚至中学生的教学计划,并于1983年开始举行两年一次的“数学建模教学和应用国际会议”(International Conference on the Teaching of Mathematical Modeling and Applications,ICTMA).

除了数学建模教学,人们注意到竞赛实际上也是一种培养学生的很好的教学活动,能否通过举行竞赛来适应学生的这种需要,同时又能推动数学教学的改革?1983年,美国有些大学教授提出创办一个和传统的数学竞赛不同的应用数学类型的竞赛,经过一年多的讨论,教授们的建议得到了认可,并得到美国科学基金会的资助,于1985年在美国创办了一个名为“数学建模竞赛”(Mathematical Competition in Modeling,后改名为 Mathematical Contest in Modeling,缩写均为 MCM)的一年一次的大学水平的竞赛.我国大学生从1989年开始就组队参加美国的 MCM,参赛规模不断扩大,并取得了优异的竞赛成绩.1990年前后国内开始组织地区性大学生数学建模竞赛,1992年起我国工业与应用数学学会开始创办全国性的大学生数学建模竞赛，特别是到了1994年，教育部把全国大学生数学建模竞赛确定为少数几项全国大学生课外学科性竞赛活动之一，并得到了各级教学行政领导、广大师生以及企业界的积极响应和支持.从那时开始，全国大学生数学建模竞赛发展迅速，参赛规模越来越大，已经成为每年最重要的大学生学科性竞赛之一.

和传统数学竞赛彻底闭卷的个人的竞赛方式完全不同，MCM是一种完全开放的团队比赛.MCM每年的竞赛题是若干个来自不受限制的任何领域的实际问题（美国数学建模竞赛的竞赛题最初分为A、B两个题目，一般其中一个为偏连续类型，另一个为偏离散类型，现在则增加了交叉学科竞赛题C题；中国的数学建模竞赛题一直是A、B两个题目，现在则针对专科学生增加了C、D两个题目），学生以三人组成一队的形式参赛，在所给的若干赛题中任选一题，用三天（72小时）时间，完成该实际问题的数学建模的全过程，并就问题的重述、简化和假设及其合理性的论述、数学模型的建立和求解（及相应软件程序）、检验和改进、模型的优缺点及其可能的应用范围的自我评述等内容写成论文.竞赛期间参赛队可以利用任何图书资料、互联网络上的资料、任何类型的计算机和软件等，但不允许队员和队外任何人（包括指导教师）讨论赛题.这种竞赛方式完全模拟了实际工作的环境，为参赛队员创造性地解决问题提供了广阔的空间.

既然是竞赛，就要给参赛者分出等级.竞赛论文的评判主要依据以下几个方面：假设的合理性、模型的创新性、结果的合理性、表达的清晰性.数学建模论文的评阅不同于其他数学试卷的评阅，一般数学试卷的评阅可以有严格的标准答卷，学生答卷的结论正确与否是明确不二的，但数学建模答卷的评价中看重的不是答案，而是上面所提到的四个方面，尤其是模型的创新性和结果的合理性，不同参赛队的模型结果可以有所不同，但同样可以得到很高的评价.

数学建模竞赛对于参赛同学提高应用数学解决实际问题的能力和创新能力自不必说，除此以外，竞赛对于参赛选手的计算机应用能力、管理组织和协调能力、竞争意识、交流表达和写作能力、团队合作精神等诸多方面的培养都大有好处.

第 2 章 简单的优化模型

决策者经常要在许多可供选择的策略中作出抉择，选出最佳的策略，这类问题称为优化问题. 描述优化问题的数学模型称为优化模型.

2.1 城市污水治理规划

1. 问题提出

城镇的生活污水和工业废水向河流直接排放，严重污染了河水，给沿河的人们及河中的生物带来了严重的后果. 治理污染，严禁向河中排放超标污水的呼声日益高涨.

现有 C_1, C_2, C_3 三城镇均向附近的 T 河排放污水，其地理位置及排污量如图 2-1-1 所示.

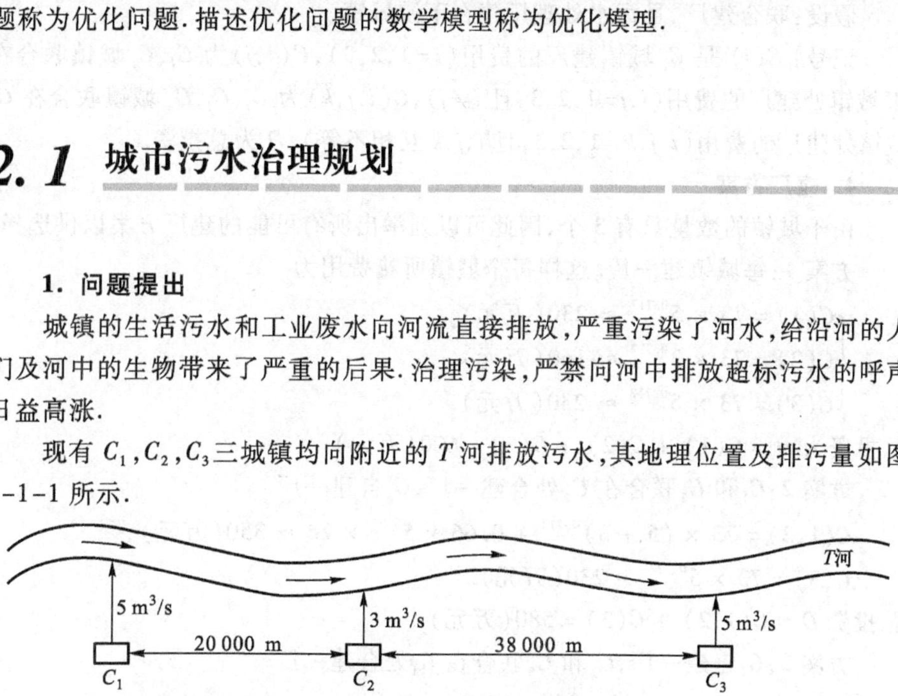

图 2-1-1　三城镇地理位置及排污量

现要求每个城镇均需独立或与其他城镇联合建造污水处理厂，以做到达标排放.

建污水处理厂的费用为 $C_T = 73Q^{0.712}$（万元），铺设管道的费用为 $C_P = 0.66Q^{0.51}L$（万元），其中 Q 为污水排放量，单位为 $\mathrm{m^3/s}$，L 为管道长度，单位为 km. 请制定一种最经济的建污水处理厂的方案，并对各城镇所承担的治理费用提出合理的建议.

2. 问题分析

问题的目标是给出一种最经济的建污水处理厂的方案. 各城镇可以独立或

相互联合建造污水处理厂，方案的关键是污水处理厂建在什么位置. 若建在城镇间的位置，则按位置不同有无数种方案. 此种情况，若在城市之间某位置，即使取得最优，可能短期最好，但长期未必好. 若建在某一城镇处，则有 10 种不同方案. 从环保考虑，联合建厂的话，污水处理厂应建在下游城镇，则此种情况有 5 种方案. 假设不一样，方案种数不同，我们需要在合理假设与问题简化之间进行折中.

3. 问题的假设与记号

假设：联合建厂，且污水处理厂建在下游城镇.

记号：$C(i)$ 是 C_i 城镇建厂的费用$(i=1,2,3)$，$C(i,j)$ 为 C_i，C_j 城镇联合在 C_j 城镇处建厂的费用$(i,j=1,2,3$，且 $i\neq j)$，$C(i,j,k)$ 为 C_i，C_j，C_k 城镇联合在 C_k 城镇处建厂的费用$(i,j,k=1,2,3$，且 i,j,k 互相不等)，D 为总投资.

4. 建厂方案

由于城镇的数量只有 3 个，因此可以列举出所有可能的建厂方案以供选择.

方案 1：每城镇建一厂. 这样每个城镇所花费用为

$$\begin{cases} C(1)=73\times 5^{0.712}\approx 230(\text{万元}), \\ C(2)=73\times 3^{0.712}\approx 160(\text{万元}), \\ C(3)=73\times 5^{0.712}\approx 230(\text{万元}). \end{cases}$$

总投资为 $D=C(1)+C(2)+C(3)=620$(万元).

方案 2：C_1 和 C_2 联合在 C_2 处合建一厂，C_3 自建一厂.

$C(1,2)=73\times(5+3)^{0.712}+0.66\times 5^{0.51}\times 20\approx 350$(万元)，

$C(3)=73\times 5^{0.712}\approx 230$(万元).

总投资 $D=C(1,2)+C(3)=580$(万元).

方案 3：C_1 自建一厂，C_2 和 C_3 联合在 C_3 处合建一厂.

$C(2,3)=73\times(5+3)^{0.712}+0.66\times 3^{0.51}\times 38\approx 365$(万元)，

$C(1)=73\times 5^{0.712}\approx 230$(万元).

总投资 $D=C(2,3)+C(1)=595$(万元).

方案 4：C_2 自建一厂，C_1 和 C_3 联合在 C_3 处合建一厂.

$C(1,3)=73\times(5+5)^{0.712}+0.66\times 5^{0.51}\times(20+38)\approx 463$ (万元)，

$C(2)=73\times 3^{0.712}\approx 160$(万元).

总投资 $D=C(1,3)+C(2)=623$(万元).

事实上，$C(1,3)=463>460=C(1)+C(3)$，合作不会实现.

方案 5：C_1，C_2 和 C_3 联合在 C_3 处共建一厂.

$D=C(1,2,3)=73\times(5+5+3)^{0.712}+0.66\times 5^{0.51}\times 20+0.66\times(5+3)^{0.51}$

$\times 38 \approx 556$(万元).

从以上方案来看,最好选择方案 5,即用管道将 C_1,C_2 两城的污水引至 C_3,在 C_3 建一个大污水处理厂,这样总投资最小.虽然方案已给,但要合作成功,需有合理的费用分摊方案.

5. 费用分摊方案

给出最节省的建厂方案是三城镇联合在下游 C_3 城镇处建一个污水处理厂后,接下来就是建厂所需费用的分摊了.

总投资 D 包含建厂费用:$D_1=73\times(5+3+5)^{0.712}\approx 453$(万元),管道费用两部分,从城 C_1 到城 C_2 的管道费用:$D_2=0.66\times 5^{0.51}\times 20\approx 30$(万元),从城 C_2 到城 C_3 的管道费用:$D_3=0.66\times(5+3)^{0.51}\times 38\approx 73$(万元).从费用的构成来看,若协商费用的分摊,城 C_3 会建议:D_1 按 5 : 3 : 5 分担,D_2,D_3 由城 C_1,C_2 担负,即按设施利用比例分配方法(按各城市污水流量等比例地将费用分给各个城).

这样就有下面的结果:

城 C_3 分担 $D_1\times 5/13=174<C(3)$,城 C_2 分担 $D_1\times 3/13+D_3\times 3/8=132<C(2)$,城 C_1 分担 $D_1\times 5/13+D_3\times 5/8+D_2=250>C(1)$.

显然,城 C_1 不同意,合作不成功.因此,上述方案貌似合理,其实不合理性显而易见.对于 C_1 城镇,经联合建厂所需承担的费用较单独建厂还要高.若如此分配,C_1 城宁愿单干也不会愿意联合了.看来上述方案对 C_2,C_3 城有利,而 C_1 城的负担就过重了.其实,我们可以从 n 人合作对策理论的一些概念里得到一些启示.

既然合作的话,要让各方有利可图.

设 x_1,x_2,x_3 分别为三城镇结盟建厂较单独建厂所节省的费用,那么应有

$$x_1+x_2+x_3=620-556=64, \tag{2.1.1}$$

$$x_1\geqslant 0, x_2\geqslant 0, x_3\geqslant 0, \tag{2.1.2}$$

$$x_1+x_2\geqslant C(1)+C(2)-C(1,2)=40, \tag{2.1.3}$$

$$x_2+x_3\geqslant C(2)+C(3)-C(2,3)=25, \tag{2.1.4}$$

$$x_1+x_3\geqslant \max\{C(1)+C(3)-C(1,3),0\}=0, \tag{2.1.5}$$

其中式(2.1.3)说明三城镇联合建厂对 C_1,C_2 城市节省的费用不应低于这两个城镇联合建厂所节省的费用. 式(2.1.4),(2.1.5)的意义与式(2.1.3)类似.

为了求出满足上述 5 个不等式的 x_1,x_2,x_3,可以用平面图形表示上述不等式.用水平轴表示 x_1,垂直轴表示 x_2,则由式(2.1.1)和(2.1.2)可知

$$x_1+x_2\leqslant 64. \tag{2.1.6}$$

再由式(2.1.1)和(2.1.4)可得

$$x_1\leqslant 64-25=39. \tag{2.1.7}$$

由式(2.1.1)和(2.1.5)可知

$$x_2 \leqslant 64. \tag{2.1.8}$$

在 Ox_1x_2 平面上做出式(2.1.2),(2.1.3),(2.1.6),(2.1.7),(2.1.8)如图 2-1-2.

图中阴影部分中的点都可作为满足不等式(2.1.1)~(2.1.5)的解,由此可见满足要求的费用分摊方案可以有很多.

一般地,可取阴影部分的中心点作为参考确定可行性方案,这样对三个城镇来说较公平.通过简单计算可知中心点的坐标为

$$(x_1,x_2)=(19.5,32.5).$$

因此,可与三城市协商取 $x_1=19.5$(万元),$x_2=32.5$(万元),$x_3=64-19.5-32.5=12$(万元)作为三城联合建厂节省费用64(万元)的分摊方案.

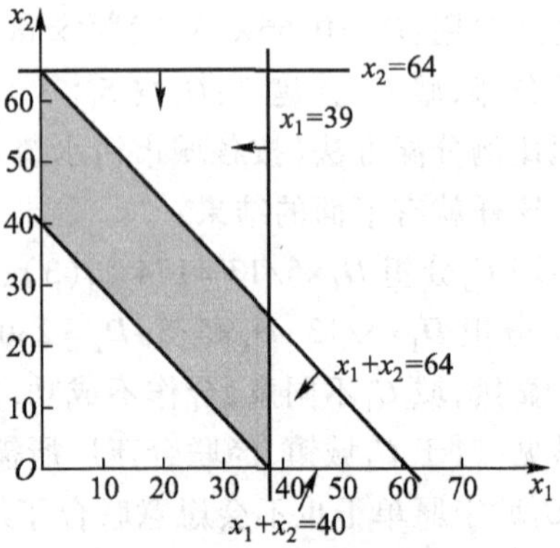

图 2-1-2　满足五个条件的分配可行方案

这样,可得三城镇在总投资556(万元)中的分担的费用为

C_1:$C(1)-x_1=210.5$(万元),C_2:$C(2)-x_2=127.5$(万元),C_3:$C(3)-x_3=218$(万元).

这样,这三个城镇所承担的治理费用是相对合理的.

注　对于获利分配 x_1,x_2,x_3,亦可用 Shapley 合作对策方法求解.

6. 方案的评价与改进

以上我们从经济效益的角度,选择了建厂方案中的第5个方案,并依据对策论的基本思想给出了三城市分摊费用方案,这些方案既合理又经济,从经济的观点,三城市是乐于接受的.

实际中,对建厂和费用分摊方案的选择还应从其他方面多做考虑.例如,从生态学方面,从污水处理设备及管道的可靠性方面,从建污水处理厂所能带动的相关产业和带来的就业机会等方面进行综合考虑.因为这些方面不仅影响建厂方案的选择,也对费用分摊方案有影响.可以召开专家论证会和各界人士参加的听证会,听取各方面的意见,谨慎裁定.

2.2 最佳存款问题

1. 问题提出

假设银行整存整取的年利率如下表：

存期	一年期	二年期	三年期	五年期
年利率	4.14%	4.68%	5.4%	5.85%

现有一位刚升入初一的学生，家长欲为其存5万元，以供6年后上大学使用．请为其设计一种存款方案，使6年后所获利息最大，并求出最大利息．

2. 问题的假设与模型

假设：(1) 存款期限内利率不变；(2) 利息按复利计算．

设存款分 n 次进行，每次的存期分别为 $x_1, x_2, \cdots, x_n$，这里 $1 \leqslant n \leqslant 6$，$\sum_{i=1}^{n} x_i = 6$，存期集合为 $S=\{1,2,3,5\}$．存期为 x_i 时，对应年利率为 r_i．当 $x_i=1$ 时，$r_i=0.041\,4$；当 $x_i=2$ 时，$r_i=0.046\,8$；当 $x_i=3$ 时，$r_i=0.054\,0$；当 $x_i=5$ 时，$r_i=0.058\,5$．6年后只要资金总额最大，即为利息最大．

设将最初的5万元分 n 次进行，每次存期分别为 $x_1, x_2, \cdots, x_n$，所得的6年后的资金为 $f(x_1,x_2,\cdots,x_n)$，则此问题的数学模型为

$$\max \quad f(x_1,x_2,\cdots,x_n) = 5\times 10^4 \prod_{i=1}^{n}(1+x_i r_i), \tag{2.2.1}$$

$$\text{s.t.} \quad \sum_{i=1}^{n} x_i = 6, \quad 1 \leqslant n \leqslant 6,\ x_i \in S. \tag{2.2.2}$$

3. 问题的求解

由于存款期限为6年，且只有4种存期选择，因此可以列举出所有的可能的存期方案以供选择．

又易知函数 $f(x_1,x_2,\cdots,x_n)$ 的值与 $x_1, x_2,\cdots,x_n$ 的顺序无关．不妨设 $x_1 \leqslant x_2 \leqslant \cdots \leqslant x_n$，则($x_1, x_2,\cdots,x_n$)的所有取值为(1,1,1,1,1,1)，(1,1,1,1,2)，(1,1,2,2)，(1,1,1,3)，(1,2,3)，(1,5)，(2,2,2)，(3,3)．

现计算 $f(x_1,x_2,\cdots,x_n)$ 的值如下：

$f(1,1,1,1,1,1) = 5\times 10^4(1+0.041\,4)^6 \approx 63\,778.65$，

$f(1,1,1,1,2) = 5\times 10^4(1+0.041\,4)^4(1+2\times 0.046\,8) \approx 64\,313.12$，

$$f(1,1,2,2)=5\times 10^4(1+0.041\,4)^2(1+2\times 0.046\,8)^2\approx 64\,851.81,$$

$$f(1,1,1,3)=5\times 10^4(1+0.041\,4)^3(1+3\times 0.054)\approx 65\,618.91,$$

$$f(1,2,3)=5\times 10^4(1+0.041\,4)(1+2\times 0.046\,8)(1+3\times 0.054)\approx 66\,168.65,$$

$$f(1,5)=5\times 10^4(1+0.041\,4)(1+5\times 0.058\,5)\approx 67\,300.51,$$

$$f(2,2,2)=5\times 10^4(1+2\times 0.046\,8)^3\approx 65\,395.15,$$

$$f(3,3)=5\times 10^4(1+3\times 0.054)^2\approx 67\,510.75.$$

故最佳存款方案为:先存三年期再续存一个三年期,所得的最大利息为67 510.75元.

2.3 存贮问题

1. 问题提出

工厂要定期订购各种原料,存在仓库里供生产之用;车间一次加工出一批零件供装配线每天生产之需;商店成批购进各种商品,放在货柜里以备零售;水库在雨季蓄水,用于旱季的灌溉和发电.显然这些情况下都有一个贮存量多大才合适的问题.贮存量过大,贮存费用太高,贮存量太小,会导致一次性订购费用增加,或不能及时满足需求.这类问题称为存贮问题.

本问题在需求量稳定的前提下讨论两个简单的贮存模型:不允许缺货模型和允许缺货模型.前者适用于一旦出现缺货会造成重大损失的情况(如炼铁厂对原料的需求),后者适用于像商店购货之类的情形,缺货造成的损失可以允许和估计.

以商店成批购进各种商品,放在货柜里以备零售情况为例.

2. 问题分析

在不允许缺货的情况下,考虑两种费用,订货时需付的一次性订货费,货物的贮存费.在允许缺货的情况下,考虑三种费用,订货时需付的一次性订货费,货物的贮存费以及缺货原因产生的缺货费.建模目的是在单位时间的需求量为常数的情况下,制定最优存贮策略,即多长时间订一次货,每次订多少货,能使总费用最小.由于订货周期不一定,总费用无法比较,如果单位时间的需求量为常数,目标可以转化为单位时间的平均费用最小.

不允许缺货的存贮模型

3. 问题的假设与记号

(1) 产品每天的需求量为常数 r；

(2) 每次订购费为 c_1，每天单位产品贮存费为 c_2；

(3) 每隔 T 天订货一次(周期)，每次订货 Q，当贮存量为零时，立即到货 Q；

(4) 为方便起见，时间和产量都作为连续量处理.

$q(t)$:t 时刻的贮存量；$\tilde{C}$:一周期总费用；C :每天的平均费用.

4. 模型建立

$t=0$ 时订货 Q，即 $q(0)=Q$，而 $q(t)$ 以需求速率 r 递减，$q(T)=0$，$q(t)=Q-rt$，如图 2-3-1，显然有

$$Q=rT. \tag{2.3.1}$$

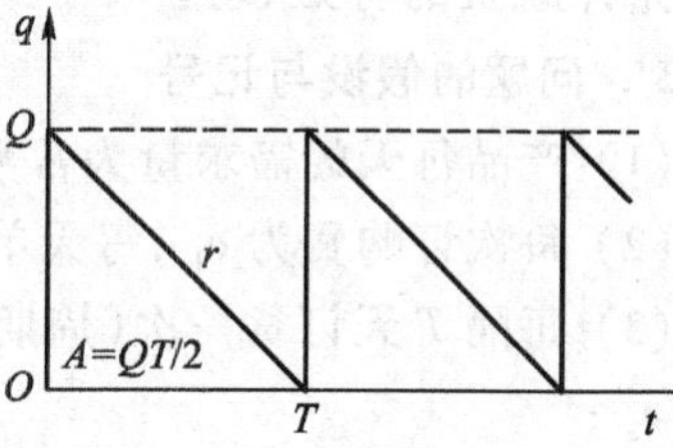

图 2-3-1 不允许缺货模型的贮存量

一周期贮存费为

$$c_2\int_0^T q(t)\,\mathrm{d}t=c_2A,$$

其中积分恰好等于图 2-3-1 中三角形 A 的面积 $QT/2$. 因为一周期的订购费是 c_1，注意到式(2.3.1)，得一周期总费用

$$\tilde{C}=c_1+c_2\frac{QT}{2}=c_1+c_2\frac{rT^2}{2}. \tag{2.3.2}$$

于是每天的平均费用是

$$C(T)=\frac{\tilde{C}}{T}=\frac{c_1}{T}+\frac{c_2rT}{2}. \tag{2.3.3}$$

式(2.3.3)为不允许缺货的优化模型.

5. 模型求解

求式(2.3.3)的 $C(T)$ 最小，利用微分法，可以得到

$$T=\sqrt{\frac{2c_1}{rc_2}}. \tag{2.3.4}$$

代入式(2.3.1)可得

$$Q=\sqrt{\frac{2c_1r}{c_2}}. \tag{2.3.5}$$

由式(2.3.3)算出每天总费用平均值最小为

$$C=\sqrt{2c_1c_2r}. \tag{2.3.6}$$

式(2.3.4),式(2.3.5)为经济学中著名的经济订货批量公式(EOQ公式).

6. 模型结果分析

由式(2.3.4),式(2.3.5)可以得到,当订购费 c_1 增加时,订货周期和订货量都变大,当产品贮存费 c_2 增加时,订货周期和订货量都变小,当需求量 r 增加时,订货周期变小而订货量变大.这些定性结果都是符合常识的.

注 从经济因素考虑,特别资金占用费(由资金量和时间决定)较大时,上述模型需改进,对象涉及一次性订货费、货物价格、货物储存费和资金占用费.设 R 为每天利率,k 为单位货物价格,式(2.3.3)改进为

$$C(T)=\frac{(c_1+kQ)}{T}(1+R)^T+\frac{c_2}{T}\int_0^T(Q-rt)(1+R)^{T-t}\mathrm{d}t. \tag{2.3.7}$$

允许缺货的存贮模型

3′. 问题的假设与记号

(1) 产品每天的需求量为常数 r;

(2) 每次订购费为 c_1,每天单位产品贮存费为 c_2;

(3) 每隔 T 天订货一次(周期),每次订货 Q,允许缺货,每天单位货物缺货费为 c_3;

(4) 为方便起见,时间和产量都作为连续量处理.

4′. 模型建立

$t=0$ 时订货 Q,即 $q(0)=Q$,而 $q(t)$ 以需求速率 r 递减,$q(T_1)=0(T_1\leqslant T)$,$q(t)=Q-rt$,如图2-3-2,显然有

$$Q=rT_1. \tag{2.3.8}$$

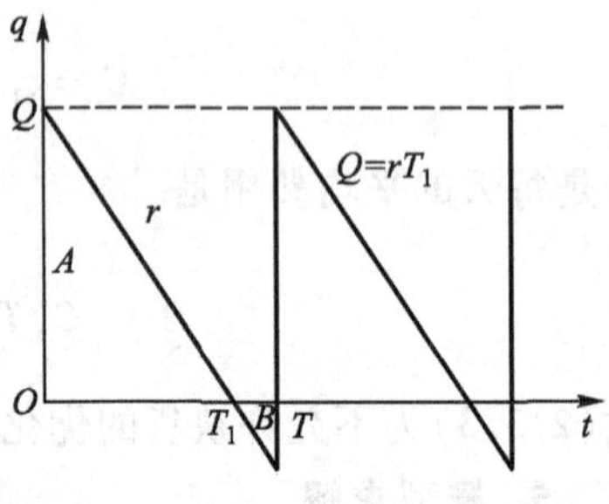

图 2-3-2 允许缺货模型的贮存量

因为一周期贮存费为

$$c_2\int_0^{T_1}q(t)\,\mathrm{d}t=c_2A=c_2\frac{1}{2}QT_1,$$

一周期缺货费为

$$c_3\int_{T_1}^{T}|q(t)|\,\mathrm{d}t=c_3B=c_3\frac{r(T-T_1)^2}{2},$$

一周期的订购费是 c_1,所以一周期总费用

$$\widetilde{C}=c_1+c_2\frac{QT_1}{2}+c_3\frac{r(T-T_1)^2}{2}. \tag{2.3.9}$$

注意到式(2.3.8)得每天总费用平均值

$$C(T,Q)=\frac{\widetilde{C}}{T}=\frac{c_1}{T}+\frac{c_2Q^2}{2rT}+\frac{c_3(rT-Q)^2}{2rT}. \tag{2.3.10}$$

式(2.3.10)为允许缺货的优化模型.

5′. 模型求解

利用微分法求 T 和 Q, 使 $C(T,Q)$ 最小.

令 $\frac{\partial C}{\partial T}=0,\frac{\partial C}{\partial Q}=0$,可得(为与不允许缺货的存贮模型相比,$T$ 记作 T',Q 记作 Q')

$$T'=\sqrt{\frac{2c_1}{rc_2}\frac{c_2+c_3}{c_3}},\ Q'=\sqrt{\frac{2c_1 r}{c_2}\frac{c_3}{c_2+c_3}}. \tag{2.3.11}$$

记

$$\mu=\sqrt{\frac{c_2+c_3}{c_3}}. \tag{2.3.12}$$

与不允许缺货模型的结果式(2.3.4),式(2.3.5)相比较,得到

$$T'=\mu T,\quad Q'=\frac{Q}{\mu}. \tag{2.3.13}$$

6′. 模型结果分析

由式(2.3.12),知 $\mu>1$,故式(2.3.11)给出 $T'>T$, $Q'<Q$,即允许缺货时周期应增大,而订货批量应减小. 当缺货费 c_3 越大(相对于贮存费 c_2), c_2 越小, T' 越接近 T, Q' 越接近 Q. 当 $c_3\gg c_2$ 时, $T'\approx T,Q'\approx Q$.

2.4 路灯安置优化问题

1. 问题提出

目前大多数公共场所都安装了路灯,路灯的高度和路灯之间的间距一般是依靠经验进行设置的,并没有从优化的角度进行考虑. 在能源日益紧张的今天,如何从节约能源角度考虑:(1) 一盏路灯的优化问题;(2) 两盏路灯间距最大的优化问题;(3) 一排路灯的优化问题;(4) 两排路灯的优化问题,这些都很有必要.

2. 背景知识

(1) 发光强度:光源在一定波长范围内发出可见光的辐射强弱的物理量,以光源在某一方向上单位立体角范围内所辐射的可见光功率来度量;

(2) 光通量:人眼所能感觉到的光辐射的功率,单位时间内光辐射的能量和相对视见率的乘积;

(3) 照度:单位面积上得到的光通量;

(4) 照度定律:点光源 O 到照明平面 π 的距离为 h 时,平面上 A 点的照度

$$c=\left(\frac{p}{s^2}\right)\cos\alpha=\frac{ph}{s^3}, \tag{2.4.1}$$

其中,p 为点 O 的光强度,α 为平面的法线方向与光源 O 到点 A 的连线之间的夹角($0°\leqslant\alpha<90°$),h 为光源的高度,s 为光源 O 到点 A 的距离.

3. 问题的假设与记号

假设:

(1) 路灯的额定功率为定值 p_0(数据可来源于考察的路灯标签,若额定功率为 220 V,额定电流为 10 A,则取额定功率 $p_0=2\ 200\ \mathrm{W}$).

(2) 照明强度(即照度)直接影响可见度,只有照明强度不低于某定值 c_0 时,才能认为物体可见.在这里认为对所有物体 c_0 均为 $20\ \mathrm{W/m^2}$.

(3) 在考虑一排路灯的情况时,假设道路处处等宽(为了说明方便,不妨假设测得某一道路宽度为 5 m,路长 260 m).

记号:h 为路灯的高度;p 为路灯的功率;l 为路灯的间距;d 为路的宽度;L 为路长.

4. 建模与求解

(1) 一盏路灯的优化问题

由式(2.4.1)知,路灯到某点 A 的照明强度为

$$c=\frac{ph}{(r^2+h^2)^{\frac{3}{2}}}, \tag{2.4.2}$$

其中 r 为路灯在地面上的投影点到点 A 的距离.

因此,地面上物体可见的区域要求:

$$\frac{ph}{(r^2+h^2)^{\frac{3}{2}}}\geqslant c_0,$$

只有 $h\leqslant\sqrt{\frac{p}{c_0}}$ 时,上式有解,且 $r\leqslant\sqrt{\left(\frac{ph}{c_0}\right)^{\frac{2}{3}}-h^2}$ 的区域内物体可见,即物体可见区域为以 O 为圆心,以 $\sqrt{\left(\frac{ph}{c_0}\right)^{\frac{2}{3}}-h^2}$ 为半径的圆.

建模目的是确定路灯安置多高,使地面正常活动区域尽可能大,故有

$$\max\quad s=\pi r^2, \tag{2.4.3}$$

$$\text{s.t.}\quad c=\frac{ph}{(r^2+h^2)^{\frac{3}{2}}}\geqslant c_0. \tag{2.4.4}$$

式(2.4.3),式(2.4.4)为一盏路灯的优化模型.由式(2.4.3),式(2.4.4)可得

$$s=\pi r^2=\pi\left[\left(\frac{ph}{c_0}\right)^{\frac{2}{3}}-h^2\right].\tag{2.4.5}$$

对 s 关于 h 求导,并令其为零,可求得

$$h^*=\frac{1}{\sqrt[4]{27}}\sqrt{\frac{p}{c_0}}.\tag{2.4.6}$$

路灯的最优高度 $h=h^*=\frac{1}{\sqrt[4]{27}}\sqrt{\frac{p}{c_0}}$ 时,可正常活动区域达到最大值.

将 $p=2\ 200$ W, $c_0=20$ W/m^2 代入,可得最优高度 h 约为 4.60 m.

(2) 两盏路灯间距最大的优化问题

建模目的是考虑路灯安置高度为何值时,两路灯的距离可达最大值.

可以验证,图 2-4-1 中的点 A 的照度在路面的各点中最小(位于道路另一侧相对于两路灯的中点),因此 l 和 h 只需满足

$$c_A\geqslant c_0,\tag{2.4.7}$$

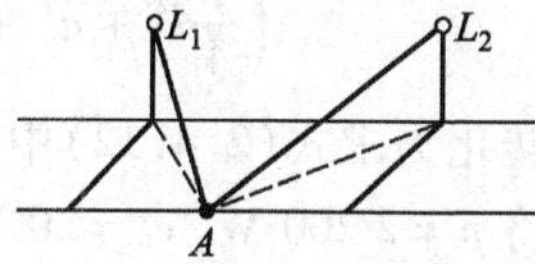

图 2-4-1 两盏路灯的情况

就可使所围区域满足正常活动需要.

由式(2.4.7)得,只要

$$c_A=\frac{2ph}{(0.25l^2+h^2+d^2)^{\frac{3}{2}}}=c_0,\tag{2.4.8}$$

问题转化为求式(2.4.8)中使 l 最大的 h.

将 $p=2\ 200$ W, $c_0=20$ W/m^2, $d=5$ m 代入式(2.4.8),整理得

$$l=2\sqrt{(220h)^{\frac{2}{3}}-h^2-25}.\tag{2.4.9}$$

对式(2.4.9)关于 h 求导得

$$l'=\frac{\dfrac{440}{3\sqrt[3]{220h}}-2h}{\left[(220h)^{\frac{2}{3}}-h^2-25\right]^{\frac{1}{2}}},$$

令 $l'=0$, 解得,当 $h\approx 6.5$ m 时, l 最大,约为 15.5 m.

(3) 一排路灯的优化问题

建模目的是考虑路灯安置高度为何值时,使得路灯之间的间距最大,或当路长一定时,路灯安置盏数最少.

1) 求最大的路灯间距

图 2-4-2 一排路灯的情况

如图 2-4-2,可以验证,与路灯 L 和 M 之间的

路段中点 Q 相对的道路另一侧的点 R 的照明强度最小,并且计算该点照明强度时,只需考虑路灯 K,L,M,N 对其的影响,其他较远的路灯对其的影响可忽略.

点 R 的照明强度为

$$c_R=\frac{2ph}{\left(\frac{1}{4}l^2+d^2+h^2\right)^{\frac{3}{2}}}+\frac{2ph}{\left(\frac{9}{4}l^2+d^2+h^2\right)^{\frac{3}{2}}}. \tag{2.4.10}$$

因此 l 和 h 只需满足

$$c_R\geqslant c_0, \tag{2.4.11}$$

就可使所围区域满足正常活动需要.

由式(2.4.10),式(2.4.11)得,只要

$$\frac{2ph}{\left(\frac{1}{4}l^2+d^2+h^2\right)^{\frac{3}{2}}}+\frac{2ph}{\left(\frac{9}{4}l^2+d^2+h^2\right)^{\frac{3}{2}}}=c_0, \tag{2.4.12}$$

问题转化为求式(2.4.12)中使 l 最大的 h .

将 $p=2\,200$ W, $c_0=20$ W/m^2, $d=5$ m 代入式(2.4.12),利用微分法可以求得,当 $h\approx 6.6$ m 时, l 最大, l 的最大值约为 16.5 m.

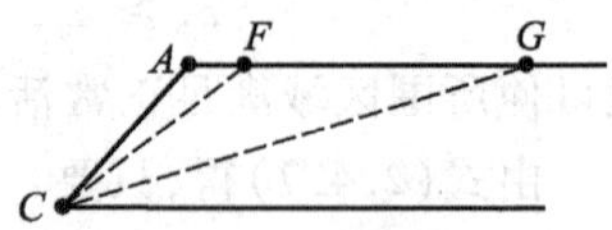

图 2-4-3　一排路灯的边界

2) 边界分析

考虑安置顶端路灯能离路端的最大距离.

如图 2-4-3,A,C 两点为路的边界,可以验证,与点 A 对应的道路另一侧的点 C 照明强度最小. 设 $x=|AF|$,点 C 的照明强度为

$$c=\frac{ph}{(x^2+d^2+h^2)^{\frac{3}{2}}}+\frac{ph}{[(x+l)^2+d^2+h^2]^{\frac{3}{2}}}. \tag{2.4.13}$$

由 $c\geqslant c_0$,可解得: $x\approx 3.5$ 时 $c=20$,此时 x 最大.

3) 计算所需的总的灯数

如图 2-4-3,在 AF 边上, $|AF|=3.5$,而 $260=3.5+15\times 16.5+9$,又 $9>3.5$,所以路的另一端还需一盏灯,即此路所需灯的总数至少为 17 盏.

(4) 两排路灯的优化问题

路灯的布点是否适当直接关系到照明的效果. 双侧布灯大体有两种方式:一种是对称布置,另一种是交错布置,各有优劣. 对称布置的优点是比较美观,但不足之处是照度不够均匀,适合较宽的道路. 交错布置美观上不如对称布灯,但照度比较均匀. 下面以交错布置为例. 建模目的是当路长一定时,路灯安置盏数最少.

1) 求最大的路灯间距

由图 2-4-4 可知，照明强度最低的点一定出现在路的中线上，且照明强度呈周期性变化，所以只需使中线照明强度大于等于 20 W/m^2 即可，并且计算该点照明强度时，只需考虑路灯 J,H,M,N 对其的影响，其他较远的路灯对其的影响可忽略.

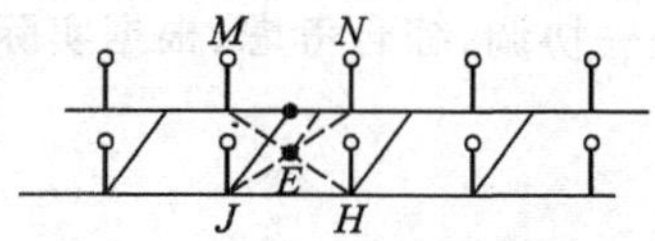

图 2-4-4　两排路灯的情况

照明强度最低点的照明强度为

$$c_E=\frac{2ph}{\left(\frac{9}{16}l^2+\frac{1}{4}d^2+h^2\right)^{\frac{3}{2}}}+\frac{2ph}{\left(\frac{1}{16}l^2+\frac{1}{4}d^2+h^2\right)^{\frac{3}{2}}}. \tag{2.4.14}$$

因此 l 和 h 只需满足

$$\frac{2ph}{\left(\frac{9}{16}l^2+\frac{1}{4}d^2+h^2\right)^{\frac{3}{2}}}+\frac{2ph}{\left(\frac{1}{16}l^2+\frac{1}{4}d^2+h^2\right)^{\frac{3}{2}}}=c_0, \tag{2.4.15}$$

问题转化为求式(2.4.15)中使 l 最大的 h.

将 $p=2\ 200$ W，$c_0=20$ W/m^2，$d=5$ m 代入式(2.4.15)，利用微分法可以求得，当 $h\approx 6$ m 时，l 最大，l 的最大值约为 36.9 m.

2）边界分析

考虑安置顶端路灯能离路端的最大距离.

如图 2-4-5，A,C 两点为路的边界，设距点 A 最近的路灯 E 与 A 的距离为 y m，则照明强度最低的点 J 的照明强度为（只考虑 E 和 H 两路灯的影响，其他较远的路灯对其的影响可忽略）

$$c=\frac{ph}{\left(y^2+\frac{1}{4}d^2+h^2\right)^{\frac{3}{2}}}+\frac{ph}{\left[\left(y+\frac{l}{2}\right)^2+\frac{1}{4}d^2+h^2\right]^{\frac{3}{2}}}. \tag{2.4.16}$$

由 $c\geqslant c_0$，可解得：$y\approx 6$ 时 $c=20$，此时 y 最大.

3）计算所需的灯数

如图 2-4-5，在 AE 边上，$|AE|=6$，而 $260=6+36.9\times 6+32.6$，所以该边暂需装灯 7 盏，且另一端剩余 32.6 m. 在 CG 边上 $|CH|=6+\frac{l}{2}=24.45$ m，而 $260=24.45+36.9\times 6+14.15$，所以该边装灯 7 盏时距另一端 14.15 m，$14.15>6$ m，所以 AE 边还需一盏灯，即需 8 盏. 综上，安装两排灯时所需总数至少为 15 盏.

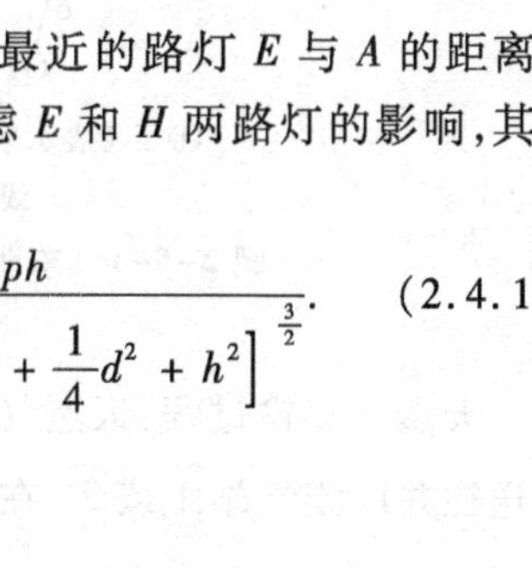

图 2-4-5　两排路灯的边界

上述讨论是在比较理想的情况下展开的，对于复杂环境的路灯设计所要考虑的因素非常多,需要认真调查,同时还要多方面听取意见,按照多方面的要求统一协调,综合考虑,根据实际发生的情况给出优化方案.

2.5 燃气输配问题

1. 问题提出

东北某市天然气公司担负着向该市居民用户供应优质燃气——天然气的任务.目前该公司有“甲”和“乙”两个气田,其中甲有编号①至⑤的五口气井,乙有⑥,⑦ 两口气井,其天然气集输系统如图 2-5-1.

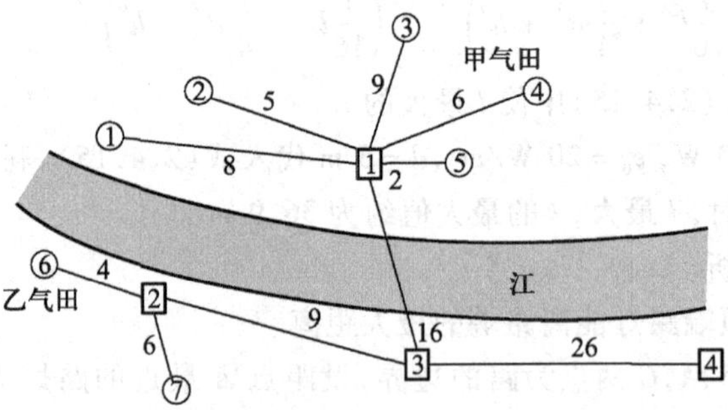

①至⑦表示气井,$\boxed{1}$至$\boxed{4}$表示集气站,连线表示输气管,
线旁数字表示管的长度,单位 km

图 2-5-1　东北某市天然气公司天然气集输系统示意图

天然气集输过程:天然气从气井产出后需先在井口进行第一次净化处理,然后送往井区集气站$\boxed{1}$或$\boxed{2}$,在井区集气站($\boxed{1}$和$\boxed{2}$)进行油、气、水分离及第二次净化处理,而后输送到总集气站$\boxed{3}$,在$\boxed{3}$号站经第一次调压后由地下管线输送到集气站$\boxed{4}$,在$\boxed{4}$号站还要经过第二次调压和第三次净化以及加溴等工艺过程,然后才能输配到市区管网.

该公司最初在合同规定的数量下,采用各气井根据需求情况随时开关调节供气.这很显然不合理,由于各气井的生产成本不仅因井位不同而有差别,而且与所产燃气含水、含油率的高低及产量有关.根据日常生产情况的统计与定量分析,假设各气井生产并将燃气输送到井区集气站(如$\boxed{1}$和$\boxed{2}$)的成本费用 R_i 是产量 x_i 的二次函数(x_i 为 ⓘ号气井的日产量,单位为 km^3 , R_i 为 ⓘ号气井的日生产成本，包括输送到井区集气站费用，单位为元）；又可测得 $\boxed{j}$ 号（$j=1,2$）集气站每处理 1 km^3 燃气成本费 P_j（元）是集气站日处理燃气量 Q_j（km^3）的一次函数. 目前，该公司为了提高燃气企业的经济效益，正在寻找好的经营策略.

A. 请你为该公司设计一个数学模型，在满足按合同规定数量稳定供气的前提下，如何分配各气井的产量，使得将燃气送到 $\boxed{4}$ 号集气站的生产与输配费总额最小.

B. 根据市区的用气情况，目前仅②，④，⑤，⑦ 号四气井开井生产，按合同规定每天供气总量 30 km^3. 四气井成本费（单位为元）分别为 $R_2=x_2^2-x_2+12$，$R_4=x_4^2-3x_4+24$，$R_5=x_5^2+10$，$R_7=x_7^2+5$. $\boxed{1}$ 号集气站：$P_1=Q_1-2$，平均每天的管理费为 50 元；$\boxed{2}$ 号集气站：$P_2=4Q_2-1$，平均每天的管理费为 80 元；$\boxed{3}$，$\boxed{4}$ 号集气站核定日平均费用分别为 400 元，600 元. 输气管线输送成本为 10 元/km. 试确定方案，使得将燃气送到 $\boxed{4}$ 号集气站的生产与输配费总额最小.

2. 假设与记号

假设：

（1）各气井生产的燃气在净化与传输的过程中没有损耗，不发生意外的事件；

（2）集气站 $\boxed{3}$，$\boxed{4}$ 处理燃气的费用与其日处理燃气量无关；

（3）甲、乙两气田都参与生产；

（4）该城市居民每日需求天然气量为定值.

记号：

x_i 为 ⓘ 号气井的日产量，单位为 km^3（$i=1,2,\cdots,7$）；

$\bar{x}_i$ 为 ⓘ 号气井的日生产能力；

R_i 为 ⓘ 号气井的日生产成本，$R_i=a_ix_i^2+b_ix_i+c_i$，其中 a_i,b_i,c_i 为常数，单位为元；

Q_j 为集气站 $\boxed{j}$ 的日处理燃气量，单位为 km^3（$j=1,2$）；

P_j 为 $\boxed{j}$ 号集气站每处理 1 km^3 燃气的成本费，单位为元，且 $P_j=e_jQ_j+f_j$；

d_1 为 $\boxed{1}$ 号井区集气站到总集气站 $\boxed{3}$ 的输气管长度，单位为 km；

d_2 为 $\boxed{2}$ 号井区集气站到总集气站 $\boxed{3}$ 的输气管长度，单位为 km；

d_3 为总集气站 $\boxed{3}$ 到气站 $\boxed{4}$ 的输气管长度，单位为 km；

h 为输气管线输送成本，单位为元/km；

g_j 为 $\boxed{j}$ 号集气站平均每天的管理费用，单位为元（$j=1,2$）；

g_k为 $\boxed{k}$ 号集气站核定日平均费用，单位为元($k=3,4$)；

P 为每日总成本，单位为元；

$$W_i=\begin{cases}1, & 气井 ⓘ 有供气要求，\\ 0, & 否则；\end{cases}$$

x 为合同规定每天供气总量.

3. 问题 A 的模型

$$\min \quad P=\sum_{i=1}^{7} R_i W_i+\sum_{j=1}^{2} Q_j P_j+\sum_{m=1}^{3} d_m h+\sum_{l=1}^{4} g_l, \tag{2.5.1}$$

$$\text{s.t.}\quad \begin{cases}Q_1+Q_2=x,\\ Q_1=x_1+x_2+x_3+x_4+x_5,\\ Q_2=x_6+x_7,\\ R_i=a_i x_i^2+b_i x_i+c_i (i=1,2,\cdots,7),\\ P_1=e_1 Q_1+f_1, P_2=e_2 Q_2+f_2,\\ Q_1,Q_2,P_1,P_2,x_i \geqslant 0,\\ x_i \leqslant \bar{x}_i (i=1,2,\cdots,7)\end{cases} \tag{2.5.2}$$

4. 问题 B 的模型

$$\min \quad P=x_2^2-x_2+12+x_4^2-3x_4+24+x_5^2+10+x_7^2+5+Q_1P_1+Q_2P_2 \\ +(16+9+26)\times 10+(50+18+600+400), \tag{2.5.3}$$

$$\text{s.t.}\quad \begin{cases}Q_1+Q_2=30,\\ Q_2=x_7,\\ Q_1=x_2+x_4+x_5,\\ P_1=Q_1-2,\\ P_2=4Q_2-1,\\ Q_1,Q_2,P_1,P_2,x_2,x_4,x_5,x_7 \geqslant 0,\\ x_k \leqslant \bar{x}_k, k=2,4,5,7,\end{cases} \tag{2.5.4}$$

或者

$$\min \quad P=Q_1^2-2Q_1+5x_7^2-x_7+x_2^2-x_2+x_4^2-3x_4+x_5^2+1\ 691, \tag{2.5.5}$$

$$\text{s.t.}\quad \begin{cases}x_7+x_2+x_4+x_5=30,\\ x_2+x_4+x_5=Q_1,\\ x_2,x_4,x_5,x_7,Q_1 \geqslant 0,\\ x_k \leqslant \bar{x}_k, k=2,4,5,7.\end{cases} \tag{2.5.6}$$

5. 问题 B 的求解

假设最优解不会超过各井的生产能力.

将式(2.5.3),式(2.5.4)化为

$$\min \quad P(x_2,x_4,x_5,x_7)=2x_2^2+2x_4^2+2x_5^2+5x_7^2+2x_2x_4+2x_2x_5+2x_4x_5 \\ -3x_2-5x_4-2x_5-x_7+1\ 691, \tag{2.5.7}$$

$$\text{s. t.} \quad \begin{cases} x_2+x_4+x_5+x_7-30=0, \\ x_2,x_4,x_5,x_7>0. \end{cases} \tag{2.5.8}$$

运用 Lagrange 乘子法. 设

$$L(x,\lambda)=P(x_2,x_4,x_5,x_7)+\lambda(x_2+x_4+x_5+x_7-30), \tag{2.5.9}$$

令

$$\begin{cases} \dfrac{\partial L}{\partial x_i}=0, \\ \qquad\qquad\qquad (i=2,4,5,7), \\ \dfrac{\partial L}{\partial \lambda}=0 \end{cases} \tag{2.5.10}$$

得

$$\begin{cases} 4x_2+2x_4+2x_5+\lambda-3=0, \\ 2x_2+4x_4+2x_5+\lambda-5=0, \\ 2x_2+2x_4+4x_5+\lambda-2=0, \\ 10x_7+\lambda-1=0, \\ x_2+x_4+x_5+x_7-30=0, \end{cases} \tag{2.5.11}$$

解得: $x_2^*=\dfrac{148}{19}, x_4^*=\dfrac{167}{19}, x_5^*=\dfrac{277}{38}, x_7^*=\dfrac{233}{38}, \lambda^*=-\dfrac{1\ 146}{19}, P_{\min}=2\ 551.723\ 7.$

但此时 Hessian 矩阵为

$$\boldsymbol{H}(\boldsymbol{x}^*)=\begin{pmatrix} 4 & 2 & 2 & 0 & 1 \\ 2 & 4 & 2 & 0 & 1 \\ 2 & 2 & 4 & 0 & 1 \\ 0 & 0 & 0 & 10 & 1 \\ 1 & 1 & 1 & 1 & 0 \end{pmatrix}, \tag{2.5.12}$$

式中 $\boldsymbol{x}^*=(x_2^*,x_4^*,x_5^*,x_7^*,\lambda^*)^{\mathrm{T}}$. 可以验证 $\boldsymbol{H}(\boldsymbol{x}^*)$ 是不定矩阵,因此 $\boldsymbol{x}^*$ 是鞍点,故无法认定是否为最优,下面用其他算法计算求解.

先将等约束非线性问题转化成无约束非线性规划问题. 令 $x_7=30-x_2-x_4-x_5$,式(2.5.7),式(2.5.8)化为

$$\min \quad P(x_2,x_4,x_5)=7x_2^2+7x_4^2+7x_5^2+12x_2x_4+12x_2x_5+12x_4x_5-302x_2-304x_4-301x_5+6\ 161, \tag{2.5.13}$$

s. t. $\quad x_2, x_4, x_5 > 0.$ (2.5.14)

利用最速下降法或修正牛顿法求解式(2.5.13),求得近似于 Lagrange 乘子法的结果,即 $x_2 = 7.78947$, $x_4 = 8.78947$, $x_5 = 7.28947$, $x_7 = 6.13158$, $P_{\min} = 2\,551.723\,68$.

注 对于问题 B 的求解,可由其他许多方法解决. 如:

(1) 式(2.5.5),式(2.5.6)可用动态规划方法来解决;

(2) 化二次规划为线性规划的单纯形法:

在式(2.5.7),式(2.5.8)中暂时忽略式(2.5.7)常数项,化为

$$
\min \quad \tilde{p} = 2\tilde{x}_1^2 + 2\tilde{x}_2^2 + 2\tilde{x}_3^2 + 2\tilde{x}_4^2 + 2\tilde{x}_1\tilde{x}_2 + 2\tilde{x}_1\tilde{x}_3 + 2\tilde{x}_2\tilde{x}_3 - 3\tilde{x}_1 - 5\tilde{x}_2 - 2\tilde{x}_3 - \tilde{x}_4, \tag{2.5.15}
$$

$$
\text{s.t.} \quad \begin{cases} \tilde{x}_1 + \tilde{x}_2 + \tilde{x}_3 + \tilde{x}_4 - 30 = 0, \\ \tilde{x}_1, \tilde{x}_2, \tilde{x}_3, \tilde{x}_4 > 0, \end{cases} \tag{2.5.16}
$$

其中 $\tilde{x}_1$ 替代 x_2, $\tilde{x}_2$ 替代 x_4, $\tilde{x}_3$ 替代 x_5, $\tilde{x}_4$ 替代 x_7. 利用库恩-塔克条件,将式(2.5.15),式(2.5.16) 二次规划化为线性规划问题,用单纯形法方法求解.

(3) 把式(2.5.7),式(2.5.8)化为

$$
f(x, M) = P(x_2, x_4, x_5, x_7) + M(x_2 + x_4 + x_5 + x_7 - 30)^2, \tag{2.5.17}
$$

利用罚函数法求解.

习 题 2

1. 3 名商人各带 1 名随从乘船渡河,现此岸有一小船只能容纳两人,由他们自己划行. 随从们密谋,在河的任一岸,一旦随从的人数比商人多,就杀人越货,但是乘船渡河的方案由商人决定. 商人们怎样才能安全过河? 请你设计一个使渡河次数尽量少的安全过河方案. 一般地,有 n 名商人带 m 名随从过河,船每次能渡 k 人过河,试讨论商人们能安全过河时,n 与 m 应满足什么关系.

2. 一只兔子躲进了 10 个环形分布洞的某一个中,狼在第一个洞中没有找到兔子,就隔一个洞,到第三个洞去找,也没有找到,就间隔两个洞,到第六个洞去找,以后每次多一个洞去找兔子,这样下去,如果狼一直找不到兔子,请问兔子可能躲在哪个洞中?

3. 在超市购物时你注意到大包装商品比小包装商品便宜这种现象了吗? 例如某品牌牙膏 50 克装的每支 1.50 元,120 克装的每支 3.00 元,二者单位重量的价格比是 1.2 : 1,试用比例方法构造模型解释这个现象.

(1) 分析商品的价格 C 与商品重量 W 的关系. 价格由生产成本、包装成本

和其他成本等决定，这些成本中有的与重量 W 成正比，有的与表面积成正比，还有与 W 无关的因素.

(2) 给出单位重量价格 C 与 W 的关系，画出它的简图，说明 W 越大 C 越小，但是随着 W 的增加，C 减小的程度变小. 解释实际意义是什么.

4. 一垂钓俱乐部为鼓励垂钓者将钓上的鱼放生，打算按照放生的鱼的重量给予奖励，俱乐部只准备了一把软尺用于测量，请你设计按照测量的长度估计鱼的重量的方法. 假设鱼池中只有一种鲈鱼，并且得到了 8 条鱼的如下数据(胸围指鱼身的最大周长)：

身长(cm)	36.8	31.8	43.8	36.8	32.1	45.1	35.9	32.1
重量(g)	765	482	1 162	737	482	1 389	652	454
胸围(cm)	24.8	21.3	27.9	24.8	21.6	31.8	22.9	21.6

先用机理分析建立模型，再用数据确定参数.

5. 某工厂的生产流水线需要一种零件，该零件需要订货得到. 已知：(1) 该零件批量订货的每次订货费为 5 000 元；(2) 每个零件的费用为 1 元；(3) 每个零件每个月的存储费为 0.2 元. 若该公司平均每月需求量为 6 000 件，求该公司每年订货几次使总费用最少.

6. 建立不允许缺货的生产销售存贮模型. 设生产速率为常数 k，销售速率为常数 r，$k>r$. 在每个生产周期 T 内，开始的一段时间 $(0<t<T_0)$ 一边生产一边销售，后来的一段时间 $(T_0<t<T)$ 只销售不生产，画出贮存量 $q(t)$ 的图形. 设每次生产准备费为 c_1，单位时间每件产品贮存费为 c_2，以总费用最小为目标确定最优生产周期. 讨论 $k\gg r$ 和 $k\approx r$ 的情况.

7. 生物学家认为，对于休息状态的热血动物消耗的能量主要用于维持体温，能量与从心脏到全身的血流量成正比，而体温主要通过身体表面散失，建立一个动物体重与心率之间关系的模型，并用下面的数据加以检验.

动物	体重(g)	心率(次/min)	动物	体重(g)	心率(次/min)
田鼠	25	670	兔	2 000	205
家鼠	200	420	小狗	5 000	120

续表

动物	体重(g)	心率(次/min)	动物	体重(g)	心率(次/min)
大狗	30 000	85	人	70 000	72
羊	50 000	70	马	450 000	38

8. A,B 两镇相距 40 km,A 镇位于一条笔直的河岸边,B 镇距离河岸 25 km. 两镇计划在此河边 C 处合建一个水厂取水. 已知从水厂 C 到 A 镇和 B 镇的水管铺设费用分别为 400 元/km 和 600 元/km. 试确定水厂 C 的位置,使水管铺设总费用最少,并求出其最少费用.

9. 由于折旧等原因,某机器转售价格 $R(t)$ 是时间 t(周)的减函数 $R(t)=\frac{3A}{4}e^{-\frac{t}{96}}$,其中 A 是机器的最初价格. 在任何时间 t,机器开动就能产生 $P=\frac{A}{4}e^{-\frac{t}{48}}$ 的利润. 问机器使用了多长时间后转售出去能使总利润最大? 利润是多少? 机器卖了多少钱?

10. 越野赛在湖滨举行,场地情况:出发点在一陆地 A 处,终点在一湖心岛 B 处,A,B 两地南北相距 5 km,东西相距 7 km,湖岸位于点 A 南侧 2 km,是一条东西走向的笔直长堤,比赛中运动员可以自由选择路线,但必须先从 A 出发跑步到长堤,再从长堤处下水游泳到终点 B. 已知运动员甲的跑步速度为 18 km/h,游泳速度为 6 km/h. 问他应该在长堤的何处下水才能使比赛用时最少?

11. 现有一家有 80 间套房的旅馆来请你试运营,看看知识如何转化为财富. 历史资料显示若把每日租金定价为 160 元,则可客满;而租金每涨 20 元,就会失去 3 间的房客. 每间住了人的客房每日所需服务、维修等项支出共计 40 元. 问按常规经营模式你该如何定价才能赚最多的钱? 如果历史资料有误差,对结果有何影响? 最后你对出租方式是否有更一般的考虑.

12. 设某移动公司在建移动通信基站中,有一长 200 km,宽 100 km 的矩形区域,需要建一基站覆盖该区域. 基站有两类:一类是大功率基站,一类是小功率基站,有效覆盖是半径分别为 1 km 和 0.5 km 的圆域,每建一个基站的费用分别为 4 万元和 1.1 万元. 问:

(1) 当所需区域为平面时请设计方案,使总费用最小;

(2) 设中心区域有一个小山,其海拔高度分布为

$$h(x,y)=\frac{1\ 000\ 000}{1\ 000+\sqrt{x^2+y^2}}\quad (x^2+y^2\leqslant 1\ 000\ 000),$$

x,y 的单位为 m,区域的其余部分是海拔为 500 m 的平地,请设计一个建基站的方案,使总费用最小.

第3章
数学规划及其应用

数学规划是运筹学的重要分支，也是运筹学最基础的部分. 本章将介绍线性规划、整数规划及动态规划的基本概念及建模方法.

3.1 线性规划

3.1.1 线性规划简介

一般的线性规划问题可以描述如下：

$$\begin{cases}\min & z = c_1x_1 + c_2x_2 + \cdots + c_nx_n, \\ \text{s.t.} & a_{11}x_1 + a_{12}x_2 + \cdots + a_{1n}x_n \leqslant (=, \geqslant) b_1, \\ & a_{21}x_1 + a_{22}x_2 + \cdots + a_{2n}x_n \leqslant (=, \geqslant) b_2, \\ & \cdots\cdots\cdots\cdots \\ & a_{m1}x_1 + a_{m2}x_2 + \cdots + a_{mn}x_n \leqslant (=, \geqslant) b_m, \\ & x_1, x_2, \cdots, x_n \geqslant 0.\end{cases} \tag{3.1.1}$$

其特点是约束条件可用一组线性不等式或线性等式表示，目标函数为决策变量的线性函数. 按问题的不同，要求目标函数实现最大化或最小化. 满足以上条件的数学模型称为线性规划问题的数学模型. 由于求最大化的问题可以方便地转化为求最小化的问题，不等式约束与等式约束也可以相互转化，故一般可设线性规划的标准形式为

$$\begin{cases}\min & z = c_1x_1 + c_2x_2 + \cdots + c_nx_n, \\ \text{s.t.} & a_{11}x_1 + a_{12}x_2 + \cdots + a_{1n}x_n = b_1, \\ & a_{21}x_1 + a_{22}x_2 + \cdots + a_{2n}x_n = b_2, \\ & \cdots\cdots\cdots\cdots \\ & a_{m1}x_1 + a_{m2}x_2 + \cdots + a_{mn}x_n = b_m, \\ & x_1, x_2, \cdots, x_n \geqslant 0.\end{cases} \tag{3.1.2}$$

可将其写为矩阵形式

$$\begin{aligned}\min\quad & \boldsymbol{c}^{\mathrm{T}}\boldsymbol{x},\\ \text{s. t.}\quad & \boldsymbol{A}\boldsymbol{x}=\boldsymbol{b},\\ & \boldsymbol{x}\geqslant\boldsymbol{0},\end{aligned}$$

其中 $\boldsymbol{c}=(c_1,c_2,\cdots,c_n)^{\mathrm{T}}$ 称为价值向量，$\boldsymbol{A}=(a_{ij})_{m\times n}$ 称为约束矩阵，$\boldsymbol{x}=(x_1,x_2,\cdots,x_n)^{\mathrm{T}}$ 称为决策变量向量，$\boldsymbol{b}=(b_1,b_2,\cdots,b_m)^{\mathrm{T}}$ 称为右端向量. 上面最后一个不等式 $\boldsymbol{x}\geqslant\boldsymbol{0}$ 表示 $\boldsymbol{x}$ 的每个分量都大于等于 0. 任何一个线性规划问题都可按如下增加变量的方法转化为标准形式.

对约束 $\sum\limits_{j=1}^{n}a_{ij}x_j\geqslant b_i$，可引入一个非负变量 s_i，用 $\sum\limits_{j=1}^{n}a_{ij}x_j-s_i=b_i$ 代替上述不等式约束，称 s_i 为剩余变量(亦可称为松弛变量).

对约束 $\sum\limits_{j=1}^{n}a_{ij}x_j\leqslant b_i$，可引进非负变量 s_i，用 $\sum\limits_{j=1}^{n}a_{ij}x_j+s_i=b_i$ 代替不等式约束，称 s_i 为松弛变量.

对于一个符号无限制变量 x_j，可引进两个非负变量 $x_j^+\geqslant 0$ 和 $x_j^-\geqslant 0$，并设 $x_j=x_j^+-x_j^-$，如果原问题是求目标函数 $\sum\limits_{j=1}^{n}c_jx_j$ 的最大值，可等价地求 $\sum\limits_{j=1}^{n}(-c_jx_j)$ 的最小值.

因此，不失一般性我们只介绍标准线性规划问题的求解.

3.1.2 单纯形法

求解线性规划问题的算法有单纯形算法及内点算法两大类. 本节简单介绍单纯形算法及其在表格上的实现方法，对方法不加证明. 对单纯形算法的详细讨论可参见有关参考书.

考虑标准形线性规划问题

$$(\mathrm{LP})\qquad\begin{aligned}\min\quad & z=\boldsymbol{c}^{\mathrm{T}}\boldsymbol{x},\\ \text{s. t.}\quad & \boldsymbol{A}\boldsymbol{x}=\boldsymbol{b},\\ & \boldsymbol{x}\geqslant\boldsymbol{0},\end{aligned}$$

其中 $\boldsymbol{A}\in\mathbf{R}^{m\times n}$，$\boldsymbol{b}\in\mathbf{R}^{m}$，$\boldsymbol{c}\in\mathbf{R}^{n}$，$\mathrm{r}(\boldsymbol{A})=m$，这里 $\mathrm{r}(\boldsymbol{A})$ 为矩阵 $\boldsymbol{A}$ 的秩. 设 $\boldsymbol{B}$ 是 $\boldsymbol{A}$ 的秩为 m 的子方阵，则称 $\boldsymbol{B}$ 为一个基(或基阵). $\boldsymbol{B}$ 中 m 个线性无关的列向量称为基向量，变量 $\boldsymbol{x}$ 中与基对应的 m 个分量称为基变量，其余的分量称为非基变量. $\boldsymbol{A}$ 中除去基阵 $\boldsymbol{B}$ 的各列后的子矩阵记为$\boldsymbol{N}$，称$\boldsymbol{N}$为非基矩阵. 将 $\boldsymbol{c}$，$\boldsymbol{x}$ 作相应的分块，$\boldsymbol{c}=\begin{pmatrix}\boldsymbol{c}_B\\ \boldsymbol{c}_N\end{pmatrix}$，$x=\begin{pmatrix}\boldsymbol{x}_B\\ \boldsymbol{x}_N\end{pmatrix}$，可将线性规划的标准形化为

$$
\begin{cases}
\min & z = \boldsymbol{c}_B^{\mathrm{T}}\boldsymbol{B}^{-1}\boldsymbol{b} - (\boldsymbol{c}_B^{\mathrm{T}}\boldsymbol{B}^{-1}\boldsymbol{N} - \boldsymbol{c}_N^{\mathrm{T}})\boldsymbol{x}_N, \\
\text{s.t.} & \boldsymbol{x}_B + \boldsymbol{B}^{-1}\boldsymbol{N}\boldsymbol{x}_N = \boldsymbol{B}^{-1}\boldsymbol{b}, \\
& \boldsymbol{x}_B \geqslant \boldsymbol{0}, \boldsymbol{x}_N \geqslant \boldsymbol{0},
\end{cases}
\tag{3.1.3}
$$

称(3.1.3)为典式. 典式的特征为:目标函数中只含有非基变量,约束矩阵中基变量对应单位矩阵. 令所有的非基变量取值为零,即 $\boldsymbol{x}_N=\boldsymbol{0}$ 得到的解 $\boldsymbol{x}=\begin{pmatrix}\boldsymbol{x}_B\\ \boldsymbol{x}_N\end{pmatrix}=\begin{pmatrix}\boldsymbol{B}^{-1}\boldsymbol{b}\\ \boldsymbol{0}\end{pmatrix}$ 称为相应于基 $\boldsymbol{B}$ 的基本解,当 $\boldsymbol{B}^{-1}\boldsymbol{b}\geqslant\boldsymbol{0}$ 时,称基本解 $\boldsymbol{x}$ 为基本可行解,这时对应的基 $\boldsymbol{B}$ 称为可行基.

为了便于计算,将式(3.1.3)中的数据按照一定的规则列在一张表上,并称这种表为线性规划问题对应于基 $\boldsymbol{B}$ 的初始单纯形表(表 3-1-1).

表 3-1-1　初始单纯形表

z	0	0	$\cdots$	0	σ_{m+1}	σ_{m+2}	$\cdots$	σ_n	$z^{(0)}$
x_1	1	0	$\cdots$	0	$a'_{1,m+1}$	$a'_{1,m+2}$	$\cdots$	a'_{1n}	b'_1
x_2	0	1	$\cdots$	0	$a'_{2,m+1}$	$a'_{2,m+2}$	$\cdots$	a'_{2n}	b'_2
$\vdots$	$\vdots$	$\vdots$		$\vdots$	$\vdots$	$\vdots$		$\vdots$	$\vdots$
x_m	0	0	$\cdots$	1	$a'_{m,m+1}$	$a'_{m,m+2}$	$\cdots$	a'_{mn}	b'_m

第一行中填入典式中目标函数的系数(并令所有基变量的系数为零,因为典式的目标函数中不含基变量) $0,0,\cdots,0,\sigma_{m+1},\sigma_{m+2},\cdots,\sigma_n$;并将目标函数中的常数项 $z^{(0)}=\boldsymbol{c}_B^{\mathrm{T}}\boldsymbol{B}^{-1}\boldsymbol{b}$ 列入表中. 这里的 $\sigma_j(j=m+1,\cdots,n)$,可以按公式

$$
\sigma_j=\boldsymbol{c}_B^{\mathrm{T}}\boldsymbol{B}^{-1}\boldsymbol{P}_j-c_j=\boldsymbol{c}_B^{\mathrm{T}}\boldsymbol{P}'_j-c_j \quad (j=m+1,\cdots,n),
$$
$$
\boldsymbol{P}'_j=\boldsymbol{B}^{-1}\boldsymbol{P}_j=(a'_{1j},a'_{2j},\cdots,a'_{mj})^{\mathrm{T}} \quad (j=m+1,\cdots,n)
$$

计算后填入.

由表 3-1-1 显然可以看出初始基本可行解 $\boldsymbol{X}^{(0)}=(b'_1,b'_2,\cdots,b'_m,0,\cdots,0)^{\mathrm{T}}$ 及相应的目标函数值 $z^{(0)}$.

称 $\sigma_j(j=m+1,\cdots,n)$ 为检验数或判别数,它是典式的目标函数中非基变量 $x_j\ (j=m+1,\cdots,n)$ 的系数. 若令基变量 $x_j(j=1,2,\cdots,m)$ 对应的检验数 $\sigma_j=0(j=1,2,\cdots,m)$,则检验数可写为向量形式 $\boldsymbol{\sigma}=(\sigma_1,\cdots,\sigma_n)$.

条件 $\boldsymbol{\sigma}=(\sigma_B,\sigma_N)=\boldsymbol{c}_B^{\mathrm{T}}\boldsymbol{B}^{-1}\boldsymbol{A}-\boldsymbol{c}^{\mathrm{T}}=(\boldsymbol{0},\boldsymbol{c}_B^{\mathrm{T}}\boldsymbol{B}^{-1}\boldsymbol{N}-\boldsymbol{c}_N^{\mathrm{T}})\leqslant\boldsymbol{0}$ 称为最优性条件. 它是判别当前的解是否为最优解的标准.

表格单纯形算法的迭代步骤如下:

(1) 设已有一个初始可行基,写出对应的典式,确定初始基本可行解,列初

始单纯形表.

(2) 检验各非基变量 x_j 的检验数 σ_j，若所有的 $\sigma_j \leqslant 0(j=1,2,\cdots,n)$，则已求得最优解

$$X^* = \begin{pmatrix} X_B^* \\ X_N^* \end{pmatrix} = \begin{pmatrix} b' \\ 0 \end{pmatrix}$$

及目标函数最优值 $z^* = C_B^{\mathrm{T}} b'$，迭代停止；否则转(3).

(3) 在所有的 $\sigma_j > 0$ 中，若有某个 $\sigma_k > 0$ 对应的 x_k 的系数列向量 $P'_k \leqslant 0$（即 $a'_{ik} \leqslant 0,\ i=1,2,\cdots,m$），则此问题无界，迭代停止；否则转(4).

(4) 根据 $\sigma_k = \max\{\sigma_j, \sigma_j > 0, 1 \leqslant j \leqslant n\}$ 确定 x_k 为进基变量，又根据最小比值法则计算

$$\theta = \min\left\{\frac{b'_i}{a'_{ik}}, a'_{ik} > 0, 1 \leqslant i \leqslant m\right\} = \frac{b'_r}{a'_{rk}},$$

确定 x_r 为出基变量，转(5).

(5) 以 a'_{rk} 为主元进行旋转变换（即进行矩阵的行初等变换），将 x_k 所对应的列向量变换为单位列向量，即

$$P'_k = \begin{pmatrix} a'_{1k} \\ a'_{2k} \\ \vdots \\ a'_{rk} \\ \vdots \\ a'_{mk} \end{pmatrix} \xrightarrow{\text{变换为}} \begin{pmatrix} 0 \\ 0 \\ \vdots \\ 1 \\ \vdots \\ 0 \end{pmatrix} \leftarrow \text{第 } r \text{ 个分量.}$$

同时应将检验数行中的 σ_k 变为零，将 x_B 列中的 x_r 换为 x_k，得新的单纯形表. 返回(2).

若原问题没有明显的初始可行基，则需引入 m 个人工变量 $x_a = (x_{n+1}, x_{n+2}, \cdots, x_{n+m})^{\mathrm{T}}$，作一个辅助问题

$$\begin{aligned} \min \quad & g = Ix_a, \\ \text{s.t.} \quad & Ax + x_a = b, \\ & x, x_a \geqslant 0, \end{aligned}$$

这里 $I = (1,\cdots,1) \in \mathbf{R}^m$. 记原问题的可行区域为 D，辅助问题的可行区域记作 D'，显然 $x \in D$ 和 $\begin{pmatrix} x \\ 0 \end{pmatrix} \in D'$ 是等价的. 而存在 $\begin{pmatrix} x \\ 0 \end{pmatrix} \in D'$，当且仅当 $\min g = 0$. 这样就能通过求解辅助问题来获得原问题的初始解了.

例 3.1

$$\begin{aligned} \min \quad & z = -2x_1 - x_2, \\ \text{s.t.} \quad & x_1 + x_2 - x_3 = 3, \\ & -x_1 + x_2 - x_4 = 1, \\ & x_1 + 2x_2 + x_5 = 8, \\ & x_1, x_2, x_3, x_4, x_5 \geqslant 0. \end{aligned}$$

解 原问题没有明显的基本可行解,引入人工变量 x_6, x_7,得辅助问题

$$\begin{aligned} \min \quad & g = x_6 + x_7, \\ \text{s.t.} \quad & x_1 + x_2 - x_3 + x_6 = 3, \\ & -x_1 + x_2 - x_4 + x_7 = 1, \\ & x_1 + 2x_2 + x_5 = 8, \\ & x_1, \cdots, x_7 \geqslant 0. \end{aligned}$$

列成如下形式的表(表 3-1-2):

表 3-1-2

	g	x_1	x_2	x_3	x_4	x_5	x_6	x_7	RHS
g	1	0	0	0	0	0	−1	−1	0
x_6	0	1	1	−1	0	0	1	0	3
x_7	0	−1	1	0	−1	0	0	1	1
x_5	0	1	2	0	0	1	0	0	8

为将所有基变量的检验数化为 0,将第 1,第 2 行加到目标函数行(记为第 0 行)上去,得辅助问题的初始单纯形表(表 3-1-3)如下:

表 3-1-3

	g	x_1	x_2	x_3	x_4	x_5	x_6	x_7	RHS
g	1	0	2	−1	−1	0	0	0	4
x_6	0	1	1	−1	0	0	1	0	3
x_7	0	−1	1^*	0	−1	0	0	1	1
x_5	0	1	2	0	0	1	0	0	8

经过一次迭代后,得单纯形表(表 3-1-4)如下:

表 3-1-4

	g	x_1	x_2	x_3	x_4	x_5	x_6	x_7	RHS
g	1	2	0	−1	1	0	0	−2	2
x_6	0	2^*	0	−1	1	0	1	−1	2
x_2	0	−1	1	0	−1	0	0	1	1
x_5	0	3	0	0	2	1	0	−2	6

再迭代后，得单纯形表（表 3-1-5）如下：

表 3-1-5

	g	x_1	x_2	x_3	x_4	x_5	x_6	x_7	RHS
g	1	0	0	0	0	0	-1	-1	0
x_1	0	1	0	-1/2	1/2	0	1/2	-1/2	1
x_2	0	0	1	-1/2	-1/2	0	1/2	1/2	2
x_5	0	0	0	3/2*	1/2	1	-3/2	-1/2	3

这张表对应的基变量为 x_1, x_2, x_5，基本可行解为 $(1,2,0,0,3,0,0)^{\mathrm{T}}$，辅助目标函数的最优值 $g=0$，此时第一阶段结束. 删去 x_6, x_7，把第 0 行换成原问题的目标函数方程，从基本可行解 $\boldsymbol{x}=(1,2,0,0,3)^{\mathrm{T}}$ 开始第二阶段的计算.

表 3-1-6

	z	x_1	x_2	x_3	x_4	x_5	RHS
z	1	2	1	0	0	0	0
x_1	0	1	0	-1/2	1/2	0	1
x_2	0	0	1	-1/2	-1/2	0	2
x_5	0	0	0	3/2	1/2	1	3

把表 3-1-6 的第 1 行的 -2 倍和第 2 行的 -1 倍加到第 0 行上去，得到原问题的初始单纯形表（表 3-1-7）.

表 3-1-7

	z	x_1	x_2	x_3	x_4	x_5	RHS
z	1	0	0	3/2	-1/2	0	-4
x_1	0	1	0	-1/2	1/2	0	1
x_2	0	0	1	-1/2	-1/2	0	2
x_5	0	0	0	3/2*	1/2	1	3

迭代一次，得表 3-1-8.

表 3-1-8

	z	x_1	x_2	x_3	x_4	x_5	RHS
z	1	0	0	0	-1	-1	-7
x_1	0	1	0	0	2/3	1/3	2
x_2	0	0	1	0	-1/3	1/3	3
x_3	0	0	0	1	1/3	2/3	2

这时 $\boldsymbol{\sigma} \leqslant \boldsymbol{0}$，故得到了原问题的最优解 $\boldsymbol{x}=(2,3,2,0,0)^{\mathrm{T}}$，目标函数最优

值$z_0=-7$.

3.1.3 运输问题

问题的提出：

设某种物资共有 m 个产地 $A_1,A_2,\cdots,A_m$，其产量分别为 $a_1,a_2,\cdots,a_m$，另有 n 个销地 $B_1,B_2,\cdots,B_n$，其销量分别为 $b_1,b_2,\cdots,b_n$. 已知产地 $A_i(i=1,2,\cdots,m)$ 运往销地 $B_j(j=1,2,\cdots,n)$ 的单位运价为 c_{ij}. 问应该如何调运使得总运费最省？

模型分析：

根据总产量和总需求量是否相等，运输问题可以分为产销平衡及产销不平衡两种情形. 当产销平衡（即 $\sum\limits_{i=1}^{m}a_i=\sum\limits_{j=1}^{n}b_j$）时，设 x_{ij}表示从第 i 个产地运往第 j 个销地的运量，则总运费 $z=\sum\limits_{i=1}^{m}\sum\limits_{j=1}^{n}c_{ij}x_{ij}$. 因此，可得到运输问题的数学模型为

$$
\begin{aligned}
\min\quad & z=\sum_{i=1}^{m}\sum_{j=1}^{n}c_{ij}x_{ij},\\
\text{s.t.}\quad & \sum_{j=1}^{n}x_{ij}=a_i \qquad (i=1,2,\cdots,m),\\
& \sum_{i=1}^{m}x_{ij}=b_j \qquad (j=1,2,\cdots,n),\\
& x_{ij}\geqslant 0 \qquad (i=1,2,\cdots,m;\quad j=1,2,\cdots,n).
\end{aligned}
$$

产销平衡问题在运筹学中有成熟的算法来求解，而产销不平衡问题可以转化为产销平衡问题来求解. 事实上，在产销不平衡问题中，可分“产大于销”和“销大于产”两类. 若 $\sum\limits_{i=1}^{m}a_i>\sum\limits_{j=1}^{n}b_j$，则称该问题为产大于销的运输问题；若 $\sum\limits_{i=1}^{m}a_i<\sum\limits_{j=1}^{n}b_j$，则称该问题为销大于产的运输问题.

对产大于销的运输问题，其数学模型为

$$
\begin{aligned}
\min\quad & z=\sum_{i=1}^{m}\sum_{j=1}^{n}c_{ij}x_{ij},\\
\text{s.t.}\quad & \sum_{j=1}^{n}x_{ij}\leqslant a_i \qquad (i=1,2,\cdots,m),\\
& \sum_{i=1}^{m}x_{ij}=b_j \qquad (j=1,2,\cdots,n),\\
& x_{ij}\geqslant 0 \qquad (i=1,2,\cdots,m;\ j=1,2,\cdots,n);
\end{aligned}
$$

对销大于产的运输问题，其数学模型为

$$\min \quad z=\sum_{i=1}^{m}\sum_{j=1}^{n}c_{ij}x_{ij},$$

$$\text{s.t.}\quad \sum_{j=1}^{n}x_{ij}=a_i \qquad (i=1,2,\cdots,m),$$

$$\sum_{i=1}^{m}x_{ij}\leqslant b_j \qquad (j=1,2,\cdots,n),$$

$$x_{ij}\geqslant 0 \qquad (i=1,2,\cdots,m;\ j=1,2,\cdots,n).$$

对产销不平衡问题的求解可采用表上作业法，也可将其化为线性规划模型求解. 对于产大于销的运输问题，通过增加一个假想的销地（可看作库存地），其销量设为 $\sum_{i=1}^{m}a_i-\sum_{j=1}^{n}b_j$，相应的运价设为 0，即已化成平衡问题；对于销大于产的运输问题，可通过增加一个假想的产地，其假想产量为 $\sum_{j=1}^{n}b_j-\sum_{i=1}^{m}a_i$，相应的运价也设为 0，也化成了平衡问题.

现以一个例子加以说明.

例 3.2 供应厂家 S_1,S_2 每年按用户的要求向三个用户 T_1,T_2,T_3 供给某商品. 供产能力及需求如表 3-1-9（以某单位计算）.

表 3-1-9 产销数据表

厂家	S_1	S_2	
能力	135	56	
用户	T_1	T_2	T_3
需求	62	83	39

各厂家到用户的每单位货物的运费（元/单位）如表 3-1-10 所示.

表 3-1-10 运 费 表

	T_1	T_2	T_3
S_1	132	—	97
S_2	62	83	39

注 表中横杠表示不可供应.

设从 S_i 到 T_j 的发货量为 x_{ij}，则可建立如下运输问题模型：

$$\min \quad z=132x_{11}+97x_{13}+62x_{21}+83x_{22}+39x_{23},$$

$$\text{s.t}\quad x_{11}+x_{12}+x_{13}\leqslant 135,$$

$$x_{21}+x_{22}+x_{23}\leqslant 56,$$
$$x_{11}+x_{21}=62,$$
$$x_{12}+x_{22}=83,$$
$$x_{13}+x_{23}=39,$$
$$x_{ij}\geqslant 0, i=1,2; j=1,2,3.$$

前两个约束条件为产量约束,后三个条件为需求约束. 若用等式代替可供量中的不等式"$\leqslant$",则表明可供量与需求量相同,即所谓平衡运输问题. 但这里

$$135+56>62+83+39,$$

故为不平衡问题. 不平衡问题可以转化为平衡问题,为此只需引入一个虚构的用户 T_4,即可使可供量约束为等式,相应运价为0.

尽管运输问题的模型是一种线性规划模型,但用常规线性规划方法求解运输问题效率不高,解决运输问题有专用算法,可参见运筹学有关教材.

3.2 整数规划

3.2.1 整数规划简介

有一类非常广泛存在的实际问题,可以用整数变量和线性约束条件建立其数学模型. 有时,这种模型仅由整数变量组成,这就是纯整数规划模型. 更常见的是普通的连续变量和整数变量同时出现的情况,这种模型叫做混合整数规划模型.

实际问题中常有许多量具有不可分割的性质,如最优调度的车辆数、设置的销售网点数、指派工作的人数等;另外有些问题的解必须满足逻辑条件和顺序要求等一些特殊的约束条件,此时往往需引进逻辑变量(又称0-1变量),用以表示"是"与"非". 这类问题的模型均为整数规划模型. 如果把整数规划问题中变量的整数约束松弛为任意实数约束,则对应的线性规划问题称为原问题的松弛问题.

例3.3 某公司使用甲、乙两种设备生产 A 和 B 两种机器,在计划期内,生产每种机器所需要的设备加工时间(天/台),设备能力(天),A 和 B 两种机器单位利润(万元)如表3-2-1所示,问该公司生产 A 和 B 两种机器各多少台,才能使利润最大?

表 3-2-1　数据对照表

	A	B	设备能力(天)
甲	9	7	56
乙	7	20	70
单位利润(万元)	40	90	

解　设 A,B 两种机器各生产 x_1,x_2 台,这个问题的数学模型为

$$\begin{aligned} \max \quad & z = 40x_1 + 90x_2, \\ \text{s. t.} \quad & 9x_1 + 7x_2 \leqslant 56, \\ & 7x_1 + 20x_2 \leqslant 70, \\ & x_1, x_2 \geqslant 0, \\ & x_1, x_2 \text{ 为整数}. \end{aligned}$$

这是一个纯整数规划.

求解整数规划问题比求解线性规划问题困难. 迄今为止,求解整数规划问题尚无统一的有效算法. 1958 年,R. E. Gomory 创立了求解一般线性整数规划的割平面法;1960 年,A. H. Land 和 A. G. Doig 首先对旅行售货商问题提出了一个分解算法;紧接着,E. Balas 等人将其发展成解决一般线性整数规划的分支定界法;之后又有人对特殊整数规划提出相应算法,如 0-1 规划的隐枚举法和分配问题的匈牙利方法等. 我们将介绍最为常用的求解整数规划问题的分支定界法.

3.2.2　分支定界法

求解整数规划时,如果可行域是有界的,首先容易想到的方法就是穷举所有可行的整数解. 对于变量较少的情况,这种方法是可行的,也是有效的. 但对于大型问题,可行的整数解集的基数很大,这种穷举的方法不实用. 一般来说,我们希望仅检查可行整数解集的一部分,就能定出最优的整数解,分支定界法就是这样的一种方法. 分支定界法可用于求解纯整数或混合整数规划问题. 由于该方法灵活且便于计算机求解,所以现在已成为解整数规划的重要方法. 其基本思想是:欲求解最小化的整数规划问题 A,设与它相应的松弛线性规划为问题 B. 从解问题 B 开始,若其最优解不符合 A 的整数条件,那么 B 的最优目标函数必是 A 的最优目标函数 z^* 的下界,记作 $\underline{z}$;而 A 的任意可行解的目标函数值则是 z^* 的一个上界 $\bar{z}$. 分支定界法就是将 B 的可行域分成子区域(称为分支)的方法. 通过重复以上步骤,逐步减小 $\bar{z}$ 和增大 $\underline{z}$,最终求得 z^*. 下面以例子来说明分支定界法

的实现过程.

例 3.4 用分支定界法求解下列整数规划问题：

$$
(\mathrm{L}) \quad \begin{aligned}
\min \quad & z=-(x_1+x_2), \\
\text{s.t.} \quad & -4x_1+2x_2 \leqslant -1, \\
& 4x_1+2x_2 \leqslant 11, \\
& -2x_2 \leqslant -1, \\
& x_1, x_2 \geqslant 0, \text{整数}.
\end{aligned}
$$

不考虑整数约束，定义相应的松弛问题为线性规划 L_0 如下：

$$
(\mathrm{L}_0) \quad \begin{aligned}
\min \quad & z=-(x_1+x_2), \\
\text{s.t.} \quad & -4x_1+2x_2 \leqslant -1, \\
& 4x_1+2x_2 \leqslant 11, \\
& -2x_2 \leqslant -1, \\
& x_1, x_2 \geqslant 0.
\end{aligned}
$$

如图 3-2-1(a)所示，由图解法可求得线性规划 L_0 的最优解 $\boldsymbol{x}^{(0)}=(3/2,5/2)^{\mathrm{T}}$，最优值 $z^{(0)}=-4$. 因为 $\boldsymbol{x}^{(0)}=(3/2,5/2)^{\mathrm{T}}$ 是一个非整数解，所以 $z^{(0)}=-4$ 是整数规划最优值的下界. 分支定界法首先任意选择一个非整数决策变量进行分支. 这里选择 x_1，在 L_0 的最优解中，$x_1=3/2$，于是 $[x_1]=1$，$[x_1]+1=2$，最优解中的 x_1 必满足 $x_1 \leqslant 1$ 或 $x_1 \geqslant 2$. 因此在 L_0 的基础上，分别增加约束条件 $x_1 \leqslant 1$ 和 $x_1 \geqslant 2$，形成两个线性规划子问题 L_1 和 L_2，如图 3-2-1(b)所示，即

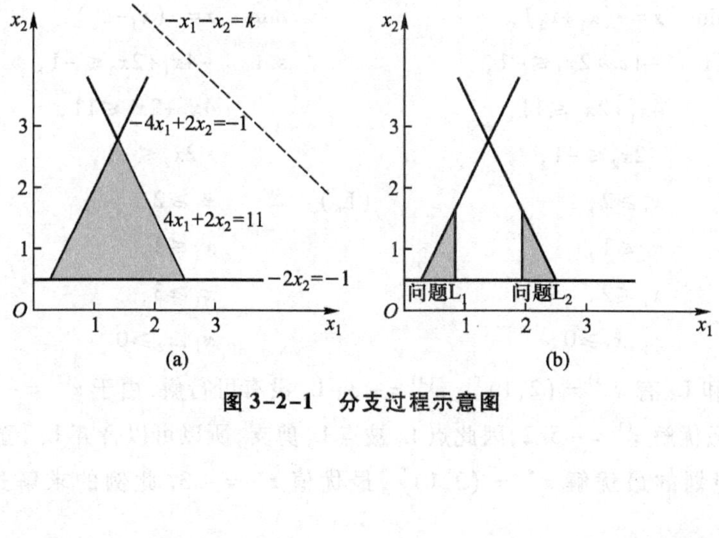

图 3-2-1 分支过程示意图

$$
(\mathrm{L}_1)\quad \begin{aligned} \min\quad & z=-(x_1+x_2),\\ \text{s. t.}\quad & -4x_1+2x_2\leqslant -1,\\ & 4x_1+2x_2\leqslant 11,\\ & -2x_2\leqslant -1,\\ & x_1\leqslant 1,\\ & x_1,x_2\geqslant 0, \end{aligned}
\qquad
(\mathrm{L}_2)\quad \begin{aligned} \min\quad & z=-(x_1+x_2),\\ \text{s. t.}\quad & -4x_1+2x_2\leqslant -1,\\ & 4x_1+2x_2\leqslant 11,\\ & -2x_2\leqslant -1,\\ & x_1\geqslant 2,\\ & x_1,x_2\geqslant 0. \end{aligned}
$$

求解 L_1 和 L_2 有 $\boldsymbol{x}^{(1)}=(1,3/2)^{\mathrm{T}}$，$z^{(1)}=-5/2$；$\boldsymbol{x}^{(2)}=(2,3/2)^{\mathrm{T}}$，$z^{(2)}=-7/2$.

显然至此仍然未得到整数解，由于 $z^{(1)}>z^{(2)}$，故优先选择 L_2 进行分支. 在 L_2 的最优解中，$x_2=3/2$，于是 $[x_2]=1$，$[x_2]+1=2$. 在 L_2 的基础上，分别增加约束条件 $x_2\leqslant 1$ 和 $x_2\geqslant 2$，分支形成两个子线性规划 L_3 和 L_4，即

$$
(\mathrm{L}_3)\quad \begin{aligned} \min\quad & z=-(x_1+x_2),\\ \text{s. t.}\quad & -4x_1+2x_2\leqslant -1,\\ & 4x_1+2x_2\leqslant 11,\\ & -2x_2\leqslant -1,\\ & x_1\geqslant 2,\\ & x_2\leqslant 1,\\ & x_1,x_2\geqslant 0, \end{aligned}
\qquad
(\mathrm{L}_4)\quad \begin{aligned} \min\quad & z=-(x_1+x_2),\\ \text{s. t.}\quad & -4x_1+2x_2\leqslant -1,\\ & 4x_1+2x_2\leqslant 11,\\ & -2x_2\leqslant -1,\\ & x_1\geqslant 2,\\ & x_2\geqslant 2,\\ & x_1,x_2\geqslant 0. \end{aligned}
$$

求解 L_3 和 L_4 有 $\boldsymbol{x}^{(3)}=(9/4,1)^{\mathrm{T}}$，$z^{(3)}=-13/4$；$L_4$ 无可行解. 因为 L_3 仍然未得到整数最优解，在 L_3 的基础上，分别增加约束条件 $x_1\leqslant 2$ 和 $x_1\geqslant 3$，分支形成两个子线性规划 L_5 和 L_6，即

$$
(\mathrm{L}_5)\quad \begin{aligned} \min\quad & z=-(x_1+x_2),\\ \text{s. t.}\quad & -4x_1+2x_2\leqslant -1,\\ & 4x_1+2x_2\leqslant 11,\\ & -2x_2\leqslant -1,\\ & x_1\geqslant 2,\\ & x_2\leqslant 1,\\ & x_1\leqslant 2,\\ & x_1,x_2\geqslant 0, \end{aligned}
\qquad
(\mathrm{L}_6)\quad \begin{aligned} \min\quad & z=-(x_1+x_2),\\ \text{s. t.}\quad & -4x_1+2x_2\leqslant -1,\\ & 4x_1+2x_2\leqslant 11,\\ & -2x_2\leqslant -1,\\ & x_1\geqslant 2,\\ & x_2\leqslant 1,\\ & x_1\geqslant 3,\\ & x_1,x_2\geqslant 0. \end{aligned}
$$

求解 L_5 和 L_6 有 $\boldsymbol{x}^{(5)}=(2,1)^{\mathrm{T}}$，$z^{(5)}=-3$；$L_6$ 没有可行解. 由于 $z^{(5)}=-3$ 小于问题 L_1 的最优解 $z^{(1)}=-5/2$，因此点 L_1 被点 L_5 剪支，所以可以舍弃 L_1. 至此，已得到整数规划的最优解 $\boldsymbol{x}^*=(2,1)^{\mathrm{T}}$，最优值 $z^*=-3$. 此例的求解过程如图

3-2-2 所示.

从以上解题过程可得分支定界法的步骤如下：

将要求解的极小化整数规划问题称为问题 L，将与它相应的松弛线性规划问题称为问题 L_0.

解问题 L_0，可能得到以下情况之一：

(a) L_0 没有可行解，这时 L 也没有可行解，则停止；

(b) L_0 有最优解，并符合问题 L 的整数条件，L_0 的最优解即为 L 的最优解，则停止；

(c) L_0 有最优解，但不符合 L 的整数条件，记它的目标函数值为 $\underline{z}$.

用观察法找问题 L 的一个初始整数可行解，如可取 $x_j=0, j=1,2,\cdots,n$ 进行试探，求得其目标函数值，并记作 $\bar{z}$，或直接取 $\bar{z}=\infty$. 以 z^* 表示问题 L 的最优目标函数值，这时有 $\underline{z} \leqslant z^* \leqslant \bar{z}$，进行迭代.

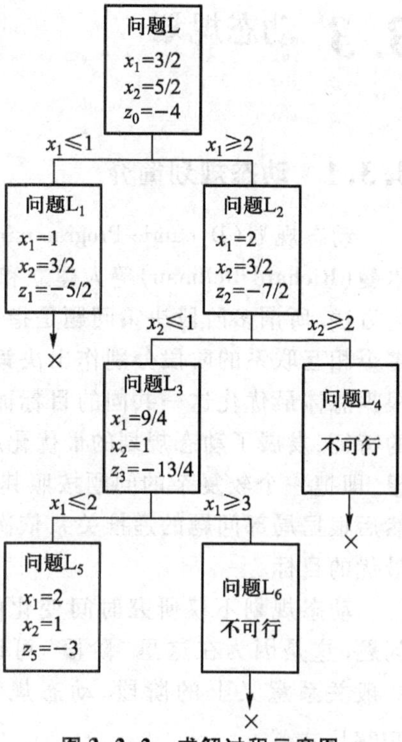

图 3-2-2 求解过程示意图

第一步 分支. 在 L_0 的最优解中任选一个不符合整数条件的变量 x_j，其值为 b_j，以 $[b_j]$ 表示小于 b_j 的最大整数. 构造两个约束条件

$$x_j \leqslant [b_j] \qquad ①$$

和

$$x_j \geqslant [b_j]+1, \qquad ②$$

将这两个约束条件分别加入问题 L_0，构造两个后继规划问题 L_1 和 L_2，不考虑整数条件，求解这两个后继问题.

第二步 定界. 以每个后继问题为一分支标明求解的结果，在所有问题的求解结果中，找出最优目标函数值最小者作为新的下界 $\underline{z}$. 从已符合整数条件的各分支中找出目标函数值为最小者作为新的上界 $\bar{z}$.

第三步 比较与剪支. 各分支的最优目标函数中有大于 $\bar{z}$ 者，则剪掉这支，即以后不再考虑该分支了. 若小于 $\bar{z}$，且不符合整数条件，则重复第一步骤，直到最后得到 $z^*=\underline{z}$ 为止，得最优整数解 $x_j^*, j=1,2,\cdots,n$.

3.3 动态规划

3.3.1 动态规划简介

动态规划(Dynamic Programming)是20世纪50年代前后由美国数学家贝尔曼(Richard Bellman)等人建立和发展起来的一种解决多阶段决策问题的优化方法. 所谓多阶段决策问题是指这样一类问题,该问题的决策过程是一种在多个相互联系的阶段分别作出决策以形成序列决策的过程. 而这些决策都是根据总体最优化这一共同的目标而采取的. 贝尔曼根据一类多阶段决策问题的特征,发展了动态规划的最优化原理. 该原理概括了动态规划方法的基本思想,即把一个较复杂的问题按照其阶段划分,分解成若干个较小的局部问题,然后根据局部问题的递推关系依次做出一系列决策,直到整个问题达到总体最优的目标.

动态规划不仅研究时间变化的决策问题,而且研究非时间因素的决策问题. 这是因为在这里"阶段"可以是时间意义上的阶段,也可以是空间和一般关系意义上的阶段. 动态规划又称为多阶段规划(Multistage Programming).

动态规划问世以来,在经济管理、生产调度、工程技术和最优控制等方面得到了广泛的应用. 例如最短路线、库存管理、资源分配、设备更新、排序、装载等问题,用动态规划方法比用其他方法求解更为方便.

3.3.2 动态规划的基本概念

1. 阶段

根据问题的特点和需要,将问题的全过程恰当地划分为若干个相互联系的阶段,以便把问题分解成若干子问题逐个求解. 这里用 k 表示阶段变量($k \leqslant n$, n 为总阶段数).

2. 状态与状态变量

状态是系统在变化过程中每个阶段的初始形态表征. 它通过系统在每个阶段的出发位置来描述. 它应能描述过程的特征并且具有无后效性,即当某阶段的状态给定时,这个阶段以后过程的演变与该阶段以前各阶段的状态无关. 通常还要求状态是直接或间接可以观测的.

描述状态的变量称为状态变量，简称状态. 状态变量允许取值的范围称允许状态集合. 这里用 s_k 表示第 k 阶段的初始状态，它可以是一个数或者一个向量. 允许状态集合记为 S_k.

n 个阶段的决策过程有 $n+1$ 个状态变量，s_{k+1} 表示 s_k 演变的结果. 根据过程演变的具体情况，状态变量可以是离散的或连续的. 为了计算的方便有时将连续变量离散化，而为了分析的方便有时将离散变量视为连续的.

3. 决策与决策变量

决策是指在某一阶段状态给定以后，从该状态演变至下一阶段某状态时进行的选择. 描述决策的变量称为决策变量. 用 $d_k(s_k)$ 表示第 k 阶段处于状态 s_k 时的决策变量. $d_k(s_k)$ 的可能值全体构成决策集合 $D_k(S_k)$，称为允许决策集合.

4. 状态转移与状态转移方程

系统由这一阶段的一个状态转变到下一阶段的另一个状态称为状态转移. 状态转移既与状态有关，又与决策有关. 描述状态转移关系的方程称为状态转移方程. 若第 k 阶段的状态变量 s_k 与该阶段的决策变量 d_k 确定后，第 $k+1$ 阶段的状态变量 s_{k+1} 也随之确定，则它们的关系式

$$s_{k+1}=T_k(s_k,\ d_k)$$

称为由状态 s_k 转移到状态 s_{k+1} 的状态转移方程. 反之，若第 k 阶段的状态变量 s_k 与 $k-1$ 阶段的决策变量 d_{k-1} 确定后，第 $k-1$ 阶段的状态变量 s_{k-1} 也随之确定，则它们的关系式

$$s_{k-1}=T_{k-1}(s_k,\ d_{k-1})$$

称为由状态 s_k 转移到状态 s_{k-1} 的状态转移方程.

5. 策略与(后部)子策略

由过程的第一阶段开始到终点为止的每阶段的决策 $d_k(s_k)\ (k=1,2,\cdots,n)$ 所组成的决策序列称为全过程策略，简称策略，记为

$$p_{1n}(s_1)=(d_1(s_1),d_2(s_2),\cdots,d_n(s_n)).$$

这里，状态间的转移符合其逻辑关系. 全部策略构成策略集，记为 $P_{1n}(s_1)$.

从第 k 阶段某一初始状态 s_k 开始到终点的过程称为全过程的 k 后部子过程. 其相应的决策序列

$$p_{kn}(s_k)=(d_k(s_k),d_{k+1}(s_{k+1}),\cdots,d_n(s_n))$$

称为 k 后部子策略，简称子策略. k 后部子策略的全体记为 $P_{kn}(s_k)$.

6. 阶段指标

阶段指标是对过程中某一个阶段的决策效果衡量其优劣的一种数量指标. 第 k 阶段初始状态 s_k 且采取决策 $d_k(s_k)$ 时的阶段指标记为 $v_k(s_k,d_k(s_k))$.

7. 指标函数与最优指标函数

指标函数是用来对多阶段决策过程决策效果衡量其优劣的一种数量指标，它是定义在全过程或所有后部子过程上的确定的数量函数，表示为

$$V_{kn}(s_k)=V_{kn}(s_k,\ p_{kn}(s_k))=V_{kn}(s_k,d_k,s_{k+1},d_{k+1},\cdots,s_n,d_n).$$

由于常见的指标函数是取各阶段指标和的形式，故本章以此为例，即设

$$V_{kn}(s_k)=\sum_{i=k}^{n}v_i(s_i,d_i(s_i)),$$

其中 $v_i(s_i,\ d_i(s_i))$ 表示第 i 阶段的初始状态为 s_i，且采取决策 $d_i(s_i)$ 时该阶段的指标值. 另外一种常见的形式是指标函数是取各阶段指标之积，其方法是类似的.

指标函数 $V_{kn}(s_k)$ 的最优值称为最优指标函数，记为 $f_k(s_k)$. 它表示从第 k 阶段的状态 s_k 开始，选取最优策略（或最优后部子策略）后，得到的指标函数值.

最优化原理与函数基本方程

在求解上述动态规划问题时，递归关系的建立和反向递归解法的形成是十分重要的，而这些是以动态规划的最优化原理为基础的.

所谓动态规划最优化原理，即：

"作为整个过程的最优策略具有这样的性质，无论过去的状态和策略如何，对前面的决策所形成的状态而言，余下的诸决策必须构成最优策略."

这个原理是贝尔曼首先提出来的. 根据这个原理，可以把多阶段决策问题的求解过程看成是对若干个相互联系的子问题逐个求解的反向递归过程.

由动态规划最优化原理可以得到体现这一原理基本思想的函数基本方程：

$$\begin{cases}f_k(s_k)=\underset{d_k\in D_k(s_k)}{\mathrm{opt}}\{v_k(s_k,d_k(s_k))+f_{k+1}(s_{k+1})\}\quad(k=n,n-1,\cdots,1),\\ f_{n+1}(s_{n+1})=\varphi(s_{n+1})\ (\varphi\text{ 为已知函数}),\\ s_{k+1}=T_k(s_k,d_k),s_k\in S_k.\end{cases}\tag{3.3.1}$$

这里，opt 表示"最优"，即代表"最大"（max）化或"最小"（min）化.

后向算法和前向算法

1. 后向算法

利用终端条件从 $k=n$ 开始由后向前逆推基本方程，求得各阶段的最优策略和最优值函数，最后算出 $f_1(s_1)$ 时就得到了最优决策序列 $\{d_k(s_k)\mid s_k\in S_k,k=1,2,\cdots,n\}$. 后向算法的基本方程为(3.3.1).

2. 前向算法

求解动态规划的另一种重要方法是前向算法. 所谓前向算法就是从始点出发逐段向前递归计算，直至终点，以求得全过程的最优解. 其基本方程如下：

$$
\begin{cases}
f_k(s_k) = \underset{d_k \in D_k(s_k)}{\text{opt}} \{v_k(s_k, d_k(s_k)) + f_{k-1}(s_{k-1})\} \quad (k = 1, 2, \cdots, n), \\
f_0(s_0) = \varphi(s_0) (\varphi \text{ 为已知函数}), \\
s_{k-1} = T_k(s_k, d_k), s_k \in S_k.
\end{cases}
\tag{3.3.2}
$$

从基本方程(3.3.1)与(3.3.2)所建立的递归关系来看，后向算法与前向算法两种不同的解题方法所得的结果应该相同. 在求解动态规划问题时，前向算法有时较为困难，而后向算法往往更为有效. 甚至有些动态规划问题只能用后向算法求解，而无法用前向算法. 同样，有些问题只能用前向算法求解. 因此，计算方向应根据问题的特点和所构成的函数基本方程来确定.

建立一个确定性多阶段决策过程的动态规划模型包括以下几个步骤：

(1) 将过程划分成恰当的阶段；

(2) 正确选择状态变量 s_k，使它既能描述过程的状态，又满足无后效性，同时确定允许状态集合 S_k；

(3) 选择决策变量 $d_k(s_k)$，确定允许决策集合 $D_k(S_k)$；

(4) 写出状态转移方程；

(5) 确定阶段指标 $v_k(s_k, d_k(s_k))$ 及指标函数 $V_{kn}(s_k)$ 的形式(阶段指标之和，阶段指标之积，阶段指标之极大或极小)；

(6) 写出基本方程即最优值函数满足的递推方程以及端点条件.

3.3.3 动态规划应用于最短路线问题

如图 3-3-1 所示，在 A 处有一油库，E 为一港口. 今需从 A 铺设输油管道到 E 处，拟在 B_1, B_2, B_3 之一，C_1, C_2, C_3 之一以及 D_1, D_2 之一各建一个中间站，各站之间的管道走向如图所示，连线旁的数字表示两站间的管道长. 现要求选择 3 个合适的中间站，使 A 到 E 的总输油管道长度最短.

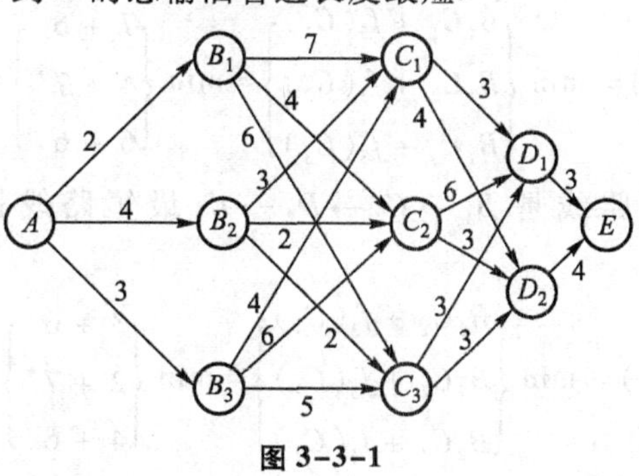

图 3-3-1

阶段按过程的演变划分，状态由各段的位置确定，决策为从各个状态出发的走向，即有 $s_{k+1} = d_k(s_k)$，阶段指标为相邻两段状态间的距离 $v_k(s_k, d_k(s_k))$，指标函数为阶段指标之和，最优值函数 $d_k(s_k)$ 为由 s_k 出发到终点的最短距离（或最小费用），基本方程为

$$\begin{cases} f_k(s_k) = \min\{v_k(s_k, d_k(s_k)) + f_{k+1}(s_{k+1})\}, \\ d_k(s_k) \in D_k(s_k) \quad (k = 4,3,2,1), \\ f_5(s_5) = 0. \end{cases}$$

用后向算法求解. $k=5$ 时，

$$f_5(s_5) = f_5(E) = 0;$$

$k=4$ 时，

$$f_4(D_1) = \min\{D_1E + f_5(E)\} = 3+0=3,$$

同理可得 $f_4(D_2)=4$；最优决策为 $d_4^*(D_2)=E$. $k=3$ 时，

$$\begin{aligned} f_3(C_1) &= \min\{v_3(C_1, d_3(C_1)) + f_4(S_4)\} \\ &= \min\{C_1D_1 + f_4(D_1), C_1D_2 + f_4(D_2)\} = \min\{3+3^*, 4+4\} = 6, \end{aligned}$$

其中 $d_3(C_1) \in D_3(C_1) = \{D_1, D_2\}$.

从 C_1 到终点 E 的最短路线是 $C_1 \to D_1 \to E$；最短路线长为 6；最优决策为

$$d_{3^*}(C_1) = D_1.$$

同理得

$$f_3(C_2) = \min\{C_2D_1 + f_4(D_1), C_2D_2 + f_4(D_2)\} = \min\{6+3, 3+4^*\} = 7.$$

从 C_2 到 E 的最短路线是 $C_2 \to D_2 \to E$；最短路线长为 7；最优决策为 $d_{3^*}(C_2) = D_2$.

$$f_3(C_3) = \min\begin{Bmatrix} C_3D_1 + f_4(D_1) \\ C_3D_2 + f_4(D_2) \end{Bmatrix} = \min\begin{Bmatrix} 3+3^* \\ 3+4 \end{Bmatrix} = 6.$$

从 C_3 到 E 的最短路线是 $C_3 \to D_1 \to E$；最短路线长为 6；最优决策为 $d_{3^*}(C_3) = D_1$.

$k=2$ 时，

$$f_2(B_1) = \min\begin{Bmatrix} B_1C_1 + f_3(C_1) \\ B_1C_2 + f_3(C_2) \\ B_1C_3 + f_3(C_3) \end{Bmatrix} = \min\begin{Bmatrix} 7+6 \\ 4+7^* \\ 6+6 \end{Bmatrix} = 11.$$

从 B_1 到 E 的最短路线是 $B_1 \to C_2 \to D_2 \to E$；最短路线长为 11；最优决策为 $d_{2^*}(B_1) = C_2$.

$$f_2(B_2) = \min\begin{Bmatrix} B_2C_1 + f_3(C_1) \\ B_2C_2 + f_3(C_2) \\ B_2C_3 + f_3(C_3) \end{Bmatrix} = \min\begin{Bmatrix} 3+6^* \\ 2+7^* \\ 4+6 \end{Bmatrix} = 9.$$

从 B_2 到 E 的最短路线是 $B_2 \to C_1 \to D_1 \to E$ 或 $B_2 \to C_2 \to D_2 \to E$；最短路线长为 9；

最优决策为 $d_{2*}(B_2)=C_1$ 或 C_2.

$$f_2(B_3)=\min\begin{Bmatrix}B_3C_1+f_3(C_1)\\B_3C_2+f_3(C_2)\\B_3C_3+f_3(C_3)\end{Bmatrix}=\min\begin{Bmatrix}6+6\\2+7^*\\5+6\end{Bmatrix}=9.$$

从 B_3 到 E 的最短路线是 $B_3\to C_2\to D_2\to E$；最短路线长为 9；最优决策为 $d_{2*}(B_3)=C_2$. $k=1$ 时，

$$f_1(A)=\min\begin{Bmatrix}AB_1+f_2(B_1)\\AB_2+f_2(B_2)\\AB_3+f_2(B_3)\end{Bmatrix}=\min\begin{Bmatrix}2+11\\4+9\\3+9^*\end{Bmatrix}=12.$$

从 A 到 E 的最短路线是 $A\to B_3\to C_2\to D_2\to E$；最短路线长为 12；最优决策为 $d_{1*}(A)=B_3$.

从起点开始，由逐个阶段的最优决策构成的策略为最优策略，即由 $d_{1*}(A)=B_3, d_{2*}(B_3)=C_2, d_{3*}(C_2)=D_2, d_{4*}(D_2)=E$，构成最优策略 $p_{14*}(A)=(B_3, C_2, D_2, E)$.

因此，该问题的最优路线为 $A\to B_3\to C_2\to D_2\to E$，总管线长为 12 单位.

这一解题思路体现了动态规划方法的如下基本特征：多阶段性，无后效性，递归性，总体优化性.

3.3.4 动态规划应用于生产计划问题

某厂在未来 3 个月连续生产某种产品. 每月初开始生产，月产量为 x，生产成本为 x^2，库存费为每月每单位 1 元. 假如 3 个月的需求量预测分别为 $b_1=100$, $b_2=110$, $b_3=120$，且初始存货 $s_0=0$，第三个月的期末存货 $s_3=0$. 问应如何安排生产使总成本最小？

下面用前向算法来求解.

以月为阶段，该问题划分为 3 个阶段. 设 x_k 为第 k 月的产量，s_k 为第 k 月末的库存量，$v_k(s_k, x_k)$ 为第 k 月的成本，$f_k(s_k)$ 为从第 1 月到第 k 月按最优策略安排生产的总成本.

状态转移方程为 $s_{k-1}=s_k-x_k+b_k$, $s_k\geqslant 0$, $x_k\geqslant 0$, $k=1,2,3$，且 $s_0=s_3=0$.

建立基本方程为

$$\begin{cases}f_k(s_k)=\min\{v_k(s_k,x_k)+f_{k-1}(s_{k-1})\},\\x_k\geqslant 0(k=1,2,3),\\f_0(s_0)=0.\end{cases}$$

$k=1$ 时，

$$f_1(s_1)=\min v_1(s_1,x_1)=\min\{x_1^2+s_1\}.$$

由 $x_1^*=b_1+s_1-s_0=b_1+s_1$，得

$$f_1(s_1)=(b_1+s_1)^2+s_1,s_1\geqslant 0.$$

$k=2$ 时，

$$\begin{aligned}f_2(s_2)&=\min\{x_2^2+s_2+f_1(s_1)\}=\min\{x_2^2+s_2+(b_1+s_1)^2+s_1\}\\&=\min\{x_2^2+s_2+(b_1+b_2-x_2+s_2)^2+(b_2-x_2+s_2)\}.\end{aligned}$$

利用微分求极值的方法求 x_2 的值，令上式大括号中关于 x 的函数对 x_2 的导数等于 0，求得

$$x_2^*=1/2(b_1+b_2+s_2)+1/4\geqslant 0.$$

于是有

$$f_2(s_2)=1/2\,[(b_1+b_2+s_2)+1/2]^2-1/4+s_2-b_1,s_2\geqslant 0.$$

$k=3$ 时，

$$\begin{aligned}f_3(s_3)&=\min\{x_3^2+s_3+f_2(s_2)\}\\&=\min\{x_3^2+s_3+1/2\,[(b_1+b_2+s_2)+1/2]^2+s_2-b_1-1/4\}\\&=\min\{x_3^2+s_3+1/2\,[(b_1+b_2+b_3-x_3+s_3)+1/2]^2+\\&\qquad b_3-x_3+s_3-b_1-1/4\}\\&=\min\{x_3^2+1/2\,[(b_1+b_2+b_3-x_3)+1/2]^2+b_3-x_3-b_1-1/4\}.\end{aligned}$$

令上式大括号中关于 x 的函数对 x_3 的导数等于 0，得

$$x_3^*=1/3(b_1+b_2+b_3)+1/2.$$

将 b_1,b_2,b_3 的值代入上式，并依次往回迭代，即可得到每月的产量如下：

$$\begin{aligned}&x_3^*=110.5,\\&s_2=b_3-x_3+s_3=9.5,\\&x_2^*=110,\\&s_1=b_2-x_2+s_2=9.5,\\&x_1^*=109.5.\end{aligned}$$

全期的最小总成本为

$$f_3(s_3)=110.5^2+0.5\times 220^2+120-110.5-100-0.25=36\ 319.5.$$

3.4 数学规划建模实例

3.4.1 配料问题

问题的提出：

设用 n 种原料 $B_1,B_2,\cdots,B_n$ 配制成具有 m 种营养成分 $A_1,A_2,\cdots,A_m$ 的某种食品. 要求每单位食品中第 i 种营养成分的含量不得低于 b_i. 已知每单位的第 j 种原料含第 i 种营养成分的量为 a_{ij}，又原料 B_j 的单价是 c_j（如表 3-4-1），问应如何配方，才能使食品既满足营养要求，而又成本最低？

模型的建立：

表 3-4-1　配料问题参数表

		原料				
		1	2	…	n	每单位食品对第 i 种营养的最低需要量
营养	1	a_{11}	a_{12}	…	a_{1n}	b_1
	2	a_{21}	a_{22}	…	a_{2n}	b_2
	⋮	⋮	⋮		⋮	⋮
	m	a_{m1}	a_{m2}	…	a_{mn}	b_m
第 j 种原料的单价		c_1	c_2	…	c_n	

设 x_j 表示每单位的该食品中第 j 种配料的含量，则该问题的数学模型为

$$\min \quad S=\sum_{j=1}^{n} c_j x_j,$$

$$\text{s. t.} \quad \sum_{j=1}^{n} a_{ij}x_{ij} \geqslant b_i\ ,\ i=1,2,\cdots,m,$$

$$x_j \geqslant 0,\quad j=1,2,\cdots,n.$$

例 3.5　某个饲养厂用原料 A,B,C 混合制作饲料，其各种成分的数据如表 3-4-2. 今需配饲料 1 000 kg，问使饲料成本最低，应配原料 A,B,C 各多少 kg？

表 3-4-2　饲料成分表　　单位:g/kg

单位原料所含成分量		原料			
		A	B	C	单位饲料应含各成分最低量
饲料成分	1	0.1	0.1	0.15	0.10
	2	0.2	0.0	0.15	0.10
	3	0.3	0.2	0.1	0.15
	4	0.3	0.25	0.2	0.20
原料单价		0.10	0.12	0.08	

解　设 x_1, x_2, x_3 为原料 A, B, C 的采购量,可建立如下线性规划模型:

$$
\begin{aligned}
\min \quad & z=0.10x_1+0.12x_2+0.08x_3,\\
\text{s.t.} \quad & x_1+x_2+x_3=1\,000,\\
& 0.10x_1+0.10x_2+0.15x_3 \geqslant 0.1*1\,000,\\
& 0.20x_1+\qquad\quad +0.15x_3 \geqslant 0.10*1\,000,\\
& 0.30x_1+0.20x_2+0.10x_3 \geqslant 0.15*1\,000,\\
& 0.30x_1+0.25x_2+0.20x_3 \geqslant 0.20*1\,000,\\
& x_1, x_2, x_3 \geqslant 0.
\end{aligned}
$$

该问题可以用单纯形法求解. 容易求得最优解为 $x^*=(250,0,750)^{\mathrm{T}}$,最优值为 $z^*=85$.

3.4.2　投资计划问题

某公司经调研分析知,在今后的三年内有四种投资方式,第 Ⅰ 种方案是在三年内每年年初投资,年底可获利 15%,并可将本金收回;第 Ⅱ 种方案是在第一年的年初投资,第二年的年底可获利 45%,并将本金收回,但该投资不得超过 2 万元;第 Ⅲ 种是在第二年的年初投资,第三年的年底可获利 65%,并将本金收回,但该投资不得超过 1.5 万元;第 Ⅳ 种是在第三年的年初投资,年底收回本金,且可获利 35%,但该投资不得超过 1 万元. 现在该公司准备拿出 3 万元来投资,问如何计划可使得第三年年末本利和最大.

本问题的投资年份有三年,投资方式有四种,因而设变量 x_{ij} 为第 i 年投资到第 j 种投资的金额数, $i=1,2,3$; $j=1,2,3,4$. 下面进行分析.

第一年年初有第 Ⅰ, Ⅱ 种投资机会,可供利用的资金为 3 万元,投资不会闲置,故有

$$x_{11}+x_{12}=3.$$

另外,由于第 Ⅱ 种投资不得超过2万元,故有

$$x_{12}\leqslant 2.$$

第二年年初,此时第一年的第 Ⅰ 种投资已全部收回,本利和为 $1.15x_{11}$,它可在第二年重新投资,投资机会有第 Ⅰ,Ⅲ 种,因而有

$$x_{21}+x_{23}-1.15x_{11}=0.$$

另外,由于第 Ⅲ 种投资不得超过1.5万元,故有

$$x_{23}\leqslant 1.5.$$

第三年年初,此时第一年的第 Ⅱ 种投资应全部收回,本利和为 $1.45x_{12}$,第二年投资于 Ⅰ 的本金亦已收回,本利和为 $1.15x_{21}$,这些投资可供重新投资,这一年的投资机会有第 Ⅰ,Ⅳ 种,因而有如下约束

$$x_{31}+x_{34}-1.45x_{12}-1.15x_{21}=0.$$

另外,由于第 Ⅳ 种投资不得超过1万元,故有

$$x_{34}\leqslant 1.$$

第三年年底,所有本利全部收回,即第二年投资于 Ⅲ 的本利和为 $1.65x_{23}$,第三年年初投资于 Ⅰ 的本利和为 $1.15x_{31}$ 及投资于 Ⅳ 的本利和为 $1.35x_{34}$,归纳上述分析,该问题的数学模型为

$$\begin{aligned}\max\quad & z=1.65x_{23}+1.15x_{31}+1.35x_{34},\\ \text{s.t.}\quad & x_{11}+x_{12}=3,\\ & x_{12}\leqslant 2,\\ & x_{21}+x_{23}-1.15x_{11}=0,\\ & x_{23}\leqslant 1.5,\\ & x_{31}+x_{34}-1.45x_{12}-1.15x_{21}=0,\\ & x_{34}\leqslant 1,\\ & x_{ij}\geqslant 0,\ i=1,2,3;j=1,2,3,4.\end{aligned}$$

3.4.3 合同与库存问题

某饲料厂若从某月开始增产,每 t 成本增加10元,若从某月开始减产,每 t 成本增加5元.本年度12月份计划生产2 000 t,预计明年1月的库存为1 000 t,库存最大容量为5 000 t.合同订购各月提货量如表3-4-3.在保证库存和提货的前提下,制定最佳生产计划,使因产量变化引起的成本增加总额最少.

表 3-4-3　各月提货量表　　单位:kt

月份	1	2	3	4	5	6
提货量	2	3	4	6	8	10
月份	7	8	9	10	11	12
提货量	10	6	4	3	2	2

模型假设:

(1) 生产量与提货量基本同步增长;

(2) 生产量由上升到下降,其中只有一次转折,不妨设 6 月份为转折点;

(3) 设第 j 月的生产量为 $x_j, j=1,2,\cdots,12$.

成本总和为

$$\begin{aligned} z &= 10[(x_1-2\ 000)+(x_2-x_1)+(x_3-x_2)+(x_4-x_3)+(x_5-x_4)+(x_6-x_5)] \\ &\quad +5[(x_6-x_7)+(x_7-x_8)+(x_8-x_9)+(x_9-x_{10})+(x_{10}-x_{11})+(x_{11}-x_{12})] \\ &= 15x_6-5x_{12}-20\ 000, \end{aligned}$$

所以目标函数为

$$\min \quad z=15x_6-5x_{12}-20\ 000.$$

而前六个月生产量上升,所以有

$$x_2-x_1\geqslant 0, x_3-x_2\geqslant 0, x_4-x_3\geqslant 0, x_5-x_4\geqslant 0, x_6-x_5\geqslant 0,$$

后六个月生产量下降,故有

$$x_6-x_7\geqslant 0, x_7-x_8\geqslant 0, x_8-x_9\geqslant 0, x_9-x_{10}\geqslant 0, x_{10}-x_{11}\geqslant 0, x_{11}-x_{12}\geqslant 0.$$

注意到库存限制应满足

$$0\leqslant 本月售后余量\leqslant 5\ 000,$$

而

$$本月售后余量=本月生产量+上月库存量-本月提货量,$$

所以还应满足如下约束:

第 1 月　$0\leqslant x_1+1\ 000-2\ 000\leqslant 5\ 000$,即

$$1\ 000\leqslant x_1\leqslant 6\ 000;$$

第 2 月　$0\leqslant x_2+(x_1+1\ 000-2\ 000)-3\ 000\leqslant 5\ 000$,即

$$4\ 000\leqslant x_2+x_1\leqslant 9\ 000;$$

类似可得

第 3 月　$8\ 000\leqslant x_3+x_2+x_1\leqslant 13\ 000$;

第 4 月　$14\ 000\leqslant x_4+x_3+x_2+x_1\leqslant 19\ 000$;

第 5 月　$20\ 000\leqslant x_5+x_4+x_3+x_2+x_1\leqslant 27\ 000$;

第 6 月　$30\,000 \leqslant x_6+x_5+x_4+x_3+x_2+x_1 \leqslant 37\,000$;

第 7 月　$40\,000 \leqslant x_7+x_6+x_5+x_4+x_3+x_2+x_1 \leqslant 47\,000$;

第 8 月　$46\,000 \leqslant x_8+x_7+x_6+x_5+x_4+x_3+x_2+x_1 \leqslant 53\,000$;

第 9 月　$50\,000 \leqslant x_9+x_8+x_7+x_6+x_5+x_4+x_3+x_2+x_1 \leqslant 57\,000$;

第 10 月　$53\,000 \leqslant x_{10}+x_9+x_8+x_7+x_6+x_5+x_4+x_3+x_2+x_1 \leqslant 60\,000$;

第 11 月　$55\,000 \leqslant x_{11}+x_{10}+x_9+x_8+x_7+x_6+x_5+x_4+x_3+x_2+x_1 \leqslant 62\,000$;

第 12 月　$57\,000 \leqslant x_{12}+x_{11}+x_{10}+x_9+x_8+x_7+x_6+x_5+x_4+x_3+x_2+x_1 \leqslant 64\,000$.

容易求得最优解为

$$x_1=3\,500\ \text{t},\quad x_2=3\,500\ \text{t},\quad x_3=6\,000\ \text{t},\quad x_4=6\,000\ \text{t},$$
$$x_5=7\,000\ \text{t},\quad x_6=7\,000\ \text{t},\quad x_7=7\,000\ \text{t},\quad x_8=6\,000\ \text{t},$$
$$x_9=4\,500\ \text{t},\quad x_{10}=4\,500\ \text{t},\quad x_{11}=4\,500\ \text{t},\quad x_{12}=4\,500\ \text{t}.$$

最优值为 $z_{\min}=82\,500$ 元$-20\,000$ 元$=62\,500$ 元.

3.4.4 传感器节点的合理配置问题

在一个给定的探测目标区域内,安排 N 个传感器节点,初始节点的位置是随机分布的. 要求移动传感器使得其覆盖面积最大,同时使移动的能耗最小. 这个问题首先要确定最优节点位置,即最大覆盖时的节点位置. 最优节点位置一般可以通过六边形覆盖法或遗传算法求出,最优节点的位置就是移动的目标位置.

设最优节点的位置已经确定,并设节点移动的能量消耗与移动距离成正比. 问题的任务是如何指令随机分布的初始节点移动到最优位置并使得能耗最小. 记 N 个初始节点为(x_j,y_j),$j=1,\cdots,N$. N 个目标位置为(x_j',y_j'),$j=1,\cdots,N$. 因为能耗与移动路程成正比,所以可用路程作为能耗指标来计算. 若节点移动的路线不受限制,则直线移动路程最短. 记 c_{ij} 为第 i 个节点移动到第 j 个目标位置所走的直线距离,即 $c_{ij}=\sqrt{(x_j'-x_i)^2+(y_j'-y_i)^2}$. 引入 0-1 变量

$$x_{ij}=\begin{cases}1, & \text{初始节点 } i \text{ 移动到最优分布节点 } j,\\ 0, & \text{否则},\end{cases}$$

则可以建立该问题的数学模型如下:

$$\begin{aligned}\min\quad & D=\sum_i\sum_j c_{ij}x_{ij},\\ \text{s.t.}\quad & \sum_i x_{ij}=1,\quad j=1,2,\cdots,N,\\ & \sum_j x_{ij}=1,\quad i=1,2,\cdots,N,\\ & x_{ij}=0 \text{ 或 } 1.\end{aligned}\tag{3.4.1}$$

这种特殊约束的整数规划问题称为指派问题,当然可以使用分支定界法求

解.但根据其特殊的约束结构,在运筹学中有更为有效的所谓匈牙利算法求解(有关匈牙利算法可以参见本书第4章或一般运筹学参考书).

例 3.6 设每个传感器节点的感知范围是一个半径为300 m的圆,需探测的目标区域是一个4 km×1.75 km的矩形,位于坐标平面 Oxy 之 $0\leqslant x\leqslant 4, 0\leqslant y\leqslant 1.75$ 的区域.设初始配置的24个节点位置如表3-4-4.

表 3-4-4 节点位置

1	2	3	4	5	6
(0.25,0.25)	(0.65,0.25)	(0.85,0.4)	(1.5,0.30)	(2.10,0.33)	(2.82,0.41)
7	8	9	10	11	12
(3.25,0.5)	(3.80,0.44)	(0.20,0.5)	(0.75,0.80)	(1.25,0.95)	(1.55,0.75)
13	14	15	16	17	18
(2.22,0.78)	(2.61,0.98)	(3.24,0.66)	(3.55,1.00)	(0.40,1.50)	(1.00,1.32)
19	20	21	22	23	24
(1.43,1.32)	(1.51,1.49)	(2.22,1.38)	(2.76,1.47)	(3.28,1.52)	(3.80,1.20)

这是一个矩形区域,可以先用网络伸展树的方法[130]求得最优节点分布如表3-4-5.

表 3-4-5 最优节点分布

(0.25,0.29)	(0.75,0.29)	(0.75,0.78)	(1.75,0.29)	(1.75,0.87)	(2.75,0.25)	(2.75,0.87)	(3.75,0.29)
(0.25,0.87)	(3.75,0.87)	(1.25,0.87)	(1.25,1.45)	(2.25,0.87)	(2.25,1.45)	(3.25,0.87)	(3.25,1.45)
(1.25,0.29)	(0.75,1.45)	(2.25,0.29)	(1.75,1.45)	(3.25,0.29)	(2.75,1.45)	(0.184,1.306)	(3.75,1.45)

将有关数据代入模型(3.4.1),并用匈牙利算法求得达到最优分布的耗能最小的移动方案(见表3-4-6).

表 3-4-6 耗能最小的移动方案

1→(0.25,0.29)	2→(0.75,0.29)	3→(1.25,0.29)	4→(1.75,0,29)
5→(3.25,0.29)	6→(2.75,0.29)	7→(3.25,0.29)	8→(3.75,0.29)
9→(0.25,0.78)	10→(0.75,0.78)	11→(1.25,0.87)	12→(1.75,0.87)
13→(2.25,0.87)	14→(2.75,0.87)	15→(3.25,0.87)	16→(3.75,0.87)
17→(0.184,1.305 5)	18→(0.734,1.434)	19→(1.25,1.45)	20→(1.75,1.45)
21→(2.25,1.45)	22→(2.75,1.45)	23→(3.25,1.45)	24→(3.75,1.45)

节点移动的总距离为 4 290 km.

关于传感器覆盖问题更详细的讨论可参见文献[31].

3.4.5 曲线拟合问题

古典的拟合曲线到数集的问题如下：

给定 N 个数据点集(x_j,y_j)，$j=1,\cdots,N$，找到一个 m（斜率）和 b（y 轴截距）的值使得曲线 $y=mx+b$ 与所给数据吻合得最好.

如果 N 个数据点恰好位于曲线 $y=mx+b$ 之上（即 $y=mx_j+b=y_j$，$j=1,\cdots,N$），则不存在"误差". 否则，当选定 m 和 b 后，可能 $y=mx_j+b$ 不等于 y_j. 此时可引入一个"误差"（例如 $y-y_j$），被选择的 m 和 b 必须使得估计和预测的误差总和最小. 有如下三种常用但不同的模式来定义这里的误差，从而选取的 m 和 b 也不尽相同.

（1）$\min \quad z=\sum\limits_{j=1}^{N}(y-y_j).$

这里定义的误差总和的项可能为正、负和零，这些项可能正负相消. 因此，即使总和很小，但由此产生的曲线不一定理想.

（2）$\min \quad z=\sum\limits_{j=1}^{N}(y-y_j)^2.$

如上定义的误差总和就是所谓的最小二乘曲线拟合模型，或最小二乘回归问题. 和式中的每一项都是非负的，这样确定的 m 和 b 所得到的曲线能使数据良好吻合.

（3）$\min \quad z=\sum\limits_{j=1}^{N}|y-y_j|.$

这里，误差总和的项也是非负的，从而最大限度减少的这个总和也可以很好地拟合数据. 这个极小化模型可以等价地写为

$$\min_{m,b} \quad z=\sum_{j=1}^{N}|mx_j+b-y_j|,$$

其中 m 和 b 是变量；x_j 和 y_j 的值（$j=1,\cdots,N$），即(x_j,y_j)是已知的数据. 拟合模型的模式(3)可以化为一个线性规划问题模型.

事实上，引入新的非负变量 $e_j^+,e_j^-\geqslant 0$，进行如下变量代换：

$$|mx_j+b-y_j|=e_j^++e_j^-, \quad e_j^+,e_j^-\geqslant 0,$$

则模式(3)中的模型可以等价地写为

$$\min \quad z=\sum_{j=1}^{N}(e_j^++e_j^-),$$

$$\text{s.t.}\quad mx_j+b-y_j-e_j^++e_j^-=0,\quad j=1,\cdots,N,$$

$$e_j^+,e_j^-\geqslant 0, m,b \text{ 符号无限制},$$

例 3.7 设 $N=5$，(x_j,y_j)：$(0,1)$，$(1,3)$，$(2,2)$，$(3,4)$，$(4,5)$. 则所给数据的曲线拟合问题的线性规划模型为

$$\begin{aligned}
\min\quad & z=e_1^++e_1^-+e_2^++e_2^-+e_3^++e_3^-+e_4^++e_4^-+e_5^++e_5^-,\\
\text{s.t.}\quad & b-e_1^++e_1^-=1,\\
& m+b-e_2^++e_2^-=3,\\
& 2m+b-e_3^++e_3^-=2,\\
& 3m+b-e_4^++e_4^-=4,\\
& 4m+b-e_5^++e_5^-=5,\\
& e_j^+,e_j^-\geqslant 0, m,b \text{ 无符号限制}.
\end{aligned}$$

注意，只需求这个线性规划问题的最优解中 m，b 的值. 容易得到 $m=1$，$b=1$，所得到的直线为 $y=x+1$. 该直线通过了所给的 5 个数据点中的 3 个(见图 3-4-1).

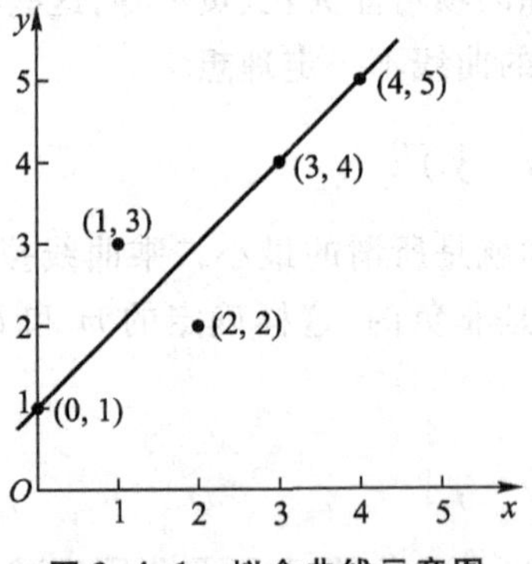

图 3-4-1　拟合曲线示意图

关于曲线拟合问题更详细的讨论可参见文献[131].

3.4.6　价格未确知的限期采购问题

在工商企业的生产管理中，常常面临限期采购问题，即根据生产或市场的需要，要在一定的期限内采购一定数量的物品(如原材料或商品). 但是由于物品的价格是波动的，如何把握适当的采购时机是一个不容忽视的问题. 人们考虑这一类因素波动的经济管理决策的问题时，通常采用随机数学规划模型或模糊数学规划模型作为研究工具. 目前人们对已熟知的不确定性，如随机性、模糊性、模糊随机性等数学规划问题统一为不确定性规划进行研究，并已引起国际运筹界、

经济界的广泛兴趣. 然而,实际情况中还存在一种不同于随机、模糊、灰色等范畴的所谓未确知信息(unascertained information),其正在引起人们的关注. 简单来说,这种不确定性可以在于事物本身,也可能主要不在于事物本身,而是由于决策者不能完全把握事物真实状态和数量关系造成的主观认识上的不确定性,这是一种有别于随机、模糊、灰色之外的一种不确定性. 在决策中用不确定性信息的数学处理方法处理这类问题,才能得到更符合客观实际的结果(有兴趣的读者可参考文献[132]和[133]).

为读者方便起见,现将几个基础概念述之如下.

设 S 是非空集合,A 为"x 在 S 中,且 x 使 $e\in S$ 的可能性为 α_e,$0\leqslant\alpha_e\leqslant 1$",若 $\sum\alpha_e=1$ 则称 A 为随机信息;若 $\sum\alpha_e=\alpha\leqslant 1$,则称 A 为未确知信息,α 为总可信度.

从上述描述可以看出,随机信息是未确知信息的特例,其总可信度为1,表明一切实验结果都是已知的. 如果实验结果不完全已知,那么该实验不是随机实验,以此为背景的信息不再是随机信息,而是未确知信息. 未确知信息是以盲动实验为背景. 盲动实验与随机实验的差别在于它的一切实验结果不全是已知的. 不管客观事物是确定还是不确定,是已发生还是未发生,只要决策者不能完全把握它的真实状态或数量关系,那么,它在决策者的心目中就是不确定的,称这种主观认识上的不确定性为未确知性. 对于真正的未确知信息,总可信度应小于等于1,即 $\sum\alpha_e<1$. 这是未确知信息与随机信息在数学上的本质区别.

对任意闭区间 $[a,b]$,$a=x_1<x_2<\cdots<x_n=b$,若函数 $\varphi(x)$ 满足

$$\varphi(x)=\begin{cases}\alpha_i, & x=x_i(i=1,2,\cdots,n),\\ 0, & \text{其他},\end{cases}\qquad \text{且}\sum_{i=1}^{n}\alpha_i=\alpha,\ 0<\alpha\leqslant 1,$$

则称 $[a,b]$ 和 $\varphi(x)$ 构成一个 n 阶未确知有理数,记作 $[[a,b],\varphi(x)]$. 称 α,$[a,b]$ 和 $\varphi(x)$ 分别为该未确知有理数的总可信度、取值区间和可信度分布密度函数.

考虑未确知有理数

$$A=[[x_1,x_k],\varphi_A(x)],$$

其中

$$\varphi_A(x)=\begin{cases}\alpha_i, & x=x_i(i=1,2,\cdots,k),\\ 0, & \text{其他},\end{cases}\quad 0<\alpha_i<1,i=1,2,\cdots,k,\alpha=\sum_{i=1}^{k}\alpha_i\leqslant 1.$$

称一阶未确知有理数

$$E(A)=\left[\left[\frac{1}{\alpha}\sum_{i=1}^{k}x_i\alpha_i,\frac{1}{\alpha}\sum_{i=1}^{k}x_i\alpha_i\right],\varphi(x)\right],\text{其中 }\varphi(x)=\begin{cases}\alpha, & x=\dfrac{1}{\alpha}\sum_{i=1}^{k}x_i\alpha_i,\\ 0, & \text{其他}\end{cases}$$

为未确知有理数 A 的数学期望，也称 $E(A)$ 为未确知期望. 这个定义的实际意义是，实数 $\frac{1}{\alpha}\sum_{i=1}^{k} x_i\alpha_i$ 作为 A 的期望值有 α 的可信度.

在上述定义中，若取 $\alpha=1$，则 $E(A)$ 为实数 $\sum_{i=1}^{k} x_i\alpha_i$，这时未确知有理数 A 就是我们熟知的随机变量，而此时 $E(A)$ 就是随机变量的数学期望. 可见，随机变量是未确知有理数的特例.

现考虑价格波动的采购问题. 在理想的状态下，常假设价格是一个随机变量，其概率分布是已知的. 这样，可以用随机数学规划来解决这个问题. 然而在实际问题中，有许多因素，如前期价格资料不全，或未来价格变化不严格依赖于前期价格，或前期价格本身就是未确知等，使得我们不能用随机变量描述价格变量. 此时可以采用未确知信息的数学处理方法. 因为价格波动的概率分布不是已知的，随机规划的方法不能采用，须用未确知信息的数学处理方法. 这里将建立一个含未确知状态变量的动态规划数学模型来解决这类价格波动采购问题.

设某企业在未来的 m 个时段必须购买一批原材料，材料的价格是波动的，可表示为一个 n 阶未确知有理数 $[[p_1,p_n],\varphi(x)]$，其中

$$\varphi(x)=\begin{cases}\alpha_i, & x=p_i, i=1,2,\cdots,n,\\ 0, & \text{其他},\end{cases} \qquad \sum_{i=1}^{n}\alpha_i=\alpha<1.$$

要求在此状态下作出采购决策，即：在哪一个时段以什么价格购入，使其采购价格的未确知期望最小.

按采购期限我们得到 m 个时段，即 $k=1,\cdots,m$. 记第 k 个时段的实际价格为 y_k，则 y_k 是一个未确知的有理数

$$y_k=[[p_1,p_n],\varphi(x)], k=1,2,\cdots,n,$$

$$\varphi(x)=\begin{cases}\alpha_i, & x=p_i, i=1,2,\cdots,n,\\ 0, & \text{其他}.\end{cases}$$

x_k 为决策变量，若第 k 个时段采购，则 x_k 取值为 1；若第 k 个时段仍不采购，则 x_k 取值为 0. 设 y_{kE} 表示为第 k 个时段不采购，而在以后采取最优决策时采购价格的未确知期望值. $f_k(y_k)$ 表示第 k 个时段实际价格为 y_k 时，从第 k 个时段到 m 个时段采取最优采购决策所得的最小采购价格的未确知期望值，这里 $f_k(y_k)$ 是一个一阶未确知有理数. 综上所述，可以建立含未确知变量 y_k 的动态规划模型如下：

$$\begin{aligned}&f_k(y_k)=\min\{y_k,y_{kE}\}, k=1,2,\cdots,m,\\ &f_m(y_m)=y_m,\\ &y_k=[[p_1,p_n],\varphi(x)], k=1,2,\cdots,m,\\ &y_{kE}=E(f_{k+1}(y_{k+1})), k=1,2,\cdots,m-1.\end{aligned}$$

由于 $y_1,\cdots,y_k$ 及边界条件 $f_m(y_m)=y_m$ 已知，这个模型可以用逆序递推法求解. 算法如下：

步 1 $y_{(m-1)E}=E(y_m)=\left[\left[\frac{1}{\alpha}\sum_{i=1}^{k}x_i\alpha_i,\ \frac{1}{\alpha}\sum_{i=1}^{k}x_i\alpha_i\right],\varphi(x)\right]$，这里 $\varphi(x)=\begin{cases}\alpha_i, & x=p_i, i=1,2,\cdots,n,\\ 0, & \text{其他};\end{cases}$

步 2 置 $k=m-1$；

步 3 $f_k(y_{k+1})=\min\{y_k,y_{kE}\}$；

步 4 确定决策变量 x_k；

步 5 置 $k=k-1$，若 $k=0$，停止；否则转步 2.

灵敏度分析

在市场经济中，物品的价格常常呈现出同步增长（步长可以为负）或同比增长（比例因子可以小于1）的态势. 下面来讨论在表示物品价格的未确知有理数分别为同步增长或同比增长这两种情形下本文模型的灵敏度分析. 具体地说，我们将讨论在这两种情形下决策变量及表示为第 k 个时段不采购、而在以后采取最优决策时采购价格的未确知期望值 x_k，$f_k(x_k)$是如何变化的.

首先假定价格同步增长的情况. 设原来的价格为未确知有理数$[[p_1,p_n],\varphi_A(x)]$，其中

$$\varphi_A(x)=\begin{cases}\alpha_i, & x=p_i, i=1,2,\cdots,n,\\ 0, & \text{其他}.\end{cases}$$

价格同步增长后为未确知有理数$[[p_1,p_n],\varphi_{\overline{A}}(x)]$，其中

$$\varphi_{\overline{A}}(x)=\begin{cases}\alpha_i, & x=p_i+b,\\ 0, & \text{其他},\end{cases}\quad i=1,2,\cdots,n,$$

这里步长为 $b(b\neq 0)$. 设原来的价格及价格同步增长后的决策变量、实际价格及表示为第 k 个时段不采购、而在以后采取最优决策时采购价格的未确知期望值分别为 $x_k,\overline{x}_k;y_k,\overline{y_k};y_{kE},\overline{y}_{kE}$，则$\overline{y}_k=y_k+b$，

从而

$$\overline{y}_{kE}=\frac{1}{\alpha}\sum_{i=1}^{n}(p_i+b)\alpha_i=y_{kE}+b,$$

$$f_k(\overline{y}_k)=\min\{\overline{y}_k,\overline{y}_{kE}\}=\min\{y_k+b,y_{kE}+b\}=\{y_k,y_{kE}\}+b=f_k(y_k)+b.$$

又因为

$$x_k=\begin{cases}1, & y_k\leqslant y_{kE},\\ 0, & y_k>y_{kE},\end{cases}\qquad \overline{x}_k=\begin{cases}1, & \overline{y}_k\leqslant\overline{y}_{kE},\\ 0, & \overline{y}_k>\overline{y}_{kE},\end{cases}$$

故由 $\overline{y}_k=y_k+b$ 及 $\overline{y}_{kE}=y_{kE}+b$，知

$$y_k \leqslant y_{kE} \Leftrightarrow \bar{y}_k \leqslant \bar{y}_{kE}, y_k > y_{kE} \Leftrightarrow \bar{y}_k > \bar{y}_{kE}.$$

可见从每个时段决策来看，x_k 与 $\bar{x}_k$ 本质上是一致的. 对一种情形作出决策后在价格同步增长的情形下决策本质上是相同的，无须重作考虑. 而 $f_k(\bar{y}_k)$ 是在 $f_k(y_k)$ 的基础上作步长相同的同步增长，计算相当简单.

再考虑价格同比增长的情况. 设

$$\varphi_{\bar{A}}(x)=\begin{cases}\alpha_i, & x=kp_i, \\ 0, & \text{其他},\end{cases} \quad i=1,2,\cdots,n,$$

$$\bar{y}_{kE}=\frac{1}{\alpha}\sum_{i=1}^{n} kp_i\alpha_i = k\frac{1}{\alpha}\sum_{i=1}^{n} p_i\alpha_i = ky_{kE},$$

$$f_k(\bar{y}_k)=\min\{\bar{y}_k,\bar{y}_{kE}\}=\min\{ky_k,ky_{kE}\}=k\min\{y_k,y_{kE}\}=kf_k(y_k).$$

由此可见，从每个时段决策来看，x_k 与 $\bar{x}_k$ 本质上仍是一致的. 而 $f_k(\bar{y}_k)$ 是在 $f_k(y_k)$ 的基础上作比例因子相同的同比增长.

从以上结果可以看出，这里所建的模型有相当好的稳定性. 在同步增长或同比增长的情形下，x_k 及 $f_k(x_k)$ 与价格变化服从同样的规律.

例 3.8 设某企业要在未来四周内采购一批原材料，而未来四周的材料价格(单位:元)是一个未确知有理数 $A=[[300,400],\varphi_A(x)]$，其中

$$\varphi_A(x)=\begin{cases}0.25, & x=300, \\ 0.3, & x=350, \\ 0.35, & x=400, \\ 0, & \text{其他}.\end{cases}$$

下面利用以上建立的模型并用逆序递推法来求解这个问题.

当 $k=4$，

$$f_4(y_4)=y_4=\begin{cases}0.25, & x=300, \\ 0.3, & x=350, \\ 0.35, & x=400, \\ 0, & \text{其他}.\end{cases}$$

此式表示若前三周尚未购买原材料，则无论第四周的实际价格如何都必须采购，不能再等. 此时分别以 300,350,400 的价格购入原材料的可信度分别为 0.25, 0.3,0.35. 不以这三种价格购入的可信度为 0，故可以不作考虑. 对 $k=3,2,1$ 的诸结果可作类似解释.

当 $k=3$，首先计算 $y_{3E}=E(f_4(y_4))$ 的取值，由于

$$(0.25\times300+0.3\times350+0.35\times400)/0.9\approx356,$$

故 $y_{3E}=E(f_4(y_4))=[[0.9,0.9],\varphi(x)]$，其中

$$\varphi(x)=\begin{cases}0.9, & x=356,\\ 0, & 其他.\end{cases}$$

从而在总可信度为0.9的状况下,$f_3(y_3)$随y_3之变化的取值情况为

$$f_3(y_3)=\min\{y_3,y_{3E}\}=\min\{y_3,356\}$$
$$=\begin{cases}300, & 若\ y_3=300,\\ 350, & 若\ y_3=350,\\ 356, & 若\ y_3=400,\\ \min\{y_3,356\}, & 若\ y_3\neq 300,350,400.\end{cases}$$

将$f_3(y_3)$写为未确知有理数的标准形式,得$f_3(y_3)=[[300,356],\varphi_3(x)]$,这里

$$\varphi_3(x)=\begin{cases}0.25, & x=300,\\ 0.3, & x=350,\\ 0.35, & x=356,\\ 0, & 其他,\end{cases}$$

故第三周的最优决策为

$$x_3=\begin{cases}1, & 当\ y_3=300,350,\\ 0, & 当\ y_3=400.\end{cases}$$

当$k=2$,同理求得

$$f_2(y_2)=[[300,339],\varphi_2(x)],这里$$
$$\varphi_2(x)=\begin{cases}0.25, & x=300,\\ 0.65, & x=339,\\ 0, & 其他,\end{cases}$$

故第二周的最优决策为

$$x_2=\begin{cases}1, & 当\ y_2=300,\\ 0, & 当\ y_2=350,400.\end{cases}$$

当$k=1$,$f_1(y_1)=[[300,328],\varphi_1(x)]$,这里

$$\varphi_1(x)=\begin{cases}0.25, & x=300,\\ 0.65, & x=328,\\ 0, & 其他,\end{cases}$$

所以第一周的最优决策为

$$x_1=\begin{cases}1, & 当\ y_1=300,\\ 0, & 当\ y_1=350,400.\end{cases}$$

于是,得到最优策略如下:

在0.9的可信度下,在第一,二周时,若价格为300元就应购买,否则就应等

待；在第三周时，价格为 300 元，350 元，就应该购买，否则等待；在第四周时，无论什么价格都应购买.

应指出的是，有的物品是一旦缺货就会酿成重大损失，这时候我们的决策就要保守一些. 从未确知数学理论的角度来说，就是将可信度为零的价格取值也考虑进去. 此时，上述问题的最优决策可述之为：在第一周时，若价格不超过 328 元就应该购买，否则等待；第二周，若价格不超过 339 元就应该购买，否则等待；第三周，若价格不超过 356 元就应该购买，否则等待；而第四周时，无论何价都须购买.

再考虑价格同步增长的问题. 设未来四周的材料价格是一个未确知有理数 $\overline{A}=[[400,500],\varphi_{\overline{A}}(x)]$，这里

$$\varphi_{\overline{A}}(x)=\begin{cases}0.25, & x=400,\\ 0.3, & x=450,\\ 0.35, & x=500,\\ 0, & \text{其他}.\end{cases}$$

即设 $b=100$，仿以上方法用逆序递推法来求解这个模型，可以得到

当 $k=4$，

$$f_4(y_4)=y_4=\begin{cases}0.25, & x=400,\\ 0.3, & x=450,\\ 0.35, & x=500,\\ 0, & \text{其他};\end{cases}$$

当 $k=3$，$f_3(y_3)=[[400,456],\varphi_3(x)]$，这里

$$\varphi_3(x)=\begin{cases}0.25, & x=400,\\ 0.3, & x=450,\\ 0.35, & x=456,\\ 0, & \text{其他},\end{cases}\quad x_3=\begin{cases}1, & \text{当 } y_3=400,450,\\ 0, & \text{当 } y_3=500;\end{cases}$$

当 $k=2$，$f_2(y_2)=[[400,439],\varphi_2(x)]$，这里

$$\varphi_2(x)=\begin{cases}0.25, & x=400,\\ 0.65, & x=439,\\ 0, & \text{其他},\end{cases}\quad x_2=\begin{cases}1, & \text{当 } y_2=400,\\ 0, & \text{当 } y_2=450,500;\end{cases}$$

当 $k=1$，$f_1(y_1)=[[400,428],\varphi_1(x)]$，这里

$$\varphi_1(x)=\begin{cases}0.25, & x=400,\\ 0.65, & x=428,\\ 0, & \text{其他},\end{cases}\quad x_1=\begin{cases}1, & \text{当 } y_1=400,\\ 0, & \text{当 } y_1=450,500.\end{cases}$$

由此可见，价格同步增长时实际无需重复计算，由原模型的求解结果及灵敏

度分析的有关结论即可直接得到最优决策.

模型评价

对于生产过程中的采购问题而言,一方面由于生产过程中的不宜缺货,再则从库存论的角度又不宜存货太久,所以模型中 m 不大. 而价格波动取值 n 除非是异常时期,一般不很大,这是因为即使波动值取值范围大,但可能值不多时,n 仍不大. 所以生产过程中的采购问题,m,n 都不大,模型求解不难,且上述模型适用于一大批实际问题. 例如,IT 产业的商品价格变化莫测,但总趋势明显,可以利用本文模型来得出相应对策;又如近年来国际石油价格波动较大,用油企业可用上述模型求出本企业用油采购方案. 若考虑长期计划,如我国也实行战略储备油计划,则此时的采购问题 m 值可以较大,不过是要增加迭代次数,模型也易求解. 由于本模型具有良好的稳定性,其适用范围较广,特别是在价格同步增长或同比增长的情形下,无须重复建模计算,大大减少了工作量.

通过以上建模实例,可以归纳出建立数学规划模型方法和步骤为如下三部曲:

(1) 确定决策变量;

(2) 确定目标函数;

(3) 确定约束条件;

建立数学规划模型,首先要根据所定的优化目标明确哪些量是决策所需要的,这些就是所谓的决策变量. 在线性规划问题中,决策变量一般有非负性的要求. 目标函数则应能表示为决策变量的函数. 约束条件是根据决策变量应满足的一些条件而建立约束不等式或等式. 在建模时,应对约束条件进行必要的化简. 如果一个数学规划模型的解过于宽泛,一般是由于约束条件太少的原因. 这时要考察有哪些实际存在的限制条件被忽略了,要找出这些条件,适当增加约束;反之,如果一个优化模型无解,这时要考虑所提的条件是否过于苛刻而脱离了实际,要考虑减少某些约束条件.

习 题 3

1. 某公司准备用至多 120 000 元在两家杂志做广告. 第一家杂志的广告费为 2 000 元/次,第二家杂志的广告费为 5 000 元/次. 根据经验,在第一家杂志至少应做 20 次、在第二家杂志至少应做 10 次才会有可观的效果,但两家杂志合起来不能超过 50 次. 试制定广告方案.

2. 某班男同学 30 人,女同学 20 人,他们的植树工作效率(个/人·天)如下表. 如何安排,总植树量最多?

	挖坑	栽树	浇水
男	20	30	25
女	10	20	15

3. 养鸡场有1万只鸡，用动物饲料和谷类饲料混合喂养. 每只鸡每天吃混合饲料0.5 kg，其中动物饲料的比例应该不小于1/5. 动物饲料的价格为0.9元/kg，谷类饲料的价格为0.28元/kg. 饲料公司每周只保证供应谷类饲料50 000 kg. 如何混合成本最低？

4. 有两种感冒药丸，A药丸含2单位阿司匹林，5单位重碳酸盐，1单位甲基吗啡；B药丸含1单位阿司匹林，8单位重碳酸盐，6单位甲基吗啡. 根据研究，至少要12单位阿司匹林，74单位重碳酸盐，24单位甲基吗啡才对感冒患者有效. 问：病人每次需服用两种药丸各几颗？

5. 某人准备将10万元进行投资，有两种计划可供选择：计划A保证1元投资1年后赚70分；计划B保证1元投资2年后赚2元，但投期必须是2年或2年的倍数才行. 问：怎样投资在3年后收入最大？

6. 假定一天中的第j个小时($j=1,2,\cdots,24$)需要公共汽车的最小数量是b_j，每辆公共汽车开6 h. 如果在时间j的公共汽车数超过最低需要数b_j，那么每辆公共汽车1 h要发生额外成本c_j. 问：如何安排车辆使额外总成本最少？

7. 有七种规格$C_1,\cdots,C_7$的包装箱要装到两节铁路平板车上去. 包装箱的宽和高是一样的，但厚度t(单位：cm)及重量w(单位：kg)是不同的. 下表给出了每种包装箱的厚度，重量以及数量. 每节平板车有10.2 m长的地方可用来装包装箱(像面包片那样)，载重为40 t. 由于当地货运的限制，对于C_5,C_6,C_7类包装箱的总数有一个特别的限制：这类箱子所占的空间(厚度)不能超过302.7 cm. 试把包装箱装到平板车上，使得浪费的空间最小.

种类	C_1	C_2	C_3	C_4	C_5	C_6	C_7
t(cm)	48.7	53.0	61.3	72.0	48.7	52.0	64.0
w(kg)	2 000	3 000	1 000	500	4 000	2 000	1 000
n(件)	8	7	9	6	6	4	8

第 4 章 组合优化模型

组合优化(Combinatorial Optimization)也称为离散优化，是运筹学中的一个重要分支. 组合优化的研究对象是离散问题，这类问题需要通过数学方法在一个有限的可行解集合中寻找问题的最优解. 随着现代科学技术的发展与进步，组合优化理论与算法作为运筹学的一个重要分支在应用数学、计算机科学和管理科学等领域受到普遍的重视，并随着计算机技术的飞速发展在生产实际中得到了广泛的应用.

4.1 组合优化问题的数学模型

组合优化问题一般可以用数学模型描述为

$$
\begin{aligned}
&\min \quad f(x_1,\cdots,x_n)\\
&\text{s.t.} \quad \begin{cases} g_i(x_1,\cdots,x_n)\geqslant 0, & i=1,\cdots,m,\\ h_j(x_1,\cdots,x_n)=0, & j=1,\cdots,l,\\ (x_1,\cdots,x_n)\in D, \end{cases}
\end{aligned}
\tag{4.1.1}
$$

其中 $f(x_1,\cdots,x_n)$ 为目标函数，$g_i(x_1,\cdots,x_n)\geqslant 0, i=1,\cdots,m$；$h_j(x_1,\cdots,x_n)=0$，$j=1,\cdots,l$ 为约束条件，$x_1,\cdots,x_n$ 为决策变量，D 为有限个点组成的集合. 满足(4.1.1)中约束条件的 $x_1,\cdots,x_n$ 为可行解，使目标函数达到最优的可行解称为最优解，不是最优解的可行解称为近似解.

组合优化问题在生产和实际生活中无处不在，以下是一个商场营业员配置问题的组合优化问题实例.

例 4.1 某商场根据客流量统计得出一周中每天所需要的营业员数如表4-1-1：

表 4-1-1 营业员需求量表

时间	周一	周二	周三	周四	周五	周六	周日
所需营业员数(人)	67	72	78	76	85	106	98

如果规定每个营业员每周连续工作 5 天,休息 2 天,求总人数最少的营业员排班方案.

解 设 x_j 为从周 j 开始连续工作 5 天的营业员人数, $j=1,\cdots,7$(其中 x_7 为周日开始连续工作 5 天的营业员数), 则该问题可以由以下的整数线性规划模型描述:

$$\min \quad z=\sum_{j=1}^{7} x_j$$

$$\text{s.t.} \quad \begin{cases} x_1+x_4+x_5+x_6+x_7 \geqslant 67, \\ x_1+x_2+x_5+x_6+x_7 \geqslant 72, \\ x_1+x_2+x_3+x_6+x_7 \geqslant 78, \\ x_1+x_2+x_3+x_4+x_7 \geqslant 76, \\ x_1+x_2+x_3+x_4+x_5 \geqslant 85, \\ x_2+x_3+x_4+x_5+x_6 \geqslant 106, \\ x_3+x_4+x_5+x_6+x_7 \geqslant 98, \\ x_j \geqslant 0 \text{ 为整数}, j=1,\cdots,7. \end{cases}$$

显然,由 $x_j \in \{0,1,\cdots,106\}$ $(j=1,\cdots,7)$ 知上述数学模型的可行解集是一个由有限个点组成的集合,所以营业员配置问题是一个组合优化问题.

下面介绍组合优化理论中所谓问题和算法等基本概念.

【问题】所谓问题(problem)是指某个抽象的模型和概念,是需要回答的一般性提问. 实例(instance)通过具体数据表现,一个问题通过它的所有实例表现.

【算法】算法针对一个问题来设计. 它是预先制定的求解问题的通用程序,问题的任何一个实例执行该操作程序后便得到一个可行解. 对一个组合优化问题的任何实例都能找到最优解的算法称为最优算法,都能找到可行解的算法称为近似算法.

4.2 算法的时间复杂性

旅行售货商问题(Traveling Salesman Problem,简记为 TSP 问题):一个售货商要到 n 个城市推销商品,设城市集合 $I=\{1,\cdots,n\}$,城市 i 到城市 j 的费用为 $c_{ij}, i,j=1,\cdots,n$,求从指定城市出发,到所有其他城市恰好一次,最终返回出发点的旅行路线. 如果令

$$x_{ij}=\begin{cases} 1, & \text{城市 } i \text{ 的下一站为城市 } j, \\ 0, & \text{否则}, \end{cases}$$

则 TSP 问题的数学模型为

$$\min \quad \sum_{i\neq j} c_{ij}x_{ij},$$

$$\text{s.t.} \quad \begin{cases} \sum_{j=1}^{n} x_{ij} = 1, i = 1, \cdots, n, \\ \sum_{i=1}^{n} x_{ij} = 1, j = 1, \cdots, n, \\ \sum_{i,j\in s} x_{ij} \leqslant |s| - 1, 2 \leqslant |s| \leqslant n - 2, s \subseteq \{1, \cdots, n\}, \\ x_{ij} \in \{0,1\}, i,j = 1, \cdots, n, i \neq j. \end{cases} \tag{4.2.1}$$

每一个组合优化问题都可以通过枚举的方法求出其最优解. 枚举的代价是计算时间. 以 TSP 问题为例, n 个城市的 TSP 问题有 $(n-1)!$ 条不同的旅行路线, 如果计算机完成 24 个城市的枚举计算需要的时间为 1 秒, 则城市数与枚举时间的关系可由表 4-2-1 表示.

表 4-2-1　城市数与枚举时间的关系

城市数	24	25	26	27	28	29	30	31
计算时间	1 s	24 s	10 min	4.3 h	4.9 d	136.5 d	10.8 y	325 y

当城市数增加到 30 时, 计算机枚举计算所需要的时间已增加到 10.8 年, 这在实际计算中是无法实现的. 对于复杂问题, 需要考虑用比较有效的方法来计算其近似解.

4.2.1　多项式算法与 P 问题

评价算法的一个主要指标是计算机所耗用的时间, 通常是用算法中的加、减、乘、除和比较等基本运算的总次数同实例在计算机计算时的二进制输入数据的大小来度量.

定义 4.1　设问题和解决该问题的一个算法已经给定. 如果存在多项式函数 $g(x)$ 及常数 $\alpha>0$, 使对该问题的任一实例 I, 设求解实例 I 时算法的基本计算总次数为 $C(I)$, 并设实例 I 的计算机二进制输入长度为 $d(I)$, 有

$$C(I) \leqslant \alpha \cdot g(d(I)), \tag{4.2.2}$$

则称该算法为求解此问题的多项式时间算法.

定义 4.2　对于给定的一个优化问题, 如果能找到求解此问题的一个多项式时间算法, 则称给定的优化问题是多项式时间可解问题, 或称为 P 问题. 对任给的一个可能的解的结构, 可以在多项式时间内验证其是否为可行解, 则这个问

题称为 NP 问题. 显然 P 问题是 NP 问题的特例. NP 问题中难度最大的一类问题称为 NP 完全问题(NPC)或 NP 难问题(NP-hard),对这类问题,至今还没有多项式时间最优算法.

多项式时间算法被认为是有效的算法. 非多项式时间算法统称为指数算法.

4.2.2 近似算法与启发式算法

由于指数算法的计算量过大,在解决实际问题中往往行不通,所以寻找一种用多项式时间的计算量来求解 NP 完全问题的非精确解的算法变得十分有意义. 将问题的计算总次数从问题规模的指数时间下降到多项式时间,代价是精确度的损失. 这一类算法称为多项式时间近似算法,简称近似算法. 近似算法最后求得的不是最优解而是近似最优解.

评价近似算法性能好坏的一个主要标准是精确度,即求解结果与最优解的接近程度.

组合优化问题近似算法的精确度通常用最坏情况绝对性能比(absolute worst-case performance ratio)和最坏情况渐近性能比(asymptotic worst-case ratio)来刻画.

定义 4.3 设 A 是极小化问题 Π 的一个近似算法,I 是 Π 的任意一个实例,记 $R_A(I)=\dfrac{A(I)}{\mathrm{OPT}(I)}$,其中 $A(I)$ 为近似算法 A 关于实例 I 的目标函数值,$\mathrm{OPT}(I)$ 为最优算法关于实例 I 的目标函数值,则

$$R_A=\inf\{r\geqslant 1:\text{对于所有实例 } I, R_A(I)\leqslant r\} \tag{4.2.3}$$

称为算法 A 的绝对性能比.

$$R_A^{\infty}=\inf\{r\geqslant 1:\text{存在正整数 } N,\text{对于所有满足 } \mathrm{OPT}(I)\geqslant N \text{ 的实例 } I, R_A(I)\leqslant r\} \tag{4.2.4}$$

称为算法 A 的渐近性能比.

以上是极小化问题近似算法的绝对性能比和渐近性能比的定义,对于极大化问题,只要将式(4.2.3)和式(4.2.4)中的 $r\geqslant 1$ 改成 $r\leqslant 1$,把下确界符号 inf 改成上确界符号 sup. R_A 和 R_A^{∞} 越接近 1 表示性能越好. 这种用比率作为性能保证的一般形式便于比较算法的优劣,并合理地表示出与最优解的接近程度. 这种方法作为研究 NP 难的最优化问题的模式已被广泛地采用.

定义 4.4 启发式算法是一个基于直观或经验构造的算法. 在可以接受的花费(指计算时间、占用空间等)下给出待解决组合优化问题每一个实例的一个可行解,该可行解与最优解的偏离程度不一定事先可以预计.

启发式算法与近似算法的主要区别是启发式算法不考虑算法所得的解与最

优解的偏离程度.

评价启发式算法的性能主要分为对算法的计算复杂性的分析和对算法计算效能的分析. 常用的方法有最坏情形分析(worst-case analysis)、概率分析和大规模计算分析.

4.2.3 基站选址问题数学模型比较

移动电话运营部门计划投资一千万在一个当前未建立服务的区域开展业务,设该区域有 7 个位置可以设立基站,每个基站只能覆盖一定数目的社区,不同位置的基站建造费用也不同,基站的建造费用和覆盖社区如表 4-2-2,问在哪些地方建造基站才能覆盖尽可能多的人口并不超过资金预算(社区人口如表 4-2-3)?

表 4-2-2

待选基站编号	1	2	3	4	5	6	7
建造费用(百万元)	1.8	1.3	4.0	3.5	3.8	2.6	2.1
覆盖社区	1,2,4	2,3,5	4,7,8,10	5,6,8,9	8,9,12	7,10,11,12,15	12,13,14,15

表 4-2-3

社区编号	1	2	3	4	5	6	7	8	9	10	11	12	13	14	15
人口(千人)	2	4	13	6	9	4	8	12	10	11	6	14	9	3	6

解 设 $x_j=\begin{cases}1, & 选择第\, j\, 个地点建造基站,\\ 0, & 否则,\end{cases}$ 则可以建立如下整数规划模型:

模型 1 非线性 0-1 规划模型

$$\begin{aligned}\min\quad z=&2(1-x_1)+4(1-x_1)(1-x_2)+13(1-x_2)+6(1-x_1)(1-x_3)+9(1-x_2)\cdot\\&(1-x_4)+4(1-x_4)+8(1-x_3)(1-x_6)+12(1-x_3)(1-x_4)(1-x_5)+\\&10(1-x_4)(1-x_5)+11(1-x_3)(1-x_6)+6(1-x_6)+14(1-x_5)(1-x_6)\cdot\\&(1-x_7)+9(1-x_7)+3(1-x_7)+6(1-x_6)(1-x_7),\end{aligned}$$

$$\text{s.t.}\quad\begin{cases}1.8x_1+1.3x_2+4x_3+3.5x_4+3.8x_5+2.6x_6+2.1x_7\leqslant 10,\\ x_j\in\{0,1\},j=1,\cdots,7.\end{cases}$$

模型 1 有 7 个变量,与基站个数相同,约束条件只有一个,目标函数为三次多项式函数,属于非线性整数规划模型.

模型 2　整数线性规划模型

引入 0-1 变量 $y_i=\begin{cases}1, & 第\ i\ 个地区被覆盖,\\ 0, & 否则,\end{cases}$ 则数学模型为

$$\max \quad z=2y_1+4y_2+13y_3+6y_4+9y_5+4y_6+8y_7+12y_8+10y_9+11y_{10}+6y_{11}+14y_{12}+9y_{13}+3y_{14}+6y_{15},$$

$$\text{s.t.}\quad \begin{cases}1.8x_1+1.3x_2+4x_3+3.5x_4+3.8x_5+2.6x_6+2.1x_7\leqslant 10,\\ x_1\geqslant y_1,\\ x_1+x_2\geqslant y_2,\\ x_2\geqslant y_3,\\ x_1+x_3\geqslant y_4,\\ x_2+x_4\geqslant y_5,\\ x_4\geqslant y_6,\\ x_3+x_6\geqslant y_7,\\ x_3+x_4+x_5\geqslant y_8,\\ x_4+x_5\geqslant y_9,\\ x_3+x_6\geqslant y_{10},\\ x_6\geqslant y_{11},\\ x_5+x_6+x_7\geqslant y_{12},\\ x_7\geqslant y_{13},\\ x_7\geqslant y_{14},\\ x_6+x_7\geqslant y_{15},\\ x_j\in\{0,1\},j=1,\cdots,7;y_i\in\{0,1\},i=1,\cdots,15.\end{cases}$$

模型 2 有 22 个变量，等于基站个数加上社区个数，约束条件比模型 1 增加 15 个，但目标函数为线性函数，属于线性整数规划模型.

模型 1 与模型 2 的计算时间复杂性比较

模型 2 是一个线性整数规划模型，它通过增加 0-1 变量 $y_1,\cdots,y_{15}$ 来实现模型从非线性整数规划到线性整数规划的转变，注意到同时也增加了 15 个约束条件，增加的变量个数与约束个数都与社区个数相等. 模型 2 的好处是它可以直接利用 LINGO 软件中计算 0-1 整数线性规划的程序进行求解.

模型 1 的目标函数虽然是一个非线性函数，但由于变量只取 0 或 1 两个值，各项括号中的值也只取 0 或 1 两个值，故采用布尔代数进行计算是非常方便的，LINGO 软件允许用户调用自己编写的函数，包括一些逻辑运算表达式. 模型 1

的目标函数采用布尔代数计算时计算量与模型 2 的目标函数相当,由于模型 1 只有一个线性约束条件,求解 0-1 整数线性规划的分支定界法和隐枚举法都适用模型 1,因此,只要方法适当,模型 1 的计算量明显比模型 2 少. 对于海量数据的问题,模型 1 可以比模型 2 节省更多的计算时间.

4.3 排序问题模型及其算法

排序(scheduling)理论是组合优化中的一个重要分支,它在制订生产计划、运输调度、计算机系统管理等许多领域具有广泛的实际应用背景. 排序问题一般可描述为:设有机器集合 $M=\{M_1,M_2,\cdots,M_m\}$,工件集合 $J=\{j_1,j_2,\cdots,j_n\}$,工件 j_k 在机器 M_i 上需要的加工时间为 p_{ik}, $i=1,2,\cdots,m$; $k=1,2,\cdots,n$. 希望找到一个排序方案,即加工时间表,使某个给定的目标函数达到最优. 排序问题可以由三参数法(three-field representation) $\alpha/\beta/\gamma$ 表示,其中 α 表示机器环境, β 表示工件特征, γ 表示最优准则. 如 $F2/\!/C_{\max}$ 表示目标为最小化最大完工时间的两台机器流水作业排序问题,即每个工件必须按照 M_1,M_2 的顺序在两台机器上都加工过才行,工件随时可以开始加工,目标为最终完工时间(makespan)最早. $P3/r_j/L_{\max}$ 是工件带就绪时间的目标为最小化最大延误时间的三台平行机排序问题,即三台机器的性能是完全一样的,工件只要在一台机器上加工过即可, r_j 是第 j 个工件允许开始加工的最早时间(就绪时间). 读者可参看唐国春,张峰,罗宇成和刘丽丽合著的《现代排序论》以及唐恒永和赵传立的《排序引论》,以了解更详细的排序理论和算法介绍.

排序理论中,工件是被加工对象或是要完成的任务的统称,机器通常是某种资源. 例如,医院手术室安排问题中,可以把每个手术室看成是排序理论中的机器,把需要实施手术的病人看成是需要加工的工件,使当前所有手术能够在最短的时间区间内完成的问题可以归结为最小化最大完工时间排序问题,可以利用排序问题的算法来解决.

4.3.1 总工期问题

对于生产企业,由于产品种类和订单合同期限等因素,一项任务通常是成批的产品生产,只有整批产品的生产全部完成,才算完成了该项任务. 为了提高生产效率,需要尽可能缩短整批产品的生产周期,即最小化最后一个产品的完工时间,这一问题称为总工期问题或时间表长问题. 平行机排序总工期问题的一般描述为:设有 n 个给

定的工件为 $j_1,\cdots,j_n$，工件 j_k 在 m 台机器 $M_1,\cdots,M_m$ 上的任意一台的加工时间为 p_k 个单位，工件的加工过程不允许中断，但只要在某一台机器上加工过即可，每一 M_i 在任一时刻只能处理一个工件. 如何排序，才能使时间表长最短？

设 C_k 为工件 j_k 的完工时间，$C_{\max}=\max\limits_{1\leqslant k\leqslant n} C_k$，它也等于所有机器的最长工作时间. 若令

$$x_{ij}=\begin{cases}1, & \text{工件 } j_j \text{ 分配给机器 } M_i \text{ 加工},\\ 0, & \text{否则},\end{cases}$$

则该问题可以用一个 0-1 规划来表示：

$$\begin{aligned}&\min\quad C_{\max},\\ &\text{s.t.}\quad \begin{cases}\sum\limits_{i=1}^{m} x_{ij}=1, j=1,\cdots,n,\\ \sum\limits_{j=1}^{n} p_j x_{ij}\leqslant C_{\max}, i=1,\cdots,m,\\ x_{ij}\in\{0,1\}.\end{cases}\end{aligned} \tag{4.3.1}$$

例 4.2 考虑排序问题 $P3 /\!/ C_{\max}$，有 9 个工件，它们的加工时间为 $P=(6,5,8,4,2,3,9,6,1)$，求时间表长最短的排序方案.

解 该问题的数学模型为

$$\begin{aligned}&\min\quad C_{\max},\\ &\text{s.t.}\quad \begin{cases}x_{11}+x_{21}+x_{31}=1,\\ x_{12}+x_{22}+x_{32}=1,\\ x_{13}+x_{23}+x_{33}=1,\\ x_{14}+x_{24}+x_{34}=1,\\ x_{15}+x_{25}+x_{35}=1,\\ x_{16}+x_{26}+x_{36}=1,\\ x_{17}+x_{27}+x_{37}=1,\\ x_{18}+x_{28}+x_{38}=1,\\ x_{19}+x_{29}+x_{39}=1,\\ 6x_{11}+5x_{12}+8x_{13}+4x_{14}+2x_{15}+3x_{16}+9x_{17}+6x_{18}+x_{19}\leqslant C_{\max},\\ 6x_{21}+5x_{22}+8x_{23}+4x_{24}+2x_{25}+3x_{26}+9x_{27}+6x_{28}+x_{29}\leqslant C_{\max},\\ 6x_{31}+5x_{32}+8x_{33}+4x_{34}+2x_{35}+3x_{36}+9x_{37}+6x_{38}+x_{39}\leqslant C_{\max},\\ x_{ij}\in\{0,1\}, i=1,2,3; j=1,2,\cdots,9.\end{cases}\end{aligned}$$

上述数学模型是一个 0-1 规划，可以用优化软件 LINGO 求解.

当工件个数 n 很大时，整数规划的精确计算耗时很长，可以考虑用近似算

法. 下面介绍一个常用的近似算法，称为 LPT(Longest Processing Time first)算法，该算法总是安排加工时间长的工件先进行加工以使各台机器负载尽可能平衡.

LPT 算法：

(1) 把工件整理成关于加工时间的非增序，即使 $p_1 \geqslant p_2 \geqslant \cdots \geqslant p_n$；

(2) $t=0$ 时，把 $j_1,\cdots,j_m$ 分别安排到 $M_1,\cdots,M_m$ 上加工；

(3) 每当某台机器空闲，安排待加工工件中下标最小的工件到该台机器上加工，直到所有工件都完成排序.

例 4.3 用 LPT 算法对例 4.2 中的问题进行排序，可得工件加工序为 $j_7,j_3,j_1,j_8,j_2,j_4,j_6,j_5,j_9$ 或 $j_7,j_3,j_8,j_1,j_2,j_4,j_6,j_5,j_9$，加工时间为 $P=(9,8,6,6,5,4,3,2,1)$，排序如图 4-3-1.

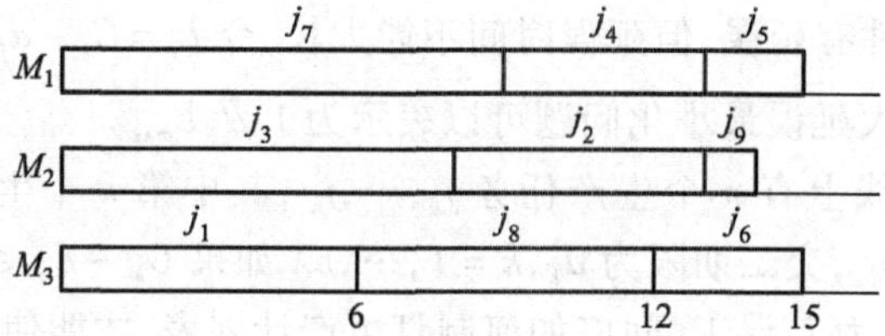

图 4-3-1

LPT 算法计算耗时少，简单方便，但它是一种近似算法，不能保证计算结果为最优解，是一种以牺牲计算精度来保证算法快速有效的一种计算方法. 设 $C_{\max}^{\mathrm{LPT}}(I)$ 为 LPT 算法关于实例 I 得到的时间表长，$C_{\max}^{\mathrm{OPT}}(I)$ 为最优算法关于实例 I 得到的时间表长，则 LPT 算法有以下的性能保证：

定理 4.1 对排序问题 $Pm \mathbin{/\!/} C_{\max}$ 的任何实例 I，有

$$\frac{C_{\max}^{\mathrm{LPT}}(I)}{C_{\max}^{\mathrm{OPT}}(I)} \leqslant \frac{4}{3}-\frac{1}{3m}. \tag{4.3.2}$$

证略.

定理保证 LPT 算法在最坏情况下得到的总工期长至多是最优解得出的总工期长的 $\frac{4}{3}-\frac{1}{3m}$ 倍，其中 m 为机器台数.

4.3.2 完工时间以及延误问题

除了生产效率以外，生产加工企业和服务部门都要面对的另一个问题是如何按期完成合同规定的加工任务或服务项目. 一般情况下，客户签好合同后都希望尽快到货，排队等待服务的客户也通常希望越早得到服务越好，如货物运送和病人就医等. 生产服务部门虽然不能使每一个客户的利益都达到最大化，但是总可以安排一个任

务的加工顺序，使客户的利益总和达到最大化（如各项任务的完工时间之和达到最小化）. 如果考虑区分客户的重要性，这一问题可以归结为各项加工任务的加权完工时间之和最小化问题，如 $Pm//\sum w_jC_j$ 表示 m 台平行机排序加权完工时间最小化问题，其中 w_i 是客户 i 的权重，可以用 $w_i : w_j$ 表示客户 i 关于客户 j 的相对重要性.

另一个问题只考虑是否按期完工，是否提前完工并不重要，目标要使按期完工任务数达到最大，或者要使误工任务个数达到最小. 设工件（任务）j_k 的交工期限为 $d_k, k=1,\cdots,n$，并设

$$u_k=\begin{cases}1, & C_k>d_k,\\ 0, & C_k\leqslant d_k,\end{cases}$$

则单台机排序误工工件个数最小化问题可以由三参数表示法表示为 $1//\sum u_j$.

如果允许工件有延误，但延误时间不能太长，令 $L_j=C_j-d_j, L_{\max}=\max\limits_{1\leqslant j\leqslant n}\{L_j\}$，则单台机排序最大延误最小化问题可以表示为 $1//L_{\max}$.

设一条流水线上有 n 个生产任务 $j_1,\cdots,j_n$，其中第 k 个生产任务的权重为 w_k，加工时间为 p_k，交工期限为 $d_k, k=1,\cdots,n$. 如果 $C_k-d_k\leqslant 0$，则认为工件 j_k 按期完工，否则认为 j_k 误工. 问应如何制订生产计划表，才能使

(1) 客户的加权等待时间之和最小；

(2) 尽可能控制最大延误时间；

(3) 误工任务数最小.

如果 n 个客户在 $t=0$ 同时到达，则第 k 个客户的等待时间等于其完工时间 $C_k, k=1,\cdots,n$. 问题(1)的关键是要决定任务的加工顺序，使客户的加权等待时间之和 $\sum\limits_{k=1}^{n}w_kC_k$ 达到最小. 这一问题可以归结为单台机排序问题 $1//\sum w_kC_k$.

单台机排序问题 $1//\sum w_kC_k$ 已找到多项式时间算法，称为 WSPT 规则：即工件按 $\frac{w_k}{p_k}$ 的非增序安排加工任务.

定理 4.2 WSPT(Weighted Shortest Processing Time first) 规则给出问题 $1//\sum w_kC_k$ 的最优解.

证明 用反证法. 假设存在某一最优排序 σ^* 不符合 WSPT 规则，这时 σ^* 中必存在两个相邻工件 j_j 和 j_k，满足 $\frac{w_j}{p_j}<\frac{w_k}{p_k}$，$j_j$ 在 j_k 之前加工.

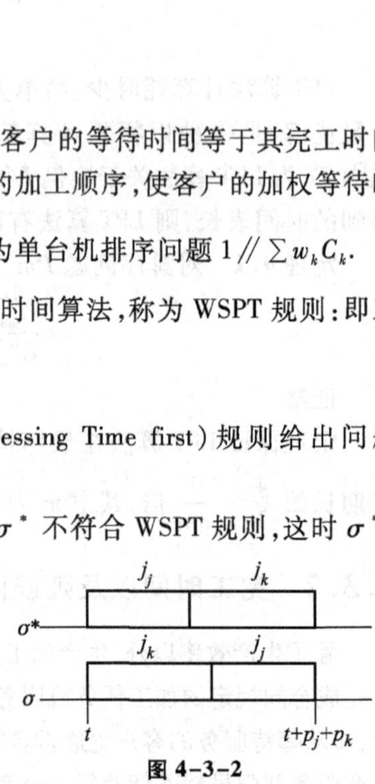

图 4-3-2

设排序 σ^* 中工件 j_j 的开工时间为 t，将

排序 σ^* 中 j_j 和 j_k 的位置进行互换，其他工件排序保持不变，得到一个新排序 σ，如图4 - 3 - 2. 在两个不同排序中，除了 j_j 和 j_k，所有其他工件的完工时间保持不变，因此 $i \neq j,k$ 时 w_iC_i 亦保持不变.

j_j 和 j_k 的加权完工时间和为

$$\text{排序 } \sigma^*: \quad (t+p_j)w_j+(t+p_j+p_k)w_k,$$
$$\text{排序 } \sigma: \quad (t+p_k)w_k+(t+p_k+p_j)w_j.$$

排序 σ^* 的目标函数值与排序 σ 的目标函数值之差为

$$(t+p_j)w_j+(t+p_j+p_k)w_k-(t+p_k)w_k-(t+p_k+p_j)w_j=p_jw_k-p_kw_j.$$

由 $\dfrac{w_j}{p_j} < \dfrac{w_k}{p_k}$ 可以推出 $p_jw_k - p_kw_j > 0$，这与 σ^* 为最优排序相矛盾.

例 4.4 设同时到达的 6 个加工任务 $j_1,\cdots,j_6$，加工时间分别为 3,12,4,9,6,2，客户的权重分别为 4,5,1,2,6,6，求客户的加权等待时间之和 $\sum\limits_{k=1}^{n} w_kC_k$ 最小化的单台机加工顺序.

解 计算各工件的权重与加工时间比值 $\dfrac{w_k}{p_k}$，得

$$\frac{w_1}{p_1}=\frac{4}{3},\frac{w_2}{p_2}=\frac{5}{12},\frac{w_3}{p_3}=\frac{1}{4},\frac{w_4}{p_4}=\frac{2}{9},\frac{w_5}{p_5}=\frac{6}{6},\frac{w_6}{p_6}=\frac{6}{2}.$$

按 $\dfrac{w_k}{p_k}$ 降序对加工任务排序，得最优加工顺序为 j_6,j_1,j_5,j_2,j_3,j_4，最优目标值为

$$\begin{aligned}\sum_{k=1}^{n} w_kC_k &= 6\times 2+4\times(2+3)+6\times(2+3+6)+5\times(2+3+6+12)\\ &\quad +1\times(2+3+6+12+4)+2\times(2+3+6+12+4+9)\\ &=312.\end{aligned}$$

问题(2)的目标是要使各项任务中最大的延误时间最小化. 这一问题可以通过对所有任务按照交工期限的非降序(EDD 序，Earliest Due Date first)排序就可以解决.

例 4.5 设当前有 12 个待加工任务，各任务的所需加工时间和交工期限如表 4-3-1 所示，在单条流水线加工的情况下，求目标为最小化最大延误的加工顺序.

表 4-3-1 待加工任务信息表

任务编号	1	2	3	4	5	6	7	8	9	10	11	12
加工时间	5	9	8	7	6	10	2	4	16	3	2	3
交工期限	18	20	22	15	10	35	34	29	26	42	5	45

解 将加工任务整理成交工期限的非降序(EDD 序):

$$5 \leqslant 10 \leqslant 15 \leqslant 18 \leqslant 20 \leqslant 22 \leqslant 26 \leqslant 29 \leqslant 34 \leqslant 35 \leqslant 42 \leqslant 45,$$

按照交工期限的非降序重新对工件进行编号,得到新的加工任务表 4-3-2.

表 4-3-2

任务编号	1	2	3	4	5	6	7	8	9	10	11	12
加工时间	2	6	7	5	9	8	16	4	2	10	3	3
交工期限	5	10	15	18	20	22	26	29	34	35	42	45

单机排序最大延误最小化问题 $1 // L_{\max}$ 的最优排序为表 4-3-2 中的自然顺序

$$j_1, j_2, j_3, j_4, j_5, j_6, j_7, j_8, j_9, j_{10}, j_{11}, j_{12},$$

即按原编号的顺序为

$$j_{11}, j_5, j_4, j_1, j_2, j_3, j_9, j_8, j_7, j_6, j_{10}, j_{12}.$$

再计算出每一个加工任务的延误时间(按新编号):

$L_1 = C_1 - d_1 = 2 - 5 = -3$,

$L_2 = C_2 - d_2 = (2 + 6) - 10 = -2$,

$L_3 = C_3 - d_3 = (2 + 6 + 7) - 15 = 0$,

$L_4 = C_4 - d_4 = (2 + 6 + 7 + 5) - 18 = 2$,

$L_5 = C_5 - d_5 = (2 + 6 + 7 + 5 + 9) - 20 = 9$,

$L_6 = C_6 - d_6 = (2 + 6 + 7 + 5 + 9 + 8) - 22 = 15$,

$L_7 = C_7 - d_7 = (2 + 6 + 7 + 5 + 9 + 8 + 16) - 26 = 27$,

$L_8 = C_8 - d_8 = (2 + 6 + 7 + 5 + 9 + 8 + 16 + 4) - 29 = 28$,

$L_9 = C_9 - d_9 = (2 + 6 + 7 + 5 + 9 + 8 + 16 + 4 + 2) - 34 = 25$,

$L_{10} = C_{10} - d_{10} = (2 + 6 + 7 + 5 + 9 + 8 + 16 + 4 + 2 + 10) - 35 = 34$,

$L_{11} = C_{11} - d_{11} = (2 + 6 + 7 + 5 + 9 + 8 + 16 + 4 + 2 + 10 + 3) - 42 = 30$,

$L_{12} = C_{12} - d_{12} = (2 + 6 + 7 + 5 + 9 + 8 + 16 + 4 + 2 + 10 + 3 + 3) - 45 = 30$,

$L_{\max} = \max L_j = L_{10} = 34$.

问题(3)在单机排序时,有以下误工任务数最小化算法:

误工任务数最小化算法:

步 1 把任务整理成 EDD 序: $d_1 \leqslant d_2 \leqslant \cdots \leqslant d_n$;

步 2 计算各任务的完工时间,如果当前排序已无延误任务,则转步 5,否则转步 3;

步 3 找到第一个延误任务,设为 j_k;

步 4 在 j_k 以及所有排在 j_k 之前的任务中删除其中加工时间最长的任务,

得到一个部分排序；

步5 检查 $k < n$？是转步2；否则算法终止，输出部分排序，删除的任务作为误工任务以任意顺序排在部分排序之后.

定理4.3 误工任务数最小化算法给出单机排序误工任务数最小化问题的最优解.

证略.

例4.6 考虑5个加工任务 j_1,j_2,j_3,j_4,j_5，它们的加工时间分别为7,8,4,6,6,交工期限分别为9,17,18,19,21,求误工任务数最小化的单台机加工顺序.

解 初始顺序已满足EDD序.依次求出每个任务的完工时间：$C_1=7<d_1$，$C_2=7+8=15<d_2$，$C_3=7+8+4=19>d_3$，j_3 为首个延误任务.删除 j_1,j_2,j_3 中加工时间最长者 j_2，得部分排序 $\{j_1,j_3\}$.计算下一个任务 j_4 的完工时间 $C_4=7+4+6=17<d_4$，j_5 的完工时间 $C_5=7+4+6+6=23>d_5$，j_5 为延误任务.从 j_1,j_3,j_4,j_5 中删除加工时间最长者 j_1，得部分排序 j_3,j_4,j_5.最终输出排序为 j_3,j_4,j_5,j_1,j_2 或 j_3,j_4,j_5,j_2,j_1，其中 j_1 和 j_2 为延误任务.

4.3.3 流水作业排序

例4.7(印刷厂问题) 某印刷厂要尽快赶出7项任务，其中印刷车间和装订车间关于每项任务所需要的时间由表4-3-3表示.应如何安排任务的先后加工顺序，才能使完成所有任务的总工期最短？

表4-3-3 印刷任务信息表

任务	j_1	j_2	j_3	j_4	j_5	j_6	j_7
印刷车间	3	10	5	2	9	11	6
装订车间	8	12	9	6	5	2	9

解 每项任务都必须先完成印刷工序，再完成装订工序.如果把印刷车间看成是第一台机器，把装订车间看成是第二台机器，把每一项任务当做一个工件，本题可以归结为两台机流水作业makespan最小化排序问题.一般地如果有 n 个工件 $j_1,\cdots,j_n$，每一个工件都要依次在机器 $M_1,\cdots,M_m$ 上进行加工，目标要使makespan最小化，则问题可以表示为流水作业问题 $Fm\,/\!/\,C_{\max}$.

定理4.4 对于排序问题 $Fm\,/\!/\,C_{\max}$，存在某个最优排序，在该最优排序中，前两台机器 M_1 和 M_2 上工件的加工顺序相同.最后两台机器 M_{m-1} 和 M_m 上工件的加工顺序也相同.

推论 对于排序问题 $F3\,/\!/\,C_{\max}$，存在某个最优排序，在该排序下，所有工件在每一台机器上的加工顺序都相同.

$m \geqslant 4$ 时,上述推论不成立.

定理 4.5 排序问题 $F2 /\!/ C_{\max}$ 是多项式时间可解问题,Johnson 算法给出问题的最优解.

Johnson 算法(两台机流水作业排序):

(1) 工件集分成两个不交子集 J_1 和 J_2,其中 $J_1 = \{j_k \mid p_{1k} < p_{2k}\}$,$J_2 = \{j_k \mid p_{1k} > p_{2k}\}$,满足 $p_{1k} = p_{2k}$ 的工件可以分在两个子集中的任何一个;

(2) 先将 J_1 中的工件按 p_{1k} 的非降序排序,再将 J_2 中的工件按 p_{2k} 的非增序排序.

设机器 M_1 上第一个工件的开工时间为 $t = 0$,工件的加工顺序为 $j_1, j_2, \cdots, j_n$,则第 k 个工件 j_k 在机器 M_i 上的完工时间可以用以下递推公式计算:

$$C_{i,j_1} = \sum_{l=1}^{i} p_{l,j_1},\ i = 1,2, \tag{4.3.3}$$

$$C_{1,j_k} = \sum_{l=1}^{k} p_{1,j_l},\ k = 1,\cdots,n, \tag{4.3.4}$$

$$C_{2,j_k} = \max(C_{1,j_k}, C_{2,j_{k-1}}) + p_{2,j_k},\ k = 2,\cdots,n. \tag{4.3.5}$$

印刷厂任务排序问题可以通过 Johnson 算法求解. 加工时间矩阵为

$$\boldsymbol{P} = \begin{pmatrix} 3 & 10 & 5 & 2 & 9 & 11 & 6 \\ 8 & 12 & 9 & 6 & 5 & 2 & 9 \end{pmatrix}.$$

利用 Johnson 算法将任务集分成两个子集合:第一道工序所需时间小于或等于第二道工序的任务集合 $J_1 = \{j_1, j_2, j_3, j_4, j_7\}$,第一道工序所需时间大于第二道工序的任务集合 $J_2 = \{j_5, j_6\}$. J_1 整理成关于第一道工序加工时间的非降序:j_4, j_1, j_3, j_7, j_2;J_2 整理成关于第二道工序所需加工时间的非增序:j_5, j_6. 先加工 J_1 中任务,后加工 J_2 中任务,总工期最短的加工顺序为 $j_4, j_1, j_3, j_7, j_2, j_5, j_6$. 按照递推公式可计算出总加工时间为 53.

$m \geqslant 3$ 时,makespan 最小化的流水作业问题 $Fm /\!/ C_{\max}$ 已被证明是 NP 难问题.

4.3.4 工程计划问题

一个工程通常由多个工序组成,工序之间有时会受先后顺序约束. 怎样计划整个工程的进度,才能使总工期最短?这一问题可以利用网络图和关键路径来解决. 首先构造工程对应的网络图,网络图上有向边的方向与工序的先后顺序一致,边权重为对应工序所需时间. 网络图中的关键路径为完成各工序需要时间最长的路径,关键路径长度即为总工期所需要的最短时间. 关键路径长度不仅可以用来计算最短总工期,而且对研究如何赶工压缩工期提供直接的依据.

工序的有关时间：

最早开工时间 T_{ES}：工序最早可以开工的时间.无紧前工序时，$T_{ES}=0$，否则为所有紧前工序中最大的最早完工时间，$T_{ES}(j)=\max\{T_{EF}(k)\mid k$ 为 j 的紧前工序$\}$.

最早完工时间 T_{EF}：工程最早可以完工的时间，$T_{EF}(j)=T_{ES}(j)+$ 完成工序 j 所需要的时间.

最迟开工时间 T_{LS}：不影响整个工期的前提下工序的最晚开工时间.

最迟完工时间 T_{LF}：不影响整个工期的前提下工序的最晚完工时间.

例 4.8 设某工程有 12 道工序 A,B,C,D,E,F,G,H,I,K,L,M，每道工序所需时间及紧前工序如表 4-3-4，问完成整个工程至少需要多少时间？

表 4-3-4 工程信息表

工程	A	B	C	D	E	F	G	H	I	K	L	M
所需时间	3	4	7	3	5	5	2	5	2	1	1	3
紧前工序	G,M	H	—	L	C	A,E	B,C	—	A,L	F,I	B,C	C

工程各工序的先后约束关系可由网络图 4-3-3 表示.

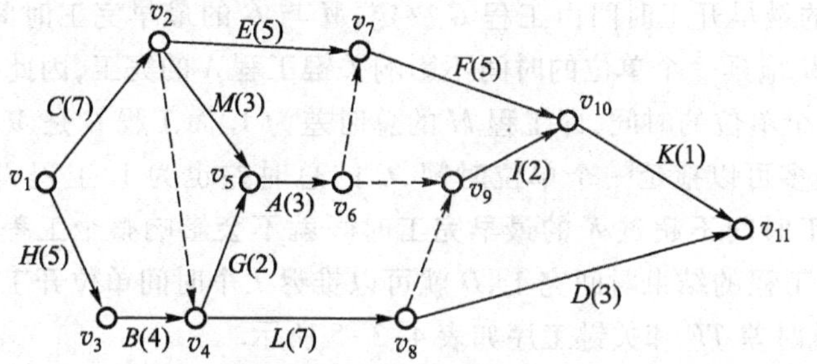

图 4-3-3 工程网络图

按照工程网络图依次计算得各工序最早开工时间 T_{ES}，最早完工时间 T_{EF}，最迟完工时间 T_{LF}，最迟开工时间 T_{LS} 如下：

首先找到无紧前工序的工程 C 和 H，它们的最早开工时间

$$T_{ES}(C)=0,T_{ES}(H)=0,$$

它们的最早完工时间等于最早开工时间加上工程所需时间，则

$$T_{EF}(C)=T_{ES}(C)+7=7,T_{EF}(H)=T_{ES}(H)+5=5,$$

于是我们得出

$T_{ES}(B)=T_{EF}(H)=5,T_{EF}(B)=T_{ES}(B)+4=9,$

$T_{ES}(E)=T_{EF}(C)=7,T_{EF}(E)=T_{ES}(E)+5=12,$

$T_{ES}(M)=T_{EF}(C)=7, T_{EF}(M)=T_{ES}(M)+3=10,$

$T_{ES}(G)=\max\{T_{EF}(B), T_{EF}(C)\}=\max\{9,7\}=9, T_{EF}(G)=T_{ES}(G)+2=11,$

$T_{ES}(L)=\max\{T_{EF}(B), T_{EF}(C)\}=\max\{9,7\}=9, T_{EF}(L)=T_{ES}(L)+1=10,$

$T_{ES}(A)=\max\{T_{EF}(G), T_{EF}(M)\}=\max\{11,10\}=11,$

$T_{EF}(A)=T_{ES}(A)+3=14,$

$T_{ES}(D)=T_{EF}(L)=10, T_{EF}(D)=T_{ES}(D)+3=13,$

$T_{ES}(F)=\max\{T_{EF}(A), T_{EF}(E)\}=\max\{14,12\}=14,$

$T_{EF}(F)=T_{ES}(F)+5=19,$

$T_{ES}(I)=\max\{T_{EF}(A), T_{EF}(L)\}=\max\{14,10\}=14, T_{EF}(I)=T_{ES}(I)+2=16,$

$T_{ES}(K)=\max\{T_{EF}(F), T_{EF}(I)\}=\max\{19,16\}=19, T_{EF}(K)=T_{ES}(K)+1=20.$

算出所有工程的最早开工时间和最早完工时间后，发现工程 K 是最后完工的，因此，制约工程 K 完工时间的工程可以追溯到 F,A,G,B 和 H，于是这些工程不能拖延，它们的最迟开工时间与最早开工时间相同，最迟完工时间也与最早完工时间相同：$T_{LS}=T_{ES}, T_{LF}=T_{EF}$，于是它们允许拖延时间为零，这些工程都是关键工程.

其他工程比如工程 M，它是工程 A 的紧前工程，从 $T_{ES}(A)$ 的计算过程中发现，工程 A 的最早开工时间由工程 G 决定，M 与 G 的最早完工时间只相差一个单位，工程 M 拖延一个单位的时间不影响关键工程 A 的完工，因此，工程 M 最多可以拖延一个单位的时间，即工程 M 的总时差为 1. 而工程 C 是 M 的紧前工程，因此 C 也最多可以拖延一个单位时间，C 的总时差也为 1. 工程 D 没有后继工程，只要完工时间不超过 K 的最早完工时间就不会影响整个工程的进度，如果让它在整个工程的结束时间完工，D 就可以推迟 7 个时间单位开工，于是 D 的总时差为 7. 总时差 TF 和关键工序如表 4-3-5 所示.

表 4-3-5　工程时限表

工程	A	B	C	D	E	F	G	H	I	K	L	M
所需时间	3	4	7	3	5	5	2	5	2	1	1	3
T_{ES}	11	5	0	10	7	14	9	0	14	19	9	7
T_{EF}	14	9	7	13	12	19	11	5	16	20	10	10
T_{LS}	11	5	1	17	9	14	9	0	17	19	16	8
T_{LF}	14	9	8	20	14	19	11	5	19	20	17	11
TF	0	0	1	7	2	0	0	0	3	0	7	1
关键工序	*	*				*	*	*		*		

关键路线为

$$v_1 \to v_3 \to v_4 \to v_5 \to v_6 \to v_7 \to v_{10} \to v_{11},$$

对应工序

$$H \to B \to G \to A \to F \to K,$$

总工期至少为 20.

4.4 装箱问题

装箱问题(Bin Packing)描述如下:

设物品集 $I = \{s_1, s_2, \cdots, s_n\}$,物品 s_k 的体积为 $a_k(0 < a_k \leqslant 1), k = 1, \cdots, n$,现要把这些物品装入容量为 1 的箱子,箱子个数不限,问如何装箱才能使所用箱子数目达到最小?

4.4.1 装箱问题及其算法

装箱问题是 NP 难问题,常用近似算法有以下几种:

(1) NF(Next Fit)算法:将物品 $s_1, s_2, \cdots, s_n$ 依次装箱,设 $s_1, s_2, \cdots s_{i-1}$ 已装入第一只箱子 B_1 ,如果 $a_i \leqslant 1 - (a_1 + \cdots + a_{i-1})$,则将 s_i 装入 B_1 ;否则将 B_1 封箱,将 s_i 装入新打开的箱子 B_2 .一般,设 $s_1, s_2, \cdots, s_{k-1}$ 已装入箱子 $B_1, B_2, \cdots, B_l$,如果 s_k 可以装入 B_l ,则将其装入,否则 B_l 封箱,将 s_k 装入新打开的箱子 B_{l+1} ,……直到所有物品全部装入箱中.

定理 4.6 对装箱问题的任何实例 I ,均有

$$NF(I) \leqslant 2\mathrm{OPT}(I) - 1. \tag{4.4.1}$$

证略.

(2) FF(First Fit)算法:将物品 $s_1, s_2, \cdots, s_n$ 依次装箱,设 $s_1, s_2, \cdots s_{i-1}$ 已装入箱子 $B_1, \cdots, B_l$,将 s_i 装入下标最小且能够装下的箱子,如果 $B_1, \cdots, B_l$ 中所有的箱子都装不下时,则将 s_i 装入新打开的箱子 B_{l+1} ,直到所有物品全部装完.

定理 4.7 对装箱问题的任何实例 I ,均有

$$FF(I) \leqslant \frac{17}{10}\mathrm{OPT}(I) + 1. \tag{4.4.2}$$

证略.

(3) FFD(First Fit Decreasing)算法:将物品 $s_1, s_2, \cdots, s_n$ 整理成关于体积的非增序,即使 $a_1 \geqslant a_2 \geqslant \cdots \geqslant a_n$,然后再用 FF 算法装箱.

定理 4.8 对装箱问题的任何实例 I ,均有

$$FFD(I) \leqslant \frac{11}{9}\mathrm{OPT}(I) + 1. \tag{4.4.3}$$

证略.

4.4.2 下料问题

生产实践中经常遇到这样的问题,要把长度一定的线材截成不同尺寸的毛坯,在一般情况下,很难使原材料得到完全利用,总会多出一些料头.怎样合理截料,才能使原材料消耗最少,这就是合理下料问题.

例 4.9 现有一批某种型号的圆钢每根长 8 m,需要截取长 3 m 的毛坯 80 根,长 2.5 m 的毛坯 100 根,长 1.3m 的毛坯 240 根,问怎样选择下料方式,才能使所用原材料根数最少?

解 不同的下料方案有:

方案一:每根原材料截取 3 m 毛坯 2 根,1.3 m 毛坯 1 根;

方案二:每根原材料截取 3 m 毛坯 1 根,2.5 m 毛坯 2 根;

方案三:每根原材料截取 3 m 毛坯 1 根,2.5 m 毛坯 1 根,1.3 m 毛坯 1 根;

方案四:每根原材料截取 3 m 毛坯 1 根,1.3 m 毛坯 3 根;

方案五:每根原材料截取 2.5 m 毛坯 3 根;

方案六:每根原材料截取 2.5 m 毛坯 2 根,1.3 m 毛坯 2 根;

方案七:每根原材料截取 2.5 m 毛坯 1 根,1.3 m 毛坯 4 根;

方案八:每根原材料截取 1.3 m 毛坯 6 根.

设 x_j 为采用第 j 种截取方案的原材料根数 $j=1,\cdots,7$,则上述问题可用整数规划模型描述为

$$\min \quad z=\sum_{j=1}^{7} x_j,$$

$$\text{s.t.} \quad \begin{cases} 2x_1+x_2+x_3+x_4 \geqslant 80, \\ 2x_2+x_3+3x_5+2x_6+x_7 \geqslant 100, \\ x_1+x_3+3x_4+2x_6+4x_7+6x_8 \geqslant 240, \\ x_j \geqslant 0 \text{ 为整数}, j=1,\cdots,7. \end{cases}$$

利用 LINGO 可以求解上述整数规划.

下料问题在所要截取的毛坯种类较多时,要枚举所有方案变得困难,整数规划模型的建立会变得十分复杂,而且问题的计算时间复杂性也较高,采用装箱问题的 FFD 算法求该问题的近似解是十分有效的.把钢材原材料看成箱子,把要截取的毛坯看成物品,用 FFD 算法计算例 4.9,得到以下截取方案图形(图 4-4-1),即用方案一截取 40 根,方案五截取 33 根,方案七截取 1 根,方案八截取 32 根,最后一根截取 1.3 m 毛坯 4 根,剩下余料 2.8 m. FFD 算法共用圆钢 107 根.

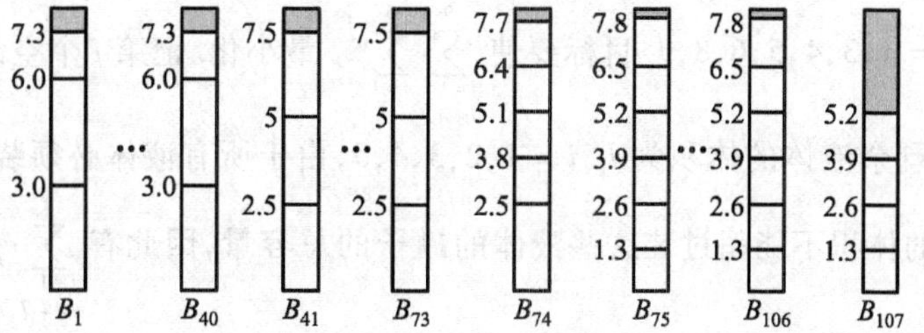

图 4-4-1　FFD 算法

4.4.3　存储罐注液问题

例 4.10　某化工厂有 9 个不同大小的存储罐,有一些存储罐已经装有一些液体(表 4-4-1).现新到一批液体化工原料需要存储,这些液体不能混合存储,它们分别是 1 200 m^3 苯,700 m^3 丁醇,1 000 m^3 丙醇,450 m^3 苯乙醇和 1 200 m^3 四氢呋喃.下表列出每个存储罐的属性,问应如何将新到液体原料装罐,才能使保留未用的存储罐个数最多?

表 4-4-1　存储罐容量表　　单位:m^3

存储罐编号	1	2	3	4	5	6	7	8	9
容量	500	400	400	600	600	900	800	800	800
当前内容	—	苯	—	—	—	—	四氢呋喃	—	—
体积	0	100	0	0	0	0	300	0	0

解　分别记苯、丁醇、丙醇、苯乙醇和四氢呋喃为第 1,2,3,4,5 种液体.显然,新到液体应尽可能装入已存有同种液体的罐中.所以应该将 300 m^3 苯装入 2 号罐子,将 500 m^3 四氢呋喃装入 7 号罐子,余下液体为 900 m^3 苯,700 m^3 丁醇,1 000 m^3 丙醇,450 m^3 苯乙醇,700 m^3 四氢呋喃.剩余空罐为 1,3,4,5,6,8,9.由于不允许混合,每种液体至少需要 1 个空罐.

令

$$x_{ij}=\begin{cases}1, & \text{第 } i \text{ 种液体装入第 } j \text{ 个存储罐},\\0, & \text{否则},\end{cases}$$

$\sum\limits_{i=1}^{5}x_{ij}=1$ 时,表明第 j 个空罐装入某种液体;$\sum\limits_{i=1}^{5}x_{ij}=0$ 时,第 j 个空罐不装入任

何液体，$j = 1,3,4,5,6,8,9$. 目标要使 $\sum_{\substack{j=1\\j\neq 2,7}}^{9}\sum_{i=1}^{5} x_{ij}$ 最小化. 记第 j 个空罐的容量为 c_j，第 i 种剩余液体的体积为 $l_i, i = 1,2,3,4,5$，由于所有液体必须装入罐中，故每种液体的体积不能超过装这些液体的罐子的总容量，因此有 $\sum_{\substack{j=1\\j\neq 2,7}}^{9} c_j x_{ij} \geqslant l_i$，此外一个罐子最多只能装一种液体，所以对空罐 $j = 1,3,4,5,6,8,9$ 还需满足 $\sum_{i=1}^{5} x_{ij} \leqslant 1$，存储罐问题的数学模型为

$$
\begin{aligned}
\min \quad & \sum_{\substack{j=1\\j\neq 2,7}}^{9}\sum_{i=1}^{5} x_{ij}, \\
\text{s.t.} \quad & \begin{cases}
\sum\limits_{\substack{j=1\\j\neq 2,7}}^{9} c_j x_{ij} \geqslant l_i, & i = 1,\cdots,5, \\
\sum\limits_{i=1}^{5} x_{ij} \leqslant 1, & j = 1,3,4,5,6,8,9, \\
x_{ij} \in \{0,1\}, & i = 1,\cdots,5; j = 1,3,4,5,6,8,9.
\end{cases}
\end{aligned}
$$

这是一个整数规划. 代入 $l_1 = 900, l_2 = 700, l_3 = 1\ 000, l_4 = 450, l_5 = 700$ 和 $c_1 = 500, c_3 = 400, c_4 = 600, c_5 = 600, c_6 = 900, c_8 = 800, c_9 = 800$，即可以利用 LINDO 或 LINGO 等软件求解.

当问题的数据量很大时，整数规划的计算复杂性很高，可考虑采用近似算法或启发式算法求解. 上述问题可利用 FFD 装箱算法思想：将现有空罐按容积的非增序排列，对每一种液体，如果至少需要 k 个空罐，则尽可能靠后装入具有连贯序号的 k 个空罐. 对该问题，先装 900 m^3 苯，空罐按容积从大到小排成 6,8,9,4,5,1,3. 苯装入 6 号罐. 再装 700 m^3 丁醇，空罐排成 8,9,4,5,1,3. 丁醇装入 9 号罐. 再装 1 000 m^3 丙醇，空罐排成 8,4,5,1,3. 丙醇装入 5 号和 1 号罐. 然后装 450 m^3 乙醇，空罐排成 8,4, 3. 乙醇装入 4 号罐. 最后装 700 m^3 四氢呋喃，空罐排成 8,3. 四氢呋喃装入 8 号罐. 最后剩下一个空罐为 3 号罐. 见图 4-4-2.

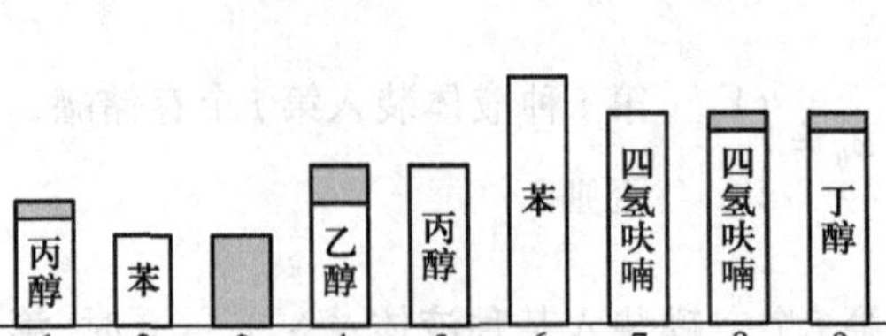

图 4-4-2

但这样装罐的结果不能保证最优性. 如果算法再细一点,只需要一个空罐的液体先装,效果就会好一些:苯装入 6 号罐,丁醇装入 9 号罐,丙醇一个罐装不下,留到以后再装. 再考虑装 450 m^3 乙醇,空罐排成 8,4,5,1,3. 乙醇装入 1 号罐. 再装 700 m^3 四氢呋喃,空罐排成 8,4,5,3. 四氢呋喃装入 8 号罐. 最后装 1 000 m^3 丙醇,空罐排成 4,5,3. 丙醇装入 5 号和 3 号罐. 留下一个空罐为 4 号罐. 见图 4-4-3.

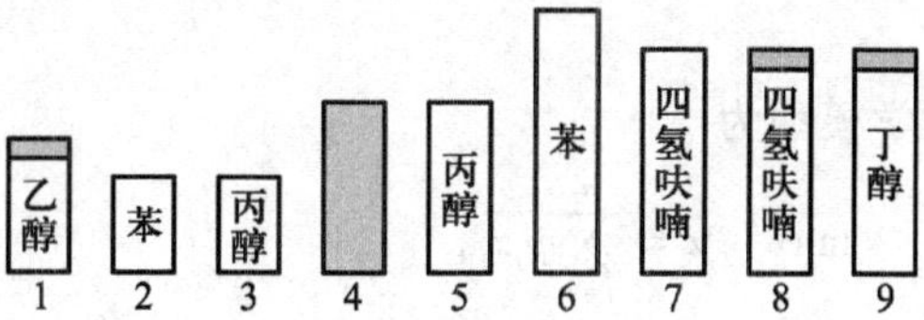

图 4-4-3

后一种装法的空罐容积大,这是因为只需一个空罐的液体先装时,这部分装罐实现了最优. 需要两个以上空罐时,寻找最优算法的计算量就会变大.

4.5 订单问题

例 4.11 考察某企业季度生产计划. 设该企业在计划期内可以选择是否接受生产订单 A,B,C,D,E 的产品,每种订单的产品利润与所需生产时间见表 4-5-1,问如何决策,才能使所获总利润最大(要求总生产时间不超过 80 天).

表 4-5-1

产品订单	A	B	C	D	E
生产时间(天)	40	37	7	8	20
利润(万元)	9	8	2	2	4

令 $x_j = \begin{cases} 1, & \text{接受生产第 } j \text{ 种产品的订单}, \\ 0, & \text{否则}, \end{cases}$ $j = 1,\cdots,5$, 则问题的数学模型为

$$\max \quad z = 9x_1 + 8x_2 + 2x_3 + 2x_4 + 4x_5,$$

$$\text{s.t.} \quad \begin{cases} 40x_1 + 37x_2 + 7x_3 + 8x_4 + 20x_5 \leqslant 80, \\ x_j \in \{0,1\}, j = 1,\cdots,5. \end{cases}$$

上述模型为一个 0-1 整数规划模型,可以归结为**背包问题**.

4.5.1 背包问题模型及其算法

背包问题的一般描述为:设 $U=\{u_1,\cdots,u_n\}$ 是一个准备放入容量为 C 的背包中的 n 项物品的集合,物品 u_j 的体积为 v_j,价值为 p_j,其中 v_j,p_j 和 C 均为正整数. 如何选择 U 中的一些物品装入背包,使这些物品的总体积不超过 C,且使总价值达到最大?

背包问题的数学模型为

$$
\begin{aligned}
\max \quad & z=\sum_{j=1}^{n} p_j x_j ,\\
\text{s. t.} \quad & \begin{cases} \sum_{j=1}^{n} v_j x_j \leqslant C, \\ x_j \in \{0,1\}, j=1,\cdots,n, \end{cases}
\end{aligned} \tag{4.5.1}
$$

其中

$$
x_j=\begin{cases}1, & \text{将物品 } u_j \text{ 装入背包}, \\ 0, & \text{否则}, \end{cases} \quad j=1,\cdots,n .
$$

背包问题可以用动态规划方法求解. 令状态变量

$$
S_n=v_n x_n, \quad S_j=v_j x_j+S_{j+1},
$$

状态转移方程

$$
S_{j+1}=S_j-v_j x_j, j=n, n-1,\cdots,1,
$$

边界条件

$$
f_{n+1}(S_{n+1})=0,
$$

$$
f_j(S_j)=\max_{0 \leqslant x_j \leqslant \min\{1,[S_j/v_j]\}}\{p_j x_j+f_{j+1}(S_{j+1})\}, j=n, n-1,\cdots,1,
$$

可求得最终结果.

订单问题实例 4.11 求解如下.

阶段 5(表 4-5-2):

表 4-5-2 阶段 5

S_5	x_5		x_5^*	$f_5(S_5)$
	0	1		
[0,20)	0+0		0	0
[20,80]	0+0	4+0	1	4

其中 S_5 对应列是对第 5 种物品(订单 E)可以占用的背包容量(生产时间)

进行枚举. 由于订单 E 的生产时间是20天,所以生产时间 $S_5 \in [0,20)$ 时,只能放弃 E 的生产, x_5 只能为0,它对目标函数的贡献

$$f_5(S_5)=4x_5+f_6(S_6)=0+0$$

(注意到 $f_6(S_6)=0$ 是边界条件);如果允许订单 E 占用20天以上的时间,则可以选择 x_5 为0,也可以选择 x_5 为1. $x_5=0$ 时,含 x_5 的项对目标函数的贡献为

$$f_5(S_5)=4x_5+f_6(S_6)=0+0,$$

$x_5=1$ 时,含 x_5 的项对目标函数的贡献为

$$f_5(S_5)=4x_5+f_6(S_6)=4+0,$$

在 $S_5 \in [0,20)$ 的条件下,使目标达到最佳的选择是 $x_5=1$, 最佳目标值 $f_5(S_5)=4$.

阶段4同时考虑 x_4 和 x_5 两个变量,即订单 D 和订单 E. S_4 为允许订单 D 和订单 E 占用的总生产时间. $S_4 \in [0,8)$ 时,生产订单 D 的时间不够, x_4 只能为零,由状态转移方程可算得 $S_5=S_4-8x_4=S_4$, x_4 和 x_5 两个变量对目标函数的总贡献为

$$f_4(S_4)=2x_4+f_5(S_5)=0+0,$$

其中 $f(S_5)$ 为下一阶段最佳决策下的目标值,可以从阶段5的表中查到. $S_4 \in [8,20)$ 时, x_4 可以选择为0或者为1,即使 x_4 为0,所有时间都留给 S_5 也不够订单 E 的生产. $x_4=0$ 时, x_4 和 x_5 两个变量对目标函数的总贡献为

$$f_4(S_4)=2x_4+f_5(S_5)=0+0,$$

$x_4=1$ 时, x_4 和 x_5 两个变量对目标函数的总贡献为

$$f_4(S_4)=2x_4+f_5(S_5)=2+0.$$

当 $S_4 \in [20,28)$ 时,如果选择 $x_4=0$, 则 $S_5=S_4-8x_4=S_4>20$,从阶段5的表中可以查到最佳的 $f_5(S_5)=4$, 从而 x_4 和 x_5 两个变量对目标函数的总贡献为

$$f_4(S_4)=2x_4+f_5(S_5)=0+4.$$

同理,当 $x_4=1$ 时, x_4 和 x_5 两个变量对目标函数的总贡献为

$$f_4(S_4)=2x_4+f_5(S_5)=2+0.$$

如果 $S_4 \in [28,80]$, $x_4=0$, 时 x_4 和 x_5 两个变量对目标函数的总贡献为

$$f_4(S_4)=2x_4+f_5(S_5)=0+4,$$

$x_4=1$ 时, x_4 和 x_5 两个变量对目标函数的总贡献为

$$f_4(S_4)=2x_4+f_5(S_5)=2+4.$$

由此可算出每行对应的最佳 $f_4(S_4)$ 和 S_5. 类似可以用递推的方法计算阶段3,然后阶段2,最后阶段1的各项数据.

阶段4(表4-5-3):

表 4-5-3　阶段 4

S_4	x_4		x_4^*	$f_4(S_4)$	$S_5 = S_4 - 8x_4$
	0	1			
[0,8)	0+0		0	0	S_4
[8,20)	0+0	2+0	1	2	$S_4 - 8$
[20,28)	0+4	2+0	0	4	S_4
[28,80]	0+4	2+4	1	6	$S_4 - 8$

阶段 3(表 4-5-4):

表 4-5-4　阶段 3

S_3	x_3		x_3^*	$f_3(S_3)$	$S_4 = S_3 - 7x_3$
	0	1			
[0,7)	0+0		0	0	S_3
[7,8)	0+0	2+0	1	2	$S_3 - 7$
[8,15)	0+2	2+0	1	2	$S_3 - 7$
[15,20)	0+2	2+2	1	4	$S_3 - 7$
[20,27)	0+4	2+2	1	4	$S_3 - 7$
[27,28)	0+4	2+4	1	6	$S_3 - 7$
[28,35)	0+6	2+4	1	6	$S_3 - 7$
[35,80]	0+6	2+6	1	8	$S_3 - 7$

阶段 2(表 4-5-5):

表 4-5-5　阶段 2

S_2	x_2		x_2^*	$f_2(S_2)$	$S_3 = S_2 - 37x_2$
	0	1			
[15,27)	0+4		0	4	S_2
[27,35)	0+6		0	6	S_2
[35,37)	0+8		0	8	S_2
[37,44)	8+0	0+8	0	8	S_2
[44,52)	0+8	8+2	1	10	$S_2 - 37$
[52,64)	0+8	8+4	1	12	$S_2 - 37$

续表

S_2	x_2		x_2^*	$f_2(S_2)$	$S_3 = S_2 - 37x_2$
	0	1			
[64,72)	0+8	8+6	1	12	$S_2 - 37$
[72,80]	0+8	8+8	1	16	$S_2 - 37$

阶段 1(表 4-5-6):

表 4-5-6　阶段 1

S_1	x_1		x_1^*	$f_1(S_1)$	$S_2^* = S_1^* - 40x_1^*$
	0	1			
80	0+16	9+8	1	17	$S_1 - 40$

反向追踪,得 $x_1^*=1, S_2^*=40, x_2^*=0, S_3^*=40, x_3^*=1, S_4^*=33, x_4^*=1, S_5^*=25, x_5^*=1$. 即最优解为 $X^*=(1,0,1,1,1)^{\mathrm{T}}$,最优目标值为 $f_1(S_1)=17$. 最优订单方案为接受订单 A,C,D,E,拒绝订单 B,总利润最大为 17 万元.

动态规划求解背包问题计算量比较大. 下面考虑背包问题的近似算法. 一个很容易想到的近似算法为贪心算法 G:先将背包中的物品整理成关于单位体积价值的非增序:$\dfrac{p_1}{v_1} \geqslant \dfrac{p_2}{v_2} \geqslant \cdots \geqslant \dfrac{p_n}{v_n}$,然后依次将物品尽可能地装入背包. 这个算法有的时候效果非常差. 例如,物品集 $U=\{u_1,u_2\}$,价值 $p_1=1+\varepsilon, p_2=C$,体积 $v_1=1, v_2=C$,背包容量为 C. 贪心算法 G 装入背包的物品为 u_1,价值 $1+\varepsilon$,而最优算法装入背包的物品为 u_2,价值为 C. 当 $C \to \infty$ 时,有

$$\frac{G(I)}{\mathrm{OPT}(I)} = \frac{1+\varepsilon}{C} \xrightarrow{C \to \infty} 0 .$$

但是对算法 G 稍作修改后可以得到多项式时间近似方案. 对于任意正整数 k,令 $\varepsilon = \dfrac{1}{k}$,构造算法 A_ε 如下:

第一步,选出最多 k 个项的子集,把它们放在背包中;

第二步,在剩余数据项中运行算法 G.

这两步重复了 $\sum\limits_{j=0}^{k} \mathrm{C}_n^j$ 次,对每个大小为 $j(0 \leqslant j \leqslant k)$ 的子集执行一次,然后比较 $\sum\limits_{j=0}^{k} \mathrm{C}_n^j$ 个计算结果,输出其中总价值最大的装入背包的物品集合.

定理 4.9　算法 A_ε 的运行时间是 $O(kn^{k+1})$,对于任意实例 I,

$$\frac{\mathrm{OPT}(I)}{A(I)} < 1 + \frac{1}{k} = 1 + \varepsilon. \tag{4.5.2}$$

证略.

4.5.2 资源分配问题

例 4.12 某工厂购进 5 台设备,可分配给 3 个车间使用,由于各车间的条件不同,使用这些设备后所能获得的收益也不同,具体数据见表 4-5-7. 问如何将这些设备分配到各车间,才能使工厂所获得的总收益最大?

表 4-5-7 设备数与收益关系表

车间 \ 收益 \ 设备数	0	1	2	3	4	5
1	0	2	4	5	5	6
2	0	1	3	4	6	8
3	0	3	4	5	5	6

设 x_j 为分配给第 j 个车间的设备数,则上述问题的数学模型为

$$\max \quad z = g_1(x_1) + g_2(x_2) + g_3(x_3),$$

$$\text{s.t.} \quad \begin{cases} x_1 + x_2 + x_3 = 5, \\ x_j \geqslant 0 \text{ 为整数}, j = 1,2,3, \end{cases}$$

其中 $g_j(x_j)$ 为第 j 个车间得到 x_j 台设备后所获得的收益.

这是一个整数规划问题,且目标函数没有解析表达式,只有表 4-5-7 给出的对应数据. 用动态规划方法求解,其中状态变量 $s_3 = x_3$, $s_2 = x_2 + x_3$, $s_1 = x_1 + x_2 + x_3$.

阶段 3(表 4-5-8):

表 4-5-8 阶段 3

S_3	x_3						x_3^*	$f_3(S_3)$
	0	1	2	3	4	5		
0	0						0	0
1	0	3					1	3
2	0	3	4				2	4
3	0	3	4	5			3	5
4	0	3	4	5	5		3	5
5	0	3	4	5	5	6	5	6

阶段 2(表 4-5-9):

表 4-5-9　阶段 2

S_2	x_2						x_2^*	$f_2(S_2)$	$S_3 = S_2 - x_2$
	0	1	2	3	4	5			
0	0+0						0	0	0
1	0+3	1+0					0	3	1
2	0+4	1+3	3+0				0,1	4	2,1
3	0+5	1+4	3+3	4+0			2	6	1
4	0+5	1+5	3+4	4+3	6+0		2,3	7	2,1
5	0+6	1+5	3+5	4+4	6+3	8+0	4	9	1

阶段 1(表 4-5-10)：

表 4-5-10　阶段 1

S_1	x_1						x_1^*	$f_1(S_1)$	$S_2^* = S_1^* - x_1^*$
	0	1	2	3	4	5			
5	0+9	2+7	4+6	5+4	5+3	6+0	2	10	3

反向追踪，得 $x_1^* = 2, S_2^* = 3, x_2^* = 2, S_3^* = 1, x_3^* = 1$，即分配给第一个车间 2 台设备，分配给第二个车间 2 台设备，分配给第三个车间 1 台设备，工厂总收益最大为 10.

请注意，例 4.12 的数学模型并没有给出目标函数的解析表达式，但这并不妨碍用动态规划方法求解.

4.6 网络优化问题与建模方法

网络优化问题是现实中很常见的一类问题，通信与交通运输网的设计与监控管理、工程进度管理、公共场所疏散路线、大型商场商品货架和通道的布局、洒水车的最佳行驶路线等，都可以利用网络优化方法找到好的解决办法.

4.6.1 图的基本概念

在讨论网络优化问题的模型之前，需要先了解有关网络的一些基本概念.

图(graph)　一个图 G 是一个二元组 (V,E)，其中 $V=\{v_1,v_2,\cdots,v_n\}$ 是顶

点集，$E=\{e_{ij}\}$ 是边集，$e_{ij}=(v_i,v_j)$ 表示连接顶点 v_i 和 v_j 的边，且称这两个顶点与边 $e_{ij}=(v_i,v_j)$ 关联. 若所有边都是无向边，则该图称为**无向图**（undirected graph），如图 4-6-1. 若所有边都是有向边，则该图称为**有向图**（directed graph），如图 4-6-2. 若图中既含有向边，也含无向边，则为**混合图**.

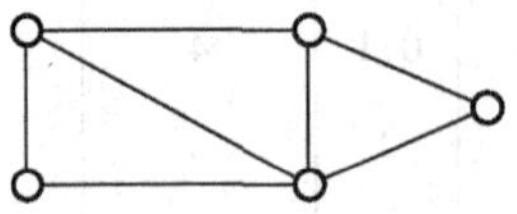

图 4-6-1　无向图

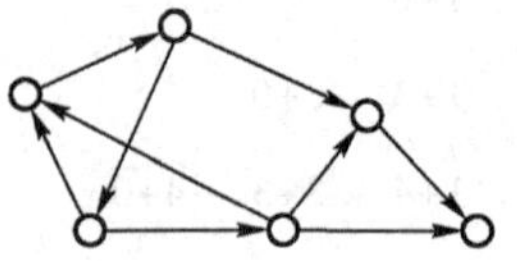

图 4-6-2　有向图

顶点 v_i 到自身的边称为环，两个顶点之间有两条相同的边称为重边. 无环且无重边的图称为**简单图**. 任何两个不同顶点之间都有边相连的简单无向图称为**完全图**.

如果简单图 G 的顶点集满足 $V=V_1\cup V_2, V_1\cap V_2=\varnothing$，且 G 中每条边的一个端点在 V_1 中，另一个端点在 V_2 中，则该图称为**二部图**.

定义 4.5　设 v 是图 G 的任一顶点，与 v 关联的边数称为 v 的度数. 设 u 是有向图 G 的任一顶点，射入 u 的边数称为 u 的入度，射出 u 的边数称为 u 的出度.

显然，每个图中，顶点度数的总和等于边数的两倍，度数为奇数的顶点个数必为偶数.

定义 4.6　图 G 中有限的顶点和边的交替序列 $ue_1v_1e_2\cdots v_{n-1}e_nv$ 称为 G 的一条 $u-v$ 链（chain 或 walk），其中边 $e_i=(v_{i-1},v_i), i=1,2,\cdots,n, v_0=u, v_n=v$. $u\neq v$ 时称为开链，$u=v$ 时称为闭链. 边不同的链称为迹（trail），内部点不同的链称为路（path）.

定义 4.7　两端点相同的路称为圈（cycle）或回路（circuit）.

定义 4.8　无圈的连通无向图称为**树**.

子图　设图 $G=(V,E)$，如果图 $G_1=(V_1,E_1)$，其中 $V_1\subseteq V, E_1\subseteq E$，则称 G_1 为 G 的子图.

生成子图　如果 $G_1=(V_1,E_1)$ 是 $G=(V,E)$ 的子图，且 $V_1=V$，则称 G_1 是 G 的生成子图.

生成树　如果树 T 是 G 的生成子图，则称 T 是 G 的一棵生成树.

最小生成树　边权和最小的生成树.

匹配　设图 $G=(V,E)$，边集 $M\subseteq E$，如果 M 不含环且任意两条边都不相邻，则称 M 为 G 的一个匹配.

最大匹配　边数最多的匹配.

完备匹配 包含 G 中所有顶点的匹配.

最大权匹配 边权和最大的匹配.

类似可定义最小权匹配.

连通图 无向图 G 中任意顶点 u 和 v 都存在连接这两个顶点的 $u-v$ 路.

图中度数为 1 的顶点称为**悬挂点**. 树中的悬挂点也称为**叶子**.

4.6.2 电缆铺设问题

例 4.13 设区域 $v_1,v_2,\cdots,v_n$ 之间需要铺设电缆,使这些区域能够相互连通. 电缆铺设在地下管道内,地下管道的备选线路以及各条线路上的费用为已知.

问题一:如何选择铺设路线,才能使地下管道的铺设总费用达到最小?

问题二:如果有现成的地下管道网可以利用,问如何布线,才能使连接 v_i 与 v_j 的线路最短?

针对问题一考察以下实例(图 4-6-3),其中边上的数据为对应该条边的地下管道铺设费用.

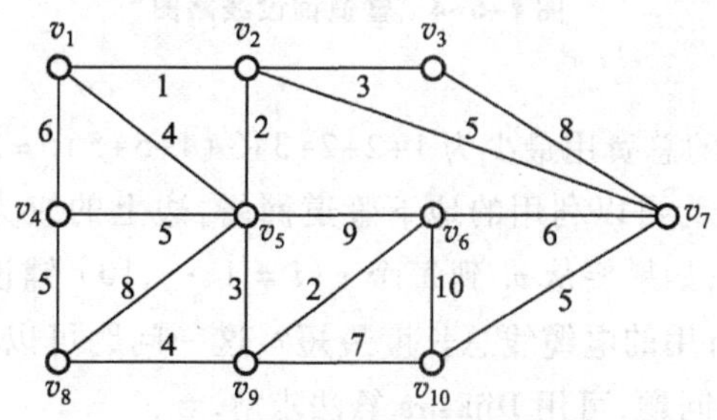

图 4-6-3 地下管道备选路线

地下管道的铺设问题可以归结到最小生成树问题,即求图 G 的一棵生成树,使树上各边总权和达到最小. 求解最小生成树的方法有破圈法、避圈法, Dijkstra算法等.

破圈法:

(1) 令 $G_0=G, k=0$.

(2) 若 G_k 不含圈,则转(3);若 G_k 含圈 C,设 $e_k \in E(C)$ 且 $w(e_k)=\max\limits_{e\in E(C)} w(e)$,令 $G_{k+1}=G_k-e_k, k=k+1$,返回(2).

(3) 结束, G_k 是 G 的最小生成树.

避圈法:

(1) 把 G 的边按权的大小整理成 $w(e_1) \leqslant w(e_2) \leqslant \cdots \leqslant w(e_m)$，令 $T_0 = (V,\varnothing)$，$i = 1, j = 0$.

(2) 若 $T_j + e_i$ 含圈，则转(3)；否则转(4).

(3) 令 $i = i + 1$，若 $i \leqslant m$ 则转(2)；否则停止，G 不存在生成树.

(4) 令 $T_{j+1} = T_j + e_i$，$j = j + 1$.

(5) 若 $j = n - 1$，结束，T_j 是最小生成树；否则转(3).

用避圈法求解管道铺设问题实例，可得最小生成树（即管道铺设线路图），见图 4-6-4.

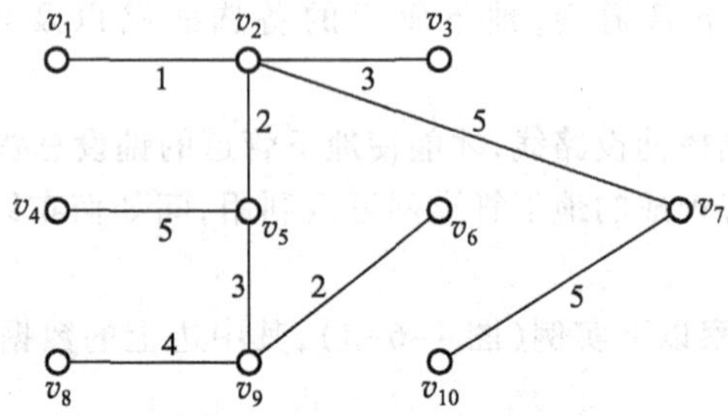

图 4-6-4　管道铺设线路图

铺设地下管道的总费用最少为 1+2+2+3+3+4+5+5+5 = 30.

如果图 4-6-3 为可以利用的地下管道网络，边上的权为管道长度，考察前面提到过的问题二，如果要从 v_1 到每个 $v_i(i = 1,\cdots,10)$ 铺设一条专用电缆，问如何布线，才能使所用的电缆线总长度最短？这一问题可以归结为求从顶点 v_1 到每个 v_i 的最短路问题，可用 Dijkstra 算法求解.

非负权网络的最短路算法（Dijkstra）（求 v_1 到每个 v_i 的最短路）：

(1) 令 $u_1 = 0, u_j = w_{1j}(j = 2,\cdots,n)$，$S = \{v_1\}$，$R = \{v_2,\cdots,v_n\}$.

(2) 取 $v_i \in R$，使 $u_i = \min\limits_{v_j \in R} u_j$. 若 $u_i = \infty$，停止，从 v_1 到 R 中各顶点都没有路；否则转(3).

(3) 令 $S = S \cup \{v_i\}$，$R = R \backslash \{v_i\}$. 若 $R = \varnothing$，结束，u_j 为最短 (v_1, v_j) 路的权 $j = 2,\cdots,n$；否则转(4).

(4) $\forall v_j \in R$，令 $u_j = \min\{u_j, u_i + w_{ij}\}$，转(2).

Dijkstra 算法的求解过程可以用矩阵来表示. 例 4.13 的问题二计算过程如下：设 $\boldsymbol{w}$ 为网络的权矩阵，$\boldsymbol{w}$ 中第 i 行第 j 列元素 w_{ij} 表示边 (v_i, v_j) 的权重（如果 v_i 与 v_j 之间没有边相连，则令 $w_{ij} = \infty$）. 首先划去矩阵的第一列元素. 然后对第一行的剩余元素加下划线，表示考虑在这些元素中选择一条边（因为最短路一

定与 v_1 相连，故最短路必选择 v_1 与某个 v_i 之间的一条边），然后对其中最小的元素加括号，表示该条边已选定（如果最小元素为 w_{1i}，则 v_1 到 v_i 的最短路即为 $v_1 \to v_i$，且总路长为 w_{1i}）. 第二步，如果 v_{1i} 已加括号，表明 v_1 到 v_i 已经连通，划去第 i 列的剩余元素，然后对矩阵的第 i 行的每个剩余元素加上 w_{1i} 后再加下划线，然后在所有加下划线而未加括号的元素中找最小元素，再对该元素加括号. 如果新加括号的元素是矩阵第 i 行第 j 列元素，则 v_1 到 v_j 的最短路找到，最短路线为 $v_1 \to v_i \to v_j$，最短路长为修改后的权重 $w'_{ij} = w_{1i} + w_{ij}$，如果新加括号元素为 w_{1j}，则最短路线为直接从 v_1 到 v_j，然后划去新加括号元所在列的剩余元素，再对矩阵第 j 行的剩余元素加下划线. ……，直到所有元素或者已加括号，或者被划去. 具体过程见以下例 4.13 的计算.

以下求解例 4.13.

$$
\boldsymbol{w}=\begin{pmatrix}
\infty & 1 & \infty & 6 & 4 & \infty & \infty & \infty & \infty & \infty \\
1 & \infty & 3 & \infty & 2 & \infty & 5 & \infty & \infty & \infty \\
\infty & 3 & \infty & \infty & \infty & \infty & 8 & \infty & \infty & \infty \\
6 & \infty & \infty & \infty & 5 & \infty & \infty & 5 & \infty & \infty \\
4 & 2 & \infty & 5 & \infty & 9 & \infty & 8 & 3 & \infty \\
\infty & \infty & \infty & \infty & 9 & \infty & 6 & \infty & 2 & 10 \\
\infty & 5 & 8 & \infty & \infty & 6 & \infty & \infty & \infty & 5 \\
\infty & \infty & \infty & 5 & 8 & \infty & \infty & \infty & 4 & \infty \\
\infty & \infty & \infty & \infty & 3 & 2 & \infty & 4 & \infty & 7 \\
\infty & \infty & \infty & \infty & \infty & 10 & 5 & \infty & 7 & \infty
\end{pmatrix}
\to
\begin{pmatrix}
\times & \underline{1} & \underline{\infty} & \underline{6} & \underline{4} & \underline{\infty} & \underline{\infty} & \underline{\infty} & \underline{\infty} & \underline{\infty} \\
\times & \infty & 3 & \infty & 2 & \infty & 5 & \infty & \infty & \infty \\
\times & 3 & \infty & \infty & \infty & \infty & 8 & \infty & \infty & \infty \\
\times & \infty & \infty & \infty & 5 & \infty & \infty & 5 & \infty & \infty \\
\times & 2 & \infty & 5 & \infty & 9 & \infty & 8 & 3 & \infty \\
\times & \infty & \infty & \infty & 9 & \infty & 6 & \infty & 2 & 10 \\
\times & 5 & 8 & \infty & \infty & 6 & \infty & \infty & \infty & 5 \\
\times & \infty & \infty & 5 & 8 & \infty & \infty & \infty & 4 & \infty \\
\times & \infty & \infty & \infty & 3 & 2 & \infty & 4 & \infty & 7 \\
\times & \infty & \infty & \infty & \infty & 10 & 5 & \infty & 7 & \infty
\end{pmatrix}
\to
$$

$$
\begin{pmatrix}
\times & \underline{(1)} & \underline{\infty} & \underline{6} & \underline{4} & \underline{\infty} & \underline{\infty} & \underline{\infty} & \underline{\infty} & \underline{\infty} \\
\times & \times & \underline{3+1} & \underline{\infty+1} & \underline{2+1} & \underline{\infty+1} & \underline{5+1} & \underline{\infty+1} & \underline{\infty+1} & \underline{\infty+1} \\
\times & \times & \infty & \infty & \infty & \infty & 8 & \infty & \infty & \infty \\
\times & \times & \infty & \infty & 5 & \infty & \infty & 5 & \infty & \infty \\
\times & \times & \infty & 5 & \infty & 9 & \infty & 8 & 3 & \infty \\
\times & \times & \infty & \infty & 9 & \infty & 6 & \infty & 2 & 10 \\
\times & \times & 8 & \infty & \infty & 6 & \infty & \infty & \infty & 5 \\
\times & \times & \infty & 5 & 8 & \infty & \infty & \infty & 4 & \infty \\
\times & \times & \infty & \infty & 3 & 2 & \infty & 4 & \infty & 7 \\
\times & \times & \infty & \infty & \infty & 10 & 5 & \infty & 7 & \infty
\end{pmatrix}
\to
$$

$$
\begin{pmatrix}
\times & \underline{(1)} & \underline{\infty} & 6 & \times & \underline{\infty} & \underline{\infty} & \underline{\infty} & \underline{\infty} & \underline{\infty} \\
\times & \times & 4 & \underline{\infty} & \underline{(3)} & \underline{\infty} & 6 & \underline{\infty} & \underline{\infty} & \underline{\infty} \\
\times & \times & \infty & \infty & \times & \infty & 8 & \infty & \infty & \infty \\
\times & \times & \infty & \infty & \times & \infty & \infty & 5 & \infty & \infty \\
\times & \times & \underline{\infty+3} & \underline{5+3} & \times & \underline{9+3} & \underline{\infty+3} & \underline{8+3} & \underline{3+3} & \underline{\infty+3} \\
\times & \times & \infty & \infty & \times & \infty & 6 & \infty & 2 & 10 \\
\times & \times & 8 & \infty & \times & 6 & \infty & \infty & \infty & 5 \\
\times & \times & \infty & 5 & \times & \infty & \infty & \infty & 4 & \infty \\
\times & \times & \infty & \infty & \times & 2 & \infty & 4 & \infty & 7 \\
\times & \times & \infty & \infty & \times & 10 & 5 & \infty & 7 & \infty
\end{pmatrix} \rightarrow
$$

…

$$
\begin{pmatrix}
\times & \underline{(1)} & \times & \underline{(6)} & \times & \times & \times & \underline{\infty} & \times & \underline{\infty} \\
\times & \times & \underline{(4)} & \times & \underline{(3)} & \times & \underline{(6)} & \underline{\infty} & \times & \underline{\infty} \\
\times & \times & \times & \times & \times & \times & \times & \underline{\infty} & \times & \underline{\infty} \\
\times & \times & \times & \times & \times & \times & \times & \underline{11} & \times & \underline{\infty} \\
\times & \times & \times & \times & \times & \times & \times & \underline{11} & \underline{(6)} & \underline{\infty} \\
\times & \times & \times & \times & \times & \times & \times & \underline{\infty+8} & \times & \underline{10+8} \\
\times & \times & \times & \times & \times & \times & \times & \underline{\infty} & \times & \underline{11} \\
\times & \times & \times & \times & \times & \times & \times & \infty & \times & \infty \\
\times & \times & \times & \times & \times & \underline{(8)} & \times & \underline{10} & \times & \underline{13} \\
\times & \times & \times & \times & \times & \times & \times & \infty & \times & \infty
\end{pmatrix} \rightarrow
$$

$$
\begin{pmatrix}
\times & \underline{(1)} & \times & \underline{(6)} & \times & \times & \times & \times & \times & \underline{\infty} \\
\times & \times & \underline{(4)} & \times & \underline{(3)} & \times & \underline{(6)} & \times & \times & \underline{\infty} \\
\times & \times & \times & \times & \times & \times & \times & \times & \times & \underline{\infty} \\
\times & \times & \times & \times & \times & \times & \times & \times & \times & \underline{\infty} \\
\times & \times & \times & \times & \times & \times & \times & \times & \underline{(6)} & \underline{\infty} \\
\times & \times & \times & \times & \times & \times & \times & \times & \times & \underline{18} \\
\times & \times & \times & \times & \times & \times & \times & \times & \times & \underline{11} \\
\times & \times & \times & \times & \times & \times & \times & \times & \times & \underline{\infty+10} \\
\times & \times & \times & \times & \times & \underline{(8)} & \times & \underline{(10)} & \times & 13 \\
\times & \times & \times & \times & \times & \times & \times & \times & \times & \infty
\end{pmatrix}
\rightarrow
$$

$$
\begin{pmatrix}
\times & \underline{(1)} & \times & \underline{(6)} & \times & \times & \times & \times & \times & \times \\
\times & \times & \underline{(4)} & \times & \underline{(3)} & \times & \underline{(6)} & \times & \times & \times \\
\times & \times & \times & \times & \times & \times & \times & \times & \times & \times \\
\times & \times & \times & \times & \times & \times & \times & \times & \times & \times \\
\times & \times & \times & \times & \times & \times & \times & \times & \underline{(6)} & \times \\
\times & \times & \times & \times & \times & \times & \times & \times & \times & \times \\
\times & \times & \times & \times & \times & \times & \times & \times & \times & \underline{(11)} \\
\times & \times & \times & \times & \times & \times & \times & \times & \times & \times \\
\times & \times & \times & \times & \times & \underline{(8)} & \times & \underline{(10)} & \times & \times \\
\times & \times & \times & \times & \times & \times & \times & \times & \times & \times
\end{pmatrix}
$$

最短路见图 4-6-5.

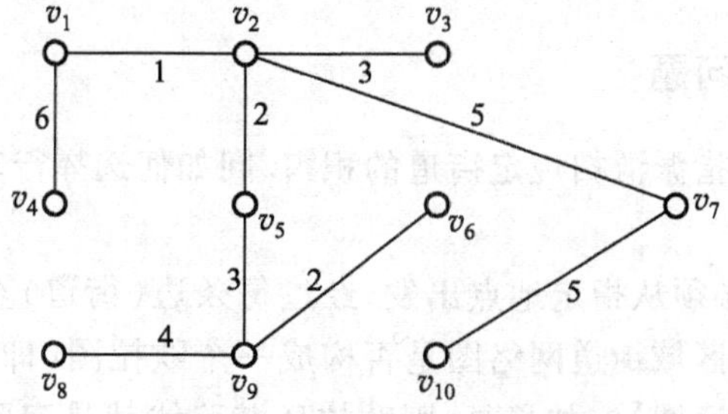

图 4-6-5　电缆铺设最短线路

点 v_1 到每个 v_i 的最短路长之和，即电缆总长为 $1+6+4+3+6+6+11+8$

$+10=55$.

4.6.3 二部图的匹配与指派问题

设 G 为一个二部图，G 的顶点集满足 $V=V_1\cup V_2, V_1\cap V_2=\varnothing$，且 G 中每条边的一个端点在 V_1 中，另一个端点在 V_2 中，边 e_i 的权重为 w_i. 二部图上的最大（最小）权匹配问题是求一个边数最多的匹配，使其各边权重之和达到最大（最小）. 二部图匹配问题可以用匈牙利法求解. 当 V_1 和 V_2 中顶点个数相同时，二部图匹配问题也被描述为一个经典的指派问题（或分配问题）：n 个人被指派去做 n 项工作，设第 i 个人完成第 j 项工作的费用为 c_{ij}，要求每个人只做一项工作，每项工作也只能由一个人完成，求总费用最小的指派方案.

指派问题也可以扩展到人数与工作数不同的情形. 当人数超过工作数时，采用添加虚拟工作的方法使人数与工作数相一致，并假设每个人做虚拟工作的费用为零，从而将问题转化为人数与工作数相等的问题进行求解. 计算结果指派去做虚拟工作的人实际不分配工作. 当工作数 m 超过人数 n 时，设 $\left\lceil \frac{m}{n} \right\rceil=k$，根据原始费用矩阵 $\boldsymbol{C}=(c_{ij})$，构造标准指派问题矩阵 $\boldsymbol{C}'=\begin{pmatrix}\boldsymbol{C} & \boldsymbol{O}\\ \boldsymbol{C} & \boldsymbol{M}\\ \vdots & \vdots\\ \boldsymbol{C} & \boldsymbol{M}\end{pmatrix}$，其中 $\boldsymbol{C}'$ 由 k 个 $\boldsymbol{C}$ 矩阵，一个零矩阵和 $k-1$ 个 $\boldsymbol{M}$ 矩阵组成，$\boldsymbol{M}$ 矩阵中每个元素都是充分大的正整数 M. 零矩阵和 $\boldsymbol{M}$ 矩阵的列数等于 $kn-m$. 当 $\frac{m}{n}$ 为整数时，不需要零矩阵和 $\boldsymbol{M}$ 矩阵. 对标准问题的求解结果就是原始问题的解. 当然，这种情形意味着工作要全部完成，有些人需要完成多项工作.

4.6.4 扫雪车问题

一辆扫雪车被指派清扫规定街道的积雪. 问如何选择行车路线，才能使行车路线总长最短？

分析：扫雪车必须从指定地点出发，经过每条边（街道）至少一次，最后回到出发点. 问题是，该区域街道网络图是否构成一个欧拉图（即存在经过每条边恰好一次的环游的连通图）？如果是，则欧拉环游路线就是问题的最优解，如果不是，又该如何确定行车线路？扫雪问题等价于**中国邮递员问题**（**Chinese Postman Problem**）：将投递区域看成一个连通加权无向图，街道的交叉口和端点作为顶点，街道作为边，边上的权重对应街道的长度，求从邮局出发，经过每条街道至少一次,最后回到邮局的最短路线.这一问题是由我国的管梅谷教授首先提出并加以研究的.该问题可以用 Floyd 算法求解.

Floyd 算法:

(1) 如果 G 的每个顶点都是偶度顶点,令 $\tilde{G}=G$ 转(2);否则转(3).

(2) 求出 $\tilde{G}$ 的欧拉闭迹 C,结束,C 是 G 的最优邮路.

(3) 求出 G 中任意一对奇度顶点之间的最短路.

(4) 构造完全图 F,F 的顶点对应 G 的奇点,F 中每条边 (v_i,v_j) 的权等于 G 中最短 v_i-v_j 路的长度.

(5) 求出 F 中最小权完备匹配 M.

(6) 找出 M 的每条边对应的 G 中最短路,把这些最短路上的边作为添加边加到 G 中去,得到欧拉图 $\tilde{G}$,转(2).

算法的时间复杂性为 $O(n^2m)$.

例 4.14 求图 4-6-6 的最优扫雪路线.

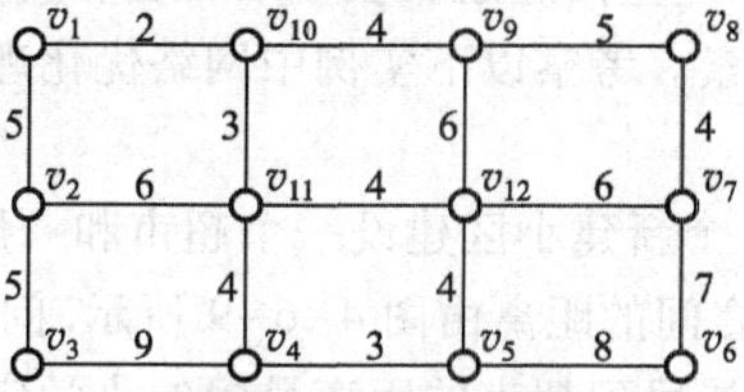

图 4-6-6 积雪街道图

解 奇点有 $v_2,v_4,v_5,v_7,v_9,v_{10}$.它们之间的距离(最短路)如图 4-6-7.最小权完备匹配为 v_4 和 v_5,v_2 和 v_{10},v_9 和 v_7.构造欧拉图如图 4-6-8.

图 4-6-7

找到欧拉环游路线为

$v_1,v_{10},v_9,v_{12},v_5,v_6,v_7,v_8,v_9,v_8,v_7,v_{12},v_{11},v_4,v_5,v_4,v_3,v_2,v_1,v_2,v_{11},v_{10},v_1$,

总路长为

$$2+4+6+4+8+7+4+5+5+4+6+4+4+3+3+9+5+5+5+6+3+2=104.$$

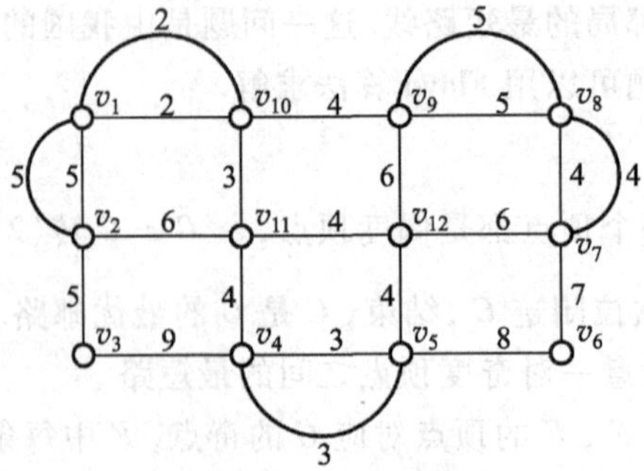

图 4-6-8　欧拉图

4.6.5　服务设施选址问题

城市规划和建设中经常遇到选址问题，公园、超市、医院、体育活动中心、公交站点等应该设在什么位置比较合理，仓库和商业连锁店设在什么样的位置能够产生最大的经济效益，这些问题通常要综合考虑成本、区域分布及人口密度、交通以及地理环境等因素。考察以下实例中网络优化理论知识在选址问题中的一些应用.

例 4.15　考虑为 6 个新建小区建设一个超市和一所小学. 各小区的学生数如表 4-6-1 所示，小区之间的距离由图 4-6-9 所示. 问超市应建在哪个小区才能使离超市最远小区的居民到超市的距离最短？小学应建在哪个小区才能使所有学生上学步行的总路程最短？

表 4-6-1　各小区学生数

小区	v_1	v_2	v_3	v_4	v_5	v_6
学生人数	50	40	60	20	70	90

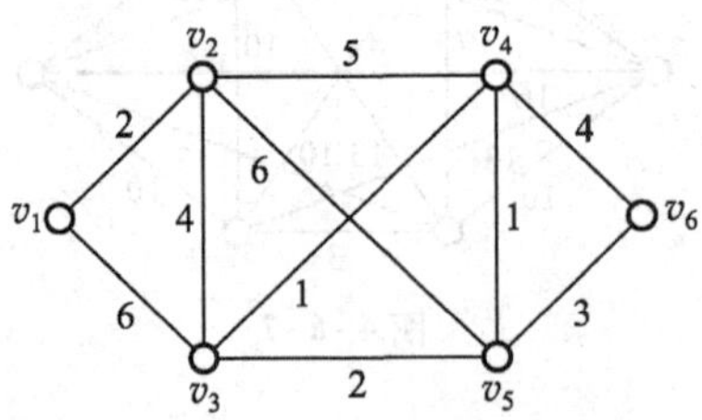

图 4-6-9　小区之间的距离

首先利用 Dijkstra 计算任意两个小区 v_i 与 v_j 之间的最短距离 d_{ij}，由距离矩阵表示，如表 4-6-2.

表 4-6-2

	v_1	v_2	v_3	v_4	v_5	v_6
v_1	0	2	6	7	8	11
v_2	2	0	4	5	6	9
v_3	6	4	0	1	2	5
v_4	7	5	1	0	1	4
v_5	8	6	2	1	0	3
v_6	11	9	5	4	3	0

设想若超市建在 v_i ,则离超市最远的小区距离为 $\tilde{d}_i = \max\limits_j d_{ij}, i = 1, \cdots, 6$,即为距离矩阵第 i 行的最大数. 通过距离矩阵可求出 $\tilde{d}_1 = 11, \tilde{d}_2 = 9, \tilde{d}_3 = 6, \tilde{d}_4 = 7, \tilde{d}_5 = 8, \tilde{d}_6 = 11$. 由于 $\min\limits_i \tilde{d}_i = \tilde{d}_3 = 6$,知超市应建在小区 v_3 ,这时,其他小区离超市的最远距离最小,距离为 6.

如果小学建在 v_i ,则所有学生上学的总路程为

$$l_i = 50d_{1i} + 40d_{2i} + 60d_{3i} + 20d_{4i} + 70d_{5i} + 90d_{6i},$$

计算得

$$l_1 = 2\ 130, l_2 = 1\ 670, l_3 = 1\ 070, l_4 = 1\ 040, l_5 = 1\ 050, l_6 = 1\ 500.$$

由于 $\min l_i = l_4 = 1\ 040$,知小学应建在小区 v_4 ,才能使所有学生上学步行的总路程最短,且最短总路程长度为 1 040.

设某城市分成 n 个地区 $A_1, A_2, \cdots, A_n$,在该城市的 m 个备选地点 $B_1, B_2, \cdots, B_m$ 之中考虑设置一个消防站. 设地点 B_i 到地区 A_j 的中心距离为 d_{ij} ,地区 A_j 的人口数为 a_j . 试建立合理的消防站选址模型.

考虑无向网络 $N = (V, E, W, Q)$,其中顶点集表示消防站的全体服务对象和备选地址, $W = \{w_{ij} \mid (v_i, v_j) \in E\}$, w_{ij} 为边的权值,表示从顶点 v_i 到 v_j 的距离或边长, $Q = \{q_j\}$, q_j 为顶点 v_j 的权值,表示该顶点的相对重要性,其中人口就可以作为一个重要参照因素. 消防站选址问题可以转化为以下的网络 1-重心问题:

$$\min_{z \in V} \quad M(z) = \sum_{j=1}^{n} q_j d(z, v_j),$$

其中 $d(z, v_j)$ 为 z 到 v_j 的路长.

树状网络的 1-重心算法:

(1) 计算 $Q = \sum\limits_{v_j \in V} q_j$,选择任一顶点 v_k .

(2) 若 $q_k \geqslant \frac{1}{2}Q$,则终止, v_k 为 1-重心;否则转(3).

(3) 若 v_k 为悬挂点，v_r 为 v_k 的相邻点，则令 $q_r = q_r + q_k$，删除 v_k，令 $r = k$，返回(2)；若 v_k 不是悬挂点，找出一条从 v_k 到悬挂点 v_l 的路，尽可能选以前没有用过的边，令 $v_l = v_k$，返回(2)．

例 4.16 求图 4-6-10 中网络的 1-重心．

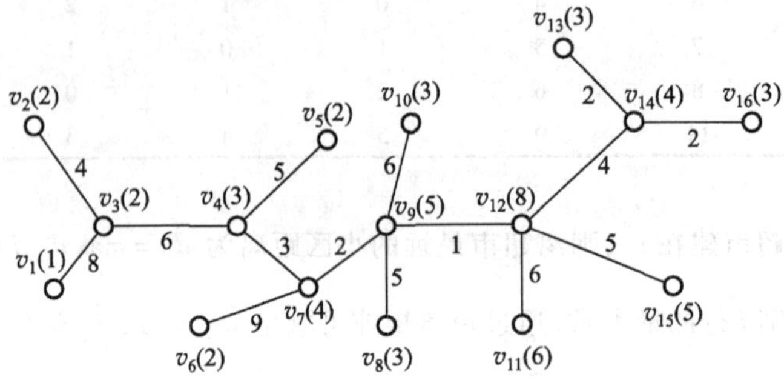

图 4-6-10 树状网络

第一步：$Q = \sum_{v_j \in V} q_j = 56$，$\frac{Q}{2} = 28$，选任意点，如选 v_8 开始迭代，$k = 8$．

第二步：$q_8 = 3 < 28$，转第三步．

第三步：v_8 是悬挂点，相邻点是 v_9，令 $q_9 = q_9 + q_8 = 8$，$k = 9$，删除 v_8，返回第二步(如图 4-6-11)．

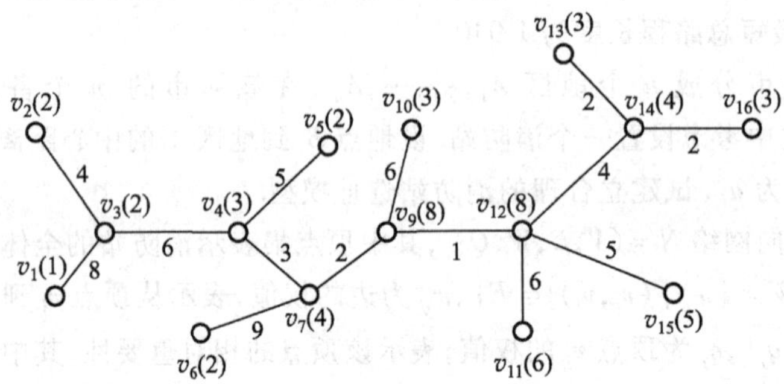

图 4-6-11

第二步：$q_9 = 8 < 28$，转第三步．

第三步：v_9 不是悬挂点，找一条从 v_9 到悬挂点 v_{11} 的路 $v_9v_{12}v_{11}$，令 $k = 11$，返回第二步(如图 4-6-12)．

第二步：$q_{11} = 6 < 28$，转第三步．

第三步：v_{11} 是悬挂点，v_{12} 是它的相邻点，令 $q_{12} = q_{12} + q_{11} = 14$，$k = 12$，删除

v_{11}，返回第二步（如图 4-6-12）.

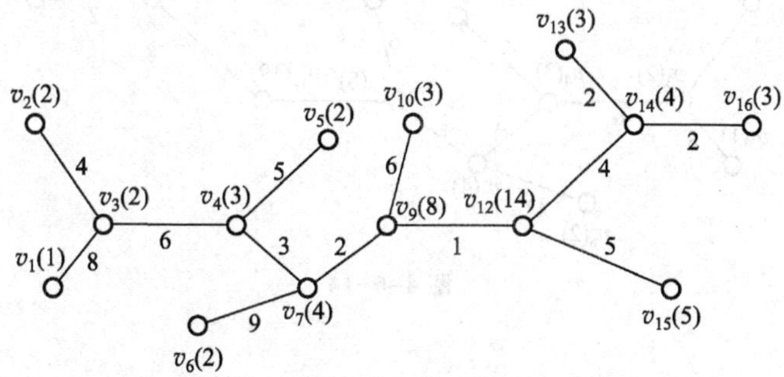

图 4-6-12

第二步：$q_{12} = 14 < 28$，转第三步.

第三步：v_{12} 不是悬挂点，找从 v_{12} 到悬挂点 v_{15} 的路 $v_{12}v_{15}$，令 $k = 15$，返回第二步.

第二步：$q_{15} = 5 < 28$，转第三步.

第三步：v_{15} 是悬挂点，它的相邻点是 v_{12}，令 $q_{12} = q_{12} + q_{15} = 19$，令 $k = 12$，删除 v_{15}，返回第二步（如图 4-6-13）.

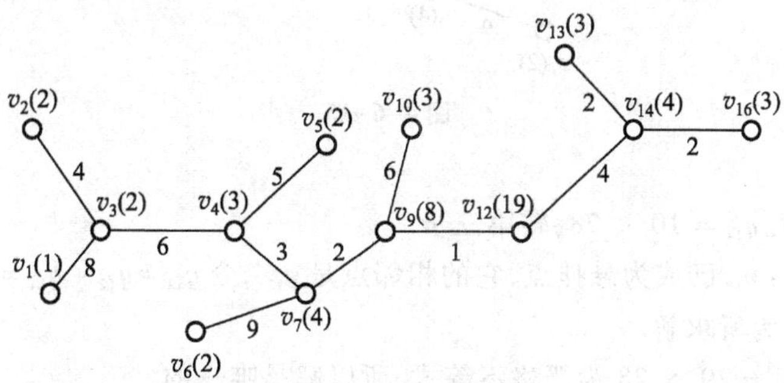

图 4-6-13

第二步：$q_{12} = 19 < 28$，转第三步.

第三步：v_{12} 不是悬挂点，找从 v_{12} 到悬挂点 v_{13} 的路 $v_{12}v_{14}v_{13}$，令 $k = 13$，返回第二步.

第二步：$q_{13} = 3 < 28$，转第三步.

第三步：v_{13} 是悬挂点，它的相邻点是 v_{14}，令 $q_{14} = q_{14} + q_{13} = 7$，令 $k = 14$，删除 v_{13}，返回第二步（如图 4-6-14）.

第二步：$q_{14} = 7 < 28$，转第三步.

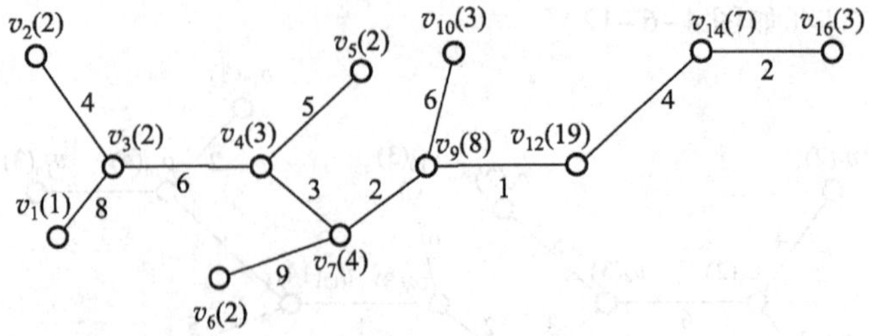

图 4-6-14

第三步：v_{14} 不是悬挂点，找从 v_{14} 到悬挂点 v_{16} 的路，令 $k=16$，返回第二步.

第二步：$q_{16}=3<28$，转第三步.

第三步：v_{16} 是悬挂点，它的相邻点是 v_{14}，令 $q_{14}=q_{14}+q_{16}=10$，令 $k=14$，删除 v_{16}. 返回第二步（如图 4-6-15）.

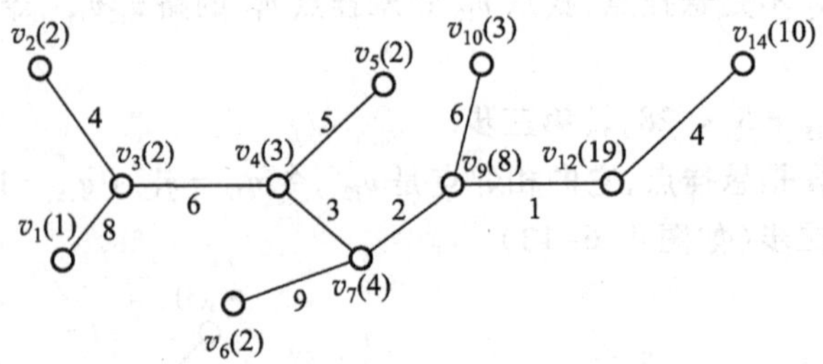

图 4-6-15

第二步：$q_{14}=10<28$，转第三步.

第三步：v_{14} 已成为悬挂点，它的相邻点是 v_{12}，令 $q_{12}=q_{12}+q_{14}=29>28$，算法终止，$v_{12}$ 为所求解.

由于 $q_{12}=29>28$ 为严格不等式，所以解是唯一的.

4.6.6 网络运输能力问题

无线通信网络和道路网络都有一个传输能力限制问题. 科学管理和调度可以充分利用现有资源，使现有设施最大限度发挥作用，同时，找到问题的瓶颈，以最小代价改造旧网络，使其能够满足目标需求.

定义 4.9 设有向图 $D=(V,A)$，如果在 V 中指定一点 v_s 称为发点，该点只有发出去的弧，指定另一点为收点 v_t，该点只有指向它的弧，其余点称为中间点. 对于 A 中每一条弧 (v_i,v_j)，对应一个非负数 $c(v_i,v_j)$，简记为 c_{ij}，称为弧 (v_i,v_j) 的容量. 这时称 D 为网络，记作 $D=(V,A,C)$.

在弧集 A 上定义一个非负函数 $f=\{f(v_i,v_j)\}$，$f(v_i,v_j)$ 是通过弧 (v_i,v_j) 的实际流量，简记为 f_{ij}. 称 f 是网络上的流函数或网络流.

定义 4.10 对于给定的网络 $D=(V,A,C)$ 和给定的流 $f=\{f_{ij}\}$，如果 f 满足下列条件：

(1) 容量限制条件：对每一条弧 $(v_i,v_j)\in A$，有

$$0\leqslant f_{ij}\leqslant c_{ij}. \tag{4.6.1}$$

(2) 平衡条件：对于中间点，流出量=流入量，即对于每个 $i\ (i\neq s,t)$，有

$$\sum_{(v_i,v_j)\in A} f_{ij}-\sum_{(v_k,v_i)\in A} f_{ki}=0; \tag{4.6.2}$$

对于发点 v_s，有

$$\sum_{(v_s,v_j)\in A} f_{sj}=v(f); \tag{4.6.3}$$

对于收点 v_t，有

$$\sum_{(v_k,v_t)\in A} f_{kt}=v(f), \tag{4.6.4}$$

则称 $f=\{f_{ij}\}$ 为一个可行流. $v(f)$ 称为这个可行流的流量.

网络中使 $f_{ij}=c_{ij}$ 的弧称为饱和弧，$f_{ij}=0$ 的弧称为零流弧. 如果 μ 是连接 v_s 和 v_t 的一条链，则链上的弧被分成两类：一类是弧的方向与链的方向一致，称为前向弧，所有前向弧的集合记为 μ^+；另一类弧的方向与链的方向相反，称这类弧为后向弧，记所有后向弧的集合为 μ^-.

如图 4-6-16 中，$\mu=\{v_1,(v_1,v_2),v_2,(v_3,v_2),v_3,(v_3,v_6),v_6,(v_6,v_7),v_7\}$ 是一条从 v_1 到 v_7 的链，其中前向弧集合 $\mu^+=\{(v_1,v_2),(v_3,v_6),(v_6,v_7)\}$，后向弧集合 $\mu^-=\{(v_3,v_2)\}$.

例 4.17 如图 4-6-16，是某产品产地 v_s 到销地 v_t 的交通网络，(v_i,v_j) 是从 v_i 到 v_j 的交通线，弧旁的数字表示这条运输线的最大通过能力 c_{ij}，括号内数字表示弧上的实际流量 f_{ij}，现要求制定一个运输方案，使从 $v_s=v_1$ 到 $v_t=v_7$ 的运输量达到最大.

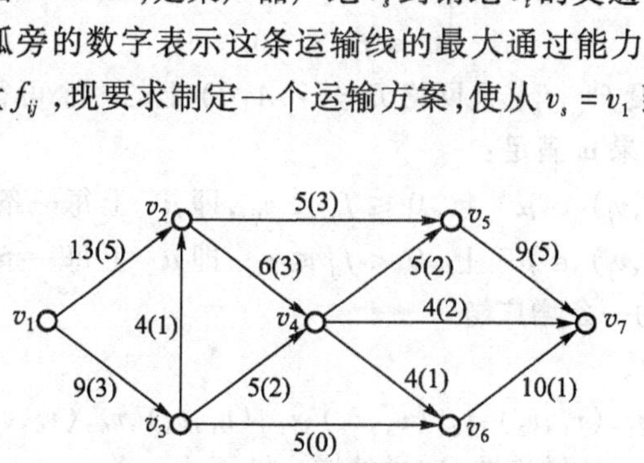

图 4-6-16 交通流量图

解 这是一个求网络最大流的问题，其中 $v_s = v_1, v_t = v_7$，要求 $f = \{f_{ij}\}$，使 $v(f)$ 达到最大. 最大流问题可用以下线性规划模型求解：

$$\max \quad v(f),$$

$$\text{s.t.} \begin{cases} f_{12} + f_{13} = v(f), \\ f_{24} + f_{25} - f_{12} - f_{32} = 0, \\ f_{32} + f_{34} + f_{36} - f_{13} = 0, \\ f_{45} + f_{46} + f_{47} - f_{24} - f_{34} = 0, \\ f_{57} - f_{25} - f_{45} = 0, \\ f_{67} - f_{36} - f_{46} = 0, \\ f_{47} + f_{57} + f_{67} = v(f), \\ 0 \leqslant f_{12} \leqslant 13, \\ 0 \leqslant f_{13} \leqslant 9, \\ 0 \leqslant f_{24} \leqslant 6, \\ 0 \leqslant f_{25} \leqslant 5, \\ 0 \leqslant f_{32} \leqslant 4, \\ 0 \leqslant f_{34} \leqslant 5, \\ 0 \leqslant f_{36} \leqslant 5, \\ 0 \leqslant f_{45} \leqslant 5, \\ 0 \leqslant f_{46} \leqslant 4, \\ 0 \leqslant f_{47} \leqslant 4, \\ 0 \leqslant f_{57} \leqslant 9, \\ 0 \leqslant f_{67} \leqslant 10. \end{cases}$$

定义 4.11 设 $f = \{f_{ij}\}$ 是网络 $D = (V, A, C)$ 上的一个可行流，μ 是一条从 v_s 到 v_t 的一条链，如果 μ 满足：

(1) 在弧 $(v_i, v_j) \in \mu^+$ 上，$0 \leqslant f_{ij} < c_{ij}$，即 μ^+ 上每一条弧都是非饱和弧；

(2) 在弧 $(v_i, v_j) \in \mu^-$ 上，$0 < f_{ij} \leqslant c_{ij}$，即 μ^- 上每一条弧都是非零流弧，则称 μ 是关于 f 的一条增广链.

图 4-6-16 中，

$$\mu = \{v_1, (v_1, v_2), v_2, (v_3, v_2), v_3, (v_3, v_6), v_6, (v_6, v_7), v_7\}$$

就是一条从 v_1 到 v_7 的增广链. 这样的增广链不止一条.

定义 4.12 给定网络 $D = (V, A, C)$，如果顶点集 V 被划分成两个非空不交子集之和：$V = V_1 \cup V_2, V_i \neq \varnothing, i = 1, 2, V_1 \cap V_2 = \varnothing$，且 $v_s \in V_1, v_t \in V_2$，则把

始点在 V_1，终点在 V_2 的弧的集合称为分离 v_s 和 v_t 的一个截集，记为 (V_1,V_2).

定义 4.13 网络 $D=(V,A,C)$ 中，对于给定的截集 (V_1,V_2)，称该截集中所有弧的容量之和为这个截集的容量，简称为截量，记作 $c(V_1,V_2)$，即 $c(V_1,V_2)=\sum\limits_{\substack{(v_i,v_j)\in A \\ v_i\in V_1,v_j\in V_2}} c_{ij}$. 容量最小的截集称为最小截集.

定理 4.10 网络 $D=(V,A,C)$ 中，可行流 $f^*=\{f_{ij}^*\}$ 为最大流的充要条件是 D 中不存在关于 f^* 的增广链.

定理 4.11(最大流-最小截集定理) 设 $D=(V,A,C)$ 为任一网络，从发点 v_s 到收点 v_t 的最大流的流量等于分割 v_s 和 v_t 的最小截集的截量，即 $v(f^*)=c(V_1^*,V_2^*)$.

寻找最大流的标号法：

(1) 标号过程

(i) 先给 v_s 标上 $(0,+\infty)$，这时 v_s 是已标号而未检查的点，其余都是未标号点. 一般地，取一个已标号而未检查的点 v_i，对一切未标号点 v_j.

(ii) 若弧 (v_i,v_j) 上，$f_{ij}<c_{ij}$，则给 v_j 标号 $(v_i^+,l(v_j))$. 这里 $l(v_j)=\min\{l(v_i),c_{ij}-f_{ij}\}$，这时 v_j 成为已标号未检查的点.

(iii) 若弧 (v_j,v_i) 上，$f_{ji}>0$，则给 v_j 标号 $(v_i^-,l(v_j))$. 这里 $l(v_j)=\min\{l(v_i),f_{ji}\}$，这时 v_j 成为已标号未检查的点.

当 v_i 的相邻点都成为已标号点后，v_i 成为已标号且已检查的点. 重复上述步骤，一旦 v_t 被标号，则表明已得到一条从 v_s 到 v_t 的增广链 μ，转入调整过程.

当所有标号都是已检查过，而标号过程进行不下去时，则算法结束，这时的可行流就是最大流.

(2) 调整过程

首先按 v_t 的第一个标号找到相关邻接点，利用反向追踪方法，找出增广链 μ. 令调整量 $\theta=l(v_t)$，即 v_t 的第二个标号. 令

$$f'_{ij}=\begin{cases} f_{ij}+\theta, & (v_i,v_j)\in\mu^+, \\ f_{ij}-\theta, & (v_i,v_j)\in\mu^-, \\ f_{ij}, & (v_i,v_j)\notin\mu, \end{cases}$$

去掉所有标号，对新的可行流 $f=\{f'_{ij}\}$，重新进入标号过程.

用标号法求解例 4.17(图 4-6-17)：

考察增广链

$$\mu=\{v_1,(v_1,v_2),v_2,(v_3,v_2),v_3,(v_3,v_6),v_6,(v_6,v_7),v_7\}$$

的标号过程(图 4-6-18)：

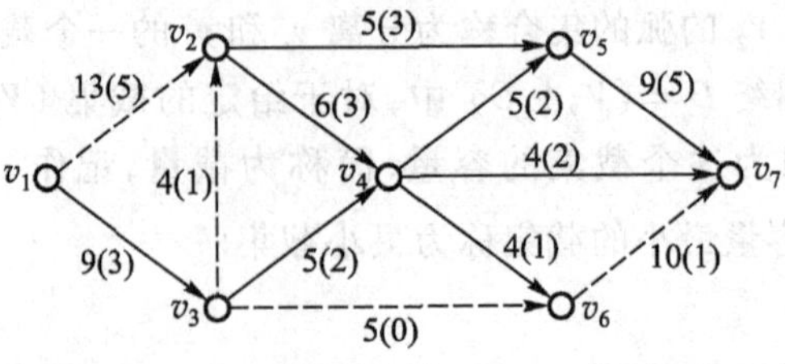

图 4-6-17

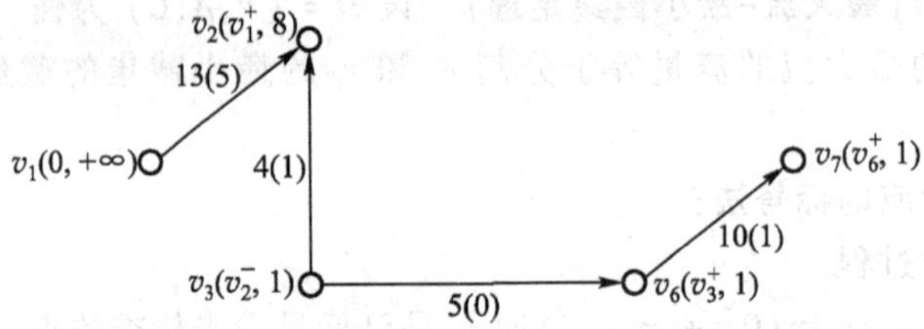

图 4-6-18

调整,得到增广链上新的流,见图 4-6-19.

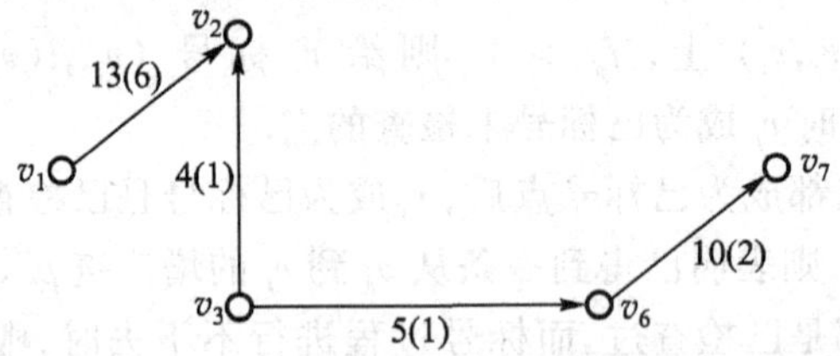

图 4-6-19

再找一条增广链进行标号(图 4-6-20):

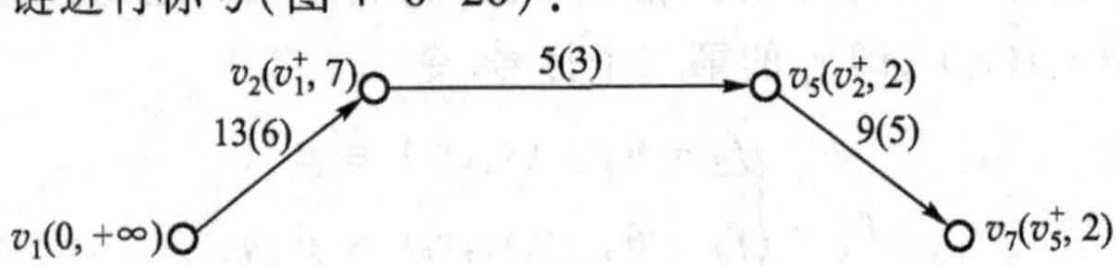

图 4-6-20

调整后的流量(图 4-6-21):

……最后可得修改后的流如图 4-6-22. 由最大流-最小截集定理知图 4-6-22 中的流为最大流.

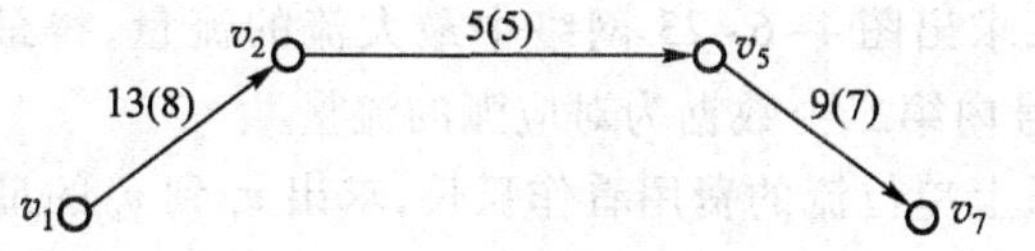

图 4-6-21

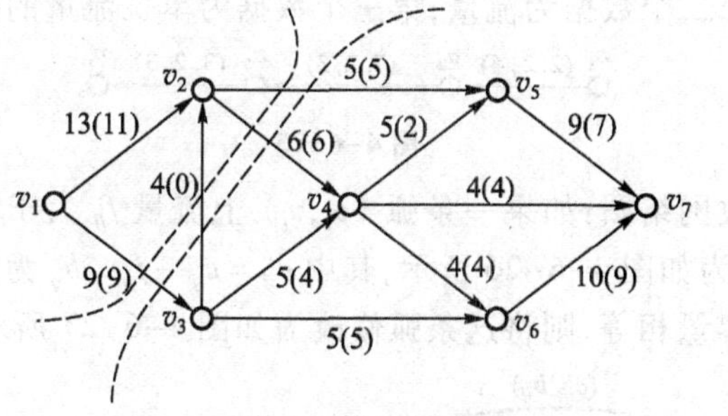

图 4-6-22　最大流与最小截集

4.6.7　最小费用最大流问题

在许多实际问题中，每条弧的单位流量费用不同，需要求出总费用最小的最大流. 最小费用最大流的求解方法见例 4.18.

例 4.18　求图 4-6-23 网络中最小费用最大流. 括号中第一个数据为对应弧的容量，第二个数据为单位流量的费用.

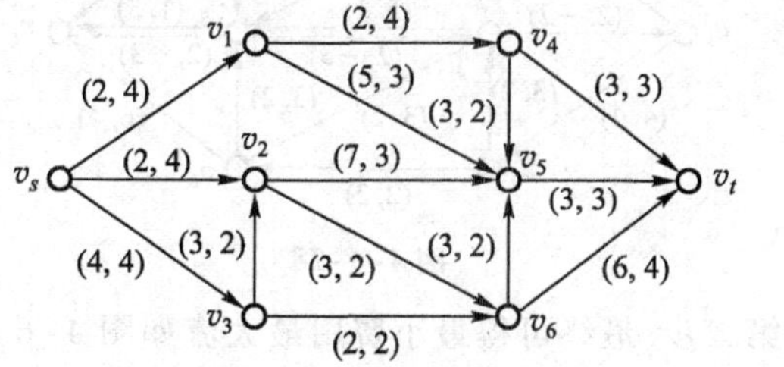

图 4-6-23

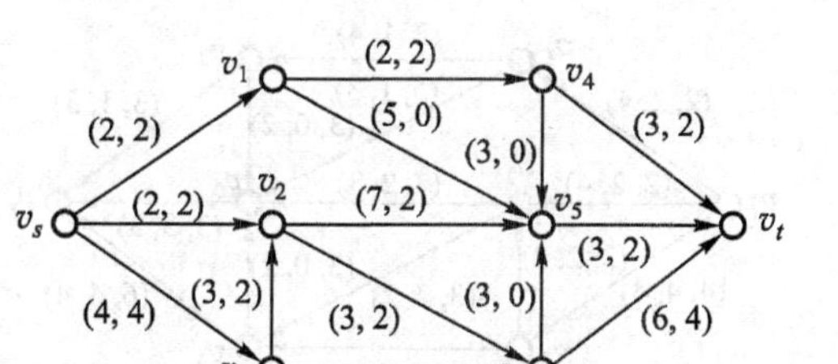

图 4-6-24

解 第一步,求出图 4-6-23 网络中最大流的流量,得最大流量为 8,见图 4-6-24. 图中括号内第二个数据为对应弧的流量.

第二步,将弧上单位流的费用看作弧长,求出 v_s 到 v_t 的最短路,并将最短路上最小的弧容量作为该条路上的流量,见图 4-6-25. 其中括号内第一个数据为对应弧的容量,第二个数据为流量,第三个数据为单位流量的费用.

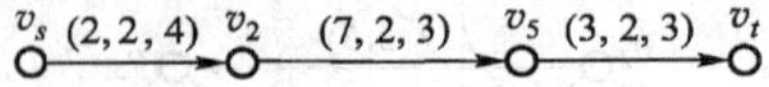

图 4-6-25

第三步,修改网络图:如果一条弧 (v_i, v_j) 上流量 f_{ij} 大于零且小于容量 c_{ij},则将这条弧修改为如图 4-6-26 所示,其中 $c'_{ij} = c_{ij} - f_{ij}$,$b_{ij}$ 为弧上单位流量的费用. 如果流量与容量相等,则将这条弧修改为如图 4-6-27 所示.

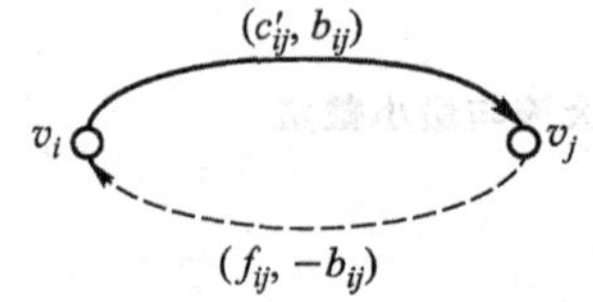

图 4-6-26

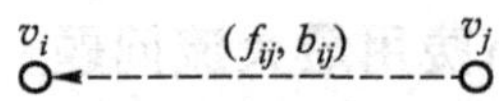

图 4-6-27

如果流量等于零,则弧不变. 依此规则,将图 4-6-23 修改为图 4-6-28.

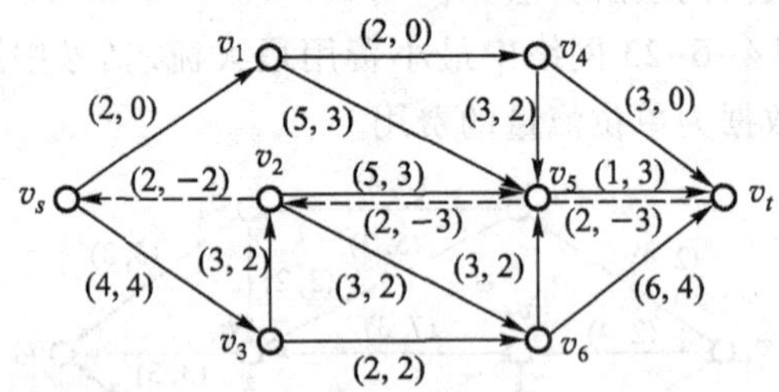

图 4-6-28

然后再返回第二步. 最终可得最小费用最大流如图 4-6-29. 图中括号内第一个数据为弧容量,第二个数据为流量,第三个数据为单位流量的费用. 最小总费用为 85.

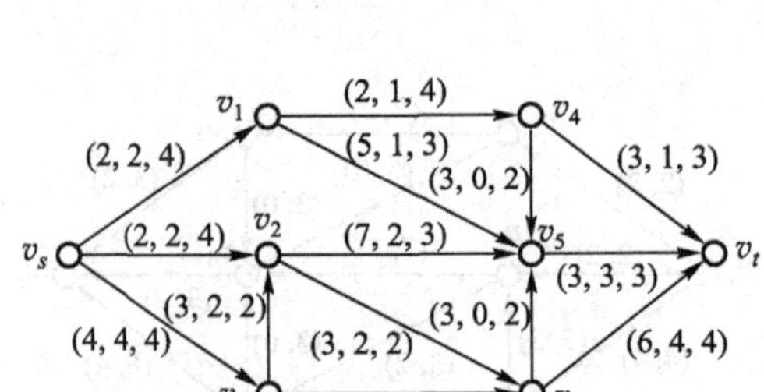

图 4-6-29

习　题　4

1. 连锁超市的仓库选址问题. 设某超市在市区有大型门店 2 个(门店 1 和门店 2),小型门店 5 个(门店 3 至门店 7),需要在市区租 1 个存储和中转货物的仓库. 设大型门店和小型门店的销售额比例约为 12 : 1,可选仓库有 3 个,分别记为 A,B,C,月租金分别为 20 万,15 万和 8 万,仓库与各个门店之间的距离(单位:km)如下表所示,设小型门店每月每 km 配货运输费用为 a 元,大型门店每月每 km $12a$ 元,试确定费用最小的仓库地址.

仓库与销售点距离表(单位:km)

	门店 1	门店 2	门店 3	门店 4	门店 5	门店 6	门店 7
仓库 A	3	12	16	12	8	8	10
仓库 B	10	12	19	18	20	3	0
仓库 C	22	2	26	23	10	20	9

2. 海产品加工厂新到 9 批海鲜产品需要立即做分拣、包装与冷冻处理,设每批产品都有一个时限,如果在此期限之前完成分拣、加冰包装,则产品可以作为特级海鲜出售,超过时限则需冷冻后作为普通冷冻海鲜出售. 产品的加工时间(包括分拣、加冰包装)、期限和售价如下表,设每批产品的加工过程不允许中断,即一批产品加工过程中不能插入其他批次产品的加工,求总价值损失最小的加工顺序.

海产品加工时间与价格表

产品批次	1	2	3	4	5	6	7	8	9
加工时间(h)	3	4	1	2	6	1	4	7	5
时限(h)	5	9	3	12	10	24	5	6	6
特级品价格(元)	750	1 200	800	900	2 500	500	3 000	5 600	4 500
冷冻品价格(元)	500	900	400	750	1 800	300	1 500	4 000	2 000

3. 食品加工厂需要在 60 h 内对 15 批不同的原材料进行蒸煮装罐,超过时间则原材料就可能变质. 原材料蒸煮装罐之前需要分拣、清洗和切块,把这样的过程称为预处理. 如果 15 批原材料的预处理时间和蒸煮装罐时间如下表所示,问应如何安排先后顺序,才能使最后一批原材料尽可能提早完成装罐?

原材料批次	1	2	3	4	5	6	7	8	9	10	11	12	13	14	15
预处理时间(h)	6	3	4	8	7	2	1	2	5	3	6	3	5	4	1
蒸煮装罐时间(h)	2	4	3	6	2	5	2	1	4	1	3	4	5	5	3

4. 某医院需要安排72台手术，每台手术视紧急程度分为三类：类别Ⅰ为紧急手术，延误时间不超过2 h；类别Ⅱ为限时手术，必须在72 h内完成；类别Ⅲ为一般手术，要求尽可能在5个工作日内完成．病人所需要的手术时间与紧急类别如下表，如果该医院共有7个手术室，每个手术室同一时刻只能做一台手术，手术过程不允许中断，手术室每天工作时间原则上不得超过12 h．此外根据统计数据知该医院每天因车祸或其他事故需要实施急救手术的病例数服从均值为2的泊松分布，如果按每台急救手术平均时间为6 h计算，问应如何安排各个手术室的手术，才能使已知的72台手术尽可能在最短时间内完成，并保证临时送到医院的急救病人手术延误时间不超过2 h（表格中手术时间已包含手术室消毒与手术准备时间）？问是否需要加班？

手术类别与时间表

病人编号	紧急类别	手术所需时间(h)	病人编号	紧急类别	手术所需时间(h)	病人编号	紧急类别	手术所需时间(h)
1	Ⅰ	5	14	Ⅱ	6	27	Ⅱ	6
2	Ⅰ	6	15	Ⅱ	8	28	Ⅲ	5
3	Ⅱ	5	16	Ⅱ	6	29	Ⅲ	4
4	Ⅱ	5	17	Ⅱ	5	30	Ⅲ	6
5	Ⅱ	4	18	Ⅱ	6	31	Ⅲ	4
6	Ⅱ	6	19	Ⅱ	8	32	Ⅲ	3
7	Ⅱ	2	20	Ⅱ	5	33	Ⅲ	6
8	Ⅱ	10	21	Ⅱ	7	34	Ⅲ	3
9	Ⅱ	5	22	Ⅱ	5	35	Ⅲ	5
10	Ⅱ	6	23	Ⅱ	5	36	Ⅲ	4
11	Ⅱ	5	24	Ⅱ	4	37	Ⅲ	4
12	Ⅱ	6	25	Ⅱ	5	38	Ⅲ	2
13	Ⅱ	8	26	Ⅱ	8	39	Ⅲ	4

续表

病人编号	紧急类别	手术所需时间(h)	病人编号	紧急类别	手术所需时间(h)	病人编号	紧急类别	手术所需时间(h)
40	Ⅲ	4	51	Ⅲ	4	62	Ⅲ	6
41	Ⅲ	5	52	Ⅲ	4	63	Ⅲ	6
42	Ⅲ	2	53	Ⅲ	1	64	Ⅲ	6
43	Ⅲ	4	54	Ⅲ	6	65	Ⅲ	6
44	Ⅲ	4	55	Ⅲ	7	66	Ⅲ	4
45	Ⅲ	6	56	Ⅲ	5	67	Ⅲ	4
46	Ⅲ	2	57	Ⅲ	5	68	Ⅲ	4
47	Ⅲ	4	58	Ⅲ	5	69	Ⅲ	5
48	Ⅲ	4	59	Ⅲ	5	70	Ⅲ	3
49	Ⅲ	4	60	Ⅲ	5	71	Ⅲ	5
50	Ⅲ	2	61	Ⅲ	5	72	Ⅲ	4

5. 某公司考虑增派 5 名销售人员到广东、海南、重庆和东北四个地区拓展业务，下表是增派的销售人员人数在各个地区促销所能产生的业绩增加额估计(单位:万元)，求业绩增加总额最大化的销售人员分派方案.

促销预期业绩表(单位:万元)

		地区			
		广东	海南	重庆	东北
人数	1	20	20	30	20
	2	35	26	40	25
	3	45	32	50	30
	4	55	35	55	35
	5	70	35	60	35

6. 有 16 批货物需要从 A 地运往 B 地，每批货物的重量如下表，单位为 t. 运

输任务由载重能力为10 t的卡车完成. 如何将这些货物分配到卡车上,才能使卡车不超载,且运送的总车次尽可能少?

货物重量表

货物批次	1	2	3	4	5	6	7	8	9	10	11	12	13	14	15	16
重量(t)	3.4	5.6	2.8	4.7	8.6	2.8	2.4	4.1	8.7	3.1	7.8	4.3	3.3	3.9	3.5	2.6

7. 某农场计划在春季栽培玉米、花生、西瓜各20亩,棉花40亩以履行供货合同,剩余土地播种适应性强的应季蔬菜或薯类植物. 现可选用的土地有坡地、沙质土、沿河地等,根据湿度、土壤性质划分为6块,这6块土地的面积以及种植这些作物的适合程度评分如下表,分数越高适合程度越好. 由于1号地为坡地,种植蔬菜管理成本高,而薯类植物收入较低,故要求1号地至少利用30亩来种植上述4种作物,此外为了方便人工管理,要求同一种作物种在编号相同或者相邻的地块上. 求这4种作物的土地分配方案.

农作物土壤适合度表(单位:亩)

土地编号	玉米	花生	西瓜	棉花	土地面积
1	8	8	3	3	50
2	8	6	5	8	20
3	6	10	8	7	15
4	9	7	9	7	10
5	10	8	10	10	40
6	6	5	10	6	10

8. 已知亚特兰大、芝加哥、辛辛那提、休斯敦、拉斯维加斯、蒙特利尔这六个城市之间的距离如下表所示,如果要用光缆建立这些城市之间的通信网,费用最省的连接路线就是最小生成树. 试根据表中数据求出它们之间的最小生成树.

六大城市之间距离表(单位:英里)

城市	亚特兰大	芝加哥	辛辛那提	休斯敦	拉斯维加斯	蒙特利尔
亚特兰大	0	702	454	842	2 396	1 196
芝加哥	702	0	324	1 093	2 136	764
辛辛那提	454	324	0	1 137	2 180	798

续表

城市	亚特兰大	芝加哥	辛辛那提	休斯敦	拉斯维加斯	蒙特利尔
休斯敦	842	1 093	1 137	0	1 616	1 857
拉斯维加斯	2 396	2 136	2 180	1 616	0	2 900
蒙特利尔	1 196	764	798	1 857	2 900	0

9. 某市拟从 A,B,C,D 四个地块中选出两个建造公园，作为邻近 12 个新居住区的配套建设. 待选地块与各居住区的距离(单位:km)见下表. 问怎样确定公园地址，才能使公园离最远居住区距离最小化?

待选地块与居民区之间距离表(单位:km)

		居住区											
		1	2	3	4	5	6	7	8	9	10	11	12
待选地	A	3	2	1.5	1	0.4	4	1.2	0.5	4.5	3.6	3	1.5
	B	0.3	0.1	0.5	2	3	1.5	3	4	3.5	3	3.5	4
	C	0.5	0.1	0.4	1	2	0.5	0.3	1.8	1.6	1	0.8	1.2
	D	4.5	4	3	2	1	4	1	0.2	3.2	2.5	1.5	0.1

10. 某石油管道网络如下图，由于管道直径不同，各管道单位时间允许通过的最大流量也不同. 如果从 v_1 到 v_7 输送石油，问每 h 最多能够运送多少 t 石油(设图中边权重单位为 t/h)?

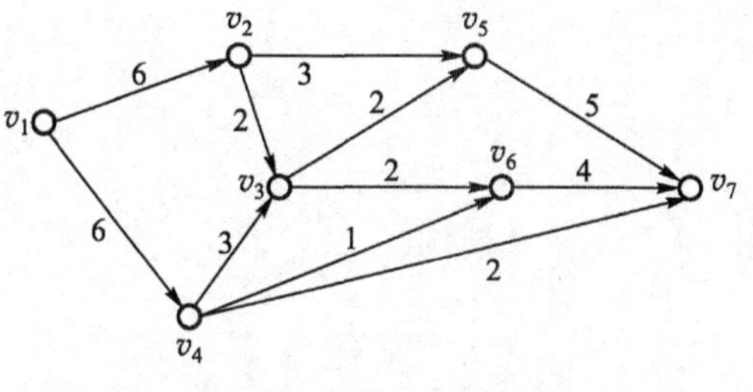

10 题图　石油管道网络图

11. 某地计划新建一个大型体育馆，周边的道路初步设计如下图，道路每 min 车流容量如边上数据所示. 如果人或车到达粗实线所围成的矩形(设粗实线为流量是 48 的交通主干道)之外，则认为这些人群已经疏散. 求该体育馆周边道路的疏散能力.

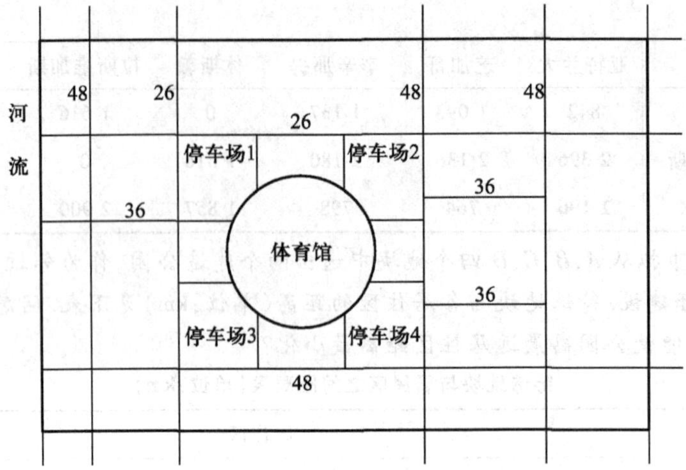

11 题图　体育馆周边道路图

第5章 微分方程建模

在自然科学以及工程、经济、医学、体育、生物、社会等学科中的许多问题,有时很难找到该问题有关变量之间的直接关系——函数式,但却容易找到这些变量和它们的微小增量或变化率的关系式,为了研究此关系式往往采用微分(或差分)来描述此类问题,从而建立起用微分方程来描述的动态连续模型,或用差分方程描述的动态离散模型.

5.1 常微分方程建模

在实际问题中,常常需要知道两个变量之间的关系,或一个变量随另一个变量变化的规律,但不能直接得出关系,而是得出包含变量导数在内的关系式,即得到变量所满足的常微分方程.

5.1.1 常微分方程建模方法与步骤

1. 建立常微分方程模型方法

(1) 根据规律列方程

利用数学、力学、物理、化学等学科中的定理或许多经过实践或实验检验的规律和定律,如牛顿运动定律,物质放射性的规律,曲线的切线所满足的变化规律等建立问题的常微分方程模型.

(2) 微元分析法

寻求一些微元之间关系式,在建立这些关系式时也要用到已知的规律与定理,与第一种方法不同之处在于针对某些微元而不是直接针对函数及其导数应用规律.

(3) 模拟近似法

在生物、经济等学科中,许多现象所满足的规律并不很清楚,而现象也相当复杂,因而需要根据实际资料或大量的实验数据,提出各种假设,在一定的假设下,给出实际现象所满足的规律,然后利用适当的数学方法得出微分方程.

2. 建立常微分方程模型步骤

(1) 分析问题,假设和简化问题,明确建模目的,提出两个主要变量,有时要注意在实际问题中,表示导数的常用词,如在生物学以及人口问题中的"速率"、"增长",在放射性问题中的"衰变",以及在经济学中的"边际"等.

(2) 利用上述三种方法,建立两个变量的常微分方程.

(3) 确定条件,这些条件是关于问题在某一特定时刻或边界上的信息,它们独立于常微分方程而成立,为了完整充分地给出问题的数学陈述,应将这些给定的条件和常微分方程联立,共同构成模型.

(4) 求解微分方程,由已有知识对此微分方程给出解析解或数值解.

(5) 分析,对计算结果给出其实际含义的解释,以及根据模型进行预测.

5.1.2 檐沟问题

1. 背景内容及问题提出

在平改坡工程中,市政府的房屋管理部门需要确定与屋顶配套的檐沟的规格.一个旧小区的房屋的屋顶都是矩形,长 12 m,从屋脊到檐沟的宽为 6 m,屋顶对水平面的倾角还未确定,但大致将在 20°和 50°之间.

一家檐沟生产公司急欲与市政府签订供货合同,该公司声称他们的新型塑料槽沟经久耐用,无论什么样的天气情况都能有效地满足要求,对这批屋顶,设计的檐沟横截面是半径为 7.5 cm 的半圆,用一条直径为 10 cm 的排水管就够了.

市政府的建筑专家不能确信檐沟供应单位的说法,因此请你建一个数学模型,在批量订货前对此作一个全面分析,其中至关重要的是这种尺寸在下雨时是否足以正常排水.

2. 问题分析

这项研究涉及槽沟容纳雨水的能力.这是一种输入输出模型,它在诸如水箱、河流或水库中水的流入流出问题中也会得到应用.在本问题中,输入是倾斜屋顶上流下的雨水,输出则是从垂直的排水管里流出的水.关键的问题是檐沟是否能容纳所有的雨水而不溢出,这就意味着我们关心的是在特定时期檐沟中水的高度.当檐沟的横截面是半圆时,那么水的高度与半径相等时将发生外溢.

3. 假设与记号

作关于水流的假设如下:

(1) 雨水垂直下落,并且直接落到屋顶上;

(2) 所有落在屋顶的雨水全部迅速流进檐沟;

(3) 直接落入檐沟的雨水忽略不计,雨撞击屋顶时不溅走;

(4) 排水系统不会出现意外的堵塞.

记号:

r:降雨的强度(速度,单位:m/s); t:时间(单位:s);

α:屋顶倾角(单位:deg); d:屋顶长度(单位:m);

b:屋顶宽度(屋脊到檐沟,单位:m); a:檐沟半径(单位:m);

h:檐沟内水的高度(单位:m); V:檐沟内水的体积(单位:m^3);

Q_1:雨水流入檐沟的速率(单位:m^3/s); Q_0:雨水流出檐沟的速率(单位:m^3/s);

A:排水管的横截面积(单位:m^2); g:重力加速度(单位:m/s^2)

4. 建立模型

由分析,问题可借助图 5-1-1 来阐明,檐沟系统中水的流量有如下形式:

$$\{檐沟中水量变化率\}=\{流入量速率\}-\{流出量速率\},$$

即

$$V'(t)=Q_1-Q_0 \tag{5.1.1}$$

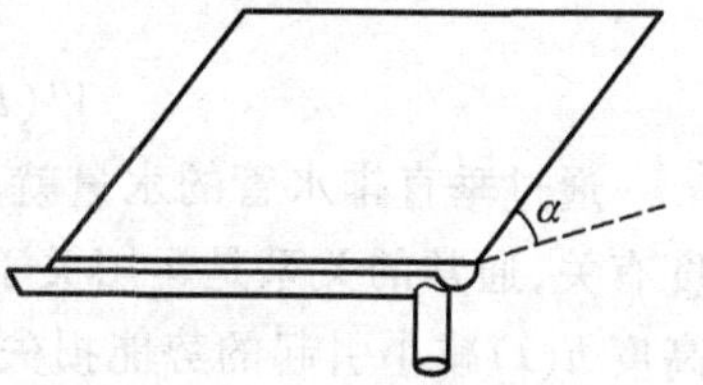

图 5-1-1 檐沟与房顶

屋顶面积为 bd,但由于屋顶的侧斜,雨水下落在房顶上方的面积是 $bd\cos\alpha$. 当降雨强度为 $r(t)$,落在屋顶的降雨体积变化率是

$$r(t)\times 面积=r(t)bd\cos\alpha. \tag{5.1.2}$$

而且,屋顶的倾斜还会影响注入檐沟的流速,屋顶越陡,流速越大,流进檐构的流量也越大,由图 5-1-2 可见需考虑雨水沿屋顶流下的速度,在原来的方程引入 $\sin\alpha$ 项得雨水流进檐沟的流量近似为

$$Q_1=r(t)bd\sin\alpha\cos\alpha. \tag{5.1.3}$$

这里对雨水从天空落下后流进檐沟的实际情况有所简化.

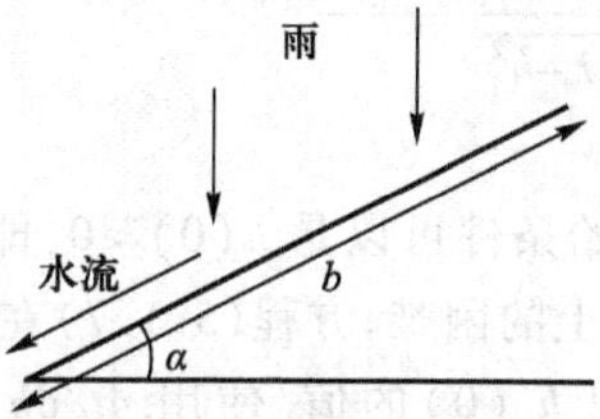

图 5-1-2 房顶雨水的流动

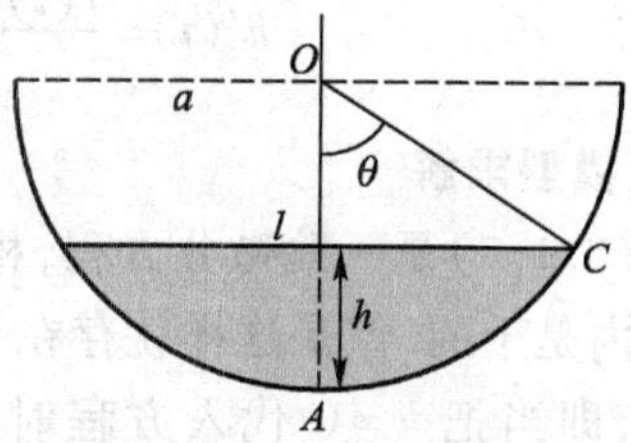

图 5-1-3 檐沟的横截面

图 5-1-3 说明,根据檐沟中水的横截面,可算出任一时刻檐沟中水的体积.体积的公式如下:

$$水的体积=水的横截面积\times 檐沟长\ d.$$

水的横截面是半圆的一部分,由图 5-1-3 可见,用 θ 表示 $\angle AOC$,水的横截

面积由下式给出：

$$面积=\frac{1}{2}a^2\times 2\theta-\frac{1}{2}a^2\sin 2\theta$$

$$=a^2(\theta-\sin\theta\cos\theta).$$

而 $\cos\theta=(a-h)/a$，所以 $\sin\theta=\sqrt{2ah-h^2}/a$，故

$$V(t)=da^2\left[\arccos\left(\frac{a-h}{a}\right)-\frac{(a-h)\sqrt{2ah-h^2}}{a^2}\right]. \tag{5.1.4}$$

实际上要求的是 $V(t)$ 的变化率

$$V'(t)=\frac{\mathrm{d}V}{\mathrm{d}h}\cdot\frac{\mathrm{d}h}{\mathrm{d}t}.$$

另外对式(5.1.4)求微分能求出 $\frac{\mathrm{d}V}{\mathrm{d}h}$，稍加运算后得

$$V'(t)=2h'(t)\,\mathrm{d}\sqrt{2ah-h^2}. \tag{5.1.5}$$

通过垂直排水管的水量就是从檐沟的输出流量. 输出流速与檐沟中水的高度有关，通常的关系是运用关于能量守恒的托尔西里定律得到的，定理叙述由于高度 $h(t)$ 减小引起的势能损失与进入管道前获得的动能平衡，因而水从檐沟流出的近似速度为 $\sqrt{2gh}$. 排水管的横截面积记为 A，那么输出流量为

$$Q_0=A\sqrt{2gh}. \tag{5.1.6}$$

由式(5.1.2)～式(5.1.6)，代入式(5.1.1)可得微分方程

$$r(t)bd\sin\alpha\cos\alpha-A\sqrt{2gh}=2h'(t)d\sqrt{2ah-h^2},$$

即

$$h'(t)=\frac{r(t)bd\sin\alpha\cos\alpha-A\sqrt{2gh}}{2d\sqrt{2ah-h^2}}. \tag{5.1.7}$$

5. 模型求解

式(5.1.7)是一阶微分方程，相应的初始条件可以是 $h(0)=0$，即开始下雨时檐沟内是干的. 但是这样就存在一个数学上的困难，方程(5.1.7)在 $h=0$ 时是奇异的，即当把 $h=0$ 代入方程时不能得出 $h'(0)$ 的值. 使用 $\mathrm{d}t/\mathrm{d}h$ 替代或置 $h(0)=0.01(\mathrm{m})$（$t=0$ 时已经下过一段时间雨了）等办法可避免这种情况.

上面已给出该模型的部分数据，现给出完整的数据：

$$a=0.075\ \mathrm{m},b=6\ \mathrm{m},d=12.0\ \mathrm{m},g=9.81\ \mathrm{ms^{-2}},A=0.0025\pi\mathrm{m}^2,\alpha=\frac{\pi}{6},$$

代入式(5.1.7)，得

$$
\begin{cases}
h'(t)=\dfrac{1.299r-0.00145\sqrt{h}}{\sqrt{0.15h-h^2}}, \\
h(0)=0.01.
\end{cases} \tag{5.1.8}
$$

求解微分方程(5.1.8),可得任一时刻檐沟中水的深度 $h(t)$,现在的问题是已知降雨强度 $r(t)$,求水的深度 $h(t)$.

针对房屋管理部门的要求,对降雨强度 $r(t)$ 考虑的两种情形模拟.

(1) 情形 1:$r(t)$= 常数,即在长时间内,降雨强度是均匀恒量且持续不断.这可能导致由于排水不及,雨水从檐沟溢出,也可能檐沟中水的高度 $h(t)$ 保持在一个小于 0.075 m 的稳定值,呈动态平衡状态.在式(5.1.8)中令 $h'(t)=0$,可推算出处于平衡状态时的高度值 h,有 $1.299r=0.001\ 45\sqrt{h}$,因此 $h=802\ 568.85r^2$.

例如,当 $r=0.020\ 5$ cm/s 时,在 $h\approx 5.02$ cm 处呈稳定状态.这个结果也可用其他方法得到,如将微分方程(5.1.8)按照后面 5.3.4 连续模型的差分法化为差分方程,再借助有关数学软件得到表 5-1-1 和图 5-1-4,通过观察我们可以得到同样的结论.

表 5-1-1　式(5.1.8)的数值解

t(s)	0	5	10	15	20	25	30	35
h(cm)	1.00	2.39	3.55	3.58	3.92	4.17	4.35	4.50
t(s)	40	45	50	55	60	…	120	
h(cm)	4.61	4.69	4.76	4.81	4.86	…	5.00	

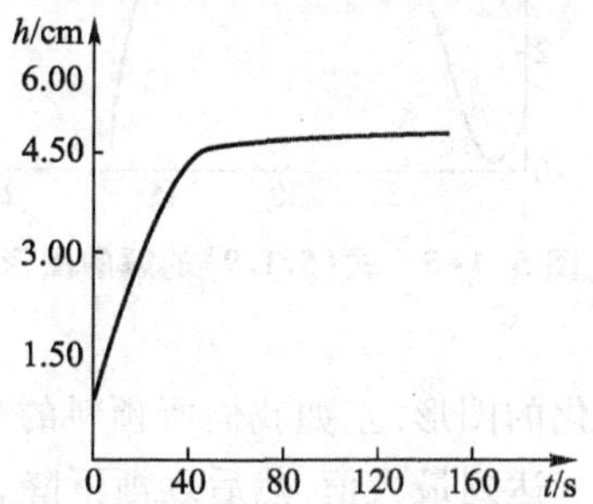

图 5-1-4　式(5.1.8)的解的图形

(2) 情形 2:

$$
r(t)=\begin{cases}
\dfrac{1}{2\ 000}\sin\left(\dfrac{\pi t}{40}\right), & 0<t\leqslant 40, \\
0, & t>40.
\end{cases}
$$

这表明下雨过程是在 40 s 内发生的一个短促的阵雨行为,最大的降雨速度是 0.05 cm/s.将式(5.1.8)重写为

$$
\begin{cases}
h'(t)=\begin{cases}
\dfrac{1.299\times\dfrac{1}{2\ 000}\sin(\pi t/40)-0.001\ 45\sqrt{h}}{\sqrt{0.15h-h^2}}, & 0<t\leqslant 40,\\[2ex]
\dfrac{-0.001\ 45\sqrt{h}}{\sqrt{0.15h-h^2}}, & t>40,
\end{cases}\\
h(0)=0.01.
\end{cases}
\tag{5.1.9}
$$

同样,将式(5.1.9)的微分方程用差分法化为差分方程(此方法可参见5.3.4连续模型的差分方法),借助于有关数学软件得到$h(t)$如表5-1-2和图5-1-5所示的数值解.

表5-1-2　方程(5.1.9)的数值解

t(s)	0	2	4	6	8	10	12	14	16
h(cm)	0.01	0.28	0.12	0.39	0.84	1.45	2.19	3.30	3.92
t(s)	20	25	30	35	40	45	50	51	
h(cm)	5.70	7.35	7.65	6.42	4.30	2.74	0.23	0.00	

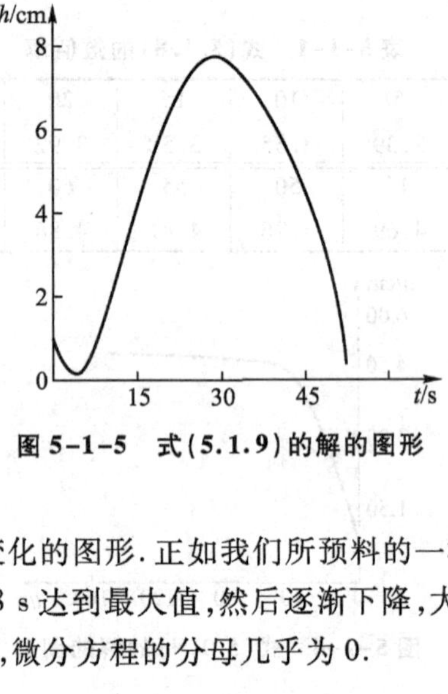

图5-1-5　式(5.1.9)的解的图形

图5-1-5是h随t变化的图形.正如我们所预料的一样,随着雨量的变化,檐沟内的水深大约在$t=28$ s达到最大值,然后逐渐下降,大约在$t=51$ s时降为0,由于h减少到非常小时,微分方程的分母几乎为0.

5.1.3　传染病问题

1. 问题的背景与提出

传染病是危及人类身体健康的重要因素之一,长期以来一直受到世界各国的关注.随着卫生设施的改善、医疗水平的提高以及人类文明的不断进步,诸如霍乱、天花等曾经肆虐全球的传染性疾病已经得到有效的控制.但是一些新的、不断变异的传染病毒却悄悄向人类袭来．20 世纪 80 年代十分险恶的艾滋病毒开始肆虐全球，至今仍在蔓延；2003 年春的 SARS 病毒与 2004 年的禽流感病毒，给我国人民的生命财产带来极大的损失．长期以来，建立传染病流行过程的数学模型来描述传染病的传播过程，分析受感染人数的变化规律，探索阻止传染病毒蔓延的手段等，一直是各国有关专家和官员关注的课题．

不同类型的传染病的传播过程有其各自不同的特点，要掌握这些特点则需要较多医学和生物学的知识，这里只能在较一般的情况下按照其一般的传播机理进行分析，传染病问题一般可分为单种群传染病（如 2003 年的 SARS）与多种群传染病（如 2004 年的禽流感）．

2. 建模及分析

以下讨论局限于单种群传染病问题分析．

（1）模型Ⅰ

假设病人（已感染者）通过空气、食物等将病菌传播给健康人（未感染者），单位时间内一个病人能传染的人数是常数 k'，设 t 时刻的病人数目 $i(t)$ 是 t 的连续可微函数．

由假设知，$i(t+\Delta t)-i(t)=k'i(t)\Delta t$，或

$$\frac{\mathrm{d}i}{\mathrm{d}t}=k'i(t). \tag{5.1.10}$$

设开始观察时有 i_0 个病人，即 $i(0)=i_0$，则方程满足初始条件的解为

$$i(t)=i_0\mathrm{e}^{k't}. \tag{5.1.11}$$

此模型能解释某些现象，特别是短期内的现象．但当时期较长时，按此模型病人数目随着时间的推移将无限增加，这与实际情况不符．因为在不考虑疾病流行期间的出生，死亡和迁移时，一个地区的总人数大致可认为是常数，而 k' 是变化的，在传染病流行的初期，k' 较大，随着病人的增多，健康人减少，被传染的机会也将减少，k' 逐渐变小，所以对原假设要进行修改．

（2）模型Ⅱ（SI 模型）

模型中将人群分为两类病人（已感染者）$i(t)$ 和健康人（未感染者）$s(t)$，假设：

假设 1　除患病特征外，人群的个体间没有差异，病人与健康人的个体在人群中是均匀混合的；

假设 2　人群的数量足够大，只考虑传染过程的平均效应；

假设 3　健康人染病的机会与他接触病人的机会成正比；

假设 4　疾病的传染率为常数 k；

假设 5　不考虑出生与死亡的过程和人群的迁出与迁入．

由假设 5,健康人和病人的总数 n 是保持不变的,即 $i(t)+s(t)=n$. 由假设 2 可以认为 $i(t)$,$s(t)$是连续的,而且足够光滑.

根据物质平衡法则和假设 5 可知,在$[t,t+\Delta t]$的时间段内,病人增加的人数恰好等于在 Δt 这段时间内受到传染的人数,再注意到假设 3 和假设 4 有

$$[i(t+\Delta t)-i(t)]=ks(t)i(t)\Delta t. \tag{5.1.12}$$

令 $\Delta t\to 0$,可以得到

$$\frac{\mathrm{d}i}{\mathrm{d}t}=ks(t)i(t), \tag{5.1.13}$$

其中 k 是一病人单位时间内传染人数与当时健康者人数之比,即疾病传染率,或

$$\frac{\mathrm{d}i}{\mathrm{d}t}=k(n-i)i,i(0)=i_0,s(t)=n-i(t).$$

这就是关于疾病传染的 SI 模型,其中 i_0 为初始时刻($t=0$)病人的人数.

不难用分离变量法解出

$$i(t)=n\bigg/\left[1+\left(\frac{n}{i_0}-1\right)\mathrm{e}^{-knt}\right], \tag{5.1.14}$$

$$s(t)=n\left(\frac{n}{i_0}-1\right)\mathrm{e}^{-knt}\bigg/\left[1+\left(\frac{n}{i_0}-1\right)\mathrm{e}^{-knt}\right]. \tag{5.1.15}$$

从而可得

$$\frac{\mathrm{d}i}{\mathrm{d}t}=kn^2\left(\frac{n}{i_0}-1\right)\mathrm{e}^{-knt}\bigg/\left[1+\left(\frac{n}{i_0}-1\right)\mathrm{e}^{-knt}\right]^2. \tag{5.1.16}$$

这给出了病人增长速率随时间变化的关系,医学上通常称之为传染病曲线,而且可以得到时刻 $t_m=\left[\ln\left(\frac{n}{i_0}-1\right)\right]\bigg/kn$ 达到最大值,它表明,这时病人增加的速度最快,预示着传染病高潮的到来,这是医疗卫生部门十分关心的时刻,另外,还可以看到 t_m 与 k 成反比,因为 k 为疾病的传染率,它标志着当地的卫生水平,k 越小,卫生水平越高,所以改善保健设施,提高卫生水平,降低 k 值就可以推迟传染病高潮的到来.

还可以看到,$i(t)$单调增,且当 $t\to\infty$ 时,$i(t)\to n$ 也就是说,所有的人最终将全部被传染而患病,无一例外. 这当然不符合实际情况,究其原因,主要是模型中没有考虑病人可以痊愈,根据这一情况,再次修正我们的模型.

(3) 模型Ⅲ(SIS 模型)

有些传染病如伤风、痢疾等愈后的免疫力很低,可以假定无免疫性,于是痊愈的病人仍然可以再次感染疾病,也就是说痊愈的病人将再次变为病人,我们习惯称这模型为 SIS 模型.

关于模型Ⅲ的假设与模型Ⅱ相同,但还需增加一条关于痊愈的假设:

假设6　病人以固定的比率痊愈（设 h 为痊愈率，即单位时间内痊愈的百分数），而重新成为健康者.

由假设 6，模型Ⅱ应修正为

$$\frac{\mathrm{d}i}{\mathrm{d}t}=ki(t)(n-i(t))-hi(t),\quad i(0)=i_0. \tag{5.1.17}$$

容易求出它的解

$$i(t)=\begin{cases}\left[\dfrac{1}{n(1-\sigma^{-1})}+\left(\dfrac{1}{i_0}-\dfrac{1}{n(1-\sigma^{-1})}\right)\mathrm{e}^{-(nk-h)t}\right]^{-1} & nk\neq h,\\ \dfrac{i_0}{kti_0+1} & nk=h,\end{cases} \tag{5.1.18}$$

其中 $\sigma=\dfrac{nk}{h}$. 显然 $1/h$ 是疾病的平均传染期，可知 σ 是一个传染期内每个病人有效接触的平均人数，称为接触数，容易得

$$\lim_{t\to\infty}i(t)=\begin{cases}n(1-\sigma^{-1}), & \sigma>1,\\ 0, & \sigma\leqslant 1.\end{cases} \tag{5.1.19}$$

由此可以看出，接触数 $\sigma=1$ 是一个阈值，在这个值的附近，疾病的传染行为有明显的不同，当 $\sigma\leqslant 1$ 时，病人的比例 $i(t)$ 逐渐变小，最终趋于零，也就是说疾病的流行完全控制和消除了，这主要是由于在传染期内经有效接触从而使健康人患病的人数不超过原来病人的人数而产生的. 如果 $\sigma>1$，$i(t)$ 的增减性仅取决于 i_0 是低于还是高于 $n(1-\sigma^{-1})$，这时它将有一个非零的极限值，而不可能将疾病完全消除.

（4）模型Ⅳ（SIR 模型）

大多数传染病如天花、流感、肝炎、麻疹等治愈后均有很强的免疫力. 所以人群应分三类：病人 $i(t)$，健康人 $s(t)$ 以及病愈免疫者（和死亡者）$r(t)$.

模型的假设类似于模型Ⅲ，唯一的区别在于病人痊愈将不同于普遍的健康者，而是具有免疫的健康人进入 $r(t)$ 中，显然有 $i(t)+s(t)+r(t)=n$，于是模型Ⅲ被修正为

$$\begin{cases}\dfrac{\mathrm{d}s}{\mathrm{d}t}=-ki(t)s(t),\\ \dfrac{\mathrm{d}i}{\mathrm{d}t}=ki(t)s(t)-hi(t),\\ \dfrac{\mathrm{d}r}{\mathrm{d}t}=hi(t),\end{cases}$$

或

$$\begin{cases}\dfrac{\mathrm{d}i}{\mathrm{d}t}=ks(t)i(t)-hi(t),\\ \dfrac{\mathrm{d}s(t)}{\mathrm{d}t}=-ks(t)i(t),\end{cases}\tag{5.1.20}$$

以及初始条件

$$\begin{cases}i\,|_{t=0}=i_0,\\ s\,|_{t=0}=s_0=n-i_0\quad(\text{即 } r\,|_{t=0}=0).\end{cases}\tag{5.1.21}$$

方程组的解析解难以求得,下面仅在相平面上讨论解的性态.

由方程组知

$$\frac{\mathrm{d}i}{\mathrm{d}s}=\frac{ksi-hi}{-ksi}=\frac{hi}{ksi}-1\overset{\text{def}}{=\!=\!=}\frac{\rho}{s}-1,\tag{5.1.22}$$

其中 $\rho=\dfrac{h}{k}$ 称为特征指数,对于同一地区、同一种传染病,ρ 是常数.可解得方程的解为

$$i=\rho\ln\frac{s}{s_0}-s+n.\tag{5.1.23}$$

在相平面上过点 (s_0,i_0) 的这条相轨线如图 5-1-6 所示,因为 $i(t)\geqslant0$,故图中的 s 轴以上部分有意义,又 $\dfrac{\mathrm{d}s}{\mathrm{d}t}\leqslant0$,故图中箭头方向表示 t 增加时,$s(t)$ 和 $i(t)$ 的变化趋势.

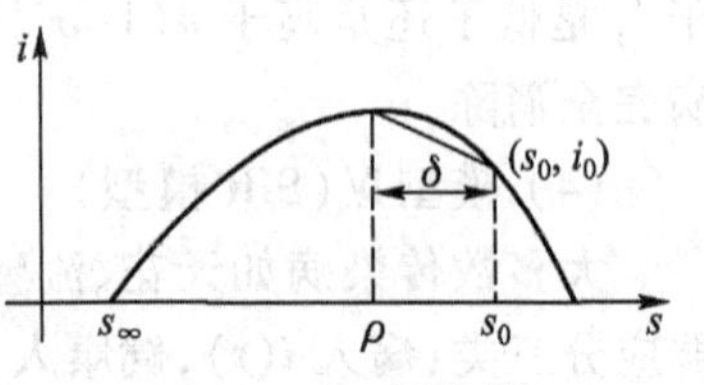

图 5-1-6 相轨线

由方程知,当 $s_0=\rho$ 时,$\dfrac{\mathrm{d}i}{\mathrm{d}t}=0$,$i(t)$ 达到极大值.从图上可见,$s_0>\rho$ 时,$i(t)$ 单调增加;当 $s_0\leqslant\rho$ 时,$i(t)$ 单调减少.这说明,仅当传染病开始时,健康人数超过 ρ 的情况下,传染病才会蔓延,ρ 是一个阈值(俗称门槛),通常 i_0 很小,可近似认为 $s_0\approx n$,在总人数 n 不变的情况下,提高门槛 ρ 的数值,对制止传染病的蔓延有利,这就要使系数 h 增大,传染系数 k 降低,即要提高该地区的医疗水平和卫生保健水平.

可以利用统计数据检验模型Ⅳ,实际上,可以根据医院每周病愈人数的统计资料,确定模型的 $\dfrac{\mathrm{d}r}{\mathrm{d}t}$,同时又根据上述模型,找出 $\dfrac{\mathrm{d}r}{\mathrm{d}t}$ 的近似表达式,将两者进行比较.

由方程 $\dfrac{\mathrm{d}r}{\mathrm{d}t}=hi(t)$ 和 $\dfrac{\mathrm{d}s}{\mathrm{d}t}=-ks(t)i(t)$,得

$$\frac{\mathrm{d}s}{\mathrm{d}r}=-\frac{k}{n}s=-\frac{s}{\rho}. \tag{5.1.24}$$

由初始条件 $s\big|_{r=0}=s_0$,得 $s=s_0\mathrm{e}^{-\frac{r}{\rho}}$. 又 $i(t)+s(t)+r(t)=n$,故

$$\frac{\mathrm{d}r}{\mathrm{d}t}=h(n-r-s_0\mathrm{e}^{-r/\rho}). \tag{5.1.25}$$

当 $r\ll\rho$ 时,利用指数函数的 Taylor 展开式可得

$$\frac{\mathrm{d}r}{\mathrm{d}t}=h\left[n-s_0+\left(\frac{s_0}{\rho}-1\right)r-\frac{s_0}{2\rho^2}r^2\right]. \tag{5.1.26}$$

在零初始条件下的解为

$$r(t)=\frac{\rho^2}{s_0}\left[\left(\frac{s_0}{\rho}-1\right)+a\,\mathrm{th}\left(\frac{aht}{2}-\varphi\right)\right], \tag{5.1.27}$$

其中 $a=\sqrt{\left(\frac{s_0}{\rho}-1\right)^2+\frac{2s_0(n-s_0)}{\rho^2}}$,$\varphi=\mathrm{th}^{-1}\frac{s_0/\rho-1}{a}$,得

$$\frac{\mathrm{d}r}{\mathrm{d}t}=\frac{\rho^2a^2h}{2s_0\mathrm{ch}^2\left(\frac{aht}{2}-\varphi\right)}. \tag{5.1.28}$$

(5) 模型Ⅴ(SEIR 模型)

传染病有潜伏期,只不过有的传染病潜伏期较短,但有的传染病潜伏期较长(如 SARS 等,感染后到发病大致有 15 天),必须考虑此情况. 所以人群应分四类:健康人 $s(t)$,潜伏者 $e(t)$,病人 $i(t)$ 以及病愈免疫(移出者)$r(t)$;而且假设单位时间内潜伏者以比例常数 β 转为染病者,显然有 $s(t)+e(t)+i(t)+r(t)=n$,于是模型Ⅳ修正为

$$\begin{cases}\frac{\mathrm{d}s}{\mathrm{d}t}=-ks(t)i(t),\\ \frac{\mathrm{d}e}{\mathrm{d}t}=ks(t)i(t)-\beta e(t),\\ \frac{\mathrm{d}i}{\mathrm{d}t}=\beta e(t)-hi(t),\\ \frac{\mathrm{d}r}{\mathrm{d}t}=hi(t),\\ s(0)=s_0,i(0)=i_0,e(0)=e_0.\end{cases} \tag{5.1.29}$$

(6) 模型Ⅵ

放宽模型中关于不考虑出生的假设 5,假设人群(健康者)以定常的速率 μ 增长,对于死亡和迁入、迁出不考虑.

于是模型Ⅳ应被修正为

$$\begin{cases}\dfrac{\mathrm{d}s}{\mathrm{d}t}=-ki(t)s(t)+\mu,\\ \dfrac{\mathrm{d}i}{\mathrm{d}t}=ki(t)s(t)-hi(t),\\ \dfrac{\mathrm{d}r}{\mathrm{d}t}=hi(t),\\ s(0)=s_0,i(0)=i_0,r(0)=0.\end{cases}\tag{5.1.30}$$

(7) 模型Ⅶ

考虑该地区的人口为流动情况,假设在单位时间内:

假设7　有μ名健康人进入该地区,流出该地区的人有健康人、病人,他们分别与健康人、病人总数成正比,比例系数$\alpha=\mu/n$.

假设8　健康人因预防而减少发病的人数与健康人数成正比,比例系数为λ,即为预防系数.

假设9　病愈免疫的人、死亡的人与病人成正比,比例系数h称为恢复系数,d为死亡系数.

于是模型Ⅵ应修正为

$$\begin{cases}\dfrac{\mathrm{d}s}{\mathrm{d}t}=-ki(t)s(t)-(\alpha+\lambda)s(t)+\mu,\\ \dfrac{\mathrm{d}i}{\mathrm{d}t}=ks(t)i(t)-hi(t)-\mathrm{d}i(t),\\ \dfrac{\mathrm{d}r}{\mathrm{d}t}=-\alpha r(t)+hi(t),\\ s(0)=s_0,i(0)=i_0,r(0)=r_0.\end{cases}\tag{5.1.31}$$

5.1.4　广告问题

1. 问题的提出

信息社会使广告成为促进商品销售的强有力手段,广告与销售之间有什么内在联系?如何评价不同时期的广告效果?这个问题对于生产企业,对于那些为推销商品做广告的企业更为重要.

模型Ⅰ　独家销售的广告模型

2. 模型假设

(1) 商品的销售速度会因做广告而增加,但增加量是有一定限度的.当商品在市场上趋于饱和时,销售速度将趋于极限值.这时无论采用哪种形式的广告都不能阻止销售速度的下降.

(2) 商品销售速度随商品销售量的增加而减少.

(3) 设 $s(t)$ 为 t 时刻商品销售速度，M 为销售饱和水平，即市场对商品的最大容纳能力，它表示销售速度的上限，λ 为衰减因子，表示广告作用随时间增加而自然衰减的速度，其为大于 0 的常数，$A(t)$ 为 t 时刻的广告水平（以费用表示）.

3. 模型的建立

由假设有

$$\frac{\mathrm{d}s}{\mathrm{d}t}=pA(t)\left[1-\frac{s(t)}{M}\right]-\lambda s(t), \tag{5.1.32}$$

其中，p 为响应系数，即 $A(t)$ 对 $s(t)$ 的影响力，p 为常数.

4. 模型的求解

由式(5.1.32)可看出，当 $s=M$ 时，或当 $A(t)=0$ 时，都有

$$\frac{\mathrm{d}s}{\mathrm{d}t}=-\lambda s(t). \tag{5.1.33}$$

假设选择如下广告策略：

$$A(t)=\begin{cases}A, & 0<t<c,\\ 0, & t\geqslant c.\end{cases} \tag{5.1.34}$$

(1) 若在 $(0,c)$ 时间内，用于广告花费为 a，则 $A=\frac{a}{c}$. 将其代入式(5.1.32)，有

$$\frac{\mathrm{d}s}{\mathrm{d}t}+\left(\lambda+\frac{pa}{Mc}\right)s=p\,\frac{a}{c}. \tag{5.1.35}$$

若令 $s(0)=s_0$，则其解为

$$s(t)=\frac{k}{b}(1-\mathrm{e}^{-bt})+s_0\mathrm{e}^{-bt},$$

其中

$$k=p\,\frac{a}{c},\ b=\lambda+\frac{pa}{Mc}.$$

(2) 当 $t\geqslant c$ 时，根据式(5.1.34)，式(5.1.32)可记为 $\frac{\mathrm{d}s}{\mathrm{d}t}=-\lambda s(t)$，其特解为

$$s(t)=s(c)\mathrm{e}^{\lambda(c-t)},$$

从而得到

$$s(t)=\begin{cases}\frac{k}{b}(1-\mathrm{e}^{-bt})+s_0\mathrm{e}^{-bt}, & 0<t<c,\\ s(c)\mathrm{e}^{\lambda(c-t)}, & t\geqslant c.\end{cases} \tag{5.1.36}$$

这就是独家销售与广告的关系式，可以对商品的销售量作出预测.

5. 模型参数估计与检验

为便于参数估计,可将式(5.1.32)利用差分法化为差分方程(此方法可参见5.4.3连续模型的差分方法).将其离散化:

$$f(i)=s(i+1)-s(i)=pA(i)\left[1-\frac{s(i)}{M}\right]-\lambda s(i)+\varepsilon_i=g(i)+\varepsilon_i. \qquad (5.1.37)$$

式(5.1.37)是关于参数 p,M,λ 的方程.

为了估计这些参数,需要一些调查数据,例如在某一城市,从年初到年底,每月调查一次某种商品的广告费用和销量,从而得到数据 $(A(i),s(i))$ $(i=1,2,\cdots,12)$.然后把这些数据代入式(5.1.37),利用最小二乘法可以得到参数 p,M,λ 的估计值,即求参数 p,M,λ,使

$$\min\quad \delta=\sum_{i=1}^{11}\varepsilon_i^2=\sum_{i=1}^{11}[f(i)-g(i)]^2. \qquad (5.1.38)$$

一般来说,关系式(5.1.32)在广告策略(5.1.34)的作用下,用于短时间预测还是比较有效的.

6. 模型的讨论

(1) 若生产企业保持稳定销售,即$\frac{\mathrm{d}s}{\mathrm{d}t}=0$,那么由式(5.1.32),有

$$A(t)=\frac{\lambda s}{p\left(1-\frac{s}{M}\right)}=\frac{a}{c}, \qquad (5.1.39)$$

从而可估计商品的销售速度 $s(t)$.

(2) 在销售水平比较低的情况下,由式(5.1.32)可得:每增加单位广告产生的效果比 s 接近 M 的水平时,增加广告所取得的效果更显著.

(3) 生产企业为扩大销售,对每种产品究竟应投入多少广告费用,一般可采用最优控制方法来确定.

模型Ⅱ　公司竞争销售的广告模型

2′. 模型假设

(1) 两家公司销售同一商品,而市场容量 $M(t)$ 有限.

(2) 每一公司增加的销售量与可获得的市场成比例,比例常数为 C_i,$i=1,2$.

(3) 设 $s_i(t)$ 是销售量,$i=1,2$,$N(t)$ 是可获得的市场,即

$$N(t)=M(t)-s_1(t)-s_2(t). \qquad (5.1.40)$$

3′. 模型建立与求解

由假设2′,有

$$\frac{\mathrm{d}s_1}{\mathrm{d}t}=C_1N, \qquad (5.1.41)$$

$$\frac{ds_2}{dt}=C_2N. \tag{5.1.42}$$

由于 $s_1(t)$ 与 $s_2(t)$ 的解依赖于 $M(t)$，假设市场容量 $M(t)=\alpha(1-e^{-\beta t})$，$\alpha$ 和 β 是常数，由式(5.1.41)，式(5.1.42)，可得

$$\frac{ds_2}{dt}=C_3\frac{ds_1}{dt}, \quad 其中\ C_3=\frac{C_2}{C_1}. \tag{5.1.43}$$

对式 (5.1.43)积分，有

$$s_2(t)=C_3s_1(t)+C_4. \tag{5.1.44}$$

把式(5.1.44)和 $M(t)$ 代入式(5.1.40)，得

$$N(t)=\alpha(1-e^{-\beta t})-(1+C_3)s_1-C_4. \tag{5.1.45}$$

再将式(5.1.45)代入式(5.1.41)，则

$$\frac{ds_1}{dt}+AS_1=Be^{-\beta t}+C, \tag{5.1.46}$$

其中 $A=C_1(1+C_3)$，$B=-C_1\alpha$，$C=C_1(\alpha-C_4)$. 因此(5.1.46)式的通解为

$$s_1(t)=k_1e^{-At}+k_2e^{-\beta t}+k_3.$$

同理，可解出 $s_2(t)$.

5.1.5 油压缓冲器油孔的设计问题

1. 问题提出

油压缓冲的简单示意图如图 5-1-7 所示，当缓冲器受运动着的物体碰撞后，由于缓冲器中油的抵抗力的作用使物体逐渐停住. 活塞上有油孔，油孔大油抗力就小，油孔小油抗力就大，缓冲器中配有复原弹簧，它是当工作载荷离去时起到使活塞恢复工作前的位置的作用. 油压缓冲器在整个工作过程中要求总抗力函数(包括油抗力函数与弹簧抗力函数之和)的最大值越小越好，而且要求当活塞行至终点时对缸底不发生刚性冲击. 在设计缓冲器时，油孔规格是关键.

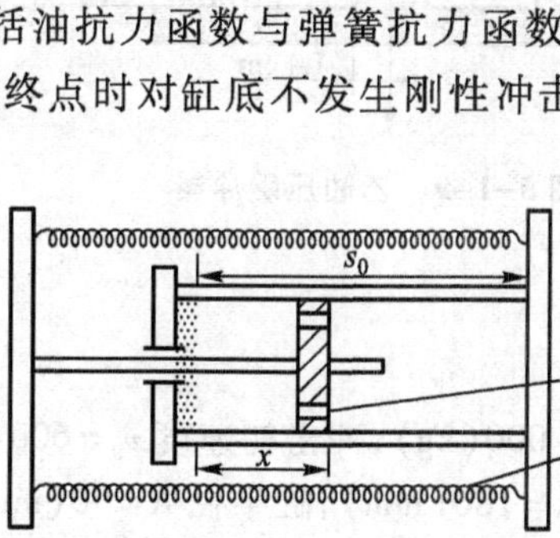

图 5-1-7 简单油压缓冲器

(1) 试建立油压缓冲器油孔的设计数学模型,使得缓冲器的总抗力函数的最大值最小,而且活塞与缸底不发生刚性冲击.

(2) 现给出某厂设计的甲、乙两台油压缓冲器,甲如图 5-1-8 所示,乙如图 5-1-9所示(注:图 1-5-9 中凸锥是小头直径为 1.8(cm),大头直径为 2.8(cm)的直圆锥台).

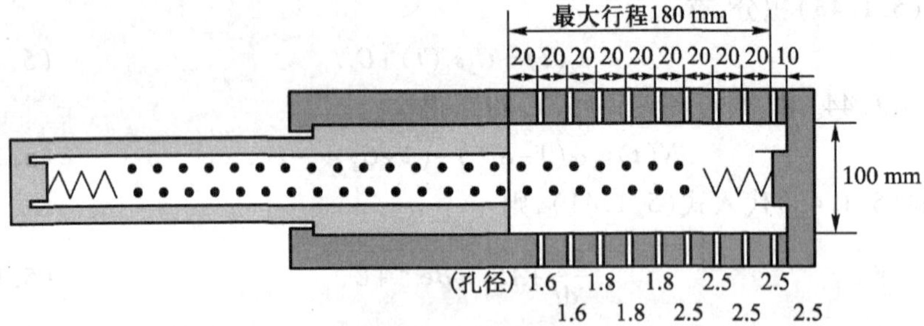

图 5-1-8 甲油压缓冲器

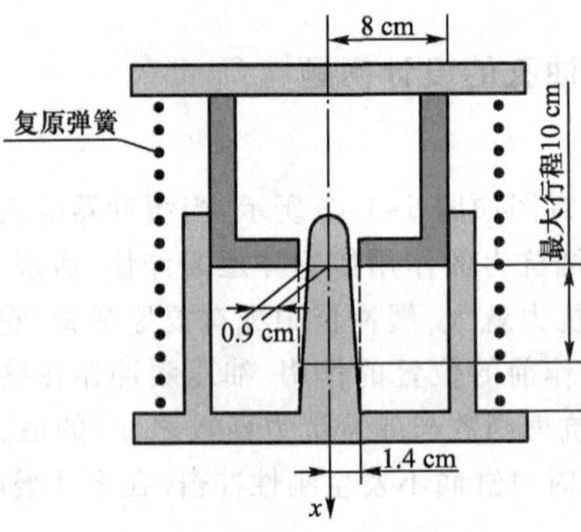

图 5-1-9 乙油压缓冲器

甲的参数:

冲击载荷物的质量 $w=25\ 000$(kg),冲击初速度 $v_0=600$(mm/s),

活塞的冲程(缸的长度)$s_0=180$(mm),缸半径 $R=50$(mm),

油的密度 $\gamma=0.000\ 000\ 87$($\mathrm{kg/mm^3}$),复原弹簧的初始弹力 $p=333.2$(N),

复原弹簧的弹性系数 $k=16.66$(N/mm),油的缩流系数 $c=\sqrt{0.5}$.

乙的参数:

$w=1\ 000(\mathrm{kg}),v_0=50(\mathrm{cm/s}),s_0=10(\mathrm{cm}),s_1=12.5(\mathrm{cm})$,

$R=8(\mathrm{cm}),R_1=1.4(\mathrm{cm}),h=0.9(\mathrm{cm}),\gamma=0.000\ 87(\mathrm{kg/cm^3})$,

$p=78.49(\mathrm{N}),k=261.66(\mathrm{N/cm}),c=\sqrt{0.5}$.

试分别检查它们的工作性能，如果不合理，问应如何改正？

2. 问题分析

油压缓冲机的工作原理：当载荷物撞击油压缓冲器时，载荷物推动活塞压缩油缸内的油，将载荷物的动能传递给油液，使油通过油孔喷出. 在油液通过节流孔时，由于流动面积突然缩小，形成涡流，使液体内的质点相互撞击、摩擦，将载荷物的动能转化为油的动能和热量，从而消耗了载荷物的动能，使得载荷物以一定的减速度停止下来. 当载荷物离开缓冲器时，活塞在复位弹簧的作用下向上复位，油重新流回油缸内，等待进行下一次缓冲.

问题要求对整个缓冲过程中总抗力函数的最大值进行优化，即极小化最大总抗力值. 首先，必须先建立数学模型对整个缓冲过程进行描述，然后才可以对过程中的最大抗力进行优化，进一步考虑对孔径进行优化.

3. 问题假设与记号

记号：

$F(x)$：油抗力；$\varphi(x)$：总抗力；$v(x)$：活塞运动速度；$a(x)$：油孔面积；$u(x)$：油从油孔流出的速度函数.

基本假设：

(1) 载荷物与活塞连杆的接触为完全非弹性碰撞；

(2) 不考虑活塞和缸体缝隙内油的流量、管漏油量、混入气泡后对油的压缩率的影响；

(3) 不考虑油通过节流孔时油受到的阻力以及活塞与缸体间的摩擦力.

4. 模型的建立与设计

(1) 模型

$$\min \quad \left\{ \max_{x\in[0,s_0]} (F(x)+p+kx) \right\},$$

$$\text{s.t.} \quad \int_0^{s_0} (F(x)+p+kx)\,\mathrm{d}x = \frac{1}{2}wv_0^2.$$

(2) $F(x)$ 与 $v(x)$ 的关系

以下用 x' 表示 x 对时间的一阶导数，用 x'' 表示 x 对时间的二阶导数.

由牛顿定律得：$wx''=-(F(x)+p+kx)$，由 $x'=v$，则 $x''=v\dfrac{\mathrm{d}v}{\mathrm{d}x}$，得

$$v(x)=\left[v_0^2-\frac{2}{w}\int_0^x (F(x)+p+kx)\,\mathrm{d}x\right]^{1/2} \quad (0\leqslant x\leqslant s_0). \qquad (5.1.47)$$

请注意,在此我们没有为变上限积分中的积分变量另选字母,请读者注意区分.

(3) 确定所对应的油孔面积

设油孔面积与活塞面积相比甚小.当活塞在点 x 处移动 Δx 时,油抗力做的功近似地等于油在这段移动距离 Δx 的过程中从油孔流出时所产生的动能,所以

$$\int_{x}^{x+\Delta x} F(x)\,\mathrm{d}x=\frac{A\Delta x\gamma}{2}u^2(x+\theta_1\Delta x)\quad(0<\theta_1<1),$$

式中 A 为活塞面积.于是

$$F(x+\theta_2\Delta x)\Delta x=\frac{A\gamma\Delta x}{2}u^2(x+\theta_1\Delta x)\quad(0<\theta_2<1).$$

消去 Δx 后并令 $\Delta x\to 0$,取极限得

$$F(x)=\frac{A\gamma}{2}u^2(x).\tag{5.1.48}$$

又因 $\dfrac{u(x)}{v(x)}=\dfrac{A}{ca(x)}$,所以 $u(x)=\dfrac{Av(x)}{ca(x)}$,代入式(5.1.48),得

$$F(x)=\frac{\gamma A^3v^2(x)}{2c^2a^2(x)},\tag{5.1.49}$$

即

$$a^2(x)=\frac{\gamma A^3v^2(x)}{2c^2F(x)}.$$

再将式(5.1.47)代入上式即得

$$a(x)=\left\{\frac{\gamma A^3}{2c^2F(x)}\left[v_0^2-\frac{2}{w}\int_0^x(F(x)+p+kx)\,\mathrm{d}x\right]\right\}^{1/2}\quad(0\leqslant x\leqslant s_0).\tag{5.1.50}$$

有了以上公式,就可以设计一个模型了,实际上只需令总抗力函数 $\varphi(x)=F(x)+p+kx$ 恒等于某常数 F_0,而且这个常数 F_0 满足条件 $\frac{1}{2}wv_0^2=F_0s_0$,也即令 $\dfrac{wv_0^2}{2s_0}=F_0$ 就行了,将它代入式(5.1.50)就得所需的油孔面积公式

$$a(x)=v_0\left\{\frac{\gamma A^3(s_0-x)}{c^2[wv_0^2-2s_0(p+kx)]}\right\}^{1/2}\quad(0\leqslant x\leqslant s_0).\tag{5.1.51}$$

这时由式(5.1.47)即得所对应的活塞运动速度函数

$$v(x)=v_0\left(1-\frac{x}{s_0}\right)^{1/2}\quad(0\leqslant x\leqslant s_0).\tag{5.1.52}$$

为了使油孔满足式(5.1.52),其设计方案可按图 5-1-9 所示,其中 R_1,R,s_0

是给定的设计参数. 现在来求图 5-1-9 中所示凸锥子午线的方程.

在横坐标 x 处油孔面积为 $a(x)=\pi(R_1^2-y^2)$,此时所对应的活塞面积为 $A(x)=\pi(R^2-y^2)$,把它们代入式(5.1.51),整理后得

$$x=\frac{c^2(wv_0^2-2ps_0)(R_1^2-y^2)^2-\pi v_0^2\gamma s_0(R^2-y^2)^3}{2c^2s_0k(R_1^2-y^2)^2-\pi v_0^2\gamma(R^2-y^2)^3}\quad(0\leqslant x\leqslant s_0).\tag{5.1.53}$$

这就是凸锥子午线的方程.

(4) 已知某缓冲器的油孔面积函数 $a(x)$,求活塞运动的速度函数 $v(x)$ 与油抗力 $F(x)$.

将式(5.1.49)中的 $F(x)$ 代入式(5.1.47)即得

$$v^2(x)=v_0^2-\frac{2}{w}\int_0^x\left[\frac{\gamma A^3v^2(x)}{2c^2a^2(x)}+p+kx\right]\mathrm{d}x.\tag{5.1.54}$$

将式(5.1.54)对 x 求导后,得

$$\frac{\mathrm{d}v}{\mathrm{d}x}=-\frac{1}{w}\left[\frac{\gamma A^3v(x)}{2c^2a^2(x)}+\frac{p+kx}{v(x)}\right].$$

这是一个以 $v(x)$ 为未知函数的伯努利方程,解之得

$$v(x)=\left[v_0^2-\frac{2}{w}\int_0^x(p+kx)\exp\left(\frac{\gamma}{w}\int_0^x\frac{A^3}{c^2a^2(x)}\mathrm{d}x\right)\mathrm{d}x\right]^{1/2}\exp\left(\frac{-\gamma}{2w}\int_0^x\frac{A^3}{c^2a^2(x)}\mathrm{d}x\right).\tag{5.1.55}$$

当油孔面积 $a(x)$ 为常数时,式(5.1.55)和(5.1.49)分别为

$$v(x)=\left\{v_0^2\exp\left(\frac{-\gamma A^3x}{wc^2a^2}\right)+\frac{2c^2a^2}{\gamma A^3}\left(\frac{wc^2a^2}{\gamma A^3}k-p\right)\left[1-\exp\left(\frac{-\gamma A^3x}{wc^2a^2}\right)\right]-\frac{2c^2a^2}{\gamma A^3}kx\right\}^{1/2}\quad(0\leqslant x\leqslant s_0),\tag{5.1.56}$$

$$F(x)=\frac{\gamma A^3v^2(x)}{2c^2a^2}\quad(0\leqslant x\leqslant s_0).\tag{5.1.57}$$

5. 实例验证

对于甲缓冲器:

因该缓冲器为分段常油孔,所以可用式(5.1.56)和式(5.1.57)计算其速度 $v(x)$ 和油抗力 $F(x)$ 的变化规律. 在计算时,每一段按油孔面积 $a(x)$ 为常数进行,分别计算出每段开始时的速度和油抗力,及终了时的速度和油抗力,而下一段行程的初速度就是上一段行程的终速度,依次推算. 现将计算结果列表5-1-3.

从所计算结果表明,当活塞行至 180 mm 终点处仍具有 43 mm/s 的刚性冲击速度. 为解决此矛盾,最好将活塞行程增至 190 mm 处(这样可以不必重新校核计算);或者也可适当减小某对孔径,也可加大复原弹簧的初始弹力等.

表 5-1-3　工作过程中活塞运动速度 $v(x)$ 及总抗力 $\varphi(x)$ 的数值表

位移 x(mm)		0	20	40	60	80	100	120	140	160	180	190
油孔口径(mm)			1.6 (2个)	1.6 (2个)	1.8 (2个)	1.8 (2个)	1.8 (2个)	2.5 (2个)	2.5 (2个)	2.5 (2个)	2.5 (2个)	2.5 (2个)
油孔面积 $a(x)$(mm^2)			72.398	68.377	64.356	59.266	54.177	49.087	39.270	29.452	19.635	(9.817)
移动速度 $v(x)$ (mm/sec)	初		600	561.5	520.8	477.7	430.9	380.1	325.1	254.1	161.7	(43.2)
	末		561.5	520.8	477.7	430.9	380.1	325.1	254.1	161.7	43.2	—
油抗力 $F(x)$(N)	初		28 957	28 434.7	27 606.6	27 393.9	26 670.7	25 277.1	28 904.1	31 394.3	28 593.5	(8 176.1)
	末		25 360.4	24 454.9	23 231.9	22 262.6	20 750.5	18 494.6	17 657.6	12 700.8	2 043.3	—
弹簧抗力 $p+kx$(N)	初		333.2	666.4	999.6	1 332.8	1 666	1 999.2	2 332.4	2 665.6	2 998.8	(3 332)
	末		666.4	999.6	1 332.8	1 666	1 999.2	2 332.4	2 665.6	2 998.8	3 332.0	—
总抗力 $\phi(x)=F(x)+p+kx$(N)	初		29 290.2	29 101.1	28 606.2	28 726.7	28 336.7	27 276.3	31 236.5	34 059.9	31 592.3	(11 508.1)
	末		26 026.8	25 454.5	24 564.7	23 928.6	22 749.7	20 826.0	20 323.2	15 797.6	5 375.3	—

对于乙缓冲器：

因该缓冲器为凸锥式环孔型，所以应运用式(5.1.55)和式(5.1.49)，其子午线方程为 $y=h+\frac{R_1-h}{s_1}x$ 其中小头半径 $h=0.9\ \text{cm}, s_1=12.5\ \text{cm}$，在式(5.1.55)中设

$$
\begin{aligned}
f(x)&=\int_0^x \frac{A^3}{a^2}\mathrm{d}x=\int_0^x \frac{\pi^3(R^2-y^2)^3}{\pi^2(R_1^2-y^2)^2}\mathrm{d}x\\
&=\frac{\pi s_1}{R_1-h}\Big[(3R^2-2R_1^2)(y-h)-\frac{1}{3}(y^3-h^3)\\
&\quad+\frac{(R^2-R_1^2)^3}{2R_1^2}\left(\frac{y}{R_1^2-y^2}-\frac{h}{R_1^2-h^2}\right)\\
&\quad+\frac{(R^2-R_1^2)(R^2-5R_1^2)}{4R_1^3}\ln\frac{(R_1-h)(R_1+y)}{(R_1+h)(R_1-y)}\Big].
\end{aligned}
$$

将诸数据代入后，具体计算可按表 5-1-4 进行.

计算结果表明，在整个工作过程中，最大总抗力大约为 15 156 N，当活塞行至约 98 mm 处而不到终点 100 mm 处就将停住，所以此设计是比较合理的.

6. 讨论

常油孔是分段常油孔的特殊情形. 如果忽略复原弹簧的作用不计，则式(5.1.56)将变成 $v(x)=v_0\mathrm{e}^{-\frac{\gamma A^3}{2wc^2a^2}x}$，所以无论常油孔的面积 a 怎样小，活塞到达缸底时，总存在着大小为 $v(s_0)=v_0\mathrm{e}^{-\frac{\gamma A^3}{2wc^2a^2}s_0}$ 的刚性冲击速度. 一般说来，如果没有复原弹簧的作用，凡是不满足条件 $\lim\limits_{z\to s_0}a(x)=0$ 的油孔 $a(x)$，则由式(5.1.55)将有 $v(s_0)=v_0\mathrm{e}^{-\frac{\gamma}{2w}\int_0^{s_0}\frac{A^3}{c^2a^2(x)}\mathrm{d}x}\neq 0$，所以必然存在刚性冲击；即使 $\lim\limits_{x\to s_0}a(x)=0$，但当 $\int_0^{s_0}\frac{A^3}{c^2a^2(x)}\mathrm{d}x$ 收敛时，也会存在刚性冲击. 因此在以上这些情形，复原弹簧不仅起着复原的作用，而且也起着避免刚性冲击的作用，所以显得尤为重要.

表 5-1-4 工作过程中活塞运动速度 $v(x)$ 及总抗力 $\varphi(x)$ 的数值表

x (cm)	y (cm)	$f(x)=\int_0^x \frac{A^3}{a^2}dx$	$\varphi(x)=(p+kx)e^{\frac{\gamma}{c^2w}f(x)}$	$I(x)=\int_0^x \varphi(x)dx$	$\psi(x)=e^{\frac{\gamma}{2c^2w}f(x)}$	$v(x)=\sqrt{v_0^2-\frac{2}{w}I(x)}\,\psi(x)$ (cm/sec)	$F(x)=\frac{\gamma A^3v^2(x)}{2c^2a^2(x)}$ (N)	$\varphi(x)=F(x)+p+kx$ (N)
0	0.9	0	8.010	0	1	50	13 036.420 6	13 114.922 5
0.5	0.92	282 468.04	22.436					
1	0.94	584 600.11	38.427					
1.5	0.96	908 996.44	56.295					
2	0.98	1 258 739.59	76.447	79.372 7	0.896 3	44.674 0	13 676.234 2	14 278.052 2
2.5	1.00	1 637 513.18	99.406					
3	1.02	2 049 758.03	125.869					
4	1.06	2 997 528.22	193.417	337.167 8	0.770 4	38.009 8	14 031.192 1	15 156.330 1
4.5	1.08	3 547 983.09	237.609					
5	1.10	4 162 689.05	291.978					
6	1.14	5 642 400.05	448.985	942.177 2	0.612 1	29.452 1	13 399.816 4	15 048.274 4
7.5	1.20	8 851 689.17	971.636					
8	1.22	10 356 696.53	1 343.434	2 560.004 7	0.406 2	18.155 6	9 895.183 5	12 066.961 5
10	1.30	21 939 038.02	12 508.955	14 487.573	0.148 3	—	—	—

5.2 偏微分方程建模

当用微分来观察现象或过程,而因变量与两个或两个以上自变量有关时,因变量对自变量的变化率导致了偏导数的出现,因此其内在规律的完整描述必须用偏微分方程模型来表示.偏微分方程模型的建立主要依赖于先验知识,即依赖于机理分析,由于各学科的基本物理定律都满足守恒原理和连续原理,可以在此基础上建立起描述各种物理现象的偏微分方程模型.

5.2.1 三类偏微分方程

1. 椭圆型偏微分方程

椭圆型偏微分方程在物理过程中表示的是稳定(或者静止、平衡)过程——拉普拉斯方程:

$$\frac{\partial^2 u}{\partial x^2}+\frac{\partial^2 u}{\partial y^2}+\frac{\partial^2 u}{\partial z^2}=0.$$

2. 抛物型偏微分方程

抛物型偏微分方程在物理过程中表示的是输运过程——扩散方程、热传导方程.

如形式为

$$\frac{\partial u}{\partial t}-a^2\left(\frac{\partial^2 u}{\partial x^2}+\frac{\partial^2 u}{\partial y^2}+\frac{\partial^2 u}{\partial z^2}\right)=0$$

的热传导方程.

3. 双曲型偏微分方程

双曲型偏微分方程在物理过程中表示的是振动与波(机械的、电磁的)——波动方程.

如形式为

$$\frac{\partial^2 u}{\partial t^2}-a^2\left(\frac{\partial^2 u}{\partial x^2}+\frac{\partial^2 u}{\partial y^2}+\frac{\partial^2 u}{\partial z^2}\right)=0$$

的在各向同性的固体中传播的横波或者纵波的方程.

偏微分方程建模方法和步骤与常微分方程建模相类似.

5.2.2 扩散问题

1. 问题背景与提出

对于物质的浓度来说,由于物质浓度不均匀,物质会由浓度高的地方向浓度低的地方转移,这种现象称为扩散,如气体的扩散,液体的渗透,半导体材料中杂质扩散等.下面以湖水的污染与净化问题为例,来建立扩散模型.

2. 分析与建模

假设:

(1) 蒸发量与降雨量相等,流入与流出的平均速度相等,即湖水的总量保持不变.

(2) 污水不发生化学变化也不出现沉淀.

(3) 湖中水的污染浓度不均匀,污水的传播服从扩散定律,即单位时间通过单位法向面积的流量与它的浓度梯度成正比.

由假设3,单位时间通过单位法向面积的流量 $\boldsymbol{q}=-D\cdot\textbf{grad}\ C$,扩散比例系数 D 为常数,负号表示由浓度高向浓度低的地方,C 为浓度,在点 $P(x,y,z)$ 处取小空间域 σ,曲面为 s,$[t,t+\Delta t]$ 时间段内通过 σ 的污染物扩散量

$$Q_1=\Delta t\cdot\iint_s \boldsymbol{q}\cdot\boldsymbol{n}\mathrm{d}s. \tag{5.2.1}$$

设点 P 处湖水的流速为 $\boldsymbol{u}=(u_x,u_y,u_z)$,则在 $[t,t+\Delta t]$ 内通入 σ 中改变量为

$$Q_2=-\Delta t\iint_s \boldsymbol{u}\cdot\boldsymbol{n}C\mathrm{d}s. \tag{5.2.2}$$

而 σ 中污染物增量为

$$Q_3=[C(x,y,z,t+\Delta t)-C(x,y,z,t)]\sigma. \tag{5.2.3}$$

由曲面积分的奥氏公式,得

$$\iint_s C\boldsymbol{u}\cdot\boldsymbol{n}\mathrm{d}s=\iiint_\sigma \mathrm{div}(C\boldsymbol{u})\mathrm{d}v\approx\mathrm{div}(C\boldsymbol{u})\sigma, \tag{5.2.4}$$

$$\iint_s \boldsymbol{q}\cdot\boldsymbol{n}\mathrm{d}s=\iiint_\sigma \mathrm{div}(\boldsymbol{q})\mathrm{d}\sigma\approx\mathrm{div}(\boldsymbol{q})\sigma. \tag{5.2.5}$$

污染物平衡:

$$Q_3=Q_2-Q_1. \tag{5.2.6}$$

从而

$$[C(x,y,z,t+\Delta t)-C(x,y,z,t)]\sigma=-\Delta t\mathrm{div}(C\boldsymbol{u})\sigma+D\mathrm{div}(\textbf{grad}\ C)\Delta t\sigma.$$

令 $\Delta t\to 0$,得

$$\frac{\partial C}{\partial t}+\mathrm{div}(C\boldsymbol{u})-D\mathrm{div}(\textbf{grad}\ C)=0.$$

特别 $\boldsymbol{u}=(v,0,0)$，则

$$\frac{\partial C}{\partial t}+v\frac{\partial C}{\partial x}-D\left(\frac{\partial^2 C}{\partial x^2}+\frac{\partial^2 C}{\partial y^2}+\frac{\partial^2 C}{\partial z^2}\right)=0.$$

为了便于计算，取 $C\big|_{t=0}=C(x,y,z,0)=Q\delta(x,y,z)$，其中

$$\delta(x,y,z)=\begin{cases}1, & x=y=z=0,\\ 0, & \text{其他},\end{cases}$$

这是合于常理的. 得到模型：

$$\begin{cases}\dfrac{\partial C}{\partial t}+v\dfrac{\partial C}{\partial x}-D\left(\dfrac{\partial^2 C}{\partial x^2}+\dfrac{\partial^2 C}{\partial y^2}+\dfrac{\partial^2 C}{\partial z^2}\right)=0,\\ C\big|_{t=0}=Q\delta(x,y,z).\end{cases}\tag{5.2.7}$$

利用 Fourier 变换求解，$F[C(x,y,z,t)]=\tilde{C}(\lambda_1,\lambda_2,\lambda_3,t)$，$F(Q\delta)=Q$，从而

$$\begin{cases}\dfrac{\mathrm{d}\tilde{C}}{\mathrm{d}t}+\mathrm{i}v\lambda_1\tilde{C}+D(\lambda_1^2+\lambda_2^2+\lambda_3^2)\tilde{C}=0,\\ \tilde{C}(\lambda_1,\lambda_2,\lambda_3,0)=Q.\end{cases}\tag{5.2.8}$$

易知式(5.2.8)的常微分方程初值问题的解为

$$\tilde{C}(\lambda_1,\lambda_2,\lambda_3,t)=Q\mathrm{e}^{-[\mathrm{i}v\lambda_1+D(\lambda_1^2+\lambda_2^2+\lambda_3^2)]t}.$$

再求逆变换便得

$$C(x,y,z,t)=F^{-1}[\tilde{C}(\lambda_1,\lambda_2,\lambda_3,t)]=\frac{Q}{(2\sqrt{Dt})^3}\mathrm{e}^{-\frac{(x-vt)^2+y^2+z^2}{4Dt}}.$$

5.2.3 期权定价 Black-Scholes 模型

1. 股票和期权

股票是我们比较熟悉的一种证券，它是金融分析中的一个重要对象. 股市上的股票价格在不断地变化，这种变化中既包含有一个总的发展趋势，又带有随机性的振荡部分. 一般地，经济学家们把证券价格描述成一个随机过程 $S(t)$，$S(t)$ 的定常随机微分方程为

$$\mathrm{d}S(t)=\mu S(t)\,\mathrm{d}t+\rho S(t)\,\mathrm{d}z,\tag{5.2.9}$$

其中，确定性部分是指数增长的，增长率是 μ，这部分对股票价格起偏移作用；而不确定性部分则是一项乘性噪声，它对价格起了扩散作用. $\mathrm{d}z(t)$ 表示白噪声，正是这种不确定因素给投资者带来风险. 参数 μ 和 ρ 给出了价格偏移和价格扩散的影响大小.

$z(t)$ 是一个描述 Brown 运动的随机过程，也称 Wiener 过程. 它不具有可微

性，但可以证明它的形式导数 $\mathrm{d}z(t)$ 为白噪声，且是具有零均值的 Gauss 过程，因此 $\mathrm{d}S(t)$ 也是 Gauss 分布的.

投资者买卖股票的目的在于赚取卖出与买进之间的差价，由于无法确切预计未来的股票价格，投资者必须承担交易的风险，除了直接买卖外，还可以用期权合约的方式交易股票. 期权交易过程如下：一个投资者看涨（或看跌）某种股票，预计它今后会升值（或贬值），以价格 C 购进这种股票的一个期权. 规定在到期日 T 执行权利：以执行价 X 购进（或卖出）这种股票. 到了执行时间，如果当时股票价格 $S(T)$ 高于执行价，对于买了看涨期权的人是赚了 $S(T)-(C+X)$，买了看跌期权的人就要赔 $(C+X)-S(T)$. 反之，若到时候 $S(T)<X$，看涨的人没有义务再购进股票，所以只是赔了 C，而看跌的人只得到 C. 注意到买看涨期权和买看跌期权必须同时存在，而二者的利益刚好相反.

例如，设某股票当前价格为 300 元，此股票的三个月看涨期权执行价为 300 元，期权价为 9 元. 于是买一份看涨期权，在到期日，如果股票价为 360 元，那就赚了 $S(T)-309=51$（元），回报率 $51/9=5.67$，而直接买一份股票的话，三个月后的回报率只有 $(S(T)-300)/300=0.2$. 可见，投资期权比投资股票可能有更大的回报率，也更具刺激性. T 时刻的股票价 $S(T)$ 是个随机变量，依赖于 $S(T)$ 的期权执行价 X 也是随机变量. 显然，期权是股票衍生出来的一种金融证券，其价格应该是股票价格的函数，记为 $f(S,t)$. 现在的问题是已知股票价格的变化规律（见式(5.2.9)），如何建立关于期权价格 $f(S,t)$ 变化的数学模型.

2. 伊藤微分法则

若按通常的微分规则，有

$$\begin{aligned}\mathrm{d}f(S,t)&=\frac{\partial f}{\partial t}\mathrm{d}t+\frac{\partial f}{\partial S}(\mu S\mathrm{d}t+\rho S\mathrm{d}z)\\&=\left(\frac{\partial f}{\partial t}+\mu S\frac{\partial f}{\partial S}\right)\mathrm{d}t+\rho S\frac{\partial f}{\partial S}\mathrm{d}z.\end{aligned}$$

但是，由于 S 是随机变量，不能运用普通的微分规则，我们不加证明地直接采用伊藤微分法则，有

$$\mathrm{d}f(S,t)=\left(\frac{\partial f}{\partial t}+\mu S\frac{\partial f}{\partial S}+\frac{1}{2}\rho^2S^2\frac{\partial^2 f}{\partial S^2}\right)\mathrm{d}t+\rho S\frac{\partial f}{\partial S}\mathrm{d}z.$$

后者只是多了一项 $\frac{1}{2}\rho^2S^2\frac{\partial^2 f}{\partial S^2}\mathrm{d}t$. 令

$$a=\frac{1}{f}\left(\frac{\partial f}{\partial t}+\mu S\frac{\partial f}{\partial S}+\frac{1}{2}\rho^2S^2\frac{\partial^2 f}{\partial S^2}\right),b=\frac{\rho}{f}S\frac{\partial f}{\partial S},\tag{5.2.10}$$

则有

$$\mathrm{d}f=af\mathrm{d}t+bf\mathrm{d}z.$$

期权作为一种衍生证券,价格的变化也满足式(5.2.9)的形式,那么如何建立 f 和 S 之间的关系呢?

3. 投资组合的无套利原则

采用某种策略买进和卖出各种不同的资产(或证券),构成所谓的投资组合. 如果存在一个投资组合能保证有一个高于无风险利率(例如,银行存款和国库券利率)的无风险利润,则称存在套利机会. 对证券市场,假设:

(1) 投资者都追求最大利润和回避风险;

(2) 证券交易双方的利益是冲突的;

(3) 存在一个无风险利率供投资者任意借贷;

(4) 不考虑税收和交易费用.

一个证券组合中的交易各方,都希望获得更大的回报. 由于他们的利益完全相反,回报率低于无风险利率的一方,肯定会转向那种无风险投资,最后的结果是取一个平衡点,这就是 Nash 意义下的解. 因此,在一个成熟的金融市场里,供需是均衡的,是不存在套利机会的.

考虑到两种证券 f 和 S 分别服从 $\mathrm{d}f=af\mathrm{d}t+bf\mathrm{d}z$ 和 $\mathrm{d}S=\mu S\mathrm{d}t+\rho S\mathrm{d}z$,它们都是随机变化的. 为了消除 $\mathrm{d}z$ 项,选择这样一种投资组合:买进 $p=\rho S$ 单位的 f 证券,卖出 $q=bf$ 单位的 S 证券. 于是这个投资组合的价值为 $V=pf-qS$. 此投资组合在瞬时区间 $\mathrm{d}z$ 上的价值改变量为

$$\mathrm{d}V=p\mathrm{d}f-q\mathrm{d}S,$$

或

$$\mathrm{d}V=\rho S(af\mathrm{d}t+bf\mathrm{d}z)-bf(\mu S\mathrm{d}t+\rho S\mathrm{d}z)=fS(a\rho-b\mu)\mathrm{d}t.$$

设 r_0 为瞬时无风险利率,为了消除套利机会,证券组合的回报率一定等于无风险利率,即

$$\frac{\mathrm{d}V}{V}=\frac{fS(a\rho-b\mu)\mathrm{d}t}{pf-qS}=\frac{(a\rho-b\mu)\mathrm{d}t}{\rho-b}=r_0\mathrm{d}t,$$

整理得

$$\frac{\mu-r_0}{\rho}=\frac{a-r_0}{b}, \tag{5.2.11}$$

其中 μ 和 a 是对证券价格的变化的偏移程度,体现利率的大小;ρ 和 b 表示发散程度,类似于随机变量的方差,体现风险的高低. 无风险利率的证券价格变化应该是

$$\mathrm{d}R=r_0R\mathrm{d}t.$$

比较

$$\mathrm{d}(\ln f)=a\mathrm{d}t+b\mathrm{d}z,\mathrm{d}(\ln S)=\mu\mathrm{d}t+\rho\mathrm{d}z$$

和

$$d(\ln R)=r_0 dt,$$

可以看出，$\mu-r_0$ 表示与无风险偏移的距离，而$(\mu-r_0)/\rho$ 则类似于 Gauss 分布的标准化变换. 在这种变换的意义上，衍生证券价格的变化 df 应该和股票价格变化 dS 是一致的.

将式(5.2.10)代入式(5.2.11)，得

$$\frac{\mu-r_0}{r}=\frac{\frac{1}{f}\left(\frac{\partial f}{\partial t}+\mu S\frac{\partial f}{\partial S}+\frac{1}{2}\rho^2 S^2\frac{\partial^2 f}{\partial S^2}\right)-r_0}{\frac{\rho}{f}S\frac{\partial f}{\partial S}},$$

或

$$(\mu-r_0)S\frac{\partial f}{\partial S}=\left(\frac{\partial f}{\partial t}+\mu S\frac{\partial f}{\partial S}+\frac{1}{2}\rho^2 S^2\frac{\partial^2 f}{\partial S^2}\right)-r_0 f.$$

最后得到著名的 Black-Scholes 期权定价偏微分方程：

$$r_0 f=r_0 S\frac{\partial f}{\partial S}+\frac{\partial f}{\partial t}+\frac{1}{2}\rho^2 S^2\frac{\partial^2 f}{\partial S^2}.$$

5.3 差分方程建模

在前面两节讨论的问题中，都是用连续变量来描述研究对象的变化规律，而在现实世界里有些对象涉及的变量本身就是离散的，自然可以用离散模型描述其数量关系. 也有些对象虽然涉及的变量(如时间)是连续的，但是从建模的目的考虑，把连续变量离散化更为合适. 差分方程就是一种离散型的数学模型. 建立系统的差分方程的途径大体有两种：一种是直接模型、状态变量模型；另一种是将连续变量作离散化处理，从而将连续模型(微分方程)化为离散模型(差分方程).

5.3.1 输入-输出问题(或状态变量模型)

离散变量 x 的取值范围是一个序列$\{x(t)\}$$(t=1,2,\cdots)$. 为了方便，常把 t 视为时间(实际上 t 可以表示时间、距离、次数等)，因而离散系统常常被称为离散时间系统.

通常将一个系统中的量分为 3 类：

第一类为系统的输出(或响应)　$y_1(t),y_2(t),\cdots,y_n(t)$；

第二类为系统的输入(或激励)　$x_1(t),x_2(t),\cdots,x_m(t)$；

第三类为其余的内部变量　$u_1(t),u_2(t),\cdots,u_p(t)$.

若只关心输入、输出的情况，那么离散时间系统的输入、输出模型（向量形式）为

$$y(t)=f(x(t),\cdots,x(t-i),y(t-1),\cdots,y(t-j)), \tag{5.3.1}$$

其中 $x(t-i)$ 为 $t-i$ 时刻的输入，$y(t-j)$ 为 $t-j$ 时刻的输出. 这类方程称为（向量）差分方程.

输入-输出模型对于只关心输入、输出变量的系统是合适的，但对于一些复杂的需要从内部来观察和分析的系统，如生态系统、经济系统等就需要一种更精确的模型为状态变量模型，它除有输入、输出变量外，还有能反映系统内部状态的状态变量. 一般模型为

$$y(t)=f(x(t),\cdots,x(t-i),u(t),\cdots,u(t-k),y(t-1),\cdots,y(t-j)). \tag{5.3.2}$$

5.3.2 抵押贷款买房问题

1. 问题提出

每户人家都希望有一套属于自己的住房，但又没有足够的资金一次性买下. 这就产生了贷款买房问题. 某新婚夫妇急需一套属于自己的住房. 他们看到一则理想的房产广告："名流花园之高尚住宅公寓，供工薪阶层选择. 一次性付款优惠价 40.2 万元. 若不能一次性付款也没关系，只付首期款 15 万元，其余每月 1977.04 元等额偿还，15 年还清（公积金贷款月利息为 3.675‰）. 问题是公寓原来价多少？每月等额付款的额度是如何算出来的？

2. 问题分析

在整个还款过程中，采用月等额还本息方式，每月还款数是固定的，而待还款数是变化的，找出这个变量的变化规律是解决问题的关键.

3. 问题的假设与记号

假设：

(1) 贷款期限内利率不变；(2) 银行利息按复利计算.

记号：

A（元）为贷款额（本金），n（月）为贷款期限，r 为月利率，B（元）为月均还款额，C_k 为第 k 个月还款后的欠款.

4. 模型建立与求解

关于离散变量 C_k，考虑差分关系，有

$$C_k=(1+r)C_{k-1}-B, \tag{5.3.3}$$

这里已知有

$$C_0=A, C_n=0, \tag{5.3.4}$$

$$C_k=(1+r)^k C_0+B[1+(1+r)+\cdots+(1+r)^{k-1}], \tag{5.3.5}$$

$$C_k=A(1+r)^k-\frac{B}{r}[(1+r)^k-1], \quad k=0,1,2,\cdots. \tag{5.3.6}$$

式(5.3.6)就是差分方程式(5.3.3)的解.

由式(5.3.6)与式(5.3.4)得

$$B=\frac{(1+r)^n r}{(1+r)^n-1}A. \tag{5.3.7}$$

代入 $n=180, r=0.003\ 675, B=1\ 977.04$(或直接利用数学软件求解),得 $A=26$ 万元,从而公寓原来价为 41 万元,一次性优惠价 9.8 折. 当然,还可以计算还款总额与利息负担总额.

5.3.3 减肥计划安排问题

1. 问题提出

某甲体重 100 kg,目前每周吸收 20 000kcal① 的热量,体重维持不变. 现欲减肥至 75kg.

(1) 在不运动的情况下安排一个两阶段计划. 第一阶段:每周减肥 1 kg,每周吸收热量逐渐减少,直至达到下限(10 000 kcal);第二阶段:每周吸收热量保持下限,减肥达到目标.

(2) 若要加快进程,第二阶段增加运动,表 5-3-1 给出了几种运动方式每 h 每 kg 体重消耗的热量,试安排计划.

(3) 给出达到目标后维持体重的方案.

表 5-3-1 每 h 每 kg 体重消耗的热量 γ(kcal)

跑步	跳舞	乒乓球	自行车(中速)	游泳/(50 m · min^{-1})
7.0	3.0	4.4	2.5	7.9

2. 问题的分析

一个人的体重状况可用指数 $BMI=w/l^2$ 来刻画,这里 w 为体重(kg),l 为身高(m). $18.5<BMI\leqslant 25$ 属于正常;$25<BMI\leqslant 30$ 属于超重;$BMI>30$ 属于肥胖. 体重变化由体内能量守恒破坏引起,饮食(吸收热量)引起体重增加,代谢和运动(消耗热量)引起体重减少. 问题的目的是通过控制饮食和适当的运动,在不伤害身体的前提下,达到减轻体重并维持下去的目标.

① 1 kcal=4.18 kJ.

3. 问题的假设与记号

假设：

(1) 体重增加正比于吸收的热量——每 8 000 kcal 增加体重 1 kg；

(2) 代谢引起的体重减少正比于体重——每周每 kg 体重消耗 200 kcal 至 320 kcal(因人而异)，相当于 70 kg 的人每天消耗 2 000 kcal 至 3 200 kcal；

(3) 运动引起的体重减少正比于体重，且与运动形式有关；

(4) 为了安全与健康，每周体重减少不宜超过 1.5 kg，每周吸收热量不要小于 10 000 kcal.

记号：

$w(k)$为第 k 周(末)体重，$C(k)$为第 k 周吸收热量，$\alpha=1/8\ 000(\text{kg/kcal})$，$\beta$ 为代谢消耗系数(因人而异)，t 为每周运动时间(h)，γ 为每 h 每 kg 体重消耗的热量(kcal，因运动项目而异).

4. 模型的建立

问题的基本模型：

$$w(k+1)=w(k)+\alpha C(k+1)-\beta w(k)-\alpha\gamma t w(k). \tag{5.3.8}$$

5. 模型的求解

(1) 不运动情况的两阶段减肥计划. 先确定某甲的代谢消耗系数. 由每周吸收 20 000(kcal)热量，体重 $w=100(\text{kg})$不变，可得关系 $w=w+\alpha C-\beta w$，从而

$$\beta=\frac{\alpha C}{w}=\frac{20\ 000}{8\ 000\times100}=0.025. \tag{5.3.9}$$

显然，每周每 kg 体重消耗 20 000/100 = 200(kcal).

1) 第一阶段：$w(k)$每周减 1(kg)，$C(k)$减至下限 10 000(kcal)，于是有

$$w(k)-w(k+1)=b\quad(b=1),$$

即 $w(k)=w(0)-bk$. 由式(5.3.8)，取 $t=0$，有

$$\begin{aligned}C(k+1)&=\frac{\beta w(k)-b}{\alpha}=\frac{\beta}{\alpha}w(0)-\frac{b}{\alpha}(1+\beta k)\\&=12\ 000-200k\geqslant C_m=10\ 000.\end{aligned} \tag{5.3.10}$$

或 $k\leqslant10$，即第一阶段 10 周，体重每周减 1kg ($w(10)=90$)，吸收热量按 $C(k+1)=12\ 000-200k(k=0,1,2,\cdots,9)$递减.

2) 第二阶段：每周 $C(k)$保持 C_m，$w(k)$减至 75(kg). 由式(5.3.8)，取$t=0$，有

$$w(k+1)=(1-\beta)w(k)+\alpha C_m. \tag{5.3.11}$$

于是

$$w(k+n)=(1-\beta)^n w(k)+\alpha C_m\frac{1-(1-\beta)^n}{\beta}=(1-\beta)^n\left[w(k)-\frac{\alpha C_m}{\beta}\right]+\frac{\alpha C_m}{\beta}.$$

以 $\beta=0.025,\alpha=\frac{1}{8\ 000},C_m=10\ 000$ 代入,得

$$w(k+n)=0.975^n[w(k)-50]+50. \qquad (5.3.12)$$

按第二阶段减肥计划,在已知 $w(k)=90$ 的情况下,要求 $w(k+n)=75$. 将它们代入式(5.3.12),得到 $75=0.975^n(90-50)+50$,于是 $n=\lg(25/40)/\lg 0.975=19$. 即第二阶段 19 周,每周吸收热量保持 10 000 kcal,体重按 $w(n)=40\times0.975^n+50$ $(n=1,2,\cdots,19)$减少至目标 75 kg.

(2) 第二阶段增加运动的减肥计划

将基本模型(5.3.8)改写为

$$w(k+1)=w(k)+\alpha C(k+1)-(\beta+\alpha\gamma t)w(k). \qquad (5.3.13)$$

取 $\alpha\gamma t=0.003$,即 $\gamma t=24$,记 $\beta'=\beta+\alpha\gamma t$(可称广义代谢消耗系数). 类似于上面的推导,有

$$w(k+n)=(1-\beta')^n\left[w(k)-\frac{\alpha C_m}{\beta'}\right]+\frac{\alpha C_m}{\beta'}. \qquad (5.3.14)$$

将 $\beta'=0.028,\frac{\alpha C_m}{\beta'}=44.6$ 代入,于是 $75=0.972^n(90-44.6)+44.6$,得 $n=14$. 这表明:增加运动 $\gamma t=24$ (kcal)(相当于每周跳舞 8 h 或骑自行车 10 h),14 周可达到目标体重.

(3) 达到目标体重 75 kg 后维持不变的方案

每周吸收热量 $C(k)$保持某常数 C,使体重 w 不变. 分两种情况:

1) 不运动

由式(5.3.8),取 $t=0$,得 $w=w+\alpha C-\beta w$,即

$$C=\frac{\beta w}{\alpha}=8\ 000\times0.025\times75=15\ 000(\text{kcal}).$$

2) 运动

由式(5.3.8),得

$$w=w+\alpha C-(\beta+\alpha\gamma t)w,$$

即

$$C=\frac{(\beta+\alpha\gamma t)w}{\alpha}=8\ 000\times0.028\times75=16\ 800(\text{kcal}).$$

5.3.4 连续模型的差分方法

虽然由于问题对象涉及的变量是连续的,从而建立了微分方程模型,但有时为了求解的需要,把连续变量离散化更为合适. 将连续变量作离散化处理,可以将连续模型(微分方程)化为离散模型(差分方程)问题.

1. 微分方程化为差分方程

(1) 差分的概念

1) 向前差分

设函数$f(x)$在一串点(节点)$x_0, x_0+h, \cdots, x_0+nh$上的函数值为$f_0, f_1, f_2, \cdots, f_n$,其中$h$为非负实数,称为步长,把上式相邻二数相减得,$f_1-f_0, f_2-f_1, \cdots, f_n-f_{n-1}$,简记为$\Delta f_0, \Delta f_1, \Delta f_2, \cdots, \Delta f_{n-1}$,称为函数$f(x)$在点$x_0, x_1, \cdots, x_{n-1}$($x_i=x_0+ih$)处关于步长$h$的一阶向前差分. 类似地,$\Delta^2 f_i=\Delta f_{i+1}-\Delta f_i$为$f(x)$在点$x_i$处的二阶向前差分,$\Delta^k f_i=\Delta^{k-1}f_{i+1}-\Delta^{k-1}f_i$为$k$阶向前差分. 类似地可定义

2) 向后差分

$\nabla f_i=f_i-f_{i-1}$为函数$f(x)$在点x_i处关于步长h的一阶向后差分;

$\nabla^k f_i=\nabla^{k-1}f_i-\nabla^{k-1}f_{i-1}$为函数$f(x)$在点$x_i$处关于步长$h$的$k$阶向后差分.

3) 中心差分

$\delta f_i=f_{i+\frac{1}{2}}-f_{i-\frac{1}{2}}$为函数$f(x)$在点$x_i$处关于步长$h$的一阶中心差分,其中$f_{i+\frac{1}{2}}=f\left(x_i+\frac{1}{2}h\right)$;

$\delta^k f_i=\delta^{k-1}f_{i+\frac{1}{2}}-\delta^{k-1}f_{i-\frac{1}{2}}$为$f(x)$在点$x_i$处关于步长$h$的$k$阶中心差分.

(2) 差分的性质

1) 设$f(x)=\alpha u(x)+\beta v(x)$,其中$\alpha, \beta$是常数,则

$$\Delta^k f_i=\alpha\Delta^k u_i+\beta\Delta^k v_i.$$

2) n次多项式的一阶差分是$n-1$次多项式

$$\Delta f(x)=f(x+h)-f(x)=hf'(x)+\frac{1}{2!}h^2 f''(x)+\cdots+\frac{1}{n!}h^n f^{(n)}(x).$$

3) 已知函数值$f_0, f_1, \cdots$,则$f(x)$在x_m处的k阶差分可表为函数值线性组合

$$\Delta^k f_m=\sum_{j=0}^{k}(-1)^j \mathrm{C}_k^j f_{k+m-j},$$

其中$\mathrm{C}_k^j=\dfrac{k!}{j!\,(k-j)!}$是二项式展开的系数.

4) 各种差分之间的联系

$$\nabla^k f_m=\Delta^k f_{m-k}, \quad \delta^k f_m=\Delta^k f_{m-\frac{k}{2}}.$$

2. 常微分方程化为差分方程

用导数近似式替代导数,或者说用适当近似式替代含有导数的表达式,可以得到这些近似值满足的代数方程——差分方程,此方法称为差分法.

我们以二阶常微分方程边值问题为例:

$$\begin{cases} y''-q(x)y=f(x), & a<x<b, \\ y(a)=d_1, y(b)=d_2, & q(x)\geqslant 0. \end{cases} \tag{5.3.15}$$

当 $q(x),f(x)\in C[a,b]$，$q(x)>0$ 时，理论上可证此二阶常微分方程边值问题有连续解，但在区间内精确解一般很难得到. 为了求得数值解，先把 $[a,b]$ 剖分成 n 段，令 $h=\dfrac{b-a}{n}$，令 $x_i=a+ih$，x_i 称为节点. 任务：怎样求 $y(x)$ 在节点的近似值（数值解）？

根据 Taylor 展开，

$$y''(x_i)=\frac{y(x_{i+1})-2y(x_i)+y(x_{i-1})}{h^2}+O(h^2)$$

（或以二阶中心差商 $\dfrac{y(x_{i+1})-2y(x_i)+y(x_{i-1})}{h^2}$ 近似代替 $y''(x_i)$），代入 $y''(x_i)-q(x_i)y(x_i)-f(x_i)=0$，得

$$y(x_{i+1})-[2+h^2q(x_i)]y(x_i)+y(x_{i-1})=h^2f(x_i)+O(h^2).$$

令 $q_i=q(x_i)$，$f_i=f(x_i)$，记 Y_i 为 $y(x_i)$ 近似值，得

$$Y_{i+1}-(2+h^2q_i)Y_i+Y_{i-1}=h^2f_i. \tag{5.3.16}$$

式(5.3.16)为二阶非常系数线性差分方程.

适当排序后，改写为矩阵形式方程组

$$\begin{pmatrix} -2-h^2q_1 & 1 & & & \\ 1 & -2-h^2q_2 & 1 & & \\ & \ddots & \ddots & \ddots & \\ & & 1 & -2-h^2q_{n-2} & 1 \\ & & & 1 & -2-h^2q_{n-1} \end{pmatrix}\begin{pmatrix} Y_1 \\ Y_2 \\ \vdots \\ Y_{n-2} \\ Y_{n-1} \end{pmatrix}=\begin{pmatrix} h^2f_1-d_1 \\ h^2f_2 \\ \vdots \\ h^2f_{n-2} \\ h^2f_{n-1}-d_2 \end{pmatrix}. \tag{5.3.17}$$

它是一个严格对角占优的三对角线性方程组，必有唯一解. 具体可用“追赶法”求解. 追赶法在一般的数值分析教材中有叙述.

一般 k 阶常系数线性差分方程为

$$a_0y_{n+k}+a_1y_{n+k-1}+\cdots+a_ky_n=f_n \quad (n=0,1,2,\cdots), \tag{5.3.18}$$

其中 $a_0,a_1,\cdots,a_k$ 为常数，$a_0\neq 0$，$a_k\neq 0$，f_n 为已知数列，其解跟常系数线性微分方程的解完全类似.

下述以二阶常系数齐次差分方程为例：

$$a_0y_{n+2}+a_1y_{n+1}+a_2y_n=0. \tag{5.3.19}$$

设 $y_n=r^n$ 是方程的解，得 $a_0r^{n+2}+a_1r^{n+1}+a_2r^n=0$，从而特征方程为

$$a_0r^2+a_1r+a_2=0. \tag{5.3.20}$$

分三种情形进行讨论：

（1）特征方程有两个不相等实根 r_1,r_2 时，则 $y_n=c_1r_1^n+c_2r_2^n$；

（2）特征方程有两个相等实根 $r_1=r_2$ 时，则 $y_n=c_1r_1^n+c_2nr_1^n$；

（3）特征方程有一对共轭复根 $r=\alpha e^{\pm i\beta}$时，则

$$y_n=c_1\alpha^n\cos\beta n+c_2\alpha^n\sin\beta n,$$

其中 c_1,c_2 为任意常数.

对于非齐次处理也类同于非齐次线性常系数微分方程的处理方式.

3. 偏微分方程化为差分方程

偏微分方程化为差分方程问题，其方法与常微分方程相似，这里以二阶椭圆方程的边值问题为例：

$$\begin{cases}\dfrac{\partial^2u}{\partial x^2}+\dfrac{\partial^2u}{\partial y^2}=f(x,y), & (x,y)\in G,\\ u=\varphi(x,y), & (x,y)\in\Gamma(\Gamma\text{ 为 }G\text{ 的边界}).\end{cases} \tag{5.3.21}$$

用两族平行于坐标轴的直线

$$x=x_i=x_0+ih,\quad i=0,\pm1,\pm2,\cdots,$$

$$y=y_j=y_0+j\tau,\quad j=0,\pm1,\pm2,\cdots,$$

构成正方形网格把区域 G 剖分，记节点 (x_i,y_j) 函数值 $u(x_i,y_j)$ 的近似值为 U_{ij}.

节点可分为三类：

（1）通过该节点的网格线上的相邻四网点都在 G 内，记这样的网格点的集合为 G_1；

（2）该节点在 G 内部但其四邻节点中有不属于 G 的，记这样网格点的集合为 G_2；

（3）恰在边界 Γ 上，记这样网格点的集合为 G_3.

假定 G_1 和 G_2 的节点总数为 N，为了确定各节点处解的近似值，需要建立 N 个代数方程，每一节点建立一个代数方程.

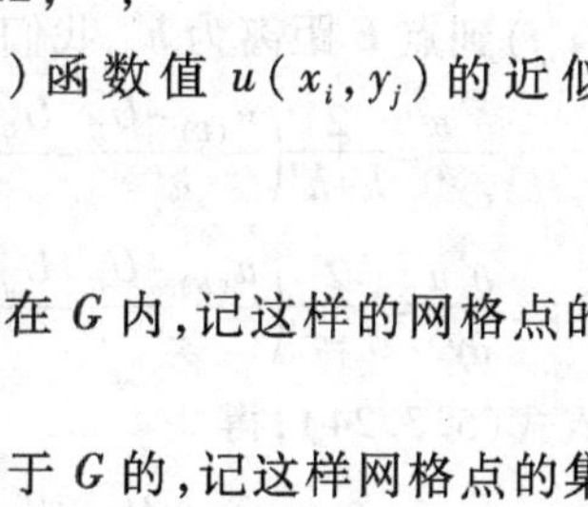

图 5-3-1 G_1 中节点等距

对 G_1：如图 5-3-1，$(i,j)\overset{\Delta}{=\!=}(x_i,y_j)$ 处类似于导数与差分之间的关系，可得到偏导数与差分之间的关系式

$$\begin{cases}\dfrac{\partial u(x_i,y_j)}{\partial x}=\dfrac{u(x_{i+1},y_j)-u(x_i,y_j)}{h}+O(h)=\dfrac{U_{i+1,j}-U_{ij}}{h},\\ \dfrac{\partial u(x_i,y_j)}{\partial y}=\dfrac{u(x_i,y_{j+1})-u(x_i,y_j)}{\tau}+O(\tau)=\dfrac{U_{i,j+1}-U_{ij}}{\tau},\\ \dfrac{\partial^2 u(x_i,y_j)}{\partial x^2}=\dfrac{u(x_{i+1},y_j)-2u(x_i,y_j)+u(x_{i-1},y_j)}{h^2}+O(h^2)=\dfrac{U_{i+1,j}-2U_{ij}+U_{i-1,j}}{h^2},\\ \dfrac{\partial^2 u(x_i,y_j)}{\partial y^2}=\dfrac{u(x_i,y_{j+1})-2u(x_i,y_j)+u(x_i,y_{j-1})}{\tau^2}+O(\tau^2)=\dfrac{U_{i,j+1}-2U_{ij}+U_{i,j-1}}{\tau^2}.\end{cases}\tag{5.3.22}$$

将式(5.3.22)代入式(5.3.21),可化为

$$\frac{1}{h^2}(U_{i+1,j}-2U_{ij}+U_{i-1,j})+\frac{1}{\tau^2}(U_{i,j+1}-2U_{ij}+U_{i,j-1})=f_{ij},\tag{5.3.23}$$

其中 $f_{ij}=f(x_i,y_j)$,当 $h=\tau$ 时,

$$U_{i+1,j}+U_{i-1,j}+U_{i,j+1}+U_{i,j-1}-4U_{ij}=h^2f_{ij}.\tag{5.3.24}$$

对 G_2 中的节点(i,j)改用节点不等距,即将不属于 G 的节点移到网格线与 Γ 的交点(图5-3-2)的方法,节点(i,j)到点 N 距离为 τ',节点(i,j)到点 E 距离为 h',我们以下述作近似:

$$\frac{\partial^2 u}{\partial x^2}=\frac{2}{h+h'}\left(\frac{u_{(E)}-U_{ij}}{h'}-\frac{U_{ij}-U_{i-1,j}}{h}\right),$$

$$\frac{\partial^2 u}{\partial y^2}=\frac{2}{\tau+\tau'}\left(\frac{u_{(N)}-U_{ij}}{\tau'}-\frac{U_{ij}-U_{i,j-1}}{\tau}\right),$$

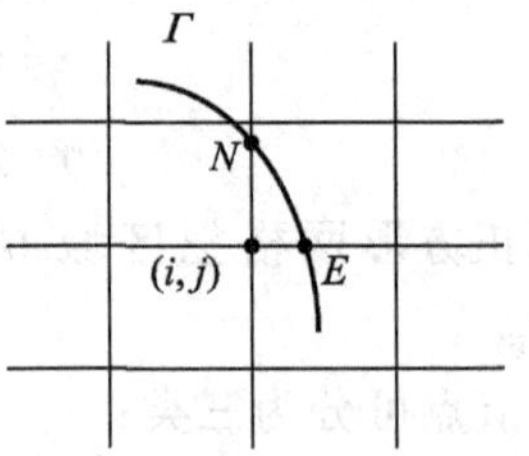

图 5-3-2 G_2 中节点不等距

代入式(5.3.24),得

$$\frac{2}{h+h'}\left(\frac{u_{(E)}-U_{ij}}{h'}-\frac{U_{ij}-U_{i-1,j}}{h}\right)+\frac{2}{\tau+\tau'}\left(\frac{u_{(N)}-U_{ij}}{\tau'}-\frac{U_{ij}-U_{i,j-1}}{\tau}\right)=f_{ij}.\tag{5.3.25}$$

通过解方程组,求 $u(x_i,y_j)$的近似值 U_{ij}.

5.3.5 局部脑血流量的测定

1. 问题提出

用放射性同位素测量大脑局部血流量的方法如下:由受试者吸入含有某种放射性同位素的气体,然后将探测器置于受试者头部某固定处,定时测量该处的放射性记数率(简称记数率,即单位时间由所记录的次数),同时测量他呼出气的记数率.

由于动脉血将肺部的放射性同位素输送至大脑,使脑部同位素增加,而脑血

流又将同位素带离,使同位素减少. 实验证明由脑血流引起大脑的局部区域记数率下降的速率与当时该处的记数率成正比,其比例系数反映该处的脑血流量,被称为脑血流量系数,只要确定该系数即可推算出脑血流量. 动脉血从肺输送同位素至大脑引起脑部记数率上升的速率与当时呼出气的记数率成正比.

若某受试者的测试数据如表 5-3-2.

表 5-3-2　受试者的测试数据

时间	1.00	1.25	1.50	1.75	2.00	2.25	2.50	2.75	3.00	3.25	3.50	3.75
头部记数率	1 534	1 528	1 468	1 378	1 272	1 162	1 052	947	348	757	674	599
呼出气记数率	2 231	1 534	1 054	724	498	342	235	162	111	76	36	25

时间	4.00	4.25	4.50	4.75	5.00	5.25	5.50	5.75	6.00	6.25	6.50	6.75
头部记数率	531	471	417	369	326	288	255	225	199	175	155	137
呼出气记数率	25	17	12	8	6	4	3	2	1	1	1	1

时间	7.00	7.25	7.50	7.75	8.00	8.25	8.50	8.75	9.00	9.25	9.50	9.75	10.00
头部记数率	121	107	94	83	73	65	57	50	44	39	35	31	27
呼出气记数率	0	0	0	0	0	0	0	0	0	0	0	0	0

试建立确定脑血流系数的数学模型,并计算上述受试者的脑血流系数.

2. 问题分析

建立一个数学模型,为医学上得知受试验者大脑局部的血流量提供最直接参考数据. 为此,必须先使受试验者吸入含有某种放射性同位素的气体,然后测量其脑局部的放射性记数率和呼出气的记数率. 实验表明,脑中放射性同位素增加的速率与当时呼出气的记数率成正比;而脑中放射性同位素下降的速率与当时脑局部的记数率成正比;其比例系数即为脑血流量系数——待求量. 按照上述的实验结果和给出的某些假定建立一个比较简单的微分方程模型,先用一般差分公式离散微分方程,用最小二乘法拟合待求的脑血流量系数,并通过对测验点进行三次样条插值以减小离散化过程的截断误差. 由于这个微分方程模型可以看成一个已知系数结构和输入输出的线性定常系统,利用拉氏变换和 Z 变换可化为较为理想的差分方程.

3. 问题假设

(1) 脑部记数率上升只与脑部的放射性同位素有关,上升速率与呼出气的记数率成正比.

(2) 脑部记数率下降只与该处脑血流有关,其下降速率正比于脑记数率. 这里忽略了放射性同位素的衰变和其他因素.

(3) 脑血流量在测量期间恒定.心脏搏动、被测试者大脑活动、情感波动等带来的变化可忽略.

(4) 每次仪器测量为相互独立事件,各测量值无记忆关联.

(5) 放射性同位素在人体内传递从吸入气体(含有放射物)开始,假定一次吸入,则认为瞬时在肺中达到最大浓度.

(6) 第一次吸入气体的瞬间,脑中放射性记数率规定为零.

(7) 脑血流量与脑血流系数成单值函数关系,求得后者,即可确定前者.

4. 数学模型建立

由于已知脑局部同位素的增减与呼出气体记数率(记为 $p(t)$)和测定的头部记数率(记为 $h(t)$)成正比关系,于是就很自然地得出以脑部的同位素量,即放射性记数率为讨论对象.

设某时刻 $t_0 \geqslant 0$ 时,脑部记数率为 h_0,Δt 时刻以后,记数率变为 $h_0+\Delta h$,由题设和假定,Δh 仅与三个因素有关:

(1) 肺动脉血将肺部的放射性同位素送到大脑,使脑部记数率增加 Δh_1;

(2) 脑血流将同位素带离,脑记数率下降 Δh_2;

(3) 放射性同位素自身有衰减,设半衰期为 τ,由此引起的记数率下降为 Δh_3.

由医学实验和假设有

$$\frac{\mathrm{d}h_1}{\mathrm{d}t}=\beta p(t), \quad \frac{\mathrm{d}h_2}{\mathrm{d}t}=\alpha h(t),$$

以及

$$\Delta h_3=-h(t)\left(\frac{1}{2}\right)^{\frac{\Delta t}{\tau}}\frac{\ln 2}{\tau}\Delta t+o(\Delta t) \quad 或 \quad \frac{\mathrm{d}h_3}{\mathrm{d}t}=-\frac{\ln 2}{\tau}h(t),$$

其中 α 是脑血流系数,β 是呼出气记数率系数,$\frac{\ln 2}{\tau}$相当于衰变常数.所以考虑 Δt 时刻内头部放射性元素记数率变化,有

$$\Delta h(t)=\Delta h_1(t)-\Delta h_2(t)+\Delta h_3(t),$$

从而

$$\frac{\mathrm{d}h}{\mathrm{d}t}=\frac{\mathrm{d}h_1}{\mathrm{d}t}-\frac{\mathrm{d}h_2}{\mathrm{d}t}+\frac{\mathrm{d}h_3}{\mathrm{d}t}.$$

于是得到

$$\frac{\mathrm{d}h}{\mathrm{d}t}=-\alpha h+\beta p-\frac{\ln 2}{\tau}h. \tag{5.3.26}$$

由于在测试时放射性同位素的半衰期 τ 一般很大,这样会给测量试验带来严重影响,因此假定 $\tau\to\infty$,于是式(5.3.26)变为

$$\frac{\mathrm{d}h(t)}{\mathrm{d}t}=-\alpha h(t)+\beta p(t). \tag{5.3.27}$$

5. 模型求解

(1) 算法的建立和改进

在建立算法前对 $p(t)$ 作了预测,由最小二乘拟合得到

$$\ln p(t)=9.164\,8-1.480\,7t,$$

其相关系数 $\gamma=0.999\,9$,因此,可以认为 $p(t)$ 确实是负指数曲线($p(t)=A\mathrm{e}^{-\lambda t}$),由式(5.3.27)以及假设⑥,即 $h(0)=0$,解得

$$h=\frac{\beta A}{\alpha-\lambda}(\mathrm{e}^{-\lambda t}-\mathrm{e}^{-\alpha t}). \tag{5.3.28}$$

此式由于形式复杂,不能利用最小二乘拟合 α,而将在测试中使用.

算法 1

将式(5.3.27)离散化,记时间间隔为 T,利用前插公式得

$$\frac{h_{n+1}-h_n}{T}=-\alpha h_n+\beta p_n,$$

或

$$h_{n+1}=(1-\alpha T)h_n+\beta Tp_n. \tag{5.3.29}$$

用差分方法求解,其截断误为 $O(T^2)$,显然大了些,为提高精度和准确度,最直接的方法是由插值获得更多的节点.用三次样条插值方法在每两个节点的中点进行插值.样条插值的精度高于差分法,故新插值点可以认为是较准确的.这样的处理可以缩短步长,使截断误差减小到原来的1/4.

算法 2

在这个算法中,将从线性控制系统的角度来考察式(5.3.27)并运用控制理论中的一些工具帮助求解 α.式(5.3.27)可以看成是一个典型的 $p(t)$ 为输入,$h(t)$ 为状态变量的一阶线性定常系统.结构框图如图 5-3-3(a).

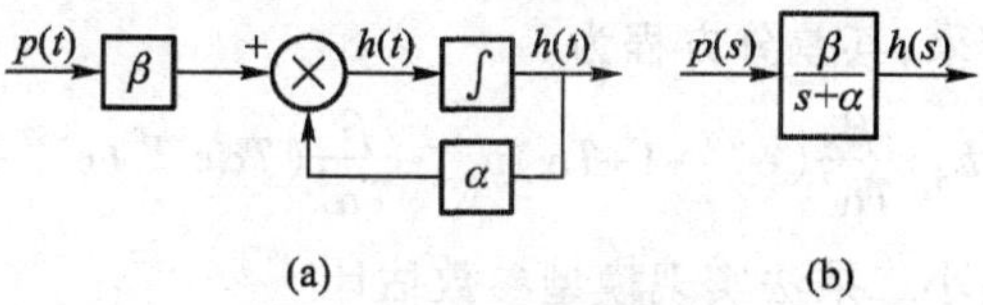

图 5-3-3 结构框图 1

对式(5.3.27)作拉普拉斯变换得

$$sh(s)-h(0)=-\alpha h(s)+\beta p(s),$$

其中 $h(0)=0$,求该系统的传递函数

$$G(s)=\frac{h(s)}{p(s)}=\frac{\beta}{s+\alpha}.$$

其结构框图如图 5-3-3(b).

如同将微分方程变成差分方程那样，下面对 $p(s)$ 进行采样，采样周期为 T. 由于采样得到的是脉冲量，所以需要加入一个保持器(图 5-3-4).

若使用零阶保持器 $H_1(s)=\frac{1-\mathrm{e}^{-Ts}}{s}$，

则整个系统的广义传递函数

$$G_1(s)=\frac{1-\mathrm{e}^{-Ts}}{s}\frac{\beta}{s+\alpha}.$$

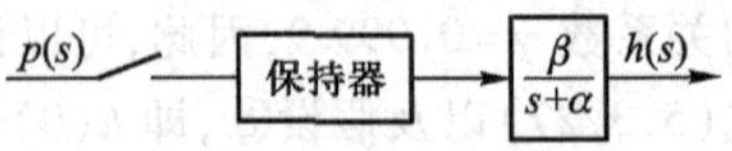

图 5-3-4　结构框图 2

对 $G_1(s)$ 作 Z 变换

$$Z(G_1(s))=G_1(z)=\frac{h(z)}{P(z)}=\frac{\beta}{\alpha}\frac{1-\mathrm{e}^{-T\alpha}}{z-\mathrm{e}^{-T\alpha}},$$

或

$$zh(z)-\mathrm{e}^{-T\alpha}h(z)=\frac{\beta}{\alpha}(1-\mathrm{e}^{-T\alpha})p(z),$$

得到采用零阶保持器离散化差分方程为

$$h_{n+1}=\mathrm{e}^{-\alpha T}h_n+\frac{\beta}{\alpha}(1-\mathrm{e}^{-T\alpha})p_n. \tag{5.3.30}$$

将式(5.3.30)中的 $\mathrm{e}^{-\alpha T}$ 展开，取前两项($\mathrm{e}^{-\alpha T}=1-\alpha T+O(T)$)，略去高次项即得

$$h_{n+1}=(1-\alpha T)h_n+\beta Tp_n. \tag{5.3.31}$$

式(5.3.31)恰好是用一阶差分方法，将微分方程离散后的结果. 由此可见，用零阶保持器 Z 变换方法得到了一个含有 T 的所有高次项的高精度模型.

我们还尝试运用了三角形保持器 $H_2(s)=\frac{\mathrm{e}^{Ts}(1-\mathrm{e}^{-Ts})^2}{Ts^2}$. 因三角形保持器对状态的预测不仅用了当前时刻的采样值，而且还线性外推了两采样点间的值，同样得到了满意的结果，其差分方程为

$$h_{n+1}=\mathrm{e}^{-\alpha T}h_n+\frac{\beta}{T\alpha^2}(\mathrm{e}^{-\alpha T}-1+T\alpha)p_{n+1}-\frac{\beta}{T\alpha^2}(T\alpha\mathrm{e}^{-\alpha T}+\mathrm{e}^{-\alpha T}-1)p_n. \tag{5.3.32}$$

(2) 用递推最小二乘法实现模型参数估计

对于离散方程可以通过联合不同时刻的方程组求解一系列的 α，但在测量中存在随机测量误差，这对估计值有影响，因此须用数理统计的方法来求取. 采用最小二乘法.

将式(5.3.30)多个时刻的方程写成矩阵形式

$$\begin{pmatrix} h_k \\ h_{k+1} \\ h_{k+2} \end{pmatrix} = \begin{pmatrix} h_{k-1} & p_{k-1} \\ h_k & p_k \\ h_{k+1} & p_{k+1} \end{pmatrix} \begin{pmatrix} x \\ y \end{pmatrix}, \tag{5.3.33}$$

其中 $x = \mathrm{e}^{-\alpha T}$, $y = \dfrac{\beta}{\alpha}(1-\mathrm{e}^{-\alpha T})$.

将(5.3.33)式用矩阵方式表达,记作 $\boldsymbol{H}=\boldsymbol{\Phi\theta}$. 欲使残差平方和

$$J = \boldsymbol{e}^{\mathrm{T}}\boldsymbol{e} = (\boldsymbol{H}-\boldsymbol{\Phi\theta})^{\mathrm{T}}(\boldsymbol{H}-\boldsymbol{\Phi\theta}) \tag{5.3.34}$$

达到最小,只需 $\dfrac{\partial J}{\partial \boldsymbol{\theta}}=0$,得到 $\hat{\boldsymbol{\theta}} = (\boldsymbol{\Phi}^{\mathrm{T}}\boldsymbol{\Phi})^{-1}\boldsymbol{\Phi}^{\mathrm{T}}\boldsymbol{H}$,其中 $\hat{\boldsymbol{\theta}}$ 为 $\boldsymbol{\theta}$ 的估计值. 在上面过程中,若 h_k, p_k 这些数据过多,$\boldsymbol{\Phi}$ 矩阵的规模也随之增大;而另一方面也必须尽可能多地利用所有数据,故使用递推算法,递推公式如下(推导略):

$$\begin{cases} \boldsymbol{q}_{n+1} = \boldsymbol{q}_n - \boldsymbol{q}_n\boldsymbol{\varphi}_{n+1}(1+\boldsymbol{\varphi}_{n+1}^{\mathrm{T}}\boldsymbol{q}_n\boldsymbol{\varphi}_{n+1})^{-1}\boldsymbol{\varphi}_{n+1}^{\mathrm{T}}\boldsymbol{q}_n, \\ \boldsymbol{k}_n = \boldsymbol{q}_n\boldsymbol{\varphi}_{n+1}/(1+\boldsymbol{\varphi}_{n+1}^{\mathrm{T}}\boldsymbol{q}_n\boldsymbol{\varphi}_{n+1}), \\ \boldsymbol{\theta}_{n+1} = \boldsymbol{\theta}_n + \boldsymbol{k}_n(h_{n+1} - \boldsymbol{\varphi}_{n+1}^{\mathrm{T}}\boldsymbol{\theta}_n), \end{cases} \tag{5.3.35}$$

其中 $\boldsymbol{\varphi}_{n+1} = (h_{n+1}, p_{n+1})^{\mathrm{T}}$ 为新的观测,$\boldsymbol{\theta}_n = (\alpha_n, \beta_n)^{\mathrm{T}}$ 为前一时刻的拟合值,初值为

$$\boldsymbol{\theta}_0 = (0,0)^{\mathrm{T}}, \boldsymbol{q}_0 = \begin{pmatrix} 10^5 & 0 \\ 0 & 10^5 \end{pmatrix}.$$

(3) 测试和结论

对于拟合参数的每一种算法,我们都进行了测试和分析. 测试方法是用预先假定的 α 和 β,按未离散的预测公式(5.3.27)计算出 $h(t)$,并以此为原始数据,再用离散差分公式和最小二乘法求出 $\hat{\alpha}$ 和 $\hat{\beta}$. 通过比较 α 和 $\hat{\alpha}$ 两个值之间的差别,即可了解离散化过程和算法实现过程中的误差及趋势. 各种算法的测试结果以及计算结果见表 5-3-3,表中仅列出 α 的值.

表 5-3-3 算法的测试结果

		结果		
		算法测试		问题结果
		设定值	拟合值	
算法	直接前差分	1.000 0	0.884 8	0.470 0
	样条插值,再作前差分	—	—	0.483 5
	Z 变换法(零阶保持器)	1.000 0	1.000 0	0.500 0
	Z 变换法(三角保持器)	1.000 0	1.000 0	0.500 1

以上测试数据均在第二步后收敛到稳定值. 问题的结果数据经过若干步波动后达到终值. 这说明我们采用的算法具有稳定性和快速收敛性. 此外,由上表中的数据可以看到截断误差对结果的影响及用 Z 变换离散化方法的优越性和准确性. 最后得出 α 的最佳拟合值为 0.500 0.

6. 模型的优缺点

上述的模型及算法是稳定的,递推得到的 θ 值也能够快速收敛,采用递推算法,减少了运算规模,加快了运算速度;使用样条插值在一定程度上减小了截断误差. 更主要的是自控概念的引入和 Z 变换方法的使用,使我们得到了比较令人满意的差分方程,并以此获得了准确的结果. 在上述解法中,对另一参数的拟合却不太满意,但也未找到原因;另外,也没有对算法中的误差作出估计,未对结果作校正. 这些问题有待进一步讨论和改进.

5.4 稳定性方法

对于某些实际问题,建立数学模型的目的并不是要寻求动态过程的每个时刻的性态,而往往是要研究经过充分长的时间后动态过程的变化趋势. 例如,在什么条件下描述过程的变量会越来越接近某些确定的值,在什么情况下又越来越远离这些值而导致不稳定. 为了分析这种稳定与不稳定,常常不用解微分方程与差分方程(往往也很难求解),而是利用微分方程与差分方程的稳定性理论,直接研究即可.

5.4.1 微分方程的平衡点与稳定性

1. 一阶方程的平衡点及稳定性

设有微分方程

$$x'(t)=f(x), \tag{5.4.1}$$

方程右端不显含自变量 t,称为自治方程. 代数方程

$$f(x)=0 \tag{5.4.2}$$

的实根 $x=x_0$ 称为式(5.4.1)的平衡点(或奇点). 它也是式(5.4.1)的解(奇解).

如果存在 x_0 某个邻域,使式(5.4.1)的解 $x(t)$ 从这个邻域内的某个 $x(0)$ 出发,满足

$$\lim_{t\to\infty}x(t)=x_0, \tag{5.4.3}$$

则称平衡点 x_0 是稳定的（稳定性理论中称渐近稳定）；否则称 x_0 是不稳定的（不渐近稳定）.

判断平衡点 x_0 是否稳定通常有两种方法，利用定义即式(5.4.3)称间接法. 不求式(5.4.1)的解 $x(t)$，因而不利用式(5.4.3)的方法称直接法. 下面介绍直接法.

将 $f(x)$ 在 x_0 点作 Taylor 展开，只取一次项，式(5.4.1)近似为

$$x'(t)=f'(x_0)(x-x_0). \tag{5.4.4}$$

式(5.4.4)称为式(5.4.1)的近似线性方程. x_0 也是式(5.4.4)的平衡点. 关于 x_0 点的稳定性有如下结论：

若 $f'(x_0)<0$，则 x_0 对于式(5.4.4)和式(5.4.1)都是稳定的；

若 $f'(x_0)>0$，则 x_0 对于式(5.4.4)和式(5.4.1)都是不稳定的.

x_0 对于式(5.4.4)的稳定性很容易由定义式(5.4.3)证明，因为若记 $f'(x_0)=a$，则式(5.4.4)的一般解是

$$x(t)=ce^{at}+x_0, \tag{5.4.5}$$

其中 c 是由初始条件决定的常数，显然，当 $a<0$ 时，式(5.4.3)成立.

2. 二阶方程的平衡点和稳定性

二阶方程可用两个一阶方程表为

$$\begin{cases} x_1'(t)=f(x_1,x_2), \\ x_2'(t)=g(x_1,x_2), \end{cases} \tag{5.4.6}$$

右端不显含 t，是自治方程. 代数方程组

$$\begin{cases} f(x_1,x_2)=0, \\ g(x_1,x_2)=0 \end{cases} \tag{5.4.7}$$

的实根 $x_1=x_1^0, x_2=x_2^0$ 称为式(5.4.6)的平衡点，记作 $P_0(x_1^0,x_2^0)$.

如果存在 $P_0(x_1^0,x_2^0)$ 某个邻域，使式(5.4.6)的解 $x_1(t), x_2(t)$ 从这个邻域内的某个点 $(x_1(0),x_2(0))$ 出发，满足

$$\lim_{t\to\infty}x_1(t)=x_1^0, \quad \lim_{t\to\infty}x_2(t)=x_2^0, \tag{5.4.8}$$

则称平衡点 P_0 是稳定的（渐近稳定）；否则，称 P_0 是不稳定的（不渐近稳定）.

为了用直接法讨论式(5.4.6)的平衡点的稳定性，先看线性常系数方程

$$\begin{cases} x_1'(t)=a_1x_1+a_2x_2, \\ x_2'(t)=b_1x_1+b_2x_2. \end{cases} \tag{5.4.9}$$

将其系数矩阵记作

$$\boldsymbol{A}=\begin{pmatrix} a_1 & a_2 \\ b_1 & b_2 \end{pmatrix}. \tag{5.4.10}$$

为研究式(5.4.9)的唯一平衡点 $P_0(0,0)$ 的稳定性，假定 $\boldsymbol{A}$ 的行列式

$$\det \boldsymbol{A} \neq 0. \tag{5.4.11}$$

$P_0(0,0)$ 的稳定性由式(5.4.9)的特征方程

$$\det(\lambda \boldsymbol{I}-\boldsymbol{A})=0 \tag{5.4.12}$$

的根 λ（特征根）决定. 式(5.4.12)可以写成更加明晰的形式

$$\begin{cases}\lambda^2+p\lambda+q=0,\\ p=-(a_1+b_2),\\ q=\det \boldsymbol{A}.\end{cases} \tag{5.4.13}$$

将特征根记作 λ_1,λ_2，则

$$\lambda_1,\lambda_2=\frac{1}{2}(-p\pm\sqrt{p^2-4q}). \tag{5.4.14}$$

式(5.4.9)的一般解具有形式

$$c_1\mathrm{e}^{\lambda_1 t}+c_2\mathrm{e}^{\lambda_2 t}(\lambda_1\neq\lambda_2) \text{ 或 } c_1\mathrm{e}^{\lambda_1 t}+c_2 t\mathrm{e}^{\lambda_1 t}(\lambda_1=\lambda_2),$$

c_1,c_2 为任意常数. 按照稳定性的定义式(5.4.8)可知，当 λ_1,λ_2 为负数或有负实部时，$P_0(0,0)$ 是稳定平衡点；而当 λ_1,λ_2 有一个为正数或有正实部时，$P_0(0,0)$ 是不稳定平衡点. 在条件式(5.4.11)下，λ_1,λ_2 不可能为零.

微分方程稳定性理论将平衡点分为结点、焦点、鞍点、中心等类型，完全由特征根 λ_1,λ_2 或相应的 p,q 取值决定. 表 5-4-1 简明地给出了这些结果，表中最后一列指按照定义式(5.4.8)得到的关于稳定性的结论.

表 5-4-1　由特征方程决定的平衡点的类型和稳定性

λ_1,λ_2	p,q	平衡点类型	稳定性
$\lambda_1<\lambda_2<0$	$p>0,q>0,p^2>4q$	稳定结点	稳定
$\lambda_1>\lambda_2>0$	$p<0,q>0,p^2>4q$	不稳定结点	不稳定
$\lambda_1<0<\lambda_2$	$q<0$	鞍点	不稳定
$\lambda_1=\lambda_2<0$	$p>0,q>0,p^2=4q$	稳定退化结点	稳定
$\lambda_1=\lambda_2>0$	$p<0,q>0,p^2=4q$	不稳定退化结点	不稳定
$\lambda_{1,2}=\alpha\pm\mathrm{i}\beta,\alpha<0$	$p>0,q>0,p^2<4q$	稳定焦点	稳定
$\lambda_{1,2}=\alpha\pm\mathrm{i}\beta,\alpha>0$	$p<0,q>0,p^2<4q$	不稳定焦点	不稳定
$\lambda_{1,2}=\alpha\pm\mathrm{i}\beta,\alpha=0$	$p=0,q>0$	中心	不稳定

从表 5-4-1 可以看出，根据特征方程的系数 p,q 的正负很容易判断平衡点的稳定性，准则如下：

若

$$p>0, \quad q>0, \tag{5.4.15}$$

则平衡点稳定;若

$$p<0 \quad 或 \quad q<0, \tag{5.4.16}$$

则平衡点不稳定.

以上是对线性方程式(5.4.9)的平衡点 $P_0(0,0)$ 的稳定性的结论,对于一般的非线性方程式(5.4.6),可以用近似线性方法判断其平衡点 $P_0(x_1^0,x_2^0)$ 的稳定性.在点 P_0 将 $f(x_1,x_2)$ 和 $g(x_1,x_2)$ 作 Taylor 展开,只取一次项,得式(5.4.6)的近似线性方程

$$\begin{cases} x_1'(t)=f_{x_1}(x_1^0,x_2^0)(x_1-x_1^0)+f_{x_2}(x_1^0,x_2^0)(x_2-x_2^0), \\ x_2'(t)=g_{x_1}(x_1^0,x_2^0)(x_1-x_1^0)+g_{x_2}(x_1^0,x_2^0)(x_2-x_2^0). \end{cases} \tag{5.4.17}$$

其系数矩阵记作

$$\boldsymbol{A}=\left.\begin{pmatrix} f_{x_1} & f_{x_2} \\ g_{x_1} & g_{x_2} \end{pmatrix}\right|_{P_0(x_1^0,x_2^0)}. \tag{5.4.18}$$

特征方程系数为

$$p=-(f_{x_1}+g_{x_2})\big|_{P_0}, \quad q=\det \boldsymbol{A}. \tag{5.4.19}$$

显然,点 P_0 对于式(5.4.17)的稳定性由表 5-4-1 或准则式(5.4.15),(5.4.16)决定,而且已经证明了如下结论:

若方程(5.4.17)的特征根不为零或实部不为零,则点 P_0 对于方程(5.4.6)的稳定性与对于近似方程(5.4.17)的稳定性相同,即由准则式(5.4.15),(5.4.16)决定.

最后,以下几点值得注意:

(1) 平衡点及其稳定性的概念只是对自治方程式(5.4.1),(5.4.6)而言才有意义.

(2) 非线性方程式(5.4.1),(5.4.6)的平衡点的稳定性,与相应的近似线性方程式(5.4.4),(5.4.17)的平衡点的稳定性一致,是在非临界情况下(即 $a\neq0$ 或 $p,q\neq0$)得到的,在临界情况下(即 $a=0$ 或 $p,q=0$)二者可以不一致.

(3) 在讨论平衡点稳定性时,对初始点的要求是存在一个邻域,这是局部稳定的定义.如果要求对任意的初始点,式(5.4.3),式(5.4.8)都成立,则称为全局稳定.对于线性方程,局部稳定与全局稳定是等价的,对于非线性方程,二者不等价.

(4) 对于临界情况和非线性方程的全局稳定性,可以用相轨线分析方法讨论.

5.4.2 差分方程的平衡点与稳定性

1. 一阶线性方程的平衡点及稳定性

一阶线性常系数差分方程

$$x_{k+1}+ax_k=b,k=0,1,2,\cdots \tag{5.4.20}$$

的平衡点由 $x+ax=b$ 解得,为 $x^*=\dfrac{b}{1+a}$. 若当 $k\to\infty$ 时,$x_k\to x^*$,则称平衡点 x^* 是稳定的;否则 x^* 是不稳定的.

由此容易看出,可以用变量代换方法将式(5.4.20)的平衡点的稳定性问题转换为

$$x_{k+1}+ax_k=0,k=0,1,2,\cdots \tag{5.4.21}$$

的平衡点 $x^*=0$ 的稳定性问题. 而对式(5.4.21),因其解可表为

$$x_k=(-a)^k x_0,k=1,2,\cdots.$$

所以当且仅当 $|a|<1$ 时,式(5.4.21)的平衡点是稳定的,从而式(5.4.20)的平衡点才是稳定的.

对于 n 维向量 $\boldsymbol{x}(k)$ 和 $n\times n$ 常数矩阵 $\boldsymbol{A}$ 构成的向量常系数差分方程

$$\boldsymbol{x}(k+1)-\boldsymbol{A}\boldsymbol{x}(k)=\boldsymbol{0}, \tag{5.4.22}$$

其平衡点稳定的条件是 $\boldsymbol{A}$ 的所有特征根 $\lambda_i(i=1,2,\cdots,n)$ 均满足 $|\lambda_i|<1$,即均在复平面上的单位圆内.

2. 一阶非线性差分方程

考察一阶非线性差分方程

$$x_{k+1}=f(x_k) \tag{5.4.23}$$

的平衡点的稳定性. 其平衡点 x^* 由代数方程 $x=f(x)$ 给出. 现分析 x^* 的稳定性,将式(5.4.23)的右端在点 x^* 作泰勒展开,只取一次项,于是式(5.4.23)近似表示为

$$x_{k+1}=f'(x^*)(x_k-x^*)+f(x^*). \tag{5.4.24}$$

式(5.4.24)是式(5.4.23)的近似线性方程,x^* 也是式(5.4.24)的平衡点. 关于线性方程式(5.4.24)的平衡点的讨论与式(5.4.20)相同,而当 $|f'(x^*)|\neq 1$ 时,方程式(5.4.23)与式(5.4.24)的平衡点的稳定性相同. 于是得到:

当 $|f'(x^*)|<1$ 时,对于方程式(5.4.23),x^* 是稳定的;

当 $|f'(x^*)|>1$ 时,对于方程式(5.4.23),x^* 是不稳定的.

3. 二阶线性差分方程的平衡点及稳定性

考察二阶线性常数差分方程

$$x_{k+2}+a_1x_{k+1}+a_2x_k=0 \tag{5.4.25}$$

的平衡点 $x^*=0$ 的稳定性. 为求式(5.4.25)的通解,写出它的特征方程 $\lambda^2+a_1\lambda+$

$a_2=0$,记它的根为 λ_1,λ_2,则式(5.4.25)的通解可表为

$$x_k=c_1\lambda_1^k+c_2\lambda_2^k, \tag{5.4.26}$$

其中常数 c_1,c_2 由初始条件 x_0,x_1 确定.由式(5.4.26)立即得到:当且仅当

$$|\lambda_1|<1, \quad |\lambda_2|<1 \tag{5.4.27}$$

时,式(5.4.25)的平衡点才是稳定的.

与一阶线性方程类似,非齐次线性方程

$$x_{k+2}+a_1x_{k+1}+a_2x_k=b \tag{5.4.28}$$

的平衡稳定性和方程式(5.4.25)相同.

二阶方程的上述结论可以推广到 n 阶线性方程,即稳定平衡的条件是特征方程——n 次代数方程的根 $\lambda_i(i=1,2,\cdots,n)$ 均满足 $|\lambda_i|<1$.考虑到高阶方程和方程组的相互转化,这个条件与方程式(5.4.22)给出的结论是完全一致的.

5.4.3 捕鱼业的产量模型

1. 问题提出

考察一个渔场,其中鱼量在自然环境下按一定规律增长.在渔场捕鱼时,如何控制捕捞率,使单位时间内捕鱼量达到最大?

2. 模型假设

(1) 设时刻 t 渔场的鱼量为 $x(t)$,在无捕捞条件下,$x(t)$ 服从 logistic 规律,即

$$\frac{\mathrm{d}x(t)}{\mathrm{d}t}=rx\left(1-\frac{x}{N}\right)=f(x), \tag{5.4.29}$$

其中,r 为固有增长率,N 为环境允许的最大鱼量,$f(x)$ 表示单位时间鱼的增长量(自然增长率).

(2) 设单位时间捕鱼量为 $h(x)$,它与渔场鱼量 $x(t)$ 成正比,比例系数为 E,E 称为捕捞率;即 $h(x)=Ex(0\leqslant E\leqslant 1)$.

(3) 考虑独家捕捞的情形.

3. 建立模型

记 $F(x)=f(x)-h(x)$,则 $F(x)$ 表示该渔场鱼量的净增长率.

在有捕捞情况下,该渔场鱼量满足方程

$$\frac{\mathrm{d}x(t)}{\mathrm{d}t}=F(x)=rx\left(1-\frac{x}{N}\right)-Ex. \tag{5.4.30}$$

4. 模型求解

一般情况,我们不一定要解方程(5.4.30)求得 $x(t)$ 的动态变化过程,而只希望知道 $x(t)$ 的趋向,并由此确定最大持续产量.为此我们求式(5.4.30)的平

衡点并分析其稳定性.

先求式(5.4.30)的平衡点.

$$F(x)=rx\left(1-\frac{x}{N}\right)-Ex \quad (x\geqslant 0).$$

令 $F(x)=0$,得出两个平衡点:

$$x_0=N(1-E/r),x_1=0.$$

因要求 $x_0\geqslant 0$,故知 $0\leqslant E\leqslant r$.

再分析平衡点稳定性.

$$F'(x)=r-E-\frac{2rx}{N},$$
$$F'(x_0)=E-r,$$
$$F'(x_1)=r-E.$$

若 $E<r$,则 $F'(x_0)<0,F'(x_1)>0$,故 x_0 是稳定平衡点,x_1 不稳定. 若 $E=r$,则 $x_0=x_1=0,x(t)=\dfrac{N}{rt+c}$,其中 c 为常数. 因此

$$\lim_{t\to+\infty}x(t)=N\left(1-\frac{E}{r}\right),\quad 0\leqslant E\leqslant r. \tag{5.4.31}$$

现在考虑在稳定条件下(即当 t 充分大时),捕捞率 E 为多大时,$h(x)$达到最大?由式(5.4.31)可知,在稳定条件下,要使 $h(x)=Ex$ 达到最大,则 E 应满足 $0<E<r$. 又 t 充分大时,$x\approx x_0$,此时

$$h(x_0)=Ex_0=EN\left(1-\frac{E}{r}\right).$$

把其视为自变量 E 的函数,记为 $G(E)$.

$$\frac{\mathrm{d}G}{\mathrm{d}E}=\frac{2N}{r}\left(\frac{r}{2}-E\right),$$

$G(E)$的驻点为 $E^*=\dfrac{r}{2}$,此时$\dfrac{\mathrm{d}^2G}{\mathrm{d}E^2}=-\dfrac{2N}{r}<0$,故当 $E^*=\dfrac{r}{2}$时,$G(E)$最大,也即 $h(x_0)$最大,此时 $x^*=\dfrac{N}{2},h(x^*)=E^*x^*=\dfrac{rN}{4}$.

说明:若把捕捞率 E 控制在鱼量固有增长率的一半时,则可获得最大的持续产量.

5.4.4 捕鱼业的效益问题

1. 问题提出

从经济角度分析,不应追求单位时间产量最大,而应追求单位时间获利最

大. 接 5.4.3 节考虑如下问题:捕捞控制在什么水平时单位时间获利最大?

2. 模型假设

(1) 鱼的销售单价为常数 P;

(2) 捕鱼的成本与捕捞率 E 成正比,比例系数为常数 C;

(3) 单位时间所获利润为 $R(E)$;

(4) 独家捕捞.

3. 建立模型

在稳定条件下,$x\approx x_0$,从销售收入中扣除成本得利润

$$R(E)=Ph(x_0)-CE=PEN\left(1-\frac{E}{r}\right)-CE. \tag{5.4.32}$$

4. 模型求解

$$\frac{\mathrm{d}R}{\mathrm{d}E}=PN-C-\frac{2PN}{r}E,\quad \frac{\mathrm{d}^2R}{\mathrm{d}E^2}=-\frac{2PN}{r}<0,$$

故 $R(E)$ 有最大值. 令 $\frac{\mathrm{d}R}{\mathrm{d}E}=0$,得驻点

$$E_R=\frac{r}{2}\left(1-\frac{C}{PN}\right). \tag{5.4.33}$$

此时,稳定鱼量为

$$x_R=N\left(1-\frac{E_R}{r}\right)=\frac{N}{2}+\frac{C}{2P},$$

单位时间产量为

$$h(x_R)=E_Rx_R=\frac{rN}{4}\left(1-\frac{C^2}{P^2N^2}\right).$$

与产量模型比较,$E_R<E^*$,$x_R>x^*$,$h(x_R)<h(x^*)$,即 E_R 较小,x_R 较大,$h(x_R)$ 较小. 这是符合实际情况的. 此时,单位时间最大利润为

$$R(E_R)=PE_Rx_R-CE_R=\frac{rPN}{4}\left(1-\frac{C}{PN}\right)^2.$$

5. 捕捞过度问题

上面讨论的是只有一个捕捞集体(即所谓封闭式捕捞)的情况. 他们今天不捕的鱼,明天还是留给他们自己去捕. 但若一个渔场有众多的捕鱼者(即所谓开放式捕鱼),你不捕的鱼就会被别人捕去,谁也无法控制捕鱼的总量与价格. 在这种情况下,只要有利可图,经营者就会去捕捞,即只要 $R(E)>0$,就去捕捞(即所谓盲目捕捞),此时捕捞率的临界值如何?

由式(5.4.32),令 $R(E)=0$,即 $PEN\left(1-\frac{E}{r}\right)-CE=0$,即 $1-\frac{E}{r}=\frac{C}{PN}$,得捕捞

率的临界值

$$E_s=r\left(1-\frac{C}{PN}\right). \tag{5.4.34}$$

利用上面的$\frac{\mathrm{d}R}{\mathrm{d}E}$与$\frac{\mathrm{d}^2R}{\mathrm{d}E^2}$可得利润曲线，如图 5 -4-1.

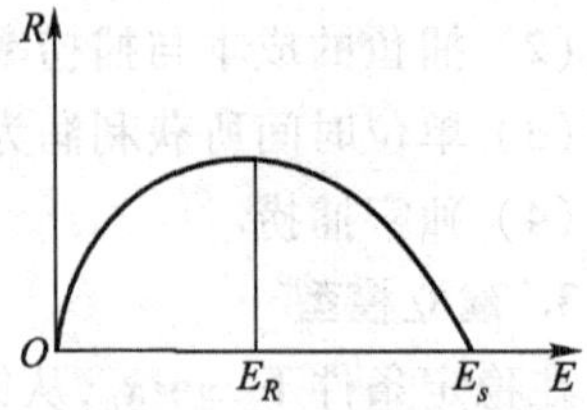

图 5-4-1　利润曲线

当 $E<E_s$ 时，$R(E)>0$，盲目捕捞者就会加大捕捞率 E. 而当 $E>E_s$，$R(E)<0$，无利可图，他们又会减少 E. 从而 $E=E_s$ 就是临界值.

从图可知，$E_s=2E_R$，即临界捕捞率比效益模型的最佳捕捞率增加了一倍.

此时渔场的稳定鱼量为

$$x_s=N\left(1-\frac{E_s}{r}\right)=N\left[1-\left(1-\frac{C}{PN}\right)\right]=\frac{C}{P},$$

即完全由成本与价格之比来决定.

当成本下降或价格上升时，鱼量会迅速减少，出现捕捞过度的情形.

在产量模型中 $E^*=r/2$，在效益模型中 $E_R=\frac{r}{2}\left(1-\frac{C}{PN}\right)$，在捕捞过度情形中 $E_s=r\left(1-\frac{C}{PN}\right)$. 容易见到，① 当$\frac{C}{N}<P\leqslant\frac{2C}{N}$时，$E_R<E_s\leqslant E^*$，此时称为经济学上的捕捞过度. 这是由于 $E_s\leqslant E^*$，即 E_s 还没达到产量模型中的最大捕捞率，对鱼量的减少并没造成生态上的威胁. ② 当 $P>\frac{2C}{N}$时，$E_R<E^*\leqslant E_s$，称为生态学上的捕捞过度.

5.4.5　蛛网模型

1. 问题提出

在经济领域中，经常可以看到如下现象：当某一时期某种商品的供应量大于需求量，引起该商品价格下跌时，生产者觉得无利可图，转而经营其他商品；一段时间后，随着产量的下降，带来的供不应求又会导致该商品价格上升，又有很多生产商会进行该商品的生产，随之而来又会出现商品过剩，价格下降，在没有外界干预的情况下，这种现象将会反复出现.

在教育领域中，类似的现象也可出现在大学录取分数线的波动上. 以一些热门大学在某省的招生分数为例，如果某一年该大学录取分数线较高，第二年，很多考生就会望而却步，转而报考其他学校，该大学这一年的录取分数线就会下降,随之而来的第三年,由于同样的原因分数线会上升.

如何从数学的角度来描述上述现象呢?

2. 模型假设

(1) 设 k 时段商品数量为 x_k,其价格为 y_k. 这里把时间离散化为时段,一个时段相当于商品的一个生产周期.

(2) 同一时段的商品的价格取决于该时段商品的数量,将

$$y_k=f(x_k) \tag{5.4.35}$$

称为需求函数. 出于对自由经济的理解,商品数量越多,其价格就越低,故可以假设需求函数为一个单调下降函数.

(3) 下一时段商品数量由上一个时段的商品的价格决定,将

$$x_{k+1}=g(y_k) \tag{5.4.36}$$

称为供应函数. 由于价格越高可以导致产量越大,故可假设供应函数是一个单调上升的函数.

3. 模型求解

在同一个坐标系中作出需求函数与供应函数的图形,设两条曲线相交于 $P_0(x_0,y_0)$,则 P_0 为平衡点. 因为此时 $x_0=g(y_0)$,$y_0=f(x_0)$,若存在某个 k,使得 $x_k=x_0$,则可推出

$$y_l=y_0,x_{l+1}=x_0 \quad (l=k,k+1,\cdots),$$

即商品的数量保持在 x_0,价格保持在 y_0. 不妨设 $x_1\neq x_0$,下面考虑 x_k,y_k 在图上的变化($k=1,2,\cdots$). 如图 5-4-2 所示,当 x_1 给定后,价格 y_1 由 f 上的 P_1 点决定,下一时段的数量 x_2 由 g 上的 P_2 点决定,y_2 又可由 f 上的 P_3 点决定. 依此类推,可得一系列的点 $P_1(x_1,y_1)$,$P_2(x_2,y_1)$,$P_3(x_2,y_2)$,$P_4(x_3,y_2)$,…. 图上的箭头表示求出点 P_k 的次序,由图知

$$\lim_{k\to\infty}P_k(x,y)=P_0(x_0,y_0).$$

即市场经济将趋向稳定.

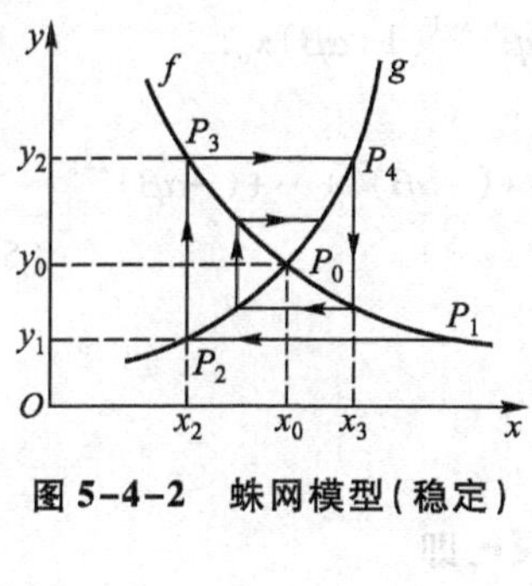

图 5-4-2　蛛网模型(稳定)

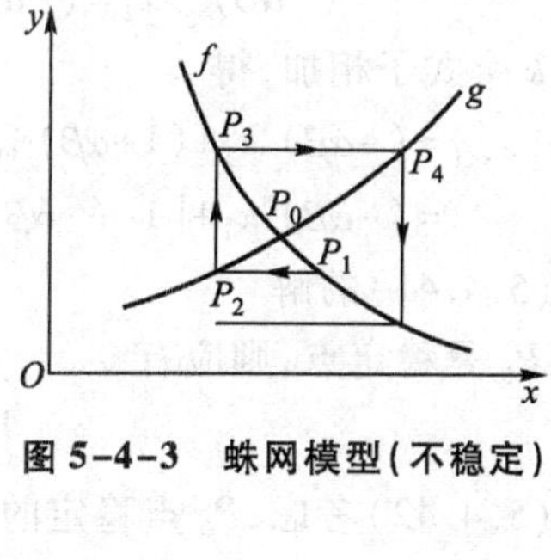

图 5-4-3　蛛网模型(不稳定)

并不是所有的需求函数和供应函数都趋于稳定，若给出的 f 与 g 的图形如图 5-4-3 所示，得出的 $P_1,P_2,\cdots$ 就不趋于 P_0，此时，市场经济趋向于不稳定.

图 5-4-2，图 5-4-3 中的折线 $P_1P_2,P_3P_4,\cdots$，形似蛛网，故把这种模型称为蛛网模型. 在进行市场经济分析中，f 取决于消费者对某种商品的需要程度及其消费水平，g 取决于生产者的生产、管理等能力.

当已经知道需求函数和供应函数之后，可以根据 f 和 g 的性质判断平衡点 P_0 的稳定性. 利用结论可知：当 $|x_1-x_0|$ 较小时，点 P_0 的稳定性取决于 f 与 g 在点 P_0 处的斜率，即当

$$|f'(x_0)|<|g'(y_0)| \tag{5.4.37}$$

时，点 P_0 稳定；当

$$|f'(x_0)|>|g'(y_0)| \tag{5.4.38}$$

时，点 P_0 不稳定.

这一结论的直观解释是：需求曲线越平，供应曲线越陡，越有利于经济稳定.

设 $\alpha=|f'(x_0)|,\dfrac{1}{\beta}=|g'(y_0)|$，在 P_0 点附近取 f 和 g 的线性近似，由式(5.4.35)，式(5.4.36)得

$$y_k-y_0=-\alpha(x_k-x_0), \tag{5.4.39}$$

$$x_{k+1}-x_0=\beta(y_k-y_0), \tag{5.4.40}$$

上两式中消去 y_k，得

$$x_{k+1}=-\alpha\beta x_k+(1+\alpha\beta)x_0. \tag{5.4.41}$$

式(5.4.41)对 $k=1,2,\cdots$ 均成立，即有

$$x_{k+1}=-\alpha\beta x_k+(1+\alpha\beta)x_0,$$

$$(-\alpha\beta)x_k=(-\alpha\beta)^2x_{k-1}+(-\alpha\beta)(1+\alpha\beta)x_0,$$

$$(-\alpha\beta)^2x_{k-1}=(-\alpha\beta)^3x_{k-2}+(-\alpha\beta)^2(1+\alpha\beta)x_0,$$

$$\cdots\cdots$$

$$(-\alpha\beta)^{k-2}x_3=(-\alpha\beta)^{k-1}x_2+(-\alpha\beta)^{k-2}(1+\alpha\beta)x_0,$$

$$(-\alpha\beta)^{k-1}x_2=(-\alpha\beta)^kx_1+(-\alpha\beta)^{k-1}(1+\alpha\beta)x_0.$$

将以上 k 个式子相加，得

$$\begin{aligned}x_{k+1}&=(-\alpha\beta)^kx_1+(1+\alpha\beta)x_0[1+(-\alpha\beta)+(-\alpha\beta)^2+\cdots+(-\alpha\beta)^{k-1}]\\&=(-\alpha\beta)^kx_1+[1-(-\alpha\beta)^k]x_0.\end{aligned} \tag{5.4.42}$$

此为式(5.4.41)的解.

若 P_0 是稳定点，则应有

$$\lim_{k\to\infty}x_{k+1}=x_0.$$

结合式(5.4.42)考虑，P_0 点稳定的条件是 $\alpha\beta<1$，即

$$\alpha<\frac{1}{\beta}. \tag{5.4.43}$$

同理,P_0 点为不稳定点的条件是 $\alpha\beta>1$,即

$$\alpha>\frac{1}{\beta}. \tag{5.4.44}$$

此时,$\lim\limits_{k\to\infty}x_{k+1}=\infty$. 这与式(5.4.37),式(5.4.38)是一致的.

4. 模型的改进

在上面模型的假设(3)中引进了供应函数 g,并且知道 g 取决于管理者的生产、管理水平. 如果生产者的管理水平更高一些,即他们在决定该时期商品生产数量 x_{k+1} 时,不仅考虑了前一时期的价格 y_k,而且也考虑了价格 y_{k-1}. 为了简化起见,不妨设 x_{k+1} 由 $\frac{1}{2}(y_k+y_{k-1})$ 决定,则供应函数可写为

$$x_{k+1}=g\left[\frac{1}{2}(y_k+y_{k-1})\right].$$

在点 P_0 附近取线性近似,则有

$$x_{k+1}-x_0=\frac{\beta}{2}(y_k+y_{k-1}-2y_0). \tag{5.4.45}$$

由式(5.4.39)有

$$y_k=y_0-\alpha(x_k-x_0),$$

$$y_{k-1}=y_0-\alpha(x_{k-1}-x_0).$$

将上两式代入式(5.4.45),整理得

$$2x_{k+1}+\alpha\beta x_k+\alpha\beta x_{k-1}=(1+\alpha\beta)x_0 \quad (k=2,3,\cdots).$$

这是一个二阶常系数非齐次线性差分方程,其对应齐次线性差分方程特征方程为

$$2\lambda^2+\alpha\beta\lambda+\alpha\beta=0,$$

经计算,可得其特征根为

$$\lambda_{1,2}=\frac{-\alpha\beta\pm\sqrt{(\alpha\beta)^2-8\alpha\beta}}{4}. \tag{5.4.46}$$

由式(5.4.27)结论:即 $|\lambda_1|<1$, $|\lambda_2|<1$, P_0 点稳定,所以

(1) 当 $\alpha\beta>8$ 时,式(5.4.46)有两个实根,因

$$\lambda_2=\frac{-\alpha\beta-\sqrt{(\alpha\beta)^2-8\alpha\beta}}{4}<\frac{-\alpha\beta}{4},$$

则有 $|\lambda_2|>2$,得此时 P_0 不是稳定点;

(2) 当 $\alpha\beta<8$ 时,式(5.4.46)有两个共轭复根

$$\lambda_{1,2}=\frac{-\alpha\beta}{4}\pm \mathrm{i}\,\frac{1}{4}\sqrt{8\alpha\beta-(\alpha\beta)^2},$$

此时，

$$|\lambda_{1,2}|=\left[\left(\frac{\alpha\beta}{4}\right)^2+\left(\frac{1}{4}\sqrt{8\alpha\beta-(\alpha\beta)^2}\right)^2\right]^{\frac{1}{2}}=\sqrt{\frac{\alpha\beta}{2}},$$

要使$|\lambda_{1,2}|<1$，即

$$\alpha\beta<2, \tag{5.4.47}$$

与式(5.4.43)相比，α 与 β 的范围扩大了，这是由于经营者经营管理水平的提高带来的结果.

5.5 变分方法

由前面已经看到，动态连续过程常常用微分方程模型描述，基于动态过程的优化问题一般可以归结为求最优控制函数使某个泛函达到最大或最小，要解决这些问题，要用到变分方法去解.

5.5.1 变分法简介

变分法是研究泛函极值的一种方法，它在物理、力学、经济、工程实际中有着广泛的应用，本节对古典变分法作简单介绍.

1. 变分法的基本概念

(1) 泛函的定义

设 S 为一函数集合，若对 S 中的每一函数 $y(x)\in S$ 都有一个确定的数 J 与之相对应，则称 J 为定义在 S 上的一个泛函，记作 $J[y(x)]$. S 称为泛函$J[y(x)]$的定义域.

最简泛函的形式之一如下：

$$J[y(x)]=\int_{x_0}^{x_1}F(x,y,y')\,\mathrm{d}x,y(x)\in S, \tag{5.5.1}$$

其中 $S=\{y(x)\mid y(x)\in C^2([x_0,x_1]),y(x_0)=y_0,y(x_1)=y_1\}$.

(2) 变分问题及举例

所谓变分问题就是要在定义域 S 中寻找一函数，使它们的泛函达到最小(或最大).

例 5.1 最速下降问题

假定一质点沿曲线 $y=y(x)$ 由点 $A(x_0,y_0)$ 无摩擦地滑到点 $B(x_1,y_1)$，确定曲线 $y=y(x)$ 使得质点滑动时间最短(见图 5-5-1).

假设物体初始速度为 v_0，由力学知识，物体在曲线轨道上任意一点 $P(x,y)$

处的速度为 v，质量为 m. 由能量守恒定律，

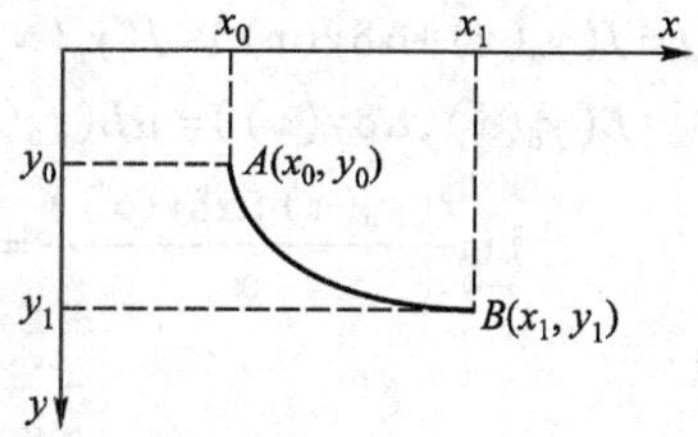

图 5-5-1

$$\frac{1}{2}m(v^2-v_0^2)=mg(y-y_0),$$

即

$$v=\frac{\mathrm{d}s}{\mathrm{d}t}=\sqrt{2g(y-\alpha)},$$

其中 $\alpha=y_0-\frac{v_0^2}{2g}$. 于是

$$\mathrm{d}t=\frac{\mathrm{d}s}{\sqrt{2g(y-\alpha)}}=\frac{\sqrt{1+(y')^2}}{\sqrt{2g(y-\alpha)}}\mathrm{d}x.$$

物体从 A 到 B 的滑行时间为

$$T[y(x)]=\int_{x_0}^{x_1}\sqrt{\frac{1+(y')^2}{2g(y-\alpha)}}\mathrm{d}x.$$

于是最速下降问题便化为下列的变分问题

$$\begin{aligned}&\min \quad \int_{x_0}^{x_1}\sqrt{\frac{1+(y')^2}{2g(y-\alpha)}}\mathrm{d}x,\\&\text{s. t.}\quad y(x)\in S.\end{aligned} \tag{5.5.2}$$

2. 泛函极值的必要条件

(1) 泛函的变分与极值

泛函的变分：如同函数的微分是增量的线性主部一样，记函数 $y(x)$ 在 $y_0(x)$ 的增量 $\delta y(x)=y(x)-y_0(x)$（函数的变分），由它引起的泛函增量记作 $\Delta J=J(y_0(x)+\delta y(x))-J(y_0(x))$，如果 ΔJ 可以表为

$$\Delta J=L(y_0(x),\delta y(x))+r(y_0(x),\delta y(x)),$$

其中 L 是 δy 的线性项，而 r 是 δy 的高阶项，则 L 称为泛函在 $y_0(x)$ 的变分，记作 $\delta J(y_0(x))$.

泛函的极值：泛函 $J(y(x))$ 在 $y_0(x)$ 取得极小值（极大值）是指：对于任意一个与 $y_0(x)$ 接近的 $y(x)\in s$，都有 $J(y(x))\geqslant J(y_0(x))$ $(J(y(x))\leqslant J(y_0(x)))$. 所谓接近，可以用距离 $d(y(x),y_0(x))<\varepsilon$ 度量，而距离定义为

$$d(y(x),y_0(x))=\max_{x_0\leqslant x\leqslant x_1}\{|y(x)-y_0(x)|,|y'(x)-y'_0(x)|\}.$$

(2) 泛函极值的必要条件

结论 1 $\qquad \delta J(y_0(x))=\frac{\partial}{\partial\alpha}J(y_0(x)+\alpha\delta y(x))\Big|_{\alpha=0}.$

事实上，因为

$$\Delta J=J(y_0(x)+\alpha\delta y(x))-J(y_0(x))=L(y_0(x),\alpha\delta y(x))+r(y_0(x),\alpha\delta y(x)),$$

其中 $L(y_0(x),\alpha\delta y(x))=\alpha L(y_0(x),\delta y(x))$，且

$$\lim_{\alpha\to 0}\frac{r(y_0(x),\alpha\delta y(x))}{\alpha}=\lim_{\alpha\to 0}\frac{r(y_0(x),\alpha\delta y(x))}{\alpha\delta y(x)}\cdot\delta y(x)=0,$$

所以

$$\begin{aligned}\frac{\partial}{\partial\alpha}J(y_0(x)+\alpha\delta y(x))\bigg|_{\alpha=0}&=\lim_{\alpha\to 0}\frac{J(y_0+\alpha\delta y)-J(y_0)}{\alpha}\\&=\lim_{\alpha\to 0}\frac{L(y_0,\alpha\delta y)+r(y_0,\alpha\delta y)}{\alpha}\\&=L(y_0,\delta y)=\delta J(y_0(x)).\end{aligned}$$

结论 2(泛函极值的必要条件) 若 $J(y_0(x))$ 在 $y_0(x)$ 达到极值(极小或极大)，则 $\delta J(y_0(x))=0$.

事实上，若 $J(y(x))$ 在 $y_0(x)$ 达到极值，则任意给定 α，$J(y_0+\alpha\delta y)$ 是变量 α 的函数，在 $\alpha=0$ 达到极值. 从而

$$\frac{\partial}{\partial\alpha}J(y_0+\alpha\delta y)\bigg|_{\alpha=0}=0,$$

由结论 1 得 $\delta J(y_0(x))=0$.

3. 最简泛函式(5.5.1)取得极值的必要条件——欧拉方程

问题：讨论最简泛函在固定端点条件下取得极值的必要条件.

$$J(y(x))=\int_{x_0}^{x_1}F(x,y(x),y'(x))\mathrm{d}x,$$

其中 F 具有二阶连续编导数，容许函数集 S 为

$$\{y(x)\mid y(x)\in C^2([x_0,x_1]),y(x_0)=y_0,y(x_1)=y_1\}.$$

为了得到最简泛函极值的必要条件的具体表达式，先看一个引理：

引理(变分法的基本引理) 设 $g(x)$ 是 $[x_0,x_1]$ 上的连续函数，若对于任意的充分光滑函数 $\varphi(x)$，且 $\varphi(x_0)=\varphi(x_1)=0$，有

$$\int_{x_0}^{x_1}g(x)\varphi(x)\mathrm{d}x\equiv 0,$$

则在 $[x_0,x_1]$ 内 $g(x)\equiv 0$.

事实上，(用反证法)若存在 $\bar{x}\in[x_0,x_1]$，$g(\bar{x})\neq 0$. 不妨设 $g(\bar{x})=c>0$，由 $g(x)$ 的连续性，可选取 $\bar{x}$ 的邻域 (x',x'')，即 $x'<\bar{x}<x''$，使当 $x\in(x',x'')$ 时，$g(x)\geqslant\frac{c}{2}$，令

$$\varphi(x)=\begin{cases}(x-x')^2(x-x'')^2, & x'<x<x'',\\0, & 其他,\end{cases}$$

则

$$\int_{x_0}^{x_1} g(x)\varphi(x)\mathrm{d}x \geqslant \frac{c}{2}\int_{x'}^{x''}(x-x')^2(x-x'')^2\mathrm{d}x>0,$$

这与原假设矛盾,故必有$g(x)\equiv 0$.

结论 3 若$J(y(x))$在$y(x)$取得极值,则有

$$F_y-\frac{\mathrm{d}}{\mathrm{d}x}F_{y'}=0, \tag{5.5.3}$$

称此方程为欧拉方程.

事实上,设$\varphi(x)=\delta y(x)$,显然$\varphi(x_0)=\varphi(x_1)=0$,由泛函极值必要条件$\delta J(y(x))=0$,即

$$\frac{\partial}{\partial\alpha}J(y(x)+\alpha\varphi(x))\bigg|_{\alpha=0}=0,$$

而

$$\begin{aligned}\frac{\partial}{\partial\alpha}J(y(x)+\alpha\varphi(x))\bigg|_{\alpha=0}&=\int_{x_0}^{x_1}\frac{\partial}{\partial\alpha}F(x,y+\alpha\varphi,y'+\alpha\varphi')\bigg|_{\alpha=0}\mathrm{d}x\\&=\int_{x_0}^{x_1}[F_y(x,y,y')\varphi+F_{y'}(x,y,y')\varphi']\mathrm{d}x,\end{aligned}$$

由

$$\varphi(x_0)=\varphi(x_1)=0,$$

$$\int_{x_0}^{x_1}F_{y'}\varphi'\mathrm{d}x=F_{y'}\varphi\bigg|_{x_0}^{x_1}-\int_{x_0}^{x_1}\varphi\cdot\frac{\mathrm{d}}{\mathrm{d}x}F_{y'}\mathrm{d}x=-\int_{x_0}^{x_1}\varphi\cdot\frac{\mathrm{d}}{\mathrm{d}x}F_{y'}\mathrm{d}x,$$

则

$$\int_{x_0}^{x_1}\left(F_y-\frac{\mathrm{d}}{\mathrm{d}x}F_{y'}\right)\varphi\mathrm{d}x=0,$$

由变分法基本引理得$F_y-\dfrac{\mathrm{d}}{\mathrm{d}x}F_{y'}=0$.

欧拉方程的另一种形式为

$$F_y-F_{y'x}-y'F_{y'y}-y''F_{y'y'}=0. \tag{5.5.4}$$

当$F_{y'y'}\neq 0$时,欧拉方程为一个二阶微分方程,积分后有两个任意常数,它们可由两个边界条件来确定.

注 此最简泛函极值的必要条件可以推广到含有两个及两个以上未知函数的情况.

如

$$J(y(x),z(x))=\min_{(y(x),z(x))\in M}\int_{x_0}^{x_1}F(x,y,y',z,z')\mathrm{d}x,$$

其中

$$M=\{(y,z)\mid y(x),z(x)\in C^2([x_0,x_1]),y(x_0)=y_0,y(x_1)=y_1;z(x_0)=z_0,z(x_1)=z_1\},$$

则欧拉方程为

$$\begin{cases}F_y-\dfrac{\mathrm{d}}{\mathrm{d}x}F_{y'}=0,\\ F_z-\dfrac{\mathrm{d}}{\mathrm{d}x}F_{z'}=0.\end{cases}\tag{5.5.5}$$

注 当 $F=F(x,y,y',y'',\cdots,y^{(n)})$,即 F 含有函数高阶导数时,问题变为

$$J(y(x))=\min_{y(x)\in S}\int_{x_0}^{x_1}F(x,y,y',y'',\cdots,y^{(n)})\mathrm{d}x,$$

其中 $S=\{y\mid y(x)\in C^{2n}(x_0,x_1)\cap C^{2n-1}[x_0,x_1],y^{(j)}(x_0)=y_j^0,y^{(j)}(x_1)=y_j^1,j=1,2,\cdots,n-1\}$. 仿欧拉方程式(5.5.3)推导得

$$F_y-\frac{\mathrm{d}}{\mathrm{d}x}F_{y'}+\frac{\mathrm{d}^2}{\mathrm{d}x^2}F_{y''}-\cdots+(-1)^n\frac{\mathrm{d}^n}{\mathrm{d}x^n}F_{y^{(n)}}=0.\tag{5.5.6}$$

例 5.2 求最速下降问题的解.

解 为了方便令 $\alpha=0$,最速下降问题已化为变分问题

$$\min\int_{x_0}^{x_1}\sqrt{\frac{1+(y')^2}{2gy}}\mathrm{d}x,\tag{5.5.7}$$

$$y(x_0)=y_0,\quad y(x_1)=y_1,$$

这里 $F(x,y,y')=\dfrac{1}{\sqrt{2g}}\sqrt{\dfrac{1+(y')^2}{y}}$,不显含 x,故欧拉方程为

$$F_y-F_{y'y}y'-y''F_{y'y'}=0.\tag{5.5.8}$$

两边乘 y' 后,得

$$\frac{\mathrm{d}}{\mathrm{d}x}(F-y'F_{y'})=0\quad 或\quad F-y'F_{y'}=C,\tag{5.5.9}$$

则积分后,得

$$\sqrt{\frac{1+(y')^2}{y}}-\frac{(y')^2}{\sqrt{y[1+(y')^2]}}=\tilde{C}_1,\tag{5.5.10}$$

化简后,得

$$y[1+(y')^2]=C_1.\tag{5.5.11}$$

引入参数 t,令 $y'=\cot t$,则有

$$\begin{cases}y(1+\cot^2 t)=C_1,\\ \dfrac{\mathrm{d}y}{\mathrm{d}x}=\cot t\end{cases}\quad 或\quad\begin{cases}y=C_1\sin^2 t,\\ \mathrm{d}x=\dfrac{\mathrm{d}y}{\cot t}.\end{cases}\tag{5.5.12}$$

因

$$dx=\frac{2C_1\sin^2 t\cos t\,dt}{\cos t}=2C_1\sin^2 t\,dt=C_1(1-\cos 2t)\,dt,$$

积分后，得

$$x=C_1\left(t-\frac{1}{2}\sin 2t\right)+C_2,$$

得参数方程为

$$\begin{cases}x-C_2=\dfrac{C_1}{2}(2t-\sin 2t),\\ y=\dfrac{C_1}{2}(1-\cos 2t).\end{cases}\tag{5.5.13}$$

它是一簇旋轮线，其中任意常数 C_1,C_2 由边界条件 $y(x_0)=y_0,y(x_1)=y_1$ 确定.

4. 可动边界的变分问题

前面讨论的是两端固定最简泛函的变分问题，在此解除这一限制，允许边界点移动.

不管是固定边界或可动边界，作为泛函的极值函数都应满足欧拉方程，因为如果 $y=y(x)$ 能在可动边界的允许函数类中使泛函 $\int_{x_0}^{x_1}F(x,y,y')\,dx$ 取极值，也必定能在更狭窄的（固定边界的）允许函数类中使泛函取极值，因而必须满足欧拉方程，先设左端点固定，右端点可变动的情况，即固定 (x_0,y_0) 而 (x_1,y_1) 中的 x_1 与 y_1 都是可变的.

如图 5-5-2，右端点由 L 上的 $A(x_1,y_1)$ 变到相邻曲线 L' 上的 $D(X_1,Y_1)$，设 L 是一条极端曲线，其方程为 $y=y(x)$，沿 L 满足欧拉方程.

因右端位置变更而引起的横坐标和纵坐标的变化，用符号 δx_1 及 δy_1 表示，即

$$\delta x_1=X_1-x_1=AG,$$

$$\delta y_1=Y_1-y_1=GD=GB+BD.$$

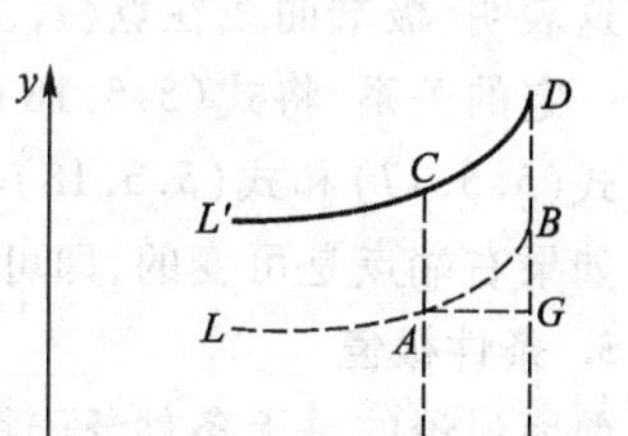

图 5-5-2 可动右边界

略去高阶微量，则

$$GB=y'(x_1)\delta x_1,$$

$$BD=AC=\delta y\Big|_{x=x_1}.$$

于是

$$\delta y_1=y'(x_1)\delta x_1+\delta y\Big|_{x=x_1}.\tag{5.5.14}$$

注意，δy_1 与 $\delta y\Big|_{x=x_1}$ 的区别在于 δy_1 是可变端点的纵坐标差，$\delta y\Big|_{x=x_1}$ 是同一横坐

标 x_1 上比较曲线 L'上一点 C 与 L 上一点 A 的纵坐标差.

由结论 1,结论 2 得

$$\frac{\partial}{\partial\alpha}\int_{x_0}^{x_1+\alpha\delta x_1}F(x,y+\alpha\delta y,y'+\alpha\delta y')\mathrm{d}x\bigg|_{\alpha=0}=0, \tag{5.5.15}$$

$$\int_{x_0}^{x_1+\alpha\delta x_1}(F_y\delta y+F_{y'}\delta y')\mathrm{d}x\bigg|_{\alpha=0}+F(x_1+\alpha\delta x_1,y+\alpha\delta y,y'+\alpha\delta y')\cdot\delta x_1\bigg|_{\substack{\alpha=0\\x=x_1}}$$

$$=\int_{x_0}^{x_1}\left(F_y-\frac{\mathrm{d}}{\mathrm{d}x}F_{y'}\right)\delta y\mathrm{d}x+F_{y'}\delta y\bigg|_{x=x_1}-F_{y'}\delta y\bigg|_{x=x_0}+F\bigg|_{x=x_1}\cdot\delta x_1.$$

注意到 $F_y-\frac{\mathrm{d}}{\mathrm{d}x}F_{y'}=0,\delta y\Big|_{x=x_0}=0$ 以及式(5.5.14),于是

$$(F-y'F_{y'})_{x=x_1}\delta x_1+F_{y'}\Big|_{x=x_1}\delta y_1=0. \tag{5.5.16}$$

现在分两种情况来考虑:

(1) δy_1 与 δx_1 无关,这时由于 δy_1 与 δx_1 的任意性,应有

$$\begin{cases}(F-y'F_{y'})\Big|_{x=x_1}=0,\\ F_{y'}\Big|_{x=x_1}=0.\end{cases} \tag{5.5.17}$$

由此确定端点(x_1,y_1)的位置.

(2) 若 $y_1=\varphi(x_1)$,即右端点在端点曲线 $y=\varphi(x)$ 上变动,这时 $\delta y_1=\varphi'\delta x_1$,故式(5.5.16)化为$[F-(y'-\varphi')F_{y'}]_{x=x_1}\delta x_1=0$,由 δx_1 的任意性,边界条件归结为

$$[F-(y'-\varphi')F_{y'}]_{x=x_1}=0. \tag{5.5.18}$$

这表明,极端曲线在点(x_1,y_1)处的斜率 y'与端点曲线在该点处的斜率 φ'存在着一定的关系.将式(5.5.18)与 $y_1=\varphi(x_1)$联立即可确定端点(x_1,y_1)的位置.

式(5.5.17)和式(5.5.18)都称为横截条件.

如果右端点是可变的,即可同样得出一对确定(x_0,y_0)的方程(横截条件).

5. 条件极值

前面讨论的是无条件泛函极值问题,而最优控制涉及的通常是条件极值,典型形式为

$$J(u(x))=\int_{x_0}^{x_1}F(x,y(x),u(x))\mathrm{d}x, \tag{5.5.19}$$

$$y'(x)=f(x,y(x),u(x)), \tag{5.5.20}$$

其中 $u(x)$是控制函数,$y(x)$是状态函数或称轨线.

问题:求 $u(x)\in U$,使泛函式(5.5.19)在条件式(5.5.20)下达到极值,并且 $y(x)\in S$,这里 U 和 S 分别是 $u(x)$和 $y(x)$的容许集.

用拉格朗日乘子法化条件极值为无条件极值问题，引入乘子函数 $\lambda(x)$ 构造泛函

$$I(y(x),u(x))=\int_{x_0}^{x_1}[F(x,y,u)+\lambda(f(x,y,u)-y')]\mathrm{d}x. \tag{5.5.21}$$

记

$$H(x,y,u)=F(x,y,u)+\lambda f(x,y,u), \tag{5.5.22}$$

H 称为哈密尔顿函数，

$$I(y(x),u(x))=\int_{x_0}^{x}(H-\lambda y')\mathrm{d}x, \tag{5.5.23}$$

则条件极值问题与 $I(y(x),u(x))$ 的无条件极值问题等价.

由欧拉方程得

$$\begin{cases}(H-\lambda y')_y-\dfrac{\mathrm{d}}{\mathrm{d}x}(H-\lambda y')_{y'}=0,\\ (H-\lambda y')_u-\dfrac{\mathrm{d}}{\mathrm{d}x}(H-\lambda y')_{u'}=0,\end{cases} \tag{5.5.24}$$

于是

$$\begin{cases}\dfrac{\partial H}{\partial y}+\lambda'(x)=0,\\ \dfrac{\partial H}{\partial u}=0,\end{cases}$$

从而条件极值问题归为求解

$$\begin{cases}\lambda'(x)=-\dfrac{\partial H}{\partial y},\\ \dfrac{\partial H}{\partial u}=0,\\ y'=f(x,y,u).\end{cases} \tag{5.5.25}$$

最优控制函数 $u(x)$ 和最优状态函数（最优轨线）$y(x)$ 由上述方程组在 $y(x)$ 的端点条件下解出.

5.5.2 产品价格的最佳调整

1. 问题提出

某工厂可在某段时间 $[0,T]$ 上生产总量为 Q 的某产品，据统计得出这种产品的销售量 x 与售价 p 的关系为：$x=a-bp$，其中 a,b 为大于 0 的常数. 为了获得最大的利润，工厂希望制订一个最优的价格函数 $p(t)$.

2. 问题分析与建模

设产品的成本为 q，在销售中产品的成本是不变的，因而 q 是常数，所以 t 时

刻每件产品的利润为 $p(t)-q$. 又因为 t 时刻的销售量为 $a-bp(t)$,所以 t 时刻的利润为 $(p(t)-q)(a-bp(t))$.

在整个销售过程 $[0,T]$ 中总利润为

$$\int_0^T (p(t)-q)(a-bp(t))\mathrm{d}t, \tag{5.5.26}$$

而且 $p(t)$ 还要满足约束条件

$$\int_0^T (a-bp(t))\mathrm{d}t=Q. \tag{5.5.27}$$

即考虑泛函极值问题

$$\begin{aligned} \min \quad & J=\int_0^T (p(t)-q)(a-bp(t))\mathrm{d}t, \\ \text{s. t.} \quad & \int_0^T (a-bp(t))\mathrm{d}t=Q. \end{aligned} \tag{5.5.28}$$

3. 模型求解

式(5.5.28)是一个有条件的泛函极值问题,可以构造哈密尔顿函数求解. 或者直接将有条件的泛函极值问题转化为无条件的泛函极值问题,用欧拉方程求解. 方法如下:

利用拉格朗日乘子法将式(5.5.28)化为

$$J(p(t))=\int_0^T [(p(t)-q)(a-bp(t))+\lambda(a-bp(t)]\mathrm{d}t. \tag{5.5.29}$$

注意到 $F=(p(t)-q)(a-bp(t)+\lambda(a-bp(t))$ 中没有 $p'(t)$,故它的欧拉方程为

$$\frac{\mathrm{d}}{\mathrm{d}p}[(p-q)(a-bp)+\lambda(a-bp)]=0, \tag{5.5.30}$$

解得

$$p=\frac{a+bq-b\lambda}{2b}. \tag{5.5.31}$$

说明最优定价是一个常数. 将式(5.5.31)代入式(5.5.27),得

$$\int_0^T \left(a-\frac{a+bq-b\lambda}{2}\right)\mathrm{d}t=Q,$$

可以确定 $\lambda=\dfrac{2Q-aT+bqT}{bT}$,从而得到最优定价

$$p=\frac{aT-Q}{bT} \quad (0\leqslant t\leqslant T). \tag{5.5.32}$$

4. 进一步讨论

如果进一步假设,在销售的过程中,由于存贮、运输中损坏等因素的影响,成本 q 不是常数,它的相对增长率为 $\alpha>0$,即设

$$\frac{\mathrm{d}q}{\mathrm{d}t}=\alpha q(t),\quad q\bigg|_{t=0}=q_0,\tag{5.5.33}$$

解出式(5.5.33)中的 $q(t)=q_0\mathrm{e}^{\alpha t}$.

为了求解最优定价 $p(t)$，只要把 $q(t)$ 代入式(5.5.31)，得

$$p(t)=\frac{a+bq_0\mathrm{e}^{\alpha t}-b\lambda}{2b}.\tag{5.5.34}$$

将上式(5.5.34)代入式(5.5.27)，在确定 λ 后可得

$$p(t)=\frac{aT-Q}{bT}+\frac{bq_0T\mathrm{e}^{\alpha t}-\frac{q_0}{\alpha}(\mathrm{e}^{\alpha T}-1)}{2bT}.\tag{5.5.35}$$

当 α 很小时，利用近似式 $\mathrm{e}^{\alpha t}\approx 1+\alpha t$ 代入式(5.5.35)，得

$$p(t)\approx\frac{aT-Q}{bT}+\frac{q_0\alpha}{2}t.\tag{5.5.36}$$

5.5.3 赛跑的速度

1. 问题提出

参加赛跑的运动员要根据自己的生理状况对赛程中各阶段的速度作出最恰当的安排，以期获得最好的成绩. 寻求速度安排的最佳策略是一个涉及生理力学的复杂问题. T. B. Keller 提出了一个简单模型，根据 4 个生理参数从最优控制的角度确定赛程中的速度函数，并可以预测比赛成绩.

按照 Keller 的模型，短跑比赛应该用最大冲力跑完全程，对于中长跑则要将距离分为 3 段，先用最大冲力起跑，然后匀速跑过大部分赛程，最后把贮存在体内的能量用完，靠惯性过终点.

2. 问题分析

运动员在赛跑过程中克服体内外的阻力以达到或保持一定速度，需要发挥出向前的冲力. 为冲力做功提供能量有两个来源，一是呼吸和循环系统通过氧的新陈代谢作用产生的与吸入氧量等价的能量，二是赛跑前贮存在身体内的供赛跑用的能量. 对于前者可以合理地假设在赛跑过程中保持常数，而后者则有一个如何将贮存能量分配到赛程的各个阶段，并恰在到达终点前将其用完的问题.

模型需要确定三个关系. 一是冲力与速度的关系，二是冲力做功与上述两个能量来源的关系，三是速度与比赛成绩的关系. 虽然比赛成绩指的是一定赛程所用的时间，但是在用数学工具处理时可以等价为一定时间所跑的距离，于是最佳成绩将归结为以距离为目标泛函的，与速度、冲力、贮存能量等函数有关的极值问题. 这个问题的一般解过于复杂，Keller 把它简化了.

由以上分析还可以看出模型需要 4 个生理参数:运动员能发挥的最大冲力;体内外的阻力系数;氧的新陈代谢作用在单位时间内所提供的能量;体内贮存能量的初值. 在 Keller 的模型中,这些参数是用世界纪录创造者的成绩估计出来的.

3. 模型假设

需要对赛跑中的阻力作出假设,以确定冲力与速度的关系,还要对氧的代谢作用提供的能量作出假设,以建立能量供给与消耗间的平衡.

(1) 赛跑时体内的阻力与速度成正比,比例系数为 τ^{-1};运动员能发挥的最大冲力为 F,初速为零.

(2) 呼吸和循环系统在氧的代谢作用下单位时间提供的能量是常数 σ,初始时刻体内贮存的供赛跑用的能量是 E_0.

实际上,上述参数因人而异,特别是与运动员的体重有关. 为了消除这个因素的影响,我们对运动员的单位质量建模,即在下面各式中均设质量 $m=1$.

4. 模型建立与求解

一般模型 设运动员以速度函数 $v(t)$ 跑完赛程 D 的时间为 T,则

$$D(v(t))=\int_0^T v(t)\,\mathrm{d}t. \tag{5.5.37}$$

D 已知时,求 $v(t)$ 使 T 达到最小,等价于 T 固定求 $v(t)$ 使 D 达到最大,后一问题较便于研究.

运动员的冲力记作 $f(t)$,由假设(1),根据牛顿第二定律可以得到

$$\frac{\mathrm{d}v(t)}{\mathrm{d}t}+\frac{v}{\tau}=f(t), \tag{5.5.38}$$

$$v(0)=0, \tag{5.5.39}$$

$$0\leqslant f(t)\leqslant F. \tag{5.5.40}$$

运动员体内贮存的能量记作 $E(t)$,其变化率为单位时间提供的能量 σ 与消耗的能量 fv 之差,即

$$\frac{\mathrm{d}E(t)}{\mathrm{d}t}=\sigma-fv, \tag{5.5.41}$$

$$E(0)=E_0, \tag{5.5.42}$$

$$E(t)\geqslant 0. \tag{5.5.43}$$

这样构成了在条件式(5.5.38)~式(5.5.43)下以式(5.5.37)的 $D(v(t))$ 为目标函数的泛函极值问题,其中 F,τ,σ,E_0 视为已知参数.

这个一般模型的求解是困难的,因为一旦最优解出现在条件式(5.5.40),式(5.5.43)的边界上(从下面的分析可知实际情况正是这样),变分法就不再适用. 此外,将式(5.5.37),式(5.5.38),式(5.5.41)合并后得到的泛函表达式

$$D(E(t))=\sqrt{2}\int_0^T \mathrm{e}^{-\frac{t}{\tau}}\left[\int_0^t (\sigma-E'(t))\mathrm{e}^{\frac{2s}{\tau}}\mathrm{d}s\right]^{\frac{1}{2}}\mathrm{d}t \tag{5.5.44}$$

过于复杂,即使利用其他方法求解也十分不便.

下面将 Keller 提出的简化方法分成两个模型叙述.

短跑模型 当赛程较短时可以用最大冲力 F 跑完全程,这必然会取得最佳成绩.至于多长的赛程才能用这种方法跑,应以贮存于体内的能量 $E(t)$ 不小于零为标准,由参数 F,τ,σ,E_0 决定.

将 $f(t)=F$ 代入方程(5.5.38),在初始条件下(5.5.39)下的解为

$$v(t)=F\tau(1-\mathrm{e}^{-\frac{t}{\tau}}). \tag{5.5.45}$$

可知速度是递增的.将式(5.5.45)及 $f=F$ 代入式(5.5.41),得

$$\frac{\mathrm{d}E(t)}{\mathrm{d}t}=\sigma-F^2\tau(1-\mathrm{e}^{-\frac{t}{\tau}}). \tag{5.5.46}$$

方程式(5.5.46)在初始条件式(5.5.42)下的解为

$$E(t)=E_0-(F^2\tau-\sigma)t+F^2\tau^2(1-\mathrm{e}^{-\frac{t}{\tau}}). \tag{5.5.47}$$

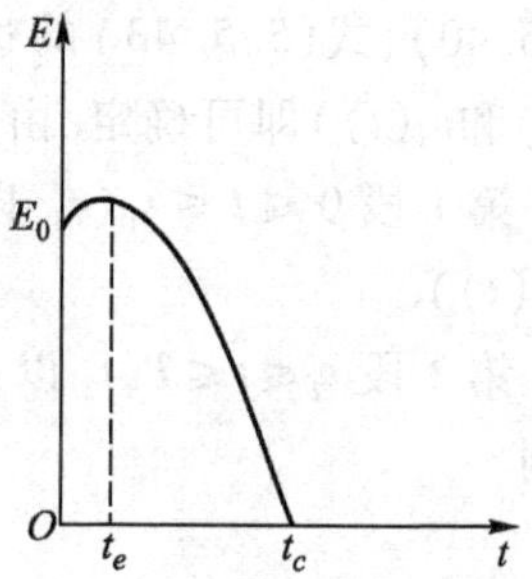

图 5-5-3 体内能量 $E(t)$ 的示图

由式(5.5.46),式(5.5.47)可以画出 $E(t)$ 的示意图 5-5-3,起跑后在很短的时间 $0\leqslant t\leqslant t_e$ 内,由于速度 v 很小,σ 的一部分补充给 $E(t)$(见式(5.5.41)),所以 $E(t)$ 增加;稍后,随着 v 的迅速变大,$E(t)$ 下降,当 $t=t_c$ 时,$E(t)=0$.容易得到

$$t_c=t\,\big|_{E(t)=0},\ t_e=t\,\big|_{\frac{\mathrm{d}E(t)}{\mathrm{d}t}=0}=\tau\ln\frac{F^2\tau}{F^2\tau-\sigma},$$

并且,在这种情况下所能跑得最远距离为

$$D_c=\int_0^{t_c} v(t)\,\mathrm{d}t=F\tau^2\left(\mathrm{e}^{-\frac{t_c}{\tau}}+\frac{t_c}{\tau}-1\right). \tag{5.5.48}$$

为了估计模型中的参数,并算出 t_c 和 D_c,Keller 用若干个当时的短跑世界纪录成绩拟合由式(5.5.37),式(5.5.45)计算的理论结果,得到 F,τ 的估计值为 $F\approx 12.2\ \mathrm{m/s^2},\tau\approx 0.892\ \mathrm{s}$,算出 $t_c\approx 27.63\ \mathrm{s},D_c\approx 291\ \mathrm{m}$,即当小于 291 m 时用最大冲力跑完全程是可行的,并且能够取得最佳成绩(当然是对世界纪录创造者而言).

后来,有人用 1987 年世界锦标赛上约翰逊和路易斯的 100 m 跑成绩(每 10 m的时间记录,如表 5-5-1)对 F,τ 的估计值进行修正.由式(5.5.45)可知最大速度约为 $v_m=F\tau$(因为 $t\gg\tau$),且距离函数为 $x(t)=F\tau[t-\tau(1-\mathrm{e}^{-t/\tau})]$,当 $t\gg\tau$ 时,$x\approx v_m(t-\tau)$.于是从表 5-5-1 可以得到 $v_m=11.6\ \mathrm{m/s},\tau\approx 1.24\ \mathrm{s}$ 或 1.34 s.

考虑到起跑的反应时间,取 $\tau\approx1.06$ s 或 1.16 s,而 $F\approx10.4\ \mathrm{m/s^2}$ 或 $10\ \mathrm{m/s^2}$.

表 5-5-1 约翰逊的成绩 t_1 和路易斯的成绩 t_2

x(m)	10	20	30	40	50	60	70	80	90	100
t_1(s)	1.84	2.86	3.80	4.67	5.53	6.38	7.23	8.10	8.96	9.83
t_2(s)	1.94	2.96	3.91	4.78	5.64	6.50	7.36	8.22	9.07	9.93

中长跑模型 当赛程大于 D_c 时,设想将全程分为 3 段:初始阶段 $0\leqslant t\leqslant t_1$ 以最大冲力 $f(t)=F$ 跑,以便在短时间内获得尽可能的高速度;最后阶段 $t_2\leqslant t\leqslant T$ 把体内贮存能量用完,即 $E(t)=0$,靠惯性冲刺;中间阶段 $t_1\leqslant t\leqslant t_2$ 保持匀速.可以看出,由于在第 1,3 段分别把控制函数 $f(t)$,$E(t)$ 确定在约束条件式(5.5.40),式(5.5.43)的边界上,且取常值,从而这两阶段的速度(分别记作 $v_1(t)$ 和 $v_3(t)$)即可确定.由此不难进一步求出中间阶段的 $v_2(t)=v_2$(常数).

第 1 段 $0\leqslant t\leqslant t_1$($t_1$ 以后确定),$v_1(t)$ 由式(5.5.45)表示(将 $v(t)$ 写作 $v_1(t)$).

第 3 段 $t_2\leqslant t\leqslant T$($t_2$ 以后确定),将 $E(t)=0$ 代入式(5.5.41),式(5.5.38),得到

$$\frac{1}{2}\frac{\mathrm{d}}{\mathrm{d}t}v_3^2+\frac{v_3^2}{\tau}=\sigma. \tag{5.5.49}$$

式(5.5.49)在条件 $v_3(t_2)=v_2$ 下的解为

$$v_3(t)=\left[(v_2^2-\sigma t)\mathrm{e}^{-\frac{2(t-t_2)}{\tau}}+\sigma\tau\right]^{\frac{1}{2}}. \tag{5.5.50}$$

$v_3(t)$ 是单调减和下凸的($v_3'(t)<0,v''_3(t)>0$).

第 2 段 $t_1\leqslant t\leqslant t_2$,$v_2$ 由目标泛函式(5.5.37)$D(v(t))$ 达到最大来确定,这里

$$D(v(t))=\int_0^{t_1}v_1(t)\,\mathrm{d}t+v_2(t_2-t_1)+\int_{t_2}^{T}v_3(t)\,\mathrm{d}t. \tag{5.5.51}$$

为了得到 $E(t_2)=0$ 的条件,由式(5.5.38),式(5.5.41)及式(5.5.42)解 $E(t)$,得到

$$E(t)=E_0+\sigma t-\frac{v^2(t)}{2}-\frac{1}{\tau}\int_0^t v^2(t)\,\mathrm{d}t. \tag{5.5.52}$$

令 $t=t_2$,并将式(5.5.45)代入,得

$$E(t_2)=E_0+\sigma t_2-\frac{v_2^2}{2}-\int_0^{t_1}F^2\tau(1-\mathrm{e}^{-t/\tau})^2\,\mathrm{d}t-\frac{v_2^2(t_2-t_1)}{\tau}. \tag{5.5.53}$$

问题归结为在条件 $E(t_2)=0$ 下求 v_2,t_2,使式(5.5.51)表示的 $D(v(t))$ 最大.

用待定常数 λ 构造函数

$$I(v(t),t_2)=D(v(t))+\frac{\lambda}{2}E(t_2). \tag{5.5.54}$$

不妨将右端与 v_2 和 t_2 无关的项略去，写成

$$I(v(t),t_2)=\int_{t_2}^{T}v_3(t)\,\mathrm{d}t+\frac{\lambda\sigma}{2}t_2-\frac{\lambda}{4}v^2(t_2)+\left(v_2-\frac{\lambda v_2^2}{2\tau}\right)(t_2-t_1). \tag{5.5.55}$$

v_2,t_2 为最优解的必要条件是

$$v_2=\frac{\tau}{\lambda}, \tag{5.5.56}$$

$$2\int_{t_2}^{T}\left[(v_2^2-\sigma\tau)\mathrm{e}^{-\frac{2(t-t_2)}{\tau}}+\sigma\tau\right]^{-\frac{1}{2}}\mathrm{e}^{-\frac{2(t-t_2)}{\tau}}\mathrm{d}t=\lambda. \tag{5.5.57}$$

至此，3 个阶段的 $v(t)$ 分别由式(5.5.45)，式(5.5.50)和式(5.5.56)给出，剩下的问题是确定 t_1,t_2 和 λ.

利用 $v(t)$ 在 $t=t_1$ 处的连续性，由式(5.5.45)和式(5.5.56)得

$$\lambda F(1-\mathrm{e}^{-\frac{t_1}{\tau}})=1. \tag{5.5.58}$$

将式(5.5.56)代入式(5.5.53)后令其为 0，得

$$E_0+\sigma t_2-\frac{\tau^2}{2\lambda^2}-\int_0^{t_1}F^2\tau(1-\mathrm{e}^{-\frac{t}{\tau}})^2\mathrm{d}t-\frac{\tau}{\lambda^2}(t_2-t_1)=0. \tag{5.5.59}$$

将式(5.5.56)代入式(5.5.57)并积分，得到

$$2\left[(\tau^2-\lambda^2\sigma\tau)\mathrm{e}^{-\frac{2(T-t_2)}{\tau}}+\lambda^2\sigma\tau\right]^{\frac{1}{2}}-2\tau=\lambda^2\sigma-\tau. \tag{5.5.60}$$

t_1,t_2,λ 由式(5.5.58)～式(5.5.60)确定.

以上模型中的参数 F,τ 已在前面估计出，Keller 又用一些中长跑世界纪录得到 σ 和 E_0 的估计值：$\sigma=41.5\ \mathrm{m^2/s^3}$，$E_0=2403.5\ \mathrm{m^2/s^3}$.

5. 模型解释

中长跑模型的速度函数由 3 段组成，示意图如图 5-5-4. 对于最后一段(通常有一两秒钟)速度的下降，Keller 的解释是：像汽车比赛到终点前将燃料用完，靠惯性冲过终点一样，赛跑的最佳策略应该是把贮存在体内供赛跑用的能量全部耗尽，借助惯性冲刺，这必导致短暂的速度下降. 单从赛跑所用的时间来看，比如一名运动员测验自己的成绩，这样做是最优的. 而在实际比赛中当运动员与对手势均力敌时，从击败对手取得好名次的目的出发，需要按照实际情况巧妙地安排自己的速度，这已不是本模型讨论的范

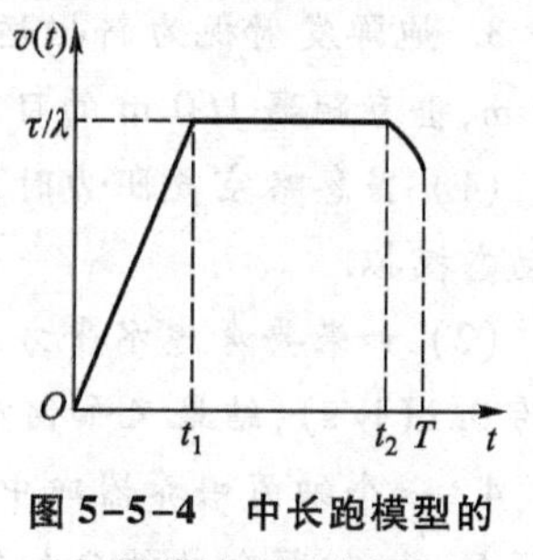

图 5-5-4 中长跑模型的最佳速度示意图

围了.

6. 评注

Keller 对赛跑的一般模型式(5.5.37)～式(5.5.43)提出了分段解法,虽然没有严格证明它的解就是式(5.5.37)～式(5.5.43)的最优解,但是从分析过程和实际检验可以看出这种简化方法是合理的.另一方面,模型本身也存在着一些不合适的地方,例如对短跑和中长跑的所有赛程用了同一组生理参数,而短跑和中长跑运动员的这些参数可能有较大差别.还有,运动员达到一定的高速度后不可能持续地发挥自己的最大冲力,短跑模型和中长跑模型中最初阶段的速度式(5.5.45)需要修正.尽管如此,这个模型在把动力学与生理学结合,用建模方法讨论体育运动问题上,为人们提供了示范.后来,不断有人继续研究赛跑的数学模型,对生理参数的估计值作出修正,并且考虑空气阻力、海拔高度等因素的影响.

习 题 5

1. 某建筑工程打地基时需用汽锤将桩打进土层,汽锤每次击打都将克服土层对桩的阻力而做功.设土层对桩的阻力大小与桩被打进地下的深度成正比,其比例系数为 $k(k>0)$.已知汽锤击打桩三次后,可将桩打进地下 a m.根据设计方案,要求汽锤每次击打桩时所做的功与前一次击打时所做的功之比为常数 $r(0<r<1)$.

(1) 求汽锤第一次击打将桩打进地下的深度;

(2) 若击打次数不限,问汽锤至多能将桩打进地下多深?

2. 建立铅球投掷模型,不考虑阻力,设铅球初速度为 v,出手高度为 h,出手角度为 α(与地面夹角),建立投掷距离与 v,h,α 的关系式,并在 v,h 一定的条件下求最佳出手角度.根据国内外优秀运动员铅球投掷数据,检验与进一步讨论.

3. 炮弹发射视为斜抛运动,已知初始速度为 200 m/s,问要击中水平距离 360 m,垂直距离 160 m 的目标,

(1) 当忽略空气阻力时,发射角应多大?此时炮弹的运行轨迹如何?试进行动态模拟.

(2) 如果要考虑水平方向的阻力,且设阻力与(水平方向)速度成正比,系数为 0.1(1/s),结果又如何?此时炮弹的运行轨迹如何?试进行动态模拟.

4. 一个细菌培养器皿中细菌的繁殖速度很快,目前器皿中有 100 个细菌,每隔 5 min 细菌个数就会加倍,请仔细分析实际情况,通过合理假设,建立数学模型,给出一个函数表示出 t 时刻的细菌数量.

5. 据统计,浙江省人口增长情况如下表:

年	2001	2002	2003	2004	2005	2006	2007	2008	2009	2010
人口(万人)	4 519.84	4 535.98	4 551.58	4 577.22	4 602.11	4 629.43	4 659.34	4 687.85	4 716.18	4 747.95

试给出最佳拟合曲线,并预测未来10年浙江省人口.

6. 一只游船上有800人,一名游客患了某种传染病,12 h后有3人发病,由于这种传染病没有早期症状,故感染者不能被及时隔离.直升机将在60 h至72 h间将疫苗送到,试估算疫苗送到时患此病的人数.

7. 生活在阿拉斯加海滨的鲑鱼服从Malthus增长模型$\frac{\mathrm{d}p(t)}{\mathrm{d}t}=0.003\,p(t)$,其中$t$以min计.在$t=0$时,一群鲨鱼来到此水域定居,开始捕食鲑鱼.鲨鱼捕杀鲑鱼的速率是$0.001\,p^2(t)$,其中$p(t)$是t时刻鲑鱼总数.此外,由于在它们周围出现意外情况,平均每min有0.002条鲑鱼离开此水域.

(1) 考虑到两种因素,试修正Malthus模型;

(2) 假设在$t=0$时存在100万条鲑鱼,试求鲑鱼总数$p(t)$,并问$t\to\infty$时会发生什么情况?

8. 一条河流的河湾与大湖相连,位于湾上游的小河是造成湾污染的主要因素,另有一座铝厂恰好建在湾旁,也造成污染.当湾中污染物平均浓度达到1.6 mg/l时,铝厂将被迫暂时关闭.假使该湾的容量为4 000 000 L,流入和流出河湾的水流速度均为40 000 L/d,若当前该河湾水中的污染物浓度为0.8 mg/l,河水中污染物的浓度为0.5 mg/l.

(1) 建立湾中水污染状况的模型;

(2) 计算30 d后该河湾水的污染物浓度;

(3) 该河湾水的污染物浓度是否能达到一个稳定值?

(4) 如将4 000 000 mg污染物瞬间排入河水中,求铝厂最多在多长时间之后必须关闭.

9. 设某动物种群划分为年龄跨度为ΔT的年龄组,设ΔT恰为动物的繁殖周期,每隔ΔT时间清点各年龄组的动物数.若某年龄组的动物数增加,就将增加部分捕获.将捕获的动物数与原有动物之比称为捕获系数.若每个年龄组每次捕获系数都相同,就称为稳定捕获.试建立稳定捕获模型,并给出稳定捕获的条件.

10. 设警方对司机饮酒后驾车时血液中酒精含量的规定为不超过80%(mg/ml).现有一起交通事故,在事故发生3 h后,测得司机血液中酒精含量是56%(mg/ml);又过2 h后,测得其酒精含量降为40%(mg/ml).试判断:事故发生时,司机是否违反了酒精含量的规定(设酒精浓度的变化率与酒精含量成正比).

11. 小张年初向工商银行(公积金)贷款 30 万元用于购房,商定月利息 3.675‰,若这笔借款分 30 年还清,并从借后次月开始归还,还款方式如下:

(1) 月等额还本息法(每月还款额相同,其中含利息与本金);

(2) 月等额还本金法(每月还款额不相同,其中含本金部分相同).

请你就上述情况分别列出一般模型,给出第一个月应还多少钱(其中含本金与利息)?

12. 养老保险是保险中的一种重要险种,保险公司将提供不同的保险方案供以选择,分析保险品种的实际投资价值.也就是说,分析如果已知所交保费和保险收入,按年或按月计算实际的利率是多少?保险公司需要用你的保费实际获得至少多少利润才能保证兑现你的保险收益?假设每月交费 200 元至60 岁开始领取养老金,男子若25 岁起投保,届时养老金每月 2 282 元;如 35 岁起投保,届时月养老金 1 056 元.试求出保险公司为了兑现保险责任,每月至少应有多少投资收益率?这也就是投保人的实际收益率.

13. 地高辛是医治心脏病的药物,医生要求病人每天服用 0.1 mg,经过一天时间,病人体内的药物残存量为服入量的一半.(1) 求病人体内每天的药量;(2) 求病人体内地高辛总量的发展趋势.

14. 讨价还价中的数学.在当前市场经济条件下,在商店,尤其是私营个体商店中的商品,所标价格 a 与其实际价值 b 之间,存在着相当大的差距.对购物的消费者来说,希望这个差距越小越好,即希望比值 $\lambda=a:b$ 接近于 1,而商家则希望 $\lambda>1$.

这样,就存在两个问题:第一,商家应如何根据商品的实际价值(或保本价)b 来确定其价格 a 才较为合理?第二,购物者根据商品定价,应如何与商家“讨价还价”?

第一个问题,国家关于零售商品定价有相关规定,但在个体商家实际定价中,常用“黄金数”方法,即按实际价 b 定出的价格 a,使 $b:a\approx0.618$.虽然商品价值 b 位于商品价格 a 的黄金分割点上,考虑到消费者讨价还价,应该说,这样定价还是较为合理的.

对消费者来说,如何“讨价还价”才算合理呢?一种常见的方法是“对半还价法”:消费者第一次减去定价的一半,商家第一次讨价则加上二者差价的一半;消费者第二次还价要减去二者差价的一半;如此等等,直至达到双方都能接受的价格为止.

有人以为,这样讨价还价的结果其理想的最终价格将是原定价的黄金分割点.是这样的吗?试进行定量分析,并给出结果.

15. 建立一个煤矿开采模型.(1) 假设开采对周围环境无破坏,t 时刻已开采

的数量为 $y(t)$,生产率为 $y'(t)$,开采单位数量的煤可获得利润 $P=a-by(t)-cy^2(t)$,其中 a,b,c 为正常数. 若煤矿资源有限,且不考虑折扣因素,试确定$y(t)$,使开采获得最大利润;(2) 若开采对周围环境造成污染,损失函数 $D(y)=y^2$,试确定 $y(t)$,使开采获得最大利润.

16. 人工养殖的水产业(如养殖场中虾的养殖),其产量的增加一般与养殖费(包括饲料、工资、技术费等)成正比. 而当养殖场虾量达到养殖场最大允许虾量时,养殖费投入再大也不会使虾量增加. 但若不投入养殖费,养殖场中的虾将会慢慢死去.

现考虑养殖场中某种虾的养殖与固定努力量捕捞. 用 $x(t)$ 表示养殖场中第 t 月的虾量(单位:kg),用 $y(t)$ 表示第 t 月的月养殖费(单位:元/月). 根据以往经验和市场调查,我们有如下数据:

1) 这种虾的自然死亡率为 λ,$\lambda=0.05$(1/月);

2) 环境容许的最大虾量为 N,$N=10^4$(kg)

3) 在无捕捞和自然死亡的情况下,养殖场虾量 $x(t)$ 的增加速度与月养殖费 $y(t)$ 成正比,其比例系数是 $x(t)$ 的函数;当 $x(t)$ 达到 N 时,此函数为 0;当 $x(t)$ 为 0 时,此函数为常数 α,$\alpha=0.15$(kg/元);

4) 虾的捕捞采用拉网式固定努力量捕捞,即每月的捕捞量与此时养殖场虾量 $x(t)$ 成正比,比例系数为 E. 这种拉网式捕捞每次捕到的虾中出现小虾,中虾,大虾的概率分别为 0.2,0.5,0.3,而捕捞成本为 β,$\beta=0.6$(元/kg);

5) 小虾,中虾,大虾平均每 kg 的批发价格分别为 30 元,42 元和 60 元.

(1) 若某人长期承包这养殖场,要求养殖场中每月的虾量都相等,且月养殖费 $y(t)$ 与该月虾量 $x(t)$ 成正比,比例系数为 a,$a=1.2$(元/kg · 月). 试制定捕捞策略(确定 E),使虾的月利润最大,此时每月养殖场的虾量及利润各是多少?

(2) 若某人承包此养殖场 5 年,且月养殖费 $y(t)$ 与该月虾量 $x(t)$ 成正比,比例系数为 a,又取 $E=0.08$(1/月). 试制定养殖策略(确定 a),使 5 年的总利润最大. 如果初始虾量为 10^3 kg,那么使获利最大的开始捕捞的月份是多少?

(3) 若某人承包此养殖场 5 年,每月按强度 $E=0.1$(1/月)捕捞,试制定养殖场策略(确定养殖费 $y(t)$),使 5 年的总利润最大.

17. 下表给出了历届奥运会男、女跳高冠军成绩.

届	1	2	3	4	5	7	8	9	10	11
年份	1896	1900	1904	1908	1912	1920	1924	1928	1932	1936
男子(m)	1.81	1.90	1.80	1.90	1.93	1.93	1.98	1.94	1.97	2.03
女子(m)								1.59	1.657	1.60

续表

届	14	15	16	17	18	19	20	21	22	23
年份	1948	1952	1956	1960	1964	1968	1972	1976	1980	1984
男子(m)	1.98	2.04	2.12	2.16	2.18	2.24	2.23	2.25	2.36	2.35
女子(m)	1.68	1.67	1.76	1.85	1.90	1.82	1.92	1.93	1.97	2.02
届	24	25	26	27	28	29	30			
年份	1988	1992	1996	2000	2004	2008	2012			
男子(m)	2.38	2.34	2.39	2.35	2.36	2.36	2.38			
女子(m)	2.03	2.02	2.05	2.01	2.06	2.05	2.05			

你是否可以从这些数据中，建立数学模型，分析男、女跳高运动极限成绩.

18. 杭州是我国经济发展最快的城市之一，30 多年来，卫生事业取得了长足发展，形成了市、区及社区医疗服务系统，较好地解决了现有人口的就医问题. 杭州目前人均医疗设施高于全国同类城市平均水平. 然而，随着时间推移，杭州老年人口比例会逐渐增加，产业结构的变化也会影响外来务工人员的数量. 这些都可能导致杭州未来的医疗需求与现在有较大的差异. 未来的医疗需求与人口结构、数量和经济发展等因素相关，合理预测能使医疗设施建设正确匹配未来人口健康保障需求，是保证杭州社会经济可持续发展的重要条件. 请根据杭州人口发展变化态势以及医疗卫生资源投入情况(杭州统计调查信息网(统计年鉴与统计公报)http://www.hzstats.gov.cn/web/，杭州市卫生信息网(卫生统计与医疗信息公示)http://www.hzws.gov.cn/site/index/default.asp)，收集数据，建立针对杭州市具体情况的数学模型，研究分析近十年人口变化特征，预测未来 10 年杭州人口数量和年龄结构的发展趋势，以此为基础预测未来全市和各区医疗床位需求.

第6章 随机方法及其应用

6.1 三种常用的统计方法

6.1.1 多元回归与最优逐步回归

1. 数学模型

由一个或一组非随机变量估计或预测某一随机变量的观测值时，所建立的数学模型称为回归模型，根据回归模型进行的统计分析，叫回归分析，如果这个模型是线性的，则称为线性回归分析. 设可控或不可控的自变量为 $X_1,X_2,\cdots,X_p$；目标函数为 $Y_1,Y_2,\cdots,Y_m$，已测得的 n 组数据为

$$\{X_{l1},X_{l2},\cdots,X_{lp},Y_{l1},Y_{l2},\cdots,Y_{lm}\},l=1,2,\cdots,n, \tag{6.1.1}$$

其中 $Y_{lj}(j=1,2,\cdots,m;l=1,2,\cdots,n)$ 是系统的测试数据，相当于如下多目标系统模型：

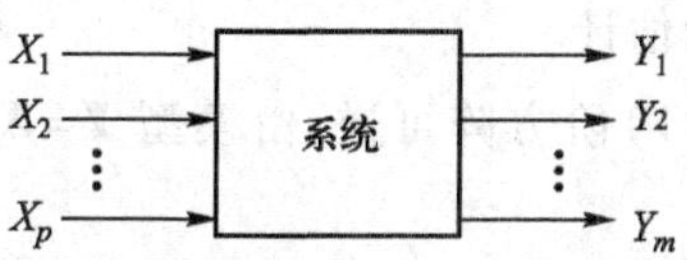

这类问题中最为关键的是从数据式(6.1.1)估计出系统的功能，从数学的角度看，系统的功能可由一组多元函数给出

$$Y_j=f_j(X_1,\cdots,X_p),j=1,\cdots,m. \tag{6.1.2}$$

如果式(6.1.2)中的函数都是线性函数，则称此系统为线性系统，从式(6.1.1)获得式(6.1.2)的整个过程称为线性回归.

为方便起见，不妨设该系统为单目标系统，式(6.1.2)即可简写为函数关系 $Y=f(X_1,X_2,\cdots,X_p)$，且可设为

$$Y=\beta_0+\beta_1X_1+\cdots+\beta_pX_p. \tag{6.1.3}$$

式(6.1.1)可简写为

$$\{X_{l1},X_{l2},\cdots,X_{lp},Y_l\},l=1,2,\cdots,n.$$

由式(6.1.3)可得如下线性模型：

$$\begin{cases}Y_1=\beta_0+\beta_1X_{11}+\beta_2X_{12}+\cdots+\beta_pX_{1p}+\varepsilon_1,\\Y_2=\beta_0+\beta_1X_{21}+\beta_2X_{22}+\cdots+\beta_pX_{2p}+\varepsilon_2,\\\cdots\cdots\cdots\cdots\\Y_n=\beta_0+\beta_1X_{n1}+\beta_2X_{n2}+\cdots+\beta_pX_{np}+\varepsilon_n,\end{cases}\tag{6.1.4}$$

其中 $\varepsilon_i\sim N(0,\sigma)$ 为测量误差，$\varepsilon_1,\varepsilon_2,\cdots,\varepsilon_n$ 相互独立.

令

$$\boldsymbol{\eta}=\begin{pmatrix}Y_1\\Y_2\\\vdots\\Y_n\end{pmatrix},\boldsymbol{\xi}=\begin{pmatrix}1&X_{11}&X_{12}&\cdots&X_{1p}\\1&X_{21}&X_{22}&\cdots&X_{2p}\\\vdots&\vdots&\vdots&&\vdots\\1&X_{n1}&X_{n2}&\cdots&X_{np}\end{pmatrix},\boldsymbol{\beta}=\begin{pmatrix}\beta_0\\\beta_1\\\vdots\\\beta_p\end{pmatrix},\boldsymbol{\varepsilon}=\begin{pmatrix}\varepsilon_1\\\varepsilon_2\\\vdots\\\varepsilon_n\end{pmatrix},$$

可得

$$\boldsymbol{\eta}=\boldsymbol{\xi\beta}+\boldsymbol{\varepsilon}.\tag{6.1.5}$$

式(6.1.5)称为线性回归方程的数学模型.

利用最小二乘估计或极大似然估计，令 $Q=\sum\limits_{i=1}^{n}(Y_i-\beta_0-\beta_1X_{i1}-\cdots-\beta_pX_{ip})^2$，使 $Q=Q_{\min}$，由方程组

$$\begin{cases}\dfrac{\partial Q}{\partial\beta_i}=0,\\i=0,1,2,\cdots,p,\end{cases}\tag{6.1.6}$$

可得系数 $\beta_0,\beta_1,\cdots,\beta_p$ 的估计.

令 $\boldsymbol{A}=\boldsymbol{\xi}^{\mathrm{T}}\boldsymbol{\xi}$，设该 $(p+1)$ 阶方阵可逆，由模型 $\boldsymbol{Y}=\boldsymbol{X\beta}$ 可得：$\boldsymbol{\xi}^{\mathrm{T}}\boldsymbol{\eta}=\boldsymbol{\xi}^{\mathrm{T}}\boldsymbol{\xi\beta}=\boldsymbol{A\beta}$，即有

$$\hat{\boldsymbol{\beta}}=\boldsymbol{A}^{-1}\boldsymbol{\xi}^{\mathrm{T}}\boldsymbol{\eta}.\tag{6.1.7}$$

可以证明式(6.1.6)与式(6.1.5)是同解方程组，它是最优线性无偏估计量，满足很多良好的性质.

2. 模型的分析与检验

设目标函数值 $Y_1,\cdots,Y_n$ 的平均值 $\overline{Y}=\dfrac{1}{n}(Y_1+Y_2+\cdots+Y_n)$，则由公式可计算得总偏差平方和，回归和剩余平方和如下：

$$S_{总}=\sum_{l=1}^{n}(Y_l-\overline{Y})^2,\quad S_{剩}=\sum_{l=1}^{n}(Y_l-\hat{Y}_l)^2,\quad S_{回}=\sum_{l=1}^{n}(\hat{Y}_l-\overline{Y})^2,$$

其中$\hat{Y}_l = X\hat{\boldsymbol{\beta}}$.

令

$$\frac{S_{回}}{\sigma^2} \sim \chi^2(p), \quad \frac{S_{剩}}{\sigma^2} \sim \chi^2(n-p-1), \quad F = \frac{S_{回}/p}{S_{剩}/n-p-1} \sim F(p, n-p-1), \tag{6.1.8}$$

进行假设检验:

$$H_0: \beta_1 = \beta_2 = \cdots = \beta_p = 0; \quad H_1: 至少有一个不为零.$$

对于给定的显著水平 α,结论是:当 $F > F_\alpha(p, n-p-1)$ 时,拒绝 H_0;当 $F \leqslant F_\alpha(p, n-p-1)$ 时,接受 H_0.

当 H_0 被拒绝以后,说明方程式(6.1.2)中系数不全为零,方程配得合理.否则在 H_0 被接受以后,说明方程配得不合适,即变量 $X_1, X_2, \cdots, X_p$ 对目标函数 Y 都没有线性关系,则要从另外的因素角度去考虑该系统.

3. 回归方程系数的显著性检验

假设 $H_0^j: \beta_j = 0$,备选假设 $H_1^j: \beta_j \neq 0, j = 1, 2, \cdots, p$,可以证得

$$\frac{\hat{\beta}_j - \beta_j}{\sqrt{c_{jj}}\,\sigma} \sim N(0,1), F_j = \frac{(\hat{\beta}_j - \beta_j)^2 / c_{jj}}{S_{剩}/n-p-1} \sim F(1, n-p-1), \tag{6.1.9}$$

或者

$$t_j = \frac{\hat{\beta}_j - \beta_j}{\sqrt{S_{剩}/n-p-1}} \sim t(n-p-1), \tag{6.1.9$'$}$$

其中 c_{jj} 是 $A^{-1} = (X^{\mathrm{T}}X)^{-1}$ 的对角线元素.

当 $F_j > F_\alpha(1, n-p-1)$(或 $|t_j| > t_{\frac{\alpha}{2}}(n-p-1)$)时,$\beta_j$ 显著不为零,方程式(6.1.3)中第 j 个变量作用显著.若有某一个系数 $\beta_j = 0$,假设被接受,则应从方程中剔除.然后从头开始进行一次回归分析工作.

4. 回归方程进行预测预报和控制

经过回归分析得到经验回归方程为

$$y = \hat{\beta}_0 + \hat{\beta}_1 x_1 + \cdots + \hat{\beta}_p x_p. \tag{6.1.10}$$

设要在某已知点$(x_{01}, x_{02}, \cdots, x_{0p})$上进行预测,可得点估计:

$$\hat{y}_0 = \hat{\beta}_0 + \hat{\beta}_1 x_{01} + \cdots + \hat{\beta}_p x_{0p}. \tag{6.1.11}$$

下面对预测预报值$\hat{y}_0$进行区间估计,可以证得

$$y - \hat{y}_0 \sim N(0, \sigma b),$$

其中

$$b^2 = 1 + \frac{1}{n} + \sum_{i=1}^{p}\sum_{j=1}^{p} C_{ij}(x_{0i} - \bar{x}_i)(x_{0j} - \bar{x}_j),$$

$$\frac{y-\hat{y}_0}{\sigma b} \sim N(0,1), \frac{S_{剩}}{\sigma^2} \sim x^2(n-p-1), \frac{y-\hat{y}_0}{\sqrt{S_{剩}/n-p-1}} \sim t(n-p-1),$$

得 y_0 的预测区间为

$$\hat{y}_0 - t_{\frac{\alpha}{2}}(n-p-1)\sqrt{\frac{S_{剩}}{n-p-1}} \leqslant y \leqslant \hat{y}_0 + t_{\frac{\alpha}{2}}(n-p-1)\sqrt{\frac{S_{剩}}{n-p-1}}. \qquad (6.1.12)$$

例 6.1 家庭储蓄与家庭收入之间有一定的关系.现从某城市随机抽取 12 个家庭,所得月收入与月储蓄的样本数据如表 6-1-1.

表 6-1-1 12 个家庭的月收入与月储蓄数据

家庭编号	月收入(千元)	月储蓄(千元)	家庭编号	月收入(千元)	月储蓄(千元)
1	9	3	7	22	8
2	13	5	8	20	7
3	15	4	9	23	10
4	17	6	10	28	11
5	18	7	11	30	10
6	26	9	12	33	12

(1) 根据表 6-1-1 中的数据,拟合居民家庭储蓄与家庭月收入的回归直线;

(2) 对家庭储蓄与家庭月收入之间线性关系的显著性进行检验;

(3) 根据(1)中的回归方程,对家庭储蓄与家庭月收入之间的显著程度进行检验;

(4) 根据(1)中的回归方程,取月收入 $x_0=40$ 千元,建立家庭储蓄额置信度为 0.95 的置信区间.

解 (1) 把表中数据代入式(6.1.7),得

$$\boldsymbol{\beta} = \begin{pmatrix} \beta_0 \\ \beta_1 \end{pmatrix} = \begin{pmatrix} -0.328 \\ 0.3777 \end{pmatrix},$$

家庭储蓄与家庭月收入的直线回归方程为 $\hat{y}=-0.328+0.377\,7x$. 回归系数 $\beta_1=0.377\,7$ 表示家庭收入每增加 1 000 元,储蓄额平均增加 377.7 元. 将 x 的各个取值代入上述回归方程,可以得到家庭储蓄额有关的各个估计值.

(2) H_0:假设二者之间的线性关系不显著,H_1:假设二者之间的线性关系

显著.

把数据代入式(6.1.8),得

$$F=\frac{\sum_{j=1}^{12}(\hat{y}_j-\bar{y}_j)^2/1}{\sum_{j=1}^{12}(y_j-\hat{y}_j)^2/(n-2)}=\frac{81.8323/1}{6.8374/(12-2)}\approx 119.6834.$$

取显著性水平 $\alpha=0.05$,根据自由度 $n_1=1$ 和 $n_2=10$,查 $F_{0.05}(1,10)=4.96$. 由于 $F=119.683>F_{0.05}(1,10)=4.96$,拒绝 H_0,说明家庭储蓄与家庭月收入之间的线性关系显著.

(3) $H_0:\beta_1=0,H_1:\beta_1\neq 0$,计算式(6.1.9′)中的 t_1:

$$t_1=\frac{0.3777}{\sqrt{0.82666/573.6667}}\approx 10.5952.$$

取显著性水平 $\alpha=0.05$,自由度 $n-2=10$,查到相应的临界值 $t_{0.05}(10)=2.2281$. 由于 $|t|=10.5952>t_{0.05}=2.2281$,拒绝 H_0,表明 y 关于 x 的线性关系显著.

(4) 当 $x_0=40$ 时,根据回归方程得

$$\hat{y}_0=-0.328+0.3777\times 40\approx 14.78.$$

由式(6.1.12)得 y_0的置信度为 0.95 的置信区间为 $12.35\leqslant y_0\leqslant 17.21$. 也就是说,可以 0.95 的概率保证,当家庭月收入为 40 000 元时,家庭月储蓄在 12 350 到 17 210 之间.

5. 最优逐步回归分析

在线性回归分析中,当经过检验,方程式(6.1.3)作用不显著,即 $H_0^j:\beta_j=0$ 成立,说明 X_j 与 Y 线性关系很弱,要从方程(6.1.3)中剔除出去,然后再重新开始回归,这样做很麻烦. 在统计学里对因子 $X_1,X_2,\cdots,X_p$ 逐个检验,确认它在方程中的作用的显著程度,然后依大到小逐次引入变量到方程,并及时进行检验,去掉作用不显著的因子,依次循环,直到最后无因子可以进入方程,亦无因子从方程中被剔除为止. 这个方法称为最优逐步回归法. 详见有关多元统计分析的文献.

6. 一些简单的非线性回归

对于两个变量 X 和 Y 之间呈现的不是线性关系,而是某种曲线形态时,称二者之间存在非线性关系. 这时 X 和 Y 之间的回归称为一元非线性回归. 非线性回归问题的通常解法是把非线性回归问题转化为线性回归问题. 这里介绍几种常见的曲线函数,并分别给出其线性化方法.

(1) 双曲线

如变量 Y 随 X 的增加而增加,起初增加很快,以后逐渐减慢并趋于稳定,则

可选用双曲函数来拟合它们之间的函数关系. 其方程为

$$Y=\beta_0+\beta_1\frac{1}{X}. \tag{6.1.13}$$

线性化方法:令 $X'=\frac{1}{X}$,则有 $Y=\beta_0+\beta_1X'$.

(2) 幂函数

如变量 X 和 Y 的样本 $X_l,Y_l(l=1,2,\cdots,n)$ 接近于等比变化,即它们的环比分别接近于一个常数,可选幂函数曲线拟合. 其方程为

$$Y=AX^b. \tag{6.1.14}$$

线性化方法:令 $Y'=\ln Y,X'=\ln X,a=\ln A$,则有 $Y'=a+bX'$.

(3) 对数曲线

其方程为

$$Y=a+b\ln X. \tag{6.1.15}$$

线性化方法:$X'=\ln X$,则有 $Y=a+bX'$.

(4) 指数曲线 1

其方程为

$$Y=ae^{\frac{b}{X}} \tag{6.1.16}$$

线性化方法:$Y'=\ln Y,X'=\frac{1}{X},\beta_0=\ln a,\beta_1=b$,则有 $Y'=\beta_0+\beta_1X'$.

(5) 指数曲线 2

其方程为

$$Y=ae^{bX}. \tag{6.1.17}$$

线性化方法:$Y'=\ln Y,\beta_0=\ln a,\beta_1=b$,则有 $Y'=\beta_0+\beta_1X$.

(6) S 型曲线

其方程为

$$Y=\frac{1}{\beta_0+\beta_1e^{-X}}. \tag{6.1.18}$$

线性化方法:$Y'=\frac{1}{Y},X'=e^{-X}$,则有 $Y'=\beta_0+\beta_1X'$.

(7) 多项式

多项式是一种非常常见的非线性回归形式,它的方程为

$$Y=\beta_0+\beta_1X+\cdots+\beta_pX^p. \tag{6.1.19}$$

线性化方法:$X_1=X,X_2=X^2,\cdots,X_p=X^p$,则可线性化为

$$Y=\beta_0+\beta_1X_1+\beta_2X_2+\cdots+\beta_pX_p.$$

例 6.2 炼钢厂出钢时所用的盛钢水的钢包,在使用过程中,由于钢液及炉渣对包衬耐火材料的浸蚀,使其容积不断增大,希望找出使用次数与增大的容积之间的关系. 试验数据如表 6-1-2.

表 6-1-2

使用次数 X	增大容积 Y	使用次数 X	增大容积 Y
2	6.42	10	10.49
3	8.20	11	10.59
4	9.58	12	10.60
5	9.50	13	10.80
6	9.70	14	10.60
7	10.00	15	10.90
8	9.93	16	10.76
9	9.99		

解 先根据实际资料作散点图. 从图中可看出 X 与 Y 之间不存在线性关系. 从图形看,钢包开始使用时浸蚀的速度快,然后逐渐减慢. 显然,钢包容积不会无限增大,它必有一条平行于 Ox 轴的渐近线. 根据这些特点,试拟合指数曲线 $Y=ae^{\frac{b}{X}}$. 对它的两边取对数

$$\ln Y=\ln a+\frac{b}{X}.$$

令 $Y'=\ln Y, X'=\frac{1}{X}, \beta_0=\ln a, \beta_1=b$,则上式可化为线性方程

$$Y'=\beta_0+\beta_1 X'.$$

X' 与 Y' 的数据列于表 6-1-3.

表 6-1-3

$X'=\frac{1}{X}$	$Y'=\ln Y$	X	Y
0.500 0	1.859 4	2	6.42
0.333 3	2.104 1	3	8.20
0.250 0	2.259 7	4	9.58
0.200 0	2.251 3	5	9.50
0.166 7	2.272 1	6	9.70

续表

$X'=\frac{1}{X}$	$Y'=\ln Y$	X	Y
0.142 9	2.302 6	7	10.00
0.125 0	2.295 6	8	9.93
0.111 1	2.301 6	9	9.99
0.100 0	2.350 4	10	10.49
0.090 9	2.359 9	11	10.59
0.083 3	2.360 9	12	10.60
0.076 9	2.379 5	13	10.80
0.071 4	2.360 9	14	10.60
0.066 7	2.388 8	15	10.90
0.062 5	2.375 8	16	10.76

若把 X'与 Y'的数据代入式(6.1.7),则得

$$\begin{pmatrix}\hat{\beta}_0\\ \hat{\beta}_1\end{pmatrix}=\begin{pmatrix}2.457\,8\\ -1.110\,9\end{pmatrix},\quad \hat{a}=\mathrm{e}^{\hat{\beta}_0}=11.679\,1,\quad \hat{Y}=11.679\mathrm{e}^{-\frac{1.110\,9}{X}}.$$

6.1.2 主成分分析

1. 主成分分析的基本思想

在工作和生活中,人们可能会面临许多相互关联的客观条件,在数学上把这些客观条件抽象为若干个随机变量,称这些随机变量为原始随机变量,原始随机变量具有散、多、乱以及彼此相关等特点.为了提高综合利用原始随机变量的能力和更有效地提炼各个原始随机变量所包含的有用信息,有必要用少数几个不相关的随机变量综合多个原始随机变量的绝大部分信息,常用的简便方法是通过线性变换的方法把原始相关的变量变为不相关的少数几个新变量,这就是主成分分析的基本思想.

2. 主成分分析的基本理论

1) 主成分分析的概念

主成分分析是一种常用的多元统计分析(即多指标的统计分析)方法.它是一种化繁为简,将指标数尽可能压缩的降维(即空间压缩)技术,也是一种综合评价方法.它是通过数据挖掘现象发现主要原因重要方法,如食品工业中常常利

用调查数据获得最佳配方.

在实际工作中,常常要对多个指标(即变量)作统计分析.

例 6.3 服装(鞋、帽)定型.

做服装要合身,最好当然是"量体裁衣",各自定做,但这也是最麻烦、最费时费力的.为此希望能大规模大批量地生产成衣、服装,供广大顾客挑选穿用.那么,究竟应该分多少种?哪几种尺码、档次呢?千篇一律固然不行,而按所有人特征的尺寸全部一一分档搭配也行不通.就拿上衣来说,其特征尺寸至少有领长 X_1,袖长 X_2,衣长 X_3,胸围 X_4,袖宽 X_5 等.每个人都有自己的这五个尺寸,要将它们一一分档搭配将不胜其烦(每件上衣得注上五个尺寸).

其实有些尺寸之间往往是互相牵连,彼此相关的,只要抓住绝大多数人的主要差异所在,构造出少数几个足以反映这些差别的综合指标,便可按此综合指标定型分类.

如上衣可按一种综合指标分为 F_1 码(长度),F_2 型(大小胖瘦Ⅰ,Ⅱ,Ⅲ,Ⅳ,Ⅴ型),便可基本上满足大多数人选用.

综上所述,在社会和经济领域中,常常会碰到多指标的统计分析问题.指标个数较多,各指标值之间往往又相互影响、相互牵连,关系相当复杂,给统计分析(即信息提取)工作带来很大困难.

因此,希望能用较少的几个新的综合指标,来代替原来的较多的指标(即尽可能减少指标个数),使问题大大简化.而且要求新的指标:

(1) 尽可能保留原有指标所含有的信息;

(2) 各指标之间不相关,即各自含有的信息不重叠.

这样一种将原来较多的指标简化为少数几个新的综合指标的多元统计方法,叫主成分分析(或主分量分析).新的综合指标称为原指标的主成分,并且按其所含有信息量的大小依次称为第一主成分,第二主成分…….

主成分分析是英国生物统计学家 Kart Pearson 于 1901 年首次对非随机变量引入的(求拟合直线或超平面),而后,又由 Hotelling 将其推广至随机变量.

这一方法在处理解决多指标的统计分析中得到广泛应用,是一种很常用的、行之有效的多元分析方法.

主成分分析的基本任务就是:根据样本的观测值(表 6-1-4),确定应该构造多少个综合指标(主成分),并构造出各主成分的表达式(用 $X_1,X_2,\cdots,X_p$ 来计算的式子).

表 6-1-4

		指标			
		X_1	X_2	…	X_p
样本	1	x_{11}	x_{12}	…	x_{1p}
	2	x_{21}	x_{22}	…	x_{2p}
	⋮	⋮	⋮		⋮
	n	x_{n1}	x_{n2}	…	x_{np}

常将上述观测数据记为矩阵

$$\boldsymbol{X}_{n\times p}=\begin{pmatrix} x_{11} & x_{12} & \cdots & x_{1p} \\ x_{21} & x_{22} & \cdots & x_{2p} \\ \vdots & \vdots & & \vdots \\ x_{n1} & x_{n2} & \cdots & x_{np} \end{pmatrix}.$$

2) 主成分的表达式

下面进一步给出主成分的严格数学定义及数学表达式.

假定有 p 个随机变量(指标)$X_1,X_2,\cdots,X_p$,组成一个 p 维随机向量 $\boldsymbol{X}=(X_1,X_2,\cdots,X_p)^{\mathrm{T}}$,不妨设 $E\boldsymbol{X}=(EX_1,EX_2,\cdots,EX_p)^{\mathrm{T}}=\boldsymbol{0}$(若 $E\boldsymbol{X}=\boldsymbol{\mu}\neq\boldsymbol{0}$,则考虑 $\boldsymbol{X}-\boldsymbol{\mu}=\boldsymbol{Y}$),

$$\operatorname{cov}(\boldsymbol{X},\boldsymbol{X})\triangleq(\operatorname{cov}(X_i,X_j))_{p\times p}\triangleq(\boldsymbol{\sigma}_{ij})_{p\times p}\triangleq\boldsymbol{V}$$

(不难证明,$\boldsymbol{V}^{\mathrm{T}}=\boldsymbol{V}$(对称阵)).

$\sum\limits_{i=1}^{p}\boldsymbol{\sigma}_{ii}\triangleq\boldsymbol{\sigma}^2$(原指标所包含的信息总量)称为系统总方差.

如何由这 p 个变量(指标)构造出满足上节中所要求的综合指标呢?为简便计,考虑 p 个原变量的线性组合

$$\alpha_1X_1+\alpha_2X_2+\cdots+\alpha_pX_p=\boldsymbol{\alpha}^{\mathrm{T}}\boldsymbol{X},$$

其中,$\boldsymbol{\alpha}=(\alpha_1,\alpha_2,\cdots,\alpha_p)^{\mathrm{T}}$.

要使这个综合指标尽可能保留原有变量所具有的信息,也就是要求新变量 $\boldsymbol{\alpha}^{\mathrm{T}}X$ 的方差

$$D(\boldsymbol{\alpha}^{\mathrm{T}}\boldsymbol{X})=\boldsymbol{\alpha}^{\mathrm{T}}(D\boldsymbol{X})\boldsymbol{\alpha}=\boldsymbol{\alpha}^{\mathrm{T}}\operatorname{cov}(\boldsymbol{X},\boldsymbol{X})\boldsymbol{\alpha}=\boldsymbol{\alpha}^{\mathrm{T}}\boldsymbol{V}\boldsymbol{\alpha}$$

尽可能大.若对 $\boldsymbol{\alpha}$ 不加任何限制,则 $\boldsymbol{\alpha}^{\mathrm{T}}\boldsymbol{V}\boldsymbol{\alpha}$ 可以任意大,问题失去意义.

一般限制 $\boldsymbol{\alpha}^{\mathrm{T}}\boldsymbol{\alpha}=1$(即长度为 1),称这种长度为 1 的向量 $\boldsymbol{\alpha}$ 为规格化(或标准化)向量.$F\triangleq\{\boldsymbol{\alpha}\mid\boldsymbol{\alpha}^{\mathrm{T}}\boldsymbol{\alpha}=1\}$ 称为规格化向量集合.于是我们的问题可归结为

(1) 寻找 $\boldsymbol{\alpha}_1=(\alpha_{11},\cdots,\alpha_{1p})^{\mathrm{T}}\in F$,使 $D(\boldsymbol{\alpha}_1^{\mathrm{T}}\boldsymbol{X})=\boldsymbol{\alpha}_1^{\mathrm{T}}\boldsymbol{V}\boldsymbol{\alpha}_1$ 达到最大.从而构造

出含有最大信息量的第一个综合指标(主成分)$Z_1=\boldsymbol{\alpha}_1^{\mathrm{T}}\boldsymbol{X}$.

这是求条件极值问题,由拉格朗日乘数法,可取目标函数

$$Q=\boldsymbol{\alpha}_1^{\mathrm{T}}\boldsymbol{V}\boldsymbol{\alpha}_1-\lambda(\boldsymbol{\alpha}_1^{\mathrm{T}}\boldsymbol{\alpha}_1-1),$$

其中 λ 为拉格朗日乘数因子. 然后令$\left(\frac{\partial Q}{\partial \alpha_{11}},\cdots,\frac{\partial Q}{\partial \alpha_{1p}}\right)^{\mathrm{T}}=\mathbf{0}$,得 $2\boldsymbol{V}\boldsymbol{\alpha}_1-2\lambda\boldsymbol{\alpha}_1=\mathbf{0}$,亦即$(\boldsymbol{V}-\lambda\boldsymbol{I})\boldsymbol{\alpha}_1=\mathbf{0}$. 要使此方程有非零解,则$|\boldsymbol{V}-\lambda\boldsymbol{I}|=0$,从而 λ 应为 $\boldsymbol{V}$ 的特征值,而 $\boldsymbol{\alpha}_1$ 则为与 λ 对应的规格化特征向量. 而且

$$D(\boldsymbol{\alpha}_1^{\mathrm{T}}\boldsymbol{X})=\boldsymbol{\alpha}_1^{\mathrm{T}}\boldsymbol{V}\boldsymbol{\alpha}_1=\boldsymbol{\alpha}_1^{\mathrm{T}}\lambda\boldsymbol{\alpha}_1=\lambda\boldsymbol{\alpha}_1^{\mathrm{T}}\boldsymbol{\alpha}_1=\lambda.$$

可见 λ 应取 $\boldsymbol{V}$ 的最大特征根,记为 λ_1,而 $\boldsymbol{\alpha}_1$ 则为 λ_1 对应的规格化特征向量.

(2) 寻求 $\boldsymbol{\alpha}_2=(\alpha_{21},\cdots,\alpha_{2p})^{\mathrm{T}}$,使得 $\boldsymbol{\alpha}_2^{\mathrm{T}}\boldsymbol{X}$ 与 $\boldsymbol{\alpha}_1^{\mathrm{T}}\boldsymbol{X}$ 不相关,且 $D(\boldsymbol{\alpha}_2^{\mathrm{T}}\boldsymbol{X})=\boldsymbol{\alpha}_2^{\mathrm{T}}\boldsymbol{V}\boldsymbol{\alpha}_2$ 达到最大,从而构造出第二综合指标(主成分)

$$Z_2=\boldsymbol{\alpha}_2^{\mathrm{T}}\boldsymbol{X}.$$

即寻求满足条件

$$\boldsymbol{\alpha}_2^{\mathrm{T}}\boldsymbol{\alpha}_2=1,$$

$$\operatorname{cov}(\boldsymbol{\alpha}_1^{\mathrm{T}}\boldsymbol{X},\boldsymbol{\alpha}_2^{\mathrm{T}}\boldsymbol{X})=\boldsymbol{\alpha}_1^{\mathrm{T}}\boldsymbol{V}\boldsymbol{\alpha}_2=\boldsymbol{\alpha}_2^{\mathrm{T}}\boldsymbol{V}\boldsymbol{\alpha}_1=\boldsymbol{\alpha}_2^{\mathrm{T}}\lambda_1\boldsymbol{\alpha}_1=\lambda_1\boldsymbol{\alpha}_2^{\mathrm{T}}\boldsymbol{\alpha}_1=\mathbf{0},$$

且使 $D(\boldsymbol{\alpha}_2^{\mathrm{T}}\boldsymbol{X})=\boldsymbol{\alpha}_2^{\mathrm{T}}\boldsymbol{V}\boldsymbol{\alpha}_2$ 达到最大的 $\boldsymbol{\alpha}_2$.

取 $Q=\boldsymbol{\alpha}_2^{\mathrm{T}}\boldsymbol{V}\boldsymbol{\alpha}_2-\lambda(\boldsymbol{\alpha}_2^{\mathrm{T}}\boldsymbol{\alpha}_2-1)-2\rho\boldsymbol{\alpha}_2^{\mathrm{T}}\boldsymbol{\alpha}_1$,其中 λ,ρ 为乘数因子,令$\left(\frac{\partial Q}{\partial \alpha_{21}},\cdots,\frac{\partial Q}{\partial \alpha_{2p}}\right)^{\mathrm{T}}=\mathbf{0}$,得

$$2\boldsymbol{V}\boldsymbol{\alpha}_2-2\lambda\boldsymbol{I}\boldsymbol{\alpha}_2-2\rho\boldsymbol{\alpha}_1=\mathbf{0},$$

亦即

$$\boldsymbol{V}\boldsymbol{\alpha}_2-\lambda\boldsymbol{\alpha}_2-\rho\boldsymbol{\alpha}_1=\mathbf{0}.$$

用 $\boldsymbol{\alpha}_1^{\mathrm{T}}$ 左乘上式,得

$$\boldsymbol{\alpha}_1^{\mathrm{T}}\boldsymbol{V}\boldsymbol{\alpha}_2-\lambda\boldsymbol{\alpha}_1^{\mathrm{T}}\boldsymbol{\alpha}_2-\rho\boldsymbol{\alpha}_1^{\mathrm{T}}\boldsymbol{\alpha}_1=\mathbf{0},$$

$$\boldsymbol{\alpha}_2^{\mathrm{T}}\lambda\boldsymbol{\alpha}_1-\lambda 0-\rho=0,\quad \rho=0,$$

从而

$$(\boldsymbol{V}-\lambda\boldsymbol{I})\boldsymbol{\alpha}_2=\mathbf{0}.$$

可见 λ 应取 $\boldsymbol{V}$ 的第二大特征值(注意这时 λ 不能再取 λ_1 了),记为 λ_2,而 $\boldsymbol{\alpha}_2$ 则为与 λ_2 对应的规格化特征向量.

(3) 如此下去,寻求 $\boldsymbol{\alpha}_k$,使 $\boldsymbol{\alpha}_k^{\mathrm{T}}\boldsymbol{X}$ 与 $\boldsymbol{\alpha}_i^{\mathrm{T}}\boldsymbol{X}(i=1,2,\cdots,k-1)$不相关,且 $D(\boldsymbol{\alpha}_k^{\mathrm{T}}\boldsymbol{X})=\boldsymbol{\alpha}_k^{\mathrm{T}}\boldsymbol{V}\boldsymbol{\alpha}_k$ 达到最大. 从而构造出第 k 个综合指标

$$Z_k=\boldsymbol{\alpha}_k^{\mathrm{T}}\boldsymbol{X}$$

(即 $\operatorname{cov}(\boldsymbol{\alpha}_k^{\mathrm{T}}\boldsymbol{X},\boldsymbol{\alpha}_i^{\mathrm{T}}\boldsymbol{X})=\boldsymbol{\alpha}_k^{\mathrm{T}}\boldsymbol{V}\boldsymbol{\alpha}_i=\lambda\boldsymbol{\alpha}_k^{\mathrm{T}}\boldsymbol{\alpha}_i=\mathbf{0}$,而 $\boldsymbol{\alpha}_k^{\mathrm{T}}\boldsymbol{V}\boldsymbol{\alpha}_k$ 达到最大). 类似于(2),可以

证明 $\boldsymbol{\alpha}_k$ 应取 V 的第 k 个特征根 λ_k 对应的规格化特征向量.

定义 6.1 称上述方法构造的新变量(综合指标)$Z_1, Z_2, \cdots, Z_p$,分别为第 1,第 2,…,第 p 个主成分.

综合上述(1),(2),(3)可得

定理 6.1 设 $X=(X_1, X_2, \cdots, X_p)'$为 p 维随机向量,

$$\boldsymbol{EX}=0, D(\boldsymbol{X})=\boldsymbol{V}=(\sigma_{ij})_{p\times p}$$

为已知,且 V 的特征根由大到小排列为 $\lambda_1 \geqslant \lambda_2 \geqslant \cdots \geqslant \lambda_p \geqslant 0$,对应的 p 个规格化特征向量分别为 $\boldsymbol{\alpha}_1, \boldsymbol{\alpha}_2, \cdots, \boldsymbol{\alpha}_p$,则 $\boldsymbol{X}$ 的 p 个主成分为 $Z_i=\boldsymbol{\alpha}_i^{\mathrm{T}}\boldsymbol{X}, i=1,2,\cdots,p$.

3) 主成分的性质

记 $\boldsymbol{\alpha}_i=(\alpha_{i1}, \alpha_{i2}, \cdots, \alpha_{ip})^{\mathrm{T}}, i=1,2,\cdots,p, \boldsymbol{A}=(\boldsymbol{\alpha}_1, \boldsymbol{\alpha}_2, \cdots, \boldsymbol{\alpha}_p)$,则

$$\boldsymbol{A}^{\mathrm{T}}=(\boldsymbol{\alpha}_1, \boldsymbol{\alpha}_2, \cdots, \boldsymbol{\alpha}_p)^{\mathrm{T}}=\begin{pmatrix} \alpha_{11} & \alpha_{12} & \cdots & \alpha_{1p} \\ \alpha_{21} & \alpha_{22} & \cdots & \alpha_{2p} \\ \vdots & \vdots & & \vdots \\ \alpha_{p1} & \alpha_{p2} & \cdots & \alpha_{pp} \end{pmatrix}, \ \boldsymbol{Z} \triangleq \begin{pmatrix} Z_1 \\ \vdots \\ Z_p \end{pmatrix}=\begin{pmatrix} \boldsymbol{\alpha}_1^{\mathrm{T}}\boldsymbol{X} \\ \vdots \\ \boldsymbol{\alpha}_p^{\mathrm{T}}\boldsymbol{X} \end{pmatrix}=\boldsymbol{A}^{\mathrm{T}}\boldsymbol{X},$$

其中 $\boldsymbol{A}^{\mathrm{T}}\boldsymbol{A}=\boldsymbol{I}_p$.

性质 1

$$D(\boldsymbol{Z})=D(\boldsymbol{A}^{\mathrm{T}}\boldsymbol{X})=\boldsymbol{A}^{\mathrm{T}}D(\boldsymbol{X})\boldsymbol{A}=\boldsymbol{A}^{\mathrm{T}}\boldsymbol{V}\boldsymbol{A}=\boldsymbol{\Lambda}=\begin{pmatrix} \lambda_1 & & & \\ & \lambda_2 & & \\ & & \ddots & \\ & & & \lambda_p \end{pmatrix},$$

即 $\operatorname{cov}(Z_i, Z_j)=\begin{cases} \lambda_i, & i=j, \\ 0, & i \neq j \end{cases}$ ($\boldsymbol{Z}$ 的各分量互不相关).

性质 2 $\sum\limits_{i=1}^{p} \lambda_i = \sum\limits_{i=1}^{p} \sigma_{ii}$ (系统总方差不变).

因 $\operatorname{tr}(\boldsymbol{\Lambda})=\operatorname{tr}[D(\boldsymbol{Z})]=\operatorname{tr}(\boldsymbol{A}^{\mathrm{T}}\boldsymbol{V}\boldsymbol{A})=\operatorname{tr}(\boldsymbol{V}\boldsymbol{A}^{\mathrm{T}}\boldsymbol{A})=\operatorname{tr}(\boldsymbol{V})$.

定义 6.2 称 $V_k=\lambda_k \Big/ \sum\limits_{j=1}^{p} \lambda_j$ 为第 k 个主成分 Z_k 的方差贡献率(信息量),

$$CV_k = \sum_{i=1}^{k} V_i = \sum_{i=1}^{k} \lambda_i \Big/ \sum_{i=1}^{p} \lambda_j$$

为前 k 个主成分 $Z_1, \cdots, Z_p$ 的积累方差贡献率.

性质 3 $\rho(Z_k, X_i)=\sqrt{\lambda_k \alpha_{ki}} / \sqrt{\sigma_{ii}}, i=1,2,\cdots,p$.

称 $\rho(Z_k, X_i)$ 为第 k 个主成分 Z_k 中原变量 X_i 的载荷,记为 ρ_{ki},称

$$\boldsymbol{A} \triangleq (\rho_{ki})_{m\times p}^{\mathrm{T}}$$

为因子载荷阵，$m\leqslant p$.

性质 4 $\sum_{i=1}^{p}\rho^2(Z_k,X_i)=\frac{\lambda_k}{\sigma_{ii}}$.

性质 5 $\sum_{k=1}^{p}\rho^2(Z_k,X_i)=\frac{1}{\sigma_{ii}}\sum_{k=1}^{p}\lambda_k l_{ki}^2$.

$\boldsymbol{X}$ 为 p 维随机向量$(X_{i1},X_{i2},\cdots,X_{ip})$，$i=1,2,\cdots,n$，则

$$S_{ij}=\frac{1}{n-1}\sum_{k=1}^{n}(X_{ki}-\overline{X}_i)(X_{kj}-\overline{X}_j),\quad \overline{X}_i=\frac{1}{n}\sum_{k=1}^{n}X_{ki},\quad \overline{X}_j=\frac{1}{n}\sum_{k=1}^{n}X_{kj}.$$

很显然，各指标变量之间的协方差 σ_{ij} 及其估计量 $\hat{\sigma}_{ij}=S_{ij}$ 与该指标采用的度量单位有关. 度量单位越小，则指标值越大，而方差也越大. 这样往往突出了单位小、数值大的指标，而贬低以至掩盖了其他指标的作用.

为了消除量纲的这种不合理影响，在实际应用中往往先对样本值进行标准化，即做变换

$$Y_{ij}=\frac{X_{ij}-\overline{X}_j}{\sqrt{S_{jj}}},\quad i=1,2,\cdots,n;\quad j=1,2,\cdots,p,$$

然后再由标准化样本数据 $\boldsymbol{Y}=(Y_{ij})_{n\times p}$ 计算样本协方差阵：

$$\boldsymbol{S}_Y=(S_{ij}^*)_{p\times p},$$

其中

$$S_{ij}^*=\frac{1}{n-1}\sum_{k=1}^{n}(Y_{ki}-0)(Y_{kj}-0)=\frac{1}{n-1}\sum_{k=1}^{n}\frac{X_{ki}-\overline{X}_i}{\sqrt{S_{ii}}}\cdot\frac{X_{kj}-\overline{X}_j}{\sqrt{S_{jj}}}=\frac{S_{ij}}{\sqrt{S_{ii}}\sqrt{S_{jj}}}=r_{ij}$$

（不难看出，$\overline{Y}_i=\frac{1}{n}\sum_{k=1}^{n}\frac{X_{ki}-\overline{X}_i}{\sqrt{S_{ii}}}=\frac{1}{n}\frac{\sum_{k=1}^{n}X_{ki}-n\overline{X}_i}{\sqrt{S_{ii}}}=0,S_{ii}^*=r_{ii}=1,r_{ij}=r_{ji}$）.

因此，实际上是以原数据 $\boldsymbol{X}=(X_{ij})_{n\times p}$ 计算出样本相关系数矩阵 $\boldsymbol{R}=(r_{ij})_{p\times p}$ 代替前面的样本协方差阵 $\boldsymbol{S}$ 做主成分分析.

当原指标系中各指标（变量）之间量纲不同，观测值大小差异悬殊时，一般应采用 R 型主成分分析. 当样本 $X_1,X_2,\cdots,X_p$ 来自正态总体时，若 $n>p,\boldsymbol{\Sigma}>\boldsymbol{O}_{p\times p}$，则 $\overline{\boldsymbol{X}},\boldsymbol{S}=(S_{ij})_{p\times p}$ 分别为 $\boldsymbol{\mu},\boldsymbol{\Sigma}$ 的无偏估计，根据无偏估计代数运算的不变性，可推出 $\boldsymbol{R}=(r_{ij})_{p\times p}$ 也是 $\boldsymbol{\Sigma}$ 的无偏估计.

3. 计算步骤与应用实例

1）主成分分析的计算步骤

(1) 输入样本观测值：$\boldsymbol{X}=(X_{ij})_{n\times p}$.

(2) 计算各指标的样本均值和样本标准差：

$$\overline{X}_j = \frac{1}{n}\sum_{i=1}^{n} X_{ij},\ \sqrt{S_{ij}} = \sqrt{\frac{1}{n-1}\sum_{i=1}^{n}(X_{ij}-\overline{X}_j)^2},\ j=1,2,\cdots,p.$$

(3) 对 X_{ij} 标准化,计算样本相关阵:

令

$$Y_{ij}=\frac{X_{ij}-\overline{X}_j}{\sqrt{S_{ij}}},\ i=1,2,\cdots,n;\ j=1,2,\cdots,p,$$

得标准化数据阵 $\boldsymbol{Y}=(Y_{ij})_{n\times p}$,

$$r_{ij}=\frac{1}{n-1}\sum_{k=1}^{n} Y_{kj}Y_{ki}=\frac{1}{n-1}\sum_{k=1}^{n}\frac{X_{ki}-\overline{X}_i}{\sqrt{S_{ii}}}\cdot\frac{X_{kj}-\overline{X}_j}{\sqrt{S_{jj}}}=\frac{S_{ij}}{\sqrt{S_{ii}}\sqrt{S_{jj}}},$$

$$\boldsymbol{R}=(r_{ij})_{p\times p}.$$

由于 $r_{ii}=1, r_{ij}=r_{ji}$ 即 $\boldsymbol{R}$ 为对称阵,对角线上的元素全为 1. 只需计算及列出

$$\begin{pmatrix} r_{21} & & \\ \vdots & & \\ r_{p1} & \cdots & r_{p,p-1} \end{pmatrix}.$$

(4) 求 $\boldsymbol{R}$ 的特征值及特征向量:

若能通过正交变换 $\boldsymbol{Q}$,使

$$\boldsymbol{Q}^{\mathrm{T}}\boldsymbol{R}\boldsymbol{Q}=\begin{pmatrix} \lambda_1 & & & \\ & \lambda_2 & & \\ & & \ddots & \\ & & & \lambda_p \end{pmatrix},$$

则 $\lambda_1,\lambda_2,\cdots,\lambda_p$ 即为 $\boldsymbol{R}$ 的 p 个特征值.

不妨设 $\lambda_1\geqslant\lambda_2\geqslant\cdots\lambda_p>0$,则 $\boldsymbol{Q}$ 的各列 $\boldsymbol{\alpha}_j=\begin{pmatrix}\alpha_{1j}\\ \vdots \\ \alpha_{pj}\end{pmatrix}, j=1,2,\cdots,p$,即为 λ_j 所对应的正则化特征向量.

(5) 建立主成分:

按累积方差贡献率 $\sum_{j=1}^{k}\lambda_j\Big/\sum_{j=1}^{p} r_{jj}>85\%$(或 80%)的准则,确定 k,从而建立前 k 个主成分:

$$Z_j=\boldsymbol{\alpha}_j^{\mathrm{T}}\boldsymbol{Z}=\alpha_{1j}Y_1+\alpha_{2j}Y_2+\cdots+\alpha_{pj}Y_p,\ j=1,2,\cdots,k,$$

其中 $Y_1,Y_2,\cdots,Y_p$ 为标准化指标变量.

(6) 计算前 k 个主成分的样本值:

$$Z_{ij} = \sum_{t=1}^{p} Y_{it}\alpha_{tj},\ i=1,2,\cdots,n;\ j=1,2,\cdots,k,$$

从而可得新指标(主成分)样本值$(Z_{ij})_{n\times k}$以之代替原样本$(X_{ij})_{n\times p}$作统计分析，便可将问题简化.

上述计算步骤是对 R 型主成分分析而言,对于 S 型主成分分析,只需令$(Y_{ij})_{n\times p}=(X_{ij})_{n\times p}$,即跳过标准化即可.

2) 主成分分析实例

例 6.4 企业经济效益综合分析.

某公司对下属 20 个厂,按五大经济指标考核统计(见表 6-1-5),试作综合分析.

(1) 输入表 6-1-5 的样本值 $\boldsymbol{X}=(X_{ij})_{20\times 5}$;

(2) 可求得各 $\overline{X}_j,S_j,j=1,2,\cdots,5$,如表 6-1-5 最后两行所示;

(3) 对 X_{ij}标准化,求得 $\boldsymbol{Y}=(Y_{ij})_{20\times 5}$.

表 6-1-5 工厂五大经济指标考核统计表

		指标						
		X_1	X_2	X_3	X_4	X_5	第一主成分 Z_1	第二主成分 Z_2
工厂	1	243.87	16 521	6.46	34.57	149.85	0.483	2.435
	2	240.31	8 210	9.89	16.92	55.89	-1.904	-0.173
	3	211.15	15 349	10.09	29.77	80.13	-0.987	1.970
	4	413.18	16 760	7.67	24.14	105.36	0.420	0.840
	5	349.60	7 721	6.47	16.27	99.41	-0.825	-0.580
	6	205.47	8 123	13.33	18.47	46.18	-2.593	0.410
	7	298.11	113 308	5.05	27.35	138.76	0.322	1.119
	8	414.94	13 781	4.10	16.65	98.20	9.432	-0.584
	9	287.25	14 043	4.29	17.67	58.34	-0.391	-0.344
	10	303.93	11 126	7.63	18.39	74.23	-0.974	-0.031
	11	608.40	22 392	2.94	24.56	233.37	3.651	0.937
	12	433.92	12 508	0.69	20.06	118.70	1.056	-0.639
	13	572.63	12 102	2.76	12.08	110.43	1.059	-1.646
	14	533.78	11 990	3.80	11.59	75.55	0.426	-2.683
	15	545.70	9 678	3.55	9.46	61.19	0.077	-2.193

续表

		指标						
		X_1	X_2	X_3	X_4	X_5	第一主成分 Z_1	第二主成分 Z_2
工厂	16	284.61	6 513	6.41	13.83	48.15	-1.713	-1.145
	17	572.07	18 664	2.31	17.76	162.11	2.429	-0.390
	18	409.86	7 329	5.89	12.23	76.68	-0.832	-1.367
	19	564.02	14 911	4.93	28.50	233.58	2.392	1.194
	20	221.20	6 443	14.08	30.25	80.48	-2.527	1.870
$\overline{X}_j$		385.70	12 373.60	6.02	19.98	105.33		
S_j		139.54	4 343.11	3.38	7.19	54.65		

例如

$$Y_{6,1}=\frac{205.47-385.70}{139.54}\approx -1.332,$$

$$Y_{6,2}=\frac{8\,123-12\,373.60}{4\,343.11}\approx -1.02,$$

$$Y_{6,3}=\frac{13.33-6.02}{3.38}\approx 2.512,$$

$$\cdots\cdots$$

进而求出相关阵

$$\boldsymbol{R}=\begin{pmatrix} 1 & & & & \\ 0.453\,2 & 1 & & & \\ -0.753\,6 & -0.454\,5 & 1 & & \\ -0.347\,5 & 0.424\,4 & 0.366\,8 & 1 & \\ 0.562\,1 & 0.731\,6 & -0.416\,7 & 0.494\,9 & 1 \end{pmatrix}_{5\times 5}.$$

可见,五个指标是相互关联、彼此相关的(相关系数-0.75～0.73). 相关程度最大的是,X_1 和 X_3(负相关),X_2 和 X_5(正相关);

(4) 不难求出 $\boldsymbol{R}$ 的五个特征值及相关的累积方差贡献率为(见表 6-1-6)

表 6-1-6

λ_j	2.695	1.719	0.331	0.206	0.049
$\sum_i^j \lambda_i/p$	0.539	0.883	0.949	0.990	1.000

(5) 显然,可取 $k=2,\lambda_1,\lambda_2$ 对应的特征向量分别为

$$\boldsymbol{\alpha}_1=\begin{pmatrix}0.501\\0.503\\-0.470\\0.074\\0.520\end{pmatrix},\boldsymbol{\alpha}_2=\begin{pmatrix}-0.348\\0.285\\0.388\\0.744\\0.305\end{pmatrix}.$$

由此可建立第一,二主成分(即两个新的综合指标):

$$Z_1=0.501Y_1+0.503Y_2-0.470Y_3+0.074Y_4+0.520Y_5,$$

$$Z_2=-0.348Y_1+0.285Y_2+0.388Y_3+0.744Y_4+0.305Y_5.$$

(6) 计算出各厂的主成分(新指标)值:

如

$$\begin{aligned}Z_{6,1}=&0.501\times(-1.332)+0.503\times(-1.02)-0.470\times1.964\\&+0.074\times(-0.209)+0.520\times(-1.082)\approx-2.593.\end{aligned}$$

同理可求得 $Z_{i1},Z_{i2},i=1,2,\cdots,20$,如表 6-1-5 右侧所示.

由 Z_1 的表达式可以看出,第一主成分 Z_1 主要综合了 X_1,X_2,X_3,X_5 这四个指标的信息(系数都在 0.5 左右). X_1,X_2,X_5 的值越大,X_3 的值越小,则 Z_1 值越大. 可见 Z_1 综合反映了工厂的经营水平高低,Z_1 值越大,经营水平越高. 由此可排出各厂水平次序,第 8 厂 Z_1 值最大,经营水平最高,第 6 厂 Z_1 值最小,经营水平最低.

由 Z_2 的表达式可以看出,第二主成分 Z_2 突出反映了 X_4 这一指标的信息(系数 0.744 远大于其他系数),可见 Z_2 综合反映了工厂的盈利能力. Z_2 越大,盈利能力越大. 不难算得:$Z_{6,2}=0.410,Z_{11,2}=0.937$,可见,11 厂的盈利能力也比 6 厂的大.

进一步,可分别按 Z_1,Z_2 值排出名次,然后综合评定出各工厂的经济效益. 或以 Z_1,Z_2 作坐标描点,将 20 个厂分类(作聚类分析).

4. 广义主成分分析

前面我们用原指标变量的线性组合(即最简单的线性函数)来构造新的综合指标(主成分). 故可称之为线性主成分或线性空间压缩方法.

线性主成分对于具有线性结构(或线性特征),即其散点图形为一长条形或扁椭球形的观测数据阵,具有较好的压缩效果.

然而,有许多实际问题,其观测数据阵并非线性结构而呈现非线性结构. 这时,若仍采用线性方法,效果往往会很差. 正如线性回归进一步发展到非线性回归一样,对于非线性结构的观测阵,应根据观测指标变量(R 型)或样本(Q 型)

的具体的情况，进行非线性主成分分析，相应的主成分分析称为广义主成分分析或非线性空间压缩方法.

广义主成分分析是 Grandesikan 和 Wilk 提出的，目前仍在发展. 他们提议用原变量 $X_1, X_2, \cdots, X_p$ 的一个广义线性式

$$Z=\alpha_1 f_1(X)+\alpha_2 f_2(X)+\cdots+\alpha_q f_q(X), \tag{6.1.20}$$

其中 $\boldsymbol{X}=(X_1, X_2, \cdots, X_p)^{\mathrm{T}}, \alpha_1, \cdots, \alpha_q$ 为待定参数. $f_1(X), \cdots, f_q(X)$ 为 $\boldsymbol{X}$ 的已知函数形式. 若记 $Y_j=f_j(X), j=1,2,\cdots,q, \boldsymbol{Y}=(Y_1,\cdots,Y_q)^{\mathrm{T}}, \boldsymbol{\alpha}=(\alpha_1,\cdots,\alpha_q)^{\mathrm{T}}$，则式(6.1.20)可表示为

$$Z=\alpha_1 Y_1+\alpha_2 Y_2+\cdots+\alpha_q Y_q=\boldsymbol{\alpha}^{\mathrm{T}}\boldsymbol{Y}.$$

因此，对于一个给定的观测数据阵 $\boldsymbol{X}=(X_{ij})_{n\times p}$，若采用线性主成分分析效果很差($\boldsymbol{S}$ 或 $\boldsymbol{R}$ 的特征值取值分散，指标压缩很少或分析结果严重违反客观实际)，可采用广义主成分分析. 为此，只需根据已给定的函数关系式

$$Y_j=f_j(X), \quad j=1,2,\cdots,q,$$

计算出 $\boldsymbol{Y}$ 的“观测”数据阵 $\boldsymbol{Y}=(Y_{ij})_{n\times p}$，第 i 行 $(Y_{i1}, Y_{i2}, \cdots, Y_{iq})$ 其实是随机向量 $(Y_1, Y_2, \cdots, Y_q)$ 的第 i 个样本，$i=1,2,\cdots,n$，然后，对 $\boldsymbol{Y}$ 用线性压缩方法即求出

$$\overline{Y}=(\overline{Y}_1,\cdots,\overline{Y}_k),\ S_{ij}=\frac{1}{n-1}\sum_{i=1}^{n}(Y_{ki}-\overline{Y}_i)(Y_{kj}-\overline{Y}_j),\ \boldsymbol{S}_Y=(S_{ij})_{n\times q}.$$

再对 $\boldsymbol{S}_Y$(或 $\boldsymbol{R}_Y$)求特征值 $\lambda_1\geqslant\lambda_2\geqslant\cdots\lambda_k>0$ 及相应的规格化特征向量 $\boldsymbol{\alpha}_1$，$\boldsymbol{\alpha}_2,\cdots,\boldsymbol{\alpha}_k$(可称之为对 $\boldsymbol{S}_Y$ 作谱分解 $S_Y=\sum\limits_{j=1}^{k}\lambda_j\boldsymbol{\alpha}_j\boldsymbol{\alpha}_j^{\mathrm{T}}$)，从而求得 k 个非线性主成分：

$$Z_j=\alpha_{1j}f_1(X)+\alpha_{2j}f_2(X)+\cdots+\alpha_{qj}f_q(X),\ j=1,2,\cdots,k.$$

这里，Z_j 是 $\boldsymbol{Y}$ 的线性主成分，原变量 $\boldsymbol{X}$ 的非线性主成分(广义主成分). 将 $\boldsymbol{X}=(X_{ij})_{n\times p}$的各次观测值(或变换后的 $\boldsymbol{Y}$)代入上式，便可求得 $\boldsymbol{X}$ 的广义主成分值.

注意，这里的 k 个主成分仍是两两正交的，从而将原来具有非线性结构的随机变量 $\boldsymbol{X}$ 转换压缩到以 $Z_1, Z_2, \cdots, Z_p$ 为坐标轴的直角坐标架上来研究分析. 不难发现，广义主成分分析的关键在于确定非线性函数 $f_j(X)$，f_j 究竟应取何种形式，应视具体情况，结合有关专业理论或实践经验给定. 若单纯从数学角度考虑，可取 $\boldsymbol{X}$ 各分量的二次完全式，即简便程度仅次于直线(平面)的二次曲线(曲面)函数.

以 $\boldsymbol{X}=(X_1, X_2)^{\mathrm{T}}$ 为例，可令 $Z=\alpha_1 X_1+\alpha_2 X_1^2+\alpha_3 X_1 X_2+\alpha_4 X_2+\alpha_5 X_2^2$，即取 $\boldsymbol{Y}=(X_1, X_1^2, X_1 X_2, X_2, X_2^2)^{\mathrm{T}}$(一般 $\boldsymbol{X}=(X_1, X_2, \cdots, X_n)^{\mathrm{T}}$ 时，$\boldsymbol{Y}$ 为 $p(p+3)/2$ 维).

对于大多数实际问题，当采用线性方法效果很差时，采用二次广义主成分分析往往可取得良好效果，能很好地反映其非线性结构.

下面介绍一种最常用的广义主成分分析方法.

1）成分向量的广义主成分分析

首先引进成分向量的概念.

定义 6.3 设随机变量 $\boldsymbol{X}=(X_1,X_2,\cdots,X_d,X_{d+1})^{\mathrm{T}}$ 满足下列条件：

（1）$X_i>0, i=1,2,\cdots,d+1$（即各指标变量均取正值）；

（2）$\sum_{i=1}^{d+1} X_i=1$（即各指标值之和为1，即100%），

从而每一分量可视为某一成分的含量，则称 $\boldsymbol{X}$ 为成分向量.

其观测数据阵

$$\boldsymbol{X}_{n\times(d+1)}=\begin{pmatrix} x_{11} & x_{12} & \cdots & x_{1,d+1} \\ x_{21} & x_{22} & \cdots & x_{2,d+1} \\ \vdots & \vdots & & \vdots \\ x_{n1} & x_{n2} & \cdots & x_{n,d+1} \end{pmatrix}$$

称为合成数据.

成分向量和合成数据分析在社会、经济、地质、化学、生物等许多领域中屡见不鲜.

例如，岩石样品中各种氧化物含量分析，产业结构（农、轻、重比例）分析，消费结构（衣、食、住、行、文化比例）分析等.

可以证明，若 $\boldsymbol{X}$ 为成分向量，则 $D(\boldsymbol{X})$ 为奇异阵，即 $|D(\boldsymbol{x})|=0$.

理论分析和实际计算都表明，合成数据一般呈非线性结构，因而用传统的线性主成分，其降维效果很差. 那么究竟应取何种函数形式的广义主成分呢？

2）"对数-线性比"主成分

原香港大学统计系主任 Aitchison 教授提出用对数-比（logratio）变换

$$Y_j=\log(X_j/g(\boldsymbol{X})),\ i=1,2,\cdots,d+1,$$

亦即 $\boldsymbol{Y}=\log(\boldsymbol{X}/g(\boldsymbol{X}))$，其中 $g(\boldsymbol{X})$ 为成分向量 $\boldsymbol{X}$ 的任一恒正函数. 为简便起见，一般可取 $g(\boldsymbol{X})=(X_1X_2\cdots X_{d+1})^{1/(d+1)}$（即各指标之几何平均），这时

$$Y_j=\log X_j-\frac{1}{d+1}\sum_{j=1}^{d+1}\log X_j.$$

相应的 $\boldsymbol{Y}$ 的"观测数据阵"为

$$\boldsymbol{Y}=(Y_{ij})_{n\times(d+1)}=\left(\log X_{ij}-\frac{1}{d+1}\sum_{j=1}^{d+1}\log X_j\right)_{n\times(d+1)},$$

称之为"对数-中心化"协方差阵.

同样可以证明 $D(\boldsymbol{Y})$ 为奇异阵，至少有 d 个非零特征值. 对其作谱分解：

$$D(Y) = \sum_{j=1}^{d} \lambda_j \boldsymbol{\alpha}_j \boldsymbol{\alpha}_j^{\mathrm{T}},$$

便可以求得其广义主成分

$$\begin{aligned} Z_j &= \boldsymbol{\alpha}_j^{\mathrm{T}} \log(\boldsymbol{X}/g(\boldsymbol{X})) \\ &= \alpha_{1j}\log X_1 + \alpha_{2j}\log X_2 + \cdots + \alpha_{d+1,j}\log X_{d+1} \end{aligned}$$

(注：$\boldsymbol{\alpha}_j^{\mathrm{T}} \cdot (-\log g(\boldsymbol{X})) = -(\alpha_{1j}+\alpha_{2j}+\cdots+\alpha_{d+1,j})\log g(\boldsymbol{X}) = 0$). 称之为"对数-线性比"主成分. 它不再是原变量 $X_1, X_2, \cdots, X_d, X_{d+1}$ 的线性函数，而是其"对数"变换的线性组合.

综上所述，欲求合成数据 $\boldsymbol{X}_{n\times(d+1)}$ 的"对数-线性比"主成分，可首先对原数据 $\boldsymbol{X}$ 作对数变换，求出"对数-数据阵"

$$\begin{aligned} \boldsymbol{Z} = (Z_{ij})_{n\times(d+1)} &= \left(Y_{ij} - \frac{1}{d+1}\sum_{j=1}^{d+1} \log X_{ij}\right)_{n\times(d+1)} \\ &= (\log X_{ij} - \log(\boldsymbol{X}))_{n\times(d+1)} = (\log X_{ij}/g(\boldsymbol{X}))_{n\times(d+1)} \end{aligned}$$

及其"对数-中心化"协方差阵

$$\boldsymbol{S}_z = \frac{1}{n-1}\begin{pmatrix} Z_{11}-\overline{Z}_1 & \cdots & Z_{1,d+1}-\overline{Z}_{d+1} \\ \vdots & & \vdots \\ Z_{n1}-\overline{Z}_1 & \cdots & Z_{n,d+1}-\overline{Z}_{d+1} \end{pmatrix}^{\mathrm{T}} \begin{pmatrix} Z_{11}-\overline{Z}_1 & \cdots & Z_{1,d+1}-\overline{Z}_{d+1} \\ \vdots & & \vdots \\ Z_{n1}-\overline{Z}_1 & \cdots & Z_{n,d+1}-\overline{Z}_{d+1} \end{pmatrix},$$

然后对 $\boldsymbol{S}_z$ 套用传统的 S 型主成分分析（其实只需把 $\boldsymbol{Z}$ 视作样本观测值数据阵输入 S 型线性主成分分析程序），即可轻而易举地求得其"对数-线性比"主成分.

例 6.5 我国农民家庭消费结构的分析.

以全国 30 个省、自治区、直辖市 1993 年的资料为依据，选择了 8 个指标；

x_1：食品； x_2：衣着； x_3：居住；

x_4：家庭设备及有关服务； x_5：医疗保健；

x_6：交通通信； x_7：文教、娱乐消费；

x_8：其他非商品及服务消费.

这些 x_i 都是指该项支出占全部消费的百分比，因此自然有 $x_i \geqslant 0$, $\sum_{i=1}^{8} x_i = 1$, 这表示这些指标本身是线性相关的. $\boldsymbol{X} = \begin{pmatrix} x_1 \\ \vdots \\ x_8 \end{pmatrix}$ 的协方差矩阵是退化的（即它的行列式值为 0）. 有关的资料见表 6-1-7.

表 6-1-7 各省市农民家庭消费状况

		指标							
		x_1	x_2	x_3	x_4	x_5	x_6	x_7	x_8
地区	北京	48.16	10.58	11.29	9.26	4.62	3.04	11.61	1.40
	天津	53.31	9.54	15.98	6.10	3.39	2.54	7.59	1.63
	河北	58.39	7.50	13.86	5.16	6.32	1.63	5.90	1.23
	山西	57.36	11.20	11.89	5.80	3.57	2.00	6.74	1.44
	内蒙古	58.40	8.14	14.04	4.56	3.76	1.83	8.15	1.12
	辽宁	55.14	10.47	12.34	4.79	4.30	1.98	8.91	2.07
	吉林	60.63	9.70	9.99	4.03	4.44	1.98	8.91	2.07
	黑龙江	61.40	8.88	15.25	3.88	3.38	1.56	5.04	0.97
	上海	46.44	7.14	16.24	11.75	2.28	2.98	9.99	3.19
	江苏	50.21	7.40	17.89	8.58	3.32	2.81	7.76	2.03
	浙江	50.16	7.46	17.35	7.63	3.97	3.05	6.83	3.54
	安徽	63.90	6.95	10.09	5.41	3.31	1.87	6.84	1.62
	福建	60.60	4.99	13.44	5.04	2.43	2.90	7.46	3.13
	江西	61.35	5.94	13.36	5.00	3.45	2.41	7.27	1.22
	山东	57.36	8.31	16.64	5.60	3.41	2.04	8.32	1.31
	河南	59.21	8.15	13.27	5.32	4.01	1.55	6.94	1.54
	湖北	61.18	6.46	10.75	5.43	3.07	1.51	9.88	1.05
	湖南	61.10	5.56	13.23	4.91	2.98	1.98	9.08	1.14
	广东	52.77	3.73	16.98	6.69	3.17	4.28	9.41	2.97
	广西	64.33	4.31	10.70	5.24	2.77	2.01	9.89	0.75
	海南	67.17	4.67	7.06	4.87	2.55	2.66	9.08	1.94
	四川	63.29	6.33	12.20	4.23	3.13	1.95	6.99	0.88
	贵州	70.98	6.46	8.37	4.32	1.87	1.49	4.92	1.60
	云南	61.20	6.92	13.20	6.50	3.22	1.65	5.96	1.35
	西藏	66.53	8.78	18.21	3.40	0.49	0.98	0.62	1.00
	陕西	57.13	7.75	15.39	5.50	4.58	1.33	7.08	1.24
	甘肃	55.36	7.35	19.24	5.13	4.01	1.62	6.02	1.28
	青海	55.50	9.54	20.86	4.43	3.84	1.75	3.01	1.08
	宁夏	58.75	8.87	12.00	5.57	4.67	2.04	7.11	0.95
	新疆	52.15	12.94	14.70	5.37	4.22	2.77	6.24	1.61

直接计算由这些数据给出的相关矩阵，即标准化之后的协方差矩阵，求得其前四个特征根由大到小依次为

$$\lambda_1=3.227\ 2,\ \lambda_2=1.859\ 8,\ \lambda_3=1.414\ 7,\ \lambda_4=0.575\ 1.$$

这四个特征值加起来的贡献率为 88.46%，单用 λ_1 还不足 50%，所以降维的效果不明显. 故对原始数据作对数中心化变换，对新的指标求主成分，得到第一主成分的贡献率就已达到 94.42%，降维效果非常明显，相应的广义主成分为

$$\begin{aligned} y &= 0.730\ 7\lg x_1+0.067\ 7\lg x_2+0.255\ 3\lg x_3-0.038\ 2\lg x_4 \\ &\quad -0.205\ 8\lg x_5-0.36\lg x_6+0.021\ 7\lg x_7-0.475\lg x_8 \\ &= \lg \frac{x_1^{0.730\ 7}x_2^{0.067\ 7}x_3^{0.255\ 3}x_7^{0.021\ 7}}{x_4^{0.038\ 2}x_5^{0.205\ 8}x_6^{0.36}x_8^{0.475\ 1}}. \end{aligned}$$

因此用 y 的值来评价各地区的消费结构的差异是可以的，y 的表达式显示：

(1) 农民家庭中，消费的主要项目是食品、住房、医疗保健、交通通信与非商品消费；在衣着、文教娱乐、家庭设备等方面消费是不多的.

(2) 食品与住房是同步的；医疗和交通是同步的. 实际情况也是如此. 与 1990 年相比，农民家庭中食品和住房均下降 0.74 和 3.46 个百分点，而医疗和交通分别上升 0.28 和 0.82 个百分点. 这就告诉我们，上诉评价函数中，x_i 所处的位置与它们之间的关系和实际是相符的. 我们比较一下，如直接用原始数据，第一主成分相应的为

$$\begin{aligned} \tilde{y} &= 0.479x_1+0.054x_2-0.155x_3-0.478\ 6x_4 \\ &\quad -0.111\ 9x_5-0.473\ 1x_6-0.324\ 5x_7-0.419x_8, \end{aligned}$$

它表示食品与住房是不同步的，x_1, x_4, x_6, x_7, x_8 为重要的消费内容，它与实际情况就不太相符，这涉及成分数据（即百分比数据）的特性. 因为 $x_i \geqslant 0$, $\sum\limits_{i=1}^{8} x_i=1$，因此某一个 x_i 上升时，其他的 x_j 就会影响，就要下降，所以似乎内部一定是相互制约的负相关，因此内部的正相关性不易得到反映. 经过对数变换后

$$\begin{aligned} &\lg x_1,\ \lg x_2,\ \lg x_3,\ \lg x_4, \\ &\lg x_5,\ \lg x_6,\ \lg x_7,\ \lg x_8, \end{aligned}$$

它们是线性无关的，所以更易于表现出它们内部的真实关系，本例就是一个很好的说明.

本例的第二个特点是如此求出的 y，不仅可以用来评价，还可以用于分析农民家庭消费结构的内在联系，这对我们也是有启发作用的.

5. 综合应用举例

主成分分析法已广泛应用于许多领域，下面介绍一个在管理方面应用的

案例.

例 6.6 食品生产预测.

为了预测常用的 100 种食品的生产量,需要进行社会调查.调查方法是将被调查的一部分人按性别和年龄分成 10 组,分别对 100 种食品进行评价,指标值是评分值,最受欢迎的食品给予最高分数 9 分,最不受欢迎的食品给予最低分数 1 分.表 6-1-8 给出局部数据.

表 6-1-8

评价组合	食品 1	食品 2	……	食品 100
X_1(男 15 岁及以下)	$X_{1,1}=7.8$	$X_{1,2}=4.6$	…	$X_{1,100}=3.1$
X_2(男 16~20 岁)	$X_{2,1}=5.4$	$X_{2,2}=3.8$	…	$X_{2,100}=2.8$
X_3(男 21~30 岁)	$X_{3,1}=3.6$	$X_{3,2}=4.4$	…	$X_{3,100}=3.3$
X_4(男 31~40 岁)	$X_{4,1}=3.5$	$X_{4,2}=4$	…	$X_{4,100}=3.0$
X_5(男 40 岁及以上)	$X_{5,1}=3$	$X_{5,2}=3.5$	…	$X_{5,100}=2.5$
X_6(女 15 岁及以下)	$X_{6,1}=8.1$	$X_{6,2}=6.2$	…	$X_{6,100}=3.9$
X_7(女 16~20 岁)	$X_{7,1}=6$	$X_{7,2}=7.2$	…	$X_{7,100}=3.5$
X_8(女 21~30 岁)	$X_{8,1}=5.4$	$X_{8,2}=7.5$	…	$X_{8,100}=3.0$
X_9(女 31~40 岁)	$X_{9,1}=3.8$	$X_{9,2}=7.0$	…	$X_{9,100}=2.8$
X_{10}(女 40 岁及以上)	$X_{10,1}=0.5$	$X_{10,2}=9.0$	…	$X_{10,100}=3.0$

$$\overline{X}_i=\frac{1}{100}\sum_{l=1}^{100}X_{il},\quad v_i=\frac{1}{99}\sum_{l=1}^{100}(X_{il}-\overline{X}_i)^2,$$

令

$$Y_{ij}=\frac{X_{ij}-\overline{X}_i}{\sqrt{v_i}},r_{ij}=\frac{1}{99}\sum_{k=1}^{100}Y_{ij}Y_{jk},\quad i,j=1,2,\cdots,10,$$

显然有

$$r_{ii}=1,r_{ij}=r_{ji},\quad i,j=1,2,\cdots,10.$$

据抽查的样本数据,可按上式计算出相关矩阵如下(由于对称性只列出上三角部分):

$$
\boldsymbol{R}=\begin{pmatrix}
1 & 0.871 & 0.516 & 0.370 & 0.172 & 0.963 & 0.811 & 0.015 & 0.500 & 0.330 \\
 & 1 & 0.759 & 0.640 & 0.402 & 0.821 & 0.838 & 0.709 & 0.647 & 0.457 \\
 & & 1 & 0.852 & 0.726 & 0.517 & 0.658 & 0.698 & 0.701 & 0.558 \\
 & & & 1 & 0.874 & 0.358 & 0.488 & 0.620 & 0.721 & 0.632 \\
 & & & & 1 & 0.208 & 0.354 & 0.523 & 0.710 & 0.748 \\
 & & & & & 1 & 0.889 & 0.746 & 0.621 & 0.493 \\
 & & & & & & 1 & 0.894 & 0.768 & 0.642 \\
 & & & & & & & 1 & 0.852 & 0.773 \\
 & & & & & & & & 1 & 0.991 \\
 & & & & & & & & & 1
\end{pmatrix}.
$$

用计算机求解特征根和相应的特征向量. 由于前 3 个特征根的累积贡献率为 93.4%. 所以只需计算 $\lambda_1=6.83,\lambda_2=1.76,\lambda_3=0.75$ 相应的特征向量即可. 其他特征根的特征向量暂不计算. 计算结果如表 6-1-9 所示.

表 6-1-9

评价组合	$\boldsymbol{\alpha}_1$	$\boldsymbol{\alpha}_2$	$\boldsymbol{\alpha}_3$
X_1	0.268	0.446	0.194
X_2	0.331	0.240	0.336
X_3	0.323	-0.166	0.442
X_4	0.229	-0.359	0.375
X_5	0.261	-0.507	0.128
X_6	0.309	0.408	-0.084
X_7	0.344	0.235	-0.171
X_8	0.348	0.032	-0.290
X_9	0.346	-0.164	-0.322
X_{10}	0.303	-0.267	-0.522
特征值 λ_i	6.83	1.76	0.75
贡献率$\frac{\lambda_i}{10}$	0.683	0.176	0.075
累积贡献率	0.683	0.859	0.934

总体变差为 $\sum_{i=1}^{10}\lambda_i=10$, 贡献率为$\frac{\lambda_i}{10}, i=1,2,\cdots,10.$

根据计算结果$\frac{\lambda_1+\lambda_2+\lambda_3}{10}=0.934$，确定三个主成分分量 Z_1,Z_2,Z_3，以及它们的含义，这可根据主成分系数(即特征向量)来进行分析. 要分析 100 种食品在 10 个评价组中的受欢迎程度是十分复杂的，现在通过主成分分析把它们概括到三个代表特性群中去，这三个代表特征的直观含义是什么呢？

(1) $\boldsymbol{\alpha}_1$是第 1 个主成分 Z_1的系数.

$Z_1=\sum_{i=1}^{10}a_{1i}X_i$，$\boldsymbol{\alpha}_1$ 的各分量取值符号相同，取值大小差异不大，这表明无论哪一组合都是受欢迎的，或者都不受欢迎的. 因此可以称这个新的综合指标为一般嗜好指标.

(2) $\boldsymbol{\alpha}_2$是第 2 主成分 Z_2的系数.

$Z_2=\sum_{i=1}^{10}a_{2i}X_i$，$\boldsymbol{\alpha}_2$ 的各分量的特征是，从第 1 组到第 5 组，从第 6 组到第 10 组都有从大变小的相同趋势. 具体地说就是随着年龄增长，取值由正变负，由大变小，它表示出年龄对嗜好喜欢程度的影响，因此我们将 Z_2称为年龄影响指标.

(3) $\boldsymbol{\alpha}_3$是第 3 主成分 Z_3的系数.

$Z_3=\sum_{i=1}^{10}a_{3i}X_i$，$\boldsymbol{\alpha}_3$ 的各分量的特征是，对于男性取正值，而对女性取负值，它表现出由于性别不同而产生嗜好上的不同，因此可以把 Z_3称为性别指标.

从以上分析结果可以看出，关于食品嗜好是按三个代表性新指标 Z_1,Z_2,Z_3 的次序由大变小的. 而且三个主成分的累积贡献率为 93.4%. 由于主分量的解释非常明确，就不必再通过计算$\{r(Z_i,x_i)\}$对 $X_1,\cdots,X_{10}$进行分类了.

用图示对样品进行分类，以获得关于不同年龄的人各喜欢哪些种类的食品，不同性别的人各喜欢什么食品的信息，由于信息太多，下面只介绍原则做法和一个图示分类结果.

首先计算主成分得分：

$$Z_{ij}=\sum_{k=1}^{10}a_{ik}X_{kj},\quad i=1,2,3;j=1,2,\cdots,100.$$

为方便起见，将计算结果列于表 6-1-10 中.

表 6-1-10

样本点	1	2	3	…	100
一般嗜好 Z_1	$Z_{1,1}$	$Z_{1,2}$	$Z_{1,3}$	…	$Z_{1,100}$
年龄 Z_2	$Z_{2,1}$	$Z_{2,2}$	$Z_{2,3}$	…	$Z_{2,100}$
性别 Z_3	$Z_{3,1}$	$Z_{3,2}$	$Z_{3,3}$	…	$Z_{3,100}$

这表示，对于每一种食品，原来有 10 个评价，现在用 3 个新指标来代表，虽然指标减少到 3 个，但对 100 种食品做出综合评价仍然是复杂的．可用平面图示进行归纳．

以 Z_1 为横轴，以 Z_2 为纵轴做一直角坐标系，把一般受欢迎的食品放在横轴左侧，把年轻人欢迎的食品放在纵轴上侧，把年老人喜欢的食品放在纵轴下侧，将 $(Z_{1,k},Z_{2,k})(k=1,2,3,\cdots,100)$ 点在图上，并按分布位置集中分成几类，就可以得一般嗜好和年龄嗜好的有关情报．

将 Z_1,Z_3 分别做横轴和纵轴，将 $(Z_{1,k},Z_{3,k})(k=1,2,3,\cdots,100)$ 点在图上，并按分布位置集中分成几类，就可以得一般嗜好和性别嗜好的有关情报．

6. 因子分析简介

因子分析是多元统计分析中的一种重要方法，其主要特点在于可探索不易观测或不能观测的潜在因素．因子分析是多元统计分析中较为成熟的一个分支，已广泛应用于社会调查、教育测量、心理分析、成因分析等各个领域．

因子分析也可以说是主成分分析的逆问题．如果说主成分分析是将原指标加以综合、归纳，那么因子分析可以说是将原指标给予分解、演绎．故因子分析又称析因分析．

假设原指标向量为 $\boldsymbol{X}=(x_1,x_2,\cdots,x_p)^{\mathrm{T}}$，对其做主成分分析，可求出其主成分向量

$$\begin{pmatrix} z_1 \\ \vdots \\ z_p \end{pmatrix}=\begin{pmatrix} \alpha_{11} & \alpha_{21} & \cdots & \alpha_{p1} \\ \vdots & \vdots & & \vdots \\ \alpha_{1p} & \alpha_{2p} & \cdots & \alpha_{pp} \end{pmatrix}\begin{pmatrix} x_1 \\ \vdots \\ x_p \end{pmatrix},$$

即 $\boldsymbol{Z}=\boldsymbol{A}^{\mathrm{T}}\boldsymbol{X}$，其中 $\boldsymbol{A}^{\mathrm{T}}\boldsymbol{A}=\boldsymbol{A}\boldsymbol{A}^{\mathrm{T}}=\boldsymbol{I}_{p\times p}$．从而，反过来，每个指标亦可用各主成分 $z_1,\cdots,z_p$ 的线性组合来表示：

$$\boldsymbol{X}=\boldsymbol{A}\boldsymbol{Z},$$

即

$$\begin{pmatrix} x_1 \\ \vdots \\ x_p \end{pmatrix}=\begin{pmatrix} \alpha_{11} & \alpha_{21} & \cdots & \alpha_{p1} \\ \vdots & \vdots & & \vdots \\ \alpha_{1p} & \alpha_{2p} & \cdots & \alpha_{pp} \end{pmatrix}\begin{pmatrix} z_1 \\ \vdots \\ z_p \end{pmatrix}.$$

若计及主成分的降维作用，按累积方差贡献率大于 85% 要求，只取前 k 个主成分 $(k<p)$，则可将 $\boldsymbol{X}$ 分解为

$$\begin{pmatrix} x_1 \\ \vdots \\ x_p \end{pmatrix}=\begin{pmatrix} \alpha_{11} & \alpha_{21} & \cdots & \alpha_{k1} \\ \vdots & \vdots & & \vdots \\ \alpha_{1p} & \alpha_{2p} & \cdots & \alpha_{kp} \end{pmatrix}\begin{pmatrix} z_1 \\ \vdots \\ z_k \end{pmatrix}+\begin{pmatrix} s_1 \\ \vdots \\ s_p \end{pmatrix}.$$

这里,$z_1,\cdots,z_k$ 不是作为原指标的新综合指标,而是作为原指标分解出来的蕴涵的、用来解释说明原指标的变化的公共因素,故称为公因子.

再来看一个实际问题,然后再引出模型和方法.

设有 n 个学生,每个学生考 5 门课,第 a 个学生第 i 门课的分数用 X_{ai} 表示,于是 n 个学生的考试成绩就是一个矩阵

$$\begin{array}{c} \\ \text{学生 }1 \\ \text{学生 }2 \\ \vdots \\ \text{学生 }n \end{array}\begin{array}{c} \begin{array}{ccccc} 1 & 2 & 3 & 4 & 5 \end{array} \\ \begin{pmatrix} x_{11} & x_{12} & x_{13} & x_{14} & x_{15} \\ x_{21} & x_{22} & x_{23} & x_{24} & x_{25} \\ \vdots & \vdots & \vdots & \vdots & \vdots \\ x_{n1} & x_{n2} & x_{n3} & x_{n4} & x_{n5} \end{pmatrix} \end{array},$$

把它记为 $\boldsymbol{X}$,就有

$$\boldsymbol{X}=(x_{ij})_{n\times 5}.$$

考试成绩可以认为是由学生的理解能力、记忆能力、反应速度等所决定的.能否从学生的学习成绩去寻找反映这些能力的量呢?如果把理解能力、记忆能力、反应速度称为因子的话,因子分析就是要从考试的成绩去寻找出这些因子与成绩的关系.

现在用数学的语言来描述刚才的问题.用 $x_1,x_2,\cdots,x_5$ 表示考试成绩,记为

$$\boldsymbol{X}=(x_1,x_2,x_3,x_4,x_5)^{\mathrm{T}},$$

因子用 f_1,f_2,f_3 表示,记为

$$\boldsymbol{F}=(f_1,f_2,f_3)^{\mathrm{T}},$$

假定它们之间有线性的关系式,即

$$\boldsymbol{X}_{5\times 1}=\boldsymbol{A}_{5\times 3}\boldsymbol{F}_{3\times 1}+\boldsymbol{S}_{5\times 1},$$

$$\boldsymbol{S}=(s_1,s_2,s_3,s_4,s_5)^{\mathrm{T}}$$

表示了 $\boldsymbol{X}$ 中不能被 $\boldsymbol{AF}$ 完全反映的部分.

推而广之,在许多实际问题中,我们希望将直接可观测的随机向量 $\boldsymbol{X}$ 分解为不可观测(或未作观测)的两个随机向量

$$\boldsymbol{F}=(f_1,f_2,\cdots,f_q)^{\mathrm{T}},\quad \boldsymbol{S}=(s_1,s_2,\cdots,s_p)^{\mathrm{T}}$$

的线性组合

$$\boldsymbol{X}_{p\times 1}=\boldsymbol{A}_{p\times q}\boldsymbol{F}_{q\times 1}+\boldsymbol{S}_{p\times 1}\,(q\leqslant p),$$

称此为因子分析模型.

因子分析法最初应用于教育心理学. Charles Spearman 在 1900 年发表的对学生考试成绩的分析的著名文章,可以说是因子分析的首创.

因子分析中最常用、最基本的是正交因子模型,详见多元统计分析教材.

6.1.3 方差分析

1. 方差分析的模型,假设及原理

在方差分析中,人们把研究对象划分成不同类型小总体的标志称为因素或因子. 只按一个因素分类的方差分析,称为单因素方差分析. 在单因素方差分析中按因素水平不同所划分的类称为“水平类”. 在进行方差分析时,把不同的水平看作不同的小总体,分别用 $X_1, X_2, \cdots, X_p$ 表示,同时在每个小总体中又抽取部分样本进行观察,因此,方差分析也是以部分来推断总体的一种方法. 设 X_j 的总体平均数为 $\mu_j, j=1,2,\cdots,p$,并且假设它们的方差均为 σ^2,则单因素方差分析问题就可归结为以下的假设检验:

$H_0: \mu_1=\mu_2=\cdots=\mu_p$;$H_1$:这 p 个平均数中至少有一个不等.

为了检验上面的假设是否成立,从 X_j 中随机抽取 n_j 个样本,样本的观察值用 X_{ij}来表示,X_{ij}表示第 j 种水平第 i 个样本单位的观察值. 假设共 p 种水平的样本数据如表 6-1-11.

表 6-1-11

观察值	水平 1	水平 2	…	水平 j	…	水平 p
1	X_{11}	X_{12}	…	X_{1j}	…	X_{1p}
2	X_{21}	X_{22}	…	X_{2j}	…	X_{2p}
⋮	⋮	⋮		⋮		⋮
⋮	$X_{n_1 1}$					
⋮				$X_{n_j j}$		
⋮		$X_{n_2 2}$				$X_{n_p p}$
$T_{\cdot j}$	$T_{\cdot 1}$	$T_{\cdot 2}$	…	$T_{\cdot j}$	…	$T_{\cdot p}$
$\overline{X}_{\cdot j}$	$\overline{X}_{\cdot 1}$	$\overline{X}_{\cdot 2}$	…	$\overline{X}_{\cdot j}$	…	$\overline{X}_{\cdot p}$

其中:$T_j = \sum\limits_{i=1}^{n_j} X_{ij}, \overline{X}_j = \dfrac{1}{n_j}\sum\limits_{i=1}^{n_j} X_{ij} (j=1,2,\cdots,p)$ 是第 j 种水平的样本平均值.

在单因素方差分析模型中又常常采用以下假设条件:

设观察值 X_{ij}由两部分组成,一部分是常数项 μ_j,一部分是随机误差 ε_{ij},因此 X_{ij}也是随机变量. 观察值 X_{ij}的随机误差 ε_{ij}是一个独立且服从正态分布的随机变量. 各种“水平”中 $E(\varepsilon_{ij})=0$,所以 $E(X_{ij})=\mu_j$,μ_j 为第 j 种水平的总体期望值. 各种水平内部的方差相同，即 $D(X_{ij})=D(\varepsilon_{ij})=\sigma^2$.

综合以上假设，可知 $X_{ij}\sim N(\mu_j,\sigma^2)(j=1,2,\cdots,p;i=1,2,\cdots,n_j)$，并且 $X_{ij}=\varepsilon_{ij}+\mu_j$ 称为单因素方差分析的线性模型.

从方差分析的目的来看，是要检验各水平的平均数 $\mu_1,\mu_2,\cdots,\mu_p$ 是否相等，而手段则是通过检验它们之间的差异着手. 从以上的假设条件可知，观察值之间的差异可以分为两部分，一部分是各水平之间的差异，称其为条件误差，另一部分是同一水平内观察值之间的差异，这种差异称为试验误差. 这两者之间的区别在于条件误差是系统性的，而试验误差是随机性的，方差分析的目的就是要确定观察值之间的结果有没有条件误差存在，也就是在不同的水平之间有没有系统性因素在起作用. 这两种误差都通过方差来计算，以 S_B^2 表示水平间的方差，用 S_H^2 来表示水平内部的方差. 显然，当假设 H_0 成立时，即没有系统误差，那么 $\overline{X}_j$ 之间的差异可以归结为由于随机的原因引起的. 因此水平之间的方差和水平内部的方差就不会相差太大，其比值 S_B^2/S_H^2 将在 1 左右. 反之，若水平之间的平均值不同，就意味着有系统误差，因此 S_B^2 会显著大于 S_H^2. 方差分析就是利用统计量 S_B^2/S_H^2 来进行检验. 可以证明这一统计量服从 F 分布.

关于两因素和三因素方差分析的原理，请参阅有关的数理统计教材.

方差分析的步骤是：① 建立方差分析模型；② 检查方差分析的条件是否成立；③ 规定假设检验的原假设和备择假设；④ 根据观察值进行计算；⑤ 做出方差分析表；⑥ 利用 F 检验做出决策.

2. 方差分析的应用：销售量影响因素的方差分析

销售量的大小是商家与厂家均非常关心的问题. 对销售量影响因素作用的大小，可运用方差分析的方法，对销售因素是否显著等进行定量分析，进而为获得较大的销售量提出合理的建议和方案.

(1) 问题的分析和提出

在科学试验、经济分析以及经营管理决策等问题中，常常要研究多个因素对其结果的影响. 例如在产品的销售过程中，影响商品销售量的因素很多. 例如商品的广告，商品销售点的设置，商品的颜色，性能，包装等因素都对销售量有影响. 那么，究竟哪些因素影响大一些？为了能够达到销售量最大而成本比较低，就需要搞清楚哪些因素影响显著，哪些因素影响不显著，哪些因素之间存在着有利或不利的交互作用，以便将显著因素控制到使销售量达到最高的水平上，将那些不显著的因素控制到消耗人力，物力，时间最少的水平上. 运用方差分析就可以找出影响显著的因素并估计其效用以及观测的误差，能分析出各因素之间的交互作用以及若干个因素间的交互作用是否显著，能够得到对因素与观测值之间规律性的认识,找出试验条件中的最优水平结合,预测最优试验条件下的观测值,还能对进一步寻找更好的水平组合提出合理的试验方案.

(2) 单因素方差分析

某厂家为了考察某种家电的广告内容对其销售量的影响,在其他条件尽量保持一样的前提下,设计了三种不同内容广告的订购单:广告 A_1 强调安装的方便性;广告 A_2 强调能耗节省的经济性;广告 A_3 强调噪声低的优良性. 在广告被广泛宣传后,按寄回的订购单上的订购数计算,一年四个季度的销售量见表 6-1-12.

表 6-1-12

		广告		
		A_1	A_2	A_3
季度	1	163	184	206
	2	176	198	191
	3	170	179	218
	4	185	190	224

哪种广告引起的销售最多? 或者说消费者最看重的是此种家电的哪种性能呢? 显然,这个问题可用单因素方差分析来解决.

一般地,考察因素 A 对指标 X 的影响,试验反映为选择因素 A 的 m 个水平 $A_1, A_2, \cdots, A_m$,每个水平下重复试验 n 次,这样就共有 $n\times m$ 个观察值,为了分析方便,可将观察值列成表格如表 6-1-13.

表 6-1-13

水平	A_1	A_2	$\cdots$	A_m
观察值	X_{11}	X_{12}	$\cdots$	X_{1m}
	X_{21}	X_{22}	$\cdots$	X_{2m}
	$\vdots$	$\vdots$		$\vdots$
	X_{n1}	X_{n2}	$\cdots$	X_{nm}
合计	$T_{\cdot 1}$	$T_{\cdot 2}$	$\cdots$	$T_{\cdot m}$
平均	$\overline{X}_{\cdot 1}$	$\overline{X}_{\cdot 2}$	$\cdots$	$\overline{X}_{\cdot m}$

表 6-1-13 中 X_{ij} 表示第 j 种水平下第 i 个观察值; $T_{\cdot j}=\sum\limits_{i=1}^{n} X_{ij}$,表示第 j 种水

平观察值之和；$\overline{X}_{.j}=\dfrac{T_{.j}}{n}$，表示第 j 种观察值的平均数.

观察值的总离差平方和也就是每一个观察值和总平均数之间的离差平方和. 用 Q_T 表示，其计算公式为

$$Q_T=\sum_{i=1}^{n}\sum_{j=1}^{m}(X_{ij}-\overline{X}_{..})^2=\sum_{i=1}^{n}\sum_{j=1}^{m}X_{ij}^2-\frac{T_{..}^2}{nm}=\sum_{i=1}^{n}\sum_{j=1}^{m}X_{ij}^2-nm\overline{X}_{..},$$

式中 $\overline{X}_{..}=\sum_{j=1}^{m}\overline{X}_{.j}=\dfrac{T_{..}}{nm}$，$T_{..}=\sum_{j=1}^{m}T_{.j}=\sum_{i=1}^{n}\sum_{j=1}^{m}X_{ij}$.

总离差平方和可以分解为"水平"间的离差平方和及"水平"内的离差平方和，水平间的离差平方和常用 Q_A（类间）表示，则

$$Q_A=n\sum_{j=1}^{m}(X_{.j}-\overline{X}_{..})^2=\frac{1}{n}\sum_{j=1}^{m}T_{.j}^2-\frac{T_{..}^2}{nm}.$$

水平内的离差平方和用 Q_E（类内）表示，计算公式为

$$Q_E=\sum_{i=1}^{n}\sum_{j=1}^{m}X_{ij}^2-\frac{1}{n}\sum_{j=1}^{m}T_{.j}^2.$$

由于 $Q_T=Q_A+Q_E$，因此在已经计算 Q_T 和 Q_A 后，可以直接由 $Q_E=Q_T-Q_A$ 求得 Q_E. 将 Q_A 和 Q_E 分别除以其自由度，得到平均平方离差 S_A^2 和 S_E^2，类间平均平方离差 $S_A^2=\dfrac{Q_A}{m-1}$，类内平均平方离差 $S_E^2=\dfrac{Q_E}{m(n-1)}$，$S_A^2$ 就相当于 S_B^2，S_E^2 就是 S_H^2. 因而通过他们的比值 F 进行检验，$F=S_A^2/S_E^2$，为了清楚起见，通常将上述计算结果列成方差分析表 6-1-14.

表 6-1-14　单因素方差分析表

误差来源	自由度	离差平方和	均方离差	F 值
类间	$m-1$	Q_A	S_A^2	S_A^2/S_E^2
类内	$m(n-1)$	Q_E	S_E^2	/
总离差	$mn-1$	Q_T	/	/

当给定显著性水平 α 后，查第一自由度为 $m-1$，第二自由度 $n(m-1)$，得 $F_\alpha(m-1,m(n-1))$，若实际计算的 $F\leqslant F_\alpha$，接受 H_0. 结论为差异不显著. 当 $F>F_\alpha$，拒绝 H_0，推断为由显著差异，即 m 种水平的总体平均数并非完全相等.

按单因素方差分析的方法，可以计算出广告内容对销售量影响的方差分析表（表 6-1-15）.

表 6-1-15　单因素销售量试验方差分析表

误差来源	自由度	离差平方和	均方离差	F 值
类间	2	2 668.17	1 334.09	10.93
类内	9	1 098.5	122.06	/
总离差	11	3 766.67	/	/

查表可得 $F_{0.05}(2,9)=4.16<F=10.93$. 因此,由于广告内容的不同,对销售量的影响很大. 我们还可对不同广告引起的销售量作出估计:

$$\hat{\mu}_{A_1}=\frac{694}{4}=173.5,\quad \hat{\mu}_{A_2}=\frac{754}{4}=187.75,\quad \hat{\mu}_{A_3}=\frac{839}{4}=209.75.$$

95%置信区间为:$\hat{\mu}_{A_1}$:[161,186], $\hat{\mu}_{A_2}$:[175,200], $\hat{\mu}_{A_3}$:[197,222].

由此可见,广告 A_3 引起销售量最多,今后应多宣传噪声低的优良性,同时,今后应进一步进行工艺改革降低噪声.

(3) 两因素方差分析

在实际工作中常常会遇到两种因素同时影响结果的情况,这就需要检验究竟是哪个因素的作用显著,还是两个因素的影响都不显著. 有时,两个因素同时起的作用的结果不是两个因素分别作用的简单相加,而是这两个因素结合在一起共同对试验结果产生影响,这种作用称为交互作用. 例如,作物产量受耕地深度和施肥数量两个因素影响. 适当深耕能够增产,适当多施肥也能增产,然而既深耕又施肥适当,那么会使产量倍增,这就是深耕和施肥的交互作用. 这样的问题在经济管理中也很多. 例如,一个超级市场将一种商品采用 3 种不同的包装,放在 3 个不同的货架上做销售试验,希望检验不同的包装、不同的货架对销售量是否有显著的影响,交互作用是否显著. 随机地抽取 3 天的销售量作为样本,其观察结果见表 6-1-16.

表 6-1-16

		因素 B		
		包装 1	包装 2	包装 3
因素 A(货架)	货架 1	5 6 4	6 8 7	4 3 5
	货架 2	7 8 8	5 5 6	3 6 4

续表

		因素 B		
		包装 1	包装 2	包装 3
因素 A(货架)	货架 3	3 2 4	6 6 5	8 9 6

显然,这是一个两因素问题,可用两因素方差分析获得解决.

一般地,设影响某试验结果的因素有 A 与 B 两个因素,而因素 A 又有 r 个水平 $A_1,A_2,\cdots,A_r$,因素 B 有 S 个水平 $B_1,B_2,\cdots,B_s$,在每个组合水平 A_iB_j 上重复试验 n 次,得观测值 $X_{ijt}(t=1,2,\cdots,n)$,并假设 $X_{ijt}\sim N(\mu_{ij},\sigma^2)$,且 X_{ijt} 相互独立. 经与一元方差分析类似的推导,可得两因素方差分析表(表 6-1-17). 计算公式以及相应计算结论如下:

$$Q_T=\sum_{i=1}^{r}\sum_{j=1}^{s}\sum_{t=1}^{n}X_{ijt}^2-C,Q_B=\sum_{j=1}^{s}T_{\cdot j\cdot}^2/rn-C,Q_A=\sum_{i=1}^{r}T_{i\cdot\cdot}^2/sn-C,$$

$$C=\left(\sum_{i=1}^{r}\sum_{j=1}^{s}\sum_{t=1}^{n}X_{ijt}\right)^2/rsn,Q_{AB}=\sum_{i=1}^{r}\sum_{j=1}^{s}T_{ij\cdot}^2/n-C-Q_A-Q_B,Q_E=Q_T-Q_{AB}.$$

表 6-1-17　两因素方差分析表

误差来源	自由度	离差平方和	均方离差	F 值
因素 A	$r-1$	Q_A	$S_A^2=\dfrac{Q_A}{r-1}$	$F_A=\dfrac{S_A^2}{S_E^2}$
因素 B	$s-1$	Q_B	$S_B^2=\dfrac{Q_B}{s-1}$	$F_B=\dfrac{S_B^2}{S_E^2}$
AB 交互作用	$(r-1)(s-1)$	Q_{AB}	$S_{AB}^2=\dfrac{Q_{AB}}{(r-1)(s-1)}$	$F_{AB}=\dfrac{S_{AB}^2}{S_E^2}$
类内误差	$rs(n-1)$	Q_E	$S_E^2=\dfrac{Q_E}{rs(n-1)}$	/
总差异	$rsn-1$	Q_T	/	/

给定显著水平 α(通常取 $\alpha=5\%$ 或 1%),若

1) 当 $F_A\geqslant F_\alpha(r-1,rs(n-1))$ 时,认为因素 A 对试验结果影响显著;否则,认为不显著.

2) 当 $F_B \geqslant F_\alpha(s-1), rs(n-1)$ 时，认为因素 B 对试验结果影响显著；否则，认为不显著.

3) 当 $F_{AB} \geqslant F_\alpha((r-1)(s-1), rs(n-1))$ 时，认为因素 A 与 B 的交互作用对试验结果影响显著；否则，认为不显著.

运用上面的两因素方差分析结果和表 6-1-16 中的数据经计算可得表 6-1-18.

表 6-1-18 两因素销售量试验方差分析表

误差来源	自由度	离差平方和	均方离差	F 值
因素 A	2	0.96	0.48	$F_A=0.45$
因素 B	2	3.18	1.59	$F_B=1.49$
AB 交互作用	4	61.27	15.32	$F_{AB}=14.31$
类内误差	18	19.33	1.07	/
总差异	26	84.74	/	/

取 $\alpha=0.05$，$F_{0.05}(2,18)=3.55>F_B$，$F_{0.05}(4,18)=2.93<F_{AB}$. 因此结论是：货物的包装及放的货架这两个因素对销售量的影响均不显著，而两者的交互作用对销售量的影响是显著的.

(4) 三因素方差分析

某集团为了研究商品销售点所在的地理位置、销售点处的广告和销售点的装潢这三个因素对商品销售量的影响程度，选了三个位置（如市中心黄金地段、非中心地段、城乡结合部），两种广告形式，两种装潢档次在四个城市进行了搭配试验.

用 A_1, A_2, A_3 表示三种位置，B_1, B_2 代表两种广告形式，C_1, C_2 表示两种装潢档次，它们分别称为因素 A——位置，因素 B——广告，因素 C——装潢的各个水平.

对这三个因素各个水平的每种组合，在四城市试验得到年销售量的统计数据如表 6-1-19 所示.

表 6-1-19 年销售量统计

		城市号			
		1	2	3	4
水平组合	$A_1B_1C_1$	955	967	960	980
	$A_1B_1C_2$	905	949	950	930

续表

		城市号			
		1	2	3	4
水平组合	$A_1B_2C_1$	927	930	910	920
	$A_1B_2C_2$	855	860	880	875
	$A_2B_1C_1$	880	890	895	900
	$A_2B_1C_2$	860	840	850	830
	$A_2B_2C_1$	870	865	850	860
	$A_2B_2C_2$	830	850	840	830
	$A_3B_1C_1$	875	888	900	892
	$A_3B_1C_2$	870	850	847	965
	$A_3B_2C_1$	870	863	845	855
	$A_3B_2C_2$	821	842	832	848

那么,哪种组合对销售影响最显著,亦即何种组合对增加销售量效果最好,位置、广告和装潢这三个因素中哪一个对销售量影响最大呢?这是一个三因素交互对结果起作用的问题,我们可以用三因素方差分析来解决.

上述一类问题可概括为:设影响某试验结果的因素有三个:A,B,C,而因素A又有r个水平$A_1,A_2,\cdots,A_r$;因素B有S个水平$B_1,B_2,\cdots,B_s$;因素C有t个水平$C_1,C_2,\cdots,C_t$,在每个组合水平$A_iB_jC_k$上重复试验q次,得观测值$X_{ijkl}(l=1,2,\cdots,q)$,并假设$X_{ijkl}\sim N(\mu_{ijk},\sigma^2)$,诸$X_{ijkl}$相互独立,现在要利用观测值判定因素$A,B,C$及交互作用$A\times B,A\times C,B\times C,A\times B\times C$对观测现象是否有显著的影响效果.由数理统计中的Cochran分解定理和假设检验的理论,经严格论证、推导,可得三元方差分析表、计算公式和结论如表6-1-20.

表6-1-20

误差来源	离差平方差	自由度	均方离差	F值
因素A	Q_A	$r-1$	$S_A^2=\dfrac{Q_A}{r-1}$	$F_A=\dfrac{S_A^2}{S_E^2}$
因素B	Q_B	$s-1$	$S_B^2=\dfrac{Q_B}{s-1}$	$F_B=\dfrac{S_B^2}{S_E^2}$
因素C	Q_C	$t-1$	$S_C^2=\dfrac{Q_C}{t-1}$	$F_C=\dfrac{S_C^2}{S_E^2}$

续表

误差来源	离差平方差	自由度	均方离差	F 值
A 与 B 的交互作用 $A\times B$	A_{AB}	$(r-1)(s-1)$	$S_{AB}^2=\dfrac{Q_{AB}}{(r-1)(s-1)}$	$F_{AB}=\dfrac{S_{AB}^2}{S_E^2}$
A 与 C 的交互作用 $A\times C$	A_{AC}	$(r-1)(t-1)$	$S_{AC}^2=\dfrac{Q_{AC}}{(r-1)(t-1)}$	$F_{AC}=\dfrac{S_{AC}^2}{S_E^2}$
B 与 C 的交互作用 $B\times C$	A_{BC}	$(s-1)(t-1)$	$S_{BC}^2=\dfrac{Q_{BC}}{(s-1)(t-1)}$	$F_{BC}=\dfrac{S_{BC}^2}{S_E^2}$
A,B 与 C 的交互作用 $A\times B\times C$	A_{ABC}	$(r-1)(s-1)(t-1)$	$S_{BC}^2=\dfrac{Q_{ABC}}{(r-1)(s-1)(t-1)}$	$F_{ABC}=\dfrac{S_{ABC}^2}{S_E^2}$
类内误差	Q_F	$rst(q-1)$	$S_E^2=\dfrac{Q}{rst(q-1)}$	
总差异	Q_T	$rst\ q-1$	—	—

$$Q_r=\sum_{i=1}^{r}\sum_{j=1}^{s}\sum_{k=1}^{t}\sum_{l=1}^{q}(X_{ijkl}-\overline{X})^2,\overline{X}_{ijk\cdot}=\frac{1}{q}\sum_{l=1}^{q}X_{ijkl},\overline{X}_{\cdot jk\cdot}=\frac{1}{r}\sum_{i=1}^{r}\overline{X}_{ijk\cdot},$$

$$\overline{X}_{i\cdot k\cdot}=\frac{1}{s}\sum_{j=1}^{s}\overline{X}_{ijk\cdot},\overline{X}_{ij\cdot\cdot}=\frac{1}{t}\sum_{k=1}^{t}\overline{X}_{ijk\cdot}\overline{X}_{i\cdots}=\frac{1}{s}\sum_{j=1}^{s}\overline{X}_{ij\cdot\cdot},\overline{X}_{\cdot j\cdot\cdot}=\frac{1}{r}\sum_{i=1}^{r}\overline{X}_{ij\cdot\cdot},$$

$$\overline{X}_{\cdot\cdot k\cdot}=\frac{1}{s}\sum_{j=1}^{s}\overline{X}_{\cdot jk\cdot},\overline{X}=\frac{1}{r}\sum_{i=1}^{r}\overline{X}_{i\cdots}.$$

给定显著水平 α（通常取 $\alpha=5\%$ 或 1%），由表 6-1-20 中所列，并查 F 的临界值表便可有以下的检验结论：

1）当 $F_A\geqslant F_\alpha(r-1,rst(q-1))$ 时，在显著性水平 α 下认为因素 A 对试验结果影响显著；否则，认为不显著.

2）当 $F_B\geqslant F_\alpha(s-1,rst(q-1))$ 时，在显著性水平 α 下认为因素 B 对试验结果影响显著；否则，认为不显著.

3）当 $F_C\geqslant F_\alpha(t-1,rst(q-1))$ 时，在显著性水平 α 下认为因素 C 对试验结果影响显著；否则，认为不显著.

4）当 $F_{AB}\geqslant F_\alpha((r-1)(s-1),rst(q-1))$ 时，在显著性水平 α 下认为因素 A 与 B 的交互作用对试验结果影响显著；否则，认为不显著.

5）当 $F_{AC}\geqslant F_\alpha((r-1)(t-1),rst(q-1))$ 时，在显著性水平 α 下认为因素 A 与 C 的交互作用对试验结果影响显著；否则，认为不显著.

6）当 $F_{BC}\geqslant F_\alpha((s-1)(t-1),rst(q-1))$ 时，在显著性水平 α 下认为因素 B

与 C 的交互作用对试验结果影响显著;否则,认为不显著.

7) 当 $F_{ABC} \geqslant F_{\alpha}((r-1)(s-1)(t-1), rst(q-1))$ 时,在显著性水平 α 下认为因素 A,B,C 的交互作用对试验结果的影响显著;否则,认为不显著.

将表 6-1-20 中每个值按照组合 $A_iB_jC_k$ 以及城市号 l 记为 x_{ijkl},称为观测值,显著性水平 α 为 0.05,由表 6-1-19 和上述的三元方差分析表和计算公式可计算出数据,如表 6-1-21 所示.

表 6-1-21　销售量三因素试验方差分析表

误差来源	离差平方差	自由度	均方离差	F 值
因素 A	41 596.74	2	20 798.37	175.04
因素 B	14 666.42	1	14 666.42	123.43
因素 C	13 306.68	1	13 306.68	111.99
A 与 B 的交互作用 $A\times B$	4 010.72	2	2 005.36	16.88
A 与 C 的交互作用 $A\times C$	275.7	2	137.85	1.16
B 与 C 的交互作用 $B\times C$	18.12	1	18.12	0.15
A,B 与 C 的交互作用 $A\times B\times C$	1 170.79	2	585.39	4.93
类内误差	4 277.5	36	118.82	
总差异	79 322.67	47	—	—

按照三元方差分析中所得到的结论,查 F 临界值表得:$F_{0.05}(2,36)=3.27<F_A$,$F_{0.05}(1,36)=4.12<F_B$,$F_{0.05}(1,36)<F_C$,这说明销售点的位置对销售量的影响最显著,广告形式对销售量的影响较显著,装潢对销售量的影响也显著.

因为 $F_{AB}>F_{0.05}(2,36)$,$F_{AC}<F_{0.05}(2,36)$,$F_{BC}<F_{0.05}(1,36)$,所以可知销售点的位置与广告形式的组合作用对销售量的交互影响显著,而位置、广告形式与装潢的组合对销售量的交互影响并不显著.

由 $F_{ABC}>F_{0.05}(2,36)$ 可以得知,销售点的位置、广告形式、装潢档次三因素对销售量的交互作用显著. 值得注意的是这个影响并不是三因素各自影响的简单叠加. 而是由于在因素的共同作用所产生的共鸣效应.

显然,位置 A_1,广告形式 B_1 和装潢档次 C_1 的共同作用效果最好,而位置 A_3,广告形式 B_2 和装潢档次 C_3 的组合效果最差.

6.2 识别模型

6.2.1 判别分析

1. 数学模型

记 p 维总体 $G:(X_1,X_2,\cdots,X_p)$，G 可分为 m 类 $G_1,G_2,\cdots,G_m$，对于已获得 n 个样本 $(X_{l1},X_{l2},\cdots,X_{lp})$，$l=1,2,\cdots,n$，据某分类标准把这 n 个样本归类到 m 类 $G_1,G_2,\cdots,G_m$ 中去的统计方法，称为判别分析.

2. 马氏距离

设 p 维空间中有两点 $X=(X_1,X_2,\cdots,X_p)^{\mathrm{T}}$，$Y=(Y_1,Y_2,\cdots,Y_p)^{\mathrm{T}}$，则两点间的距离可以用欧氏距离，也可以用绝对距离 $d_\infty=\max\limits_{1\leqslant i\leqslant p}|X_i-Y_i|$. 这两种距离在判别分析和聚类分析中常常被使用，但它们忽略了样本的相关性和随机性. 下面将要定义的马氏距离可以克服这种缺点.

定义 6.4 设 $\boldsymbol{X},\boldsymbol{Y}$ 是从总体 G 中抽取的样本，G 服从 p 维正态分布，$N_p(\boldsymbol{\mu},\boldsymbol{V})$，定义 $\boldsymbol{X},\boldsymbol{Y}$ 两点间的马氏距离为

$$d_M(\boldsymbol{X},\boldsymbol{Y})=\sqrt{(\boldsymbol{X}-\boldsymbol{Y})^{\mathrm{T}}\boldsymbol{V}^{-1}(\boldsymbol{X}-\boldsymbol{Y})}. \tag{6.2.1}$$

定义 6.5 $\boldsymbol{X}$ 与总体 G 的马氏距离 $d_M(\boldsymbol{X},G)$ 为

$$d_M(\boldsymbol{X},G)=\sqrt{(\boldsymbol{X}-\boldsymbol{\mu})^{\mathrm{T}}\boldsymbol{V}^{-1}(\boldsymbol{X}-\boldsymbol{\mu})}. \tag{6.2.2}$$

定义 6.1 和定义 6.4 中的 $\boldsymbol{V}$ 为总体的协方差矩阵.

3. 两总体的判别法

(1) 距离判别法

设有两个协方差相同的正态总体 G_1,G_2，且

$$G_1\sim N_p(\boldsymbol{\mu}_1,\boldsymbol{V}),\quad G_2\sim N_p(\boldsymbol{\mu}_2,\boldsymbol{V}).$$

对于某个样本 $\boldsymbol{\alpha}_l=(X_{1l},X_{2l},\cdots,X_{pl})^{\mathrm{T}}$，要判定它来自哪一个总体，有一个很直观的方法：

计算 $d_M(\boldsymbol{\alpha}_l,G_1)$，$d_M(\boldsymbol{\alpha}_l,G_2)$，若 $d_M^2(\boldsymbol{\alpha}_l,G_1)\leqslant d_M^2(\boldsymbol{\alpha}_l,G_2)$，则 $\boldsymbol{\alpha}_l$ 来自 G_1；否则 $\boldsymbol{\alpha}_l$ 来自 G_2.

(2) 线性判别函数

由

$$d_M^2(\boldsymbol{\alpha}_l,G_2)-d_M^2(\boldsymbol{\alpha}_l,G_1)=(\boldsymbol{\alpha}_l-\boldsymbol{\mu}_2)^{\mathrm{T}}\boldsymbol{V}^{-1}(\boldsymbol{\alpha}_l-\boldsymbol{\mu}_2)-(\boldsymbol{\alpha}_l-\boldsymbol{\mu}_1)^{\mathrm{T}}\boldsymbol{V}^{-1}(\boldsymbol{\alpha}_l-\boldsymbol{\mu}_1)$$

$$=2\left(\boldsymbol{\alpha}_l-\frac{\boldsymbol{\mu}_1+\boldsymbol{\mu}_2}{2}\right)^{\mathrm{T}}\boldsymbol{V}^{-1}(\boldsymbol{\mu}_1-\boldsymbol{\mu}_2),$$

令 $\overline{\boldsymbol{\mu}}=\frac{1}{2}(\boldsymbol{\mu}_1+\boldsymbol{\mu}_2)$，记 $W(\boldsymbol{\alpha}_l)=(\boldsymbol{\alpha}_l-\overline{\boldsymbol{\mu}})^{\mathrm{T}}\boldsymbol{V}^{-1}(\boldsymbol{\mu}_1-\boldsymbol{\mu}_2)$，则有：当 $W(\boldsymbol{\alpha}_l)\geqslant 0$ 时，$\boldsymbol{\alpha}_l$ 来自 G_1；否则 $\boldsymbol{\alpha}_l$ 来自 G_2. 当 $\boldsymbol{\mu}_1,\boldsymbol{\mu}_2,\boldsymbol{V}$ 为已知时，令 $\boldsymbol{\lambda}=\boldsymbol{V}^{-1}(\boldsymbol{\mu}_1-\boldsymbol{\mu}_2)$，可得

$$W(\boldsymbol{\alpha}_l)=(\boldsymbol{\alpha}_l-\overline{\boldsymbol{\mu}})^{\mathrm{T}}\boldsymbol{\lambda}=\boldsymbol{\lambda}^{\mathrm{T}}(\boldsymbol{\alpha}_l-\overline{\boldsymbol{\mu}}),\tag{6.2.3}$$

称 $W(\boldsymbol{\alpha}_l)$ 为线性判别函数，$\boldsymbol{\alpha}$ 为判别系数，因为 $\boldsymbol{\lambda}=\boldsymbol{V}^{-1}(\boldsymbol{\mu}_1-\boldsymbol{\mu}_2)$，即 $\boldsymbol{V}\boldsymbol{\lambda}=\boldsymbol{\mu}_1-\boldsymbol{\mu}_2$，解线性方程组可得解 $\boldsymbol{\lambda}^{\mathrm{T}}=(a_1,a_2,\cdots,a_p)$，此时的判别规则为

$$\begin{aligned}&\boldsymbol{\lambda}^{\mathrm{T}}(\boldsymbol{\alpha}_l-\overline{\boldsymbol{\mu}})\geqslant 0,\boldsymbol{\alpha}_l\text{ 来自 }G_1;\\&\boldsymbol{\lambda}^{\mathrm{T}}(\boldsymbol{\alpha}_l-\boldsymbol{\mu})<0,\boldsymbol{\alpha}_l\text{ 来自 }G_2.\end{aligned}\tag{6.2.4}$$

(3) Fisher 准则判别法

在多维空间里分类的方法不仅仅是距离分类法的一种，常用的 Fisher 分类法就是另一种基于几何特性的分类法. 在距离判别模型中，多维空间的样本 $\boldsymbol{X}$ 被映射为一维的距离 d 来做判断. Fisher 分类方法的思想也是把多维空间的样本映射为一维的特征值 y，并依据 y 来进行判别. 具体的做法是先引入一个与样本同维的特定向量 $\boldsymbol{u}$，再将 y 取为 $\boldsymbol{X}$ 坐标的线性组合 $y=\boldsymbol{u}^{\mathrm{T}}\boldsymbol{X}$. 而 $\boldsymbol{u}$ 的选取，要使同一类别产生的 y 尽量聚拢，不同类别产生的 y 尽量拉开，这样就可将样品 $\boldsymbol{X}$ 到某一类 G 的距离定义为 $y=\boldsymbol{u}^{\mathrm{T}}\boldsymbol{X}$ 与 $y_c=\boldsymbol{u}^{\mathrm{T}}\boldsymbol{c}$ 之间的欧氏距离：

$$L(\boldsymbol{X},G)=|y-y_c|=|\boldsymbol{u}^{\mathrm{T}}(\boldsymbol{X}-\boldsymbol{c})|,$$

其中 $\boldsymbol{c}$ 为 G 的几何中心.

Fisher 判别模型遵循判据如下：

1) 如 $L(\boldsymbol{X},G_1)<L(\boldsymbol{X},G_2)$，则判定 $\boldsymbol{X}$ 为 G_1类；

2) 如 $L(\boldsymbol{X},G_1)>L(\boldsymbol{X},G_2)$，则判定 $\boldsymbol{X}$ 为 G_2类.

4. 关于计算中应注意的问题

实际上 $\boldsymbol{\mu}_1,\boldsymbol{\mu}_2,\boldsymbol{V}$ 均未知，要用样本值的估计公式来计算出 $\hat{\boldsymbol{\mu}}$ 与 $\hat{\boldsymbol{V}}$. 其方法如下：

设子样 $\boldsymbol{\alpha}_1,\boldsymbol{\alpha}_2,\cdots,\boldsymbol{\alpha}_{n_1}$ 来自总体 $G_1:\boldsymbol{X}=(X_1,X_2,\cdots,X_p)^{\mathrm{T}}$，子样 $\boldsymbol{\beta}_1,\boldsymbol{\beta}_2,\cdots,\boldsymbol{\beta}_{n_2}$ 来自 G_2: $\boldsymbol{Y}=(Y_1,Y_2,\cdots,Y_p)^{\mathrm{T}}$，其中 $\boldsymbol{\alpha}_l=(X_{l1},X_{l2},\cdots,X_{lp})^{\mathrm{T}}$，$\boldsymbol{\beta}_m=(Y_{m1},X_{m2},\cdots,Y_{mp})^{\mathrm{T}}$，$l=1,2,\cdots,n_1$，$m=1,2,\cdots,n_2$.

$$\overline{\boldsymbol{\alpha}}=\frac{1}{n_1}\sum_{l=1}^{n_1}\boldsymbol{\alpha}_l,\overline{\boldsymbol{\beta}}=\frac{1}{n_2}\sum_{m=1}^{n_2}\boldsymbol{\beta}_m,\overline{X}_i=\frac{1}{n_1}\sum_{l=1}^{n_1}X_{li},\overline{Y}_j=\frac{1}{n_2}\sum_{m=1}^{n_2}X_{mj},i,j=1,2,\cdots,p,$$

$$\boldsymbol{S}_1=\sum_{l=1}^{n_1}(\boldsymbol{\alpha}_l-\overline{\boldsymbol{\alpha}})(\boldsymbol{\alpha}_l-\overline{\boldsymbol{\alpha}})^{\mathrm{T}}=\left(\sum_{l=1}^{n_1}(X_{li}-\overline{X}_i)(X_{lj}-\overline{X}_j)\right)_{p\times p},$$

$$S_2=\sum_{m=1}^{n_2}(\boldsymbol{\beta}_m-\overline{\boldsymbol{\beta}})(\boldsymbol{\beta}_m-\overline{\boldsymbol{\beta}})^{\mathrm{T}}=\left(\sum_{m=1}^{n_2}(Y_{mi}-\overline{Y}_i)(Y_{mj}-\overline{Y}_j)\right)_{p\times p},$$

得到

$$\hat{\boldsymbol{V}}=\frac{1}{n_1+n_2-2}(\boldsymbol{S}_1+\boldsymbol{S}_2),\tag{6.2.5}$$

$$\hat{\boldsymbol{\mu}}_1=\overline{\boldsymbol{\alpha}},\hat{\boldsymbol{\mu}}_2=\overline{\boldsymbol{\beta}},\quad \hat{\boldsymbol{\mu}}=\frac{1}{2}(\overline{\boldsymbol{\alpha}}+\overline{\boldsymbol{\beta}}),\tag{6.2.6}$$

判别函数为

$$W(\boldsymbol{\alpha}_l)=(\boldsymbol{\alpha}_l-\hat{\boldsymbol{\mu}})^{\mathrm{T}}\hat{\boldsymbol{V}}^{-1}(\overline{\boldsymbol{\alpha}}-\overline{\boldsymbol{\beta}}),\tag{6.2.7}$$

判别系数为

$$\lambda=\hat{\boldsymbol{V}}^{-1}(\overline{\boldsymbol{\alpha}}-\overline{\boldsymbol{\beta}}).\tag{6.2.8}$$

5. 关于误判率及多个总体的判别

这里提及一个回报的误判率问题. 在构造判别函数 $W(\boldsymbol{\alpha}_l)$ 时,是依据样本 $\boldsymbol{\alpha}_1,\boldsymbol{\alpha}_2,\cdots,\boldsymbol{\alpha}_{n_1}$,现在已知 $\boldsymbol{\alpha}_1,\boldsymbol{\alpha}_2,\cdots,\boldsymbol{\alpha}_{n_1}$ 均属于 G_1,从道理上来说,$\boldsymbol{\alpha}_l$ 根据判别公式(6.2.7),可得出 α_l 来自 G_1,$l=1,2,\cdots,n_1$,但也可能得出某几个不属于 G_1 的结论,这便是误判. 若有 n_0 存在,使得 $W(\alpha_{n_0})<0$,说明 α_{n_0} 来自 G_2,这就产生了一个误判. 所谓误判率,即是出现误判的百分数,对其应该有所控制.

当两个总体的协方差不相等时,可用如下方法:

$$D^2(\boldsymbol{\alpha}_l,G_1)=(\boldsymbol{\alpha}_l-\boldsymbol{\mu}_1)^{\mathrm{T}}\boldsymbol{V}_1^{-1}(\boldsymbol{\alpha}_l-\boldsymbol{\mu}_1);\tag{6.2.9}$$

$$D^2(\boldsymbol{\alpha}_l,G_2)=(\boldsymbol{\alpha}_l-\boldsymbol{\mu}_2)^{\mathrm{T}}\boldsymbol{V}_2^{-1}(\boldsymbol{\alpha}_l-\boldsymbol{\mu}_2).\tag{6.2.10}$$

当 $D^2(\boldsymbol{\alpha}_l,G_1)\leqslant D^2(\boldsymbol{\alpha}_l,G_2)$ 时,$\boldsymbol{\alpha}_l$ 来自 G_1,否则 $\boldsymbol{\alpha}_l$ 来自 G_2,当 $\boldsymbol{\mu}_1,\boldsymbol{\mu}_2,\boldsymbol{V}_1,\boldsymbol{V}_2$ 未知时,用下列估计代替:

$$\hat{\boldsymbol{\mu}}_1=\overline{\boldsymbol{\alpha}},\hat{\boldsymbol{\mu}}_2=\overline{\boldsymbol{\beta}},\hat{\boldsymbol{V}}_1=\frac{1}{n_1-1}\boldsymbol{S}_1,\hat{\boldsymbol{V}}_2=\frac{1}{n_2-1}\boldsymbol{S}_2.$$

在 m 个总体 $G_1,G_2,\cdots,G_m$ 时,均值为 $\boldsymbol{\mu}_1,\boldsymbol{\mu}_2,\cdots,\boldsymbol{\mu}_m$,协方差阵为 $\boldsymbol{V}_1,\boldsymbol{V}_2,\cdots,\boldsymbol{V}_m$($p$ 维).

设 $\boldsymbol{\mu}_i,\boldsymbol{V}_i$ 都已知时,$\boldsymbol{X}$ 为样品 $\boldsymbol{\alpha}_0=(X_{10},X_{20},\cdots,X_{p0})$,计算 $D^2(\boldsymbol{\alpha}_0,G_i)$,$i=1,2,\cdots,m$,选择一个最小的值. 例如 $D^2(\boldsymbol{\alpha}_0,G_k)=\min\limits_{1\leqslant i\leqslant m}D^2(\boldsymbol{\alpha}_0,G_i)$,则 $\boldsymbol{\alpha}_0$ 来自 G_k.

设 $\boldsymbol{\mu}_i,\boldsymbol{V}_i$ 未知,但独立,可以分别以估计值来计算. 当上述 $\boldsymbol{\mu}_i,\boldsymbol{V}_i$ 未知,但 $\boldsymbol{V}_1=\boldsymbol{V}_2=\cdots=\boldsymbol{V}_m$ 时,亦可以用上述类似方法.

上述解决方法,可以扩展到非正态分布.

例 6.7 蠓的分类问题.

两种蠓 Af 和 Apf 已由生物学家 W. L. Grogan 和 W. W. Wirth 根据它们的触角长度和翼长加以区分. 9 只 Af 蠓的数据和 6 只 Apf 蠓的数据见表 6-2-1,根据给出的触角长度和翼长识别出一只标本是 Af 还是 Apf.

(1) 给定一只 Af 或者 Apf 族的蠓，你如何正确地区分它属于哪一族？

(2) 将你的方法用于触角长和翼长分别为(1.24,1.80),(1.28,1.84),(1.40,2.04)的三个标本.

(3) 设 Af 是宝贵的传粉益虫，Apf 是某种疾病的载体，是否应该修改你的分类方法？若需修改，怎么改？

表 6-2-1　15 只蠓的身体数据

Af	触角长	1.24	1.36	1.38	1.38	1.38	1.40	1.48	1.54	1.56
	翼长	1.72	1.74	1.64	1.82	1.90	1.70	1.82	1.82	2.08
Apf	触角长	1.14	1.18	1.20	1.26	1.28	1.30			
	翼长	1.78	1.96	1.86	2.00	2.00	1.96			

这是一个典型的判别分析问题，当然用其他方法，如神经网络方法识别也是可以的，但主要方法应该是多元统计分析中判别分析方法.

判别分析主要用于已知一些样本的确切分类，需找出其中隐藏的分类规律，并用已找到的规律去判别新样本属于某一类. 由于判别是根据样本进行的，所以有一些定量指标，这些指标所有可能的组合就构成 $\mathbf{R}^n$ 中的一个区域或就是 $\mathbf{R}^n$，按隐藏的规律去判别就是根据具体指标值对照划分去判别. 因此先根据已知分类的样本找出规律，将 $\mathbf{R}^n$ 分成若干互不相交的部分，未知分类的样本落在哪个部分，就判属于哪一类. 而为了将 $\mathbf{R}^n$ 划分成若干个互相不重叠的部分就要找出分界面，在数学上就是找出曲面的函数，即判别函数.

为此，当然要充分利用已知的样本信息. 怎么利用呢？可以从以下至少三条思路来进行.

(1) 距离判别

为什么认为某一批样品属于同一类，是因为它们之间有相同或相近之处，从指标上来讲，大小比较接近. 当然由于指标可能不止一个（如本题中有触角长和翼长两个指标），接近程度应有个准确的算法，如常用的欧氏距离为各指标差的平方和，但这样会由于不同量纲产生不合理影响，为此可以采用马氏距离.

设 $\boldsymbol{x}^{(i)},\boldsymbol{x}^{(j)}$ 为两个 n 维随机向量的样品，随机向量的方差矩阵为 $\boldsymbol{V}$，则

$$d_{ij}^2=(\boldsymbol{x}^{(i)}-\boldsymbol{x}^{(j)})^{\mathrm{T}}\boldsymbol{V}^{-1}(\boldsymbol{x}^{(i)}-\boldsymbol{x}^{(j)})$$

称为马氏距离.

距离判别是让指标大小比较接近的属一类，新样本最靠近谁就判给谁. 当已经给定了一些样本的分类，一般有许多样本属于同一类，以谁作为这一类代表呢？以哪一个样本都不太合适，取样本的几何中心为代表比较科学. 若样本几何

中心为$\boldsymbol{\mu}^{(i)}$，则样本$\boldsymbol{x}^{(j)}$与第i类距离可用下述公式表示：

$$d_{ij}^2=(\boldsymbol{x}^{(j)}-\boldsymbol{\mu}^{(i)})^{\mathrm{T}}\boldsymbol{V}^{-1}(\boldsymbol{x}^{(j)}-\boldsymbol{\mu}^{(i)}),$$

如本题只有两类，就有下述判别规则：

$\boldsymbol{x}^{(j)}$属于第1类，当且仅当$d_{1j}<d_{2j}$；

$\boldsymbol{x}^{(j)}$属于第2类，当且仅当$d_{1j}>d_{2j}$.

个别新样本的判别问题就解决了. 如果还希望了解分类的总体情况及分类的规律，可以再进行如下的讨论.

若第1类，第2类的方差阵相同：$\boldsymbol{V}_1=\boldsymbol{V}_2=\boldsymbol{V}$，则

$$\begin{aligned}d_{1j}^2-d_{2j}^2&=(\boldsymbol{x}^{(j)}-\boldsymbol{\mu}_1)^{\mathrm{T}}\boldsymbol{V}_1^{-1}(\boldsymbol{x}^{(j)}-\boldsymbol{\mu}_1)-(\boldsymbol{x}^{(j)}-\boldsymbol{\mu}_2)^{\mathrm{T}}\boldsymbol{V}_2^{-1}(\boldsymbol{x}^{(j)}-\boldsymbol{\mu}_2)\\&=(\boldsymbol{\mu}_2-\boldsymbol{\mu}_1)^{\mathrm{T}}\boldsymbol{V}^{-1}\left(\boldsymbol{x}^{(j)}-\frac{\boldsymbol{\mu}_2+\boldsymbol{\mu}_1}{2}\right).\end{aligned}\tag{6.2.11}$$

这是$\boldsymbol{x}^{(j)}$的线性函数，$d_{1j}^2-d_{2j}^2=0$是一个超平面，即$\mathbf{R}^n$被分成两个部分，分别对应两类. 若新样本与某一类均值在同一半空间，则判给这一类.

若两类的方差阵不相等，则

$$d_{1j}^2-d_{2j}^2=(\boldsymbol{x}^{(j)}-\boldsymbol{\mu}_1)^{\mathrm{T}}\boldsymbol{V}_1^{-1}(\boldsymbol{x}^{(j)}-\boldsymbol{\mu}_1)-(\boldsymbol{x}^{(j)}-\boldsymbol{\mu}_2)^{\mathrm{T}}\boldsymbol{V}_2^{-1}(\boldsymbol{x}^{(j)}-\boldsymbol{\mu}_2).\tag{6.2.12}$$

这时无法简化了，这是$\boldsymbol{x}^{(j)}$的二次函数，$d_{1j}^2-d_{2j}^2=0$是一个二次曲面，它就是分界面判别函数，$\mathbf{R}^n$仍被其分成两部分.

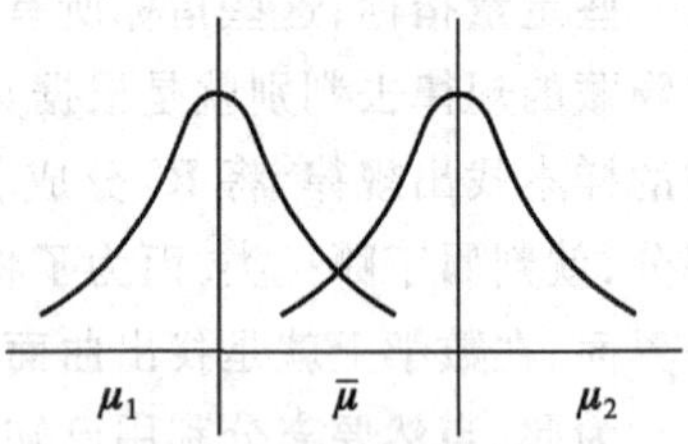

图 6-2-1　发生误判示意图

接下来讨论该方法是否总是正确的. 为此假定随机向量服从多元正态分布，即$\boldsymbol{x}^{(i)}\sim N_n(\boldsymbol{\mu}_i,\boldsymbol{V})$. 为表达直观简单，再假定$\boldsymbol{x}^{(i)}$仅是一个随机变量，即样本数$n=1$，这时两类总体分布如图6-2-1. 式(6.2.11)的符号取决于$\boldsymbol{x}^{(j)}>\bar{\boldsymbol{\mu}}=\dfrac{\boldsymbol{\mu}_2+\boldsymbol{\mu}_1}{2}$，还是$\boldsymbol{x}^{(j)}<\bar{\boldsymbol{\mu}}=\dfrac{\boldsymbol{\mu}_2+\boldsymbol{\mu}_1}{2}$，即在两个均值的连线中点的左边还是右边，在左边则判给第一类，若在右边则判给第二类.

从图6-2-1可以看出，当样本在$\bar{\boldsymbol{\mu}}$的左边时，由于样本靠近$\boldsymbol{\mu}_1$，因而在第一类总体中概率密度为$\dfrac{1}{\sqrt{2\pi}\sigma}\mathrm{e}^{-\frac{1}{2\sigma^2}(x-\mu_1)^2}$，但也有可能来自第二类，因为第二类中出现这样样本的概率密度为$\dfrac{1}{\sqrt{2\pi}\sigma}\mathrm{e}^{-\frac{1}{2\sigma^2}(x-\mu_2)^2}$，虽然小一些，但肯定大于零.

这样当$\bar{\boldsymbol{\mu}}$的左边样本被抽中时，它既可能来自第一类，也有可能来自第二类，按照前述的判别法则，判为第一类，则大多数情况下判对了，但也有少数情况是判错了，这不是一种特殊情况，而是判别分析中的一种普通情况，只要两类样本有重叠的情况，误判就是不可避免的，好的判别分析方法是想方设法让误判发

生得少一些.

从图 6-2-1 还可以看出，判别样本归属的分界点 $\bar{\boldsymbol{\mu}}$ 是两个均值连线的中点，也是两条分布曲线的交点. 在 $\bar{\boldsymbol{\mu}}$ 左边，第一类的概率密度曲线高于第二类概率论密度曲线. 反之在 $\bar{\boldsymbol{\mu}}$ 右边，第二类的概率密度曲线高于第一类概率密度曲线. 这两条曲线在某一点的高度分别代表了在第一类、第二类总体中观测值取横坐标的样本点出现的概率密度，这表明当样本点观测值出现在左边时，样本属于第一类的概率大于样本属于第二类的概率；反之当样本点观测值出现在右边，样本属于第二类的概率大于样本属于第一类的概率. 由此可见，上述判别思想又可以表示成，被抽取样本属于哪一类的概率密度大，就把这个样本判给谁. 这对于高维情况也是对的，只要将两类的判别分水岭取在概率密度曲面的交线上即可.

从图 6-2-1 中还可以看到，若 $\boldsymbol{\mu}_1$ 与 $\boldsymbol{\mu}_2$ 靠得很近，则第一类与第二类的曲线下的曲边梯形有大量的重叠. 根据上述分析，则这时发生误判的概率就比较大，而且根据判别分析的一般讨论，无论用什么方法做判别，其误判的概率均比较大，即用这样的指标来进行判别分析是不合适的，应该另取更有针对性的指标进行判别.

为了防止上述情况发生，如果误判率很大，则判别函数就不应再使用. 显然，一个判别函数对于已知其分类并用来构造判别函数的样本点的判别效果要优于其他的样本点. 如果对于已知其分类的样本点的误判概率很大，则用于判别其他样本点误判概率一定也很大，甚至更大. 为此，在判别函数建立之后应进行回报，看按照判别分析方法构造的判别函数，将已知其分类的那些样本点判给了哪一类，是否错判，并进行统计汇总成表 6-2-2.

表 6-2-2　判 别 情 况

实际	预报	
	1	2
1	1	2
2	2	2

如果误判概率较小甚至没有误判，则认为判别会是成功的将有一定根据.

(2) Fisher 判别法

多变量的判别分析有多个指标，它们对于判别样本属于哪一类，一般都有影响. 但一般影响不会相同，总有一些指标影响大，一些指标的影响小，因此按主要差异来进行判别肯定会有比较好的效果. 但是由于指标之间有一定的相关性，因而主要差异不一定是某个指标，而经常是指标的某个线性组合. 在这个方向上，样本点分得最开,因而也最容易区分. Fisher 将这一思想付诸实施,他将所有样本点向一条直线投影,这条直线是一条特殊的直线,在这条直线上,上述样本点的投影最分散,最清楚地显示分类情况.

首先讨论投影的结果:

设从 k 类中抽取了若干样本(n 维向量),

第 1 类 $G_1: \boldsymbol{x}_1^{(1)}, \cdots, \boldsymbol{x}_{m_1}^{(1)}$;

第 2 类 $G_2: \boldsymbol{x}_1^{(2)}, \cdots, \boldsymbol{x}_{m_2}^{(2)}$;

……

第 k 类 $G_k: \boldsymbol{x}_1^{(k)}, \cdots, \boldsymbol{x}_{m_k}^{(k)}$,其中 $m = \sum_{i=1}^{k} m_i$.

令 $\boldsymbol{\alpha}$ 为 $\mathbf{R}^n$ 中任一方向,则 $\mathbf{R}$ 中点 $\boldsymbol{x}$ 在这条直线的投影是 $u(\boldsymbol{x}) = \boldsymbol{\alpha}^{\mathrm{T}}\boldsymbol{x}$,这时上述数据在 $\boldsymbol{\alpha}$ 上的投影为

$$G_1: \boldsymbol{\alpha}^{\mathrm{T}}\boldsymbol{x}_1^{(1)}, \cdots, \boldsymbol{\alpha}^{\mathrm{T}}\boldsymbol{x}_{m_1}^{(1)};$$
$$G_2: \boldsymbol{\alpha}^{\mathrm{T}}\boldsymbol{x}_1^{(2)}, \cdots, \boldsymbol{\alpha}^{\mathrm{T}}\boldsymbol{x}_{m_2}^{(2)};$$
$$\cdots\cdots$$
$$G_k: \boldsymbol{\alpha}^{\mathrm{T}}\boldsymbol{x}_1^{(k)}, \cdots, \boldsymbol{\alpha}^{\mathrm{T}}\boldsymbol{x}_{m_k}^{(k)}.$$

接着讨论按什么标准来表达样本点分类最清楚.

如图 6-2-2,显而易见样本点分成三类,而图 6-2-3,显然样本点无法分类,这些样本点已充分混合在一起了. 如何表达这一现象呢? 借用多元统计中方差分析的思想,上述可以分类的样本(图 6-2-2)应属于类与类之间方差很大,而各类内部之间靠得很近,方差很小的情况,而图 6-2-3 两类的均值重合,因而类间方差很小,而每类内部却方差较大. 可否用一个指标来表征它呢? 因为方差总是非负的,故可用组间方差除以组内方差的商来表征. 当这个商很小时,一定是因为组间方差很小,而组内方差很大,因而对应于不易分类的情况. 而当这个商很大时,一定是因为组间方差很大,组内方差却很小,因而对应于易分成 n 类的情况. 而且这个商越大越容易将样本分成 n 类,故求直线 $\boldsymbol{\alpha}$ 使样本点的投影分类分得最清楚,即对应于这个商取最大值. 由于各类均值事先不一定知道,故这时取为样本组间方差与样本组内方差之比.

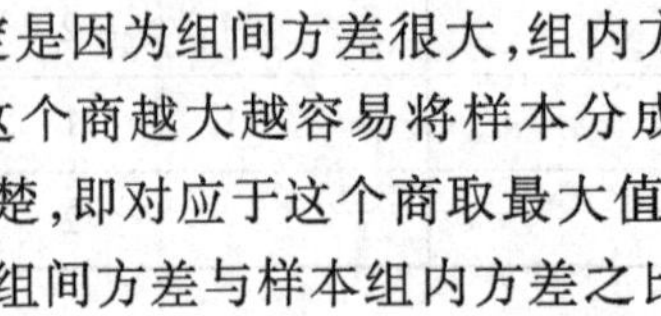

图 6-2-2　三类区分明显图

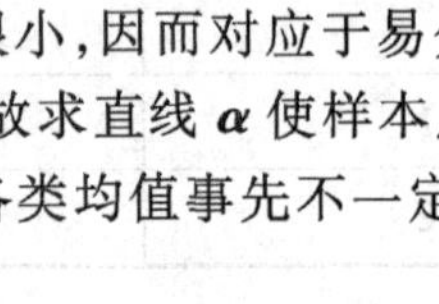

图 6-2-3　三类无法区分图

由于样本组间方差

$$G=\sum_{i=1}^{k}m_i(\boldsymbol{\alpha}^{\mathrm{T}}\overline{\boldsymbol{x}}^{(i)}-\boldsymbol{\alpha}^{\mathrm{T}}\overline{\boldsymbol{x}})^2=\boldsymbol{\alpha}^{\mathrm{T}}\left[\sum_{i=1}^{k}m_i(\overline{\boldsymbol{x}}^{(i)}-\overline{\boldsymbol{x}})(\overline{x}^{(i)}-\overline{x})^{\mathrm{T}}\right]\boldsymbol{\alpha}\hat{=}\boldsymbol{\alpha}^{\mathrm{T}}\boldsymbol{B}\boldsymbol{\alpha},$$

样本组内方差

$$E=\sum_{i=1}^{k}\sum_{j=1}^{m_i}(\boldsymbol{\alpha}^{\mathrm{T}}\boldsymbol{x}_j^{(i)}-\boldsymbol{\alpha}^{\mathrm{T}}\overline{\boldsymbol{x}}^{(i)})^2=\boldsymbol{\alpha}^{\mathrm{T}}\left[\sum_{i=1}^{k}\sum_{j=1}^{m_i}(\boldsymbol{x}_j^{(i)}-\overline{\boldsymbol{x}}^{(i)})(\boldsymbol{x}_j^{(i)}-\overline{\boldsymbol{x}}^{(i)})^{\mathrm{T}}\right]\boldsymbol{\alpha}\hat{=}\boldsymbol{\alpha}^{\mathrm{T}}\boldsymbol{D}\boldsymbol{\alpha},$$

使 $G/E=\boldsymbol{\alpha}^{\mathrm{T}}\boldsymbol{B}\boldsymbol{\alpha}/\boldsymbol{\alpha}^{\mathrm{T}}\boldsymbol{D}\boldsymbol{\alpha}$,达到最大值的 $\boldsymbol{L}$ 即为所求之方向. 再根据统计知识

$$F=\frac{G/(k-1)}{E/(m-k)}=\frac{(m-k)G}{(k-1)E}=\frac{(m-k)}{(k-1)}\frac{\boldsymbol{L}^{\mathrm{T}}\boldsymbol{B}\boldsymbol{L}}{\boldsymbol{L}^{\mathrm{T}}\boldsymbol{D}\boldsymbol{L}}\sim F_{k-1,m-k},$$

因而可以通过查表以决定根据显著性水平这些样本点在 $\boldsymbol{L}$ 上的投影是否可以分类.

若可以分类,再求判别函数分界点. 一般可取两类样本点的样本均值投影连线的中点或某一定比分点作为分界点. 如 $k=2$ 时,第一类样本点均值 $\overline{\boldsymbol{x}}^{(1)}$,第二类样本点均值 $\overline{\boldsymbol{x}}^{(2)}$,分界点可取为 $\boldsymbol{L}^{\mathrm{T}}\dfrac{\overline{\boldsymbol{x}}^{(1)}+\overline{\boldsymbol{x}}^{(2)}}{2}$,也可以取为 $\boldsymbol{L}^{\mathrm{T}}\dfrac{\hat{\sigma}_2\overline{\boldsymbol{x}}^{(1)}+\hat{\sigma}_1\overline{\boldsymbol{x}}^{(2)}}{\hat{\sigma}_1+\hat{\sigma}_2}$,其中

$$\hat{\sigma}_i^2=\frac{1}{m_i-1}\boldsymbol{L}^{\mathrm{T}}\sum_{j=1}^{m_i}(\boldsymbol{x}_j^{(i)}-\overline{\boldsymbol{x}}^{(i)})(\boldsymbol{x}_j^{(i)}-\overline{\boldsymbol{x}}^{(i)})^{\mathrm{T}}\boldsymbol{L},$$

是为样本方差,$i=1,2$.

对于本题 $m_1=9, m_2=6, k=2, m=15$.

另外,Fisher 方法在高维情况下如果向某方向投影,虽然组间方差与组内方差的商达最大,但仍不能很好分类,此时尚可再向第二个方向投影,综合在两个方向投影进行分类. 这第二个方向是 $\boldsymbol{\alpha}^{\mathrm{T}}\boldsymbol{B}\boldsymbol{\alpha}/\boldsymbol{\alpha}^{\mathrm{T}}\boldsymbol{D}\boldsymbol{\alpha}$ 的达到次最大值(直线 $\boldsymbol{L}$ 正交补空间找使分数达到最大值)的方向. 对于本题显然无须如此.

(3) Bayes 判别

前面已介绍距离判别在一定条件之下是误判概率最小的判别方法,但这样是否一定是最优呢? 不是的. 当一个病人去医院看病,他有 65% 的可能是患感冒,30% 的可能是患肺炎,5% 的可能是患肺癌. 按误判概率最小是判为感冒,但是很可能对肺炎、肺癌患者耽误了宝贵的治疗时机,因此医生草率地诊断为感冒是不应该的. 再如火箭卫星的发射,如果成功率可达 90%,但有 10% 失败的可能,这时不应该判断为成功,否则可能造成上亿元的经济损失. 再如长江洪水期间,如果明天不下雨可能大堤没有问题,如果下雨大堤会产生重大险情. 如果明天下雨的概率是 30%,按误判概率最小应报无雨,但这样判断风险无疑是太大

了，可能造成重大失误. 凡此种种，都说明从数学角度看误判概率最小是最好的，实际上并不是一个在什么情况下都是好的判别思想，距离判别也不是一个无论什么情况都可以应用的方法.

改进很显然是可以的，也是不难想到的. 判别结果的好坏优劣不应仅从误判概率大小的角度加以考虑，还应该考虑误判造成的损失. 有的后果虽然发生概率不大，损失却非常大，对此决不可与其他误判一视同仁. 当然也不应只要这样的概率不为零，就都向其迁就. 一个折中的办法是让损失的均值，即各种损失按概率加权求和达到最小. 这一思想显然可为大众所接受，但是否方法上也是可行的，计算上也是可以接受的呢?

当然要计算损失的均值，首先应给出各种误判情况下的损失，如样本原属于第 i 类却误判为第 j 类，其损失为 $c(j|i)$.

用 $P(j|i)$ 表示原属第 i 类却误判为第 j 类的概率. 这一概率在第 i 类随机向量的分布密度函数已知，且类别划分已定的情况下是容易计算的. 设第 i 类随机向量 $\boldsymbol{x}$ 的分布密度为 $P_i(\boldsymbol{x})$，设分类判别的划分为 $D_1,\cdots,D_k$，其中 $D_i\cap D_j=\varnothing$，$\bigcup\limits_{i=1}^{k} D_i=\mathbf{R}^n$，则

$$P(j\mid i)=\int_{D_j}P_i(\boldsymbol{x})\,\mathrm{d}\boldsymbol{x}. \tag{6.2.13}$$

判别规则可以采用如下的方法：

$\boldsymbol{x}\in G_i$，若 $\boldsymbol{x}\in D_i$，$i=1,\cdots,k$，则上述判别规则所带来的平均损失 ECM 为

$$\mathrm{ECM}(D_1,\cdots,D_k)=\sum_{i=1}^{k}q_i\sum_{j=1}^{k}c(j\mid i)P(j\mid i), \tag{6.2.14}$$

其中　$c(j|i)=0$，q_i 是第 i 类的先验分布.

Bayes 判别的方法的关键是求出划分 $\tilde{D}_1,\cdots,\tilde{D}_k$，它们使 ECM 达到极小，即

$$\mathrm{ECM}(\tilde{D}_1,\cdots,\tilde{D}_k)=\min_{D_1,\cdots,D_k}\mathrm{ECM}(D_1,\cdots,D_k),$$

其中 $D_i\cap D_j=\varnothing$，$\bigcup\limits_{i=1}^{k}D_i=\mathbf{R}^n$.

其划分 $\tilde{D}_1,\cdots,\tilde{D}_k$ 有如下结果：

定理 6.2　Bayes 判别的解 $\tilde{D}_1,\cdots,\tilde{D}_k$ 为

$$\tilde{D}_i=\{\boldsymbol{x}\mid h_i(\boldsymbol{x})\leqslant h_j(\boldsymbol{x}),j\neq i,j=1,\cdots,k\}, \tag{6.2.15}$$

其中
$$h_i(\boldsymbol{x})=\sum_{\substack{t=1\\t\neq i}}^{k}q_tP_t(\boldsymbol{x})c(i\mid t).$$

证明 $$\mathrm{ECM}(\tilde{D}_1,\cdots,\tilde{D}_k)=\sum_{i=1}^{k}q_i\sum_{\substack{j=1\\ j\neq t}}^{k}c(j\mid t)\int_{\tilde{D}_j}P_t(\boldsymbol{x})\,\mathrm{d}\boldsymbol{x}$$

$$=\sum_{i=1}^{k}\int_{\tilde{D}_j}\sum_{t=1}^{k}q_t c(j\mid t)P_t(\boldsymbol{x})\,\mathrm{d}\boldsymbol{x}=\sum_{j=1}^{k}\int_{\tilde{D}_j}h_j(\boldsymbol{x})\,\mathrm{d}\boldsymbol{x}.$$

若空间有另一划分 $D_1^*,\cdots,D_k^*$,则它的平均损失为

$$\mathrm{ECM}(D_1^*,\cdots,D_k^*)=\sum_{j=1}^{k}\int_{D_j^*}h_j(\boldsymbol{x})\,\mathrm{d}\boldsymbol{x},$$

于是

$$\mathrm{ECM}(\tilde{D}_1,\cdots,\tilde{D}_k)-\mathrm{ECM}(D_1^*,\cdots,D_k^*)=\sum_{i=1}^{k}\sum_{j=1}^{k}\int_{\tilde{D}_i\cap D_j^*}[h_i(\boldsymbol{x})-h_j(\boldsymbol{x})]\,\mathrm{d}\boldsymbol{x}.$$

由 $\tilde{D}_i$ 的定义,在 $\tilde{D}_i$ 上对一切的 $j\neq i$, $h_i(\boldsymbol{x})\leqslant h_j(\boldsymbol{x})$ 成立,故被积函数始终小于等于 0,求积分也小于等于 0,求和仍非正,即

$$\mathrm{ECM}(\tilde{D}_1,\cdots,\tilde{D}_k)-\mathrm{ECM}(D_1^*,\cdots,D_k^*)\leqslant 0.$$

由于 $D_1^*,\cdots,D_k^*$ 是 $\mathbf{R}^n$ 的任一划分,按 Bayes 判别的定义,$\tilde{D}_1,\cdots,\tilde{D}_k$ 为 Bayes 判别的划分.

若误判损失相等,则 Bayes 判别法与误判概率最小的判别是一回事,这是因为误判损失相等,等价于 $c(j|i)=\delta_{ij}$,即 $c(i|i)=0$,没有损失. 若 $i\neq j$,则误判损失均为 1,故代入定理 6.2 的 $h_i(\boldsymbol{x})$ 函数,得

$$h_i(\boldsymbol{x})=\sum_{\substack{j=1\\ j\neq i}}^{k}q_jP_j(\boldsymbol{x})=C_x-q_iP_i(\boldsymbol{x}),$$

其中 $C_x=\sum_{j=1}^{k}q_jP_j(\boldsymbol{x})$ 是依赖于 $\boldsymbol{x}$ 的常数,$q_iP_i(\boldsymbol{x})$ 是 $\boldsymbol{x}$ 样品来自第 i 个总体的概率密度,$h_i(\boldsymbol{x})$ 等价于误判的概率密度,故 $h_i(\boldsymbol{x})$ 最小等价于误判概率密度最小.

当 $k=2$ 时,即只分两类的情况下,可得

$$h_1(\boldsymbol{x})=q_2P_2(\boldsymbol{x})c(1|2),$$
$$h_2(\boldsymbol{x})=q_1P_1(\boldsymbol{x})c(2|1),$$

从而

$$D_1=\{\boldsymbol{x}\mid q_2P_2(\boldsymbol{x})c(1|2)<q_1P_1(\boldsymbol{x})c(2|1)\},$$
$$D_2=\{\boldsymbol{x}\mid q_2P_2(\boldsymbol{x})c(1|2)>q_1P_1(\boldsymbol{x})c(2|1)\}.$$

若令判别函数为 $W(\boldsymbol{x})=P_1(\boldsymbol{x})/P_2(\boldsymbol{x})$,

$$d=q_2c(1|2)/q_1c(2|1).$$

若 $h_1(\boldsymbol{x})<h_2(\boldsymbol{x})$,则 $W(\boldsymbol{x})>d$, $\boldsymbol{x}\in D_1$;若 $h_1(\boldsymbol{x})>h_2(\boldsymbol{x})$,则 $W(\boldsymbol{x})<d$, $\boldsymbol{x}\in D_2$.

在 $\boldsymbol{x}$ 服从正态分布的条件下，

$$P_1(\boldsymbol{x})=(2\pi)^{-n/2}|\boldsymbol{V}|^{-1/2}\exp\left[-\frac{1}{2}(\boldsymbol{x}-\boldsymbol{\mu}_1)^{\mathrm{T}}\boldsymbol{V}^{-1}(\boldsymbol{x}-\boldsymbol{\mu}_1)\right],$$

$$P_2(\boldsymbol{x})=(2\pi)^{-n/2}|\boldsymbol{V}|^{-1/2}\exp\left[-\frac{1}{2}(\boldsymbol{x}-\boldsymbol{\mu}_2)^{\mathrm{T}}\boldsymbol{V}^{-1}(\boldsymbol{x}-\boldsymbol{\mu}_2)\right],$$

则上式可以简化为

$$\begin{aligned}W(\boldsymbol{x})=P_1(\boldsymbol{x})/P_2(\boldsymbol{x})&=\exp\left[-\frac{1}{2}(\boldsymbol{x}-\boldsymbol{\mu}_1)^{\mathrm{T}}\boldsymbol{V}^{-1}(\boldsymbol{x}-\boldsymbol{\mu}_1)+\frac{1}{2}(\boldsymbol{x}-\boldsymbol{\mu}_2)^{\mathrm{T}}\boldsymbol{V}^{-1}(\boldsymbol{x}-\boldsymbol{\mu}_2)\right]\\&=\exp\left[\left(\boldsymbol{x}-\frac{\boldsymbol{\mu}_1-\boldsymbol{\mu}_2}{2}\right)^{\mathrm{T}}\boldsymbol{V}^{-1}(\boldsymbol{\mu}_1-\boldsymbol{\mu}_2)\right]\hat{=}\exp W(\boldsymbol{x}).\end{aligned}$$

于是有如下判别规则：

$$\begin{cases}\boldsymbol{x}\in G_1,\text{若 } W(\boldsymbol{x})>\ln d,\\ \boldsymbol{x}\in G_1,\text{若 } W(\boldsymbol{x})<\ln d,\\ \text{待判},\text{若 } W(\boldsymbol{x})=\ln d.\end{cases}$$

最后关于判别分析时误判的概率是可以估计的，特别是 $k=2$ 时（如本题只有两类蠓），采用上述判别规则.

在 $\boldsymbol{V}$ 已知的情况下可以证明：

$$(W(\boldsymbol{x})\mid G_1)\sim N(\boldsymbol{\alpha}/2,\boldsymbol{\alpha}),(W(\boldsymbol{x})\mid G_2)\sim N(-\boldsymbol{\alpha}/2,\boldsymbol{\alpha}),$$

其中 $\boldsymbol{\alpha}=(\boldsymbol{\mu}_1-\boldsymbol{\mu}_2)^{\mathrm{T}}\boldsymbol{V}^{-1}(\boldsymbol{\mu}_1-\boldsymbol{\mu}_2)$.

$$\begin{aligned}P(2\mid 1)&=P(W(\boldsymbol{x})<\ln d\mid \boldsymbol{x}\in G_1)\\&=\int_{-\infty}^{\ln d}\frac{1}{\sqrt{2\pi\boldsymbol{\alpha}}}\exp\left[-\frac{1}{2\boldsymbol{\alpha}}\left(W(\boldsymbol{x})-\frac{\boldsymbol{\alpha}}{2}\right)^2\right]\mathrm{d}W(\boldsymbol{x}),\end{aligned}$$

$$\begin{aligned}P(1\mid 2)&=P(W(\boldsymbol{x})>\ln d\mid \boldsymbol{x}\in G_2)\\&=\int_{\ln d}^{+\infty}\frac{1}{\sqrt{2\pi\boldsymbol{\alpha}}}\exp\left[-\frac{1}{2\boldsymbol{\alpha}}\left(W(\boldsymbol{x})+\frac{\boldsymbol{\alpha}}{2}\right)^2\right]\mathrm{d}W(\boldsymbol{x}).\end{aligned}$$

在 $\boldsymbol{V}$ 未知的情况下，可以用样本方差阵 $\hat{\boldsymbol{V}}$，样本均值 $\bar{\boldsymbol{x}}$ 代替方差矩阵，总体均值 $\boldsymbol{\mu}$，且当样本点数→∞ 时，$(W(\boldsymbol{x})\mid G_1)$ 的极限分布仍为 $N(\boldsymbol{\alpha}/2,\boldsymbol{\alpha})$；

$(W(\boldsymbol{x})\mid G_2)$ 的极限分布仍为 $N(-\boldsymbol{\alpha}/2,\boldsymbol{\alpha})$，

其中

$$\hat{\boldsymbol{V}}=\frac{1}{m}\sum_{i=1}^{2}\sum_{j=1}^{m_i}(\boldsymbol{x}_j^{(i)}-\bar{\boldsymbol{x}})(\boldsymbol{x}_j^{(i)}-\bar{\boldsymbol{x}})^{\mathrm{T}},$$

$$\bar{\boldsymbol{x}}=\frac{1}{m}\sum_{i=1}^{2}\sum_{j=1}^{m_i}\boldsymbol{x}_j^{(i)},m_1+m_2=m.$$

进一步还可以将 Bayes 判别法思想引到距离判别中，当二类协方差阵不相

等时，有二次分类法则

$$(\overline{x}_1^{\mathrm{T}}V_1^{-1}-\overline{x}_2^{\mathrm{T}}V_2^{-1})x-\frac{1}{2}\overline{x}^{\mathrm{T}}(V_1^{-1}-V_2^{-1})x-k\geqslant\ln\left[\frac{c(1|2)}{c(2|1)}\frac{q_2}{q_1}\right], \quad (6.2.16)$$

其中 $k=\frac{1}{2}\ln(|V_1|/|V_2|)+\frac{1}{2}(\overline{x}_1^{\mathrm{T}}V_1^{-1}\overline{x}_1-\overline{x}_2^{\mathrm{T}}V_2^{-1}\overline{x}_2)$.

满足式(6.2.16)判给第一类，不满足则判给第二类.

(4) 本题的具体结果

首先假设两类蠓 Af 和 Apf 的触角长 x_1 和翼长 x_2 的联合分布 (x_1,x_2) 均服从二维正态分布，

$$P_i(x)=(2\pi)^{-1}|V|^{-1/2}\exp\left[-\frac{1}{2}(x-\mu_i)^{\mathrm{T}}V^{-1}(x-\mu_i)\right],i=1,2.$$

并设 μ_i,V 可用样本均值，方差代替，$c(1|2)=c(2|1)$，$q_2=q_1$.

关于 x 是否服从正态分布，由于样本点分别只有 6 个，9 个，难以检验，可用一种较为粗糙的方法来检验. $(x-\mu)^{\mathrm{T}}V^{-1}(x-\mu)$ 应服从 χ_2^2 分布（$(x-\mu)$ 的均值为 0，方差为 V，$V^{-1/2}(x-\mu)$ 服从 $N(0,1)$），最简单的划分曲面根据 χ_2^2 分成概率相等的两部分，各应有 50% 左右的样本点，应有约一半的样本点落在下式表示的椭圆里：

$$(x-\mu)^{\mathrm{T}}V^{-1}(x-\mu)\leqslant\chi_2^2(0.5).$$

本题数据通过了上述检验，所以正态假设是有一定依据的.

此外，对 Af 和 Apf 下面显然其均值不相等（否则无法分类），而方差阵则认为相等（为了讲述方便，事实上数据相差不大）. 关于先验分布，由于缺少信息，可做两种假定：一是先验概率相等，二是 $q_{\mathrm{Af}}=9/15=3/5$，$q_{\mathrm{Apf}}=2/5$. 显然没有理由说明其他情况比这两种假设更合理. 关于误判损失之比可以假定为 1 或其他正实数，并将对该参数不同取值对判别影响进行讨论.

首先考虑误判损失相等的情况，代入式(6.2.16)，若

$$(\overline{x}_1-\overline{x}_2)^{\mathrm{T}}V^{-1}x\geqslant\frac{1}{2}(\overline{x}_1-\overline{x}_2)^{\mathrm{T}}V^{-1}(\overline{x}_1+\overline{x}_2)+\ln(q_{\mathrm{Apf}}/q_{\mathrm{Af}}),$$

则 $x\in G_{\mathrm{Af}}$；反之，则 $x\in G_{\mathrm{Apf}}$.

经计算，得表 6-2-3.

表 6-2-3　总体分布参数表

	μ_1	μ_2	σ_1	σ_2	ρ
Apf	1.227	1.927	0.062 8	0.088 2	0.653
Af	1.413	1.804	0.099	0.13	0.593

判别函数为 $y=0.8883x+0.6930$，见图 6-2-4，当样本点落于该直线上方时属于 Apf，落于该直线下方时属于 Af.

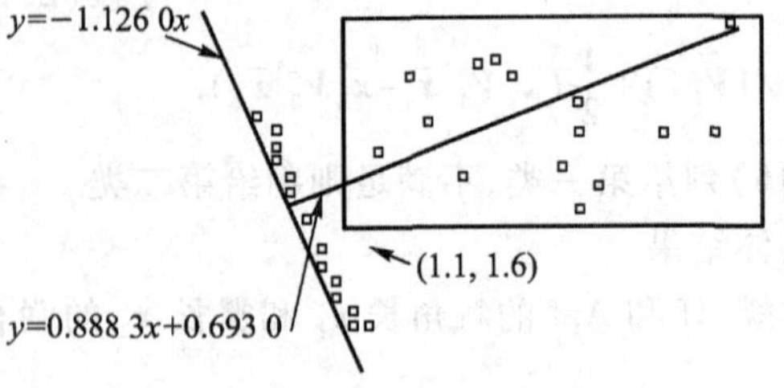

图 6-2-4　误判损失相等投影

如果 $\sum_{Af}\neq\sum_{Apf}$，则无法简化为一次曲线，按二次分类法则分界线是一个椭圆，如图 6-2-5. 当样本点落在椭圆外时属于 Af，否则属于 Apf. 与上面假定方差阵相同对比，由于椭圆在三个新样本点所在的正方形内部分与直线基本为吻合，两者结果是一致的. 椭圆方程为 $-15.8829x^2+36.26357xy-23.26571y^2-37.0697x+52.00338y-28.47765=0$.

在小正方形内与 $y=0.8883x+0.6930$ 相差小于 1%.

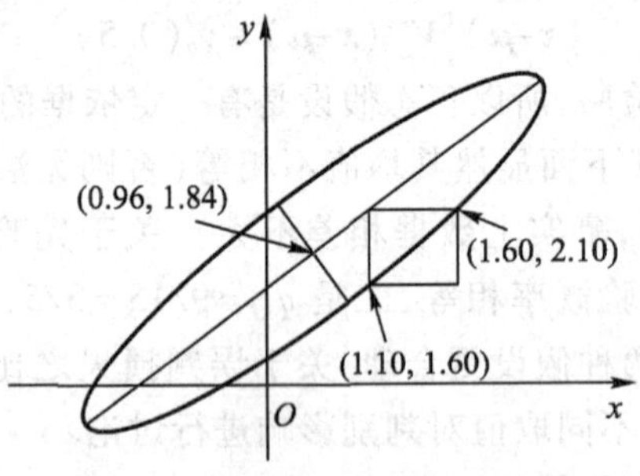

图 6-2-5　误判损失不等的分界椭圆

对于题目给定的三个未知的样本，代入 $y=0.8883x+0.6930$，它们在直线的上方，因而都判为 Apf. 三个未知样本发生误判概率分别为 0.27，0.26，0.12.

若 $q_1\neq q_2$，$q_1=q_{Apf}=0.4$，$q_2=q_{Af}=0.6$，得到新的判别函数 $y=0.8883x+0.7124$.

再将题目给定的三个未知样本代入，由于判别函数直线的上移，原来在直线上方的三点，有两点到了新直线的下方，即(1.24，1.80)与(1.28，1.84)是判给 Af，误判率分别为 0.36，0.34；(1.40，2.04)仍判为 Apf，误判概率为 0.17.

如果考虑误判的损失不同，即 $c(1|2)\neq c(2|1)$，如题目所要求的 Af 是宝贵的传粉益虫，Apf 是某种疾病的载体. 若取 $c(1|2)=0.5c(2|1)$，判别函数直线向

下移动，无论取 $q_{\mathrm{Apf}}=q_{\mathrm{Af}}=0.5$ 时，判别函数直线为 $0.888\,3x+0.693\,0=y$，还是取 $q_{\mathrm{Apf}}=0.6$，$q_{\mathrm{Af}}=0.4$ 时，判别直线方程为 $y=0.888\,3x+0.712\,4$，三个未知样本点全在直线的上方，故而判为 Apf. 第一种情况下误判概率分别为 0.27，0.26，0.12. 但第二种情况误判概率分别为 0.64，0.66，0.17，其中 0.64，0.66 与前面 $c(1|2)=c(2|1)$ 下的误判概率 0.36，0.34 总和正好分别为 1，1，仍判给 Apf 未发生变化.

对本题也可用距离判别的方法来进行，根据距离判别的思想，属于哪一类的概率大就判给哪一类，记 $r=q_{\mathrm{Af}}/q_{\mathrm{Apf}}$，则

$$P(\mathrm{Apf}|\boldsymbol{x})=P(\boldsymbol{x}|\mathrm{Apf})/[P(\boldsymbol{x}|\mathrm{Apf})+rP(\boldsymbol{x}|\mathrm{Af})]. \tag{6.2.17}$$

若 $P(\mathrm{Apf}|\boldsymbol{x})>0.5$，将 $\boldsymbol{x}$ 判给 Apf；若 $P(\mathrm{Apf}|\boldsymbol{x})<0.5$，将 $\boldsymbol{x}$ 判给 Af. 如果考虑误判损失，将 0.5 换成 α，若 $P(\mathrm{Apf}|\boldsymbol{x})>\alpha$，将 $\boldsymbol{x}$ 判给 Apf；若 $P(\mathrm{Apf}|\boldsymbol{x})<\alpha$，将 $\boldsymbol{x}$ 判给 Af，其中 $\alpha\in(0,1)$，α 越大，则判给 Apf 类的样本点就越少，而判给 Af 的样本越多. 因此将 Apf 误判为 Af 的多了，而 Af 误判为 Apf 的少了，这样，同样达到误判损失不同，处理不同的目的.

根据式(6.2.17)，取 $\alpha=0.5$，结果如表 6-2-4.

表 6-2-4　判 别 结 果

蠓虫特征 $(\boldsymbol{x}^{(1)},\boldsymbol{x}^{(2)})$	$r=q_{\mathrm{Af}}/q_{\mathrm{Apf}}=1$		$r=q_{\mathrm{Af}}/q_{\mathrm{Apf}}=1.5$	
	$P(\mathrm{Apf}\|\boldsymbol{x})$	类别	$P(\mathrm{Apf}\|\boldsymbol{x})$	类别
(1.24,1.80)	0.736	Apf	0.651	Apf
(1.28,1.84)	0.568	Apf	0.467	Af
(1.40,2.04)	0.409	Af	0.316	Af

从表 6-2-4 可以看出，对于 $\boldsymbol{x}=(1.28,1.84)$ 的蠓虫，由于当 $r=1$ 变到 $r=1.5$ 时，$P(\mathrm{Apf}|\boldsymbol{x})$ 从 0.568($>\alpha$)变到 0.467($<\alpha$)，判别结果就从 Apf 变为 Af，即判别结果对于 r 是很敏感的.

比较表 6-2-4 与 Fisher 判别结果，在 r 相同的条件下结果也不一致. 事实上，3 只蠓虫的 $\boldsymbol{x}$ 都处于判别分类直线附近，或者说处于两类蠓虫概率密度曲面相重叠的尾部区域内. 从统计的观点看，自然界中绝大多数蠓虫的 $\boldsymbol{x}$，应距离判别分类直线较远，或者说处于两个概率密度曲面顶部的区域内，判别结果还是相当稳定的. 这里与前述方法产生不同结果的原因是这三个样本属于 Af 类与 Apf 类的概率相当接近. 当 r 变化时，对属于这两类的概率产生一定影响，因对多数样本，一点量变不会产生质变，但对这三个样本，r 变化则可能使本来概率稍大的变成稍小一点，因而结果发生变化. 此外，当误判损失不同时，与只考虑判别概

率大小，显然结果应是不同的，对这三个处于边界处样本的误判损失不同时，对判别结果不产生影响反而是不应该的. 事实上，连生物学家对此尚未定论，没有取得共识，因而出现不同的判别结果是可以理解的.

6.2.2 聚类分析

物以类聚，人以群分，人们常要对某些物体进行分类，而由于早期的定性分类已不能满足需要，于是数值分类方法应运而生.

1. 数学模型

有 n 个某种物品：$\boldsymbol{\alpha}_l=(X_{1l},X_{2l},\cdots,X_{pl})$，$l=1,2,\cdots,n$，它有 p 个数值量化指标，如何将物品按指标分成若干类？基本的思路是引入物品间的距离，把距离较近的点归成一类.

(1) 物品 $\boldsymbol{\alpha}_i,\boldsymbol{\beta}_j$ 的距离常用的有欧氏、绝对距离或马氏距离.

(2) 数据正规化处理：

当 $\boldsymbol{\alpha}_i$ 的分量中 p 个指标量纲不一致时，要经过正规化标准化处理，令

$$X_{il}^{*}=\frac{X_{il}-X_i(\min)}{X_i(\max)-X_i(\min)}, \tag{6.2.18}$$

其中

$$X_i(\min)=\min(X_{1i},X_{2i},\cdots,X_{pi}),$$
$$X_i(\max)=\max(X_{1i},X_{2i},\cdots,X_{pi}).$$

将经过式(6.2.18)处理的数据 X_{ij}^{*} 重新视作 X_{ij}（为记号上的方便）.

2. 最短距离聚类法（系统聚类法，逐步并类法）

先将 n 个样本各自为一类，计算它们之间的距离，选择距离小的两个样本归为一个新类，再计算这个新类与其他样本的距离，选择距离小的两个样本（或两个新类）归为一个新类，每次合并缩小一个以上的类，直到所有样本都划入一个类为止.

这里规定两点间距离为 $d_{ij}=D(\boldsymbol{\alpha}_i,\boldsymbol{\alpha}_j)$，两类间的距离，即 G_p 与 G_q 的距离为 $D_{pq}=\min\limits_{X_i\in G_p,X_j\in G_q} d_{ij}$. 步骤如下：

(1) 对数据进行正规化处理. 要视各指标的量纲是否一致，相差是否太大，并选择一种距离计算法，为了方便计，一般都选择欧氏距离法.

(2) 计算各样本间的距离，并记在分类距离对称表中，并记为$D(0)$，算作第0步分类，此时 $D_{pq}=d_{pq}$（每一个样本点为一个类）.

(3) 选择表 $D(0)$ 中的最短距离，设为 D_{pq}，则将 G_p,G_q 合并成一个新类，记为

$$G_r = G_p \cup G_q.$$

(4) 计算新类 G_r 与其他类之间的距离,定义

$$D_{rk} = \min_{X_i \in G_r, X_j \in G_k} d_{ij} = \min\{\min_{X_i \in G_p, X_j \in G_k} d_{ij}, \min_{X_i \in G_q, X_j \in G_k} d_{ij}\} = \min\{D_{pk}, D_{qk}\} \tag{6.2.19}$$

表示新类 G_r 与类 G_k 之间的距离.

(5) 作 $D(1)$ 表,将 $D(0)$ 中的第 p,q 行和 p,q 列删去,加上第 r 行,第 r 列,其中元素由(6.2.19)确定,这样得到一个新的分类距离对称表,并记为 $D(1)$. $D(1)$ 表示经过一次聚类后的距离表,要注意的是 G_r 类是由哪两类聚类得到应在 $D(1)$ 表下给以说明.

(6) 对 $D(1)$ 按(3),(4),(5)步重复类似 $D(0)$ 的聚类工作,得 $D(2)$.

(7) 一直重复,直到最后只剩下两类为止,并作聚类图.

例 6.8 现有 8 个样品,每个样品有 2 个指标($m=2$,2 维变量),它们的量纲相同(否则要经过正规化处理),数据如表 6-2-5.

表 6-2-5

编号 l	1	2	3	4	5	6	7	8
X_{1l}	2	2	4	4	−4	−2	−3	−1
X_{2l}	5	3	4	3	3	2	2	−3

试用系统聚类方法对这 8 个样品进行聚类.

解 采用欧氏距离.

(1) 采用最短距离法.首先用表格形式列出 $D(0)$,见表 6-2-6.

表 6-2-6

$D(0)$	G_1	G_2	G_3	G_4	G_5	G_6	G_7	G_8
G_1	0							
G_2	2.0	0						
G_3	2.2	2.2	0					
G_4	2.3	2.0	1.0	0				
G_5	6.3	6.0	8.1	8.0	0			
G_6	5.0	4.1	6.3	6.1	2.2	0		
G_7	5.8	5.1	7.2	7.1	1.4	1.0	0	
G_8	8.5	6.7	8.6	7.8	6.7	5.1	5.4	0

G_i 表示第 i 个样品,$i=1,2,\cdots,8$,在 $D(0)$ 中,最小值是 1.0,相应的距离是 $D(3,4)$,与 $D(6,7)$.则 G_3,G_4 合并为新类 G_9,把 G_6,G_7 合并成 G_{10}.

(2) 在 $D(0)$ 中去掉 G_3,G_4,G_6,G_7 行及 G_3,G_4,G_6,G_7 列,加上一行一列并计算得如下 $D(1)$ 表(表 6-2-7).

表 6-2-7

$D(1)$	G_1	G_2	G_5	G_8	G_9	G_{10}
G_1	0					
G_2	2.0	0				
G_5	6.3	6.0	0			
G_8	8.5	6.7	6.7	0		
G_9	2.2	2.0	8.0	7.8	0	
G_{10}	5.0	4.1	1.4	5.1	8.1	0

这里 $D(9,\alpha)=\min\{D(3,\alpha),D(\alpha,4)\}$，$D(10,\alpha)=\min\{D(6,\alpha),D(7,\alpha)\}$，$\alpha=1,2,5,8$，$D(9,10)=\min\{D(3,6),D(3,7),D(4,6),D(4,7)\}$。

在 $D(1)$ 中，最小值为 1.4，相应的是 $D(5,10)$，将 G_5，G_{10} 合并成新类 G_{11}。

(3) 同法构造 $D(2)$ 表(表 6-2-8)。

表 6-2-8

$D(2)$	G_1	G_2	G_8	G_9	G_{11}
G_1	0				
G_2	2.0	0			
G_8	8.5	6.7	0		
G_9	2.2	2.0	7.8	0	
G_{11}	5.0	4.1	5.1	6.1	0

其中 $D(11,\alpha)=\min\{D(5,\alpha),D(10,\alpha)\}\alpha=1,2,8,9$，在 $D(2)$ 中，最小值 $D(1,2)=D(2,9)=2.0$，则把 G_1，G_2，G_9 合并成新类 G_{12}，得表 6-2-9。

表 6-2-9

$D(3)$	G_8	G_{11}	G_{12}
G_8	0		
G_{11}	5.1	0	
G_{12}	6.7	4.1	0

其中 $D(12,\alpha)=\min\{D(1,\alpha),D(2,\alpha),D(9,\alpha)\}\alpha=8,11$，在 $D(3)$ 中，最小值 $D(11,12)=4.1$，因此把 G_{11}，G_{12}，合并成 G_{13} 得表 6-2-10。

表 6-2-10

$D(4)$	G_8	G_{13}
G_8	0	
G_{13}	5.1	0

$D(13,8) = \min\{D(1,8), D(2,8), D(3,8), D(4,8), D(5,8), D(6,8), D(7,8)\} = 5.1.$

(4) 把上述聚类过程用聚类图表示，如图 6-2-6.

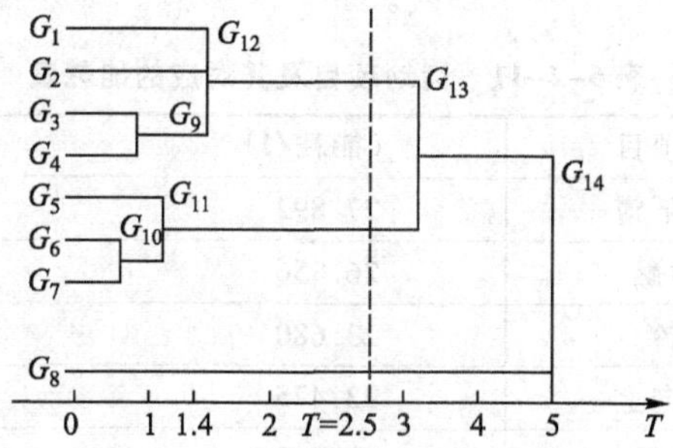

图 6-2-6

说明：聚类到一定程度即可结束.

一般可以选取一个阈值 T，当 $D(K)$ 中的所有非零元素都大于 T，即结束. 上例中，设 $T=2.5$，则到 $D(3)$ 时结束，此时的样品共聚为三类：

$$\{G_1, G_2, G_3, G_4\} = G_{12},$$

$$\{G_5, G_6, G_7\} = G_{11},$$

$$\{G_8\} = G_8.$$

6.2.3 模糊聚类分析

样本之间的相似程度常常使用相似系数来刻画.

样本 $\boldsymbol{\alpha}_i = (X_{1i}, X_{2i}, \cdots, X_{pi})$，$\boldsymbol{\alpha}_j = (X_{1j}, X_{2j}, \cdots, X_{pj})$ 的相似系数定义为

$$r_{ij} = \frac{\sum_{k=1}^{p}(X_{ki} - \overline{X}_i)(X_{kj} - \overline{X}_j)}{\left[\sum_{k=1}^{p}(X_{ki} - \overline{X}_i)^2 \sum_{k=1}^{p}(X_{kj} - \overline{X}_j)^2\right]^{\frac{1}{2}}},$$

其中 $\overline{X}_i = \frac{1}{p}\sum_{k=1}^{p} X_{ki}, \overline{X}_j = \frac{1}{p}\sum_{k=1}^{p} X_{kj}$.

用样本之间的相似系数也可以进行聚类分析，在统计学里称此分类方法为模糊聚类分析，详见有关多元统计的文献.

6.2.4 样本(Q 型)聚类分析例子

样本(Q 型)适用于带一些定性问题的数据型聚类，先进行定性分析归类，然后直接调用 SPSS 软件包. 常见一些多元分析的教材，如文献[134].

例 6.9 欲按能耗、糖耗将运动项目分类,以便针对不同能耗、糖耗的运动提供不同的膳食,使运动员既能得到能量的补充,又不造成多余的体脂堆积.某单位对上海划船队的 6 名队员做了能量代谢测定,得 13 个项目的平均数据如表 6-2-11 所示.

表 6-2-11 运动项目及其对应的能耗表

序号	运动项目	y_1(能耗/J)	y_2(糖耗/%)
1	负重下蹲	27.892	61.42
2	高力翻	26.356	56.78
3	提铃	23.680	74.07
4	引体向上	23.475	56.83
5	腰腹转	22.818	84.53
6	手脚并举	22.483	81.23
7	仰卧蹬腿	22.236	56.10
8	快艇	20.762	62.92
9	趴拉	20.762	58.95
10	卧推	13.716	69.63
11	俯卧撑	18.924	45.13
12	曲臂	17.970	60.63
13	仰卧起坐	20.913	61.25

运用统计软件 SPSS 作 Q 型聚类分析,可得谱系图 6-2-7.

* * * H I E R A R C H I C A L C L U S T E R A N A L Y S I S * * *

Dendrogram using Average Linkage (Between Groups)

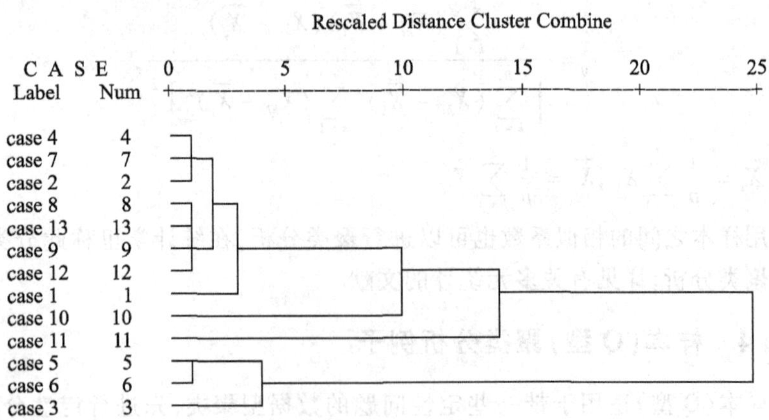

图 6-2-7 谱系图

如果将 13 个运动项目(样品)分为 4 类,那么由图 6-2-7 可见:

第一类为{4,7,2,8,13,9,12,1},即引体向上,仰卧蹬腿,高力翻,快艇,仰卧起坐,趴拉,曲臂,负重下蹲等 8 个运动项目(样品)为一类;

第二类为{10},即卧推单独一个运动项目(样本)为一类;

第三类为{11},即俯卧撑单独一个运动项目(样本)为一类;

第四类为{5,6,3},即腰腹转,手脚并举,提铃等 3 个运动项目(样品)为一类.

6.3 马尔可夫链及其应用

1. 随机过程的概念

在许多情况下,人们不仅需要对随机现象进行一次观测,而且要进行多次,甚至接连不断地观测它的变化过程,这就要研究无限多个,即一族随机变量.随机过程理论就是研究随机现象变化过程中的概率规律性的理论.

定义 6.6 设 T 是一个实数集合,若对任意实数 $t \in T$,ξ_t 是一个随机变量,则称 $\{\xi_t, t \in T\}$ 为随机过程.

T 称为参数集合,参数 t 可以看作时间.ξ_t 的每一个可能值称为随机过程的一个状态.其全体可能取值所构成的集合称为状态空间,记作 E.当参数集合 T 为非负整数集合时,随机过程又称随机序列.

在一条自动生产线上检验产品质量,每次取一个产品,"废品"记为1,"合格品"记为0.以 ξ_n 表示第 n 次检验结果,则 ξ_n 是一个随机变量.不断检验,得到一列随机变量 $\xi_1,\xi_2,\cdots$,记为 $\{\xi_n, n=1,2,\cdots\}$.它是一个随机序列,其状态空间 $E=\{0,1\}$.用一族分布函数来描述随机过程的统计规律.一般地,一个随机过程 $\{\xi_t, t \in T\}$,对任意正整数 n 及 T 中任意 n 个元素 $t_1,t_2,\cdots,t_n$ 的联合分布函数记为

$$F_{t_1\cdots t_n}(x_1,\cdots,x_n)=P\{\xi_{t_1}\leqslant x_1,\cdots,\xi_{t_n}\leqslant x_n\}. \tag{6.3.1}$$

由于 n 及 $t_i(i=1,2,\cdots,n)$ 的任意性,式(6.3.1)给出了一族分布函数.记为

$$\{F_{t_1\cdots t_n}(x_1,\cdots,x_n),t_i \in T, i=1,2,\cdots,n\},$$

称它为随机过程 $\{\xi_t, t \in T\}$ 的有穷维分布函数族.它完整地描述了这一随机过程的统计规律性.

2. 马尔可夫链

(1) 马尔可夫链的定义

现实世界中有很多这样的现象，某一系统在已知现在情况的条件之下，系统未来时刻的情况只与现在有关，而与过去的历史无直接关系. 例如，研究一个商店的累计销售额，如果现在时刻的累计已知，则未来某一时刻的累计销售额与现在以前的任一时刻累计销售额无关. 描述这类随机现象的数学模型称为马氏模型.

定义 6.7 设 $\{\xi_n, n=1,2,\cdots\}$ 是一个随机序列，状态空间 E 为有限或可列集. 对于任意的正整数 m,n，若 $i,j,i_k \in E(k=1,2,\cdots,n-1)$，有

$$P\{\xi_{n+m}=j \mid \xi_n=i,\xi_{n-1}=i_{n-1},\cdots,\xi_1=i_1\}=P\{\xi_{n+m}=j \mid \xi_n=i\}, \tag{6.3.2}$$

则称 $\{\xi_n, n=1,2,\cdots\}$ 为一个马尔可夫链（简称马氏链），式(6.3.2)称为马氏性.

定义 6.8 设 $\{\xi_n, n=1,2,\cdots\}$ 是一个马氏链，如果等式(6.3.2)右边的条件概率与 n 无关，即

$$P\{\xi_{n+m}=j \mid \xi_n=i\}=p_{ij}(m), \tag{6.3.3}$$

则称 $\{\xi_n, n=1,2,\cdots\}$ 为时齐的马氏链. 称 $p_{ij}(m)$ 为系统由状态 i 经过 m 个时间间隔（或 m 步）转移到状态 j 的转移概率. 式(6.3.3)称为时齐性.

它的含义是：系统由状态 i 到状态 j 的转移概率只依赖于时间间隔的长短，与起始的时刻无关. 本节介绍的马氏链假定都是时齐的，因此后文中省略“时齐”二字.

(2) 转移概率矩阵

对于一个马尔可夫链 $\{\xi_n, n=1,2,\cdots\}$，称以 m 步转移概率 $p_{ij}(m)$ 为元素的矩阵为马尔可夫链的 m 步转移矩阵，或简称转移矩阵，记为 $\boldsymbol{P}(m)$. 当 $m=1$ 时，记 $\boldsymbol{P}(1)=\boldsymbol{P}$. 它们具有下列三个基本性质：

1) 对于一切 $i,j\in E$，$0\leqslant p_{ij}(m)\leqslant 1$；

2) 对任意 $i\in E$，$\sum\limits_{j\in E} p_{ij}(m)=1$；

3) 对一切 $i,j\in E$，$p_{ij}(0)=\delta_{ij}=\begin{cases}1, & \text{当 } i=j \text{ 时},\\ 0, & \text{当 } i\neq j \text{ 时}.\end{cases}$

当实际问题可以用马尔可夫链来描述时，首先要确定它的状态空间与参数集合，然后确定它的一步转移概率. 关于这一概率的确定，可以由问题的内在规律得到，也可以由过去经验给出，还可以根据观测数据来估计.

例 6.10 若顾客的购买是无记忆的，即已知现在顾客购买情况，未来顾客的购买情况不受过去购买历史的影响，而只与现在购买情况有关. 现在市场上供应 A,B,C 三个不同厂家生产的 50 g 袋装味精，用 $\xi_n=1$，$\xi_n=2$，$\xi_n=3$ 分别表示

顾客第 n 次购买 A,B,C 厂的味精. 显然，$\{\xi_n, n=1,2,\cdots\}$ 是一个马氏链. 若已知第一次顾客购买三个厂味精的概率依次为 0.2,0.4,0.4. 一般顾客购买的倾向由表 6-3-1 给出. 求顾客第二次购买各厂味精的概率.

表 6-3-1

		下次购买		
		A	B	C
上次购买	A	0.8	0.1	0.1
	B	0.5	0.1	0.4
	C	0.5	0.3	0.2

解 这是要由 ξ_1 的分布及转移概率计算 ξ_2 的分布问题. 利用全概公式，有

$$P\{\xi_2=j\}=\sum_{k=1}^{3}P\{\xi_2=j\mid\xi_1=k\}P\{\xi_1=k\}$$

$$=\sum_{k=1}^{3}p_{kj}P\{\xi_1=k\}.$$

令 $j=1,2,3$，分别计算其概率，得到 ξ_2 的分布如表 6-3-2 所示.

表 6-3-2

ξ_2	1	2	3
p	0.56	0.18	0.26

因此，顾客第二次购买各厂味精的概率依次为 0.56,0.18,0.26.

例 6.11（带有反射壁的随机徘徊） 如果在原点右边距离原点一个单位及距原点 $s(s>1)$ 个单位处各立一个弹性壁. 一个质点在数轴右半部从距原点两个单位处开始随机徘徊. 若在+1 处，则以概率 p 反射到 2，以概率 q 停在原处；在 s 处，则以概率 q 反射到 $s-1$，以概率 p 停在原处；每次分别以概率 $p\ (0<p<1)$ 和 $q(q=1-p)$ 向右和向左移动一个单位. 设 ξ_n 表示徘徊 n 步后的质点位置. $\{\xi_n, n=1,2,\cdots\}$ 是一个马尔可夫链，其状态空间 $E=\{1,2,\cdots,s\}$，写出转移矩阵 $\boldsymbol{P}$.

解 $P\{\xi_0=i\}=\begin{cases}1, & 当\ i=2\ 时,\\ 0, & 当\ i\neq 2\ 时,\end{cases}\quad p_{1j}=\begin{cases}q, & 当\ j=1\ 时,\\ p, & 当\ j=2\ 时,\\ 0, & 其他,\end{cases}$

$p_{sj}=\begin{cases}q, & 当\ j=s\ 时,\\ p, & 当\ j=s-1\ 时,\\ 0, & 其他,\end{cases}\quad p_{ij}=\begin{cases}p, & 当\ j-i=1\ 时,\\ q, & 当\ j-i=-1\ 时,(i=1,2,3,\cdots,s-1),\\ 0, & 其他\end{cases}$

因此，$\boldsymbol{P}$ 为一个 s 阶方阵，即

$$\boldsymbol{P}=\begin{pmatrix} q & p & 0 & 0 & & & & \\ q & 0 & p & 0 & & & & \\ 0 & q & 0 & p & & & & \\ & & \ddots & & \ddots & & & \\ & & & \ddots & & \ddots & & \\ & & & & & 0 & p & 0 \\ & & & & & q & 0 & p \\ & & & & & 0 & q & p \end{pmatrix}.$$

(3) 转移概率的渐进性质——极限概率分布

定理 6.3 对具有 m 个状态的时齐马氏链 $\{\xi_n\}$，如存在一个整数 n_0，使对一切 $i,j=1,2,\cdots,m$，有

$$p_{ij}(n_0)>0, \tag{6.3.4}$$

则这个马氏链具有遍历性，即 $\lim\limits_{n\to\infty}p_{ij}(n)=\pi_j$，$\pi_j$ 是一个与 i 无关的正数，而且它是方程组 $\boldsymbol{\Pi}=\boldsymbol{\Pi P}$ 在 $\pi_j>0$ 及 $\sum\limits_{j=1}^{n}\pi_j=1$ 条件下的唯一解，其中 $\boldsymbol{\Pi}=(\pi_1,\cdots,\pi_m)$，称为平稳分布.

证 略.

(4) 马尔可夫链的几个应用模型

应用马尔可夫链的计算方法进行马尔可夫链分析，主要目的是根据某些变量现在的情况及其变动趋向，来预测它在未来某特定区间可能产生的变动，作为提供某种决策的依据.

1) 预测产品在未来期间的市场占有率可能发生的变化的模型

例 6.12 根据例 6.10 中给出的一般顾客购买三种味精倾向的转移矩阵，预测经过长期的多次购买之后，顾客购买的倾向如何?

解 这个马尔可夫链的转移矩阵满足定理 6.3 的条件，可以求出其极限概率分布.为此，解下列方程组：

$$\begin{cases}\pi_1=0.8\pi_1+0.5\pi_2+0.5\pi_3, \\ \pi_2=0.1\pi_1+0.1\pi_2+0.3\pi_3, \\ \pi_3=0.1\pi_1+0.4\pi_2+0.2\pi_3, \\ \pi_1+\pi_2+\pi_3=1,\end{cases}$$

得到 $\pi_1=\dfrac{60}{84}$，$\pi_2=\dfrac{11}{84}$，$\pi_3=\dfrac{13}{84}$.

这说明，无论第一次顾客购买的情况如何，经过长期多次购买以后，A 厂产

的味精占有市场的$\frac{60}{84}$,B,C 两厂产品分别占有市场的$\frac{11}{84}$和$\frac{13}{84}$.

2）服务网点的设置问题

例 6.13 为适应日益扩大的旅游事业的需要,某城市的甲,乙,丙三个照相馆组成一个联营部,联合经营出租相机的业务.游客可由甲,乙,丙三处任何一处租出相机,用完后,还到三处中任意一处即可.估计各转移概率如表6-3-3.

表 6-3-3

		还相机处		
		甲	乙	丙
租相机处	甲	0.2	0.8	0
	乙	0.8	0	0.2
	丙	0.1	0.3	0.6

今欲选择其中之一附设相机维修点,问该点设在哪一个照相馆为最好？

解 由于旅客还相机（即下次相机所在店址）的情况只与该次租机地点（本次相机所在店址）有关,而与相机以前所处的店址无关,所以可用 ξ_n 表示相机第 n 次被租时所在的店址;$\xi_n=1$,$\xi_n=2$,$\xi_n=3$ 分别表示相机第 n 次被租用时在甲,乙,丙馆,则$\{\xi_n,n=1,2,\cdots\}$是一个马尔可夫链.考虑维修点的设置地点问题,实际上要计算这一马尔可夫链的极限概率分布.

对于所有的 $i,j=1,2,3$,满足定理 6.3 条件,极限概率 $\pi_j(j=1,2,3)$存在,并可以从下列方程组解出：

$$\begin{cases}\pi_1=0.2\pi_1+0.8\pi_2+0.1\pi_3,\\ \pi_2=0.8\pi_1+0.3\pi_3,\\ \pi_3=0.2\pi_2+0.6\pi_3,\\ \pi_1+\pi_2+\pi_3=1,\end{cases}$$

得 $\pi_1=\frac{17}{41}$, $\pi_2=\frac{16}{41}$, $\pi_3=\frac{8}{41}$.

3）广告决策模型

例 6.14 为增加咖啡的推销量,公司打算进行一次广告宣传,广告需要支付全部费用600 万元,假设国内喝咖啡总人数为5 000 万,增加一个饮用本公司咖啡的顾客,本公司可获利 2 元,通过广泛的社会调查（调查费用包括在广告费用中）,知登广告之前顾客改变咖啡品牌的概率如表 6-3-4.

表 6-3-4

		到	
		我厂品牌	别厂品牌
从	我厂品牌	0.8	0.2
	别厂品牌	0.2	0.8

在登了广告之后顾客改变品牌的概率如表 6-3-5.

表 6-3-5

		到	
		我厂品牌	别厂品牌
从	我厂品牌	0.8	0.2
	别厂品牌	0.3	0.7

问:从经济效益的角度决定是否投放这个广告?

解 $n_0=1$ 易知上述系统可以看成随机游动,且是遍历的,因而是平稳马氏链,存在着

$$\pi_1=\lim_{n\to\infty}p_{21}(n),\quad \pi_2=\lim_{n\to\infty}p_{11}(n).$$

利用

$$\begin{cases}\pi_1=\pi_1 0.8+\pi_2 0.2,\\ \pi_2=\pi_1 0.2+\pi_2 0.8,\end{cases}\quad \pi_1+\pi_2=1,$$

解得 $\pi_1=\pi_2=\dfrac{1}{2}=0.5$,即在不做广告情况下,较长时间以后,采用我公司牌子概率为 0.5. 同法可得

$$\lim_{n\to\infty}p'_{21}(n)=\pi'_1,$$

$$\lim_{n\to\infty}p'_{22}(n)=\pi'_2,$$

$$\begin{cases}\pi'_1=\pi'_1 0.8+\pi'_2 0.2,\\ \pi'_2=\pi'_1 0.3+\pi'_2 0.7,\end{cases}$$

$$\pi'_1+\pi'_2=1,\ \pi'_1>0,\quad \pi'_2>0,\quad \pi'_1=0.6,\ \pi'_2=0.4,$$

投放广告以后,采用我厂的牌子的概率为 0.6.

$N=5\ 000$ 万人,$0.6N-0.5N=5\ 000\times0.1=500$(万人). 说明在做了广告以后,可增加顾客 500 万人,获利 $500\times2=1\ 000$(万元),扣除广告费 600 万元,纯利润 $1\ 000-600=400$(万元). 因此可以投放该项广告.

6.4 时间序列模型应用简介

在生产和科学研究中，对某一个或一组变量 $x(t)$ 进行观察测量，将在一系列时刻 $t_i(i=1,\cdots,n)(t_1<t_2<\cdots<t_n)$ 得到的一组离散数字序列集合 $x(t_1)$，$x(t_2)$，$\cdots$，$x(t_n)$，称之为时间序列，这种具有时间意义的序列也称为动态数据. 这样的动态数据在自然、经济及社会等领域都是很常见的，如在一定生态条件下，动植物种群数量逐月或逐年的消长过程，某证券交易所每天的收盘指数，每个月的 GNP，失业人数或物价指数等.

时间序列建模的基本步骤是：

(1) 用观测、调查、统计、抽样等方法取得被观测系统时间序列动态数据.

(2) 根据动态数据作相关图，进行相关分析，求自相关函数. 相关图能显示变化的趋势和周期，并能发现跳点和拐点. 跳点是指与其他数据不一致的观测值. 如果跳点是时间序列从上升趋势突然变为下降趋势的点或从下降趋势突然变为上升趋势的点，称此点为时间序列的拐点. 如果存在拐点，则在建模时在拐点两侧必须用不同的模型去分段拟合时间序列，例如通常采用门限回归模型.

(3) 辨识合适的随机模型，进行曲线拟合，即用通用随机模型去拟合时间序列的观测数据. 对于短的或者简单的时间序列，可用趋势模型和季节模型加上误差来进行拟合. 对于平稳时间序列，可用通用 ARMA 模型（自回归滑动平均模型）及其特殊情况的自回归模型、滑动平均模型或组合 ARMA 模型等进行拟合. 当观测值多于 50 个时一般都采用 ARMA 模型. 对于非平衡时间序列则要先将观测到的时间序列进行差分运算，化为平稳时间序列，再用适当模型去拟合这个差分序列.

时间序列分析主要用于：系统描述，根据对系统进行观测得到的时间序列数据，用曲线合适模型拟合，使用模型对时间序列进行系统客观的描述；系统分析，当观测变量取自两个以上变量时，可用一个时间序列的变化去说明另一个时间序列的变化，从而深入了解给定时间序列产生的机理；预测未来，一般用 ARMA 模型拟合时间序列，预测该序列未来值；决策和控制，根据时间序列模型可调整输入变量使系统发展过程保持在目标值上.

时间序列的趋势分析是研究时间序列的发展趋势，其方法的共同之处是假设时间序列的发展具有“惯性”，其变化在某段时间内大致沿着某一基础（趋势）线变化，趋势的预测采用各种各样的平滑法进行. 时间序列的分析和预测，根据其变化趋势的不同分为水平时间序列和趋势变化序列. 前者指的是时间序列的 n 个数据点都位于一根水平方向的直线上,或沿折线水平直线向前展开. 后者指的是时间序列如果受到某些因素的影响,会使得序列相应的期望值随时间的变化而变化. 倘若这样的动态变化比较长期且变化具有方向性,那么该序列为趋势时间序列.

水平时间序列分析,预报因时间序列没有上升或下降的趋势,对其未来的预测可以以历史资料的均值为基础. 其中典型的有一次滑动平均模型和一次指数平滑模型.

趋势时间序列分析是在某一时刻 t 的随机观察变量值 y_t 构成的期望数值列

$$E(y_t)=f(\beta_1,\beta_2,\cdots t),\text{其中} f(\beta_1,\beta_2,\cdots,t)$$

在研究的时间范围内明显呈现上升或下降的趋势. 典型的有线性回归、二次滑动平均、一次滑动平均、一次平滑、二次指数平滑和三次指数平滑.

对于随机无趋势时间序列,一次滑动平滑是一种修正的简单预测平均数,它是对已有观察值赋予等价的权. 当预测时刻 t 时,常会有这样的感觉:以前的那些观察信息,越靠近时刻 t 的应当对 t 时刻有越大的影响,至少历史数据似乎不应当对 t 时刻有相同的权重. 基于这样的朴实思想,新的修正手法对不同时刻的历史数据赋予不同的权. 于是,在一次滑动平均模型中,可由最近的 n 个时段求得平均值,以它作为 t 时刻的预测值. 因此一次滑动平均模型可以表示为

$$M_T=\frac{x_{T-n}+\cdots+x_{T-1}}{n}.$$

一次指数平滑方法就是时刻 $t+1$ 的预测值可以看成是原先时刻 t 的预测值与时刻 t 的新的观察值这两者的加权平均. 其模型可以表示为

$$x_{t+1}=(1-\alpha)x_t+\alpha x_{t-1}.$$

时间序列的周期性演变是自然、社会中常见的现象,其中季节性的起伏可作为这方面的代表. 在社会、经济活动中,季节性变化通常以一年、一个季度、一个月或者一周为周期. 例如,每年商店出售空调,在夏季达到一年的高峰,年复一年都呈现这样的规律,这是由于夏季温度高的缘故. 在时间序列中用于处理周期性时间序列的模型主要有两类:季节性水平模型和季节性交替变换趋势模型.

20 世纪 70 年代,G. E. P. Box 和 G. M. Jenkins 在《Time Series Analysis: Forecasting and Control》一书中提出用简单的差分自回归滑动平均模型(ARMA)来分析时间序列资料,并用它来进行预报和控制. 与前面介绍的平稳时间序列、周期时间序列模型相比,Box-Jenkins 的建模方法在数学上较为完善,预测的精度较高.

ARMA 建模的思路是:假设所研究的时间序列是由某个随机过程产生的,用

实际统计序列去建立、估计该随机过程的自回归滑动平均模型，并用此模型求出预测值. 可见，时间序列分析包括以下几个步骤：分析时间序列的随机特性；用实际统计序列数据构造预测模型；根据最终所得到模型做出最佳预测.

在进行时间序列分析组建预测预报模型时，往往希望模型具有更强的代表性，既包括 p 阶自回归，又包括 q 阶移动平均的混合模型. 这样的模型称为自回归-移动平均模型，记为 ARMA(p,q)，有如下形式：

$$X_t-\varphi_1 X_{t-1}-\varphi_2 X_{t-2}-\cdots-\varphi_p X_{t-p}=\varepsilon_t+\theta_1\varepsilon_{t-1}+\theta_2\varepsilon_{t-2}+\cdots+\theta_q\varepsilon_{t-q}.$$

上式左边是模型的自回归部分，非负整数 p 称为自回归阶次，实参数$(\varphi_1,\varphi_2,\cdots,\varphi_p)$称为自回归系数；右边是模型的移动平均部分，非负整数 q 称为移动平均阶次，$\{\varepsilon_t\}$是一个白色噪声过程，实参数$(\theta_0,\theta_1,\theta_2,\cdots,\theta_q)$称为移动平均系数. 其中可以通过最小二乘估计、最小平方和估计、极大似然估计等方法迭代求出参数的估计值. 一般可以通过统计软件进行求解，比如 SPSS，DPS 等软件. 在 DPS 软件中，集成了时间序列的求解模块，可以直接用该软件求解.

例 6.15 旅游需求的预测问题.

我国的旅游资源极其丰富，合理规划、正确地预测预报旅游需求，对于促进我国各地区的经济发展和文化交流有着重要意义.

现在要求选择合适的旅游城市或地区，对旅游需求的预测和预报建立数学模型，来帮助有关部门进一步规划好旅游资源. 具体说：

(1) 对所选的旅游城市或地区，根据能够查到的关于旅游需求的预测预报材料，并结合从相关旅游部门了解到的情况，分析旅游资源、环境、交通、季节、费用和服务质量等因素对旅游需求的影响，建立关于旅游需求预测预报的数学模型.

(2) 可以利用国内外已有的与旅游需求预测预报相关的数学建模资料和方法，分析这些建模方法能否直接移植过来，做出合理、正确的预测预报；如果不行的话，请对这些方法的优缺点做出评估，并提出改进的办法.

解题思路

由于我国旅游数据统计不完善，且影响旅游的因素错综复杂，因此想找到影响预测的主要因素比较困难. 用时间序列法进行客流量预测，在移动平均法的基础上，利用一次指数平滑技术，分别用不同的权，得到三组预测值. 影响旅游需求的因素涉及客源地、目的地、人口规模、个人可支配收入以及旅游资源丰度、吸引力、供给形象、距离、旅游价格、交通费用等. 对该问题，从三个方面去考虑：年际变动指数表示旅游流在各年的变动情况；影响旅游景点的综合评判，设八个评判指标，五个评判等级，利用模糊数学的综合评判理论，得到游客对景点的满意情况，景点的综合服务质量指数；旅游景点的丰度指标，利用八种类型的景点客流量的多少,来确定各类景点的吸引力指数,并可得到某地区的综合吸引力指数.

先简要介绍相关方法. 设时间序列为 $y_1, y_2, \cdots, y_t, \cdots$,简单移动平均公式可以表示为

$$M_t=\frac{y_t+y_{t-1}+\cdots+y_{t-N+1}}{N}, t \geqslant N,$$

其中 M_t 为 t 期移动平均数,N 为移动平均数的项数. 这个公式表明当 t 向前移动一个时期,就增加一个新近数据,并同时去掉一个远期数据,得到一个新的平均数. 由于它不断地"吐故纳新",逐期向前移动,所以称之为移动平均法.

$$M_{t-1}=\frac{y_{t-1}+y_{t-2}+\cdots+y_{t-N}}{N} \Rightarrow M_t=M_{t-1}+\frac{y_t-y_{t-N}}{N}.$$

由于可以平滑数据,清除周期变动和不规则变动的影响,使长期的趋势显示出来,因而可以用于预测. 预测公式为 $\hat{y}_{t+1}=M_t$,即以第 t 期的移动平均数作为第 $t+1$ 期的预测值.

$$M_t=M_{t-1}+\frac{y_t-y_{t-N}}{N},$$

以 M_{t-1} 作为 y_{t-N} 的最佳估值,则有

$$M_t=M_{t-1}+\frac{y_t-M_{t-1}}{N}=\frac{y_t}{N}+\left(1-\frac{1}{N}\right) M_{t-1},$$

令 $a=1/N$,以 $S_t^{(1)}$ 代替 M_t,则得到公式

$$S_t^{(1)}=a y_t+(1-a) S_{t-1}^{(1)}.$$

把上式展开可得

$$\begin{aligned}
S_t^{(1)} & =a y_t+(1-a)\left[a y_{t-1}+(1-a) S_{t-2}^{(1)}\right]=a y_t+a(1-a) y_{t-1}+(1-a)^2 S_{t-2}^{(1)} \\
& =a y_t+a(1-a) y_{t-1}+a(1-a)^2 y_{t-2}+\cdots+(1-a)^t S_0^{(1)} \\
& =a \sum_{j=0}^{t-1}(1-a)^j y_{t-j}+(1-a)^t S_0^{(1)}.
\end{aligned}$$

由于 $0<a<1$,当 $t \rightarrow \infty$ 时,$(1-a)^t \rightarrow 0$ 时上式变为

$$S_t^{(1)}=a \sum_{j=0}^{\infty}(1-a)^j y_{t-j}.$$

$S_t^{(1)}$ 实际上是时间序列 $y_1, y_2, \cdots, y_t, \cdots$ 的加权平均,加权系数依次为 $a, a(1-a)$, $a(1-a)^2, \cdots$. 按几何级数衰减,越近的数据,权数越大,越远的数据,权数越小,权数之和 $a \sum_{j=0}^{\infty}(1-a)^j=1$,符合指数规律,又具有平滑数据的功能.

预测模型为 $\hat{y}_{t+1}=S_t^{(1)}$，即 $\hat{y}_{t+1}=ay_t+(1-a)\hat{y}_t$，也就是以第 t 期的平滑值为第 $t+1$ 期的预测值. 在指数平滑法中，加权系数的选择很重要，a 的大小规定了新的预测值中新的数据和原预测值所占比重，a 值越大，新的数据所占的比重就越大，原预测值占的比重就越小. 预测模型还可表示为 $\hat{y}_{t+1}=\hat{y}_t+a(y_t-\hat{y}_t)$，则可以看出，新的预测值是根据预测误差对原预测值进行修正得到的. a 值的大小则体现了修正的幅度. 因此，a 值既代表预测模型对时间序列数据变化的反应速度，同时又决定了预测模型均匀误差的能力.

若选取 $a=0$，则 $\hat{y}_{t+1}=\hat{y}_t$，即下期预测值就等于本期预测值，在预测过程中不考虑任何新的信息；若选取 $a=1$，则 $\hat{y}_{t+1}=y_t$，即下期预测值就等于本期观察值，完全不相信往期的信息. 这两种极端情况很难做出正确的预测. 因此 a 值应根据时间序列的具体性质，在(0,1)中选择，具体如何选择一般可按以下原则：波动不大并且比较平稳，则 a 值应取小一点，如 0.1～0.3，以减少修正幅度，使预测模型能包含较长时间序列的信息；如果时间序列具有迅速且明显的变动倾向，则 a 值应取大一点，如 0.6～0.8，使预测模型的灵敏度高一些，以便能迅速跟上数据的变化. 在实际应用中，可多取几个 a 值进行试算，然后适当选择.

一般来说初始值对以后的预测值影响比较大，这时需要研究如何正确确定初始值. 最简单的做法是取最初几期的平均值作为初始值. 以印度 1995—2004 年来华旅游的人数为例，分别取 $a=0.2,0.5,0.8$ 得到预测值，如表 6-4-1所示.

表 6-4-1　印度近 10 年来华人数(万人)预测表

年份	t	旅游人数 y_t	$a=0.2$ 时的预测值 $\hat{y}_t$	相对误差 ε_1	$a=0.5$ 时的预测值 $\hat{y}_t$	相对误差 ε_2	$a=0.8$ 时的预测值 $\hat{y}_t$	相对误差 ε_3
1995	1	4.50	5.050	0.122	5.050	0.122	5.050	0.122
1996	2	5.51	4.904	0.110	4.752	0.138	4.601	0.165
1997	3	6.05	5.025	0.169	5.131	0.152	5.328	0.119
1998	4	6.57	5.230	0.204	5.590	0.149	5.905	0.101
1999	5	8.42	5.498	0.347	6.080	0.278	6.437	0.236
2000	6	12.09	6.026	0.502	7.250	0.400	8.023	0.336
2001	7	15.94	7.284	0.543	9.670	0.393	11.276	0.293
2002	8	21.63	9.015	0.583	12.805	0.408	15.007	0.306

续表

年份	t	旅游人数 y_t	$a=0.2$ 时的预测值 $\hat{y}_t$	相对误差 ε_1	$a=0.5$ 时的预测值 $\hat{y}_t$	相对误差 ε_2	$a=0.8$ 时的预测值 $\hat{y}_t$	相对误差 ε_3
2003	9	21.91	11.485	0.476	17.083	0.220	20.089	0.083
2004	10	30.94	13.565	0.562	19.496	0.370	21.544	0.304
2005	11		17.043		25.218		29.061	
平均值				0.362		0.263		0.207

由表 6-4-1 得到年度平均误差 0.362,0.263,0.207,误差较大,预测值偏小,把预测值加上误差值,使用 $\hat{y}_{t+1}=\hat{y}_t(1+\varepsilon)$ 进行两次调整,得到调整表6-4-2.

表 6-4-2　印度近 10 年来华人数(万人)调整表

年份	t	旅游人数 y_t	$a=0.2$ 时的预测值 $\hat{y}_t$	相对误差 ε_1	$a=0.5$ 时的预测值 $\hat{y}_t$	相对误差 ε_2	$a=0.8$ 时的预测值 $\hat{y}_t$	相对误差 ε_3
1995	1	4.5	10.496	1.332	7.321	0.627	6.810	0.513
1996	2	5.51	10.284	0.866	6.952	0.262	6.260	0.136
1997	3	6.05	9.076	0.500	7.506	0.241	7.249	0.198
1998	4	6.57	9.446	0.438	8.178	0.245	8.035	0.223
1999	5	8.42	9.93	0.179	8.894	0.056	8.758	0.040
2000	6	12.09	10.986	0.091	10.605	0.123	10.916	0.097
2001	7	15.94	13.156	0.175	14.145	0.113	15.342	0.038
2002	8	21.63	16.282	0.247	18.731	0.134	20.418	0.056
2003	9	21.91	20.742	0.053	24.988	0.140	27.332	0.247
2004	10	30.94	24.508	0.208	28.518	0.078	29.313	0.053
2005	11		22.651		29.253		32.839	
平均值				0.409		0.202		0.160

由表 6-4-2 可知,在进行两次调整以后,不考虑 2003 年非典的影响,在 $a=0.8$ 时,近年的误差在 5% 左右,效果良好. 即使有了 2003 年的影响,2004 年的误差也只有 5%,基本没有受到奇异点的影响.

仅用时间序列的一次指数平滑预测一种方法来解决该问题略显单薄，它忽略了影响旅游流的其他因素，直接对客流量进行预测，并根据相近几期的差异，来平滑近期数据，使预测值接近真实值. 但是预测有其本身的滞后性，存在一定的误差. 所以还应对模型进行进一步的探讨分析，例如其他指标和因素的影响，建立某种评价指标等.

下面利用时间序列分析模型对北京市旅游需求进行预测.

线性指数平滑方法是确定指数平滑方法的一种重要的时间序列预测法，它的基本思想是先对原始数据进行处理，处理后的数据称为平滑值，然后再根据平滑值计算构成预测模型. 该模型可以克服移动平均方法对最近 N 个观察值等权看待的不足，通过将各期观察值按时间序列顺序加权的方法，从最近的观察值中提取更多的关于未来的有用信息.

根据平滑次数的不同，可以分为一次指数平滑、二次指数平滑、三次指数平滑等，在本模型中重点运用较为常见的二次指数平滑方法. 其基本的计算方法如下：对于一组时间序列 $\{y_i\}(i=1,2,\cdots,T)$，其一次指数平滑值、二次指数平滑值表示如下：

$$\begin{cases} S_t^{(1)}=\alpha y_t+(1-\alpha)S_{t-1}^{(1)}, t=1,2,\cdots,T, \\ S_t^{(2)}=\alpha S_t^{(1)}+(1-\alpha)S_{t-1}^{(2)}, t=1,2,\cdots,T, \end{cases}$$

其中 α 为加权系数，一般地，$0<\alpha<0.3$.

针对预测问题，运用线性趋势的指数平滑方法，其预测模型为

$$\hat{y}_{T+L}=a_T+b_TL,$$

其中 T 为预测期间，$L=1,2,\cdots$，$\hat{y}_{T+L}$为$t+T$时刻预测值.

$$\begin{cases} a_T=2S_T^{(1)}-S_T^{(2)}, \\ b_T=\dfrac{\alpha}{1-\alpha}(S_T^{(1)}-S_T^{(2)}). \end{cases}$$

运用上述方法对 1978—2000 年海外来京旅游人数进行时间序列分析（表 6-4-3），对 2001—2005 年的旅游人数进行预测（表 6-4-4），得到线性趋势如图 6-4-1 所示.

表 6-4-3　1978—2005 年北京接待海外旅游人数（万人）表

年份	1978	1979	1980	1981	1982	1983	1984	1985	1986	1987
接待人数	19	25	28.6	39.4	45.7	50.9	65.7	93.7	99	108.1
年份	1988	1989	1990	1991	1992	1993	1994	1995	1996	1997
接待人数	120.4	64.5	100	132	174.8	202	203	207	218.9	229.8

续表

年份	1998	1999	2000	2001	2002	2003	2004	2005		
接待人数	220.1	252.4	282.1	286	310	185	316	362		

表 6-4-4　线性指数平滑方法预测 2001—2005 年人数相对误差

年份	2001	2002	2003	2004	2005
相对误差/%	24.24	25.84	31.71	18.54	25.28

图 6-4-1　2001—2005 年旅游人数线性指数平滑方法预测

计算结果表明，最后 5 年的预测相对误差较大，主要是出现奇异点（如 1989 年旅游人数）时，线性指数平滑模型无法及时调整加权系数所造成的，同时奇异点的出现造成了相对误差的平均化，为克服这一点，下面对模型进行改进.

所利用的方法是在二次指数平滑方法的基础上，不断根据反馈信号来调整加权系数，使预测模型更加符合实际变化规律，其基本思想是：在每一个周期 t，定义两个误差信号：

$$E_t=\gamma e_t+(1-\gamma)E_{t-1}, A_t=\gamma|e_t|+(1-\gamma)A_{t-1},$$

其中 E_t 为平滑误差，A_t 为平滑绝对误差. $e_t=y_t-\hat{y}_t$，$\hat{y}_t$ 为 $t-1$ 时期对 t 时期的预测值，γ 也是加权系数，一般取 $\gamma=0.1$ 或 0.2.

定义 t 期跟踪信号 $C_t=\dfrac{E_t}{A_t}$，由于预测误差 e_t 完全由随机误差造成，因此可认为服从均值为 0 的正态分布，则 $E(e_t)=0$. 故在模型正确的情况下，有 $C_t\in[-1,1]$. 令 $\alpha=|C_t|$，这样加权系数 α 就可以根据 C_t 的变化进行逐期自动调整，使预

测模型不断适应实际过程的变化. 通过此方法对 2001—2005 年海外来京人数做出预测误差. 如表 6-4-5 所示.

表 6-4-5　自适应指数平滑方法预测 2001—2005 年人数相对误差

年份	2001	2002	2003	2004	2005
相对误差/%	6.43	5.37	71.27	42.35	34.96

自适应指数平滑方法在不出现奇异点时,预测值与真实值相当接近. 但是当特殊情况出现时,自适应指数平滑方法对真实情况的反映仍然比较欠缺,甚至自适应能力出现较大波动.

自回归模型的基本思想是将当前值看做是过去预测值 $y_{t-1},y_{t-2},\cdots,y_{t-p}$ 的线性组合,常常简写为 AR(p),p 表示模型阶次. 其基本形式表示为

$$y=\varphi_1 y_{t-1}+\varphi_2 y_{t-2}+\cdots+\varphi_p y_{t-p}+\varepsilon_t,$$

其中 $\varphi_1,\varphi_2,\cdots,\varphi_p$ 为模型参数;ε_t 为白噪声序列且 $\varepsilon_t\sim N(0,\sigma_\varepsilon^2)$ 反映其他随机因子的干扰.

移动平均模型的基本思想是将当前值 y_t 看做是过去各期白噪声 $\varepsilon_t\varepsilon_{t-1},\varepsilon_{t-2},\cdots,\varepsilon_{t-p}$ 的线性组合,常常简写为 MA(q),q 表示模型阶次. 其基本形式表示为

$$y_t=\varepsilon_t-\theta_1\varepsilon_{t-1}-\theta_2\varepsilon_{t-2}-\cdots-\theta_q\varepsilon_{t-q},$$其中 $\theta_1,\theta_2,\cdots,\theta_q$ 为模型参数.

自回归移动平均模型:在建立一个实际时间序列的经验模型时,常可以把前两种模型结合起来,得到 ARMA(p,q)模型. 一般情况下,$p,q\leqslant 3$,该模型的基本式为

$$y_t-\varphi_1 y_{t-1}-\varphi_2 y_{t-2}-\cdots-\varphi_p y_{t-p}=\varepsilon_t-\theta_1\varepsilon_{t-1}-\theta_2\varepsilon_{t-2}-\cdots-\theta_q\varepsilon_{t-q}.$$

积分自回归移动平均模型:在实际情况中时间序列常常出现一种不平稳性,即齐次非平稳性. 通过对这样的时间序列进行一次或者多次差分,就可以将非平稳时间序列转化成平稳时间序列.

定义差分算子 $\nabla y_t=y_t-y_{t-1}$,则差分算子和移位算子之间存在以下关系:$\nabla=(1-B)$,同样高阶差分可以表示为 $\nabla^d=(1-B)^d$.

(p,q,d)阶积分自回归移动平均模型可以表示为

$$\Phi(B)\nabla^d y_t=\Phi(B)\varepsilon_t.$$

此式常记为 ARMA(p,d,q),这样 $z_t=\nabla^d y_t$ 即为差分后的序列,将 z_t 的总和相加 d 次就可以得到 y_t 的新序列,新序列是平稳可逆序列.

对于参数 d 的确定通常运用观察法使差分后的序列保持平稳,一般取 $d\leqslant 2$. 对于 p,q 的确定,常常通过模式识别的方式对 ACF(自然回归系数)和 PACF(偏相关系数)的分析,确定 p,q 的可能取值,通过对 p,q 的有限组合,计算出各组的 AIC(信息准则拟合优度)或 SBC(Bayes 准则拟合优度)值,最后取出拟合

优度最小的 p,q 组合.

在本模型中首先通过差分的方法使研究的时间序列成为稳定性时间序列，通过观察，当 $d=2$ 时，处理后的时间序列保持平稳.

运用 SPSS 软件可以得到 ACF，PACF 图（省略），根据这两个图可以得出可能的 p,q 组合. 通过对可能的 p,q 进行组合得到如表 6-4-6 所示的结果.

表 6-4-6　不同 p,q,d 组合的 AIC 值

p	q	d	AIC
0	2	0	293.54
0	2	1	273.42
0	2	2	274.86
1	2	0	282.76
1	2	1	273.05
1	2	2	276.35

可以看出（1,2,1）ARMA 的 AIC 值最小，因此本模型中确定的参数为 $p=1$，$q=2$，$d=1$. 此时，表达式对应系数为 $\varphi_1=-0.29$，$\theta_1=0.952$，常数项 $c=0.511$.

ARMA 方法计算出 2001—2005 年预测相对误差如表 6-4-7 所示.

表 6-4-7　ARMA 方法对 2001—2005 年预测人数相对误差

年份	2001	2002	2003	2004	2005
相对误差/%	3.49	0.78	76.53	24.89	17.58

ARMA 方法从精度上有如下优势：

- 当趋势平稳，不出现奇异点时，预测结果与真实值较为接近；
- 奇异点出现时，ARMA 方法可以及时调整，使今后几年的预测误差迅速降低，使适应性较自适应指数平滑方法更加明显.

在实际预测中，为了使预测更加准确，决策者往往要考虑实际情况，对奇异数据进行处理，称这种方法为“滤波”. 在本模型中，通过较为简单的线性插值的方法对 1989 年和 2003 年的数据进行“滤波”处理，并用自适应指数平滑方法和 ARMA 方法对处理后的数据进行再预测（表 6-4-8）.

表 6-4-8　数据滤波后指数平滑方法和 ARMA 方法的预测值对比差

年份	2001	2002	2003	2004	2005
相对误差 1/%	7.19	6.00	2.66	1.72	11.48

续表

年份	2001	2002	2003	2004	2005
相对误差 2/%	6.20	3.18	5.59	3.59	8.98

6.5 蒙特卡罗方法和随机决策

6.5.1 蒙特卡罗方法

1. 蒙特卡罗方法简介

蒙特卡罗方法是随机模拟的基础,其名字来源于世界著名的赌城——摩纳哥的蒙特卡罗,其思想来源于著名的蒲丰投针问题. 1777 年法国科学家蒲丰提出了下述著名问题:平面上画有无数条等距离 $a(a>0)$ 的平行线,取一根长度为 $l(l>0,l\leqslant a)$ 的针,随机地向有平行线的平面上掷去,求针与平行线相交的概率. 可以计算得出针与平行线相交的概率为 $p=\dfrac{2l}{a\pi}$,而通过投掷 n 次(n 是一个事先选好的相当大的自然数),观察到针和直线相交的次数为 m. 取 m/n 为 p 的近似值,可以算出 π 的近似值. 可以想象当投掷次数越来越多时计算结果越来越准确.

这就提供了一个使用随机试验测算某个常用参数的例子,这是随机模拟的开始. 随着计算机技术的快速发展,人们不需要具体实施随机试验,而只需在计算机上进行模拟即可.

首先,针对实际问题建立一个简单且便于实现的概率模型,使问题的解恰好是所建模型的概率分布或其中某个数字特征,比如,是某个事件的概率,或者是该模型的期望值. 然后按照假设的分布,对模型中的随机变量建立抽样方法,在计算机上进行模拟试验,抽取足够的随机数,并对有关的事件进行统计,从而构造出一个确定性的模型,计算出结果. 再通过几次抽样实验的结果,得到参数的统计特性,最终算出解的近似值.

蒙特卡罗方法主要用在难以定量分析的概率模型,这种模型一般得不到解析的结果,或虽然有解析结果,但计算代价太大以至不可用. 当然该方法也可以用在无法计算解析结果的定性模型中.

用蒙特卡罗方法解题,需要根据随机变量遵循的分布规律选出具体的值,即抽样. 随机变量的抽样方法很多,不同的分布采用的方法不尽相同. 在计算机上的各种分布的随机数事实上都是按照一定的确定性方法产生的伪随机数.

2. 随机数的生成

随机数就是随机变量的实现值,即样本. 对于丢硬币的随机结果可以用离散随机变量的概率函数来描述. 如果需要随机变量的一个或多个实现值(样本),可以用丢硬币然后记录其结果的方法来得到,然而这种方法具有相当的局限性. 现在常用数学程序来产生随机变量拟样本,即看上去是随机出现的,但并非真正的随机的实现值(样本),它们产生于一个递推公式,但这些拟随机数并没有明显的规律,当给以适当的伸缩之后,它们非常接近于在[0,1] 区间的均匀分布. 在程序设计和软件包中通常用 RND 来表示[0,1] 上的均匀分布的随机变量的样本,并由此可以构造产生另外的随机变量随机数(样本).

例如,可以从 $X=a+(b-a)\text{RND}$ 给出区间$[a,b]$上的连续均匀分布的随机变量. 如果要生成带参数 λ 的指数分布的随机数,可以用 $X=-(1/\lambda)\ln(\text{RND})$. 要生成平均值为零,标准差为 1 的正态分布,可以用

$$X_1=[-2\ln(\text{RND}_1)]^{\frac{1}{2}}\cdot\cos(2\pi\text{RND}_2)\text{和 }X_2=[-2\ln(\text{RND}_1)]^{\frac{1}{2}}\cdot\cos(2\pi\text{RND}_2)$$

给出 X 的随机数,令 $X=\sigma X_2+\mu$ 或 $X=\sigma X_1+\mu$,可以生成 $N(\mu,\sigma)$型的正态分布随机变量的随机数.

为了得到离散的随机变量随机数,可以按随机变量的分布率,用 RND 的分段函数给出随机数. 例如,设计一个有下列概率函数的离散随机变量(表 6-5-1).

表 6-5-1

x	0	1	2
$P(x)$	0.3	0.3	0.4

取一个 RND 值:如果 $0<\text{RND}<0.3$,则 $X=0$;如果 $0.3<\text{RND}<0.6$,则 $X=1$;如果 $\text{RND}>0.6$,则 $X=2$.

对于连续的随机变量,可以用同样的思想进行列表分类,如表 6-5-2.

表 6-5-2

X	0–10	10–15	15–20
频率	0.2	0.5	0.3

$\text{RND}=0.36$,使用取中点的方法,得 $X=12.5$. 一个更细致的方法是用线性插值而不是取中点,即

$$\frac{X-10}{5}=\frac{0.36-0.2}{0.5},$$

给出 $X=11.6$.

从已知的概率密度函数模拟一个连续随机变量的理论分布，可以用以下方法：

(1) 逆累积分布函数法

如果随机变量的密度函数是 $f(x)$，则 $F(x)=\int_{-\infty}^{x} f(t)\,\mathrm{d}t$ 是累积分布函数. 从 $[0,1]$ 上的均匀分布生成一个随机数 RND，解方程 $\mathrm{RND}=F(x)$ 得对应的 $x=F^{-1}(\mathrm{RND})$ 的值. 例如，设

$$f(x)=\begin{cases}0.5\sin x, & 0<x<\pi,\\ 0, & \text{否则},\end{cases}$$

累积分布函数为

$$F(x)=\int_0^x 0.5\sin t\,\mathrm{d}t=-0.5\cos t\Big|_0^x=0.5(1-\cos x),$$

解 $\mathrm{RND}=0.5(1-\cos X)$，得 $X=\arccos(1-2\mathrm{RND})$. 这就是所要求的由这个分布所生成的 X 的随机数.

(2) 排除法

对于这种方法需要用两个 RND 值来生成一个 X 值. 设 $f(x)$ 的值在区间 $[a,b]$ 外为 0，而 $f(x)$ 的最大值是 c. 可以通过如下的步骤生成 X 的值：

1) 从 $[0,1]$ 上的均匀分布生成 RND_1 和 RND_2；

2) 用 RND_1 计算 $x=a+(b-a)\mathrm{RND}_1$；

3) 计算 $f(x)$；

4) 用 RND_2 算出 $y=c\mathrm{RND}_2$；

5) 如果 $y<f(x)$，则接受 x，否则排除 x 回到 1).

对于上面的例子，可以取 $a=0, b=\pi, c=0.5$.

(3) 用中心极限定理近似给出正态随机变量的随机数

由中心极限定理，一列独立同分布的随机变量的部分和的中心化随机变量近似服从正态分布，可以由服从 $U(0,1)$ 的随机变量的随机数，产生正态随机数，往往会使问题简单化.

例 6.16　零件的参数的优化设计问题

问题的提出

一件产品由若干零件组装而成，标志产品性能的某个参数取决于这些零件的参数. 零件参数包括标定值和容差两部分. 进行成批生产时，标定值表示一批零件该参数的平均值，容差则给出了参数偏离其标定值的容许范围. 若将零件参数视为随机变量，则标定值代表期望值. 在生产部门无特殊要求时，容差通常规定为方差的 3 倍. 进行零件参数估计，就是要确定其标定值和容差. 这时要考虑两个因素：一

是当各零件组装成品时，如果产品参数偏离预先设定的目标值，就会造成质量损失，偏离越大，损失越大；二是零件容差的大小决定了其制造成本，容差设计得越小，成本越高. 通过以下的具体问题给出一般的零件参数设计方法.

粒子分离器某参数（记作 y）由 7 个零件参数（记作 $x_1,x_2,\cdots,x_7$）决定，经验公式为

$$y=174.42\left(\frac{x_1}{x_5}\right)\left(\frac{x_3}{x_2-x_1}\right)^{0.85}\sqrt{\frac{1-2.62\left[1-0.36\left(\frac{x_4}{x_2}\right)^{-0.54}\right]^{\frac{3}{2}}\left(\frac{x_4}{x_2}\right)^{1.16}}{x_6x_7}}.$$

y 的目标值（记为 y_0）为 1.50. 当 y 偏离 $y_0\pm0.1$ 时，产品为次品，质量损失为 1 000元；当 y 偏离 $y_0\pm0.3$ 时，产品为废品，损失为 9 000 元. 零件参数的标定值有一定的容许变化范围；容差分为 A,B,C 三个等级，用与标定值的相对值表示，A 等为±0.1%，B 等为±5%，C 等为±10%. 7 个零件参数标定值的容许范围，及不同容差等级零件的成本（单位为元）如表 6-5-3. 现在进行成批生产，每批产量1 000个，在原设计中，7 个零件参数的标定值为 $\bar{x}_1=0.1,\bar{x}_2=0.3,\bar{x}_3=0.1,\bar{x}_4=0.1,\bar{x}_5=1.5,\bar{x}_6=16,\bar{x}_7=0.75$；容差均取最便宜的等级. 综合考虑偏离 y_0 造成的损失和零件成本，重新设计零件参数（包括标定值和容差），并与原设计比较，总费用降低多少.

表 6-5-3　零件参数标定值的容许范围及不同容差等级的成本

参数	标定值容许范围	A 等	B 等	C 等
x_1	[0.075,0.125]	—	25	—
x_2	[0.225,0.375]	—	50	20
x_3	[0.075,0.125]	200	50	20
x_4	[0.075,0.125]	500	100	50
x_5	[1.125,1.875]	—	—	50
x_6	[12,20]	100	25	10
x_7	[0.562 5,0.935]	100	25	—

模型假设及说明

① 零件参数 $x_1,x_2,\cdots,x_n$ 为服从不同正态分布的相互独立的随机变量，期望值和均方差分别记为 $\bar{x}_i$ 和 σ_i，绝对容差记作 $\gamma_i=3\sigma_i$，相对容差记作 $t_i=\frac{\gamma_i}{x_i}$

$(i=1,2,\cdots,n)$, $t=(t_1,t_2,\cdots,t_n)$.

② 产品参数 y 由 $x_1,x_2,\cdots,x_n$ 决定，记作 $y=f(x_1,x_2,\cdots,x_n)$，由于 x_i 偏离 $\bar{x}_i$ 很小，可以在 $\bar{X}\xlongequal{\text{def}}(\bar{x}_1,\bar{x}_2,\cdots,\bar{x}_N)$ 处对 f 作 Taylor 展开，并略去三次及三次以上各项有

$$y=f(\bar{X})+\sum_{i=1}^{7} d_i(x_i-\bar{x}_i)+\frac{1}{2}\sum_{i=1}^{7} e_{ii}(x_i-\bar{x})^2+\sum_{i=1}^{7-1}\sum_{\substack{j=2\\ j>1}}^{7} e_{ij}(x_i-\bar{x}_i)(x_j-\bar{x}_j),$$

其中 $d_i=\left.\dfrac{\partial f}{\partial x_i}\right|_{\bar{X}}$, $e_{ii}=\left.\dfrac{\partial^2 f}{\partial x_i^2}\right|_{\bar{X}}$, $e_{ij}=\left.\dfrac{\partial^2 f}{\partial x_i\partial x_j}\right|_{\bar{X}}$；仅用 x_i 的二阶矩即期望值和均方差，而忽略 x_i 的三阶和三阶以上矩. 于是随机变量 y 的期望值为 $E_y=f(\bar{X})+\dfrac{1}{2}\sum\limits_{i=1}^{7} e_{ii}\sigma_i^2$. 方差 $\sigma_y^2=\sum\limits_{i=1}^{n} e_{ii}\sigma_i^2$ 或用 t_i 表示为

$$E_y=f(\bar{X})+\frac{1}{18}\sum_{i=1}^{7} e_{ii}\bar{x}_i^2t_i^2, \tag{6.5.1}$$

$$\sigma_y^2=\frac{1}{9}\sum_{i=1}^{7}(d_i\bar{x}_it_i)^2, \tag{6.5.2}$$

③ 由于 y 偏离目标值 y_0 造成的（单件产品）质量损失记作 $L(y)$，由题目所给数据，可设 $L(y)$ 与 $(y-y_0)^2$ 成正比. 即构造质量损失的近似值，连续的解析表达式 $L(y)=k(y-y_0)^2$，这里 k 为待定的任意常数.

④ 成批生产时，平均每件产品的质量损失可近似表达为

$$Q(\bar{X},t)=EL(y)=kE(y-y_0)^2=k[(EY-y_0)^2+\sigma_y^2],$$

即

$$Q(\bar{X},t)=k\left\{\left[f(\bar{X})-y_0+\frac{1}{18}\sum_{i=1}^{7} e_{ii}\bar{x}_i^2t_i^2\right]^2+\frac{1}{9}\sum_{i=1}^{7}(d_i\bar{x}_it_i)^2\right\}. \tag{6.5.3}$$

⑤ 单件产品的零件成本仅取决于容差等级 t_i，记作 $C_i(t_i)$，于是零件成本为

$$C(t)=\sum_{i=1}^{n} C_i(t_i). \tag{6.5.4}$$

⑥ 合格品的概率用 P_h 表示，$P_h=P\{|y-y_0|\leqslant 0.1\}$；次品的概率用 P_c 表示，$P_c=P\{0.1<|y-y_0|\leqslant 0.3\}$；废品的概率用 P_f 表示，$P_f=P\{|Y-Y_0|>0.3\}$. 由于 y 偏离目标值的平均损失为

$$Q(\bar{X},t)=EL(y)=0\cdot P_h+1\,000P_c+9\,000P_f \tag{6.5.5}$$

⑦ 综合考虑 y 偏离 y_0 造成的损失和零件成本，将本问题的目标函数定义为成批生产时平均每件产品总费用.

$$Z(\overline{X},t)=Q(\overline{X},t)+C(t). \tag{6.5.6}$$

⑧ 把数学规划和数值模拟结合,采用逐步求精的迭代求解方法. 先确定参数的标定值,再确定容差. 参数的标定值仅影响产品质量损失而不影响零件成本. 因此我们确定参数标定值时,可不考虑零件成本,以质量损失最小为目标,采用式(6.5.1) ~ 式(6.5.3);确定容差采用蒙特卡罗模拟方法,由题目可知 t 的取值共有 $1\times2\times3\times3\times1\times3\times2=108$ 种. 质量损失采用精度表达式(6.5.5),然后对不同的 t 从 $Z=Q+C$ 中选优.

模型的建立与求解

模型 1

蒙特卡罗模型选择总费用最小的容差 t 值. 选 $\overline{X}=(0.1,0.3,0.1,0.1,1.5,16,0.75)$ 作为初设定的标定值. 具体步骤如下:

第一步 产生正态分布随机数.

对每种固定的 t 值而言,$x_i \sim N(\overline{X}_i,\sigma_i^2)$,$(i=1,2,\cdots,7)$,对每种零件产生 1 000个随机数共产生 1 000×7 个随机数. 即产生零件参数 x_i的值.

于是均值为 $\bar{x}_i$,方差为 σ_i^2 的正态分布随机数 x_i 的计算公式为

$$x_i=\bar{x}_i+\sigma_i\frac{\sum\limits_{j=1}^{m}R_j-\dfrac{m}{2}}{\sqrt{m/12}},$$

其中 m 足够大,通过取 $m=12$,其近似程度已相当好了. 此时有

$$x_i=\bar{x}_i+\sigma_i\left(\sum_{j=1}^{12}R_j-6\right),$$

式中 R_j为$[0,1]$上均匀分布的随机数.

第二步 计算产品参数 y 的值.

用试验式计算,共产生 1 000 个产品的 y 值.

第三步 计算概率分布,判断合格品,次品和废品的个数.

如果 $y\in[1.4,1.6]$则为合格品,如果 $y\in[1.2,1.4]\cup(1.6,1.8]$则为次品,如果 $y\in(-\infty,1.2)\cup(1.8,+\infty)$则为废品. 合格品个数记作 N_h,次品个数记作 N_c,废品个数记作 N_f,$N_h+N_c+N_f=N$,这里 $N=1\ 000$,则

$$P_h\approx\frac{N_h}{N},\quad P_c\approx\frac{N_c}{N},\quad P_f\approx\frac{N_f}{N}. \tag{6.5.7}$$

第四步 计算损失费用.

$$Q(\overline{X},t)=\frac{N_h}{N}\cdot 0+\frac{N_c}{N}\cdot 1\ 000+\frac{N_f}{N}\cdot 9\ 000. \tag{6.5.8}$$

第五步 计算零件成本.

$$C(t)=\sum_{i=1}^{7}C_i(t_i).$$

第六步 计算总费用.

$$Z(\overline{X},t)=Q(\overline{X},t)+C(t).$$

第七步 计算最小费用.

计算完一种 t 组合后转回第一步，接着计算第二种 t 组合的总费用，循环计算 108 种组合，然后排序比较出最小费用方案.

模型 1 优选结果：对原设计

$$\overline{X}_0=(0.1,0.3,0.1,0.1,1.5,16,0.75),$$

相对容差

$$T_0=(0.05,0.1,0.1,0.1,0.1,0.1,0.05),$$

有质量损失 $Q=2\ 347$（元），零件成本 $C=200$（元），总费用 $Z=2\ 547$（元）；初步设计方案

$$\overline{X}_1^*=(0.1,0.3,0.1,0.1,1.5,16,0.75),$$

相对容差

$$\overline{T}_1^*=(0.05,0.05,0.01,0.05,0.1,0.01,0.01).$$

$Q=1\ 446$（元），$C=625$（元），$Z=2\ 071$（元）.

模型 2

确定标定值的优化模型，求 $\overline{X}=\{\overline{x}_1,\overline{x}_2,\overline{x}_3,\overline{x}_4,\overline{x}_5,\overline{x}_6,\overline{x}_7\}$，满足

$$\begin{aligned}&\min \quad Q(\overline{X})=k\left[(\overline{X})-y_0\right]^2,\\&\text{s. t.}\quad a_i\leqslant\overline{x}_i\leqslant b_i,\text{取}\quad k=1,i=1,2,\cdots,7(a_i,b_i\text{题目已给出}).\end{aligned}\tag{6.5.9}$$

确定容差值的优化模型：

用式(6.5.9)求出标定值后，求相对容差仍采用蒙特卡罗模拟优选，方法同模型 1.

模型 2 优化设计方案：标定值

$$\overline{X}_2^*=(0.093,0.303,0.097,0.101,1.5,16,0.750\ 3),$$

相对容差

$$\overline{T}_2^*=(0.05,0.05,0.1,0.1,0.1,0.05,0.05),$$

$Q=119$（元），　$C=245$（元），　$Z=364$（元）.

模型 3

确定标定值的优化模型，求 $\overline{X}=\{\overline{x}_1,\overline{x}_2,\overline{x}_3,\overline{x}_4,\overline{x}_5,\overline{x}_6,\overline{x}_7\}$，

$$\min \quad Q(\overline{X},t)=k\left\{\left[f(\overline{x})-y_0+\frac{1}{18}\sum_{i=1}^{7}e_{ii}\overline{x}_i^2t_i^2\right]^2+\frac{1}{9}\sum_{i=1}^{7}(d_i\overline{x}t_i)^2\right\},\quad(6.5.10)$$

t_i取给定值(离散),可取模型 2 优化结果,取 $k=10^5$.

确定容差优化模型:

用式(6.5.10)求出标定值后,确定相对容差仍采用蒙特卡罗模拟优选,方法同模型 1.

最优化设计方案:标定值

$$X^*=(0.075,0.375,0.125,0.1185,1.1616,19096,0.5265),$$

相对容差

$$T^*=(0.05,0.05,0.1,0.1,0.1,0.05,0.05),$$

损失费 $Q=89$(元),成本 $C=245$(元),总费用 $Z=334$(元).

优化结果和模型的评价

模型 1 采用蒙特卡罗模拟方法,这种方法不需要计算 f 的导数,甚至 f 本身没有显式表示,只要从试验等方法得到其数值即可. 这种方法形象逼真,可以模拟出具体零件和具体产品的性能参数,实际分布. 其缺点是需要先给出标定值 $\overline{X}$,从我们任选的一组标定值计算看(见表 6-5-4),与原设计方案相比,总费用降低了 $\Delta Z=476$(元). 但初设计方案并不理想,次品概率达到 92.4%,要想得到最优化方案必须确定一组好的标定值,这往往不易做到.

表 6-5-4 优化设计与原设计方案件对比

	P_h	P_c	P_f	N_c(个)	N_f(个)	Q(元)	C(元)	Z(元)
原设计	0.154	0.655	0.191	655	191	2 347	200	2 547
模型 1	0.018	0.924	0.058	924	58	1 446	625	2 071
模型 2	0.861	0.119	0.000	119	0	119	245	364
模型 3	0.911	0.089	0.000	89	0	89	245	334

模型 2 给出的解法虽然不能满足题设要求,却能在较短时间内给出一个接近最优解的可行解,由此可行解出发,用适当的非线性规划算法可较快得出满足精度要求的最优解. 模型 2 求标定值和相对容差可独立进行,互不相干,仅用 f 的表达式,而不用 f 的偏导数. 模型 2 是在模型 1 基础上改进形成的,从表6-5-4可以看到模型 2 改进后与原设计方案相比总费用大幅度下降 $\Delta Z=2\ 183$(元),而且合格率达到 $P_h=86.1\%$,可以作为设计方案使用.

模型 3 是求精设计模型,在模型 2 的基础上求解很快就可得到最优解. 模型 3 考虑了标定值和相对容差的相关性,且需要利用 f 的一阶,二阶偏导数信息,如果直接从模型3开始不利用模型二提供的信息，需要3～4次迭代也可以求出最优解.

讨论与推广

① 零件参数设计的传统方法是所谓田口方法，此方法同样采用先确定参数的标定值，再确定容差思想，确定标定值常用“内外表”法，但此方法的工作量很大.

② 构造下列优化模型，求$\{\overline{x}_1,\overline{x}_2,\overline{x}_3,\overline{x}_4,\overline{x}_5,\overline{x}_6,\overline{x}_7,t_1,t_2,t_3,t_4,t_5,t_6,t_7\}$，

$$\min \quad Z(\overline{X},t)=k\left[f(\overline{x})-y_0+\frac{1}{18}\sum_{i=1}^{7} e_{ii}\overline{x}_i^2 t_i^2\right]^2+\frac{k}{9}\sum_{i=1}^{7}(d_i\overline{x}_i t_i)^2+\sum_{i=1}^{7}C_i(t_i), \quad (6.5.11)$$

$$\text{s. t.}\quad a_i\leqslant \overline{x}_i\leqslant b_i,\quad t_i\text{取给定值(离散)}\, i=1,2,\cdots,7,$$

这里任意常数 k 的确定需按实际情况由经验选定，对本问题 $k=1\times10^5$. 式(6.5.11)的优化模型，可采用混合离散变量的直接搜索法 MDOD 求解.

③ 在本文中假定零件参数服从正态分布进行模拟计算，实际问题中零件参数可能服从其他分布如均匀分布，指数分布等，对于其他分布的零件参数本文方法仍然适用，只要把假定①做相应的改变.

6.5.2 随机决策准则

把在不确定条件下进行决策问题的结构用图形表示出来是很有用处的，这样的图形称为决策树. 决策树能够显示决策者面临的各种选择以及各种可能出现的情况. 为了更明确地对决策树进行说明，先看下面的例子.

例 6.17 新电公司发明设计了一种新的家电设备，并持有专利权. 该公司对该产品今后五年的回报进行了研究，认为如果该产品未来的销售情况很好的话，那么五年的利润将为 800 000 元，如果销售一般，五年的利润为 200 000 元，如果销售较差，五年亏损将为 100 000 元. 另有一家公司愿意购买该产品的专利权，并根据产品的销售情况向新电公司支付报酬. 新电公司估计，通过出卖专利，如果销售情况良好的话，它的收益将为 400 000 元，如果销售一般的话，收益将为 100 000 元，销售较差的话，收益将为 50 000 元. 各种情况下该公司的收益如表6-5-5所示.

表 6-5-5　新电公司在各种情况下的收益　　单位：万元

可能情况	方案一：自己生产	方案二：出卖专利
销售良好	80	40
销售一般	20	10
销售较差	-10	5

请你根据所提供情况，为公司进行决策.

这里所谈到的销售良好，销售一般，销售较差是实际情形的简化. 同时，把市场对该产品的需求简化为三种状态：需求较高，一般，较低，即需求是一个离散型的随机变量.

1. 选择准则

假设新电公司经过研究，得到表 6-5-7 所示的数据，它该如何比较方案一与方案二的优劣呢？如果未来的销售好，它当然应该自己生产和销售这个家电设备，从而获得 80 万元的收益，而不是把它卖出去，获利 40 万元；但是如果未来的销售较差，新电公司当然应该卖掉专利，获利 5 万元，而不是自己生产，从而赔掉 10 万元. 换句话说，如果新电公司确切地知道该家电设备未来的销售情况的话，它的决策将是一个非常简单的问题.

在商业管理和金融管理实践中，许多决策都必须是未来事物不确定的状态下做出的. 人们为此提出不同的选择准则，在这里介绍几种比较简单易行的原则.

(1) 极大极小原则

这个原则的基本想法是无论做出什么选择，都必须准备接受最坏的结果，即将各种方案的最坏结果—极小收益—进行比较，从中选择极小收益最大的方案，即极大极小原则. 根据这一原则，新电公司若选择方案一，则最坏的可能就是该家电的销售比较差，因此方案一的极小收益是 -10 万元；方案二的极小收益是 5 万元. 显然，新电公司应该选择方案二，也就是卖掉专利.

容易看出，极大极小原则反映的是一种悲观的态度. 事实上，管理人员不太可能这样进行决策，因为任何试验，任何新鲜的事物都是有风险的. 按照这个原则，管理人员只关心最坏的可能，从而陷入不求进取，不敢创新的境地.

事实上，在有不确定因素的情况下，决策者一般会对各种状况发生的可能性大小有一定的估计，而这一信息应当对正确进行决策有所帮助. 下面介绍的最小期望机会损失原则和最大期望收益原则就是将各种状况发生的概率与各种状况下的机会损失或收益综合起来考虑的两个决策原则.

(2) 最小期望机会损失原则

机会损失是由于没有选择正确的方案从而带来的损失，机会损失要在每一个可能发生的事件下进行计算. 给定一个事件，先确定哪个方案是最好的，这时任一方案的机会损失等于该状况下最好方案的收益与该方案的收益之差. 以新电公司的新家电设备为例，如果销售状况好的话，自然方案一是最好的选择，此时方案一的机会损失是 80(万) -80(万) = 0，而方案二的机会损失是 80(万) - 40(万) = 40(万). 表 6-5-6 给出了新家电设备的收益和机会损失.

表 6-5-6　收益和机会损失　　单位:万元

状况	收益		机会损失	
	方案一	方案二	方案一	方案二
销售好	80	40	0	40
销售一般	20	10	0	10
销售差	-10	5	15	0

现在来讨论期望机会损失. 假定经过调查,收集数据以及必要的分析,新电公司认为该家电未来市场需求大的可能性大约是 0.2,需求一般的可能性约为 0.5,而需求小的可能性约为 0.3. 以这些概率为权重,可以计算出各种方案下的期望机会损失. 表 6-5-7 和表 6-5-8 分别为方案一和方案二的期望机会损失的计算.

表 6-5-7　方案一的期望机会损失　　单位:万元

状况	概率	机会损失	加权机会损失
销售好	0.2	0	$0.2\times0=0$
销售一般	0.5	0	$0.5\times0=0$
销售差	0.3	15	$0.3\times15=4.5$
			总和　4.5

表 6-5-8　方案二的期望机会损失　　单位:万元

状况	概率	机会损失	加权机会损失
销售好	0.2	40	$0.2\times40=8.0$
销售一般	0.5	10	$0.5\times10=5.0$
销售差	0.3	0	$0.3\times0=0$
			总和　13.0

最小期望机会损失原则就是选择期望机会损失最小的方案. 按照这个原则,新电公司应该选择自己生产,而不是卖掉专利.

(3) 最大期望收益原则

如果新电公司认为新家电未来需求大的可能性比较大,即新电公司对该家电很有信心,它一定会采用方案一,因为在这种情况下,自己生产的收益比卖掉专利的收益大很多. 相反,如果新电公司认为新家电未来的需求小的可能性较大,即新电公司对该家电没有信心,它一定会采用方案二,因为这时卖掉专利还能获利 5 万元,而自己生产将会赔进 10 万元.

与期望机会损失类似,一个方案下的期望收益就是各种可能状况发生的概率与相应的收益的加权平均.表 6-5-9 和表 6-5-10 列出了方案一和方案二期望收益的计算.

表 6-5-9　方案一的期望收益　　单位:万元

状况	概率	收益	加权收益
销售好	0.2	80	16
销售一般	0.5	20	10
销售差	0.3	-10	-3.0
			总和　23.0

表 6-5-10　方案二的期望收益　　单位:万元

状况	概率	收益	加权收益
销售好	0.2	40	8
销售一般	0.5	10	5.0
销售差	0.3	5	1.5
			总和　14.5

最大期望收益原则就是选择期望收益最大的方案.根据这一原则新电公司应该选择自己生产,而不是卖掉专利.

2. 决策树

以新电公司的新家电设备为例.新电公司所面临的决策问题可以由决策树表示出来(见图 6-5-1),其中小方块节点表示新电公司需要进行决策的地方,而小圆节点表示各种状况可能发生的地方.

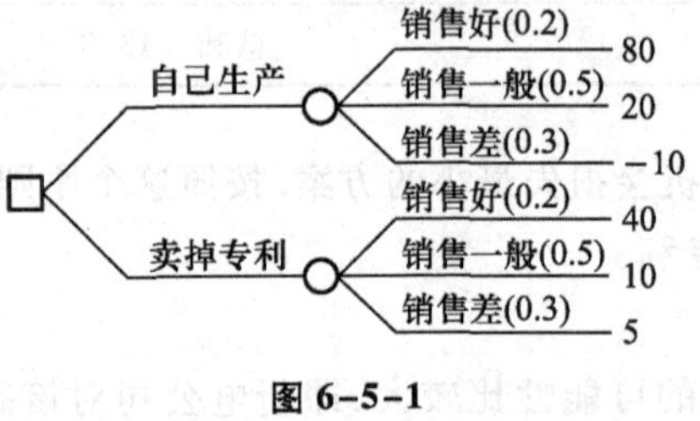

图 6-5-1

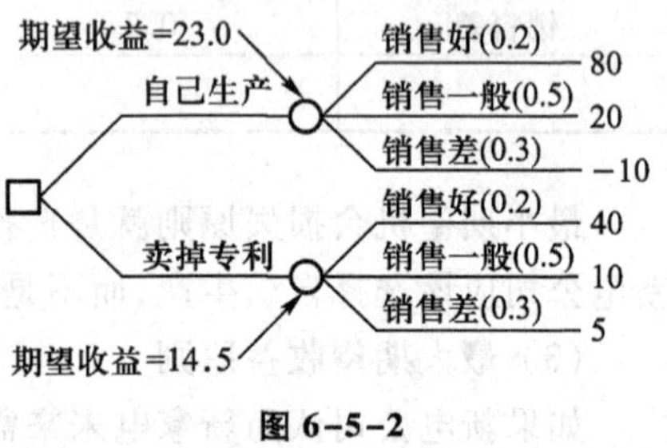

图 6-5-2

用最大期望收益原则进行决策的话,需要在圆节点处计算期望收益(如图 6-5-2).

经过比较两个方案的期望收益,得出新电公司应该选择方案一.

决策树能够把不确定因素下的决策过程以图解的形式表示出来,有简单直观的优点.下面这个略为复杂的例题可以更明显地表现决策树的优点.

例 6.18 某制药公司拥有某种新药的专利权,它可以卖掉专利,从而获得 5 万元钱,也可以自己做药物有效性试验,以便确定该药物是否有效.这些试验的费用是 1 万元.如果发现药物无效,该药物就不会投入生产.制药公司估计该药物成功的概率为 0.6,而试验不成功的概率为 0.4.如果试验说明药物有效,公司仍有两种选择,卖掉专利和试验结果,公司获利(去掉试验费用后)11 万元,也可以自己生产和销售该药物.公司估计,如果自己生产销售的话,销售收入(去掉试验费用之后)在促销活动成功的情况下为 17 万元,在促销一般的情况下,销售收入为 8 万元,两种情况出现的可能性相同.按照最大期望收益原则,该公司应该如何决策?

解 我们将本题各种可能的选择和条件,以及决策的过程全部用图 6-5-3 的决策树表示出来.由决策树可以清楚地看出,按最大期望收益原则,该制药公司应该选择保留专利,并进行药物有效性试验;在药物有效的情况下,选择自己生产销售.

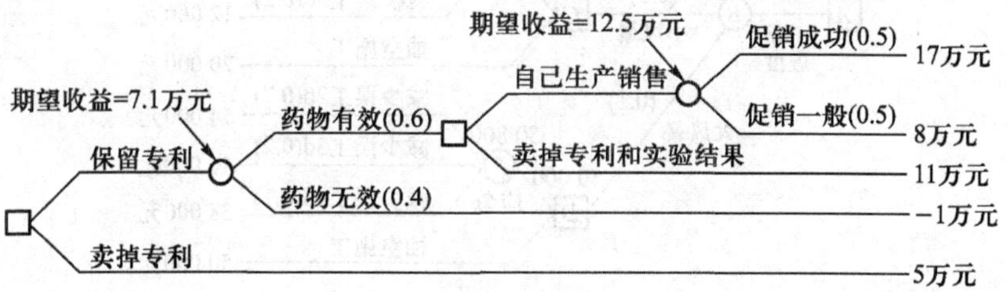

图 6-5-3

例 6.19 某工程采用正常速度施工,若无坏天气的影响,可确保在 30 天内按期完成工程,但据天气预报,15 天后天气肯定变坏,有 40% 的可能出现阴雨天气,但这不会影响工程进度;有 50% 的可能遇到小风暴而使工程推迟 15 天;另有 10% 的可能遇到大风暴而使工程推迟 20 天,关于以上可能出现的情况,考虑两种方案:

(1) 提前加班,确保工程在 15 天内完成,实施此方案需要增加支出18 000 元.

(2) 先维持原定的施工进度,等 15 天后根据实际出现的天气状况再作对策:

1) 若遇阴雨天,则维持正常进度,不必支付额外费用.

2) 若遇小风暴,则有下述两个方案:一是抽空(风暴过后)施工,支付工程延期损失费 20 000 元,二是采取应急措施,实施此措施可能有三种结果:有 50%

的可能减少误工期 1 天，支付延期损失费和应急费用 24 000 元；有 30% 的可能减少误工期 2 天，支付延期损失费和应急费 18 000 元；有 20% 的可能减少误工期 3 天，支付延期损失费和应急费用 12 000 元.

3）若遇到大风暴，则仍有两个方案件可供选择：一是抽空进行施工，支付工程延期损失费 50 000 元；二是采取应急措施，实施此措施可能有三种可能：有 70% 的可能减少误工期 2 天，支付延期损失费及应急费用 54 000 元；有 20% 可能减少误工期 3 天，支付延期损失费及应急费用 46 000 元；有 10% 的可能减少误工期 4 天，支付延期损失费及应急费用 38 000 元.

试进行决策，选择最佳行动方案.

解　(1) 据题意画出决策树如图 6-5-4.

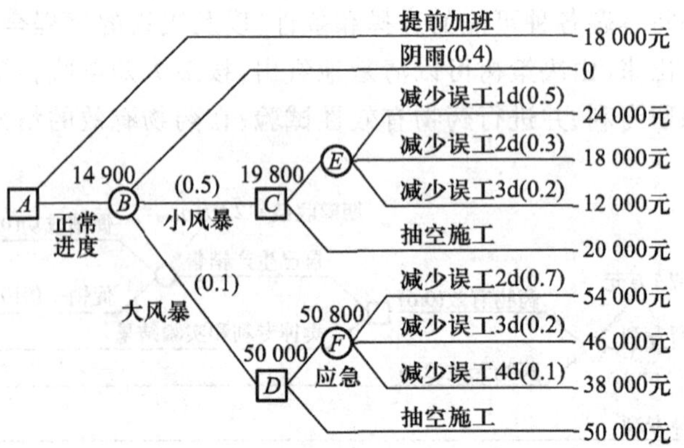

图 6-5-4

(2) 计算第一级机会点 E,F 的损失费用期望值：

$$E(E)=0.5\times 24\ 000+0.3\times 18\ 000+0.2\times 12\ 000=19\ 800,$$

$$E(F)=0.7\times 54\ 000+0.2\times 46\ 000+0.1\times 38\ 000=50\ 800.$$

将 19 800 和 50 800 标在相应的机会点上，然后在第一决策点 C,D 分别进行方案比较：首先考察点 C，其应急措施支付额外费用的期望较少，故它为最佳方案，同时划去抽空施工的方案分支，再在 C 上方标明最佳方案期望损失费用 198 000 元；再考虑 D 处的情况，应急措施比抽空施工支付的额外费用的期望值大，故划去应急措施分支，在 D 上方标上 50 000 元.

(3) 计算第二级机会节点 B 的损失费用期望值：

$$E(B)=0.4\times 0+0.5\times 19\ 800+0.1\times 50\ 000=14\ 900.$$

将其标在 B 的上方，在第二级决策点 A 处进行比较，发现正常进度方案为最佳方案，故划去提前加班的方案分支，并将 14 900 标在点 A 上方.

因此,合理的决策应是开始以正常施工进度进行施工,15 天后再根据具体天气情况作进一步决策,若出现阴雨天,则维持正常进度;若出现小风暴可采用应急措施;若出现大风暴,则进行抽空施工.

3. 敏感性分析

在实际工作中,决策人员常常需要对各种情况出现的可能性大小进行估计,同时也需要对各种情况下的收益进行估计. 他们的最终决策正是在对这些不确定因素进行估计的基础上得出来的. 不难理解,不同的估计在一定程度上将会影响最终决策. 例如,在例 6.17 中,如果该公司对促销没有信心,即认为促销效果一般的概率很大,比如说是 0.9,则此时自己生产销售的期望收益为 $0.1\times17+0.9\times8=8.9$(万元),小于卖掉专利和试验结果的收益 11 万,因此制药公司应该卖掉专利和试验结果,而不是自己生产销售. 若制药公司估计促销成功时可以获利 12 万元,而促销一般时可以获利 8 万元,则此时自己生产销售的期望收益为 $0.5\times12+0.5\times8=10$(万元),小于卖掉专利和试验结果的收益 11 万元. 因此,在这种情况下,制药公司也应该卖掉专利和试验结果,而不是自己生产销售. 同样,关于试验是否成功的可能性大小的估计也会影响决策,很明显,如果该公司认为该药物有效的可能性很小,它肯定应该卖掉专利,而不是采取自己试验的方案.

对于各种不确定因素的估计在多大程度上会影响最终的决策,这是敏感性分析要回答的问题. 它的简单做法是:在诸多因素中选择一个因素,在其他因素不变的情况下,观察它在多大范围内变化时不至于影响决策的变化. 例如,在例 6.17 中,如果制药公司对药物试验结果表明药物有效的概率为 0.6 的把握不太大,它想对此做敏感性分析,看看这个概率能够小到什么地步而不至于影响公司关于保留专利的决策. 为此,我们设药物有效的概率为 p,药物无效的概率为 $1-p$,则相应的决策树如图 6-5-5 所示.

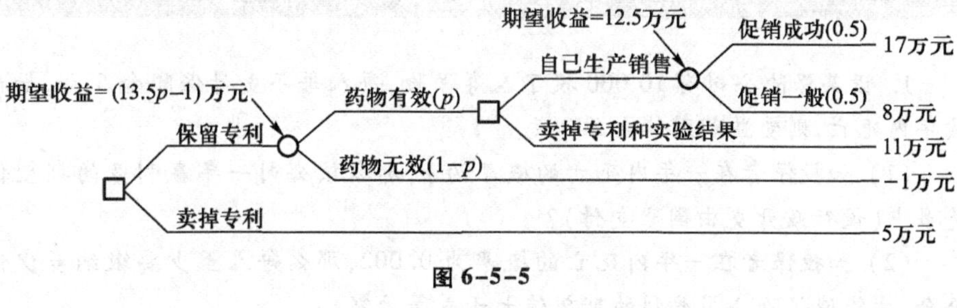

图 6-5-5

注意:这时保留专利的期望收益为

$$(1-p)(-1)+p\times12.5=13.5p-1.$$

若想要原来的决策不变,必须有

$$13.5p-1>5 \quad 或 \quad p>\frac{6}{13.5}\approx 0.4444.$$

即只要药物有效性的可能性不小于 44.44%，选择保留专利就是好的决策.

再如，该公司对促销成功时收益为 17 万元的估计没有十分把握，想了解一下在其他估计不变的情况下，不影响最终决策的对促销成功时收益的最保守的估计是多少，这时必须进行促销成功时收益的敏感性分析. 设这时收益为 M，则相应的决策树如图 6-5-6 所示.

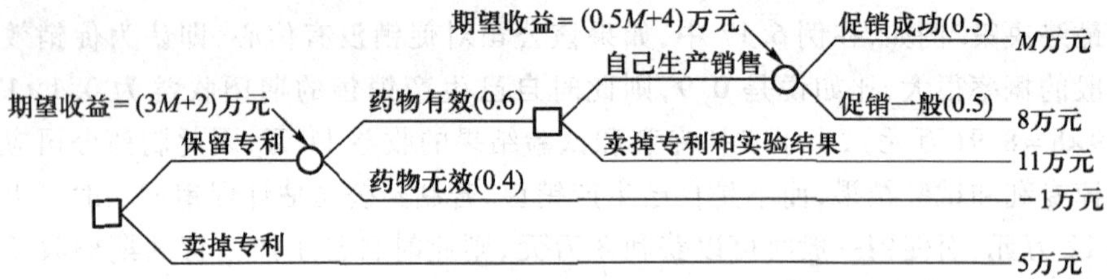

图 6-5-6

这时自己生产销售的期望收益为 $0.5M+0.5\times 8=0.5M+4$，要想在药物有效的条件下，采取自己生产销售的方案则需要有 $0.5M+4>11$，或 $M>14$. 即只要促销成功时的收益不少于 14 万元，该公司就应当在药物有效的条件下，选择自己生产销售. 此时，保留专利的期望收益为（在 $M>14$ 的条件下）$0.4\times(-1)+0.6\times(0.5M+4)=3M+2$. 当 $3M+2>5$，或 $M>1$（同时 $M>14$）时，保留专利的收益大于卖掉专利的收益. 因此根据最大期望收益原则，在促销成功时的收益不少于 14 万元的情况下和试验药物有效的情况下，保留专利，自己生产销售是该公司的最佳选择.

习 题 6

1. 设某保险公司有 10 000 投了人寿保险，每人每年支付保险金 5 元，如在该年内死亡，则受益获赔偿金 500 元.

(1) 如投保者在一年内死亡的概率为 p，那么该公司一年赢利数的期望值是多少（设行政开支由国家支付）？

(2) 如投保者在一年内死亡的概率为 0.002，那么每人至少要缴纳多少保险金，才能使保险公司盈利的期望值大于或等于零.

2. 设用光电比色计检验尿汞时，对给定的尿汞含量 x（单位：mg/l），消光系数 y 服从正态分布，且方差与 x 无关，测得数据如下表：

尿汞含量 x_i	2	4	6	8	10

续表

消光系数 y_i	64	138	205	285	360

试建立 y 对 x 的线性回归方程，并检验这个方程的效果是否显著（$\alpha=0.05$）？

3. 小李给他的 N 个朋友写信，写好后分别将各封信放入 N 个信封中，并在每一个信封上分别任意写上 N 个收信人中的一个地址（不重复），问至少有一个写正确的概率？

4. 有两个国家 A 和 B，A 国有两种武器 A_1 和 A_2，B 国有两种武器 B_1 和 B_2，其中 A_1 摧毁 B_1 的效率为 0.3，A_2 摧毁 B_2 的效率为 0.7，B_1 摧毁 A_2 的效率为0.6，B_2 摧毁 A_1 的效率为 0.4. 求两个国家配置武器的最优策略，并求策略效率值.

5. A，B 两名游戏者双方各持一枚硬币，同时展示硬币的一面，如均为正面，A 赢得 2/3 元，均反面，A 赢得 1/3 元；如为一正一反，A 输 1/2 元，试求 A，B 双方各自的最优策略，并说明该游戏是否公平合理.

6. 某捕鱼队面临下个星期是否出海捕鱼的选择. 若出海后仍是好天气，则可以得到 5 000 元的效益；如果出海后天气变坏，则将损失 2 000 元；如果采取不出海的方案，则无论天气好坏，都要承担 1 000 元的损失费. 已知下星期天气好的概率为 0.6，天气变坏的概率为 0.4，问如何选择最佳方案？并讨论最优方案是否具有稳定性.

7. 外出旅游选择交通工具（包括飞机、火车、汽车），由于不同人外出的目的不同，经济条件不同，体质、心理、经历、兴趣都不同，考虑到安全、舒适、快速、经济、游览等因素，问应如何选择交通工具.

8. 广告是制造商用来推销产品，改进销售，从而增加收益的一种手段，但是做广告是要花钱的，仅当广告费用低于销售收入的增加时才值得去做广告. 制造商面临的问题是评估不同的广告策略的有效性并选择最优策略. 试建立一个能帮助制造商解决这一问题的数学模型.

9. 直线上的随机游动. 考虑在直线上整数点上运动的粒子. 当它处于位置 j 时，这里姑且假定 j 就是过程所处状态，向右游动到 $j+1$ 的概率为 p 而向左游动到 $j-1$ 的概率为 $q=1-p$. 假定时刻 0 时粒子处在原点，即 $X_0\equiv 0$，于是粒子在时刻 n 所处的位置 X_n 就是一个马尔可夫链. 写出转移概率公式.

10. 顾客到服务台排队等候服务，服务台采用先到先服务的原则. 设在第 n 个服务周期中到达的顾客数为一随机变量 Y_n，其分布不依赖于 n，

$$P\{Y_n=k\}=p_k,k=0,1,\cdots,\qquad \sum_{k=0}^{\infty}p_k=1,$$

并且Y_n是相互独立的,记X_n为服务周期n开始时服务台前排队的顾客数,则显然有

$$X_{n+1}=\begin{cases}X_n-1+Y_n, & X_n\geqslant 1,\\ Y_n, & X_n=0.\end{cases}$$

此时$\{X_n,n\geqslant 1\}$为一马尔可夫链.写出转移概率矩阵,求出平稳概率分布,平均等待人数.

11. 考虑一个三状态的马尔可夫链$\{X_n\}$.其转移概率矩阵为

$$\boldsymbol{P}=\begin{matrix}0\\1\\2\end{matrix}\begin{pmatrix}1&0&0\\p&q&r\\0&0&1\end{pmatrix},$$

其中$p,q,r>0,p+q+r=1$,这一马尔可夫链从状态1开始,一旦进入状态0或2就无法跳出而被吸收了.于是可以提出两个问题:假如过程从状态1出发被状态0(或者2)吸收的概率是多少?平均要多长时间过程会进入吸收状态而永远停在那儿?

12. 期货投资中的数学问题.

进行期货买卖叫期货投资,期货市场的充分发展是一个国家市场成熟的标志.目前我国的期货市场是一个发展很不充分的市场,必须要大力发展,但是期货市场是一个高风险的市场.对期货市场的风险进行研究及对期货市场风险进行评估是发展期货市场的必要条件.请考虑以下问题:

(1) 对期货市场风险分析,给出交易价格随机波动规律;

(2) 根据风险评价标准,给出最理想的五种期货产品;

(3) 给出期货产品的分类,在每一类里,选取代表对它的价格进行预测.

13. 手机评论定量研究的数学问题.

手机是一种非常重要的通信工具,它的种类非常之多,质量相差也非常之大,人们使用了某类手机,对其质量会有各种各样的评论,现在互联网上就有消费者对自己购买手机质量的评论.请考虑以下问题:

(1) 对消费者对自己购买手机质量的评论的数据,建立数学模型给出手机质量评论的要素和标准;

(2) 对已给的手机的质量评论的数据,建立数学模型给出手机质量评论的评价函数,使用此模型给出数据中的各种手机的分数;

(3) 根据所给数据建立模型,使用数学模型对未来手机的质量进行展望,即为未来受欢迎的手机质量要素和机型进行预测.

14. 后代遗传基因问题.

遗传性质的携带者称为基因,基因是成对出现的.一般地,一对中的每个基因可以取两种不同形式(等位基因)A和a.在一个总体中基因A和a的比例是

基因频率，相应地记为 p 和 $q=1-p$. 两种等位基因可形成三个基因型：AA，Aa 和 aa(Aa 和 aA 无区别). 一个后裔分别都以 1/2 的概率接受父亲的两个基因中的任何一个，接受母亲的两个基因中的任何一个，形成一对.

(1) 交配进行了 n 代，第 $n+1$ 代中出现 AA，Aa 和 aa 的可能性各是多少？

(2) 对于三种基因型：AA，Aa 和 aa，亲本总体由比例为 $u:2v:w(u>0, v>0, w>0; u+2v+w=1)$ 交配至第 n 代，求第 n 代中 AA，Aa 和 aa 的比例各是多少？

(3) 如果设 a 是这样的一个基因，基因型为 aa 的人将在童年死去，请研究遗传风险的大小.

15. 教学大楼火灾逃生问题.

现在许多大学的教学大楼都很大，里面工作和学习的人非常多，教学楼一旦发生火灾，人员的逃离显然是一个非常重要的问题，教学大楼的构造是考虑逃离方案的第一出发点，现代逃生理论特别关注大楼以下方面：楼房的用途；楼房及房间的大小；在任何开放时间使用楼房的人数；安全出口的数目及出口与房间的距离；报警器的数量及其音量；为残疾人准备的特殊设施；通往安全地带的出口；防火门的种类、大小及开门的方向；走廊的宽度；楼梯的宽度；楼梯的规格；窗户的种类；楼房的位置，如到急救站是否近便等. 就某校一幢教学楼回答以下三个问题：

(1) 测量出有关结构的数据，绘制出结构图；

(2) 根据教学楼的结构，规划出最佳逃生方案；

(3) 单从逃生的角度看，你所研究的教学楼的结构是否合理？如不合理，如何改进？绘出改进后的结构图.

16. 歌咏比赛中公正性问题.

在某次歌咏比赛中歌手和裁判打分有以下数据：

		裁判											
		1	2	3	4	5	6	7	8	9	10	11	12
歌手	1	9.15	9.28	9.18	9.12	9.15	9.35	9.30	9.15	9.21	9.24	9.21	9.07
	2	9.00	9.30	8.95	9.32	9.20	8.92	9.15	9.01	8.90	9.02	9.23	9.20
	3	9.17	9.31	9.319	9.24	8.83	8.80	8.91	9.10	9.28	9.05	9.20	9.29
	4	9.03	8.08	8.93	8.85	9.17	8.93	9.05	9.21	9.15	8.90	9.21	9.05
	5	9.16	9.15	9.179	9.31	9.18	9.12	9.15	9.18	9.00	9.05	9.24	9.15
	6	9.04	9.00	8.85	8.81	9.00	9.25	9.15	9.19	9.18	9.15	9.24	9.32
	7	9.35	9.28	9.28	9.38	9.45	9.45	9.40	9.29	9.35	9.32	9.30	9.24

续表

		裁判											
		1	2	3	4	5	6	7	8	9	10	11	12
歌手	8	9.02	9.29	9.05	9.16	9.15	9.21	9.30	8.91	9.21	9.28	9.20	9.21
	9	9.10	9.10	9.10	9.17	9.40	8.98	9.10	9.14	9.17	9.06	9.22	9.29
	10	9.20	9.30	9.20	9.10	9.35	9.18	9.20	9.12	9.24	9.05	9.30	9.29

请回答以下三个问题：

(1) 给裁判的水平及公正性进行评价；

(2) 给歌手水平进行客观的评价；

(3) 给裁判水平和歌手的水平进行一个客观的排名.

17. 工程承包问题.

某开发公司每年最多能承包二项规模相同的工程. 根据过去历年公司承包合同的统计资料分析，可得该公司承包合同数的转移概率矩阵

$$\boldsymbol{P}=\begin{pmatrix} p_{00} & p_{01} & p_{02} \\ p_{10} & p_{11} & p_{12} \\ p_{20} & p_{21} & p_{22} \end{pmatrix}=\begin{pmatrix} 0.1 & 0.3 & 0.6 \\ 0.3 & 0.3 & 0.4 \\ 0.3 & 0.1 & 0.6 \end{pmatrix},$$

其中 $p_{ij}, i, j \in \{0,1,2\}$ 表示该公司今年承包 i 项合同明年承包 j 项合同的概率. 与 p 相应的利润矩阵为

$$\boldsymbol{R}=\begin{pmatrix} r_{00} & r_{01} & r_{02} \\ r_{10} & r_{11} & r_{12} \\ r_{20} & r_{21} & r_{22} \end{pmatrix}=\begin{pmatrix} -20 & 10 & 20 \\ -10 & 20 & 40 \\ 10 & 40 & 60 \end{pmatrix}\text{（单位：万元）}.$$

为了获取最大的利润，经营决策者可采取若干行动方案，如当公司没有承包到合同时，可以登广告做宣传或进行业务联系，争取下一年承包到合同的可能，当仅承包到 1 项合同时，为扩大业务，可采取技术革新的方案. 当已承包有 2 项合同时，为了避免减少承包合同数目的可能，而采取维修设备、增加工人福利等方案. 所有这些方案的实施都要支付一定的经费，因此期望利润一般会降低. 所以无论采取哪种行动方案，都会造成支配承包合同过程的概率和利润结构发生相应的改变. 根据以往资料统计当采取一项技术革新的方案时，相应的转移矩阵如下：

$$\boldsymbol{P}'=\begin{pmatrix} p'_{00} & p'_{01} & p'_{02} \\ p'_{10} & p'_{11} & p'_{12} \\ p'_{20} & p'_{21} & p'_{22} \end{pmatrix}=\begin{pmatrix} 0.05 & 0.15 & 0.8 \\ 0.1 & 0.2 & 0.7 \\ 0.1 & 0.2 & 0.7 \end{pmatrix},$$

$$R' = \begin{pmatrix} r'_{00} & r'_{01} & r'_{02} \\ r'_{10} & r'_{11} & r'_{12} \\ r'_{20} & r'_{21} & r'_{22} \end{pmatrix} = \begin{pmatrix} -22 & 8 & 16 \\ -12 & 18 & 36 \\ 8 & 36 & 55 \end{pmatrix}.$$

请回答以下问题：

(1) 试预测该公司经 n 年后工程承包中获取的期望利润；

(2) 为获取最大的利润，决策者究竟选择哪种方案为好？

第 7 章 模糊数学与灰色系统模型

7.1 模糊集理论

界限不分明的概念、模棱两可的事物,在人们的生活中并不少见. 很早以前,人们对模糊现象就有了朴素的认识. 我国古代老子曾有言论:精确兮,模糊相伏;模糊兮,精确相依. 最早给出模糊集严格定义的,是美国著名控制论学者 L. A. Zadeh 教授. 1965 年,Zadeh 创造性地提出模糊集这一概念,用隶属函数去描述事物的模糊性,为处理具有模糊特性、模糊概念的事物奠定了基础.

7.1.1 模糊集的定义

现实世界中,有各种各样的物类或集合,有些有明晰的界限,个体或元素归属具有简单严格的二元关系,如男人、女人;有些则界限模糊,归属不很明确,如年轻、年老. 1965 年,Zadeh 教授创造性地提出隶属函数的概念,定义了模糊集. 模糊集中,元素归属程度介于 0,1 之间,而不是 0 或 1(不属于或属于). 隶属函数是模糊集理论中重要的概念,它指出元素归属关系中 0,1 之间过渡阶段的存在,并给出了过渡阶段的数学描述.

定义 7.1 模糊集合:指定论域 U 上的模糊集 A 由隶属函数 $\mu_A: U \to [0,1]$ 来表征,其中 $\mu_A(u)$ 表示元素 $u \in U$ 关于模糊集 A 的隶属程度,简称隶属度.

隶属度函数是传统集合特征函数的推广. 同传统函数一样,$\mu_A(u)$ 为 1,表示 u 属于 A;$\mu_A(u)$ 为 0,表示 u 不属于 A. 当 $\mu_A(u)$ 介于 0,1 之间,则 $\mu_A(u)$ 刻画了 u 属于 A 的程度,$\mu_A(u)$ 越接近 1,u 属于 A 的程度越大.

论域 U 上模糊集的全体记作 $F(U)$,模糊集有各种各样的表示方法,比如可以用序偶集来表示:$A = \{(u, \mu_A(u)) \mid u \in U\}$. 对于有限论域 $U = \{u_1, u_2, \cdots, u_n\}$,模糊集的隶属函数用

$$\mu_A=[\mu_A(u_1),\mu_A(u_2),\cdots,\mu_A(u_n)]$$

表示,对于无限论域 U,则直接给出其隶属函数 μ_A.

Zadeh 本人曾就有限论域、无限论域分别给出如下简捷方便的表示形式:

若论域 U 为有限集,$U=\{u_1,u_2,\cdots,u_n\}$,则

$$A=\frac{\mu_A(u_1)}{u_1}+\frac{\mu_A(u_2)}{u_2}+\cdots+\frac{\mu_A(u_n)}{u_n}=\sum_{i=1}^{n}\frac{\mu_A(u_i)}{u_i};$$

若论域 U 为无限集,则 $A=\int_U \frac{\mu_A(u)}{u}\mathrm{d}u$,其中 μ_A 为模糊集 A 的隶属函数.

定义 7.2 支撑集、核和模糊单值:

模糊集合 A 的支撑集(support)是由所有 $u\in U$ 中满足 $\mu_A(u)>0$ 的那些点组成的精确集,记作 supp A. 模糊集合的核(kernel)是所有 $u\in U$ 中使得 $\mu_A(u)=1$ 的那些 u 组成的精确集,记作 ker A. 若模糊集合的支撑集在 U 上只含有一个点且 $\mu_A=1$,则称模糊集 A 为模糊单值(singleton).

定义 7.3 正规模糊集、凸模糊集:

1) 论域 U 上的模糊集 A 称为正规模糊集,若存在 $u\in U$,使得 $\mu_A(u)=1$;

2) 论域 U 上的模糊集 A 称为凸模糊集,若对任意的 $u_1,u_2\in U,\lambda\in[0,1]$,有

$$\mu_A(\lambda u_1+(1-\lambda)u_2)\geqslant\min(\mu_A(u_1),\mu_A(u_2)).$$

7.1.2 模糊集的基本运算

同康托集一样,模糊集合也有三种最基本的运算:并集、交集和补集,以及等价关系,包含关系等. 模糊集合的运算通过隶属函数来定义.

定义 7.4 对于论域 U 上的模糊集 A,B,即 $A,B\in F(U)$,可定义其并集、交集及补集仍为该论域上的模糊集,其隶属函数分别如下定义:

对所有 $u\in U$,成立

$$\mu_{A\cup B}(u)=\max\{\mu_A(u),\mu_B(u)\}\overset{\text{def}}{=\!=\!=}\mu_A(u)\vee\mu_B(u),$$

$$\mu_{A\cap B}(u)=\min\{\mu_A(u),\mu_B(u)\}\overset{\text{def}}{=\!=\!=}\mu_A(u)\wedge\mu_B(u),$$

$$\mu_{\bar{A}}(u)=1-\mu_A(u).$$

按照习惯,max,min 运算也可以分别记作 $\vee$, $\wedge$.

模糊集具有下列的性质:

1) 等价关系　$A=B\Leftrightarrow\mu_A(u)=\mu_B(u),\forall u\in U$;

2) 包含关系　$A\subset B\Leftrightarrow\mu_A(u)\leqslant\mu_B(u),\forall u\in U$;

3) 复原律　　$\bar{\bar{A}}=A$;

4）对偶律　　$\overline{A\cup B}=\overline{A}\cap\overline{B},\overline{A\cap B}=\overline{A}\cup\overline{B}$.

除了模糊集间相等、包含关系外,不同模糊集之间的比较可借助于贴近度的概念. 在 Mamdani 控制系统中,用贴近度比较模糊状态的变化非常方便.

定义 7.5　设 $A,B\in F(U)$,称 $A\circ B=\bigvee_{u\in U}(\mu_A(u)\wedge\mu_B(u))$ 为 A,B 的内积;称 $A\odot B=\bigwedge_{u\in U}(\mu_A(u)\vee\mu_B(u))$ 为 A,B 的外积.

性质 7.1

1）$A\subseteq B\Rightarrow A\circ B=A\circ A,A\odot B=B\odot B$;

2）$A\subseteq B\Rightarrow A\circ C\leqslant B\circ C,A\odot B\leqslant B\odot C$.

由模糊集理论可知,内积、外积互为对偶运算. 并且,当 $A\subseteq B\subseteq C$ 时,$A\circ C\leqslant(A\circ B)\wedge(B\circ C)$. 可以看出,当 A,B 越贴近,则 $A\circ B$ 越大,$A\odot B$ 越小,故可用它们来刻画模糊集的贴近程度.

实际上,内积用来刻画模糊集的贴近程度具有下列性质:

1）$A\circ B=B\circ A$;

2）对正规模糊集 $A,A\circ A=1$;

3）$X\circ\varnothing=0$;

4）当 $A\subseteq B\subseteq C$ 时,$A\circ C\leqslant(A\circ B)\wedge(B\circ C)$.

刻画模糊集的贴近程度,还可以用下面定义的格贴近度.

定义 7.6　设 $A,B\in F(U)$,称 $(A,B)=(A\circ B)\wedge(\overline{A\odot B})$ 为 A,B 的格贴近度.

格贴近度刻画两模糊集贴近程度有其合理性,但更为严格的贴近程度的估计是建立在贴近度公理化定义之上,这里不作介绍.

7.1.3 模糊关系

模糊关系是集合间普通关系的推广,它为描述和处理模糊现象提供了一些有效的方法,在模糊集合论及其应用中占有重要的地位. 当论域是有限集时,模糊关系可用模糊矩阵来表达. 模糊关系矩阵在电路网络、模糊控制系统理论及应用中起着重要的作用.

定义 7.7　设 X,Y 为论域,笛卡儿积 $X\times Y$ 上的一个模糊集 $R\in F(X\times Y)$,即 $R:X\times Y\to[0,1]$,称为 X 到 Y 的一个二元模糊关系.

此时,$\forall x\in X,y\in Y$,隶属度 $R(x,y)$ 表示元素 x 与 y 的相关程度. 类似地,可以定义 n 元模糊关系 $R:X_1\times X_2\times\cdots\times X_n\to[0,1]$.

由定义可知,X 到 Y 的模糊关系 R 是 $X\times Y$ 上的模糊集合. 作为模糊集合,就可以定义模糊集合 R 的并、交、补运算.

设 $R,S,R_t \in F(X\times Y), t\in T$,则

$$R\leqslant S \Leftrightarrow \forall (x,y)\in X\times Y, R(x,y)\leqslant S(x,y),$$

$$R=S \Leftrightarrow \forall (x,y)\in X\times Y, R(x,y)= S(x,y),$$

及 $\forall (x,y)\in X\times Y$,

$$(\bigvee_{t\in T} R_t)(x,y)=\sup_{t\in T} R_t(x,y),$$

$$(\bigwedge_{t\in T} R_t)(x,y)=\inf_{t\in T} R_t(x,y),$$

补关系

$$\overline{R}(x,y)=1-R(x,y).$$

模糊关系的合成是模糊关系最常用的运算之一,在近似推理、模糊控制中,模糊关系合成有着重要的应用.

定义 7.8(sup-star 合成) 设 R,S 为模糊关系,$R\in F(X\times Y)$,$S\in F(Y\times Z)$,令

$$R\circ S: X\times Z\to[0,1],$$

$$(R\circ S)(x,z)=\sup_{y\in Y}[R(x,y)*S(y,z)], \forall (x,z)\in X\times Z$$

则 $R\circ S\in F(X\times Z)$ 称为模糊关系 R 与 S 的合成. 这里,$*$ 代表某种模糊运算,常用的 $*$ 运算有取小($\wedge$),乘积($\cdot$)等.

7.2 模糊优化设计

在优化问题中,常常会遇到目标函数不很明确,约束条件也可能具有一定的弹性,这个时候就会需要有别于传统优化的处理方法. 本节介绍模糊优化设计方法,主要介绍模糊线性规划问题. 在模糊极大集概念的基础上,给出了模糊规划,包括重要的 Zimmermann 算法.

7.2.1 模糊约束条件下的极值问题

1. 模糊极大集

定义 7.9 设 U 是论域,$A\subseteq U$,$f: U\to \mathbf{R}$ 为 U 上的一个有界实值函数,令

$$M=\{x^* \mid f(x^*)=\sup_{x\in A} f(x)\},$$

称 M 为 f 在 A 上的条件优越集,并称 $y^*=f(x^*)$ 为 f 在 A 上的条件优越值.

若 A 是模糊集,如何确定函数 f 在模糊集 A 上的条件极值? 为此先引进 f 的

极大值的概念.

定义 7.10 设 $f:U\to\mathbf{R}$ 为论域 U 上的一个有界实值函数,引入 $M_f\in F(U)$,且

$$M_f(x)=\frac{f(x)-\inf\limits_{y\in U}f(y)}{\sup\limits_{y\in U}f(y)-\inf\limits_{y\in U}f(y)},\forall x\in U,$$

称 M_f 为 f 的无条件模糊优越集,并称 $f(M_f)\in F(\mathbf{R})$ 为 f 的无条件模糊极大值,其中

$$f(M_f)(y)=\sup_{f(x)=y}M_f(x),\forall y\in\mathbf{R}.$$

易见,当 $f(x_1)=\sup\limits_{x\in U}f(x)$ 时,$M_f(x_1)=1$;当 $f(x_2)=\inf\limits_{x\in U}f(x)$ 时,$M_f(x_2)=0$;当 $f(x_1)\geqslant f(x_2)$ 时,$M_f(x_1)\geqslant M_f(x_2)$. 因此,$M_f$ 反映出在模糊的意义下,x 的优越程度.

又当 $y_1=\max\limits_{x\in U}f(x)$ 时,$f(M_f)(y_1)=\sup\limits_{f(x)=y_1}M_f(x)=1$;

当 $y_2=\min\limits_{x\in U}f(x)$ 时,$f(M_f)(y_2)=\sup\limits_{f(x)=y_2}M_f(x)=0$;当 $y\notin f(X)$ 时,$f(M_f)(y)=0$.

因此,$f(M_f)(y)$ 反映了在模糊意义下,y 对 f 的模糊极大值的隶属程度.

2. 对称型的模糊条件极值

定义 7.11 设 U 是论域,$A\in F(U)$,U 中满足条件

$$\sup_{x\in U}M_f(x)\wedge A(x)$$

的点 x^* 称为 f 在模糊约束 A 下的模糊条件极大点,称 $f(x^*)$ 为 f 在 A 下的模糊条件极大值.

由于定义 7.11 把目标函数和模糊约束同等看待,故通常把这种求解目标函数 $f(x)$ 在模糊约束 A 下的条件极值的规划问题称为对称型模糊规划问题.

其求解方法如下:

1) 压缩映射,即求 f 的模糊极大集 M_f;

2) 模糊判决,即求 $A_f=M_f\cap A$;

3) 确定判决,即选择 x^*,使 $A_f(x^*)=\sup\limits_{x\in U}A_f(x)$.

下面举例具体说明上述求解过程.

例 7.1 在研究某药物对一疾病的疗效时,得到如下事实,在一定量的药物中加入某成分 W,其含量对药物疗效服从正态分布 $y=f(x)=\mathrm{e}^{-(x-2)^2}(\%)$,但成分 W 对人的肝肾有副作用,故加入 W 的质量应受到约束,该约束为一个模糊集,其隶属函数为

$$A(x)=\begin{cases}1 & 0\leqslant x\leqslant 1,\\ \mathrm{e}^{-(x-1)^2}, & x>1,\end{cases}$$

若要使该药物对疾病的疗效显著,且对人体的影响最小,试问怎样确定加入成分 W 的质量?

解 求目标函数 $f(x)$ 在模糊约束 A 下的条件极大点.

1) 压缩映射:因 $\max f=1,\inf f=0$,求得 $M_f(x)=\mathrm{e}^{-(x-2)^2}$.

2) 模糊判决:

$$A_f(x)=(M_f\cap A)(x)=\begin{cases}\mathrm{e}^{-(x-2)^2}, & 0\leqslant x\leqslant x_0,\\ \mathrm{e}^{-(x-1)^2}, & x>x_0.\end{cases}$$

令 $\mathrm{e}^{-(x-2)^2}=\mathrm{e}^{-(x-1)^2}$,解得 $x_0=1.5$.

3) 确定判决:

$$A_f(x^*)=\sup_{x\in U}A_f(x),$$

$$\sup_{x\in U}A_f(x)=A_f(x_0)=\mathrm{e}^{-0.25}\approx 0.778\ 8=77.88\%.$$

所以,由最大隶属度原则可知,加入 1.5 质量单位的成分 W,疗效显著且对人体影响很小.

3. 非对称型模糊条件极值

若将目标和约束看成不同等重要的,可以用加权的方法,即所谓的非对称型模糊规划.

设 $\omega\in[0,1]$,记

$$A_f(x)=\omega M_f(x)+(1-\omega)A(x),\ \forall x\in U,$$

其中,ω 为 M_f 的权重,$1-\omega$ 为 A 的权重. 若 $x^*\in U$,满足

$$A_f(x^*)=\sup_{x\in U}A_f(x),$$

则称点 x^* 为加权型的模糊条件极大点,$f(x^*)$ 称为加权型的模糊条件极大值.

对于多约束 $A_1,A_2,\cdots,A_n$ 的情况,可以采用 $A(x)=g(A_1(x),A_2(x),\cdots,A_n(x))$,对于多目标 $f_1,f_2,\cdots,f_m$ 的情况,先求出模糊目标集,再采用 $M_f(x)=h(M_{f_1}(x),M_{f_2}(x),\cdots,M_{f_m}(x))$,其中,$g,h$ 都是综合评判函数,然后对 A 和 M_f 使用上面的模型.

7.2.2 模糊线性规划

所谓模糊线性规划是指目标函数为线性的,而约束条件为"近线性的"模糊规划问题. 本节介绍解模糊线性规划问题的基本步骤与方法.

模糊线性规划模型为

$$\begin{aligned}\max\quad & \boldsymbol{Z}=\boldsymbol{c}^{\mathrm{T}}\boldsymbol{x},\\ \text{s.t.}\quad & \boldsymbol{A}\boldsymbol{x}\lesssim\boldsymbol{b},\\ & x\geqslant 0,\end{aligned}\tag{7.2.1}$$

其中 $\boldsymbol{A}=(a_{ij})_{m\times n}$, $\boldsymbol{x}=(x_1,x_2,\cdots,x_n)^{\mathrm{T}}$, $\boldsymbol{b}=(b_1,b_2,\cdots,b_m)^{\mathrm{T}}$, $\boldsymbol{c}=(c_1,c_2,\cdots,c_n)^{\mathrm{T}}$, "$\lesssim$"表示一种弹性约束,读作"近似小于或等于",由 m 个近似不等式组成.

设 $U=\{\boldsymbol{x}=(x_1,x_2,\cdots,x_n)^{\mathrm{T}}\mid\boldsymbol{x}\in\mathbf{R}^n,\boldsymbol{x}\geqslant\boldsymbol{0}\}$,对每一个 $\sum\limits_{j=1}^{n}a_{ij}x_j\lesssim b_i$,对应地有 U 中的一个模糊子集,其隶属函数如下:

$$D_i(\boldsymbol{x})=f_i\left(\sum_{j=1}^{n}a_{ij}x_j\right)=\begin{cases}1, & \sum\limits_{j=1}^{n}a_{ij}x_j\leqslant b_i,\\ 1-\left(\sum\limits_{j=1}^{n}a_{ij}x_j-b_i\right)/d_i, & b_i<\sum\limits_{j=1}^{n}a_{ij}x_j\leqslant b_i+d_i,\\ 0, & \sum\limits_{j=1}^{n}a_{ij}x_j>b_i+d_i,\end{cases}\tag{7.2.2}$$

这里 $d_i>0(i=1,\cdots,n)$是适当选择的伸缩指标. 若记 $y=\sum\limits_{j=1}^{n}a_{ij}x_j$,则 $f_i(y)$图形见图 7-2-1.

令 $D=D_1\cap D_2\cap\cdots\cap D_m$,于是 D 可以代表模糊规划(7.2.1)的模糊约束集, $D\in F(U)$,特别的,当每个 $d_i=0(i=1,\cdots,n)$时,D 就退化为普通的约束集.

为了求得目标函数在模糊约束下的最优解,需将目标函数转化成模糊约束条件 $cx\gtrsim z_0$,对应的,应在 U 中有一个模糊子集 M(模糊目标集),其隶属函数可以取为

$$M(\boldsymbol{x})=g\left(\sum_{j=1}^{n}c_jx_j\right)=\begin{cases}0, & \sum\limits_{j=1}^{n}c_jx_j\leqslant z_0,\\ \left(\sum\limits_{j=1}^{n}c_jx_j-z_0\right)/d_0, & z_0<\sum\limits_{j=1}^{n}c_jx_j\leqslant z_0+d_0,\\ 1, & \sum\limits_{j=1}^{n}c_jx_j>z_0+d_0,\end{cases}\tag{7.2.3}$$

其中,z_0+d_0 是在模糊规划(7.2.1)约束中把 b_i 换成 b_i+d_i 后的线性规划的最优解(这样,d_0 是一个确定的数). 记 $y=\sum\limits_{j=1}^{n}c_jx_j$,则 $g(y)$图形见图 7-2-2.

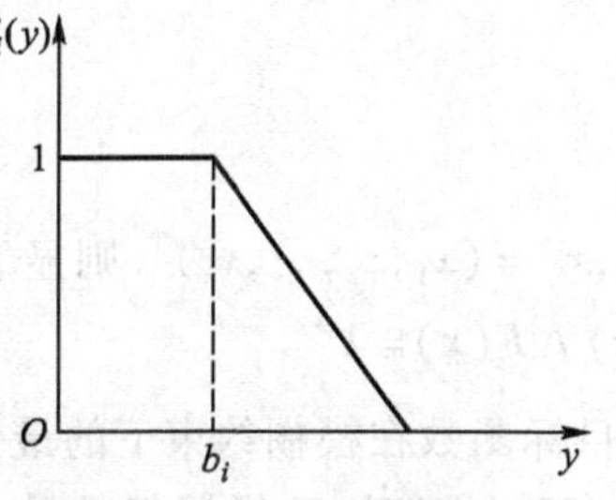

图 7-2-1　$f_i(y)$隶属函数

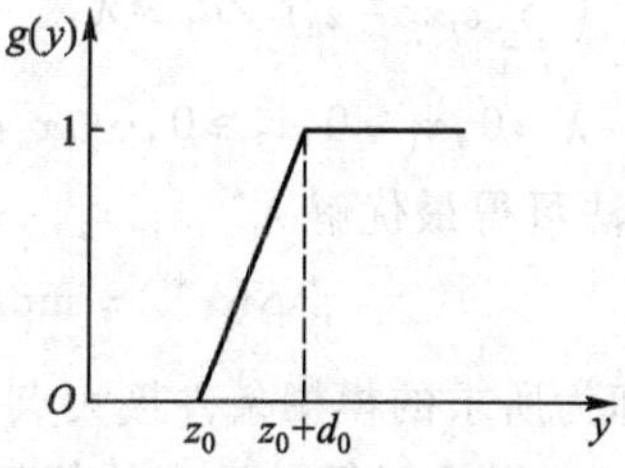

图 7-2-2　$g(y)$隶属函数

为了兼顾模糊约束和模糊目标集,可以采用 $S(x)$ 作为模糊判决集,再利用最大隶属原则,使

$$S(\boldsymbol{x}^*)=\sup_{\boldsymbol{x}\in U}D(\boldsymbol{x})\wedge M(\boldsymbol{x}),$$

则 $\boldsymbol{x}^*$ 就是目标函数在模糊约束下的最优解,而 $\boldsymbol{Z}^*=\boldsymbol{c}^{\mathrm{T}}\boldsymbol{x}^*$ 就是目标函数的最优值.

Zimmermann(德国运筹学家,模糊数学家)1991 年首先提出了求解该问题的算法,步骤如下:

1）求解普通线性规划问题:

$$\begin{aligned}&\max\quad \boldsymbol{Z}=\boldsymbol{c}\boldsymbol{x},\\&\text{s.t.}\quad \boldsymbol{A}\boldsymbol{x}\leqslant \boldsymbol{b},\\&\qquad\ \ \boldsymbol{x}\geqslant \boldsymbol{0},\\&\max\quad \boldsymbol{Z}=\boldsymbol{c}\boldsymbol{x},\\&\text{s.t.}\quad \boldsymbol{A}\boldsymbol{x}\leqslant \boldsymbol{b}+\boldsymbol{d},\\&\qquad\ \ \boldsymbol{x}\geqslant \boldsymbol{0},\end{aligned}$$

得到最大值为 z_0 及 $z_0+\boldsymbol{d}_0$,其中 $\boldsymbol{b}+\boldsymbol{d}=(b_1+d_1,b_2+d_2,\cdots,b_m+d_m)^{\mathrm{T}}$. z_0 及 $z_0+\boldsymbol{d}_0$ 分别是约束条件 $\boldsymbol{A}\boldsymbol{x}\leqslant\boldsymbol{b}$ 和 $\boldsymbol{A}\boldsymbol{x}\leqslant\boldsymbol{b}+\boldsymbol{d}$ 下目标函数的最大值.

2）构造模糊目标集 $F(\boldsymbol{x})$,其隶属函数如式(7.2.3),

$$S(\boldsymbol{x}^*)=\sup_{\boldsymbol{x}\in U}D(\boldsymbol{x})\wedge F(\boldsymbol{x}).$$

3）由于

$$\sup_{\boldsymbol{x}\in U}D(\boldsymbol{x})\wedge F(\boldsymbol{x})=\vee\{\boldsymbol{\lambda}\mid D(\boldsymbol{x})\geqslant\boldsymbol{\lambda},F(\boldsymbol{x})\geqslant\boldsymbol{\lambda},0\leqslant\boldsymbol{\lambda}\leqslant 1\},$$

即普通含参数线性规划问题:

$$\begin{aligned}&\max\quad \boldsymbol{\lambda},\\&\text{s.t.}\quad 1-\Big(\sum_{j=1}^{n}a_{ij}x_j-b_i\Big)/d_i\geqslant\boldsymbol{\lambda}\,(i=1,2,\cdots,n),\end{aligned}$$

$$\left(\sum_{j=1}^{n} c_j x_j - z_0\right) / d_0 \geqslant \lambda,$$

$$\lambda \geqslant 0, x_1 \geqslant 0, x_2 \geqslant 0, \cdots, x_n \geqslant 0.$$

用单纯形法可得最优解 $\lambda^*, x_1, x_2, \cdots, x_n, \boldsymbol{x}^* = (x_1, x_2, \cdots, x_n)^{\mathrm{T}}$. 则显然有

$$S(\boldsymbol{x}^*) = \sup_{x \in U} D(\boldsymbol{x}) \wedge F(\boldsymbol{x}) = \lambda^*,$$

所以 $\boldsymbol{x}^*$ 即为所求的模糊条件极大点,即目标函数在模糊约束下的最优解.

例 7.2 甲机械每月最多约能运行 400 个工时,乙机械每月最多约能运行 250 个工时,甲机械每工时耗费(维修、折旧等)3 元,但获净利润 7 元;乙机械每工时耗费 2 元,但获净利润 3 元. 甲乙两机械每月耗费总和不得超过约 1 500 元. 问如何安排两机械运行,可获得最大利润?

解 设 x_1, x_2 分部表示甲乙机械运行工时数,该问题就是模糊线性规划问题:

$$\begin{aligned} \max \quad & Z = 7x_1 + 3x_2, \\ \text{s.t.} \quad & 3x_1 + 2x_2 \lesssim 1\,500, \\ & x_1 \lesssim 400, \\ & x_2 \lesssim 250, \\ & x_1, x_2 \geqslant 0. \end{aligned}$$

对应约束方程的伸缩指标分别取为 50 元和 5 工时.

1) 先解普通线性规划问题:

$$\begin{aligned} \max \quad & Z = 7x_1 + 3x_2, \\ \text{s.t.} \quad & 3x_1 + 2x_2 \leqslant 1\,500, \\ & x_1 \leqslant 400, \\ & x_2 \leqslant 250, \\ & x_1, x_2 \geqslant 0. \end{aligned}$$

利用单纯形法,求得解为 $x_1 = 400, x_2 = 150, z_0 = 3\,250$.

2) 增加伸缩指标,解线性规划问题:

$$\begin{aligned} \max \quad & Z = 7x_1 + 3x_2, \\ \text{s.t.} \quad & 3x_1 + 2x_2 \leqslant 1\,500 + 50, \\ & x_1 \leqslant 400 + 5, \\ & x_2 \leqslant 250 + 5, \\ & x_1, x_2 \geqslant 0. \end{aligned}$$

求得最优解为 $x_1 = 405, x_2 = 167.5, z_0 + d_0 = 3\,337.5\,(d_0 = 87.5)$.

3) 求解普通线性规划问题:

$$\max \lambda,$$

$$
\begin{aligned}
\text{s. t.}\quad & 3x_1+2x_2+50\lambda\leqslant 1\ 550, \\
& x_1+5\lambda\leqslant 450, \\
& x_2+5\lambda\leqslant 255, \\
& 7x_1+3x_2-87.5\lambda\leqslant 3\ 250, \\
& 0\leqslant\lambda\leqslant 1, \\
& x_1, x_2\geqslant 0.
\end{aligned}
$$

该线性规划问题的最优解为 $x_1^*=402.5, x_2^*=158.75, \lambda^*=0.5$，因此，安排甲机械运行 402.5 工时，安排乙机械运行 158.75 工时，能获得最大利润，最大利润为 $z^*=7x_1^*+3x_2^*=3\ 293.75$（元）.

7.2.3 多目标模糊线性规划

在解决实际问题时，常常会遇到多个目标函数的线性规划问题，一般说来，要同时使多个目标函数都达到最优值往往是很困难的，这就需要某种折中的方法来处理，使每个目标函数尽可能逼近最优值.

考虑多目标线性规划问题：

$$
\begin{aligned}
\max\quad & \boldsymbol{Z}=\boldsymbol{C}\boldsymbol{x}, \\
\text{s. t.}\quad & \boldsymbol{A}\boldsymbol{x}\leqslant\boldsymbol{b}, \\
& \boldsymbol{x}\geqslant\boldsymbol{0},
\end{aligned}
$$

其中 $\boldsymbol{Z}=(Z_1,Z_2,\cdots,Z_r)^{\mathrm{T}}$，而 $Z_i=c_{i1}x_1+c_{i2}x_2+\cdots+c_{im}x_m\ (i=1,\cdots,r)$.

首先求单目标函数 Z_i 在上述约束条件下的最优值

$$
Z_i^*=\max\left\{Z_i \mid Z_i=\sum_{j=1}^m c_{ij}x_j, Ax\leqslant b, x\geqslant 0\right\}\quad (i=1,\cdots,r).
$$

对每个最优值 $Z_i^*\ (i=1,\cdots,r)$，适当给出一个反映各目标重要性程度的伸缩性指标 $d_i\ (d_i>0)$，d_i 愈小，目标函数 Z_i 就愈重要. 相应地可以得到一个模糊目标集 F_i，其隶属函数可以取为

$$
F_i(\boldsymbol{x})=g_i\left(\sum_{j=1}^m c_{ij}x_j\right)=\begin{cases}
0, & \sum\limits_{j=1}^m c_{ij}x_j\leqslant Z_i^*-d_i, \\
1-\left(Z_i^*-\sum\limits_{j=1}^m c_{ij}x_j\right)/d_i, & Z_i^*-d_i<\sum\limits_{j=1}^m c_{ij}x_j\leqslant Z_i^*, \\
1, & \sum\limits_{j=1}^m c_{ij}x_j>Z_i^*.
\end{cases}
$$

令 $F=F_1\cap F_2\cap\cdots\cap F_r$，$U=\{\boldsymbol{x}\mid \boldsymbol{A}\boldsymbol{x}\leqslant\boldsymbol{b},\boldsymbol{x}\geqslant\boldsymbol{0}\}$，则 F 是对应于多目标函数 $\boldsymbol{Z}=\boldsymbol{C}\boldsymbol{x}$ 模糊化后的模糊目标集，U 是对应于约束条件 $\boldsymbol{A}\boldsymbol{x}\leqslant\boldsymbol{b},\boldsymbol{x}\geqslant\boldsymbol{0}$ 的约束集，这里 U 是

一个经典集合.

再利用最大隶属原则求 x^*,使 $F(x^*)=\sup\limits_{x\in U}F(x)$,则 x^* 就是多目标函数在模糊约束下的最优解,而 $Z^*=Cx^*$ 就是目标函数的最优值. 由此可以导出一个新的普通线性规划问题为

$$
\begin{aligned}
\max\quad & \lambda,\\
\text{s.t.}\quad & 1-\left(Z_i^*-\sum_{j=1}^{m}c_{ij}x_j\right)/d_i\geqslant\lambda\,(i=1,2,\cdots,r),\\
& \sum_{j=1}^{m}a_{ij}x_j\leqslant b_i\quad(i=1,2,\cdots,n),\\
& \lambda\geqslant 0,x_1\geqslant 0,x_2\geqslant 0,\cdots,x_m\geqslant 0.
\end{aligned}
$$

用单纯形法求出上述线性规划问题的最优解为 $x_1^*,x_2^*,\cdots,x_m^*,\lambda^*$. 令

$$x^*=(x_1^*,x_2^*,\cdots,x_m^*)^{\mathrm{T}},$$

$$Z^{**}=Cx^*=\left(\sum_{j=1}^{m}c_{1j}x_j^*,\sum_{j=1}^{m}c_{2j}x_j^*,\cdots,\sum_{j=1}^{m}c_{rj}x_j^*\right)^{\mathrm{T}},$$

则 x^* 就是多目标线性规划问题的模糊最优解,其隶属度为 λ^*,对应的多目标函数的最优值为 Z^{**}.

例 7.3 求解多目标线性规划问题:

$$
\begin{aligned}
\max\quad & Z_1=3x_1+11x_2,\\
& Z_2=8x_1+8x_2,\\
& Z_3=10x_1+x_2,\\
\text{s.t.}\quad & -8x_1+11x_2\leqslant 143,\\
& 8x_1+11x_2\leqslant 319,\\
& 13x_1+5x_2\leqslant 351,\\
& x_1,x_2\geqslant 0.
\end{aligned}
$$

解 首先用单纯形法求出式中每一个目标函数在约束条件下的最优解和最优值:

$$x_1^{(1)}=11,x_2^{(1)}=21,Z_1^*=264;$$

$$x_1^{(2)}=22,x_2^{(2)}=13,Z_2^*=280;$$

$$x_1^{(3)}=27,x_2^{(3)}=0,Z_3^*=270.$$

根据各目标重要程度不同,给出不同的伸缩性指标为 $d_1=85,d_2=45,d_3=70$,对应地得到三个模糊目标集 F_1,F_2,F_3,它们的隶属度函数分别为

$$F_1(\boldsymbol{x})=g_1(3x_1+11x_2)=\begin{cases}0, & 3x_1+11x_2<264-85=179,\\ 1-(264-3x_1-11x_2)/85, & 179\leqslant 3x_1+11x_2<264,\\ 1, & 3x_1+11x_2\geqslant 264,\end{cases}$$

$$F_2(\boldsymbol{x})=g_2(8x_1+8x_2)=\begin{cases}0, & 8x_1+8x_2<280-45=235,\\ 1-(280-8x_1-8x_2)/45, & 235\leqslant 8x_1+8x_2<280,\\ 1, & 8x_1+8x_2\geqslant 280,\end{cases}$$

$$F_3(\boldsymbol{x})=g_3(10x_1+x_2)=\begin{cases}0, & 10x_1+x_2<270-70=200,\\ 1-(270-10x_1-x_2)/70, & 200\leqslant 10x_1+x_2<270,\\ 1, & 10x_1+x_2\geqslant 270.\end{cases}$$

令 $F=F_1\cap F_2\cap F_3$，$\lambda=F_1(\boldsymbol{x})\wedge F_2(\boldsymbol{x})\wedge F_3(\boldsymbol{x})$，设 $\boldsymbol{x}^*\in U$ 满足 $F(\boldsymbol{x}^*)=\sup\limits_{x\in U}F(\boldsymbol{x})=\sup\limits_{x\in U}F_1(x)\wedge F_2(x)\wedge F_3(x)$，

则求 $\boldsymbol{x}^*$ 的问题归结为如下线性规划问题：

$$\begin{aligned}\max\quad & \lambda,\\ \text{s. t.}\quad & 1-(264-3x_1-11x_2)/85\geqslant\lambda,\\ & 1-(280-8x_1-8x_2)/45\geqslant\lambda,\\ & 1-(270-10x_1-x_2)/70\geqslant\lambda,\\ & -8x_1+11x_2\leqslant 143,\\ & 8x_1+11x_2\leqslant 319,\\ & 13x_1+5x_2\leqslant 351,\\ & \lambda,x_1,x_2\geqslant 0.\end{aligned}$$

用单纯形法解上述线性规划问题，得最优解为 $x_1{}^*=22$，$x_2{}^*=13$，$\lambda^*=0.353$，从而得原线性规划问题的模糊最优解 $\boldsymbol{x}^*=(22,13)^{\mathrm{T}}$，而 $\boldsymbol{x}^*$ 隶属于 F 的隶属度为 $\lambda^*=0.353$，对应的多目标函数的最优值为

$$\begin{aligned}\boldsymbol{Z}^{**}&=(Z_1{}^{**},Z_2{}^{**},Z_3{}^{**})^{\mathrm{T}}\\ &=(c_{11}x_1{}^*+c_{12}x_2{}^*,c_{21}x_1^*+c_{22}x_2^*,c_{31}x^*+c_{32}x_2^*)^{\mathrm{T}}\\ &=(209,280,233)^{\mathrm{T}},\end{aligned}$$

即 $Z_1^{**}=209$，$Z_2^{**}=280$，$Z_3^{**}=233$.

7.3 模糊综合评判方法

模糊数学是从量的角度研究和处理模糊现象的科学. 这里模糊性是指客观事物的差异在中介过渡时所呈现的"亦此亦彼"性. 比如用某种方法治疗某病的疗效"显效"与"好转"、某院管理工作"达标"与"基本达标"、某篇学术论文水平"很高"与"较高"等. 从一个等级到另一个等级间没有一个明确的分界,中间经历了一个从量变到质变的连续过渡过程,这个现象叫中介过渡. 由这种中介过渡引起的划分上的"亦此亦彼"就是模糊性. 科学评价要求数量化和精确化,但很多指标又难以精确化,为此需要寻求一种新的评价方法,模糊集理论为此打开了一扇大门. 模糊综合评判是模糊集的应用之一,是将模糊集合的概念及运算应用于综合评判问题.

7.3.1 单因素模糊综合评判的步骤

1. 根据评判目的确定评价指标集合 $U=\{u_1,u_2,\cdots,u_m\}$

例如,评价某项科研成果,评价指标集合为 $U=\{$学术水平,社会效益,经济效益$\}$.

2. 给出评价等级集合 $V=\{v_1,v_2,\cdots,v_n\}$

如,评价等级集合为 $V=\{$很好,好,一般,差$\}$.

3. 确定各评价指标的权重 $W=\{\mu_1,\mu_2,\cdots,\mu_m\}$

权重反映各评价指标在综合评判中的重要性程度,且 $\sum \mu_i=1$.

例如,假设评价科研成果,评价指标集合 $U=\{$学术水平,社会效益,经济效益$\}$,其各因素权重设为 $W=\{0.3,0.3,0.4\}$.

4. 确定评价矩阵 $\boldsymbol{R}$

请该领域专家若干位,分别对此项成果每一因素进行单因素评判,例如对学术水平,有 50% 的专家认为"很好",30% 的专家认为"好",20% 的专家认为"一般",由此得出学术水平的单因素评价结果为

$$R_1=\{0.5,\quad 0.3,\quad 0.2,\quad 0\}.$$

同样如果社会效益,经济效益两项单因素评价结果分别为

$$R_2=\{0.3,\quad 0.4,\quad 0.2,\quad 0.1\},$$
$$R_3=\{0.2,\quad 0.2,\quad 0.3,\quad 0.3\},$$

那么该项成果的评价矩阵为

$$\boldsymbol{R}=\begin{pmatrix}R_1\\R_2\\R_3\end{pmatrix}=\begin{pmatrix}0.5&0.3&0.2&0\\0.3&0.4&0.2&0.1\\0.2&0.2&0.3&0.3\end{pmatrix}.$$

5. 进行综合评价

通过权系数矩阵 $\boldsymbol{W}$ 与评价矩阵 $\boldsymbol{R}$ 的模糊变换得到模糊评判集 $\boldsymbol{S}$:

设 $\boldsymbol{W}=(\mu_j)_{1\times m},\boldsymbol{R}=(r_{ji})_{m\times n}$,那么

$$\boldsymbol{S}=\boldsymbol{W}\circ\boldsymbol{R}=(\mu_1,\mu_2,\cdots,\mu_m)\circ\begin{pmatrix}r_{11}&r_{12}&\cdots&r_{1n}\\r_{21}&r_{22}&\cdots&r_{2n}\\\vdots&\vdots&&\vdots\\r_{m1}&r_{m2}&\cdots&r_{mn}\end{pmatrix}$$

$$=(s_1,s_2,\cdots,s_n),$$

其中"$\circ$"为模糊合成算子.

进行模糊变换时要选择适宜的模糊合成算子,模糊合成算子通常有四种:

(1) $M(\wedge,\vee)$算子

$$s_k=\bigvee_{j=1}^{m}(\mu_j\wedge r_{jk})=\max_{1\leqslant j\leqslant m}\{\min(\mu_j,r_{jk})\},\quad k=1,2,\cdots,n,$$

符号"$\wedge$"为取小,"$\vee$"为取大.

如

$$\boldsymbol{S}=\boldsymbol{W}\circ\boldsymbol{R}=(s_k)_{1\times n}=(0.3\quad 0.3\quad 0.4)\circ\begin{pmatrix}0.5&0.3&0.2&0\\0.3&0.4&0.2&0.1\\0.2&0.2&0.3&0.3\end{pmatrix}$$

$$=(0.3\quad 0.3\quad 0.3\quad 0.2),$$

其中

$$\begin{aligned}s_1&=(0.3\wedge0.5)\vee(0.3\wedge0.3)\vee(0.4\wedge0.2)\\&=(0.3\vee0.3\vee0.2)\\&=0.3,\end{aligned}$$

其他 $s_k(k=2,3,4)$ 求法相同.

(2) $M(\cdot,\vee)$算子

$$s_k=\bigvee_{j=1}^{m}(\mu_j\cdot r_{jk})=\max_{1\leqslant j\leqslant m}\{\mu_j\cdot r_{jk}\},\quad k=1,2,\cdots,n.$$

如

$$\boldsymbol{S}=\boldsymbol{W}\circ\boldsymbol{R}=(s_k)_{1\times n}=(0.3\quad 0.3\quad 0.4)\circ\begin{pmatrix}0.5&0.3&0.2&0\\0.3&0.4&0.2&0.1\\0.2&0.2&0.3&0.3\end{pmatrix}$$

$$=(0.15\quad 0.12\quad 0.12\quad 0.12),$$

其中

$$\begin{aligned}s_1&=(0.3\times0.5)\vee(0.3\times0.3)\vee(0.4\times0.2)\\&=(0.15\vee0.09\vee0.08)\\&=0.15,\end{aligned}$$

其他 $s_k(k=2,3,4)$ 求法相同.

(3) $M(\wedge,\oplus)$ 算子

"$\oplus$"是有界和运算,即在有界限制下的普通加法运算.对 t 个实数 $x_1,x_2,\cdots,x_t$,有

$$x_1\oplus x_2\oplus\cdots\oplus x_t=\min\left\{1,\sum_{i=1}^{t}x_i\right\}.$$

利用 $M(\wedge,\oplus)$ 算子,有

$$s_k=\min\left\{1,\sum_{j=1}^{m}\min(\mu_j,r_{jk})\right\},\quad k=1,2,\cdots,n.$$

如

$$\begin{aligned}\boldsymbol{S}=\boldsymbol{W}\circ\boldsymbol{R}=(s_k)_{1\times n}&=(0.3\quad0.3\quad0.4)\circ\begin{pmatrix}0.5&0.3&0.2&0\\0.3&0.4&0.2&0.1\\0.2&0.2&0.3&0.3\end{pmatrix}\\&=(0.8\quad0.8\quad0.7\quad0.4),\end{aligned}$$

其中

$$\begin{aligned}s_1&=(0.3\wedge0.5)\oplus(0.3\wedge0.3)\oplus(0.4\wedge0.2)\\&=(0.3\oplus0.3\oplus0.2)\\&=0.8,\end{aligned}$$

其他 $s_k(k=2,3,4)$ 求法相同.

(4) $M(\cdot,\oplus)$ 算子

$$s_k=\min\left(1,\sum_{j=1}^{m}\mu_jr_{jk}\right),\quad k=1,2,\cdots,n.$$

如

$$\begin{aligned}\boldsymbol{S}=\boldsymbol{W}\circ\boldsymbol{R}=(s_k)_{1\times n}&=(0.3\quad0.3\quad0.4)\circ\begin{pmatrix}0.5&0.3&0.2&0\\0.3&0.4&0.2&0.1\\0.2&0.2&0.3&0.3\end{pmatrix}\\&=(0.32\quad0.29\quad0.24\quad0.11),\end{aligned}$$

其中

$$\begin{aligned}s_1&=(0.3\cdot0.5)\oplus(0.3\cdot0.3)\oplus(0.4\cdot0.2)\\&=(0.15\oplus0.09\oplus0.08)\\&=0.32,\end{aligned}$$

其他 $s_k(k=2,3,4)$ 求法相同.

以上四个算子在综合评判中的特点是如表 7-3-1 所示.

表 7-3-1

特点	算子			
	$M(\wedge,\vee)$	$M(\cdot,\vee)$	$M(\wedge,\oplus)$	$M(\cdot,\oplus)$
体现权数作用	不明显	明显	不明显	明显
综合程度	弱	弱	强	强
利用 R 的信息	不充分	不充分	比较充分	充分
类型	主因素突出型	主因素突出型	加权平均型	加权平均型

$M(\wedge,\vee)$ 和 $M(\cdot,\vee)$ 在运算中能突出对综合评判起作用的主要因素,在确定 W 时不一定要求其分量之和为 1,即不一定是权向量,故为主因素突出型.

$M(\wedge,\oplus)$ 和 $M(\cdot,\oplus)$ 在运算时兼顾了各因素的作用,W 为名副其实的权向量,应满足各分量之和为 1,故为加权平均型.

最后通过对模糊评判向量 S 的分析作出综合结论. 一般可以采用以下三种方法:

(1) 最大隶属原则

模糊评判集 $S=(s_1,s_2,\cdots,s_n)$ 中 s_i 为等级 v_i 对模糊评判集 S 的隶属度,按最大隶属度原则作出综合结论,即

$$M=\max(s_1,s_2,\cdots,s_n),$$

M 所对应的元素为综合评价结果. 该方法虽简单易行,但只考虑隶属度最大的点,其他点没有考虑,损失的信息较多.

(2) 加权平均原则

加权平均原则是基于这样的思想:将等级看做一种相对位置,使其连续化. 为了能定量处理,不妨用“$1,2,\cdots,n$”依次表示各等级,并称其为各等级的秩. 然后用 S 中对应分量将各等级的秩加权求和,得到被评事物的相对位置. 这就是加权平均原则,可表示为

$$u^*=\sum_{i=1}^{n}\mu(v_i)\cdot s_i^k\Big/\sum_{i=1}^{n}s_i^k, \tag{7.3.1}$$

其中 k 为待定系数($k=1$ 或 $k=2$),目的是控制较大的 s_i 所起的作用. 可以证明,当 $k\to\infty$ 时,加权平均原则就是最大隶属原则.

如对 $S=(0.3,0.3,0.3,0.2)$,评价等级集合为 $V=\{$很好,好,一般,差$\}$,各等级赋值 $\mu(v_i)$ 分别为 $\{4,3,2,1\}$,仿照普通加权平均法的计算公式,有

$$u_{k=1}^{*}=\frac{4\times0.3+3\times0.3+2\times0.3+1\times0.2}{0.3+0.3+0.3+0.2}=2.64,$$

即该项成果的综合评价结果为好稍偏一般.

(3) 模糊向量单值化

如果给等级赋予分值,然后用 $\boldsymbol{S}$ 中对应的隶属度将分值加权求平均就可以得到一个点值,便于比较排序.

设给 n 个等级依次赋予分值 $c_1,c_2,\cdots,c_n$,一般情况下(等级由高到低或由好到差),$c_1>c_2>\cdots>c_n$,且间距相等,则模糊向量可单值化为

$$c=\sum_{i=1}^{n}c_i\cdot s_i^k\Big/\sum_{i=1}^{n}s_i^k,\tag{7.3.2}$$

其中 k 的含义与作用与式(7.3.1)中的 k 相同. 多个被评事物可以依据式(7.3.2)由大到小排出次序.

以上三种方法可以依据评价目的来选用,如果需要序化,可选用后两种方法,如果只需给出某事物一个总体评价结论,则用第一种方法.

7.3.2 多级模糊综合评判

有些情况因为要考虑的因素太多,而权重难以细分,或因各权重都太小,使得评价失去实际意义,为此可根据因素集中各指标的相互关系,把因素集按不同属性分为几类. 可先在因素较少的每一类(二级因素集)中进行综合评判,然后再对综合评判的结果进行类之间的高层次评判. 如果二级因素集中有些类含的因素过多,可对它再作分类,得到三级以至更多级的综合评判模型. 注意要逐级分别确定每类的权重.

以二级综合评判为例给出其数学模型:

设第一级评价因素集为

$$\boldsymbol{U}=(u_1,u_2,\cdots,u_m),$$

各评价因素相应的权重集为

$$\boldsymbol{W}=(\mu_1,\mu_2,\cdots,\mu_m);$$

第二级评价因素集为

$$\boldsymbol{u}_i=(u_{i1},u_{i2},\cdots,u_{ik}),\quad i=1,2,\cdots,m,$$

相应的权重集为

$$\boldsymbol{W}_i=(\mu_{i1},\mu_{i2},\cdots,\mu_{ik}).$$

相应的单因素评判矩阵为

$$\boldsymbol{R}_i=(r_{st})_{k\times n},\quad s=1,2,\cdots,k.$$

二级综合评判数学模型为

$$B=W\circ\begin{pmatrix}W_1\circ R_1\\W_2\circ R_2\\\vdots\\W_m\circ R_m\end{pmatrix}.$$

7.3.3 模糊综合评判应用举例

例 7.4 某地对区级医院 2011—2012 年医疗质量进行总体评价与比较,按分层抽样方法抽取两年内某病患者 1 250 例,其中 2011 年 600 例,2012 年 650 例.患者年龄构成与病情两年间差别没有统计学意义,观察三项指标分别为疗效、住院日、费用.规定很好、好、一般、差的标准见表 7-3-2,病人医疗质量各等级频数分布见表 7-3-3.

表 7-3-2 很好、好、一般、差的标准

指标	很好	好	一般	差
疗效	治愈	显效	好转	无效
住院日	≤15	16 ~ 20	21 ~ 25	>25
费用(元)	≤1 400	1 400 ~ 1 800	1 800 ~ 2 200	>2 200

表 7-3-3 病人按医疗质量等级的频数分布表

指标		很好	质量好	一般	差
疗效	2011 年	160	380	20	40
	2012 年	170	410	10	60
住院日	2011 年	180	250	130	40
	2012 年	200	310	120	20
费用	2011 年	130	270	130	70
	2012 年	110	320	120	100

现综合考虑疗效、住院日、费用三项指标对该医院 2011 年与 2012 两年的工作进行模糊综合评价.

1. 据评判目的确定评价因素集合

评价因素集合为 $U=\{$疗效,住院日,费用$\}$.

2. 给出评价等级集合

如评价等级集合为 $V=\{$很好,好,一般,差$\}$.

3. 确定各评价因素的权重

设疗效,住院日,费用各因素权重依次为 0.5,0.2,0.3,即

$$W=(0.5,0.2,0.3).$$

4. 2011 年与 2012 年两个评价矩阵 R 分别为

$$R_1=\begin{pmatrix}160/600 & 380/600 & 20/600 & 40/600\\ 180/600 & 250/600 & 130/600 & 40/600\\ 130/600 & 270/600 & 130/600 & 70/600\end{pmatrix}$$

$$=\begin{pmatrix}0.267 & 0.633 & 0.033 & 0.067\\ 0.300 & 0.417 & 0.217 & 0.067\\ 0.217 & 0.450 & 0.217 & 0.117\end{pmatrix},$$

$$R_2=\begin{pmatrix}170/650 & 410/650 & 10/650 & 60/650\\ 200/650 & 310/650 & 120/650 & 20/650\\ 110/650 & 320/650 & 120/650 & 100/650\end{pmatrix}$$

$$=\begin{pmatrix}0.262 & 0.631 & 0.015 & 0.092\\ 0.308 & 0.477 & 0.185 & 0.031\\ 0.169 & 0.492 & 0.185 & 0.154\end{pmatrix}.$$

5. 综合评判

作权系数矩阵 W 与评价矩阵 R 的模糊乘积运算.

如果突出疗效,且只需对该地区级医院 2011—2012 年医疗质量的总体工作情况给出一个总体评价结论,可采用 $M(\wedge,\vee)$ 算子,确定模糊评判集 S,按最大隶属度原则进行评判:

$$S_1=W\circ R_1=(s_k)_{1\times n}=(0.5\quad 0.2\quad 0.3)\circ\begin{pmatrix}0.267 & 0.633 & 0.033 & 0.067\\ 0.300 & 0.417 & 0.217 & 0.067\\ 0.217 & 0.450 & 0.217 & 0.117\end{pmatrix}$$

$$=(0.267\quad 0.500\quad 0.217\quad 0.117),$$

$$S_2=W\circ R_2=(s_k)_{1\times n}=(0.5\quad 0.2\quad 0.3)\circ\begin{pmatrix}0.262 & 0.631 & 0.015 & 0.092\\ 0.308 & 0.477 & 0.185 & 0.031\\ 0.169 & 0.492 & 0.185 & 0.154\end{pmatrix}$$

$$=(0.262\quad 0.500\quad 0.185\quad 0.154).$$

按最大隶属度原则,两年最大隶属度均为 0.500,可以认为对某地区区级医院 2011 年与 2012 年医疗质量评价结果均为"好".

如果突出疗效,且对该地区级医院 2011—2012 年医疗质量进行排序,也可采用 $M(\wedge,\vee)$ 算子确定的模糊评判集 S,按加权平均原则进行评判:

将评价等级很好,好,一般,差分别赋值为 4,3,2,1.

2011 年的评价结果为

$$u_{k=1}^{*}=\sum_{i=1}^{4}\mu(v_i)\cdot s_i\Big/\sum_{i=1}^{4}s_i=\frac{4\times 0.267+3\times 0.500+2\times 0.217+1\times 0.117}{0.267+0.500+0.217+0.117}\approx 2.833.$$

2012 年的评价结果为

$$u_{k=1}^{*}=\sum_{i=1}^{4}\mu(v_i)\cdot s_i\Big/\sum_{i=1}^{4}s_i=\frac{4\times 0.262+3\times 0.500+2\times 0.185+1\times 0.154}{0.262+0.500+0.185+0.154}\approx 2.790.$$

2011 年的工作质量略好于 2012 年.

以上评判结果均没有充分兼顾住院日与费用的作用,如果充分考虑各因素的作用在作权系数矩阵 $\boldsymbol{W}$ 与评价矩阵 $\boldsymbol{R}$ 的模糊运算的时候可以采用 $M(\wedge,\oplus)$ 算子或 $M(\cdot,\oplus)$ 算子.

7.3.4 空气环境质量模糊综合评判实例

空气环境质量评价是一项复杂的工作,且影响空气质量的因素较多,由于空气环境质量评价中存在着模糊性,因此用模糊综合评判方法更为合理.模糊综合评判不仅考虑多因素的影响,而且评价结果包含较多的信息,利用级别特征值可以判定评价结果的等级.空气环境质量的预测也是一项比较复杂的问题.因为空气中的各项污染物的浓度不仅随着一天时刻的变化而变化,而且还具有季节性,如一天当中清晨的空气质量较好,一年当中夏天的空气质量较好,所以选择空气环境质量发展趋势的预测指标极为重要.随着控制和治理空气环境污染措施的逐步加大,空气环境质量呈逐步转好趋势.空气环境质量的模糊综合评判结果,即级别变量的特征值具有较好的规律性,基本呈现出逐年减少的趋势,反映出空气环境质量的发展趋势.下面以 T 市空气质量监测为例,进行模糊综合评判.

1. 确定评价因素集

根据 T 市空气质量监测的观测资料,选取二氧化硫 SO_2,氮氧化物 NO_x,总悬浮颗粒 TSP 三项污染物作为评价因素,即有评价因素集合

$$U=\{u_1(SO_2),u_2(NO_x),u_3(\text{TSP})\}. \tag{7.3.3}$$

2. 确定评语集

评语集是反映空气环境质量等级的集合,设 K 为评价等级的个数.评价等级的多少可根据实际情况而定.根据国家制定的空气环境质量评价标准,结合 T 市的空气监测特点和评价目的,取评语集为

$$V=\{v_1(\text{一级}),v_2(\text{二级}),v_3(\text{三级}),v_4(\text{超标级})\}. \tag{7.3.4}$$

根据国家(GB16297-1996)制定的大气污染物综合排放标准;评价集四级各污染物的评价标准值见表 7-3-4.

表 7-3-4　污染物各级标准值(mg/L)

污染物名称	污染物浓度			
	一级	二级	三级	四级
二氧化硫 SO_2	≤0.02	≤0.06	≤0.10	≥0.10
氮氧化物 NO_x	≤0.05	≤0.05	≤0.10	≥0.10
总悬浮颗粒 TSP	≤0.08	≤0.02	≤0.30	≥0.30

3. 单因素评判

单因素的评判方法很多，常用的方法是统计分析法. 设对某一因素 i 的监测取样总次数为 n，经分析其中属于一，二，三，四级的次数分别为 n_1, n_2, n_3, n_4 次，并且有 $n=n_1+n_2+n_3+n_4$，则单因素的评价结果为

$$r_i=(r_{i1}, r_{i2}, r_{i3}, r_{i4})=(n_1/n, n_2/n, n_3/n, n_4/n). \tag{7.3.5}$$

单因素的综合分析评价结果，采用下式计算

$$H_i=\sum_{k=1}^{4} k \cdot r_{ik}. \tag{7.3.6}$$

由式(7.3.5)，式(7.3.6)根据最大隶属原则，可以判定单因素的评价等级. H_i 为第 i 个单因素评价结果的级别变量特征值，该值越小评价结果越优.

4. 空气环境质量的综合评判

由单因素评价结果向量，组成模糊综合评价矩阵

$$\boldsymbol{R}=(r_{ij})_{3\times 3}. \tag{7.3.7}$$

由于各项评价指标对空气环境质量综合评价结果的作用程度不同，因此应给予不同的权重. 设评价因素的权重向量为

$$\boldsymbol{A}=(a_1, a_2, a_3) \tag{7.3.8}$$

权重确定的方法很多，此处采用非结构性模糊决策理论，经专家打分，数据处理得 SO_2，NO_x，TSP 的权重为 $\boldsymbol{A}=(0.478, 0.319, 0.203)$. 由式(7.3.7)，式(7.3.8)，得空气环境质量模糊综合评价矩阵

$$\boldsymbol{B}=(B_1, B_2, B_3, B_4)=\boldsymbol{A}\circ\boldsymbol{R}. \tag{7.3.9}$$

由(7.3.9)式，根据最大隶属原则，可判定空气环境质量的评价等级. 式中“$\circ$”为模糊综合评判算子，如 $M(\wedge, \vee)$，$M(\cdot, +)$ 等. 为克服最大隶属原则的局限性，可计算级别变量的特征值.

$$H=\sum_{k=1}^{4} k \cdot B_k, \tag{7.3.10}$$

由 H 可以判定空气环境质量的综合评判结果，即空气环境质量所属标准等级.

若 H 最接近 K，则判定评价结果为 K 级.

5. 评价计算结果分析

T 市空气环境质量综合评价，采用 T 市 2005—2009 年 5 年的 A,B,C 3 个监测站的监测数据，共计 5 820 个原始观测数据，利用上述模糊综合评价方法，计算得各监测站各项污染物的单因素评价结果（仅列出 2005 年）见表 7-3-5 ~ 表 7-3-7，以及考虑三项污染物权重的综合评价结果，具体见表7-3-8.

根据 2005—2009 年 T 市三个监测站的空气环境质量监测数据，利用模糊综合评价方法，采用 $M(\cdot,+)$ 算子，对 T 市空气环境质量的评价结果见表 7-3-5 ~ 表 7-3-7. 经过分析得出如下结论：

(1) A 监测站的空气环境质量为最优，B,C 监测站的空气环境次之. 从表 7-3-8可以看出，A,B,C 监测站 2009 年末的空气环境质量综合评价结果，其模糊综合评价指标分别为1.874，2.347，2.312（利用 5 年来的所有观测数据，共计 5 820 个），整体来看，T 市的空气环境质量基本达到二级质量标准.

(2) T 市空气环境质量状况呈逐年提高趋势. 从表 7-3-8 可见，就 A 监测站而言，2005—2009 年空气环境质量综合评价指标分别为 2.449，2.408，2.279，1.954，1.874（综合指标越小越好），空气环境质量逐渐变好，B 和 C 监测站评价结果也呈逐年变好趋势. 这说明 T 市的空气环境质量的治理工作初见成效. 但总的来看，T 市的空气环境质量基本达到二级标准，因此，今后还应该进一步加大综合治理措施.

表 7-3-5　2005 年 A 监测站空气环境质量评价结果

污染物名称	数据名称	各级别的隶属度				
		一级	二级	三级	四级	H_I
SO_2	169	0.030	0.391	0.249	0.331	2.882
NO_x	169	0.846	0.000	0.148	0.006	1.314
TSP	60	0.000	0.200	0.383	0.417	3.217
综合评价结果	398	0.284	0.227	0.244	0.245	2.449

表 7-3-6　2005 年 B 监测站空气环境质量评价结果

污染物名称	数据名称	各级别的隶属度				
		一级	二级	三级	四级	H_I
SO_2	169	0.000	0.219	0.349	0.432	3.213
NO_x	169	0.527	0.000	0.456	0.018	1.964
TSP	60	0.000	0.167	0.383	0.450	3.283
综合评价结果	398	0.168	0.138	0.390	0.303	2.892

表 7-3-7　2005 年 C 监测站空气环境质量评价结果

污染物名称	数据名称	各级别的隶属度				
		一级	二级	三级	四级	H_1
SO_2	168	0.006	0.321	0.220	0.452	3.119
NO_x	169	0.657	0.000	0.325	0.018	1.704
TSP	60	0.000	0.200	0.233	0.567	3.367
综合评价结果	397	0.194	0.256	0.337	2.178	2.718

表 7-3-8　T 市空气环境质量综合评价表

监测站	年号	综合评价指标 H				
		SO_2	NO_x	TSP	三项总评	总评等级
A	2005	2.882	1.314	3.217	2.449	二级
	2006	2.833	1.363	3.050	2.408	二级
	2007	2.671	1.255	2.967	2.279	二级
	2008	2.276	1.166	2.433	1.954	二级
	2009	2.052	1.340	2.295	1.874	二级
B	2005	3.213	1.964	3.283	2.829	二级
	2006	2.976	1.988	2.883	2.642	二级
	2007	2.853	1.631	3.033	2.500	二级
	2008	2.703	1.628	3.000	2.420	二级
	2009	2.392	1.882	2.970	2.347	二级
C	2005	3.119	1.704	3.367	2.718	二级
	2006	3.048	1.679	3.100	2.622	二级
	2007	2.899	1.510	3.197	2.516	二级
	2008	2.600	1.717	3.317	2.464	二级
	2009	2.327	1.935	2.871	2.312	二级

(3) 从上述计算结果可以看出,2009 年末 SO_2,NO_x,TSP 污染物的浓度值还存在一定的超标现象,利用 2009 年所有监测的数据,计算出其超标数据见表 7-3-9,其中 SO_2,TSP 两项指标在 B,C 环保局监测站还存在严重的超标现象,应采取相应的治理办法.

表 7-3-9　T 市 2009 年末超标比例

监测站	SO_2	NO_x	TSP
A	12.4%	0.00%	9.1%
B	24.8%	2.00%	32.6%
C	22.9%	4.6%	29.5%

(4) 模糊综合评判方法评价的结果,不仅能够得到单项污染物的评价结果,而且考虑到各项污染物的权重,得到某一监测站的综合评判结果.本项目采用隶属度的级别变量特征值作为综合评判结果的指标,克服了最大的隶属原则的不足,能够包含所有评价的信息,具有代表性.

7.4 灰色系统模型

灰色系统理论(Grey System Theory)的创立源于 20 世纪 80 年代.邓聚龙教授在 1981 年上海中美控制系统学术会议上所作的《含未知数系统的控制问题》学术报告中首次使用了“灰色系统”一词.1982 年,邓聚龙发表了《参数不完全系统的最小信息正定》、《灰色系统的控制问题》等系列论文,奠定了灰色系统理论的基础.

7.4.1 灰色系统理论

所谓灰色系统是指部分信息已知而部分信息未知的系统,灰色系统理论所要考察和研究的是对信息不完备的系统,通过已知信息来研究和预测未知领域从而达到了解整个系统的目的.灰色系统理论与概率论、模糊数学一起并称为研究不确定性系统的三种常用方法,具有能够利用“少数据”建模寻求现实规律的良好特性,克服了数据不足或系统周期短的矛盾.

目前,灰色系统理论得到了极为广泛的应用,不仅成功地应用于工程控制、经济管理、社会系统、生态系统等领域,而且在复杂多变的农业系统,如在水利、气象、生物防治、农业规划、农业经济等方面也取得了可喜的成就.灰色系统理论在管理学、决策学、战略学、预测学、未来学、生命科学等领域展示了极为广泛的应用前景.概括而言,灰色系统理论主要研究内容包括:灰色系统分析、灰色预测、灰色决策、灰色控制、灰色规划等诸多方面.

概率统计、模糊数学和灰色系统理论的研究对象都具有不确定性，但研究对象在不确定性上的区别派生出三种各具特色的不确定性学科. 三者主要区别可见表 7-4-1 所列.

表 7-4-1　灰色系统理论、概率统计与模糊数学的主要区别

项目	灰色系统	概率统计	模糊数学
研究对象	贫信息不确定	随机不确定	认知不确定
基础集合	灰色朦胧集	康托集	模糊集
方法依据	信息覆盖	概率分布	隶属度函数
途径手段	灰序列生成	概率统计	边界取值
数据要求	任意分布	典型分布	隶属度可知
目标	现实规律	历史统计规律	认知表达
特色	少数据（样本）	多数据（样本）	经验（数据）

模糊数学着重研究“认知不确定”问题，其研究对象具有“内涵明确，外延不明确”的特点，如“年轻人”就是一个模糊概念，因为每一个人都十分清楚年轻人的内涵，但想划定一个确定的范围则很难办到，因为年轻人这个概念外延不明确. 对这类内涵明确外延不明确的“认知不明确”问题，模糊数学主要是凭经验借助于隶属函数进行处理.

概率统计研究的是“随机不确定”现象，着重于考察“随机不确定”现象的历史统计规律，考察具有多种可能发生的结果之“随机不确定”现象中每一种结果发生的可能性大小. 其出发点是大样本，并要求对象服从某种典型分布.

灰色系统着重研究概率统计、模糊数学所不能解决的“小样本、贫信息不确定”问题，并依据信息覆盖，通过序列生成寻求现实规律. 其特点是“少数据建模”. 与模糊数学不同的是，灰色系统理论着重研究“外延明确，内涵不明确”的对象. 例如，到 2050 年，中国要将总人口控制在 15 亿到 16 亿之间，这“15 到 16 亿之间”就是一个灰概念，其外延是非常明确的，但如果进一步要问到底是哪个具体值，则不清楚.

灰色系统是通过对原始数据的收集与整理来寻求其发展变化的规律，这是因为，客观系统所表现出来的现象尽管纷繁复杂，但其发展变化有着自己的客观逻辑规律，是系统整体各功能间的协调统一，因此，如何通过散乱的数据系列去寻找其内在的发展规律就显得特别重要. 灰色系统理论认为，一切灰色序列都能通过某种生成弱化其随机性而呈现本来的规律，也就是通过灰色数据序列建立系统反应模型，并通过该模型预测系统的可能变化状态. 灰色系统理论认为微分方程能较准确地反应事件的客观规律，即对于时间为 t 的状态变量，通过方程就能够基本反映事件的变化规律.

7.4.2 灰色序列生成与灰色关联分析

灰色系统是通过对原始数据的挖掘、整理来寻求变化规律的，这是一种从数据寻找数据现实规律的途径，灰色系统理论认为，尽管客观系统表象复杂、数据离乱，但它总是有整体功能的，因此必然蕴含某种内在规律. 关键在于如何选择适当的方式去挖掘和利用它.

1. 灰色序列生成算子

在数据序列分析中，常用到下面一些算子和概念：

(1) 一阶累加生成算子(1-AGO)

设原始数据序列为 $\boldsymbol{X}^{(0)}=(x^{(0)}(1),x^{(0)}(2),\cdots,x^{(0)}(n))$，经 1-AGO 算子作用，可生成数据序列 $\boldsymbol{X}^{(1)}=(x^{(1)}(1),x^{(1)}(2),\cdots,x^{(1)}(n))$，其中，$x^{(1)}(k)=\sum\limits_{i=1}^{k}x^{(0)}(i),k=1,2,\cdots,n$，若记 1-AGO 算子为 D，则 $\boldsymbol{X}^{(1)}=D\boldsymbol{X}^{(0)}$，$\boldsymbol{X}^{(1)}$ 称为 $\boldsymbol{X}^{(0)}$ 的 1-AGO 序列.

在灰色系统中，还有累加算子的逆算子累减算子，累减生成对累加生成起还原作用.

(2) 一阶累减生成算子(1-IAGO)

对数据序列为 $\boldsymbol{X}^{(0)}=(x^{(0)}(1),x^{(0)}(2),\cdots,x^{(0)}(n))$，$\alpha^{(1)}x^{(0)}(k)=x^{(0)}(k)-x^{(0)}(k-1),k=2,\cdots,n$，$\alpha^{(1)}$ 称为一阶累减生成算子(1-IAGO 算子)，序列 $\boldsymbol{X}^{(0)}$ 的一阶累减生成简记为 $\alpha^{(1)}\boldsymbol{X}^{(0)}$.

(3) 始点零化算子

设 $\boldsymbol{X}=(x(1),x(2),\cdots,x(n))$，令 $\boldsymbol{X}_1=D_1\boldsymbol{X},\boldsymbol{X}_2=D_2\boldsymbol{X}$，其中

$$x_1(k)=x(k)-x(1),k=1,2,\cdots,n,x_2(k)=x(k)/x(1),k=1,2,\cdots,n,$$

则称 D_1 为始点零化算子，D_2 称为初值化算子，$\boldsymbol{X}_1,\boldsymbol{X}_2$ 分别称为始点零化像和初值像.

(4) 紧邻均值生成序列

$\boldsymbol{Z}^{(1)}$ 为 $\boldsymbol{X}^{(1)}$ 的紧邻均值生成序列 $\boldsymbol{Z}^{(1)}=(z^{(1)}(2),z^{(1)}(3),\cdots,z^{(1)}(n))$，即 $\boldsymbol{Z}^{(1)}(k)=0.5x^{(1)}(k)+0.5x^{(1)}(k-1),k=2,3,\cdots,n$，$Z^{(1)}(k)$ 称为紧邻均值生成数.

(5) 对序列 $\boldsymbol{X}=(x(1),x(2),\cdots,x(n))$，称 $\rho(k)=\dfrac{x(k)}{\sum\limits_{i=1}^{k-1}x(i)},k=2,3,\cdots,n$

为序列 $\boldsymbol{X}$ 的光滑比. 光滑比从一个侧面反映了序列 $\boldsymbol{X}$ 的光滑性,序列 $\boldsymbol{X}$ 中的数据变化越平稳,其光滑比 $\rho(k)$ 越小.

(6) 若序列 $\boldsymbol{X}$ 满足

1) $\dfrac{\rho(k+1)}{\rho(k)}<1,\ k=2,3,\cdots,n-1$;

2) $\rho(k)\in[0,\varepsilon],\ k=3,4,\cdots,n$;

3) $\varepsilon<0.5$,

则称序列 $\boldsymbol{X}$ 为准光滑序列.

(7) 对序列 $\boldsymbol{X}=(x(1),x(2),\cdots,x(n))$,称

$$\sigma(k)=\frac{x(k)}{x(k-1)},\ k=2,3,\cdots,n$$

为序列 $\boldsymbol{X}$ 的级比.

显然光滑比与级比之间满足关系

$$\sigma(k+1)=\frac{\rho(k+1)}{\rho(k)}(1+\rho(k)),k=2,3,\cdots,n.$$

(8) 对序列 $\boldsymbol{X}=(x(1),x(2),\cdots,x(n))$,

1) 若 $\forall k,\sigma(k)\in(0,1]$,则称序列 $\boldsymbol{X}$ 具有负的灰指数规律;

2) 若 $\forall k,\sigma(k)\in[1,b]$,则称序列 $\boldsymbol{X}$ 具有正的灰指数规律;

3) 若 $\forall k,\sigma(k)\in[a,b],\delta=b-a$,则称序列 $\boldsymbol{X}$ 具有绝对灰度为 δ 的灰指数规律;当 $\delta<0.5$ 时,则称序列 $\boldsymbol{X}$ 具有准指数规律.

可以证明,若 $\boldsymbol{X}^{(0)}$ 为非负准光滑序列,则 $\boldsymbol{X}^{(0)}$ 的一次累加生成序列具有准指数规律.

2. 灰色关联度

定义 7.12 设系统行为序列

$$\boldsymbol{X}_0=(x_0(1),x_0(2),\cdots,x_0(n)),$$
$$\boldsymbol{X}_1=(x_1(1),x_1(2),\cdots,x_1(n)),$$
$$\cdots\cdots\cdots\cdots$$
$$\boldsymbol{X}_i=(x_i(1),x_i(2),\cdots,x_i(n)),$$
$$\cdots\cdots\cdots\cdots$$
$$\boldsymbol{X}_m=(x_m(1),x_m(2),\cdots,x_m(n)).$$

对于 $\xi\in(0,1)$,令

$$\overline{\gamma}(x_0(k),x_i(k))=\frac{\min\limits_i\min\limits_k|x_0(k)-x_i(k)|+\xi\max\limits_i\max\limits_k|x_0(k)-x_i(k)|}{|x_0(k)-x_i(k)|+\xi\max\limits_i\max\limits_k|x_0(k)-x_i(k)|},$$

称

$$\gamma(X_0,X_i)=\frac{1}{n}\sum_{k=1}^{n}\overline{\gamma}(x_0(k),x_i(k))$$

为数据 X_0 与 X_i 的灰色关联度,ξ 称为分辨系数.

定义 7.13 灰色绝对关联度.

设序列 X_0 与 X_i 长度相同,X'_0 与 X'_i 分别为 X_0 与 X_i 的初值像,令 $|s_i|$ 为初值像 X'_i 所连折线与 t 轴所围曲边梯形的面积,则称

$$\varepsilon_{0i}=\frac{1+|s_0|+|s_i|}{1+|s_0|+|s_i|+|s_i-s_0|}$$

为 X_0 与 X_i 的灰色绝对关联度,简称绝对关联度.

定义 7.14 灰色相对关联度.

设序列 X_0 与 X_i 长度相同,且初值皆不等于零,X'_0 与 X'_i 分别为 X_0 与 X_i 的初值像,则称 X'_0 与 X'_i 的灰色绝对关联度为 X_0 与 X_i 的灰色相对关联度,简称相对关联度,记为 r_{0i}.

相对关联度表征了序列 X_0 与 X_i 相对于始点的变化率之间的关系,X_0 与 X_i 的变化速率越接近,r_{0i} 越大,反之就越小.

定义 7.15 灰色综合关联度.

设序列 X_0 与 X_i 长度相同,且初值不等于零,ε_{0i} 和 r_{0i} 分别为 X_0 与 X_i 的灰色绝对关联度和灰色相对关联度,$\theta\in[0,1]$,则称 $\rho_{0i}=\theta\varepsilon_{0i}+(1-\theta)r_{0i}$ 为 X_0 与 X_i 的灰色综合关联度,简称综合关联度.

综合关联度既体现了折线 X_0 与 X_i 的相似程度,又反映出 X_0 与 X_i 相对于始点的变化速率的接近程度,是较为全面地表征序列之间联系是否紧密的一个数量指标. 一般地,我们可取 $\theta=0.5$,如果对绝对量之间的关系较为关心,θ 可取大一些;如果对变化速率看得较重,θ 可取小一些.

7.4.3 灰色系统预测模型

1. 灰色预测的概念

- 灰色预测法是一种对含有不确定因素的系统进行预测的方法. 灰色系统是介于白色系统和黑色系统之间的一种系统.
- 白色系统是指一个系统的内部特征是完全已知的,即系统信息是完全充分的. 而黑色系统是指一个系统的内部信息对外界来说是一无所知的,只能通过它与外界的联系来加以观测研究. 灰色系统内的一部分信息是已知的,另一部分信息是未知的,系统内各因素间具有不确定的关系.
- 灰色预测通过鉴别系统因素之间发展趋势的相异程度,即进行关联分

析,并对原始数据进行生成处理来寻找系统变动的规律,生成有较强规律性的数据序列,然后建立相应的微分方程模型,从而预测事物未来发展趋势的状况. 其用等时距观测到的反应预测对象特征的一系列数量值构造灰色预测模型,预测未来某一时刻的特征量,或达到某一特征量的时间.

2. 灰色预测的类型

- 灰色时间序列预测:即用观察到的反映预测对象特征的时间序列来构造灰色预测模型,预测未来某一时刻的特征量,或达到某一特征量的时间.
- 畸变预测:即通过灰色模型预测异常值出现的时刻,预测异常值什么时候出现在特定时区内.
- 系统预测:通过对系统行为特征指标建立一组相互关联的灰色预测模型,预测系统中众多变量间的相互协调关系的变化.
- 拓扑预测:将原始数据作曲线,在曲线上按定值寻找该定值发生的所有时点,并以该定值为框架构成时点数列,然后建立模型预测该定值所发生的时点.

灰色预测方法的特点表现在:首先是它把离散数据视为连续变量在其变化过程中所取的离散值,从而可利用微分方程式处理数据;而不直接使用原始数据而是由它产生累加生成数,对生成数列使用微分方程模型. 这样,可以抵消大部分随机误差,显示出规律性.

累加生成是使灰色过程由灰变白的一种方法,它在灰色系统理论中占有极其重要的地位. 通过累加可以看出灰色积累过程的发展态势,使离乱的原始数据中蕴含的积分特性或规律充分显露出来.

3. 数列预测 GM(1,1) 模型

由于经济系统、生态系统、农业系统等均可以看做广义的能量系统,而能量的积存与释放一般具有指数规律,因此下面的指数预测模型具有十分广泛的适应性.

灰色系统理论的微分方程称为 GM 模型,G 表示 grey(灰色),M 表示 model(模型),GM(1,1)表示 1 阶的、1 个变量的微分方程模型.

GM(1,1)建模过程和机理如下:

定义 7.16 设原始数据序列为 $\boldsymbol{X}^{(0)}=(x^{(0)}(1),x^{(0)}(2),\cdots,x^{(0)}(n))$,经 1-AGO 算子作用生成数据序列 $\boldsymbol{X}^{(1)}=(x^{(1)}(1),x^{(1)}(2),\cdots,x^{(1)}(n))$,则称

$$x^{(0)}(k)+ax^{(1)}(k)=b$$

为 GM(1,1)模型的原始形式.

令 $\boldsymbol{Z}^{(1)}$ 为 $\boldsymbol{X}^{(1)}$ 的紧邻均值生成序列,即

$$\boldsymbol{Z}^{(1)}=(z^{(1)}(2),z^{(1)}(3),\cdots,z^{(1)}(n)),$$

其中，$Z^{(1)}(k)=0.5x^{(1)}(k)+0.5x^{(1)}(k-1)$，$k=2,3,\cdots,n$，则称

$$x^{(0)}(k)+az^{(1)}(k)=b$$

为 GM(1,1)模型的基本形式.

在 GM(1,1)模型中，$-a$ 称为发展系数，b 称为灰色作用量.

定理 7.1 设 $\boldsymbol{X}^{(0)}=(x^{(0)}(1),x^{(0)}(2),\cdots,x^{(0)}(n))$ 为非负序列，$x^{(0)}(k)+az^{(1)}(k)=b$ 为 GM(1,1)模型，其中 a,b 是需要通过建模求解的参数，若 $\hat{\boldsymbol{a}}=(a,b)^{\mathrm{T}}$ 为参数列，且

$$\boldsymbol{Y}=\begin{pmatrix} x^{(0)}(2) \\ x^{(0)}(3) \\ \vdots \\ x^{(0)}(n) \end{pmatrix},\boldsymbol{B}=\begin{pmatrix} -z^{(1)}(2) & 1 \\ -z^{(1)}(3) & 1 \\ \vdots & \vdots \\ -z^{(1)}(n) & 1 \end{pmatrix},$$

则 GM(1,1)模型 $x^{(0)}(k)+az^{(1)}(k)=b$ 的最小二乘估计参数列，满足

$$\hat{\boldsymbol{a}}=(\boldsymbol{B}^{\mathrm{T}}\boldsymbol{B})^{-1}\boldsymbol{B}^{\mathrm{T}}\boldsymbol{Y}.$$

通常称

$$\frac{\mathrm{d}x^{(1)}}{\mathrm{d}t}+ax^{(1)}=b$$

为 GM(1,1)模型 $x^{(0)}(k)+az^{(1)}(k)=b$ 的白化方程，也叫影子方程.

可以解得下列时间响应：

(1) 白化方程 $\frac{\mathrm{d}x^{(1)}}{\mathrm{d}t}+ax^{(1)}=b$ 的解或称时间响应函数为

$$\hat{x}^{(1)}(t)=\left(x^{(1)}(1)-\frac{b}{a}\right)\mathrm{e}^{-at}+\frac{b}{a};$$

(2) GM(1,1)模型 $x^{(0)}(k)+az^{(1)}(k)=b$ 的时间响应序列为

$$\hat{x}^{(1)}(k+1)=\left(x^{(0)}(1)-\frac{b}{a}\right)\mathrm{e}^{-ak}+\frac{b}{a},\quad k=1,2,\cdots,n;$$

(3) 取 $x^{(1)}(0)=x^{(0)}(1)$，则

$$\hat{x}^{(1)}(k+1)=\left(x^{(0)}(1)-\frac{b}{a}\right)\mathrm{e}^{-ak}+\frac{b}{a},\quad k=1,2,\cdots,n;$$

(4) 还原值

$$\begin{aligned}\hat{x}^{(0)}(k+1)&=\hat{x}^{(1)}(k+1)-\hat{x}^{(1)}(k),\\&=(1-\mathrm{e}^{a})\left(x^{(0)}(1)-\frac{b}{a}\right)\mathrm{e}^{-ak}+\frac{b}{a},\quad k=1,2,\cdots,n.\end{aligned}$$

4. 系统综合预测 GM(1,N)模型

定义 7.17 设 $X_1^{(0)}=(x_1^{(0)}(1),x_1^{(0)}(2),\cdots,x_1^{(0)}(n))$ 为系统特征数据序列，

而

$$
\begin{aligned}
\boldsymbol{X}_2^{(0)} &= (x_2^{(0)}(1), x_2^{(0)}(2), \cdots, x_2^{(0)}(n)),\\
\boldsymbol{X}_3^{(0)} &= (x_3^{(0)}(1), x_3^{(0)}(2), \cdots, x_3^{(0)}(n)),\\
&\cdots\cdots\cdots\\
\boldsymbol{X}_N^{(0)} &= (x_N^{(0)}(1), x_N^{(0)}(2), \cdots, x_N^{(0)}(n))
\end{aligned}
$$

为相关因素序列，$\boldsymbol{X}_i^{(1)}$ 为 $\boldsymbol{X}_i^{(0)}$ 的 1-AGO 序列，$\boldsymbol{Z}_1^{(1)}$ 为 $\boldsymbol{X}_1^{(1)}$ 的紧邻均值生成序列，则称

$$x_1^{(0)}(k)+az_1^{(1)}(k)=\sum_{i=2}^{N} b_i x_i^{(1)}(k)$$

为 GM(1,N)模型.

在 GM(1,N)模型中，$-a$ 称为发展系数，$b_i x_i^{(1)}(k)$ 称为驱动项，b_i 称为驱动系数，$\hat{\boldsymbol{a}}=(a,b_2,\cdots,b_N)^{\mathrm{T}}$ 称为参数列.

定理 7.2 设 $\boldsymbol{X}_1^{(0)}$ 为系统特征数据序列，$\boldsymbol{X}_i^{(0)}(i=2,3,\cdots,N)$ 为相关因素数据序列，$\boldsymbol{X}_i^{(1)}$ 为各 $\boldsymbol{X}_i^{(0)}$ 的 1-AGO 序列，$\boldsymbol{Z}_1^{(1)}$ 为 $\boldsymbol{X}_1^{(1)}$ 的紧邻均值生成序列，

$$\boldsymbol{Y}=\begin{pmatrix} x_1^{(0)}(2)\\ x_1^{(0)}(3)\\ \vdots\\ x_1^{(0)}(n)\end{pmatrix},\ \boldsymbol{B}=\begin{pmatrix} -z_1^{(1)}(2) & x_2^{(1)}(2) & \cdots & x_N^{(1)}(2)\\ -z_1^{(1)}(3) & x_2^{(1)}(3) & \cdots & x_N^{(1)}(3)\\ \vdots & \vdots & & \vdots\\ -z_1^{(1)}(n) & x_2^{(1)}(n) & \cdots & x_N^{(1)}(n)\end{pmatrix},$$

则参数列 $\hat{\boldsymbol{a}}=(a,b_2,\cdots,b_N)^{\mathrm{T}}$ 的最小二乘估计满足

$$\hat{\boldsymbol{a}}=(\boldsymbol{B}^{\mathrm{T}}\boldsymbol{B})^{-1}\boldsymbol{B}^{\mathrm{T}}\boldsymbol{Y}.$$

定义 7.18 设 $\hat{\boldsymbol{a}}=(a,b_2,\cdots,b_N)^{\mathrm{T}}$，则称

$$\frac{\mathrm{d}x_1^{(1)}}{\mathrm{d}t}+ax_1^{(1)}=b_2x_2^{(1)}+b_3x_3^{(1)}+\cdots+b_Nx_N^{(1)}$$

为 GM(1,N)模型 $x_1^{(0)}(k)+az_1^{(1)}(k)=b_2x_2^{(1)}(k)+b_3x_3^{(1)}(k)+\cdots+b_Nx_N^{(1)}(k)$ 的白化方程，也称影子方程.

定理 7.3 设 $\boldsymbol{X}_i^{(0)},\boldsymbol{X}_i^{(1)}(i=1,2,\cdots,N),\boldsymbol{Z}_1^{(1)},\boldsymbol{B},\boldsymbol{Y}$ 如定理 7.2 所述，$\hat{\boldsymbol{a}}=(a,b_2,b_3,\cdots,b_N)^{\mathrm{T}}=(\boldsymbol{B}^{\mathrm{T}}\boldsymbol{B})^{-1}\boldsymbol{B}^{\mathrm{T}}\boldsymbol{Y}$，则

1) 白化方程 $\dfrac{\mathrm{d}x_1^{(1)}}{\mathrm{d}t}+ax_1^{(1)}=\sum\limits_{i=2}^{N} b_i x_i^{(1)}$ 的解为

$$x^{(1)}(t)=\mathrm{e}^{-at}\left[\sum_{i=2}^{N}\int b_i x_i^{(1)}(t)\mathrm{e}^{at}\mathrm{d}t+x^{(1)}(0)-\sum_{i=2}^{N}\int b_i x_i^{(1)}(0)\mathrm{d}t\right]$$

$$=e^{-at}\left[x_1^{(1)}(0)-t\sum_{i=2}^{N}b_ix_i^{(1)}(0)+\sum_{i=2}^{N}\int b_ix_i^{(1)}(t)e^{at}dt\right];$$

2）当 $\boldsymbol{X}_i^{(1)}(i=1,2,\cdots,N)$ 变化幅度很小时，可视 $\sum\limits_{i=2}^{N}b_ix_i^{(1)}$ 为灰常量，则 GM(1,N) 模型 $x_1^{(0)}(k)+az_1^{(1)}(k)=\sum\limits_{i=2}^{N}b_ix_i^{(1)}(k)$ 的近似时间响应式为

$$\hat{x}_1^{(1)}(k+1)=\left(x_1^{(1)}(0)-\frac{1}{a}\sum_{i=2}^{N}b_ix_i^{(1)}(k+1)\right)e^{-ak}+\frac{1}{a}\sum_{i=2}^{N}b_ix_i^{(1)}(k+1),$$

其中，取 $x_1^{(1)}(0)$ 为 $x_1^{(0)}(1)$；

3）累减还原式为

$$\hat{x}_1^{(0)}(k+1)=\alpha^{(1)}\hat{x}_1^{(1)}(k+1)=\hat{x}_1^{(1)}(k+1)-\hat{x}_1^{(1)}(k);$$

4）GM(1,N) 差分模拟式为

$$\hat{x}_1^{(0)}(k)=-az_1^{(1)}(k)+\sum_{i=2}^{N}b_i\hat{x}_i^{(1)}(k).$$

5. 灰色系统模型的检验

预测就是借助于过去的探讨去推测、了解未来. 灰色预测就是通过原始数据的处理和灰色模型的建立，发现、掌握系统的发展规律，对系统的未来状态做出科学的定量预测. 但一个模型需要经过多种经验才能判断其合理性、有效性，只有通过检验的模型才能用作预测.

定义 7.19 设原始序列

$$\boldsymbol{X}^{(0)}=(x^{(0)}(1),x^{(0)}(2),\cdots,x^{(0)}(n)),$$

相应的模型模拟序列为

$$\hat{\boldsymbol{X}}^{(0)}=(\hat{x}^{(0)}(1),\hat{x}^{(0)}(2),\cdots,\hat{x}^{(0)}(n)),$$

残差序列

$$\begin{aligned}\varepsilon^{(0)}&=(\varepsilon(1),\varepsilon(2),\cdots\varepsilon(n))\\&=(x^{(0)}(1)-\hat{x}^{(0)}(1),x^{(0)}(2)-\hat{x}^{(0)}(2),\cdots,x^{(0)}(n)-\hat{x}^{(0)}(n)),\end{aligned}$$

相对误差序列

$$\boldsymbol{\Delta}=\left(\left|\frac{\varepsilon(1)}{x^{(0)}(1)}\right|,\left|\frac{\varepsilon(2)}{x^{(0)}(2)}\right|,\cdots,\left|\frac{\varepsilon(n)}{x^{(0)}(n)}\right|\right)=(\boldsymbol{\Delta}_k)_1^n.$$

1）对于 $k<n$，称 $\Delta_k=\left|\dfrac{\varepsilon(k)}{x^{(0)}(k)}\right|$ 为点 k 模拟相对误差，称 $\Delta_n=\left|\dfrac{\varepsilon(n)}{x^{(0)}(n)}\right|$ 为滤波相对误差，称 $\overline{\Delta}=\dfrac{1}{n}\sum\limits_{k=1}^{n}\Delta_k$ 为平均模拟相对误差；

2）称 $1-\overline{\Delta}$ 为平均相对精度，$1-\Delta_n$ 为滤波精度；

3）给定 α，当$\overline{\Delta}<\alpha$，且 $\Delta_n<\alpha$ 成立时，称模型为残差合格模型.

定义 7.20 设 $\boldsymbol{X}^{(0)}$ 为原始序列，$\hat{\boldsymbol{X}}^{(0)}$ 为相应的模拟误差序列，ε 为 $\boldsymbol{X}^{(0)}$ 与 $\hat{\boldsymbol{X}}^{(0)}$ 的绝对关联度，若对于给定的 $\varepsilon_0>0$，$\varepsilon>\varepsilon_0$，则称模型为关联合格模型.

定义 7.21 设 $\boldsymbol{X}^{(0)}$ 为原始序列，$\hat{\boldsymbol{X}}^{(0)}$ 为相应的模拟误差序列，$\varepsilon^{(0)}$ 为残差序列，$\bar{x}=\frac{1}{n}\sum_{k=1}^{n}x^{(0)}(k)$ 为 $\boldsymbol{X}^{(0)}$ 的均值，$S_1^2=\frac{1}{n}\sum_{k=1}^{n}(x^{(0)}(k)-\bar{x})^2$ 为 $x^{(0)}$ 的方差，$\bar{\varepsilon}=\frac{1}{n}\sum_{k=1}^{n}\varepsilon(k)$ 为残差均值，$S_2^2=\frac{1}{n}\sum_{k=1}^{n}(\varepsilon(k)-\bar{\varepsilon})^2$ 为残差方差，则

1）称 $c=\frac{S_2}{S_1}$为均方差比值，对于给定的 $c_0>0$，当 $c<c_0$ 时，称模型为均方差比合格模型；

2）称 $p=p(|\varepsilon(k)-\bar{\varepsilon}|<0.6745S_1)$ 为小误差概率，对于给定的 $p_0>0$，当 $p>p_0$ 时，称模型为小误差概率合格模型.

精度检验等级参照表 7-4-2.

表 7-4-2

		指标临界性			
		相对误差	关联度	均方差比值	小误差概率
精度等级	一级	0.01	0.90	0.35	0.95
	二级	0.05	0.80	0.50	0.80
	三级	0.10	0.70	0.65	0.70
	四级	0.20	0.60	0.80	0.60

一般情况下，最常用的是相对误差检验指标.

例 7.5 设原始序列

$$\begin{aligned}\boldsymbol{X}^{(0)}&=(x^{(0)}(1),x^{(0)}(2),x^{(0)}(3),x^{(0)}(4),x^{(0)}(5))\\&=(2.874,3.278,3.337,3.390,3.679),\end{aligned}$$

建立 GM(1,1)模型，并进行检验.

解 1）对 $\boldsymbol{X}^{(0)}$ 作 1-AGO，得

$$\begin{aligned}\boldsymbol{X}^{(1)}&=(x^{(1)}(1),x^{(1)}(2),x^{(1)}(3),x^{(1)}(4),x^{(1)}(5))\\&=(2.874,6.152,9.489,12.579,16.558).\end{aligned}$$

2）对 $\boldsymbol{X}^{(1)}$ 作紧邻均值生成，令

$$\boldsymbol{Z}^{(1)}(k)=0.5x^{(1)}(k)+0.5x^{(1)}(k-1),$$

$$\boldsymbol{Z}^{(1)}=(z^{(1)}(2),z^{(1)}(3),z^{(1)}(4),z^{(1)}(5))$$

$$=(4.513, 7.820, 11.84, 14.718),$$

于是，

$$\boldsymbol{B}=\begin{pmatrix}-z^{(1)}(2) & 1\\ -z^{(1)}(3) & 1\\ -z^{(1)}(4) & 1\\ -z^{(1)}(5) & 1\end{pmatrix}=\begin{pmatrix}-4.513 & 1\\ -7.820 & 1\\ -11.84 & 1\\ -14.718 & 1\end{pmatrix},\quad \boldsymbol{Y}=\begin{pmatrix}x^{(0)}(2)\\ x^{(0)}(3)\\ x^{(0)}(4)\\ x^{(0)}(5)\end{pmatrix}=\begin{pmatrix}3.278\\ 3.337\\ 3.390\\ 3.679\end{pmatrix},$$

$$\boldsymbol{B}^{\mathrm{T}}\boldsymbol{B}=\begin{pmatrix}-4.513 & -7.820 & -11.84 & -14.718\\ 1 & 1 & 1 & 1\end{pmatrix}\cdot\begin{pmatrix}-4.513 & 1\\ -7.820 & 1\\ -11.84 & 1\\ -14.718 & 1\end{pmatrix}$$

$$=\begin{pmatrix}423.221 & -38.235\\ -38.235 & 4\end{pmatrix},$$

$$(\boldsymbol{B}^{\mathrm{T}}\boldsymbol{B})^{-1}=\begin{pmatrix}423.221 & -38.235\\ -38.235 & 4\end{pmatrix}^{-1}=\begin{pmatrix}0.017\,318 & 0.165\,542\\ 0.166\,554\,2 & 1.832\,371\end{pmatrix},$$

$$\hat{\boldsymbol{a}}=(\boldsymbol{B}^{\mathrm{T}}\boldsymbol{B})^{-1}\boldsymbol{B}^{\mathrm{T}}\boldsymbol{Y}$$

$$=\begin{pmatrix}0.017\,318 & 0.165\,542\\ 0.166\,554\,2 & 1.832\,371\end{pmatrix}\begin{pmatrix}-4.513 & -7.820 & -11.84 & -14.718\\ 1 & 1 & 1 & 1\end{pmatrix}\begin{pmatrix}3.278\\ 3.337\\ 3.390\\ 3.679\end{pmatrix}$$

$$=\begin{pmatrix}-0.037\,156\\ 3.065\,318\end{pmatrix}.$$

3）确定模型

$$\frac{\mathrm{d}x^{(1)}}{\mathrm{d}t}-0.037\,156x^{(1)}=3.065\,318$$

及时间响应式

$$\hat{x}^{(1)}(k+1)=\left(x^{(0)}(1)-\frac{b}{a}\right)\mathrm{e}^{-ak}+\frac{b}{a}$$

$$=85.372\,8\mathrm{e}^{0.037\,156k}-82.498\,6.$$

4）求 $\boldsymbol{X}^{(1)}$ 的模拟值

$$\hat{\boldsymbol{X}}^{(1)}=(\hat{x}^{(1)}(1),\hat{x}^{(1)}(2),\hat{x}^{(1)}(3),\hat{x}^{(1)}(4),\hat{x}^{(1)}(5))$$

$$=(2.874\,0, 6.105\,8, 9.459\,9, 12.941\,0, 16.553\,8).$$

5）还原出 $\boldsymbol{X}^{(0)}$ 的模拟值，由

$$\hat{x}^{(0)}(k+1)=\hat{x}^{(1)}(k+1)-\hat{x}^{(1)}(k),$$

得

$$\hat{X}^{(0)}=(\hat{x}^{(0)}(1),\hat{x}^{(0)}(2),\hat{x}^{(0)}(3),\hat{x}^{(0)}(4),\hat{x}^{(0)}(5))$$
$$=(2.874\ 0,3.231\ 8,3.354\ 1,3.481\ 1,3.612\ 8).$$

6）误差检验（表 7-4-3）.

表 7-4-3

序号	实际数据	模拟数据	残差	相对误差
	$x^{(0)}(k)$	$\hat{x}^{(0)}(k)$	$\varepsilon(k)=x^{(0)}(k)-\hat{x}^{(0)}(k)$	$\Delta_k=\left\lvert\frac{\varepsilon(k)}{x^{(0)}(k)}\right\rvert$
2	3.278	3.231 8	0.046 2	1.41%
3	3.337	3.354 1	-0.017 1	0.51%
4	3.390	3.481 1	-0.091 1	2.69%
5	3.679	3.612 8	0.066 2	1.80%

残差平方和

$$s=\boldsymbol{\varepsilon}^{\mathrm{T}}\boldsymbol{\varepsilon}=(\varepsilon(2),\varepsilon(3),\varepsilon(4),\varepsilon(5))\begin{pmatrix}\varepsilon(2)\\\varepsilon(3)\\\varepsilon(4)\\\varepsilon(5)\end{pmatrix}$$
$$=(0.046\ 2,-0.017\ 1,-0.091\ 1,0.066\ 2)\begin{pmatrix}0.046\ 2\\-0.017\ 1\\-0.091\ 1\\0.066\ 2\end{pmatrix}$$
$$=0.015\ 108\ 5,$$

平均相对误差

$$\Delta=\frac{1}{4}\sum_{k=1}^{5}\Delta_k=\frac{1}{4}(1.41\%+0.51\%+2.69\%+1.80\%)$$
$$=1.062\ 5\%.$$

计算 $\boldsymbol{X}$ 与 $\hat{\boldsymbol{X}}$ 的灰色关联度

$$|\boldsymbol{S}|=\left|\sum_{k=2}^{4}(x(k)-x(1))+\frac{1}{2}(x(5)-x(1))\right|$$
$$=\left|(3.278-2.874)+(3.337-2.874)+(3.390-2.874)+\frac{1}{2}(3.679-2.874)\right|$$
$$=1.785\ 5,$$
$$|\hat{\boldsymbol{S}}|=\left|\sum_{k=2}^{4}(\hat{x}(k)-\hat{x}(1))+\frac{1}{2}(\hat{x}(5)-\hat{x}(1))\right|$$

$$= \left| (3.231\,8-2.874)+(3.354\,1-2.874)+(3.481\,1-2.874)+\frac{1}{2}(3.612\,8-2.874) \right|$$

$$=1.814\,4,$$

$$|\hat{\boldsymbol{S}}-\boldsymbol{S}| = \left| \sum_{k=2}^{4} [(x(k)-x(1))-(\hat{x}(k)-\hat{x}(1))] \right.$$

$$\left. +\frac{1}{2}[(x(5)-x(1))-(\hat{x}(5)-\hat{x}(1))] \right|$$

$$= \left| (0.357\,8-0.404)+(0.480\,1-0.463)+(0.607\,1-0.516) \right.$$

$$\left. +\frac{1}{2}(0.369\,4-0.402\,5) \right|$$

$$=0.045\,35.$$

$$\varepsilon = \frac{1+|\boldsymbol{S}|+|\hat{\boldsymbol{S}}|}{1+|\boldsymbol{S}|+|\hat{\boldsymbol{S}}|+|\hat{\boldsymbol{S}}-\boldsymbol{S}|} = \frac{1+1.785\,5+1.814\,4}{1+1.785\,5+1.814\,4+0.045\,35} = \frac{4.599\,9}{4.645\,25}$$

$$\approx 0.9902>0.90,$$

精度为一级，可以用

$$\hat{x}^{(1)}(k+1)=85.372\,8\mathrm{e}^{0.037\,156k}-82.498\,6,$$

$$\hat{x}^{(0)}(k+1)=\hat{x}^{(1)}(k+1)-\hat{x}^{(1)}(k)$$

预测.

例 7.6 某大型企业 2009—2012 年四年产值资料如表 7-4-4 所示.

表 7-4-4

年份	2009	2010	2011	2012
产值(万元)	27 260	29 547	32 411	35 388

试建立 GM(1,1)模型的白化方程及时间响应式，并对 GM(1,1)模型进行检验，预测该企业 2013—2017 年的产值.

解 1）设时间序列为

$$\boldsymbol{X}^{(0)}=(x^{(0)}(1),x^{(0)}(2),x^{(0)}(3),x^{(0)}(4))$$

$$=(27\,260,29\,547,32\,411,35\,388),$$

$$\boldsymbol{X}^{(1)}=(x^{(1)}(1),x^{(1)}(2),x^{(1)}(3),x^{(1)}(4))$$

$$=(27\,260,56\,807,89\,218,124\,606).$$

2）对 $\boldsymbol{X}^{(1)}$ 作紧邻均值生成，令

$$\boldsymbol{Z}^{(1)}(k)=0.5x^{(1)}(k)+0.5x^{(1)}(k-1),$$

$$\boldsymbol{Z}^{(1)}=(z^{(1)}(1),z^{(1)}(2),z^{(1)}(3),z^{(1)}(4))$$

$$=(27\,260,42\,033.5,73\,012.5,106\,912).$$

于是，

$$\boldsymbol{B}=\begin{pmatrix}-z^{(1)}(2) & 1\\ -z^{(1)}(3) & 1\\ -z^{(1)}(4) & 1\end{pmatrix}=\begin{pmatrix}-42\ 033.5 & 1\\ -73\ 012.5 & 1\\ -106\ 912 & 1\end{pmatrix},\boldsymbol{Y}=\begin{pmatrix}x^{(0)}(2)\\ x^{(0)}(3)\\ x^{(0)}(4)\end{pmatrix}=\begin{pmatrix}29\ 547\\ 32\ 411\\ 35\ 388\end{pmatrix}.$$

对参数列$\hat{\boldsymbol{\alpha}}=(a,b)^{\mathrm{T}}$ 作最小二乘估计，得

$$\hat{\boldsymbol{a}}=(\boldsymbol{B}^{\mathrm{T}}\boldsymbol{B})^{-1}\boldsymbol{B}^{\mathrm{T}}\boldsymbol{Y}=\begin{pmatrix}-0.089\ 995\\ 25\ 790.28\end{pmatrix}.$$

设$\dfrac{\mathrm{d}x^{(1)}}{\mathrm{d}t}-ax^{(1)}=b$，由于

$$a=-0.089\ 995,b=25\ 790.28,$$

可得 GM(1,1)模型的白化方程

$$\frac{\mathrm{d}x^{(1)}}{\mathrm{d}t}-0.089\ 995x^{(1)}=25\ 790.28,$$

其时间响应式为

$$\begin{cases}\hat{x}^{(1)}(k+1)=\left(x^{(0)}(1)-\dfrac{b}{a}\right)\mathrm{e}^{-ak}+\dfrac{b}{a}=313\ 834\mathrm{e}^{0.089\ 995k}-286\ 574,\\ \hat{x}^{(0)}(k+1)=\hat{x}^{(1)}(k+1)-\hat{x}^{(1)}(k).\end{cases}$$

由此得模拟序列

$$\begin{aligned}\hat{\boldsymbol{X}}^{(0)}&=(\hat{x}^{(0)}(1),\hat{x}^{(0)}(2),\hat{x}^{(0)}(3),\hat{x}^{(0)}(4))\\&=(27\ 260,29\ 553,32\ 336,35\ 381).\end{aligned}$$

3）检验. 残差序列为

$$\begin{aligned}\boldsymbol{\varepsilon}^{(0)}&=(\varepsilon^{(0)}(1),\varepsilon^{(0)}(2),\varepsilon^{(0)}(3),\varepsilon^{(0)}(4))\\&=(0,-6,75,7),\end{aligned}$$

$$\begin{aligned}\boldsymbol{\Delta}&=(\Delta_1,\Delta_2,\Delta_3,\Delta_4)=\left(\left|\frac{\varepsilon^{(0)}(1)}{x^{(0)}(1)}\right|,\left|\frac{\varepsilon^{(0)}(2)}{x^{(0)}(2)}\right|,\left|\frac{\varepsilon^{(0)}(3)}{x^{(0)}(3)}\right|,\left|\frac{\varepsilon^{(0)}(4)}{x^{(0)}(4)}\right|\right)\\&=(0,0.000\ 2,0.002\ 31,0.000\ 2),\end{aligned}$$

平均相对误差

$$\Delta=\frac{1}{4}\sum_{k=1}^{4}\Delta_k=0.000\ 68=0.068\%<0.01,$$

模拟误差 $\Delta_4=0.000\ 2=0.02\%<0.01$，精度为一级.

计算 $\boldsymbol{X}^{(0)}$ 与$\hat{\boldsymbol{X}}^{(0)}$ 的灰色关联度 $\boldsymbol{\varepsilon}$：

$$|\boldsymbol{S}|=\left|\sum_{k=2}^{3}(x^{(0)}(k)-x^{(0)}(1))+\frac{1}{2}(x^{(0)}(4)-x^{(0)}(1))\right|=11\ 502,$$

$$|\hat{S}|=\left|\sum_{k=2}^{3}(\hat{x}(k)-\hat{x}(1))+\frac{1}{2}(\hat{x}(4)-\hat{x}(1))\right|=11\ 429.5,$$

$$|\hat{S}-S|=\left|\sum_{k=2}^{3}[(\hat{x}^{(0)}(k)-\hat{x}^{(0)}(1))-(x^{(0)}(k)-x^{(0)}(1))]\right.$$
$$\left.+\frac{1}{2}[(\hat{x}^{(0)}(4)-\hat{x}^{(0)}(1))-(x^{(0)}(4)-x^{(0)}(1))]\right|$$
$$=72.5.$$

$$\varepsilon=\frac{1+|S|+|\hat{S}|}{1+|S|+|\hat{S}|+|\hat{S}-S|}=\frac{1+11\ 502+11\ 429.5}{1+11\ 502+11\ 429.5+72.5}=0.997>0.90,$$

精度为一级.

计算均方差比:

$$\bar{x}=\frac{1}{4}\sum_{k=1}^{4}x^{(0)}(k)=31\ 151.5,$$

$$s_1^2=\frac{1}{4}\sum_{k=1}^{4}(x^{(0)}(k)-\bar{x})^2=9\ 313\ 116.25,\quad s_1=3\ 051.74,$$

$$\bar{\varepsilon}=\frac{1}{4}\sum_{k=1}^{4}\varepsilon(k)=19,$$

$$s_2^2=\frac{1}{4}\sum_{k=1}^{4}(\varepsilon(k)-\bar{\varepsilon})^2=1\ 066.5,\quad s_2=32.66,$$

所以

$$c=\frac{s_2}{s_1}=\frac{32.66}{3\ 051.74}=0.011<0.35,$$

均方差比值为一级.

计算小误差概率:

$$0.674\ 5s_1=2\ 058.40,$$

$$|\varepsilon(1)-\bar{\varepsilon}|=19,\ |\varepsilon(2)-\bar{\varepsilon}|=25,$$
$$|\varepsilon(3)-\bar{\varepsilon}|=56,\ |\varepsilon(4)-\bar{\varepsilon}|=12,$$

所以

$$P=P\{|\varepsilon(k)-\bar{\varepsilon}|<0.674\ 5s_1\}=1>0.95,$$

小误差概率为一级,故可用

$$\begin{cases}\hat{x}^{(1)}(k+1)=313\ 834\mathrm{e}^{0.089\ 995k}-286\ 574,\\ \hat{x}^{(0)}(k+1)=\hat{x}^{(1)}(k+1)-\hat{x}^{(1)}(k)\end{cases}$$

进行预测,2013—2017 年预测值为

$$\hat{X}^{(0)}=(\hat{x}^{(0)}(5),\hat{x}^{(0)}(6),\hat{x}^{(0)}(7),\hat{x}^{(0)}(8),\hat{x}^{(0)}(9))$$
$$=(38\ 713,42\ 359,46\ 318,50\ 712,55\ 488).$$

7.4.4 灰色系统预测实例

1. 国内居民出境人数预测中的应用

国内居民出境人数预测是出境研究与规划、管理等的重要内容,精确的预测无疑会提高管理的科学水平和效力.目前常用的国内居民出境人数预测模型主要是线性模型,本例在引入灰色系统理论的基础上,以中国1994年以来出境人数为例,探讨了灰色GM(1,1)模型在国内居民出境人数预测之中的应用,并进而分析了其与线性模型预测精度的差异.1994年以来国内居民出境人数情况见表7-4-5中所列,数据来自《中国统计年鉴(1994—2011)》.

表7-4-5 国内居民出境人数(1994—2011)/万人次

年份	出境人数	年份	出境人数	年份	出境人数
1994	610.60	2000	1 047.26	2006	3 452.36
1995	713.90	2001	1 213.44	2007	4 095.40
1996	758.82	2002	1 660.23	2008	4 584.44
1997	817.54	2003	2 022.19	2009	4 765.62
1998	842.56	2004	2 885.00	2010	5 738.65
1999	923.24	2005	3 102.63	2011	7 025.00

根据灰色系统理论,结合表7-4-5中我国出境人数情况,我国1994—2011年间出境人数在610.6万人次~7 025万人次之间,这就是个灰数.根据表7-4-5,我国出境人数自1994年以来呈现增长态势,但是其内因、外因究竟是什么?这问题具有“少数据”或是信息不完全的特征,它们都是灰色的,具有“灰”的内涵,可以这样说,灰色系统理论无疑是研究出境这一灰色系统的有力工具.本案例将通过灰色预测模型与线性模型预测精度的定量比较来展现灰色系统理论在出境灰色系统研究之中的客观优势.

1) 国内居民出境人数预测灰色GM(1,1)模型构建过程

对于我国出境人数的数据序列 $\boldsymbol{X}^{(0)}=(X^{(0)}(1),X^{(0)}(2),\cdots,X^{(0)}(n))$,建立灰色GM(1,1)模型首先要做一次累加生成,记为 $\{X^{(0)}\}\to\{X^{(1)}\}$,即

$$\boldsymbol{X}^{(1)}=(X^{(1)}(1),X^{(1)}(2),\cdots,X^{(1)}(n)),\tag{7.4.1}$$

其中

$$X^{(1)}(t)=\sum_{k=1}^{t}X^{(0)}(k). \tag{7.4.2}$$

构造矩阵 $\boldsymbol{B}$ 与向量 $\boldsymbol{Y}_n$：

$$\boldsymbol{B}=\begin{pmatrix} -(X^{(0)}(2)+X^{(0)}(1))/2 & 1 \\ -(X^{(0)}(3)+X^{(0)}(2))/2 & 1 \\ \vdots & \vdots \\ -(X^{(0)}(n)+X^{(0)}(n-1))/2 & 1 \end{pmatrix}, \tag{7.4.3}$$

$$\boldsymbol{Y}_n=(X^{(0)}(2),X^{(0)}(3),\cdots,X^{(0)}(n)). \tag{7.4.4}$$

然后用最小二乘法求解系数 a 和 b.

$$\hat{\boldsymbol{a}}=(\boldsymbol{B}^{\mathrm{T}}\boldsymbol{B})^{-1}\boldsymbol{B}^{\mathrm{T}}\cdot\boldsymbol{Y}_n. \tag{7.4.5}$$

在此基础上建立 GM(1,1)模型如下：

$$x^{(1)}(k+1)=\left(x^{(1)}(1)-\frac{b}{a}\right)\mathrm{e}^{-ak}+\frac{b}{a}, \tag{7.4.6}$$

$$x^{(0)}(k)=X^{(1)}(k+1)-X^{(1)}(k), \tag{7.4.7}$$

式中 $x^{(0)}(k)$ 为预测值，$-a$ 为发展系数，b 为灰作用量.

式(7.4.6)，式(7.4.7)即为 GM(1,1)模型进行灰色预测的基本计算公式.

在进行数据的累加生成处理之前，为了消除数据的波动变化、减少数据的随机性以及调整数据的变化态势，要对原数据列 $X_i^{(0)}=(X^{(0)}(1),X^{(0)}(2),\cdots,X^{(0)}(n))$ 进行必要的预处理. 预处理的方法目前主要有数据开 n 方、数据取对数、数据平滑和运用序列算子弱化或强化原始数据列. 根据 GM(1,1)建模的要求，预处理后的新序列数据级比(即前一数据除以相邻后一数据)绝大部分必须落在区间$(\mathrm{e}^{-\frac{2}{n+1}},\mathrm{e}^{\frac{2}{n+1}})$上，这样才可以进行 GM(1,1)建模过程，即进行式(7.4.1)—式(7.4.7)所示的过程.

针对我国出境人数数据序列，按照以上四种数据预处理方法对原始数据列进行了预处理. 根据 GM(1,1)建模的要求，对原始数据列开 n 方处理即对我国出境人数原始数据列开了 4 次方，数据取对数即对我国出境人数原始数据列取以 e 为底的自然对数. 预处理的数据平滑设计为三点平滑，具体按照式(7.4.8)进行：

$$X^{(0)}(t)=(X^{(0)}(t-1)+2X^{(0)}(t)+X^{(0)}(t+1))/4. \tag{7.4.8}$$

数据平滑处理中序列两端点分别按照式(7.4.9)，式(7.4.10)处理：

$$X^{(0)}(1)=(3X^{(0)}(1)+X^{(0)}(2))/4, \tag{7.4.9}$$

$$X^{(0)}(m)=(X^{(0)}(m-1)+3X^{(0)}(m))/4. \tag{7.4.10}$$

由于 1994 年以来我国出境人数呈现出增长态势，所以，根据这一实际情况，为了调整数据的变化态势，文中运用序列算子弱化原始数据列. 序列算子弱化处理方法是将原点数据（即最新数据）不变换，其前面的数据则按照式(7.4.11)进行变换：

$$X^{(0)}(t)=\frac{1}{n-t+1}[x(t)+x(t+1)+\cdots+x(n)]. \tag{7.4.11}$$

在上式的基础上，鉴于预测精度的影响，文中对我国出境人数数据列进行了二阶弱化算子的数据预处理，具体即是在式(7.4.11)所得数据的基础上再按照式(7.4.12)进行进一步的处理：

$$X^{(0)}(t)=\frac{1}{n-t+1}[x^{(0)}(t)+x^{(0)}(t+1)+\cdots+x^{(0)}(n)]. \tag{7.4.12}$$

2）我国出境人数 15 年数据序列的灰色 GM(1,1)模型

根据 1994—2008 年我国出境人数数据序列，使用数据开 4 次方、数据取自然对数、数据平滑和运用序列算子弱化等四种原始数据的预处理方法，可以得到相应的我国出境人数 GM(1,1)模型.

对 1994—2008 年间我国出境人数原始数据列开 4 次方预处理情况下得到的 GM(1,1)模型为

$$X^{(1)}(k+1)=115.684\,7e^{0.041\,1k}-110.713\,7, \tag{7.4.13}$$

$$X^{(0)}(k)=X^{(1)}(k+1)-X^{(1)}(k), \tag{7.4.14}$$

式中 $X^{(0)}(k)$ 为预测值. 由于对原始数据列进行了 4 次方根的预处理，所以，$(X^{(0)}(k))^4$ 为实际预测值.

对 1994—2008 年间我国出境人数原始数据列取自然对数预处理情况下得到的 GM(1,1)模型为

$$X^{(1)}(k+1)=289.675\,4e^{0.021\,8k}-283.261, \tag{7.4.15}$$

$$X^{(0)}(k)=X^{(1)}(k+1)-X^{(1)}(k), \tag{7.4.16}$$

式中 $X^{(0)}(k)$ 为预测值. 因对原始数据列进行了取自然对数的建模预处理，故 $e^{X^{(0)}(k)}$ 为实际预测值.

对 1994—2008 年间我国出境人数原始数列进行数据平滑预处理情况下得到的 GM(1,1)模型为

$$X^{(1)}(k+1)=3\,180.6e^{0.163\,2k}-2\,547.8, \tag{7.4.17}$$

$$X^{(0)}(k)=X^{(1)}(k+1)-X^{(1)}(k), \tag{7.4.18}$$

式中 $X^{(0)}(k)$ 为预测值.

对 1994—2008 年间我国出境人数原始数据列进行二阶弱化算子预处理情况下得到的 GM(1,1)模型为

$$X^{(1)}(k+1)=134\ 956.522\ 2e^{0.025k}-131\ 640,\qquad(7.4.19)$$

$$X^{(0)}(k)=X^{(1)}(k+1)-X^{(1)}(k).\qquad(7.4.20)$$

为了与常用的线性预测模型进行对比,文中还得到了 1994—2008 年间我国出境人数线性预测模型,具体为

$$y=284.471\ 9t-360.467\ 8,\qquad(7.4.21)$$

式中 t 为期数,以 1994 年为第一期,以此类推,y 为出境预测人数.

根据式(7.4.13)—式(7.4.21)预测模型,可以预测 2009—2011 年我国出境人数,以上模型的预测值与相对误差等见表 7-4-6 中所列.

表 7-4-6 基于 1994—2008 年数据的预测模型及其相对误差比较(误差%)

年份	原始值	灰色模型								线性模型	
		4 次方根处理		自然对数处理		数据平滑处理		二阶弱化算子处理			
		预测值	误差	预测值	误差	预测值	误差	预测值	误差	预测值	误差
2009	4 765.62	5 540.36	16.26	5 818.16	22.09	5 544.42	16.34	4 858.56	1.95	4 191.08	12.06
2010	5 738.65	6 530.22	13.79	7 043.73	22.74	6 527.61	13.75	5 660.86	1.36	4 475.55	22.01
2011	7 025.00	7 696.93	9.56	8 563.49	21.90	7 685.14	9.40	6 831.28	2.76	4 760.03	32.24
均值	5 843.09	6 589.17	13.20	7 141.79	22.24	6 585.73	13.16	5 783.57	2.02	4 475.55	22.10

由表 7-4-6 可见,在基于 1994—2008 年我国出境人数的各个灰色预测模型中,以对原始数据进行自然对数预处理而得到的模型预测精度相对最差,以对原始数据进行数据平滑预处理而得到的模型预测精度相对其次,而以对原始数据进行二阶弱化算子处理而得到的模型预测精度相对最高. 同期线性预测模型的预测精度仅仅大于对原始数据进行自然对数预处理情况下得到的灰色模型. 就(对原始数据进行平滑预处理得到的)灰色模型与线性模型比较而言,灰色模型预测精度相对高. 虽然线性预测模型可以通过 F 显著性检验,但是其预测精度低于灰色 GM(1,1)模型. 由表 7-4-6 中相对误差均值可见,线性模型的预测精度仅仅高于对原始数据进行自然对数预处理的灰色预测模型,低于其他三种灰色预测模型.

3) 我国出境人数 6 年数据序列的灰色 GM(1,1)模型

根据 2003—2008 年我国出境人数数据序列,使用数据开 4 次方、数据取自然对数、数据平滑和运用序列算子弱化等四种原始数据的预处理方法,可以得到相应的我国出境人数 GM(1,1)模型.

研究区段间对我国出境人数原始数据列开 4 次方预处理情况下得到的 GM(1,1)模型为

$$X^{(1)}(k+1)=236.4492\,e^{0.0303k}-229.7433, \tag{7.4.22}$$

$$X^{(0)}(k)=X^{(1)}(k+1)-X^{(1)}(k), \tag{7.4.23}$$

式中 $X^{(0)}(k)$ 为预测值，$(X^{(0)}(k))^4$ 为实际预测值.

同期对我国出境人数原始数据列进行自然对数预处理情况下得到的 GM(1,1)模型为

$$X^{(1)}(k+1)=534.7118\,e^{0.0147k}-527.0999, \tag{7.4.24}$$

$$X^{(0)}(k)=X^{(1)}(k+1)-X^{(1)}(k), \tag{7.4.25}$$

式中 $X^{(0)}(k)$ 为预测值，$e^{X(0)(k)}$ 为实际预测值.

同期对我国出境人数原始数据列进行数据平滑预处理情况下得到的 GM(1,1)模型为

$$X^{(1)}(k+1)=20746e^{0.1242k}-18549, \tag{7.4.26}$$

$$X^{(0)}(k)=X^{(1)}(k+1)-X^{(1)}(k), \tag{7.4.27}$$

式中 $X^{(0)}(k)$ 为预测值.

同期对我国出境人数原始数据列进行数据二阶弱化算子预处理情况下得到的 GM(1,1)模型为

$$X^{(1)}(k+1)=89148.2417e^{0.0444k}-85334, \tag{7.4.28}$$

$$X^{(0)}(k)=X^{(1)}(k+1)-X^{(1)}(k), \tag{7.4.29}$$

式中 $X^{(0)}(k)$ 为预测值.

同期我国出境人数线性预测模型为

$$y=450.8291t-1767.5, \tag{7.4.30}$$

式中 t 为期数，以 2003 年为第一期，以此类推，y 为出境预测人数.

根据式(7.4.22)—式(7.4.30)预测模型，可以预测 2009—2011 年出境人数，以上模型的预测值与相对误差等见表 7-4-7 中所列.

表 7-4-7 基于 2003—2008 年数据的预测模型及其相对误差比较(误差%)

年份	原始值	灰色模型								线性模型	
		4 次方根处理		自然对数处理		数据平滑处理		二阶弱化算子处理			
		预测值	误差	预测值	误差	预测值	误差	预测值	误差	预测值	误差
2009	4 765.62	5 134.50	7.74	5 157.98	8.23	5 101.95	7.06	4 790.64	0.53	4 923.28	3.31
2010	5 738.65	5 796.15	1.00	5 856.16	2.05	5 776.38	0.66	5 693.00	0.80	5 374.11	6.35
2011	7 025.00	6 543.07	6.86	6 661.39	5.18	6 539.96	6.90	6 955.01	1.00	5 824.94	17.08
均值	5 843.09	5 824.57	5.20	5 891.84	5.15	5 806.10	4.87	5 812.88	0.78	5 374.11	8.91

由表 7-4-7 可见，就 6 年数据序列而言，在得到的灰色模型中，以对原始数

据进行二阶弱化算子预处理得到的灰色模型预测精度相对最高，以对原始数据进行数据平滑预处理得到的灰色模型预测精度相对其次，而以对原始数据进行4次方根处理得到的灰色模型预测精度相对最低. 比较而言，线性模型的预测精度低于灰色模型预测精度，6年数据四种预处理情况下的平均相对误差在0.78%~5.20%之间，低于线性模型的8.91%的水平.

由本应用实例可以得到以下基本结论：① 出境系统是灰色系统，灰色系统理论是研究该系统的有力工具；②我国出境人数灰色GM(1,1)模型的预测精度高于线性模型；③就灰色预测而言，如果原始数据列较长（例如15年），对原始数据进行平滑处理所得预测模型精度较高，而对原始数据进行取自然对数的处理所得模型预测精度较低；如果原始数据列较短（例如6年），对原始数据进行取自然对数的预处理所得模型预测精度较高.

灰色系统GM(1,1)模型具有很广泛的适应领域，但是应注意当GM(1,1)模型的发展系数$|a|\geqslant 2$时，GM(1,1)模型无意义，特别，当

$$(n-1)\sum_{k=2}^{n}[z^{(1)}(k)]^2 \to \left[\sum_{k=2}^{n} z^{(1)}(k)\right]^2,$$

GM(1,1)模型无意义.

在实际应用中应注意：

1）当$-a\leqslant 0.3$时，GM(1,1)模型可用于中长期预测；

2）当$0.3\leqslant -a\leqslant 0.5$时，GM(1,1)模型可用于短期预测，中长期预测慎用；

3）当$0.5\leqslant -a\leqslant 0.8$时，GM(1,1)模型短期预测应谨慎；

4）当$0.8\leqslant -a\leqslant 1$时，应采用残差修正GM(1,1)模型；

5）当$-a>1$时，不宜采用GM(1,1)模型.

2. T市空气环境质量发展趋势灰色预测

在空气环境质量趋势预测时，可以选定7.3节每年的空气环境质量的模糊综合评价指标作为基本数据，年空气环境质量作为预测对象. 又因数据列数据较少，不宜采用统计模型，因此可以采用灰色预测GM(1,1)模型对空气环境质量进行长期预测，上述方法应用于T市空气环境质量评价和趋势预测，得到了与实际相符的结论.

(1) 灰色GM(1,1)模型

设原始数据数列为$\boldsymbol{X}^{(0)}$，即

$$\boldsymbol{X}^{(0)}=(x^{(0)}(1),x^{(0)}(2),\cdots,x^{(0)}(n)). \tag{7.4.31}$$

令$x^{(1)}(k)=\sum\limits_{i=1}^{k}x^{(0)}(i)$，即得原始数据数列的一次累加和

$$\boldsymbol{X}^{(1)}=(x^{(1)}(1),x^{(1)}(2),\cdots,x^{(1)}(n))$$

$$=\left(x^{(0)}(1), \sum_{i=1}^{2} x^{(0)}(i), \cdots, \sum_{i=1}^{n} x^{(0)}(i)\right). \tag{7.4.32}$$

利用 $x^{(1)}$ 数据数列可以建立微分方程

$$\frac{\mathrm{d}x^{(1)}}{\mathrm{d}t}+ax^{(1)}=u, \tag{7.4.33}$$

解式(7.4.33),得白化形式微分方程的解为

$$\hat{x}^{(1)}(k+1)=\left(x^{(0)}(1)-\frac{u}{a}\right)\mathrm{e}^{-ak}+\frac{u}{a}, \tag{7.4.34}$$

式(7.4.34)中,a,u 为参数,是按最小二乘法解出的,即

$$\hat{\boldsymbol{a}}=\begin{pmatrix} a \\ u \end{pmatrix}=(\boldsymbol{B}^{\mathrm{T}}\boldsymbol{B})^{-1}\boldsymbol{B}^{\mathrm{T}}\boldsymbol{y}_N, \tag{7.4.35}$$

$$\boldsymbol{B}=\begin{pmatrix} [x^{(1)}(1)+x^{(1)}(2)]/2 & 1 \\ [x^{(1)}(2)+x^{(1)}(3)]/2 & 1 \\ \vdots & \vdots \\ [x^{(1)}(n-1)+x^{(1)}(n)]/2 & 1 \end{pmatrix}, \tag{7.4.36}$$

$$\boldsymbol{y}_N=(x^{(0)}(2),x^{(0)}(3),\cdots,x^{(0)}(n)). \tag{7.4.37}$$

式(7.4.34)中 $\hat{x}^{(1)}(k+1)$ 为累加数列的预测值,对数列 $\hat{x}^{(1)}$ 进行还原得到数列 $\hat{x}^{(0)}$ 的预测值,即

$$\hat{x}^{(0)}(k+1)=\hat{x}^{(1)}(k+1)-\hat{x}^{(1)}(k). \tag{7.4.38}$$

一般利用下式计算预测值的精度

$$e(k)=\frac{\hat{x}^{(0)}(k)-x^{(0)}(k)}{x^{(0)}(k)}\%. \tag{7.4.39}$$

为提高预测模型的精度,一般要求原始数据数列的原点值 $x^{(0)}(n)$ 的预测误差 $e(n)\leqslant 5\%$.

以上式(7.4.31)—式(7.4.39)为灰色预测模型的基本计算公式. 灰色 GM(1,1)预测模型的特点是:① 适用于数据较少的数据数列(3~4 个即可);② 预测值的精度一般较高;③ 克服了统计模型只适应大数据数列的不足之处.

(2) 灰色预测结果分析

利用上述灰色预测模型,对 T 市的空气环境质量的发展趋势作长期预测.

A,B,C 三个监测站的 SO_2 的变化具有较好的发展趋势，三个监测站的空气环境质量综合评价结果具有逐年变好趋势，符合灰色预测条件，采用式(7.4.31)—式(7.4.39)，得计算结果如下：

1) A 监测站灰色预测和分析

表 7-4-8 A 监测站 SO_2 灰色预测结果

数据序号	2005	2006	2007	2008	2009	2010	2011	2012	2013	2014
原始数据	2.882	2.833	2.671	2.276	2.052					
预测数据	2.882	2.877	2.576	2.307	2.065	1.849	1.656	1.482	1.327	1.188
预测误差	0	1.56%	-3.5%	1.35%	0.65%					
预测模型	$\hat{x}^{(1)}(k+1)=-27.499\,16e^{-0.110\,517k}+30.381\,16$									

从表 7-4-8 可见，A 监测站 SO_2 污染指标(级别变量的特征值)到 2014 年能达到一级环境质量标准. 从表 7-4-9 可见 SO_2，NO_x，TSP 三项污染物综合评价指标到 2014 年达到 1.173，这说明 A 监测站按现有的发展趋势，到 2014 年空气环境质量可达到一级环境质量标准. 从表 7-4-8，表 7-4-9 可见，灰色预测模型精度较高，模型点原点误差分别为 0.65%，-1.4%，均小于 5%，符合建模要求.

表 7-4-9 A 监测站空气环境质量综合评价指标灰色预测结果

数据序号	2005	2006	2007	2008	2009	2010	2011	2012	2013	2014
原始数据	2.449	2.408	2.279	1.954	1.874					
预测数据	2.449	2.425	2.215	2.202	1.847	1.687	1.541	1.407	1.285	1.173
预测误差	0	0.72%	-2.8%	3.52%	-1.4%					
预测模型	$\hat{x}^{(1)}(k+1)=-27.954\,37e^{-0.090\,755\,08k}+30.403\,37$									

2) B 监测站灰色预测分析

表 7-4-10 B 监测站 SO_2 综合评价指标灰色预测结果

数据序号	2005	2006	2007	2008	2009	2010	2011	2012	2013	2014
原始数据	3.213	2.976	2.853	2.703	2.392					
预测数据	3.213	3.017	2.817	2.630	2.456	2.293	2.141	1.999	1.866	1.742
预测误差	0	1.39%	-1.25%	-2.68%	2.67%					
预测模型	$\hat{x}^{(1)}(k+1)=-45.490\,46e^{-0.068\,634\,12k}+48.703\,46$									

表 7-4-11　*B* 监测站空气环境质量综合评价指标灰色预测结果

数据序号	2005	2006	2007	2008	2009	2010	2011	2012	2013	2014
原始数据	2.829	2.642	2.500	2.420	2.347					
预测数据	2.829	2.642	2.523	2.427	2.333	2.244	2.157	2.075	1.995	1.918
预测误差	0	-0.7%	0.94%	0.27%	-0.58%					
预测模型	$\hat{x}^{(1)}(k+1)=-68.33331e^{-0.0391609k}+71.16231$									

从表 7-4-10 可见,*B* 监测站 SO_2 污染物的综合评价指标到 2012 年能达到二级环境质量标准. 从表 7-4-11 可见,SO_2,NO_x,TSP 三项污染物综合评价指标到 2012 年基本能达到二级环境质量标准. 从表 7-4-10,表 7-4-11 可见,灰色预测模型的精度较高,模型原点误差分别为 2.67%,-0.58%,均小于 5%,符合建模要求.

3) *C* 监测站灰色预测和分析

从表 7-4-12 可见,*C* 监测站 SO_2 污染物的综合评价指标到 2012 年能达到二级环境质量标准. 从表 7-4-13 可见,SO_2,NO_x,TSP 三项污染物综合评价指标到 2012 年基本能达到二级环境质量标准.

表 7-4-12　*C* 监测站 SO_2 灰色预测结果

数据序号	2005	2006	2007	2008	2009	2010	2011	2012	2013	2014
原始数据	3.119	3.048	2.899	2.600	2.327					
预测数据	3.119	3.093	2.827	2.585	2.364	2.161	1.976	1.807	1.652	1.510
预测误差	0	1.46%	-2.46%	0.57%	1.58%					
预测模型	$\hat{x}^{(1)}(k+1)=-36.08934e^{-0.08958764k}+39.20834$									

表 7-4-13　*C* 监测站空气环境质量综合评价指标灰色预测结果

数据序号	2005	2006	2007	2008	2009	2010	2011	2012	2013	2014
原始数据	2.718	2.622	2.516	2.464	2.312					
预测数据	2.718	2.627	2.525	2.427	2.334	2.243	1.156	2.073	1.99	1.915
预测误差	0	0.18%	0.36%	-1.5%	0.93%					
预测模型	$\hat{x}^{(1)}(k+1)=-67.88406e^{-0.03946379k}+70.60207$									

从表 7-4-12,表 7-4-13 可见,灰色预测模型的精度较高,模型原点误差分别为 1.58%,0.93%,均小于 5%,符合建模要求.

习 题 7

1. 设函数 $f(x)=\begin{cases} axe^{1-bx}, & 0\leqslant 0\leqslant 2/b, \\ 0, & \text{其他}. \end{cases}$

（1）给出 $A=\left[\dfrac{1}{2b},\dfrac{3}{2b}\right]$，求出 f 在 A 上的模糊优越集及模糊极大值；

（2）给出 $A=e^{-x^2}\in F(\mathbf{R})$，求出 f 在 A 上的模糊优越集及模糊极大值.

2. 某伞厂经市场预测发现，伞的直径与效益有如下关系：

$$f(x)=\begin{cases} e^{-\left(\frac{x-100}{2}\right)^2} & 50\leqslant x\leqslant 100, \\ 0 & \text{其他}. \end{cases}$$

已知该厂适合生产各种直径的伞的条件是一个模糊集，其隶属函数为

$$A(x)=\begin{cases} 1 & 0\leqslant x\leqslant 60, \\ \dfrac{1}{1+(x-60)^2}, & x>60. \end{cases}$$

（1）试求 f 的模糊优越集 M_f；

（2）试用对称型模糊规划求最佳投放量 x^*；

（3）若对 M_f 和 A 的权重分别为 0.4 和 0.6，试求此时最佳投放量 x^*.

3. 某药品加工厂生产甲乙两种药品，甲种药品每 kg 利润 3 万元，乙种药品每 kg 利润 4 万元. 生产每 kg 甲种药品需要原料 A 略少于 4 kg，需要原料 B 约 12 kg. 生产每 kg 乙种药品需要原料 A 略多于 20 kg，需要原料 B 约 6.4 kg. 现原料 A 还有约 4 600 kg，原料 B 还有约 4 800 kg. 如何安排甲乙两种药品的产量以使利润最大.

4. 设在某食品中投放某种调味剂，每 kg 食品含 x g，对顾客喜爱程度作调查统计，得到爱好程度为

$$f(x)=\begin{cases} \dfrac{x}{2}e^{1-x/10}, & 0\leqslant x\leqslant 100, \\ 0, & \text{其他}, \end{cases}$$

顾客越喜爱的食品越畅销，从而收益越大. 但由于这种调味剂放多了对人体健康有害，故要加以适当的限制，这种限制表示为一个模糊集，其隶属函数为

$$A(x)=\begin{cases} 1 & 0\leqslant x\leqslant 1, \\ \dfrac{1}{1+(x-1)^2}, & x>1, \end{cases}$$

试确定合理的调味剂量 x^*.

5. 在植物生长过程中，种植密度与产量有密切关系，已知某种杉树的种植密度和产量有如下函数关系：$y=f(x)=\dfrac{10^6}{2x}(x\geqslant 1\ 000)$，其中 x 表示每公顷($10\ 000\ \mathrm{m}^2$)上种植的棵数，y 表示每公顷上木材的体积. 设有一片杉树森林，其密度不均，估计“大约是三千”，其隶属度为 $\underset{\sim}{A}(x)=\exp\left(-\dfrac{(x-3\ 000)^2}{1\ 000\ 000}\right)$，试估计该森林每公顷木材的产量.

6. 求解模糊线性规划：

$$
\begin{aligned}
\max \quad & Z=5x_1+x_2,\\
\text{s.t.} \quad & 3x_1+2x_2\leqslant 1\ 000,\\
& x_1\leqslant 300,\\
& x_2\leqslant 200,\\
& x_1,x_2\geqslant 0.
\end{aligned}
$$

7. 求解多目标线性规划问题：

$$
\begin{aligned}
\max \quad & Z_1=3x_1+11x_2,\\
& Z_2=8x_1+8x_2,\\
& Z_3=10x_1+x_2,\\
\text{s.t.} \quad & -8x_1+11x_2\leqslant 143,\\
& 8x_1+11x_2\leqslant 319,\\
& 13x_1+5x_2\leqslant 351,\\
& x_1,x_2\geqslant 0.
\end{aligned}
$$

8. 对浙江省人口进行灰色预测，1979—2010 年 32 年的人口数据见下表，进行短期的人口预测，然后估计后 15 年的人口情况.

浙江省历年人口总数表(万人)

年份	实际人口	年份	实际人口	年份	实际人口	年份	实际人口
1979	3 792.33	1987	4 121.19	1995	4 369.63	2003	4 551.58
1980	2 826.58	1988	4 169.85	1996	4 400.09	2004	4 577.22
1981	3 871.51	1989	4 208.88	1997	4 422.28	2005	4 602.11
1982	3 924.32	1990	4 234.91	1998	4 446.86	2006	4 629.43
1983	3 963.1	1991	4 261.37	1999	4 467.46	2007	4 659.34
1984	3 993.09	1992	4 285.91	2000	4 501.22	2008	4 687.85
1985	4 029.56	1993	4 313.3	2001	4 519.84	2009	4 716.18
1986	4 070.07	1994	4 341.2	2002	4 535.98	2010	4 747.95

第 8 章 常用软件基础与应用实例

在数学建模中,利用数学软件实现计算已经成为一种常用的方法.本章讨论在数学建模中经常使用的数学软件的使用方法和利用软件实现常用算法的实例,主要讨论 MATLAB 和 LINGO 两个软件.

8.1 MATLAB 程序设计基础

MATLAB 是一款以矩阵为基本运算单位的用途广泛、发展迅速、功能强大的数学与工程计算软件.MATLAB 的安装和启动与大多数基于 Windows 操作系统的应用软件类似,系统启动后的界面如图 8-1-1 所示.

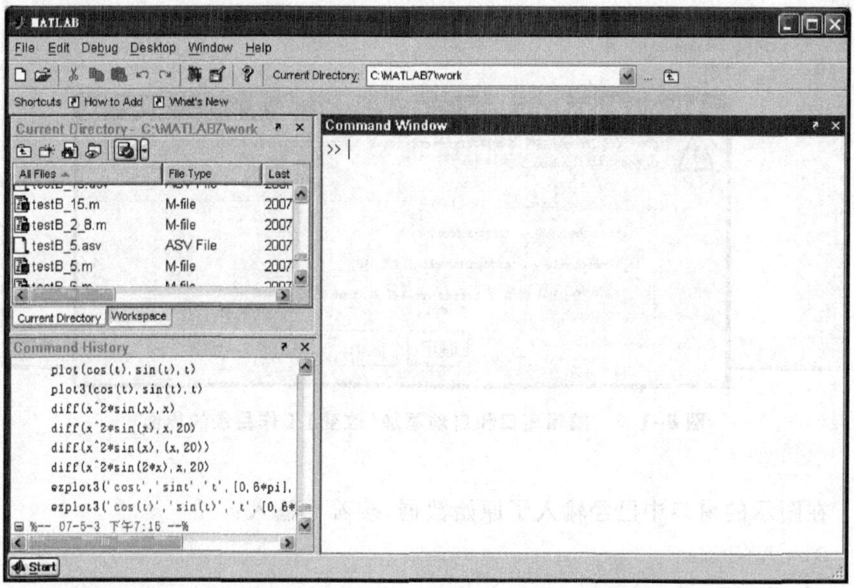

图 8-1-1　MATLAB 7.0 系统主界面

主界面上有5个窗口:主窗口、命令窗口、当前目录窗口、工作空间窗口、命令历史窗口,主要使用的是主窗口和命令窗口,其他窗口是辅助性的.命令窗口是使用者和系统交互的场所.

8.1.1 MATLAB的基本操作和矩阵的基本运算

MATLAB的所有运算都是以矩阵为基本运算对象的,因此系统将所有的变量都作为矩阵对待,在一般情况下,变量的使用不用事先声明,可以直接使用.

例8.1 设$\boldsymbol{A}=\begin{pmatrix}1&4&7\\2&5&8\\3&6&9\end{pmatrix}$,$\boldsymbol{B}=\begin{pmatrix}2&3&4\\3&4&5\\4&5&3\end{pmatrix}$,$\boldsymbol{c}=\begin{pmatrix}1\\2\\3\end{pmatrix}$,求:$\boldsymbol{A}+\boldsymbol{B}$,$\boldsymbol{AB}$,$\boldsymbol{Ac}$.

由于需要输入的内容较多,这里介绍MATLAB的编辑工具Editor,这是一个功能很强的编辑工具,其实就是一个编辑、调试、运行MATLAB程序的集成环境.从主窗口的File菜单中选New→M-File,系统就会打开一个新的窗口,进入Editor,如图8-1-2所示.

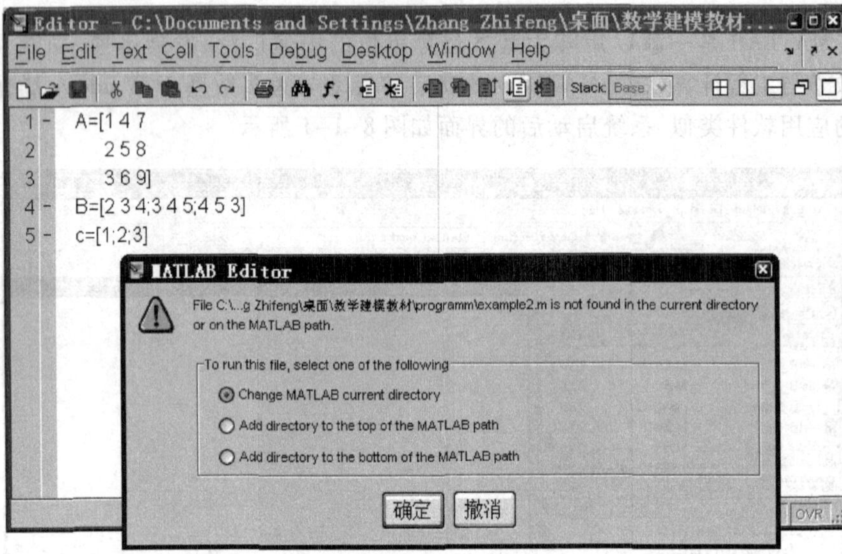

图8-1-2 编辑窗口和自动添加(改变)工作目录的界面

在图示的窗口中已经输入了原始数据,接着再输入:

```
D1 =A+B
D2 =A * B
D3 =A * c
```

然后,根据系统的提示,在适当的位置保存编辑的程序,使得以后使用比较方便,运行程序,可在命令窗口得到计算结果.

现在再来看一下 Editor 窗口的工具按钮和功能(图 8-1-3).

图 8-1-3 Editor 工具按钮解释

从这些按钮可以看出,在这个集成环境中,可以完成许多工作.

为了尽快熟悉一些常见的矩阵运算在 MATLAB 中的实现方法,将 MATLAB 中关于矩阵的基本命令和功能列于表 8-1-1 中.

表 8-1-1 MATLAB 中关于矩阵运算的基本命令表

(表中以大写字母表示矩阵,小写字母表示数字)

序号	MATLAB 命令	功能
1	A′	矩阵 $\boldsymbol{A}$ 的转置
2	A+B	矩阵 $\boldsymbol{A}$ 与矩阵 $\boldsymbol{B}$ 的和
3	A-B	矩阵 $\boldsymbol{A}$ 减矩阵 $\boldsymbol{B}$
4	k*A	数 k 乘矩阵 $\boldsymbol{A}$
5	A*B	矩阵 $\boldsymbol{A}$ 乘矩阵 $\boldsymbol{B}$
6	det(A)	矩阵 $\boldsymbol{A}$ 的行列式
7	rank(A)	矩阵 $\boldsymbol{A}$ 的秩
8	inv(A)	矩阵 $\boldsymbol{A}$ 的逆
9	B/A	$\boldsymbol{B}$ 左乘 $\boldsymbol{A}$ 的逆;或 $\boldsymbol{A}$ 右除 $\boldsymbol{B}$,即 $\boldsymbol{B}*\mathrm{inv}(\boldsymbol{A})$
10	A\B	$\boldsymbol{B}$ 右乘 $\boldsymbol{A}$ 的逆;或 $\boldsymbol{A}$ 左除 $\boldsymbol{B}$,即 $\mathrm{inv}(\boldsymbol{A})*\boldsymbol{B}$
11	A^n	$\boldsymbol{A}$ 的 n 次幂
12	A.*B	$\boldsymbol{A}$ 与 $\boldsymbol{B}$ 的对应元素相乘
13	Ai=A(i,:);	选择 $\boldsymbol{A}$ 的第 i 行生成一个行向量
14	Aj=A(:,j);	选择 $\boldsymbol{A}$ 的第 j 列生成一个列向量

续表

序号	MATLAB 命令	功能
15	A(起始行:步长:终行,起始列:步长:终列)步长为1时可以省略	选择 **A** 的某几行、某几列上交叉元素生成 **A** 的子矩阵
16	zeros(n)	生成 n 阶零矩阵
17	eye(n)	生成 n 阶单位矩阵
18	A1 * A2	两个向量的内积
19	eig(A)	**A** 的特征值
20	[X,D]=eig(A)	**A** 的特征向量矩阵 **X** 及 **A** 的特征值组成的对角矩阵 D
21	orth(A)	将非奇异矩阵 **A** 正交化
22	A([i,j],:)=A([j,i],:)	**A** 的第 i 行与第 j 行互换
23	A(i,:)=k*A(i,:)	用 k 乘以 **A** 的第 i 行
24	A(i,:)=A(i,:)+k*A(j,:)	**A** 的 i 行加上第 j 行的 k 倍
25	B=[A,E;O,A]	由已定义的矩阵生成新的矩阵
26	rref(A)	求 **A** 的列向量组的一个极大线性无关组

MATLAB 的一些其他命令(表 8-1-2):

表 8-1-2 MATLAB 常用命令表

序号	MATLAB 命令	功能
1	save 文件名 变量名	存储工作空间变量,即命令窗口使用过的变量
2	whos	列出工作空间的所有变量
3	help 命令	help 函数名 可查阅该函数的用法
4	demo 命令	运行演示程序 demo

8.1.2 MATLAB 中的极限和微积分运算

在微积分中,根据微积分的原理,曾经学习过各种各样的求函数极限和微积分的计算方法,包括许多技巧,现在尝试用软件来解决这些问题.

在 MATLAB 中,常用的初等函数表示方法如表 8-1-3 所示.

表 8-1-3　常用初等函数表

函数名	MATLAB 命令	功能
幂函数	x^a	求 x 的 a 次幂
	sqrt(x)	求 x 的平方根
指数函数	a^x	求 a 的 x 次幂
	exp(x)	求 e 的 x 次幂
对数函数	log(x)	求 x 的自然对数
	log2(x)	求 x 的以 2 为底的对数
	log10(x)	求 x 的以 10 为底的对数
三角函数	sin(x)	正弦函数
	cos(x)	余弦函数
	tan(x)	正切函数
	cot(x)	余切函数
	sec(x)	正割函数
	csc(x)	余割函数
反三角函数	asin(x)	反正弦函数
	acos(x)	反余弦函数
	atan(x)	反正切函数
	acot(x)	反余切函数
	asec(x)	反正割函数
	acsc(x)	反余割函数
绝对值函数	abs(x)	求 x 的绝对值

MATLAB 提供的命令函数 `limit()` 可以完成极限运算,其调用格式如下:

```
limit(F,x,a,'left')
```

该命令对表达式 F 求极限,独立变量 x 从左边趋于 a,函数中除 F 外的参数均可省略,'left'(表示左极限)可换成 'right'(表示右极限).举例如下:

例 8.2　求极限 $S=\lim\limits_{x\to+\infty}\left(1+\dfrac{a}{x}\right)^{x}$.

解　可用以下程序完成:

```
clear
```

```
F=sym('(1+a/x)^x')
S=limit(F,'x',inf,'left')
```

结果为 S=exp(a).其中,语句 F=sym('(1+a/x)^x')表示定义符号表达式$\left(1+\frac{a}{x}\right)^x$.

也可用以下的语句来完成:

```
clear;
syms x  a                  %   把 x 和 a 先说明成符号
F=(1+a/x)^x                %   这个定义形式和前面不同
limit(F,x,inf,'left')      %   x 本身就是符号,因此不需要单引号
```

结果为 S=exp(a).

MATLAB 提供的命令函数 diff()可以完成求函数导数的运算,其调用格式如下:

```
diff(fun,x,n)
```

其意义是求函数 fun 关于变量 x 的 n 阶导数,n 为 1 时可省略.这里的 fun 用上例的后一种方式来定义较为妥当.

例 8.3 求函数 $y=\ln\frac{x+2}{1-x}$的一阶和三阶导数.

解 可用以下程序完成:

```
clear;
syms x
y=log((x+2)/(1-x));
dy=diff(y,x)
dy3 =diff(y,x,3)
pretty(dy3)
```

这里用到另一个函数:pretty(),其功能是使它作用的表达式更符合数学上的书写习惯.

在 MATLAB 中处理积分的函数是 int(),其调用格式有如下几种:

int(fun)　　　　计算函数 fun 关于默认变量的不定积分;
int(fun,x)　　　计算函数 fun 关于变量 x 的不定积分;
int(fun,x,a,b)　计算函数 fun 关于变量 x 从 a 到 b 的定积分.

接着通过例子来学习具体的用法:

例 8.4 计算不定积分 $\int\left(x^5+x^3-\frac{\sqrt{x}}{4}\right)\mathrm{d}x$.

解　可以用下面的程序完成：

```
clear
y=sym('x^5+x^3-sqrt(x)/4')
int(y)
pretty(ans)
```

例 8.5　计算定积分 $\int_0^1 \frac{xe^x}{(1+x)^2}dx$.

解　可以用下面的程序实现计算：

```
clear
syms x y
y=(x*exp(x))/(1+x)^2;
int(y,0,1)
```

例 8.6　计算二重积分 $\iint_D (x^2+y)\,dxdy$，其中 D 为曲线 $y^2=x$ 和 $x^2=y$ 所围成的区域.

解　区域 D 可用不等式表示为

$$x^2 \leqslant y \leqslant \sqrt{x}, 0 \leqslant x \leqslant 1,$$

所以，计算该积分的 MATLAB 程序为

```
clear
syms x y
f=x*x+y;
int(int(f,y,x*x,sqrt(x)),x,0,1)
```

例 8.7　被积曲面 S 为球面 $x^2+y^2+z^2=1$ 在第一卦限部分的外侧，计算曲面积分

$$I=\iint_S xyz\,dxdy.$$

解　先把问题转化为二重积分，积分区域为 x,y 平面内的第一象限部分. 具体的计算公式为

$$I=\iint_S xyz\,dxdy=\int_0^1\int_0^{\sqrt{1-x^2}} xy\sqrt{1-x^2-y^2}\,dydx,$$

然后计算该二次积分，程序如下：

```
clear
syms x y z
z=sqrt(1-x^2-y^2)
```

```
f=x*y*z
I=int(int(f,y,0,sqrt(1-x^2)),x,0,1)
```

从这些例子可以看到,所有的积分计算都是利用函数 int()完成的,当遇到二重积分、三重积分和曲线积分、曲面积分时需要先化为相应的累次积分,再用 int()来完成积分的计算.

8.1.3 MATLAB 中的绘图功能

微积分中讨论过一元函数的图形,空间解析几何中讨论过二次曲面的图形,现讨论用 MATLAB 软件来解决函数图形的绘制问题.

在 MATLAB 中,常用的绘图函数如表 8-1-4 所列.

表 8-1-4 常用的绘图函数表

序号	MATLAB 命令	功能
1	fplot(fun,lims)	绘制符号函数 fun 在区间 lims=[xmin,xmax]上的图形
2	plot(x,y,s)	绘制由向量 x 和向量 y 给定的平面点的图像,s 用来定义函数曲线的颜色和线型
3	ezplot(fun,lims)	用来绘制符号函数 fun 图形的简易方法,变量变化范围 lims 可以省略,此时表示 $-2\pi<x<2\pi$,如 fun 为二元函数 $f(x,y)$,则绘制隐函数 $f(x,y)=0$ 的图形.
4	plot3(X,Y,Z)	绘制三维空间的线点,其中 X,Y,Z 为确定空间点坐标的向量
5	mesh(Z), mesh(X,Y,Z,C)	绘制着色的三维网纹曲面,颜色由 C 决定
6	meshgrid(x,y)	由向量 x 和 y 生成网格点(x,y),与 mesh()配合使用
7	ezmesh(f)	3-D 网格图的简单绘制方法,f 是一个符号函数
8	cylinder(R,N)	绘制以 R 为准线,绕坐标轴旋转的单位高度的旋转曲面,与 surf 配合使用

对于上表列出的函数,分别举例如下:

例 8.8 用 fplot()绘制函数 $y=x^3+2x^2+e^x$ 在区间[-3,1]上的图形.

解 MATLAB 命令如下:

```
fplot('x^3+2*x^2+exp(x)',[-3,1])
```

得到的图形如图 8-1-4 所示. fplot()的另一种使用方法如下：

```
fplot(@sin,[-pi,pi])
```

得到的图形如图 8-1-5 所示,其中函数 sin(x)为系统已经定义的函数名,它已经以一个磁盘文件的形式存储在磁盘上,sin(x)是一个系统函数,以后再专门介绍如何定义函数.

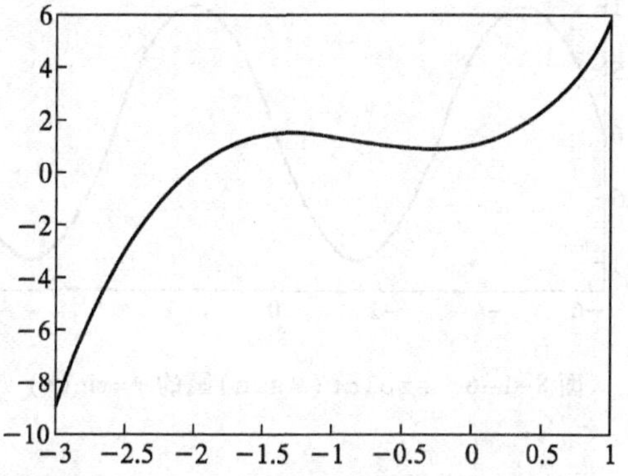

图 8-1-4　函数 $y=x^3+2x^2+e^x$ 的图形

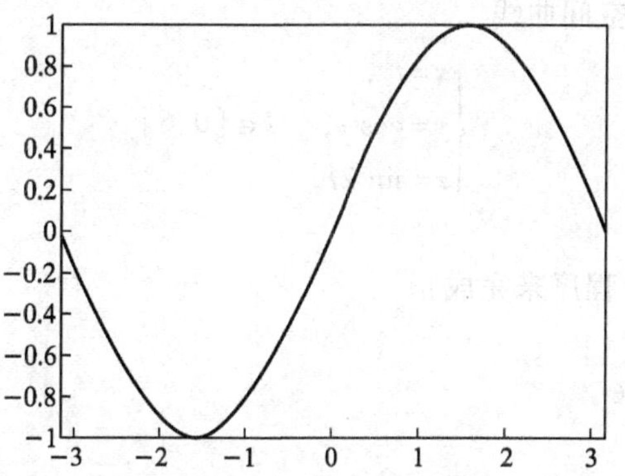

图 8-1-5　$y=\sin(x)$ 的图形

接着讨论函数 plot()的用法,plot()与 fplot()的一个很大的区别就是:fplot()只需要定义好函数,给出自变量的变化范围,函数值是由 MATLAB 自动计算的,而 plot()则是需要计算好函数值之后,由 MATLAB 来绘图. 同样对于上面的例子,现在的用法如下：

```
x=-3 :0.1 :1;
y=x.^3+2 * x.^2+exp(x);
plot(x,y)
```

得到的图形和图 8-1-4 是基本一样的.

关于 ezplot(),其用法和 fplot()基本一样,只是它可以省略自变量的变化范围,此时系统给出默认的变化范围为$[-2\pi,2\pi]$. 如 ezplot(@sin)绘制出如图 8-1-6 的图形.

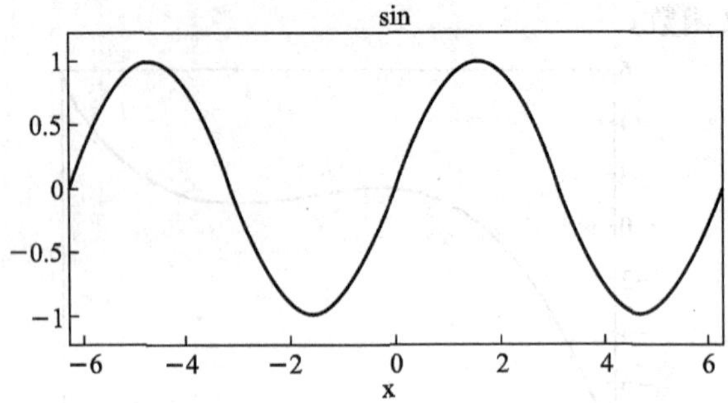

图 8-1-6 ezplot(@sin)画的 $y=\sin(x)$

前面几个都是绘制平面曲线的实例,接着讨论空间曲线和曲面的绘制.

先讨论空间曲线的绘制,举例说明如下:

例 8.9 绘制空间曲线

$$\begin{cases} x=t^3, \\ y=\cos t, \quad t\in[0,6] \\ z=\sin 2t, \end{cases}$$

的图形.

解 可用如下程序来完成:

```
clear
t=0 :0.1 :6;
x=t.^3;
y=cos(t);
z=sin(2*t);
plot3(x,y,z)
```

得到如图 8-1-7 的图形.

再看曲面的绘制.

例 8.10 绘制曲面 $z=\sqrt{x^2+y^2}$ 的图形.

解 可用如下程序来完成:

```
clear
s=-10 :0.1 :10;                % 给出 s 轴上的一系列分点
```

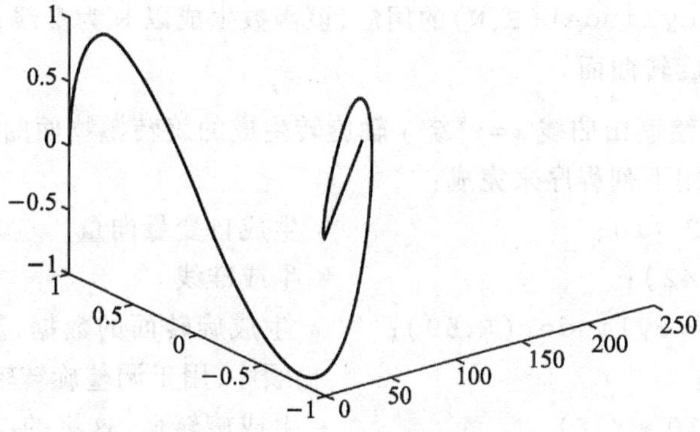

图 8-1-7　空间曲线示意图

```
t=-10 :0.1 :10;               % 给出 t 轴上的一系列分点
[x,y]=meshgrid(s,t);          % 构成 st 平面上的网格点
z=sqrt(x.^2+y.^2);            % 计算网格点上的函数值
mesh(x,y,z);                  % 根据函数值绘制空间曲面的形状
```

得到如图 8-1-8 的图形. 这里,mesh()的工作原理比较复杂,简单的解释是将空间每三个点,就近连成一个三角面片.

函数 ezmesh()是一种简单的绘图方法,系统基本完成了所有的工作.

例 8.11　用 ezmesh()绘函数 $z=\sqrt{x^2+y^2}$ 的图形.

解　可用如下程序来完成:

```
ezmesh('sqrt(x.^2+y.^2)')
```

结果如图 8-1-9 所示.

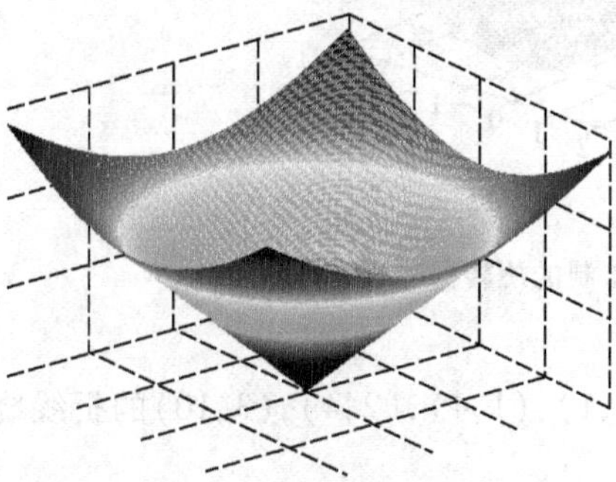

图 8-1-8　曲面示意图

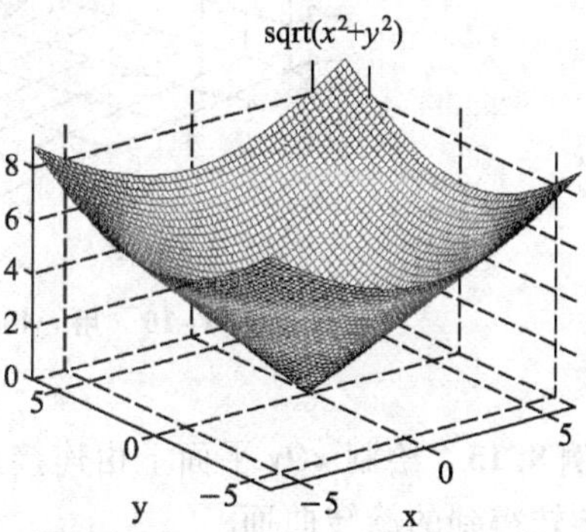

图 8-1-9　函数 ezmesh('sqrt(x.^2+y.^2)')的结果

接着介绍 cylinder(R,N)的用法，该函数生成以 R 为准线，绕坐标轴旋转的单位高度的旋转曲面.

例 8.12 绘制由曲线 $x=y^{\frac{1}{2}}$ 绕 y 轴旋转生成的旋转抛物面的图形.

解 可以用下列程序来完成：

```
y=0 :0.2 :10;                    % 生成自变量向量
R=y.^(1/2);                      % 生成准线
[X,Z,Y]=cylinder(R,50);          % 生成旋转面的数据，注意 X,Y,Z 的
                                   顺序，用于调整旋转轴
surf(X,10*Y,Z)                   % 生成旋转面，这里的 10 用于控制图
                                   形的高度
xlabel('x')
ylabel('y')
zlabel('z')
view(140,25)                     % 调整视点
```

结果如图 8-1-10 所示.

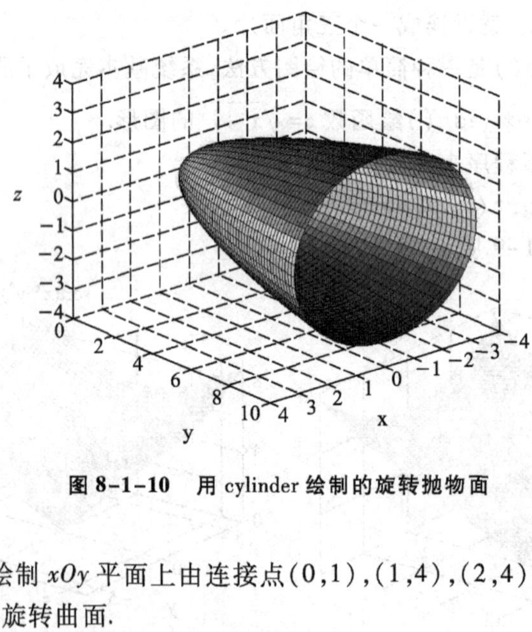

图 8-1-10 用 cylinder 绘制的旋转抛物面

例 8.13 绘制 xOy 平面上由连接点(0,1),(1,4),(2,4),(3,10)的折线绕 y 轴旋转得到的旋转曲面.

解 可以用下列程序来完成：

```
R=[1,4,4,10];                    % 生成准线向量
[X,Y,Z]=cylinder(R,50);          % 生成旋转面的数据
```

```
surf(X,3*Y,Z)                    % 生成旋转面
xlabel('x')
ylabel('y')
zlabel('z')
```

结果如图 8-1-11 所示.

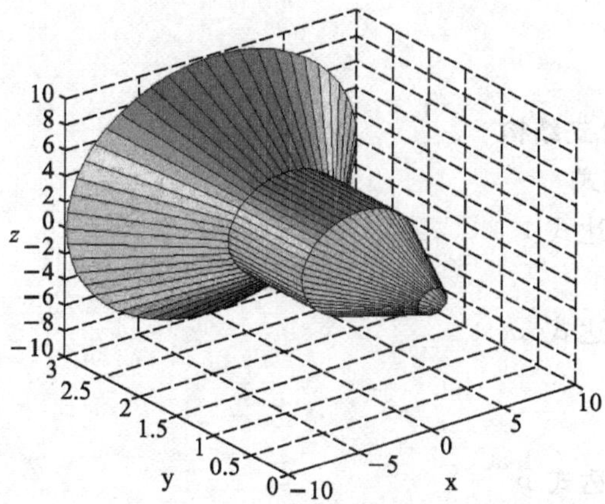

图 8-1-11　例 8.13 的结果示意图

8.1.4　MATLAB 中的程序结构

在 MATLAB 中,程序结构一般可分为顺序结构、循环结构、分支结构三种. 顺序结构是指程序顺序逐条执行,循环结构与分支结构都有其特定的语句,这样可以增强程序的可读性.

1. for 循环结构

```
for i=初值:增量:终值
  循环体
end
```

2. while 循环结构

```
while 条件表达式
  循环体
end
```

3. if 分支结构

```
if 条件表达式
```

```
  语句组
end
或
if 条件表达式
  语句组
else
  语句组
end
```

4. switch 分支结构

```
switch 表达式
case 常量表达式 1
  语句组 1
case 常量表达式 2
  语句组 2
……
case 常量表达式 n
  语句组 n
otherwise
  语句组
end
```

5. 程序的流程控制

(1) continue 语句,用于 for 和 while 循环体中,其作用是终止一次循环的执行,跳过本次循环中未被执行的语句,去执行下一轮循环.

(2) break 语句,结束当前循环,执行当前循环结构后的第一个语句,break 语句常与 if 语句配合使用.

(3) return 语句,使它所在的函数结束运行,并返回到调用该函数的函数.

8.1.5 MATLAB 中的自定义函数

在 MATLAB 中,系统已经定义了常用的函数,如 sin(x),cos(x),sqrt(x),log(x),exp(x)等,但不论系统定义得多么完善,总存在一些不能满足用户的具体需求之处,因此,MATLAB 提供了自定义函数的功能,自定义函数的常用方法有三种,一种是通过建立 m 文件,这种方法定义的函数可以像系统定义的函数那样使用.第二种是定义内连函数.而对于一些比较简单的函数,可以将函数表达式用单引号引起来，直接写在指定的位置.

由于 m 文件是用得最多的，故这里仅就 m 文件方法举例如下.

设函数为 $f(x)=x^3+2x^2+e^x$，用定义 m 文件的方法，建立文件 f.m 如下：

```
function y=f(x)
y=x.^3+2*x.^2+exp(x)
```

建好这个文件后，如果要计算这个函数在 $x=2.5$ 处的值，只要在命令窗口输入 $f(2.5)$ 即可得到函数值，如果要绘制这个函数的图形，只要在命令窗口中输入 ezplot(@f)即可绘制出该函数的图形.

这里要注意的是：以 m 文件定义函数时，文件的内容必须以 function 开头，文件名也必须与函数名一致，函数值可以是标量，也可以是向量，是向量时，在函数中需逐个计算各个分量.这里，给出一个定义向量函数的例子.

例 8.14 设有函数

$$\boldsymbol{Y}=\begin{pmatrix} y_1 \\ y_2 \\ y_3 \end{pmatrix}=\boldsymbol{f}_1(X)=\boldsymbol{f}_1(x_1,x_2,x_3,x_4)=\begin{pmatrix} 2x_1+x_2^2+3x_3^2+x_4^3+2 \\ x_1+x_1x_2+x_2x_3+x_4^3+1 \\ x_1+x_2+x_3x_4+3 \end{pmatrix},$$

试用 MATLAB 定义该函数，并计算该函数在点(1,2,3,4)处的值.

解 先定义函数 y=f1(x)，打开 m 文件编辑器，输入如下内容：

```
function y=f1(x)
y(1)=2*x(1)+x(2)^2+3*x(3)^2+x(4)^3+2;
y(2)=x(1)+x(1)*x(2)+x(2)*x(3)+x(4)^3+1;
y(3)=x(1)+x(2)+x(3)*x(4)+3;
```

保存为文件 f1.m，接着在命令窗口输入命令 f1([1,2,3,4])，即可算得函数值为[99,74,18].

8.1.6 MATLAB 的文件操作

根据数据的组织形式，MATLAB 中的文件可分为 ASCII 文件和二进制文件. ASCII 文件又称文本文件，它的每一个字节放一个 ASCII 代码，代表一个字符. 二进制文件是把内存中的数据按其在内存中的存储形式原样输出到磁盘上存放. MATLAB 中的关于文件方面的函数和 C 语言相似(表 8-1-5).

表 8-1-5 MATLAB 中的关于文件的函数列表

函 数 分 类	函数名	功能
打开和关闭文件	fopen	打开文件
	fclose	关闭文件

续表

函数分类	函数名	功能
读写二进制文件	fread	读二进制文件
	fwrite	写二进制文件
格式输入/输出	fscanf	从文件中读格式数据
	fprintf	写格式数据
	fgetl	从文件中读行,不返回行结束符
	fgets	从文件中读行,返回行结束符
读写字符串	sprintf	把格式数据写入字符串
	sscanf	格式读入字符串
文件定位	feof	检验是否为文件结尾
	fseek	设置文件定位器
	ftell	获取文件定位器
	frewind	返回到文件的开头

1. 文件的打开和关闭

对文件读写之前应该“打开”该文件,在使用结束之后应“关闭”该文件.函数 fopen 用于打开文件,其调用格式为

```
fid=fopen('filename','permission')
```

fid 是文件标识符(file identifier),fopen 指令执行成功后就会返回一个正的 fid 值,如果 fopen 指令执行失败,fid 就返回 -1.filename 是文件名.permission 是文件允许操作的类型,可设为以下几个值:

'r' 只读

'w' 只写

'a' 只能追加(append)

'r+' 可读可写

与 fopen 对应的指令为 fclose,它用于关闭文件,其指令格式为

```
status=fclose(fid)
```

如果成功关闭文件,status 返回的值就是 0。

2. 文件的读写操作

(1) fwrite 的指令格式

fwrite(fid,要保存的数据矩阵,'精度格式')

执行 help fread 即可查到精度格式的设定.

(2) fprintf 的指令格式

fprintf(fid,'数据格式',需要保存的数据矩阵)

例 8.15 产生 10 个随机数,并保存到一个纯文本文件 data1.txt 中.

解 可用下列程序完成:

```
clear,clc
a=rand(1,10)
fid=fopen('data1.txt','w');
fprintf(fid,'%8.4f',a);
fclose(fid);
load data1.txt
data1
```

(3) save 的指令格式

save filename 变量 1 变量 2…

使用 load filename 即可把变量 1、变量 2、…调出来.

如果要保存为 ASCII 码,就要在后面加上-ascii,即

save filename 变量 1 变量 2 … -ascii

对于 save 指令,处理大量数据存取有一个技巧非常有用,即

save('filename','变量 1', '变量 2',…)

由于 filename 是用字符串表示的,所以可以使用程序进行控制,使其每处理完一次就存一个不同的文件名称.

例 8.16 自动以不同的文件名生成不同的数据文件:

```
clear,clc
m=1:10;
for i=1:length(m)
    n=m.^i;nf=[m',n'];
    t=char(['nf',int2str(i),'=nf'])
    eval(t)
    save(['data',int2str(i)]),['nf',int2str(i)]
end
```

(4) load 纯文本文件

在程序中加入

load filename.txt

就建立了变量名为 filename 的数据.

8.1.7 动画制作

动画制作通常有两种方法:一种是预先将图形制作好,并放到图形缓冲区内,然后一帧一帧地播放.另一种方法是保持整个背景图案不变,只更新运动部分的图案,以便加快每幅图的实时生成速度.

1. 简单动画制作

在 getframe 命令下,可以完成动态数据到动态画面的制作.其使用格式及制作步骤一般为

```
for j=1:n
      plot_command
      M(j)=getframe;
end
movie(M,n)
```

其中 M(j)= getframe 将当前图形窗口中的画面作为第 j 帧存入矩阵 M, movie(M,n)将按顺序放映矩阵 M 中存储的画面,并重复 n 次.

例 8.17 动画的实例:

```
t=0:0.1:2*pi+0.1;
x=cos(t);y=sin(t);
for j=1:100
     plot(0.1*j*x,0.1*j*y)
     axis square
     M(j)=getframe;
end
movie(M,100)
```

例 8.18 模拟 6 个运动物体:

```
x0=[150  85  150  145  130  0];
y0=[140  85  155  50  150  0];
q=[243  236  220.5  159  230  52]*pi/180;
t=0:0.05:2*pi;
for i=0:280
       pause(0.01);
       for j=1:5
           axis([0  160  0  160]);
           fill(x0(j)+0.8*i*cos(q(j))+4*cos(t),y0(j)
```

```
            +0.8 * i * sin(q(j))+4 * sin(t),'b')
            hold on;
        end
        fill(x0(6)+0.8 * i * cos(q(6))+4 * cos(t),y0(6)
        +0.8 * i * sin(q(6))+4 * sin(t),'r')
    hold off;
end
```

2. 其他例子

在 MATLAB 里利用图形的 EraseMode 属性可以实现显示新对象,擦除旧对象,而又不破坏背景图案.图形的 EraseMode 属性有以下四种:

normal 方式　　重绘整个显示区,这种方式产生的图形最准确,但较慢;

none 方式　　不做任何擦除,直接在原来图形上绘制;

xor 方式　　对象的绘制和擦除由背景颜色和屏幕颜色的异或而定,只擦除和屏幕颜色不一致的旧对象的点,只绘制和屏幕颜色不一致的新对象的点;

background 方式　　把旧对象的颜色变为背景色,这种方式影响被擦除对象下面的对象.当新对象的属性修改后,应刷新屏幕,使新的对象显示出来。

MATLAB 里屏幕刷新的命令是 drawnow.drawnow 命令使 MATLAB 暂停目前的任务而去刷新屏幕.若不使用 drawnow 命令,MATLAB 则等到任务序列执行完后才刷新.

例 8.19　布朗运动

(1) 先确定布朗运动的点数 n 和一个温度 s(或速度).如 n=20,s=0.002.达到最好的动画效果的 n,s 与使用的计算机的性能有关.在以原点为中心、边长为 1 的正方形内产生 n 个位置随机分布的点.

(2) 在单位正方形里绘制所有的点.设置图形的 EraseMode 属性为异或(xor),即当图形的某个点的位置变化时,不用全部重绘图形,而只绘制不相同的部分,这将大大提高绘图速度.

(3) 用 while 循环实现动画效果,在每一次循环中给点的坐标加上一些正态分布的噪声,这样整个图形中只有点的坐标发生变化,而不用全部重绘整个图形.

程序如下:

```
clc clear
```

```
n=20;s=0.002;
axis square
grid off
x=rand(n,1)-0.5;y=rand(n,1)-0.5;h=plot(x,y,'.');
set(h,'EraseMode','xor','MarkerSize',18)
while 1
    x=x+s*rand(n,1);y=y+s*rand(n,1)
    set(h,'Xdata',x,'Ydata',y)
    if all(x>1)& all(y>1)
        break
    end
    drawnow
end
```

例 8.20 制作一幅钻石沿着圆周运动的动画.程序如下:

```
t=0:pi/2000:pi*2;x=sin(t);y=cos(t);
plot(x,y,'b')
axis square
n=length(t);
h=line('color','red','marker','diamond','erasemode','xor')
i=1;j=1;
while 1
    set(h,'xdata',x(i),'ydata',y(i))
    drawnow
    i=i+1;j=j+1;
    if i>n
        i=1;
    end
    if j>2*n
        break
    end
end
```

8.1.8 MATLAB 和 Excel 的数据共享

如何在 MATLAB 和 Excel 之间实现数据共享呢？MATLAB 提供了一个集成 Excel 和 MATLAB 的插件：Excel Link，通过连接 Excel 和 MATLAB，可以在 Excel 工作表中使用 MATLAB 的计算和图形功能，Excel Link 还可以在两个软件之间交换和同步数据.

Excel Link 在 Excel 工作表和 MATLAB 工作空间之间交换数据，以 Excel 作为 MATLAB 的前端，不离开 Excel 环境就可以使用 Excel Link 的功能，使用几个少量的函数就可以管理和操作数据，使用非常方便.

Excel Link 对系统的要求为 Windows XP，Excel 2003 等，安装 Excel Link 的方法如下：

1. 启动 Excel；
2. 选择工具→加载宏→浏览；
3. 在文件夹 `matlabroot/toolbox/exlink` 下找到文件 `excllink.xla`；
4. 回到加载宏对话框，确认已选中所选项，选择确认. 现在 Excel Link 宏已加载；
5. 查看 MATLAB 命令窗口按钮；
6. 查看 Excel 窗口上的 Excel Link 工具栏.

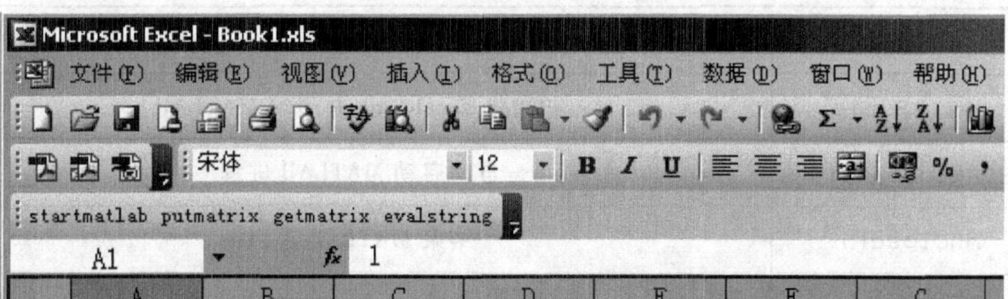

图 8-1-12 加载 Excel Link 后的 Excel 界面

界面上 `startmatlab`，`putmatrix`，`getmatrix`，`evalstring` 是联系 Excel 和 MATLAB 的操作按钮.

启动 Excel Link

(1) 自动启动

安装完成后，系统处于自动启动状态，当启动 Excel 时，MATLAB 就会自动启动，如果不需要自动启动 MATLAB，则在 Excel 中输入 `MLAutoStart("no")`.

(2) 人工启动

取消自动启动后,当使用者需要启动 MATLAB 时,做如下操作:选择工具→宏→宏,在"宏名"中输入:matlabinit,选择"执行",这时 MATLAB 命令窗口就会启动.

连接一个已经存在的 MATLAB 进程

连接一个新的 Excel 进程到一个已经存在的 MATLAB 进程,必须以参数/automation 来启动 MATLAB,这样启动的 MATLAB 作为自动的服务,窗口是最小化的,MATLAB 桌面不运行.

添加/automation 参数的方法如下,右键单击 MATLAB 快捷方式,选"属性",选"快捷方式"标签,在目标域加入/automation,注意在 matlab.exe 和/automation 之间留一个空格.

停止 Excel Link

关闭 Excel 即可同时停止 Excel 和 MATLAB,如要单独关闭 MATLAB,则在 Excel 工作表中输入=MLClose( ),如要重新启动 Excel Link,则输入 MLOpen 或 matlabinit.

连接管理函数

Excel Link 共有 4 个管理函数用于初始化、启动和停止 Excel Link 和 MATLAB,它们分别见表 8-1-6.

表 8-1-6

函数	功能
MATLABinit	初始化 Excel Link 并启动 MATLAB
MLAutoStart()	自动启动 MATLAB 进程
MLClose()	结束 MATLAB 进程
MLOpen()	启动 MATLAB 进程

除了 matlabinit 以外,所有函数均可在 Excel 工作表中作为函数使用,而 matlabinit 需要在 Excel 工具→宏菜单中使用.

数据管理函数

Excel Link 提供了如下数据管理函数(表 8-1-7)用于在 Excel 和 MATLAB 之间传递数据和在 Excel 中执行 MATLAB 命令.

表 8-1-7

函数	功能
MATLABfcn	执行 MATLAB 命令给出 Excel 数据
MATLABsub	执行 MATLAB 命令给出 Excel 数据并指定输出目录
MLAppendMatrix	从 Excel 工作表的数据在 MATLAB 中创建新矩阵或向 MATLAB 中的矩阵追加数据
MLDeleteMatrix	删除 MATLAB 矩阵
MLEvalString	MATLAB 求值命令
MLGetFigure	将 MATLAB 当前的图形导入 Excel 的 spreadsheet
MLGetMatrix	在 Excel 工作表中写 MATLAB 矩阵目录
MLGetVar	在 Excel VBA 变量中写 MATLAB 矩阵的列表
MLPutMatrix	用 Excel 工作表中的数据创建或覆盖 MATLAB 矩阵
MLPutVar	从 Excel VBA 变量创建或覆盖 MATLAB 矩阵
MLShowMATLABError	被 MLEvalString 用来返回标准的 Excel Link 错误或完整的 MATLAB 错误
MLStartDir	启动后指定当前 MATLAB 工作目录
MLUseFullDesktop	指定是否使用完全 MATLAB 桌面或仅仅命令窗口

8.2 LINGO 程序设计基础

8.2.1 LINGO 快速入门

当在 Windows 下开始运行 LINGO 系统时,会得到类似下面的一个窗口(图 8-2-1):

外层是主框架窗口,包含了所有菜单命令和工具条,其他所有的窗口将被包含在主窗口之下.在主窗口内的标题为 LINGO Model-LINGO1 的窗口是 LINGO 的默认模型窗口,建立的模型都要在该窗口内编码实现.下面举两个例子.

例 8.21 在 LINGO 中求解如下的 LP 问题:

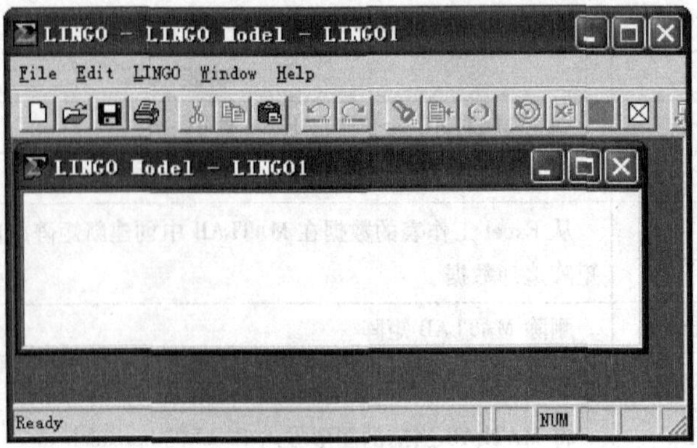

图 8-2-1　LINGO 界面图

$$
\begin{aligned}
\min\quad & 2x_1+3x_2,\\
\text{s.t.}\quad & x_1+x_2\geqslant 350,\\
& x_1\ \geqslant 100,\\
& 2x_1+x_2\leqslant 600,\\
& x_1,x_2\geqslant 0.
\end{aligned}
$$

解　在模型窗口中输入如下代码：

```
min=2*x1+3*x2;
x1+x2>=350;
x1>=100;
2*x1+x2<=600;
```

然后点击工具条上的按钮即可.

例 8.22　使用 LINGO 软件计算 6 个产地、8 个销地的最小费用运输问题. 产销单位运价如下表.

单位运价		销地								
		B_1	B_2	B_3	B_4	B_5	B_6	B_7	B_8	产量
产地	A_1	6	2	6	7	4	2	9	5	60
	A_2	4	9	5	3	8	5	8	2	55
	A_3	5	2	1	9	7	4	3	3	51
	A_4	7	6	7	3	9	2	7	1	43
	A_5	2	3	9	5	7	2	6	5	41
	A_6	5	5	2	2	8	1	4	3	52
	销量	35	37	22	32	41	32	43	38	

使用 LINGO 软件,编制程序如下:

```
model:
! 6 发点 8 收点运输问题;
sets:
 warehouses/wh1..wh6/:capacity;
 vendors/v1..v8/:demand;
 links(warehouses,vendors):cost,volume;
endsets
! 目标函数;
```

8.2.2 LINGO 中的集

对实际问题建模的时候,总会遇到一群或多群相联系的对象,例如工厂、消费者群体、交通工具和雇工等. LINGO 允许把这些相联系的对象聚合成**集**(set). 一旦把对象聚合成集,就可以利用集来最大限度地发挥 LINGO 建模语言的优势.

现在将深入介绍如何创建集,并用数据初始化集的属性. 学完本节后,对基于建模技术的集如何引入模型会有一个基本的理解.

集是 LINGO 建模语言的基础,是程序设计最强有力的基本构件. 借助于集,能够用一个单一的、长的、简明的复合公式表示一系列相似的约束,从而可以快速方便地表达规模较大的模型.

集是一群相联系的对象,这些对象也称为集的**成员**. 一个集可能是一系列产品、卡车或雇员. 每个集成员可能有一个或多个与之有关联的特征,把这些特征称为**属性**. 属性值可以预先给定,也可以是未知的,有待于 LINGO 求解. 例如,产品集中的每个产品可以有一个价格属性;卡车集中的每辆卡车可以有一个牵引力属性;雇员集中的每位雇员可以有一个薪水属性,也可以有一个生日属性等.

LINGO 有两种类型的集:**原始集**(primitive set)和**派生集**(derived set). 一个原始集是由一些最基本的对象组成的. 一个派生集是用一个或多个其他集来定义的,也就是说,它的成员来自于其他已存在的集.

集部分是 LINGO 模型的一个可选部分. 在 LINGO 模型中使用集之前,必须在集部分事先定义. 集部分以关键字“`sets:`”开始,以“`endsets`”结束. 一个模型可以没有集部分,或有一个简单的集部分,或有多个集部分. 一个集部分可以放置于模型的任何地方,但是一个集及其属性在模型约束中被引用之前必须定义它们.

为了定义一个原始集,必须详细声明:集的名字,[集的成员],[集成员的属性].

定义一个原始集,用下面的语法:

setname[/member_list/][:attribute_list];

注意:用"[]"表示该部分内容可选.下同,不再赘述.

setname 是用来标记集的名字,最好具有较强的可读性.集名字必须严格符合标准命名规则:以拉丁字母(A~Z)或下划线(_)为首字符,其后由拉丁字母、下划线、阿拉伯数字(0,1,…,9)组成的总长度不超过32个字符的字符串,且不区分大小写.

注意:该命名规则同样适用于集成员名和属性名等的命名.

member_list 是集成员列表.如果集成员放在集定义中,那么对它们可采取显式罗列和隐式罗列两种方式.如果集成员不放在集定义中,那么可以在随后的数据部分定义它们.

当显式罗列成员时,必须为每个成员输入一个不同的名字,中间用空格或逗号隔开,允许混合使用.

例 8.23 定义一个名为 students 的原始集,它具有成员 John,Jill,Rose 和Mike,属性有 sex 和 age.

```
sets:
  students/John Jill,Rose Mike/:sex,age;
endsets
```

当隐式罗列成员时,不必罗列出每个集成员.可采用如下语法:

setname/member1..memberN/[:attribute_list];

这里的 member1 是集的第一个成员名,memberN 是集的最末一个成员名.LINGO 将自动产生中间的所有成员名.LINGO 也接受一些特定的首成员名和末成员名,用于创建一些特殊的集.列表如下(表 8-2-1).

表 8-2-1

隐式成员列表格式	示例	所产生集成员
1..n	1..5	1,2,3,4,5
StringM..StringN	Car2..Car14	Car2,Car3,Car4,…,Car14
DayM..DayN	Mon..Fri	Mon,Tue,Wed,Thu,Fri
MonthM..MonthN	Oct..Jan	Oct,Nov,Dec,Jan

续表

隐式成员列表格式	示例	所产生集成员
MonthYearM..MonthYearN	Oct2001..Jan2002	Oct2001,Nov2001,Dec2001,Jan2002

例 8.24 集成员不放在集定义中，而在随后的**数据部分**来定义.

```
! 集部分;
sets :
  students :sex,age;
endsets
! 数据部分;
data:
  students,sex,age=John  1  16
                   Jill  0  14
                   Rose  0  17
                   Mike  1  13;
enddata
```

注意:开头用感叹号(!),末尾用分号(;)表示注释,可跨多行.

在集部分只定义了一个集 students,并未指定成员.在数据部分罗列了集成员 John,Jill,Rose 和 Mike,并对属性 sex 和 age 分别给出了值.

集成员无论用何种字符标记,它的索引都是从 1 开始连续计数.在 attribute_list 可以指定一个或多个集成员的属性,属性之间必须用逗号隔开.

可以把集、集成员和集属性同 C 语言中的结构体作个类比.如下图:

集 ←→ 结构体

集成员 ←→ 结构体的域

集属性 ←→ 结构体实例

LINGO 内置的建模语言是一种描述性语言,用它可以描述现实世界中的一些问题,然后再借助于 LINGO 求解器求解.因此,集属性的值一旦在模型中被确定,就不可能再更改.在 LINGO 中,只有在**初始部分**中给出的集属性值在以后的求解中可更改.这与前面并不矛盾,初始部分是 LINGO 求解器的需要,并不是描述问题所必需的.

定义派生集

为了定义一个派生集,必须详细声明:

- 集的名字
- **父集**的名字
- 可选,集成员
- 可选,集成员的属性

可用下面的语法定义一个派生集:

```
setname(parent_set_list)[/member_list/][:attribute_list];
```

setname 是集的名字,parent_set_list 是已定义的集的列表,多个时必须用逗号隔开.如果没有指定成员列表,那么 LINGO 会自动创建父集成员的所有组合作为派生集的成员.派生集的父集既可以是原始集,也可以是其他的派生集.

例 8.25 原始集和派生集.

```
sets:
  product/A B/;
  machine/M N/;
  week/1..2/;
  allowed(product,machine,week):x;
endsets
```

LINGO 生成了三个父集的所有组合共八组作为 allowed 集的成员.列表如下:

编号	成员
1	(A,M,1)
2	(A,M,2)
3	(A,N,1)
4	(A,N,2)
5	(B,M,1)
6	(B,M,2)
7	(B,N,1)
8	(B,N,2)

成员列表被忽略时,派生集成员由父集成员所有的组合构成,这样的派生集称为**稠密集**.如果限制派生集的成员,使它成为父集成员所有组合构成的集合的一个子集,这样的派生集称为**稀疏集**.同原始集一样,派生集成员的声明也可以放在数据部分.一个派生集的成员列表有两种方式生成:① 显式罗列;② 设置成员资格过滤器.当采用方式①时,必须显式罗列出所有要包含在派生集中的成

员,并且罗列的每个成员必须属于稠密集.使用前面的例子,显式罗列派生集的成员:

```
allowed(product,machine,week)/A  M  1,A  N  2,B  N  1/;
```

如果需要生成一个大的、稀疏的集,那么显式罗列就很麻烦.幸运的是许多稀疏集的成员都满足一些条件以和非成员相区分.可以把这些逻辑条件看作过滤器,在 LINGO 生成派生集的成员时把使逻辑条件为假的成员从稠密集中过滤掉.

例 8.26 生成派生集的成员时把使逻辑条件为假的成员从稠密集中过滤掉.

```
sets:
  ! 学生集:性别属性 sex,1 表示男性,0 表示女性;年龄属性 age.
  students/John,Jill,Rose,Mike/:sex,age;
  ! 男学生和女学生的联系集:友好程度属性 friend,[0,1]之间
    的数.
  linkmf(students,students)|sex(&1)#eq# 1 #and# sex
        (&2)#eq# 0:
    friend;
  ! 男学生和女学生的友好程度大于 0.5 的集;
  linkmf2(linkmf)|friend(&1,&2)#ge# 0.5 :x;
endsets
data:
    sex,age=1  16
            0  14
            0  17
            1  13;
    friend=0.3  0.5  0.6;
enddata
```

用竖线(|)来标记一个成员资格过滤器的开始.#eq#是逻辑运算符,用来判断是否"相等",&1 可看作派生集的第 1 个原始父集的索引,它取遍该原始父集的所有成员;&2 可看作派生集的第 2 个原始父集的索引,它取遍该原始父集的所有成员;&3,&4,…;以此类推.注意如果派生集 B 的父集是另外的派生集 A,那么上面所说的原始父集是集 A 向前回溯到最终的原始集,其顺序保持不变,并且派生集 A 的过滤器对派生集 B 仍然有效.因此,派生集的索引个数是最终原始父集的个数,索引的取值是从原始父集到当前派生集所作限制的总和.总的

来说,LINGO 可识别的集只有两种类型:原始集和派生集.在一个模型中,原始集是基本的对象,不能再被拆分成更小的组分.原始集可以由显式罗列和隐式罗列两种方式来定义.当用显式罗列方式时,需在集成员列表中逐个输入每个成员.当用隐式罗列方式时,只需在集成员列表中输入首成员和末成员,而中间的成员由 LINGO 产生.

另一方面,派生集是由其他的集来创建.这些集被称为该派生集的父集(原始集或其他的派生集).一个派生集既可以是稀疏的,也可以是稠密的.稠密集包含了父集成员的所有组合(有时也称为父集的笛卡儿乘积).稀疏集仅包含了父集的笛卡儿乘积的一个子集,可通过显式罗列和成员资格过滤器这两种方式来定义.显式罗列方法就是逐个罗列稀疏集的成员.成员资格过滤器方法通过使用稀疏集成员必须满足的逻辑条件从稠密集成员中过滤出稀疏集的成员.不同集类型的关系见图 8-2-2.

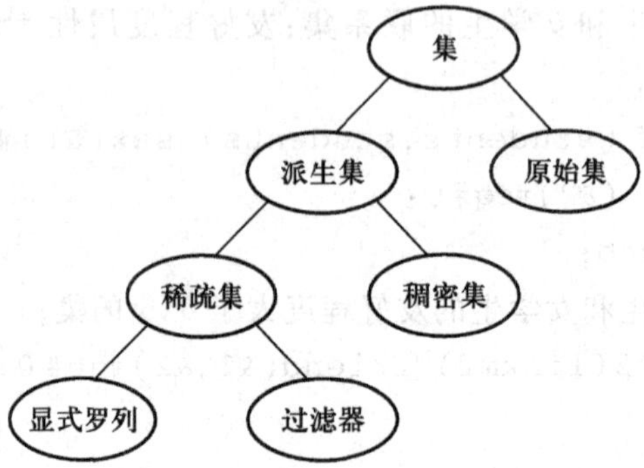

图 8-2-2　LINGO 集类

8.2.3　模型的数据部分和初始部分

在处理模型的数据时,需要为集指派一些成员并且在 LINGO 求解模型之前为集的某些属性指定值.为此,LINGO 为用户提供了两个可选部分:输入集成员和数据的**数据部分**(Data Section)和为决策变量设置初始值的**初始部分**(Init Section).

1. 模型的数据部分

(1) 数据部分入门

数据部分提供了模型相对静止部分和数据分离的可能性.显然,这对模型的维护和维数的缩放非常便利.数据部分以关键字“data:”开始,以关键字“enddata”结束.在这里,可以指定集成员、集的属性.其语法如下:

```
object_list=value_list;
```

对象列(object_list)包含要指定值的属性名、要设置集成员的集名,用逗号或空格隔开.一个对象列中至多有一个集名,而属性名可以有任意多.如果对象列中有多个属性名,那么它们的类型必须一致.如果对象列中有一个集名,那么对象列中所有的属性的类型就是这个集.

数值列(value_list)包含要分配给对象列中的对象的值,用逗号或空格隔开.注意属性值的个数必须等于集成员的个数.看下面的例子.

例 8.27 关于数据的例子.

```
sets:
  set1/A,B,C/:X,Y;
endsets
data:
  X=1,2,3;
  Y=4,5,6;
enddata
```

在集 set1 中定义了两个属性 X 和 Y.X 的三个值是 1,2 和 3,Y 的三个值是 4,5 和 6.也可采用如下例子中的复合**数据声明**(data statement)实现同样的功能.

例 8.28 复合数据声明.

```
sets:
  set1/A,B,C/:X,Y;
endsets
data:
 X,Y=1 4
     2 5
     3 6;
enddata
```

看到这个例子,可能会认为 X 被指定了 1,4 和 2 三个值,因为它们是数值列中前三个,而正确的答案是 1,2 和 3.假设对象列有 n 个对象,LINGO 在为对象指定值时,首先在 n 个对象的第 1 个索引处依次分配数值列中的前 n 个对象,然后在 n 个对象的第 2 个索引处依次分配数值列中紧接着的 n 个对象,…,依此类推.

模型的所有数据——属性值和集成员——被单独放在数据部分,这可能是最规范的数据输入方式.

(2) 参数

在数据部分也可以指定一些**标量变量**(scalar variables).当一个标量变量在数据部分确定时,称之为**参数**.看下面一例,假设模型中用利率 8.5% 作为一个参数,就可以像下面一样输入一个利率作为参数.

例 8.29 参数.

```
data:
  interest_rate=.085;
enddata
```

也可以同时指定多个参数.

例 8.30 设定多个参数.

```
data:
  interest_rate,inflation_rate=.085 .03;
enddata
```

(3) 实时数据处理

在某些情况,对于模型中的某些数据并不是定值.例如模型中有一个通货膨胀率的参数,计划在 2% 至 6% 范围内,对不同的值求解模型,来观察模型的结果对通货膨胀的依赖有多么敏感.把这种情况称为**实时数据处理**.LINGO 有一个特征可方便地做到这件事.即在本该放数的地方输入一个问号(?).

例 8.31 实时数据处理.

```
data:
  interest_rate,inflation_rate=.085  ?;
enddata
```

每一次求解模型时,LINGO 都会提示为参数 inflation_rate 输入一个值.在 Windows 操作系统下,将会接收到一个类似图 8-2-3 的对话框.

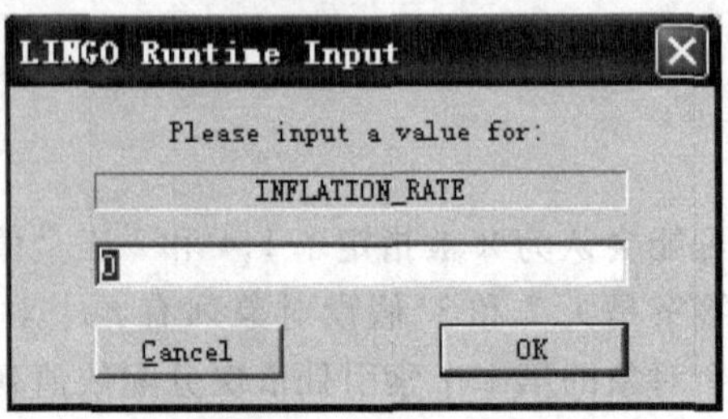

图 8-2-3 LINGO 对话框

直接输入一个值再点击 OK 按钮,LINGO 就会把输入的值指定给 inflation_rate,然后继续求解模型.

除了参数之外,也可以实时输入集的属性值,但不允许实时输入集成员名.

(4) 指定属性为一个值

可以在数据声明的右边输入一个值来把所有的成员的该属性指定为一个值.看下面的例子.

例 8.32 指定属性为一个值.

```
sets :
  days /MO,TU,WE,TH,FR,SA,SU/ :needs;
endsets
data :
  needs =20;
enddata
```

LINGO 将用 20 指定 days 集的所有成员的 needs 属性.LINGO 也可以指定多个成员的属性.

(5) 数据部分的未知数值

有时只想为一个集的部分成员的某个属性指定值,而让其余成员的该属性保持未知,以便让 LINGO 去求出它们的最优值.在数据声明中输入两个相连的逗号表示该位置对应的集成员的属性值未知.两个逗号间可以有空格.

例 8.33 部分数据未知.

```
sets :
  years /1..5/ :capacity;
endsets
data :
  capacity =,34,20,,;
enddata
```

属性 capacity 的第 2 个和第 3 个值分别为 34 和 20,其余的未知.

2. 模型的初始部分

初始部分是 LINGO 提供的另一个可选部分.在初始部分中,可以输入**初始声明**(initialization statement),和数据部分中的数据声明相同.对实际问题的建模时,初始部分并不起到描述模型的作用,在初始部分输入的值仅被 LINGO 求解器当做初始点来用,并且仅仅对非线性模型有用.和数据部分指定变量的值不同,LINGO 求解器可以自由改变初始部分初始化的变量的值.

初始部分以“init :”开始,以“endinit”结束.初始部分的初始声明规则和数据部分的数据声明规则相同.也就是说,可以在声明的同时初始化多个集属性,可以把集属性初始化为一个值,可以用问号实现实时数据处理,还可以用逗号指定未知数值.

例 8.34 模型的初始数据.

```
init:
  X,Y=0,.1;
endinit
Y=@log(X);
X^2+Y^2<=1;
```

好的初始点会减少模型的求解时间.

在这一节中,仅提出了一些基本的数据输入和初始化概念,但已足以对一般的模型加入原始数据和初始部分.

8.2.4 LINGO 函数

有了前几节的基础知识,再加上本节的内容,就能够借助于 LINGO 建立并求解复杂的优化模型.

LINGO 有 9 种类型的函数:

(1) 基本运算符:包括算术运算符、逻辑运算符和关系运算符;

(2) 数学函数:三角函数和常规的数学函数;

(3) 金融函数:LINGO 提供的两种金融函数;

(4) 概率函数:LINGO 提供了大量概率相关的函数;

(5) 变量界定函数:这类函数用来定义变量的取值范围;

(6) 集操作函数:这类函数为对集的操作提供帮助;

(7) 集循环函数:遍历集的元素,执行一定的操作的函数;

(8) 数据输入输出函数:这类函数允许模型和外部数据源相联系,进行数据的输入输出;

(9) 辅助函数:各种杂类函数.

1. 基本运算符

这些运算符是非常基本的,甚至可以不认为它们是一类函数. 事实上,在 LINGO 中它们是非常重要的.

(1) 算术运算符

算术运算符是针对数值进行操作的. LINGO 提供了 5 种二元运算符:

^　　乘方

*　　乘

/　　除

+　　加

\-　　减

LINGO 唯一的一元算术运算符是取反函数“-”.

这些运算符的优先级由高到低依次为

高　-（取反）

　　^

　　*/

低　+ -

运算符的运算次序为从左到右按优先级高低来执行. 运算的次序可以用圆括号“( )”来改变.

例 8.35　算术运算符示例.

　　2-5/3

　　(2+4)/5

等.

(2) 逻辑运算符

在 LINGO 中,逻辑运算符主要用于集循环函数的条件表达式中,来控制在函数中哪些集成员被包含,哪些被排斥. 在创建稀疏集时用在成员资格过滤器中.

LINGO 具有 9 种逻辑运算符:

#not#　　否定该操作数的逻辑值,#not#是一个一元运算符.

#eq#　　若两个运算数相等,则为 true;否则为 flase.

#ne#　　若两个运算数不相等,则为 true;否则为 flase.

#gt#　　若左边的运算符严格大于右边的运算符,则为 true;否则为 flase.

#ge#　　若左边的运算符大于或等于右边的运算符,则为 true;否则为 flase.

#lt#　　若左边的运算符严格小于右边的运算符,则为 true;否则为 flase.

#le#　　若左边的运算符小于或等于右边的运算符,则为 true;否则为 flase.

#and#　　仅当两个运算数都为 true 时,结果为 true;否则为 flase.

#or#　　仅当两个运算数都为 false 时,结果为 false;否则为 true.

这些运算符的优先级由高到低依次为

高　#not#

　　#eq#　#ne#　#gt#　#ge#　#lt#　#le#

低　#and#　#or#

例 8.36　逻辑运算符示例.

```
2 #gt# 3 #and# 4 #gt# 2
```

其结果为假(0).

(3) 关系运算符

在 LINGO 中,关系运算符主要是被用在模型中,来指定一个表达式的左边是否等于、小于等于、或者大于等于右边,形成模型的一个约束条件.关系运算符与逻辑运算符#eq#,#le#,#ge#截然不同,前者是模型中该关系运算符所指定关系的为真描述,而后者仅仅判断一个关系是否被满足:满足为真,不满足为假.

LINGO 有三种关系运算符:"=","<="和">=".LINGO 中还能用"<"表示小于等于关系,">"表示大于等于关系.LINGO 并不支持严格小于和严格大于关系运算符.然而,如果需要严格小于和严格大于关系,例如,让 A 严格小于 B:A<B,那么可以把它变成如下的小于等于表达式:A+ε<=B,这里 ε 是一个小的正数,它的值依赖于模型中 A 小于 B 多少才算不等.

下面给出以上三类操作符的优先级:

高　#not#　-(取反)

　　^

　　* /

　　+ -

　　#eq#　#ne#　#gt#　#ge#　#lt#　#le#

　　#and#　#or#

低　<=　=　>=

2. 数学函数

LINGO 提供了大量的标准数学函数,主要有:@abs(x),@sin(x),@cos(x),@tan(x),@exp(x),@log(x),@lgm(x)(返回 x 的 gamma 函数的自然对数),@sign(x),@floor(x),@smax(x1,x2,…,xn)(返回 x1,x2,…,xn中的最大值),@smin(x1,x2,…,xn)(返回 x1,x2,…,xn 中的最小值),除了已经标明的以外,其他函数的意义显而易见.

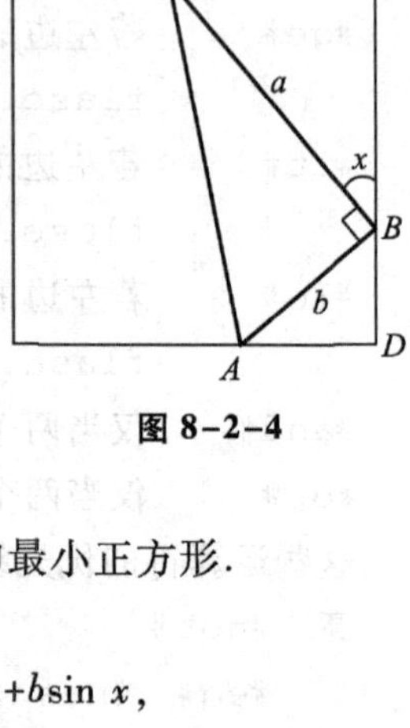

图 8-2-4

例 8.37　给定一个直角三角形,求包含该三角形的最小正方形.

解　如图 8-2-4 所示,

$$CE=a\sin x,\quad AD=b\cos x,\quad DE=a\cos x+b\sin x,$$

求最小的正方形就相当于求如下的最优化问题：

$$\min_{0\leqslant x\leqslant\frac{\pi}{2}}\max\{CE,AD,DE\}.$$

LINGO 代码如下：

```
model :
sets :
  object/1..3/ :f;
endsets
data :
  a,b=3,4;      ! 两个直角边长,修改很方便;
enddata
  f(1)=a * @sin(x);
  f(2)=b * @cos(x);
  f(3)=a * @cos(x) + b * @sin(x);
  min=@smax(f(1),f(2),f(3));
@bnd(0,x,1.57);
end
```

在上面的代码中用到了函数@bnd,@bnd(L,x,U)表示限制 L≤x≤U.

3. 金融函数

目前 LINGO 提供了两个金融函数.

(1) @fpa(I,n)

返回如下情形的净现值:单位时段利率为 I,连续 n 个时段支付,每个时段支付单位费用.若每个时段支付 x 单位的费用,则净现值可用 x 乘以@fpa(I,n)算得.@fpa 的计算公式为

$$\sum_{k=1}^{n}\frac{1}{(1+I)^{k}}=\frac{1-(1+I)^{-n}}{I}.$$

净现值就是在一定时期内为了获得一定收益在该时期初所支付的实际费用.

例 8.38 贷款买房问题　贷款金额 50 000 元,贷款年利率 5.31%,采取分期付款方式(每年年末还固定金额,直至还清).问拟贷款 10 年,每年需偿还多少元?

LINGO 代码如下：

```
    50000=x * @fpa(.0531,10);
```

答案是 $x=6\ 573.069$(元).

(2) @fpl(I,n)

返回如下情形的净现值:单位时段利率为 I,第 n 个时段支付单位费用.@fpl(I,n)的计算公式为

$$(1+I)^{-n}.$$

细心的读者可以发现这两个函数间的关系:

$$@fpa(I,n) = \sum_{k=1}^{n} @fpl(I,k).$$

4. 概率函数

系统有关概率的函数有@pbn(p,n,x),@pcx(n,x),@peb(a,x),@pel(a,x),@pfd(n,d,x),@pfs(a,x,c),@phg(pop,g,n,x),@ppl(a,x),@pps(a,x),@psl(x),@psn(x),@ptd(n,x),@qrand(seed),@rand(seed)等,用法可查阅相关书籍.

5. 变量界定函数

变量界定函数实现对变量取值范围的附加限制,共4种:

@bin(x)	限制 x 为 0 或 1.
@bnd(L,x,U)	限制 L≤x≤U.
@free(x)	取消对变量 x 的默认下界为 0 的限制,即 x 可以取任意实数.
@gin(x)	限制 x 为整数.

在默认情况下,LINGO 规定变量是非负的,也就是说下界为0,上界为+∞.@free 取消了默认的下界为 0 的限制,使变量也可以取负值.@bnd 用于设定一个变量的上下界,它也可以取消默认下界为 0 的约束.

6. 集操作函数

LINGO 提供了几个函数帮助处理集.

(1) @in(set_name,primitive_index_1 [,primitive_index_2,…])

如果元素在指定集中,返回1;否则返回0.

例 8.39 全集为 I,B 是 I 的一个子集,C 是 B 的补集.

```
sets:
  I/x1..x4/;
  B(I)/x2/;
  C(I)|#not#@in(B,&1):;
endsets
```

(2) @index([set_name,] primitive_set_element)

该函数返回在集 set_name 中原始集成员 primitive_set_element 的索引.如果 set _ name 被忽略,那么 LINGO 将返回与 primitive _ set _ element 匹配的第一个原始集成员的索引.如果找不到,则产生一个错误.

例 8.40 如何确定集成员(B,Y)属于派生集 S_3.

```
sets:
  S1/A B C/;
  S2/X Y Z/;
   S3(S1,S2)/A X,A Z,B Y,C X/;
endsets
X=@in(S3,@index(S1,B),@index(S2,Y));
```

看下面的例子,表明有时为@index 指定集是必要的.

例 8.41 为@index 指定集的必要性.

```
sets:
  girls/debble,sue,alice/;
  boys/bob,joe,sue,fred/;
endsets
I1=@index(sue);
I2=@index(boys,sue);
```

I1 的值是 2,I2 的值是 3.建议在使用@index 函数时最好指定集.

(3) @wrap(index,limit)

该函数返回 j=index-k*limit,其中 k 是一个整数,取适当值保证 j 落在区间[1,limit]内.该函数相当于 index 模 limit 再加 1.该函数在循环、多阶段计划编制中特别有用.

(4) @size(set _ name)

该函数返回集 set _ name 的成员个数.在模型中明确给出集大小时最好使用该函数.它的使用使模型中的数据更加独立,集大小改变时也更易维护.

7. 集循环函数

集循环函数遍历整个集进行操作.其语法为

@function(setname[(set _ index _ list)[|conditional _ qualifier]]:expression _ list);

@function 相应于下面罗列的四个集循环函数 for,sum,min,max 之一;setname是要遍历的集;set _ index _ list 是集索引列表;conditional _ qualifier 是用来限制集循环函数的范围,当集循环函数遍历集的每个成员时,LINGO都要对 conditional _ qualifier 进行评价,若结果为真,则对该成员执行@function 操作,否则跳过,继续执行下一次循环.expression _ list 是被应用到每个集成员的表达式列表,当用的是@for 函数时,expression _ list 可以包含多个表达式,其间用逗号隔开.这些表达式将被作为约束加到模型中.当使用其余的三个集循环函数时,expression _ list 只能有一个表达式.如果省略 set _ index _ list,那么在 expression _ list 中引用的所有属性的类型都是 setname 集.下面分别讨论这四个集循环函数.

(1) @for

该函数用来产生对集成员的约束.基于建模语言的标量需要显式输入每个约束,不过@for 函数允许只输入一个约束,然后 LINGO 自动产生每个集成员的约束.

(2) @sum

该函数返回遍历指定的集成员的一个表达式的和.

(3) @min 和@max

返回指定的集成员的一个表达式的最小值或最大值.

下面看一个稍微复杂一点的例子.

例 8.42(职员时序安排模型) 一项工作一周 7 天都需要有人(如护士工作),每天(周一至周日)所需的最少职员数为 20,16,13,16,19,14 和 12,并要求每个职员一周连续工作 5 天,试求每周所需最少职员数,并给出安排.注意这里考虑稳定后的情况.

```
model:
sets:
  days/mon..sun/:required,start;
endsets
data:
  !每天所需的最少职员数;
  required=20  16  13  16  19  14  12;
enddata
!最小化每周所需职员数;
  min=@sum(days:start);
  @for(days(J):
    @sum(days(I)|I #le# 5:
      start(@wrap(J+I+2,7))) >= required(J));
```

```
end
```

计算结果略.

从计算结果可得解决方案是:每周最少需要 22 个职员,周一安排 8 人,周二安排 2 人,周三无需安排人,周四安排 6 人,周五和周六都安排 3 人,周日无需安排人.

8. 输入和输出函数

输入和输出函数可以把模型和外部数据,如文本文件、数据库和电子表格等连接起来.

(1) @file 函数

该函数用于从外部文件中输入数据,可以放在模型中任何地方.该函数的语法格式为@file('filename')

这里 filename 是文件名,可以采用相对路径和绝对路径两种表示方式. @file 函数对同一文件的两种表示方式的处理和对两个不同的文件处理是一样的,这一点必须注意.

例 8.43 @file 函数的用法.

使用例 8.22 的问题和数据,在例 8.22 的代码中有两处涉及数据.第一个地方是集部分的 6 个 warehouses 集成员和 8 个 vendors 集成员;第二个地方是数据部分的 capacity,demand 和 cost 数据.

为了使数据和模型完全分开,可以把数据移到外部的文本文件中.修改模型代码以便于用@file 函数把数据从文本文件中拖到模型中来.修改后(修改处代码黑体加粗)的模型代码如下:

```
model:
! 6 发点 8 收点运输问题;
sets:
  warehouses/@file('A_2.txt')/:capacity;
  vendors/@file('A_2.txt')/:demand;
  links(warehouses,vendors):cost,volume;
endsets
! 目标函数;
  min=@sum(links:cost*volume);
! 需求约束;
  @for(vendors(J):
      @sum(warehouses(I):volume(I,J))=demand(J));
! 产量约束;
```

```
  @for(warehouses(I):
    @sum(vendors(J):volume(I,J))<=capacity(I));

! 这里是数据;
data:
  capacity=@file('A_2.txt');
  demand=@file('A_2.txt');
  cost=@file('A_2.txt');
enddata
end
```

模型的所有数据来自于A_2.txt 文件.其内容如下:

```
! warehouses 成员;
WH1  WH2  WH3  WH4  WH5  WH6 ~

! vendors 成员;
V1  V2  V3  V4  V5  V6  V7  V8 ~

! 产量;
60  55  51  43  41  52 ~

! 销量;
35  37  22  32  41  32  43  38 ~

! 单位运输费用矩阵;
6  2  6  7  4  2  9  5
4  9  5  3  8  5  8  2
5  2  1  9  7  4  3  3
7  6  7  3  9  2  7  1
2  3  9  5  7  2  6  5
5  5  2  2  8  1  4  3
```

把记录结束标记(~)之间的数据文件部分称为**记录**.如果数据文件中没有记录结束标记,那么整个文件被看做单个记录.注意到除了记录结束标记外,模型的文本和数据同它们直接放在模型里是一样的.

看一下在数据文件中的记录结束标记连同模型中@file 函数调用是如何

工作的.当在模型中第一次调用@file函数时,LINGO打开数据文件,然后读取第一个记录;第二次调用@file函数时,LINGO读取第二个记录等.文件的最后一条记录可以没有记录结束标记,当遇到文件结束标记时,LINGO会读取最后一条记录,然后关闭文件.如果最后一条记录也有记录结束标记,那么直到LINGO求解完当前模型后才关闭该文件.如果多个文件保持打开状态,可能就会导致一些问题,因为这会使同时打开的文件总数超过允许同时打开文件的上限16.

当使用@file函数时,可把记录的内容(除了一些记录结束标记外)看做是替代模型中@file('filename')位置的文本.这也就是说,一条记录可以是声明的一部分,整个声明,或一系列声明.在数据文件中注释被忽略.注意在LINGO中不允许嵌套调用@file函数.

(2) @text函数

该函数被用在数据部分用来把解输出至文本文件中.它可以输出集成员和集属性值.其语法为

@text(['filename'])

这里filename是文件名,可以采用相对路径和绝对路径两种表示方式.如果忽略filename,那么数据就被输出到标准输出设备(大多数情形都是屏幕).@text函数仅能出现在模型数据部分的一条语句的左边,右边是集名(用来输出该集的所有成员名)或集属性名(用来输出该集属性的值).

用接口函数产生输出的数据声明称为**输出操作**.输出操作仅当求解器求解完模型后才执行,执行次序取决于其在模型中出现的先后.

例 8.44 借用例8.42,说明@text的用法.

```
model:
sets:
 days/mon..sun/:required,start;
endsets
data:
!每天所需的最少职员数;
 required=20 16 13 16 19 14 12;
 @text('d:\\out.txt')=days '至少需要的职员数为' start;
enddata
!最小化每周所需职员数;
 min=@sum(days:start);
 @for(days(J):
```

```
      @sum(days(I)| I #le# 5:
        start(@wrap(J+I+2,7))) >= required(J));
  end
```

(3) @OLE 函数

@OLE 是从 Excel 中引入或输出数据的接口函数,它是基于传输的 OLE 技术. OLE 传输直接在内存中传输数据,并不借助于中间文件. 当使用@OLE 时,LINGO 先装载 Excel,再通知 Excel 装载指定的电子数据表,最后从电子数据表中获得 Ranges.为了使用@OLE 函数,必须有 Excel 5 及其以上版本. @OLE 函数可在数据部分和初始部分引入数据.

@OLE 可以同时读集成员和集属性,集成员最好用文本格式,集属性最好用数值格式.原始集每个集成员需要一个单元(cell),而对于 n 元的派生集每个集成员需要 n 个单元,这里第一行的 n 个单元对应派生集的第一个集成员,第二行的 n 个单元对应派生集的第二个集成员,依此类推.

@OLE 只能读一维或二维的 Ranges(在单个的 Excel 工作表(sheet)中),但不能读间断的或三维的 Ranges.Ranges 是自左而右、自上而下来读.

例 8.45 @OLE 函数使用的实例.

```
  sets:
      PRODUCT; ! 产品;
      MACHINE; ! 机器;
      WEEK;   ! 周;
      ALLOWED(PRODUCT,MACHINE,WEEK):x,y; ! 允许组合及属性;
  endsets
  data:
      rate=0.01;
      PRODUCT,MACHINE,WEEK,ALLOWED,x,y = @OLE('D:\IM-
PORT.XLS');
      @OLE('D:\IMPORT.XLS')= rate;
  enddata
```

代替在代码文本的数据部分显式输入形式,把相关数据全部放在如下电子数据表中来输入. 下面是 D:\IMPORT.XLS 的图表(图 8-2-5).

除了输入数据之外,也必须定义 Ranges 名:PRODUCT,MACHINE,WEEK,ALLOWED,x,y,即定义如下的 Ranges 名:

Name	Range
PRODUCT	B3 :B4

```
MACHINE       C3 :C4
WEEK          D3 :D5
ALLOWED       B8 :D10
X             F8 :F10
Y             G8 :G10
rate          C13
```

为了在 Excel 中定义 Ranges 名：

1）按鼠标左键拖曳选择 Range；

2）释放鼠标按钮；

3）选择“插入|名称|定义”；

4）输入希望的名字；

5）点击“确定”按钮.

	A	B	C	D	E	F	G	H
1								
2		产品	机器	周				
3		A	M	1				
4		B	N	2				
5				3				
6						集ALLOWED的属性x和y的值		
7	允许的组合（ALLOWED集成员）					x	y	
8		A	M	1		1	22	
9		A	N	2		2	10	
10		B	N	1		0	14	
11								
12	输出结果							
13		RATE	0.01					

图 8-2-5

在模型的数据部分用如下代码从 Execl 中引入数据：

```
PRODUCT,MACHINE,WEEK,ALLOWED,x,y=@OLE('D:\IMPORT.XLS');
@OLE('D:\IMPORT.XLS')=rate;
```

等价的描述为

```
PRODUCT,MACHINE,WEEK,ALLOWED,x,y
=@OLE('D:\IMPORT.XLS',PRODUCT,MACHINE,WEEK,ALLOWED,x,
y);
@OLE('D:\IMPORT.XLS',rate)=rate;
```

这一等价描述使得变量名和 Ranges 不同亦可.

(4) @ranged(variable_or_row_name)

为了保持最优基不变,变量的费用系数或约束行的右端项允许减少的量.

(5) @rangeu(variable_or_row_name)

为了保持最优基不变,变量的费用系数或约束行的右端项允许增加的量.

(6) @status()

返回 LINGO 求解模型结束后的状态:

0 Global Optimum(全局最优)

1 Infeasible(不可行)

2 Unbounded(无界)

3 Undetermined(不确定)

4 Feasible(可行)

5 Infeasible or Unbounded(通常需要关闭"预处理"选项后重新求解模型,以确定模型究竟是不可行还是无界).

6 Local Optimum(局部最优)

7 Locally Infeasible(局部不可行,尽管可行解可能存在,但是 LINGO 并没有找到一个)

8 Cutoff(目标函数的截断值被达到)

9 Numeric Error(求解器因在某约束中遇到无定义的算术运算而停止)

通常,如果返回值不是 0,4 或 6 时,那么解将不可信,几乎不能用.该函数仅被用在模型的数据部分来输出数据.

例 8.46 @status()的实例.

```
model :
min=@sin(x);
data :
  @text()=@status();
enddata
end
```

部分计算结果为

```
Local optimal solution found at iteration:33
Objective value:                              -1.000000

           6
          Variable        Value        Reduced Cost
                 X     4.712388            0.000000
```

结果中的 6 就是@status()返回的结果,表明最终解是局部最优的.

(7) @dual

@dual(variable_or_row_name)返回变量的判别数(检验数)或约束行的对偶(影子)价格(dual prices).

9. 辅助函数

(1) @if(logical_condition,true_result,false_result)

@if 函数将评价一个逻辑表达式 logical_condition,如果为真,返回 true_result,否则返回 false_result.

例 8.47 求解最优化问题:

$$
\begin{aligned}
\min \quad & f(x)+g(y), \\
\text{s. t.} \quad & f(x)=\begin{cases}100+2x, & x>0,\\ 2x, & x\leqslant 0,\end{cases} \\
& g(y)=\begin{cases}60+3y, & y>0,\\ 3y, & y\leqslant 0,\end{cases} \\
& x+y\geqslant 30, \\
& x,y\geqslant 0.
\end{aligned}
$$

其 LINGO 代码如下:

```
model:
  min=fx+fy;
  fx=@if(x #gt# 0,100,0)+2 * x;
  fy=@if(y #gt# 0,60,0)+3 * y;
  x+y>=30;
end
```

(2) @warn('text',logical_condition)

如果逻辑条件 logical_condition 为真,则产生一个内容为'text'的信息框.

例 8.48 示例.

```
model:
  x=1;
  @warn('x是正数',x #gt# 0);
end
```

8.3 常用算法的软件实现

8.3.1 求解合作对策问题(Shapley 方法)的 MATLAB 实现

现讨论“2.1 城市污水治理规划”中污水处理问题的 MATLAB 求解.

在某地有三个小镇,上游小镇 C_1 和中游小镇 C_2 相距 20 km,中游小镇 C_2 与下游小镇 C_3 相距 38 km. 三个小镇的污水需处理后才能达到排放标准. 三个小镇既可以单独建立污水处理厂,也可以联合建厂,用管道将污水从上游小镇向下游小镇输送集中处理. 建立污水处理厂的费用 $P_1=73Q^{0.712}$(万元),铺设管道费用为 $P_2=0.66Q^{0.51}L$(万元),其中 Q 表示污水排放量(t/s),L 表示管道长度(km). 已知三个小镇污水量为 $Q_1=5$,$Q_2=3$,$Q_3=5$,试从节约总投资的角度为三个小镇制定污水处理方案. 如果联合建厂,各镇如何分担建厂费用?

这个问题中提出的其实是一类称为 n 人合作对策(Cooperative n-person game),即 n 个人从事某项经济活动,对于他们之中若干人组合的每一种合作,都会得到一定的经济效益,当人们之间的利益是非对抗性时,合作中人数的增加不会引起效益的减少. 这样,n 人的合作将带来最大效益.

Shapley L. S. 在 1953 年给出了解决该问题的一种方法,称 Shapley 值,是分配这个最大效益的一种方案,在处理合作对策的分配问题时具有公正、合理等优点,但由于合作者的获利即特征函数的复杂性,导致 Shapley 值计算的繁琐,这里根据 Shapley 值的计算方法编写了 MATLAB 程序,用于解决这个问题,只需输入 n 人合作对策的特征函数,立即得到 Shapley 值. 即效益的最合理分配方案.

定义 8.1 设集合 $I=\{1,2,\cdots,n\}$,如果对于 I 的任一子集 s 都对应着一个实值函数 $v(s)$,满足:

(1) $v(\varnothing)=0$;

(2) $v(s_1\cup s_2)\geqslant v(s_1)+v(s_2)$,$s_1\cap s_2=\varnothing$,

称 $[I,v]$ 为 n 人合作对策,v 为对策的特征函数.

定义 8.2 用 x_i 表示 I 的成员 i 从合作的最大效益 $v(I)$ 中应得到的一份收入,$\boldsymbol{x}=(x_1,x_2,\cdots,x_n)$,叫做合作对策的分配,满足

(1) $\sum\limits_{i=1}^{n} x_i=v(I)$;

(2) $x_i\geqslant v(i)$,$i=1,2,\cdots,n$.

Shapley 值公式：$\boldsymbol{\Phi}(v)=(\varphi_1(v),\varphi_2(v),\cdots,\varphi_n(v))$，

这里
$$\varphi(v)=\sum_{s\in s_i}w(|s|)[v(s)-v(s\backslash i)],i=1,2,\cdots,n,$$
$$w(|s|)=\frac{(n-|s|)!\ (|s|-1)!}{n!},$$
其中 s_i 是 I 中包含 i 的所有子集，$|s|$ 是子集 s 中的元素数目（人数），$w(|s|)$ 是加权因子，$s\backslash i$ 表示 s 去掉 i 后的集合.

例 8.49 城市污水治理规划的 MATLAB 程序实现.

解 根据以上定义和公式，编写求 Shapley 值的通用 MATLAB 程序（文件名 shapley.m）如下：

```
function f=shapley(v,n)
x=zeros(1,n);
f=x;
e=ones(1,n);
s=0;
t=s;
while 1
    k=1;
    while x(k)==1
        p=feval(v,x);
        if s==1
            w=1;
        else
            if s>t
                w=w*t/(n-t);
            elseif s<t
                w=w*(n-s)/s;
            end
        end
        f=f+w*x*p;
        if s<n
            f=f-w*s/(n-s)*(e-x)*p;
        end
        t=s;
```

```
        x(k)=0;
        s=t-1;
        if k==n
            f=f/n;
            return;
        end
        k=k+1;
    end
    x(k)=1;
    s=t+1;
end
```

利用该 MATLAB 程序解决上文中的合作对策问题时,只需给出具体问题的特征函数,就能非常容易地求得 Shapley 值.

三个小镇建污水处理厂的方案有五种,分别计算投资费用如下(具体见 2.1 节):

方案 1:分别建厂,投资为 $C(1)=230, C(2)=160, C(3)=230$,总投资 $D_1=620$;

方案 2:小镇 C_1 与小镇 C_2 合作,在 C_2 镇建厂,投资为 $C(1,2)=350$,总投资 $D_2=C(1,2)+C(3)=580$;

方案 3:小镇 C_2 与小镇 C_3 合作,在 C_3 镇建厂,投资为 $C(2,3)=365$,总投资 $D_3=C(1)+C(2,3)=595$;

方案 4:小镇 C_1 与小镇 C_3 合作,在 C_3 镇建厂,投资为 $C(1,3)=463$,总投资 $D_4=C(1,3)+C(2)=623$;

方案 5:三镇合作,在 C_3 镇建厂,总投资为 $D_5=556$.

比较以上结果,显然三镇合作建厂费用最小,因此应选择联合建厂的方案.为了促成三镇联合建厂以节约总投资,合理的分担总费用的方案是前提,Shapley 值方法圆满地解决了这个分配问题. 把分担的费用转化为分配效益,将联合建厂比单独建厂节约的投资定义为特征函数,编写特征函数如下(程序名 eigen.m):

```
function v=eigen(x)
s=sum(x);
if s==0
    v=0;
    return;
```

```
end
if s==1
    v=0;
    return;
end
if x==[1,1,0]
    v=40;
    return;
end
if x==[1,0,1]
    v=0;
    return;
end
if x==[0,1,1]
    v=25;
    return;
end
if s==3
    v=64;
end
```

调用程序的命令为

```
F=shapley(@eigen,3)
```

回车即得到 Shapley 值为 19.666 7,32.166 6,12.166 7.

于是,在联合建厂方案总投资 556 万元中各镇分担费用为

C_1 镇是 $C(1)$-F(1)= 230-19.666 7=210.333 3 万元;

C_2 镇是 $C(2)$-F(2)= 160-32.166 6=127.833 4 万元;

C_3 镇是 $C(3)$-F(3)= 230-12.166 7=217.833 3 万元.

8.3.2 最佳存款问题的 MATLAB 求解

例 8.50 存款问题的 MATLAB 求解.问题见本书 2.2 节.

解 先编写函数 y=f(x),用于计算各种不同存款方式时所得的利息.

```
function y=f(x)
r(1)=0.0414;
r(2)=0.0468;
```

```
r(3)=0.0540;
r(5)=0.0585;
if x(1)==1 & x(2)==1 & x(3)==1 & x(4)==1 & x(5)==1
        & x(6)==1
        y=5*(1+1*r(1))^6;
end
if x(1)==1 & x(2)==1 & x(3)==1 & x(4)==1 & x(5)==2
        & x(6)==0
        y=5*(1+1*r(1))^4*(1+2*r(2));
end
if x(1)==1 & x(2)==1 & x(3)==2 & x(4)==2 & x(5)==0
        & x(6)==0
        y=5*(1+1*r(1))^2*(1+2*r(2))^2;
end
if x(1)==1 & x(2)==1 & x(3)==1 & x(4)==3 & x(5)==0
        & x(6)==0
        y=5*(1+1*r(1))^3*(1+3*r(3));
end
if x(1)==1 & x(2)==2 & x(3)==3 & x(4)==0 & x(5)==0
        & x(6)==0
        y=5*(1+1*r(1))*(1+2*r(2))*(1+3*r(3));
end
if x(1)==2 & x(2)==2 & x(3)==2 & x(4)==0 & x(5)==0
        & x(6)==0
        y=5*(1+2*r(2))^3;
end
if x(1)==1 & x(2)==5 & x(3)==0 & x(4)==0 & x(5)==0
        & x(6)==0
        y=5*(1+1*r(1))*(1+5*r(5));
end
if x(1)==3 & x(2)==3 & x(3)==0 & x(4)==0 & x(5)==0
        & x(6)==0
        y=5*(1+3*r(3))^2;
end
```

接着,编写程序 example2.m 用于求取获得最大利息时的存款方式:

```
x1=[1,1,1,1,1,1];
x2=[1,1,1,1,2,0];
x3=[1,1,2,2,0,0];
x4=[1,1,1,3,0,0];
x5=[1,2,3,0,0,0];
x6=[1,5,0,0,0,0];
x7=[2,2,2,0,0,0];
x8=[3,3,0,0,0,0];
max=f(x1);
x=x1;
if f(x2)>max
    max=f(x2);
    x=x2;
end
if f(x3)>max
    max=f(x3);
    x=x3;
end
if f(x4)>max
    max=f(x4);
    x=x4;
end
if f(x5)>max
    max=f(x5);
    x=x5;
end
if f(x6)>max
    max=f(x6);
    x=x6;
end
if f(x7)>max
    max=f(x7);
    x=x7;
```

```
    end
    if f(x8)>max
        max=f(x8);
        x=x8;
    end
    maxnum=max
    year=x
```
运行这个程序就得到

```
    maxnum=6.751219999999999
    year=    3    3    0    0    0    0
```
这表示存款方案为,先存 3 年,接着再存 3 年,此时利息最高,为 17 512.2 元.

8.3.3 线性规划的 MATLAB 求解

本节介绍线性规划的 MATLAB 求解(见本书 3.1).

MATLAB 中线性规划的标准型为

$$\begin{aligned} \min_{x}\quad & \boldsymbol{c}^{\mathrm{T}}\boldsymbol{x},\\ \text{s.t.}\quad & \boldsymbol{A}\boldsymbol{x}\leqslant \boldsymbol{b},\\ & \mathbf{Aeq}\cdot \boldsymbol{x}=\mathbf{beq},\\ & \mathbf{LB}\leqslant \boldsymbol{x}\leqslant \mathbf{UB}. \end{aligned}$$

MATLAB 求解线性规划的函数的基本函数形式为 `linprog(c,A,b)`,它的返回值是向量 `x` 的值;较完整的形式是:

```
[x,fval]=linprog(c,A,b,Aeq,beq,LB,UB,XO,OPTIONS)
```
这里 `fval` 返回目标函数的值,`LB` 和 `UB` 分别是变量 `x` 的下界和上界,`XO` 是 `x` 的初始值,`OPTIONS` 是控制参数,初学时可以不写.

例 8.51 求解下列线性规划问题:

$$\begin{aligned} \max\quad & z=2x_1+3x_2-5x_3,\\ \text{s.t.}\quad & x_1+x_2+x_3=7,\\ & 2x_1-5x_2+x_3\geqslant 10,\\ & x_1+3x_2+x_3\leqslant 12,\\ & x_1,x_2,x_3\geqslant 0. \end{aligned}$$

解 (1) 编写 M 文件:

```
    c=[2;3;-5];
    a=[-2,5,-1;1,3,1];b=[-10;12];
    aeq=[1,1,1];
```

```
beq=7;
x=linprog(-c,a,b,aeq,beq,zeros(3,1))
value=c'*x
```

(2) 将 M 文件存盘,并命名为 example1.m;

(3) 在 MATLAB 指令窗运行 example1 即可得所求结果.

例 8.52 求解线性规划问题:

$$
\begin{aligned}
\min \quad & z=2x_1+3x_2+x_3,\\
\text{s. t.} \quad & x_1+4x_2+2x_3\geqslant 8,\\
& 3x_1+2x_2\geqslant 6,\\
& x_1,x_2,x_3\geqslant 0.
\end{aligned}
$$

解 编写 MATLAB 程序如下:

```
c=[2;3;1];
a=[1,4,2;3,2,0];
b=[8;6];
[x,y]=linprog(c,-a,-b,[],[],zeros(3,1))
```

8.3.4 最短路线问题的 MATLAB 实现

本书 3.3.3 讨论了最短路线问题.

例 8.53 某公司在六个城市 c_1,c_2,c_3,c_4,c_5,c_6 中有分公司,从 c_i 到 c_j 的直接航程票价记在下述矩阵的(i,j)位置上(∞ 表示无直接航路),请帮助该公司设计一张城市 c_1 到其他城市间的票价最便宜的路线图.

$$
\boldsymbol{D}=\begin{pmatrix}
0 & 50 & \infty & 40 & 25 & 10\\
50 & 0 & 15 & 20 & \infty & 25\\
\infty & 15 & 0 & 10 & 20 & \infty\\
40 & 20 & 10 & 0 & 10 & 25\\
25 & \infty & 20 & 10 & 0 & 55\\
10 & 25 & \infty & 25 & 55 & 0
\end{pmatrix}.
$$

解 用矩阵 a(n,n)(n 为顶点个数)存放各边权的邻接矩阵,行向量 pb, index1, index2, d 分别用来存放 P 标号信息,标号顶点顺序,标号顶点索引,最短通路的值.其中分量

$$
\text{pb(i)}=\begin{cases}1, & \text{当第 i 顶点已标号},\\ 0, & \text{当第 i 顶点未标号};\end{cases}
$$

index2(i)存放始点到第 i 点最短通路中第 i 顶点前一顶点的序号;

d(i)存放由始点到第 i 点最短通路的值.

求第一个城市到其他城市的最短路径的 MATLAB 程序如下：

```
clc,clear
a=zeros(6);
a(1,2)=50;a(1,4)=40;a(1,5)=25;a(1,6)=10;a(2,3)=15;
a(2,4)=20;a(2,6)=25;
a(3,4)=10;a(3,5)=20;a(4,5)=10;a(4,6)=25;a(5,6)=55;
a=a+a';
a(find(a==0))=inf;pb(1:length(a))=0;
pb(1)=1;index1=1;index2=ones(1,length
(a));d(1:length(a))=inf;
d(1)=0;temp=1;
while sum(pb)<length(a)
    tb=find(pb==0);
    d(tb)=min(d(tb),d(temp)+a(temp,tb));
    tmpb=find(d(tb)==min(d(tb)));temp=tb(tmpb(1));
    pb(temp)=1;
    index1=[index1,temp];
    temp2=find(d(index1)==d(temp)-a(temp,index1));
    index2(temp)=index1(temp2(1));
end
d,index1,index2
```

8.3.5 Floyd 算法及其 MATLAB 实现

假设图 G 权的邻接矩阵为

$$\boldsymbol{A}_0=\begin{pmatrix} a_{11} & a_{12} & \cdots & a_{1n} \\ a_{21} & a_{22} & \cdots & a_{2n} \\ \vdots & \vdots & & \vdots \\ a_{n1} & a_{n2} & \cdots & a_{nn} \end{pmatrix},$$

用来存放各边长度，其中

$$a_{ii}=0,i=1,2,\cdots,n.$$

$a_{ij}=\infty$ 表示 i,j 之间没有边，在程序中以各边都不可能达到的充分大的数代替；

$a_{ij}=w_{ij}$表示 w_{ij}是 i,j 之间边的长度，$i,j=1,2,\cdots,n.$

对于无向图，A_0 是对称矩阵，$a_{ij}=a_{ji}$.

Floyd 算法的基本思想是：递推产生一个矩阵序列 $A_0,A_1,\cdots,A_k,\cdots,A_n$，其中 $A_k(i,j)$ 表示从顶点 v_i 到顶点 v_j 的路径上所经过的顶点序号不大于 k 的最短路径长度.

计算时用迭代公式

$$A_k(i,j)=\min\{A_{k-1}(i,j),A_{k-1}(i,k)+A_{k-1}(k,j)\},$$

k 是迭代次数，$i,j,k=1,2,\cdots,n$.

最后，当 $k=n$ 时，A_n 即是各顶点之间的最短通路值.

例 8.54 用 Floyd 算法求解例 8.53.

解 用矩阵 path 存放每对顶点之间最短路径上所经过的顶点的序号. Floyd 算法的 MATLAB 程序如下：

```
clear;
clc;
n=6;
a=zeros(n);
a(1,2)=50;a(1,4)=40;a(1,5)=25;a(1,6)=10;a(2,3)=15;
a(2,4)=20;a(2,6)=25;
a(3,4)=10;a(3,5)=20;a(4,5)=10;a(4,6)=25;a(5,6)=55;
a=a+a';
M=max(max(a))*n^2;% M 为充分大的正实数
a=a+((a==0)-eye(n))*M;
path=zeros(n);
for k=1:n
    for i=1:n
        for j=1:n
            if a(i,j)>a(i,k)+a(k,j)
                a(i,j)=a(i,k)+a(k,j);
                path(i,j)=k;
            end
        end
    end
end
a
path
```

用 LINGO 编写的 Floyd 算法如下:

```
model:
sets:
    nodes/c1..c6/;
    link(nodes,nodes):w,path;!path 标志最短路径上走过的顶点;
endsets
data:
    path=0;
    w=0;
    @text(mydata1.txt)=@writefor(nodes(i):
    @writefor(nodes(j):
    @format(w(i,j),'10.0f')),@newline(1));
    @text(mydata1.txt)=@write(@newline(1));
    @text(mydata1.txt)=@writefor(nodes(i):
    @writefor(nodes(j):
    @format(path(i,j)',10.0f')),@newline(1));
enddata
calc:
    w(1,2)=50;w(1,4)=40;w(1,5)=25;w(1,6)=10;
    w(2,3)=15;w(2,4)=20;w(2,6)=25;
    w(3,4)=10;w(3,5)=20;
    w(4,5)=10;w(4,6)=25;w(5,6)=55;
    @for(link(i,j):w(i,j)=w(i,j)+w(j,i));
    @for(link(i,j) |i #ne#j:w(i,j)=@if(w(i,j)#eq#0,
    10000,w(i,j)));
    @for(nodes(k):@for(nodes(i):@for(nodes(j):
    tm=@smin(w(i,j),w(i,k)+w(k,j));
    path(i,j)=@if(w(i,j)#gt# tm,k,path(i,j));w(i,j)=
    tm)));
endcalc
end
```

8.3.6 构造最小生成树的 MATLAB 实现

本节介绍构造最小生成树的两种常用算法.

1. 用 prim 算法构造最小生成树及其 MATLAB 实现

设置两个集合 P 和 Q,其中 P 用于存放图 G 的最小生成树中的顶点,集合 Q 存放 G 的最小生成树的边. 令集合 P 的初值为 $P=\{v_1\}$(假设构造最小生成树时,从顶点 v_1 出发),集合 Q 的初值为 $Q=\varnothing$. prim 算法的思想是,从所有 $p\in P, v\in V-P$ 的边中,选取具有最小权值的边 pv,将顶点 v 加入集合 P 中,将边 pv 加入集合 Q 中,如此不断重复,直到 $P=V$ 时,最小生成树构造完毕,这时集合 Q 中包含了最小生成树的所有边.

prim 算法如下:

(1) $P=\{v_1\}, Q=\varnothing$;

(2) while $P\sim=V$

  找最小边 pv,其中 $p\in P, v\in V-P$

  $P=P+\{v\}$

  $Q=Q+\{pv\}$

 end

例 8.55 用 prim 算法求图 8-3-1 的最小生成树。

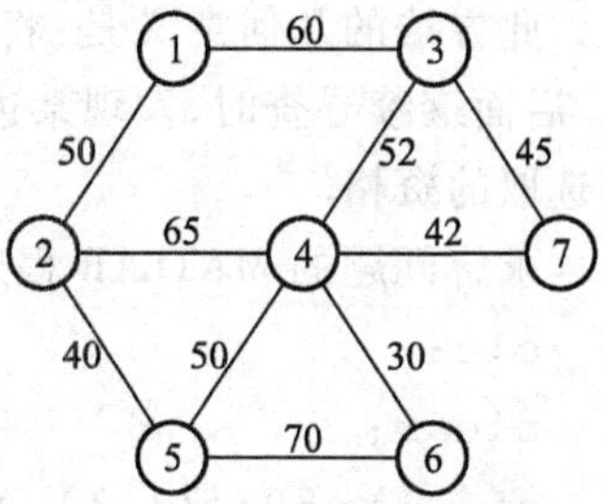

图 8-3-1 最小生成树问题

解 用 result(3,n)的第一、二、三行分别表示生成树边的起点、终点、权集合. 求解问题的 MATLAB 程序如下:

```
clear;
a=zeros(7);
a(1,2)=50;a(1,3)=60;a(2,4)=65;
a(2,5)=40;a(3,4)=52;a(3,7)=45;
a(4,5)=50;a(4,6)=30;a(4,7)=42;a(5,6)=70;
a=a+a';
a(find(a==0))=inf;
result=[];
p=1;
tb=2:length(a);
while length(result)~=length(a)-1
    temp=a(p,tb);temp=temp(:);d=min(temp);
    [jb,kb]=find(a(p,tb)==d);
    j=p(jb(1));k=tb(kb(1));result=[result,[j;k;d]];
    p=[p,k];
```

```
    tb(find(tb==k))=[];
end
result
```

2. 用 Kruskal 算法构造最小生成树及其 MATLAB 实现

用于计算图 G 中最小生成树的 Kruskal 算法描述如下：

(1) 选 $e_1 \in E(G)$，使得 $w(e_1)=\min$.

(2) 若 $e_1, e_2, \cdots, e_i$ 已选好，则从 $E(G)-\{e_1, e_2, \cdots, e_i\}$ 中选取 e_{i+1}，使得

1) $G[\{e_1, e_2, \cdots, e_i, e_{i+1}\}]$ 中无圈；

2) $w(e_{i+1})=\min$.

(3) 直到选得 e_{v-1} 为止.

例 8.56 用 Kruskal 算法构造前面例子的最小生成树.

解 用 index(2,n)存放各边端点的信息，当选中某一边之后，就将此边对应的顶点序号中较大序号 u 改记为此边的另一序号 v，同时把后面边中所有序号为 u 的改记为 v.

此方法的几何意义是：将序号 u 的这个顶点收缩到 v 顶点，u 顶点不复存在. 后面继续寻查时，发现某边的两个顶点序号相同时，认为已被收缩掉，失去了被选取的资格.

求解问题的 MATLAB 程序如下：

```
clc;
clear;
a(1,2)=50;a(1,3)=60;a(2,4)=65;a(2,5)=40;
a(3,4)=52;a(3,7)=45;
a(4,5)=50;a(4,6)=30;a(4,7)=42;a(5,6)=70;
[i,j,b]=find(a);
data=[i';j';b'];
index=data(1:2,:);loop=max(size(a))-1;result=[];
while length(result)<loop
    temp=min(data(3,:));
    flag = find ( data ( 3, : ) = = temp ); flag = flag ( 1 );
    v1=data(1,flag);v2=data(2,flag);
    if index(1,flag)~=index(2,flag)
       result=[result,data(:,flag)];
    end
    index(find(index==v2))=v1;data(:,flag)=[];
```

```
    index( :,flag)=[];
end
result
```

8.3.7 旅行售货商(TSP)问题的 MATLAB 实现

例 8.57 从北京(Pe)乘飞机到东京(T),纽约(N),墨西哥城(M),伦敦(L),巴黎(Pa)五城市旅游,每个城市恰好去一次,再回北京,应如何安排旅游线,使旅程最短?各城市之间的航线距离如表 8-3-1.

表 8-3-1 六城市间的距离

	L	M	N	Pa	Pe	T
L		56	35	21	51	60
M	56		21	57	78	70
N	35	21		36	68	68
Pa	21	57	36		51	61
Pe	51	78	68	51		13
T	60	70	68	61	13	

解 采用改良圈算法,编写程序如下:

```
function main
clc
clear
global a
a=zeros(6);
a(1,2)=56;a(1,3)=35;a(1,4)=21;a(1,5)=51;a(1,6)=60;
a(2,3)=21;a(2,4)=57;a(2,5)=78;a(2,6)=70;
a(3,4)=36;a(3,5)=68;a(3,6)=68;a(4,5)=51;a(4,6)=61;
a(5,6)=13;a=a+a';L=size(a,1);
c1=[5 1 :4 6];
[circle,long]=modifycircle(c1,L);
c2=[5 6 1 :4];% 改变初始圈,该算法的最后一个顶点不动
[circle2,long2]=modifycircle(c2,L);
if long2<long
long=long2;
```

```
circle=circle2;
end
circle,long
% ******************************************
% 修改圈的子函数
% ******************************************
function[circle,long]=modifycircle(c1,L);
global a
flag=1;
while flag>0
    flag=0;
    for m=1 :L-3
        for n=m+2 :L-1
            if a(c1(m),c1(n))+a(c1(m+1),c1(n+1))<...
                a(c1(m),c1(m+1))+a(c1(n),c1(n+1))
            flag=1;
            c1(m+1 :n)=c1(n :-1 :m+1);
            end
        end
    end
end
long=a(c1(1),c1(L));
for i=1 :L-1
    long=long+a(c1(i),c1(i+1));
end
circle=c1;
```

8.3.8 排队模型的计算机模拟

1. 确定随机变量概率分布的常用方法

在模拟一个带有随机因素的实际系统时,究竟用什么样的概率分布描述问题中的随机变量,是我们总是要碰到的一个问题,下面简单介绍确定分布的常用方法:

(1) 根据一般知识和经验,可以假定其概率分布的形式,如顾客到达间隔服

从指数分布 $E(\lambda)$；产品需求量服从正态分布 $N(\mu,\sigma^2)$；订票后但未能按时前往机场登机的人数服从二项分布 $B(n,p)$. 然后由实际数据估计分布的参数 λ、μ、σ 等，参数估计可用极大似然估计、矩估计等方法.

(2) 直接由大量的实际数据作直方图，得到经验分布，再通过假设检验，拟合分布函数，可用 χ^2 检验等方法.

(3) 既缺少先验知识，又缺少数据时，对区间 (a,b) 内变化的随机变量，可选用 β 分布(包括均匀分布). 先根据经验确定随机变量的均值 μ 和频率最高时的数值(即密度函数的最大值点) m，则 β 分布中的参数 α_1，α_2 可由以下关系求出：

$$\mu=a+\frac{\alpha_1(b-a)}{\alpha_1+\alpha_2},m=a+\frac{(\alpha_1-1)(b-a)}{\alpha_1+\alpha_2-2}.$$

2. 排队系统的计算机模拟

当排队系统的到达间隔时间和服务时间的概率分布很复杂时，或不能用公式给出时，那么就不能用解析法求解. 这就需用随机模拟法求解，现举例说明.

例 8.58 设某仓库前有一卸货场，货车一般是夜间到达，白天卸货，每天只能卸货 2 车，若一天内到达数超过 2 车，那么就推迟到次日卸货. 根据表 8-3-2 所示的数据，货车到达数的概率分布(相对频率)平均为 1.5 车/天，求每天推迟卸货的平均车数.

表 8-3-2 到达车数的概率

到达车数	0	1	2	3	4	5	≥0
概　　率	0.23	0.30	0.30	0.1	0.05	0.02	0.00

解 这是单服务台的排队系统，可验证到达车数不服从泊松分布，服务时间也不服从指数分布(这是定长服务时间).

随机模拟法首先要求事件能按历史的概率分布规律出现. 模拟时产生的随机数与事件的对应关系如表 8-3-3.

表 8-3-3 到达车数的概率及其对应的随机数

到达车数	概率	累积概率	对应的随机数
0	0.23	0.23	$0\leqslant x<0.23$
1	0.30	0.53	$0.23\leqslant x<0.53$
2	0.30	0.83	$0.53\leqslant x<0.83$
3	0.10	0.93	$0.83\leqslant x<0.93$
4	0.05	0.98	$0.93\leqslant x<0.98$
5	0.02	1.00	$0.98\leqslant x\leqslant 1.00$

用 a1 表示产生的随机数,a2 表示到达的车数,a3 表示需要卸货车数,a4 表示实际卸货车数,a5 表示推迟卸货车数.编写程序如下:

```
clear
rand('state',sum(100*clock));
n=50000;
m=2
a1=rand(n,1);
a2=a1;%a2 初始化
a2(find(a1<0.23))=0;
a2(find(0.23<=a1&a1<0.53))=1;
a2(find(0.53<=a1&a1<0.83))=2;
a2(find(0.83<=a1&a1<0.93),1)=3;
a2(find(0.93<=a1&a1<0.98),1)=4;
a2(find(a1>=0.98))=5;
a3=zeros(n,1);a4=zeros(n,1);a5=zeros(n,1);% a2 初始化
a3(1)=a2(1);
if a3(1)<=m;
    a4(1)=a3(1);
    a5(1)=0;
else
    a4(1)=m;
    a5(1)=a2(1)-m;
end
for i=2:n
    a3(i)=a2(i)+a5(i-1);
    if a3(i)<=m
    a4(i)=a3(i);
    a5(i)=0;
else
    a4(i)=m;
    a5(i)=a3(i)-m;
    end
end
a=[a1,a2,a3,a4,a5];
```

```
sum(a)/n
```

例 8.59 银行计划安置自动取款机,已知 A 型机的价格是 B 型机的 2 倍,而 A 型机的性能—平均服务率也是 B 型机的 2 倍,问应该购置 1 台 A 型机还是 2 台 B 型机.

解 为了通过模拟回答这类问题,作如下具体假设:顾客平均每 min 到达 1 位,A 型机的平均服务时间为 0.9 min,B 型机为 1.8 min,顾客到达间隔和服务时间都服从指数分布,2 台 B 型机采取 $M/M/2$ 模型(排一队),用前 100 名顾客(第 1 位顾客到达时取款机前为空)的平均等待时间为指标,对 A 型机和 B 型机分别作 1 000 次模拟,进行比较.

理论上已经得到,A 型机和 B 型机前 100 名顾客的平均等待时间分别为 $\mu_1(100)=4.13$,$\mu_2(100)=3.70$,即 B型机优.

对于 $M/M/1$ 模型,记第 k 位顾客的到达时刻为 c_k,离开时刻为 g_k,等待时间为 w_k,很容易根据已有的到达间隔 i_k 和服务时间 s_k 按照以下的递推关系得到($w_1=0$,设 c_1,g_1 已知):

$$c_k=c_{k-1}+i_k,g_k=\max\{c_k,g_{k-1}\}+s_k,$$
$$w_k=\max\{0,g_{k-1}-c_k\},k=2,3,\cdots.$$

在模拟 A 型机时,用 cspan 表示到达间隔时间,sspan 表示服务时间,ctime 表示到达时间,gtime 表示离开时间,wtime 表示等待时间. 总共模拟了 m 次,每次 n 个顾客. 程序如下:

```
tic
rand('state',sum(100*clock));
n=100;
m=1000;
mu1=1;
mu2=0.9;
for j=1:m
    cspan=exprnd(mu1,1,n);
    sspan=exprnd(mu2,1,n);
    ctime(1)=cspan(1);
    gtime(1)=ctime(1)+sspan(1);
    wtime(1)=0;
    for i=2:n
        ctime(i)=ctime(i-1)+cspan(i);
        gtime(i)=max(ctime(i),gtime(i-1))+sspan(i);
```

```
        wtime(i)=max(0,gtime(i-1)-ctime(i));
    end
    result1(j)=sum(wtime)/n;
end
result_1=sum(result1)/m
toc
```

类似地,模拟 B 型机的程序如下:

```
tic
rand('state',sum(100*clock));
n=100;
m=1000;
mu1=1;
mu2=1.8;
for j=1:m
    cspan=exprnd(mu1,1,n);
    sspan=exprnd(mu2,1,n);
    ctime(1)=cspan(1);
    ctime(2)=ctime(1)+cspan(2);
    gtime(1:2)=ctime(1:2)+sspan(1:2);
    wtime(1:2)=0;
    flag=gtime(1:2);
    for i=3:n
        ctime(i)=ctime(i-1)+cspan(i);
        gtime(i)=max(ctime(i),min(flag))+sspan(i);
        wtime(i)=max(0,min(flag)-ctime(i));
        flag=[max(flag),gtime(i)];
    end
    result2(j)=sum(wtime)/n;
end
result_2=sum(result2)/m
toc
```

读者可以用下面的程序与上面的程序相比较,了解编程的效率问题.

```
tic
clear
```

```
rand('state',sum(100*clock));
n=100;
m=1000;
mu1=1;
mu2=0.9;
for j=1:m
    ctime(1)=exprnd(mu1);
    gtime(1)=ctime(1)+exprnd(mu2);
    wtime(1)=0;
    for i=2:n
        ctime(i)=ctime(i-1)+exprnd(mu1);
        gtime(i)=max(ctime(i),gtime(i-1))+exprnd(mu2);
        wtime(i)=max(0,gtime(i-1)-ctime(i));
    end
    result(j)=sum(wtime)/n;
end
result=sum(result)/m
toc
```

8.3.9 层次分析法的应用和 MATLAB 实现

例 8.60 挑选合适的工作问题.经双方恳谈,已有三个单位表示愿意录用某毕业生.该生根据已有信息建立了一个层次结构模型,如图 8-3-2 所示.

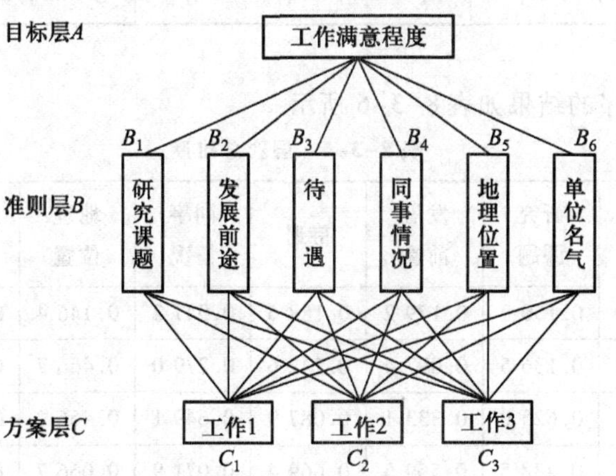

图 8-3-2 层次结构模型

准则层的判断矩阵如表 8-3-4 所示.

表 8-3-4　准则层的判断矩阵

A	B_1	B_2	B_3	B_4	B_5	B_6
B_1	1	1	1	4	1	1/2
B_2	1	1	2	4	1	1/2
B_3	1	1/2	1	5	3	1/2
B_4	1/4	1/4	1/5	1	1/3	1/3
B_5	1	1	1/3	3	1	1
B_6	2	2	2	3	3	1

方案层的判断矩阵如表 8-3-5 所示.

表 8-3-5　方案层的判断矩阵

B_1	C_1	C_2	C_3	B_2	C_1	C_2	C_3	B_3	C_1	C_2	C_3
C_1	1	1/4	1/2	C_1	1	1/4	1/5	C_1	1	3	1/3
C_2	4	1	3	C_2	4	1	1/2	C_2	1/3	1	1/7
C_3	2	1/3	1	C_3	5	2	1	C_3	3	7	1
B_4	C_1	C_2	C_3	B_5	C_1	C_2	C_3	B_6	C_1	C_2	C_3
C_1	1	1/3	5	C_1	1	1	7	C_1	1	7	9
C_2	3	1	7	C_2	1	1	7	C_2	1/7	1	1
C_3	1/5	1/7	1	C_3	1/7	1/7	1	C_3	1/9	1	1

层次总排序的结果如表 8-3-6 所示.

表 8-3-6　层次总排序

准则		研究课题	发展前途	待遇	同事情况	地理位置	单位名气	总排序权值
准则层权值		0.150 7	0.179 2	0.188 6	0.047 2	0.146 4	0.287 9	
方案层	工作 1	0.136 5	0.097 4	0.242 6	0.279 0	0.466 7	0.798 6	0.395 2
单排序	工作 2	0.625 0	0.333 1	0.087 9	0.649 1	0.466 7	0.104 9	0.299 6
权值	工作 3	0.238 5	0.569 5	0.669 4	0.071 9	0.066 7	0.096 5	0.305 2

根据层次总排序权值,该生最满意的工作为工作 1. 实现该模拟计算的 MATLAB程序如下:

```
clc
clear
fid=fopen('txt3.txt','r');
n1=6;n2=3;
a=[];
for i=1:n1
    tmp=str2num(fgetl(fid));
    a=[a;tmp];              % 读准则层判断矩阵
end
for i=1:n1
    str1=char(['b',int2str(i),'=[];']);
    str2=char(['b',int2str(i),'=[b',int2str(i),';
    tmp];']);
    eval(str1);
    for j=1:n2
        tmp=str2num(fgetl(fid));
        eval(str2);                 % 读方案层的判断矩阵
    end
end
ri=[0,0,0.58,0.90,1.12,1.24,1.32,1.41,1.45];  % 一致性指标
[x,y]=eig(a);
lamda=max(diag(y));
num=find(diag(y)==lamda);
w0=x(:,num)/sum(x(:,num));
cr0=(lamda-n1)/(n1-1)/ri(n1)
for i=1:n1
    [x,y]=eig(eval(char(['b',int2str(i)])));
    lamda=max(diag(y));
    num=find(diag(y)==lamda);
    w1(:,i)=x(:,num)/sum(x(:,num));
    cr1(i)=(lamda-n2)/(n2-1)/ri(n2);
end
```

```
cr1,
ts=w1*w0,
cr=cr1*w0
```

纯文本文件 txt3.txt 中的数据格式如下：

```
1 1 1 4 1 1/2
1 1 2 4 1 1/2
1 1/2 1 5 3 1/2
1/4 1/4 1/5 1 1/3 1/3
1 1 1/3 3 1 1
2 2 2 3 3 1
1 1/4 1/2
4 1 3
2 1/3 1
1 1/4 1/5
4 1 1/2
5 2 1
1 3 1/3
1/3 1 1/7
3 7 1
1 1/3 5
3 1 7
1/5 1/7 1
1 1 7
1 1 7
1/7 1/7 1
1 7 9
1/7 1 1
1/9 1 1
```

8.3.10 投资的收益和风险问题

假设市场上有 n 种投资产品 $s_i(i=1,2,\cdots,n)$ 可供投资者选择，某投资者用数额为 M 的资金作一个时期的投资. 购买这 n 种产品在一定时间内的平均收益率为 r_i，风险损失率为 q_i，投资越分散，总的风险越少，总体风险可用投资的 s_i 中最大的一个风险来度量.

购买 s_i 时要支付交易费（费率为 p_i），当购买额不超过给定值 u_i 时，交易费按购买 u_i 计算. 另外，假定同期银行存款利率是 r_0，既无交易费又无风险（$r_0=5\%$）.

已知 $n=4$ 时相关数据如表 8-3-7.

表 8-3-7

s_i	$r_i(\%)$	q_i	$p_i(\%)$	u_i(元)
s_1	28	2.5	1	103
s_2	21	1.5	2	198
s_3	23	5.5	4.5	52
s_4	25	2.6	6.5	40

试给该公司设计一种投资组合方案，即用给定资金 M，有选择地购买若干种资产或存银行生息，使净收益尽可能大，使总体风险尽可能小.

1. 符号说明

s_i：第 i 种投资项目，如股票，债券；

r_i, p_i, q_i：分别为 s_i 的平均收益率，交易费率，风险损失率；

u_i：s_i 的交易定额；

r_0：同期银行利率；

x_i：投资项目 s_i 的资金；

a：投资风险度；

Q：总体投资收益.

2. 基本假设

(1) 投资数额 M 相当大，为了便于计算，假设 $M=1$；

(2) 投资越分散，总的风险越小；

(3) 总体风险用投资项目 s_i 中最大的一个风险来度量；

(4) n 种资产 s_i 之间是相互独立的；

(5) 在投资的这一时期内，r_i, p_i, q_i, r_0 为定值，不受意外因素影响；

(6) 净收益和总体风险只受 r_i, p_i, q_i 影响，不受其他因素干扰.

3. 模型的分析与建立

(1) 总体风险用所投资的 s_i 中最大的一个风险来衡量，即

$$\max\{q_i x_i \mid i=1,2,\cdots,n\}.$$

(2) 购买 s_i 所付交易费是一个分段函数，即

$$交易费=\begin{cases}p_i x_i, & x_i>u_i,\\ p_i u_i, & x_i\leqslant u_i.\end{cases}$$

而问题所给定的定值 u_i(单位:元)相对总投资 M 很少,p_iu_i 则更小,可以忽略不计,这样购买 s_i 的净收益为$(r_i-p_i)x_i$.

(3) 要使净收益尽可能大,总体风险尽可能小,这是一个多目标规划模型,目标函数为

$$\max \quad \sum_{i=0}^{n}(r_i-p_i)x_i,$$

$$\min \quad \max\{q_ix_i\},$$

约束条件为

$$\sum_{i=0}^{n}(1+p_i)x_i=M,$$

$$x_i\geqslant 0, i=0,1,\cdots,n.$$

(4) 模型简化

在实际投资中,投资者承受风险的程度不一样,若给定风险一个界限 a,使最大的一个风险$\frac{q_ix_i}{M}\leqslant a$ 可找到相应的投资方案. 这样把多目标规划变成一个目标的线性规划.

模型一 固定风险水平,优化收益.

$$\max \quad \sum_{i=0}^{n}(r_i-p_i)x_i,$$

$$\text{s. t.} \quad \frac{q_ix_i}{M}\leqslant a,$$

$$\sum_{i=0}^{n}(1+p_i)x_i=M, x_i\geqslant 0, i=0,1,\cdots,n.$$

若投资者希望总盈利至少达到水平 k 以上,在风险最小的情况下寻求相应的投资组合.

模型二 固定盈利水平,极小化风险.

$$\min \quad \max\{q_ix_i\},$$

$$\text{s. t.} \quad \sum_{i=0}^{n}(r_i-p_i)x_i\geqslant k,$$

$$\sum_{i=0}^{n}(1+p_i)x_i=M, x_i\geqslant 0, i=0,1,\cdots,n.$$

投资者在权衡资产风险和预期收益两方面时,希望选择一个令自己满意的投资组合. 因此对风险、收益分别赋予权重 $s(0<s\leqslant 1)$和$(1-s)$,s 称为投资偏好

系数.

模型三 $\min \quad s\{\max\{q_i x_i\}\}-(1-s)\sum_{i=0}^{n}(r_i-p_i)x_i,$

$$\text{s. t.} \quad \sum_{i=0}^{n}(1+p_i)x_i=M, x_i\geqslant 0, i=0,1,\cdots,n.$$

4. 模型一的求解

根据本题的具体数据,模型一为

$$\min \quad f=(-0.05,-0.27,-0.19,-0.185,-0.185)(x_0,x_1,x_2,x_3,x_4)^{\mathrm{T}},$$

$$\begin{aligned}\text{s. t.} \quad & x_0+1.01x_1+1.02x_2+1.045x_3+1.065x_4=1,\\ & 0.025x_1\leqslant a,\\ & 0.015x_2\leqslant a,\\ & 0.055x_3\leqslant a,\\ & 0.026x_4\leqslant a,\\ & x_i\geqslant 0(i=0,1,2,3,4).\end{aligned}$$

由于 a 是任意给定的风险度,到底怎样没有一个准则,不同的投资者有不同的风险度.

从 $a=0$ 开始,以步长 $\Delta a=0.001$ 进行循环搜索,编制程序如下:

```
clc,clear
a=0;
hold on
while a<0.05
   c=[-0.05,-0.27,-0.19,-0.185,-0.185];
   A=[zeros(4,1),diag([0.025,0.015,0.055,0.026])];
   b=a*ones(4,1);
   Aeq=[1,1.01,1.02,1.045,1.065];
   beq=1;
   LB=zeros(5,1);
   [x,Q]=linprog(c,A,b,Aeq,beq,LB);
   Q=-Q;
   plot(a,Q,'*r');
   a=a+0.001;
end
xlabel('a'),ylabel('Q')
```

5. 结果分析

(1) 风险大,收益也大.

(2) 当投资越分散时,投资者承担的风险越小,这与题意一致.

(3) 在 $a=0.006$ 附近有一个转折点,在这一点左边,风险增加很少时,利润增长很快;在这一点右边,风险增加很大时,利润增长很缓慢,所以对于风险和收益没有特殊偏好的投资者来说,应该选择曲线的拐点作为最优投资组合,大约是 $a=0.6\%$,$Q=20\%$,所对应投资方案为

风险度 $a=0.006$,收益 $Q=0.2019$,$x_0=0$,$x_1=0.24$,$x_3=0.1091$,$x_4=0.2212$.

8.3.11 一维状态空间偏微分方程的 MATLAB 求解

PDE 工具箱命令介绍

为了求解偏微分方程,MATLAB 的 PDE 工具箱提供了一个指令 pdepe,用以解以下的偏微分方程:

$$c\left(x,t,u,\frac{\partial u}{\partial x}\right)\frac{\partial u}{\partial t}=x^{-m}\frac{\partial}{\partial x}\left(x^m f\left(x,t,u,\frac{\partial u}{\partial x}\right)\right)+s\left(x,t,u,\frac{\partial u}{\partial x}\right),$$

其中时间 $t\in[t_0,t_f]$,而位置 $x\in[a,b]$,m 值表示问题的对称性,其可为 0,1 或 2,分别表示平板(slab),圆柱(cylindrical)或球体(spherical)的情形. 因而,如果 $m>0$,则 a 必等于 b,也就是说其具有圆柱或球体的对称关系. 同时,式中 $f(x,t,u,\frac{\partial u}{\partial x})$ 为流通量(flux),而 $s(x,t,u,\frac{\partial u}{\partial x})$ 为来源(source)项,$c(x,t,u,\frac{\partial u}{\partial x})$ 为偏微分方程的对角线系数矩阵. 若某一对角线元素为 0,则表示该偏微分方程为椭圆型偏微分方程,若为正值(不为 0),则为抛物型偏微分方程. 请注意 c 的对角线元素一定不全为 0. 偏微分方程初始值可表示为

$$u(x,t_0)=v_0(x),$$

而边界条件为

$$p(x,t,u)+q(x,t)f\left(x,t,\frac{\partial u}{\partial x}\right)=0,$$

其中 x 为两端点位置,即 a 或 b,用于解上述初始值及边界值条件的偏微分方程的 MATLAB 命令 pdepe 的用法如下:

```
sol=pdepe(m,pdefun,icfun,bcfun,xmesh,tspan,options)
```

其中,m 为问题之对称参数;

pdefun 为使用者提供的 pde 函数文件,其函数格式如下:

```
[c,f,s]=pdefun(x,t,u,dudx)
```

亦即,使用者仅需提供偏微分方程中的系数向量.c,f 和 s 均为行(column)向量,而向量 c 即为矩阵 c 的对角线元素.

icfun 提供解 u 的起始值,其格式为

u=icfun(x)

值得注意的是 u 为行向量.

bcfun 为使用者提供的边界条件函数,格式如下:

[pl,ql,pr,qr]=bcfun(xl,ul,xr,ur,t)

其中 ul 和 ur 分别表示左边界(xl=b)和右边界(xr=a)u 的近似解.输出变量中,pl 和 ql 分别表示左边界 p 和 q 的行向量,而 pr 和 qr 则为右边界 p 和 q 的行向量.

xmesh 为空间变量 x 的网格点(mesh)位置向量,其中 $x_0=a$(起点),$x_N=b$(终点);

tspan 为时间变量 t 的向量,即 tspan=$[t_0,t_1,\cdots,t_M]$,其中 t_0 为起始时间,t_M 为终点时间.

options 为求解器的相关解法参数.详细说明参见 odeset 的使用方法.

sol 为解答输出.sol 为多维的输出向量,sol(:,:i)为 u_i 的输出,即 u_i=sol(:,:,i).元素 $u_i(j,k)$= sol(j,k,i)表示在 t=tspan(j)和 x=xmesh(k)时 u_i 之答案.

现以实例来说明 pdepe 的用法.

例 8.61 求解偏微分方程

$$\pi^2\frac{\partial u}{\partial t}=\frac{\partial^2 u}{\partial x^2},$$

其中 $0\leqslant x\leqslant 1$,且满足以下条件:

(1) 初始条件(Initial Condition)

$$\text{IC}:u(x,0)=\sin(\pi,x);$$

(2) 边界条件(Boundary Condition)

$$\text{BC1}:u(0,t)=0,$$

$$\text{BC2}:\pi e^{-t}+\frac{\partial u(1,t)}{\partial x}=0.$$

注 本问题的解析解为 $u(x,t)=e^{-t}\sin(\pi x)$.

解 下面先介绍解题的步骤,然后给出求解的 MATLAB 程序.

第一步:将需要求解的偏微分方程改写为如下的标准形式:

$$\pi^2\frac{\partial u}{\partial t}=x^0\frac{\partial}{\partial x}\left(x^0\frac{\partial u}{\partial x}\right)+0.$$

对照标准形式,即有

$$c\left(x,t,u,\frac{\partial u}{\partial x}\right)=\pi^2,f\left(x,t,u,\frac{\partial u}{\partial x}\right)=\frac{\partial u}{\partial x},s\left(x,t,u,\frac{\partial u}{\partial x}\right)=0,m=0.$$

第二步:编写偏微分方程的系数向量函数.

```
function[c,f,s]=ex61_1pdefun(x,t,u,dudx)
c=pi^2;
f=dudx;
s=0;
```

第三步:编写初始值条件函数.

```
function u0=ex61_1ic(x)
u0=sin(pi*x);
```

第四步:编写边界条件函数.

在编写之前,先将边界条件改写成标准形式,找出相对应的p(·)和q(·)函数,然后写出 MATLAB 的边界条件函数.例如,原边界条件可写成

$$\text{BC1:}\quad u(0,t)+0\cdot\frac{\partial}{\partial x}(0,t)=0,x=0,$$

$$\text{BC2:}\quad \pi e^{-t}+1\cdot\frac{\partial u}{\partial x}(1,t)=0,x=1,$$

即

$pl=u(0,t),ql=0,$

$pr=\pi e^{-t},qr=1.$

因而,边界条件函数可编写成

```
function[pl,ql,pr,qr]=ex61_1bc(xl,ul,xr,ur,t)
pl=ul;
ql=0;
pr=pi*exp(-t);
qr=1;
```

第五步:取点.例如

```
x=linspace(0,1,20);% x取20点
t=linspace(0,2,5);% 时间取5点输出
```

第六步:利用 pdepe 求解.

```
m=0;          % 依步骤1之结果
sol=pdepe(m,@ex61_1pdefun,@ex61_1ic,@ex61_1bc,x,t);
```

第七步:显示结果.

```
u=sol(:,:,1);
surf(x,t,u)
title('pde数值解')
```

```
xlabel('位置')
ylabel('时间')
zlabel('u')
```

若要显示特定点上的解,可进一步指定 x 或 t 的位置,以便绘图. 例如,欲了解时间为 2(终点)时,各位置下的解,可输入以下指令(利用 pdeval 指令):

```
figure(2);% 绘成图 2
M=length(t);% 取终点时间的下标
xout=linspace(0,1,100);% 输出点位置
[uout,dudx]=pdeval(m,x,u(M, :),xout);
plot(xout,uout);% 绘图
title('时间为 2 时,各位置下的解')
xlabel('x')
ylabel('u')
```

综合以上各步骤,可写成一个程序求解例 8.61. 其参考程序如下:

```
function ex61_1
% **********************************
% 求解一维热传导偏微分方程的一个综合函数程序
% **********************************
m=0;
x=linspace(0,1,20);%xmesh
t=linspace(0,2,20);%tspan
% ***********
% 以 pde 求解
% ***********
sol=pdepe(m,@ex61_1pdefun,@ex61_1ic,@ex61_1bc,x,t);
u=sol( :, :,1);% 取出答案
% ***********
% 绘图输出
% ***********
figure(1)
surf(x,t,u)
title('pde  数值解')
xlabel('位置 x')
ylabel('时间 t')
```

```
zlabel('数值解 u')
% ************
% 与解析解做比较
% ************
figure(2)
surf(x,t,exp(-t)'*sin(pi*x));
title('解析解')
xlabel('位置 x')
ylabel('时间 t')
zlabel('数值解 u')
% *****************
% t=tf=2 时各位置之解
% *****************
figure(3)
M=length(t);% 取终点时间的下标
xout=linspace(0,1,100);% 输出点位置
[uout,dudx]=pdeval(m,x,u(M,:),xout);
plot(xout,uout);% 绘图
title('时间为 2 时,各位置下的解')
xlabel('x')
ylabel('u')
% ******************
% pde 函数
% ******************
function[c,f,s]=ex61_1pdefun(x,t,u,dudx)
c=pi^2;
f=dudx;
s=0;
% ******************
% 初始条件函数
% ******************
function u0=ex61_1ic(x)
u0=sin(pi*x);
% ******************
```

```
% 边界条件函数
% ******************
function[pl,ql,pr,qr]=ex61_1bc(xl,ul,xr,ur,t)
pl=ul;
ql=0;
pr=pi*exp(-t);
qr=1;
```

例 8.62 求解泊松方程

$$-\nabla^2 u=1,$$

求解区域为单位圆盘,边界条件为在圆盘边界上 $u=0$.

解 它的精确解为

$$u(x,y)=\frac{1-x^2-y^2}{4}.$$

下面求它的数值解,编写程序如下:

```
%(1)问题定义
g='circleg';% 单位圆
b='circleb1';% 边界上为零条件
c=1;a=0;f=1;
%(2)产生初始的三角形网格
[p,e,t]=initmesh(g);
%(3)迭代直至得到误差允许范围内的合格解
error=[];err=1;
while err>0.01,
[p,e,t]=refinemesh(g,p,e,t);
u=assempde(b,p,e,t,c,a,f);% 求得数值解
exact=(1-p(1,:).^2-p(2,:).^2)/4;
err=norm(u-exact',inf);
error=[error err];
end
% 结果显示
subplot(2,2,1),pdemesh(p,e,t);
subplot(2,2,2),pdesurf(p,t,u)
subplot(2,2,3),pdesurf(p,t,u-exact')
```

例 8.63 求解正方形区域 $\{(x,y)\mid -1\leqslant x,y\leqslant 1\}$ 上的热传导方程

$$\frac{\partial u}{\partial t}=\Delta u,$$

初始条件为

$$u(0)=\begin{cases}1, & x^2+y^2<0.4^2,\\ 0, & \text{其他},\end{cases}$$

边界条件为 Dirichlet 条件 $u=0$.

解 这是抛物型方程,其中 $c=1,a=0,f=0,d=1$. 编写程序如下:

```
% (1)问题定义
g='squareg';% 定义正方形区域
b='squareb1';% 边界上为零条件
c=1;a=0;f=0;d=1;
% (2) 产生初始的三角形网格
[p,e,t]=initmesh(g);
% (3)定义初始条件
u0=zeros(size(p,2),1);
ix=find(sqrt(p(1, :).^2+p(2, :).^2)<0.4);
u0(ix)=1
% (4)在时间段为 0 到 0.1 的 20 个点上求解
nframe=20;
tlist=linspace(0,0.1,nframe);
u1=parabolic(u0,tlist,b,p,e,t,c,a,f,d);
% (5)动画图示结果
for j=1 :nframe
    pdesurf(p,t,u1( :,j));
    mv(j)=getframe;
end
movie(mv,10)
```

例 8.64 求解正方形区域 $\{(x,y)\mid -1\leqslant x,y\leqslant 1\}$ 上的波动方程

$$\frac{\partial^2 u}{\partial t^2}=\Delta u,$$

初始条件:

$$u(0)=\arctan[\cos \pi x],\frac{\mathrm{d}u(0)}{\mathrm{d}t}=3\sin(\pi x)\mathrm{e}^{\cos \pi y},$$

边界条件:在 $x=\pm 1$ 上满足 Dirichlet 条件 $u=0$,在 $y=\pm 1$ 上满足 Neumann 条件

$$\frac{\partial u}{\partial n}=0.$$

解 这是双曲型方程,其中 $c=1,a=0,f=0,d=1$. 编写程序如下:

```
% (1)问题定义
g='squareg';% 定义正方形区域
b='squareb3';% 定义边界
c=1;a=0;f=0;d=1;
% (2) 产生初始的三角形网格
[p,e,t]=initmesh(g);
% (3)定义初始条件
x=p(1,:)';y=p(2,:)';
u0=atan(cos(pi*x));
ut0=3*sin(pi*x).*exp(cos(pi*y));
% (4)在时间段为 0 到 5 的 31 个点上求解
n=31;
tlist=linspace(0,5,n);
uu=hyperbolic(u0,ut0,tlist,b,p,e,t,c,a,f,d);
% (5)动画图示结果
for j=1:n
   pdesurf(p,t,uu(:,j));
   mv(j)=getframe;
end
movie(mv,10)
```

例 8.65 求解泊松方程

$$-\nabla^2 u=\delta(0,0),$$

求解区域为单位圆盘,边界条件为在圆盘边界上 $u=0$.

解 该方程的精确解为

$$u(x,y)=-\frac{1}{2\pi}\ln\sqrt{x^2+y^2}.$$

下面求它的数值解,编写程序如下:

```
g='circleg';
b='circleb1';
c=1;a=0;f='circlef';
[p,e,t]=initmesh(g);
```

```
[p,e,t]=refinemesh(g,p,e,t);
u=assempde(b,p,e,t,c,a,f);
exact=-1/(2*pi)*log(sqrt(p(1,:).^2+p(2,:).^2));
subplot(2,2,1),pdemesh(p,e,t);
subplot(2,2,2),pdesurf(p,t,u);
subplot(2,2,3),pdesurf(p,t,u-exact')
```

8.3.12 主成分分析的 MATLAB 实现

例 8.66 本书 6.1.2 讨论了主成分分析法,现在讨论分析过程的 MATLAB 实现,整个过程由几个程序构成,分别是:

bzh.m 用总和标准化法对矩阵进行标准化;

xgxs.m 计算相关系数、特征值、特征向量、对主成分排序、计算各特征值的贡献率、挑选主成分、输出主成分个数、计算主成分载荷;

zcfdf.m 计算各主成分得分、计算综合得分、排序;

main.m 主程序,先输入数据,接着调用前面的程序,得到结果并输出.

各个程序具体为

1. bzh.m

```
% bzh.m,用总和标准化法对输入矩阵进行标准化
function y=bzh(X)
colsum=sum(X,1);% 对列求和
[m,n]=size(X);% 矩阵大小,m为行数,n为列数
for i=1:m
    for j=1:n
        y(i,j)=X(i,j)/colsum(j);
    end
end
```

2. xgxs.m

```
% xgxs.m
function L=xgxs(X)
fprintf('相关系数矩阵:\n')
corrcoefX=corrcoef(X)% 计算相关系数矩阵
fprintf('特征向量(eig_vec)及特征值(eig_val):\n')
[eig_vec,eig_val]=eig(corrcoefX)% 求特征值(eig_val)及特征向量(eig_vec)
```

```
eval=diag(eig_val);
[y,i]=sort(eval);% 对特征根进行排序,y 为排序结果,i 为索引
fprintf('特征根排序:\n')
for z=1 :length(y)
   newy(z)=y(length(y)+1-z);
end
fprintf('% g \n',newy)
fprintf('\n 贡献率:\n')
newrate=newy/sum(newy)
sumrate=0;
newi=[];
for k=1 :length(y)
   sumrate=sumrate+newrate(k);
   if sumrate>0.85  break;
   end
end    % 累积贡献率大于 85% 的特征值的序号就是 k
fprintf('主成分数:% g \n\n',k);
fprintf('主成分载荷:\n')
for p=1 :k
   for q=1 :length(y)
      L(q,p)=sqrt(eval(i(length(y)+1-p)))
                  *eig_vec(q,i(length(y)+1-p));
end
end% 计算载荷
disp(L)
```

3. zcfdf.m

```
% zcfdf.m,计算得分
function z1=zcfdf(vec1,vec2);
sco=vec1*vec2;
csum=sum(sco,2);
[newcsum,i]=sort(-1*csum);
[newi,j]=sort(i);
fprintf('计算得分:\n')
num=length(sco(1, :));
```

```
fprintf('各主成分得分        综合得分        排序结果 \n')
z1=[sco,csum,j];% 得分矩阵:sco 为各主成分得分;csum 为综合得分;j 为排序结果
disp(z1)
```

4. 主程序

```
% main.m
sj1
X=yssj;
v1=bzh(X)
result=xgxs(v1);
zcfdf(v1,result);
```

原始数据为我国 35 个大城市某年的 10 项社会经济统计指标数据,见表 8-3-8.将其放在数据文件 sj1.m 中,将所有程序放在同一个文件夹中,并将该文件夹作为当前文件夹,在 MATLAB 命令窗口中运行 main.m,即可得到输出结果.

8.3.13 聚类分析的 MATLAB 编程实现

例 8.67 运用 MATLAB 中矩阵的计算,通过编程实现聚类算法(具体方法见 6.2.2),具体程序和实现的功能如下:

[l,r,val]=min1(x,y)	求矩阵最小值,返回最小值所在行和列以及值的大小;
y=min2(x1,x2)	比较两数大小,返回较小值;
BM=bzh(M)	用极差标准化法标准化矩阵,返回标准化后的矩阵;
y=ds1(M)	用绝对值距离法求距离矩阵;
y=zdjljl(X)	应用最短距离聚类法进行聚类分析,返回聚类情况和数据;
main	调用各子函数,显示聚类图.

具体程序如下:

```
% 1    min1.m,求矩阵中最小值,并返回行列数及其值
function[v1,v2,v3]=min1(vector);% v1 为行数,v2 为列数,v3
                                   为其值
[v,v2]=min(min(vector'));
[v,v1]=min(min(vector));
v3=min(min(vector));
```

表 8-3-8　我国 35 个大城市某年的 10 项社会经济统计指标数据[74]

城市序号	城市名称	年底总人口（万人）	非农业人口比（%）	农业总产值（万元）	工业总产值（万元）	客运总量（万人）	货运总量（万吨）	地方财政预算内收入（万元）	城乡居民年底储蓄余额（万元）	在岗职工人数（万人）	在岗职工工资总额（万元）
1	北京	1 249.90	0.597 8	1 843 427	19 999 706	20 323	45 562	2 790 863	26 806 646	410.80	5 773 301
2	天津	910.17	0.580 9	1 501 136	22 645 502	3 259	26 317	1 128 073	11 301 931	202.68	2 25 4 343
3	石家庄	875.40	0.233 2	2 918 680	6 885 768	2 929	1 911	352 348	7 095 875	95.60	758 877
4	太原	299.92	0.656 3	236 038	2 737 750	1 937	11 895	203 277	3 943 100	88.65	654 023
5	呼和浩特	207.78	0.441 2	365 343	816 452	2 351	2 623	105 783	1 396 588	42.11	309 337
6	沈阳	677.08	0.629 9	1 295 418	5 826 733	7 782	15 412	567 919	9 016 998	135.45	1 152 811
7	大连	545.31	0.494 6	1 879 739	8 426 385	10 780	19 187	709 227	7 556 796	94.15	965 922
8	长春	691.23	0.406 8	1 853 210	5 966 343	4 810	9 532	357 096	4 803 744	102.63	884 447
9	哈尔滨	927.09	0.462 7	2 663 855	4 186 123	6 720	7 520	481 443	6 450 020	172.79	1 309 151
10	上海	1 313.12	0.738 4	2 069 019	54 529 098	6 406	44 485	4 318 500	25 971 200	336.84	5 605 445
11	南京	537.44	0.534 1	989 199	13 072 737	14 269	11 193	664 299	5 680 472	113.81	1 357 861
12	杭州	616.05	0.355 6	1 414 737	12 000 796	17 883	11 684	449 593	7 425 967	96.90	1 180 947
13	宁波	538.41	0.254 7	1 428 235	10 622 866	22 215	10 298	501 723	5 246 350	62.15	824 034

续表

城市序号	城市名称	年底总人口（万人）	非农业人口比（%）	农业总产值（万元）	工业总产值（万元）	客运总量（万人）	货运总量（万吨）	地方财政预算内收入（万元）	城乡居民年底储蓄余额（万元）	在岗职工人数（万人）	在岗职工工资总额（万元）
14	合肥	429.95	0.318 4	628 764	2 514 125	4 893	1 517	233 628	1 622 931	47.27	369 577
15	福州	583.13	0.273 3	2 152 288	6 555 351	8 851	7 190	467 524	5 030 220	69.59	680 607
16	厦门	128.99	0.486 5	333 374	5 751 124	3 728	2 570	418 758	2 108 331	46.93	657 484
17	南昌	424.20	0.398 8	688 289	2 305 881	3 674	3 189	167 714	2 640 460	62.08	479 555
18	济南	557.63	0.408 5	1 486 302	6 285 882	5 915	11 775	460 690	4 126 970	83.31	756 696
19	青岛	702.97	0.369 3	2 382 320	11 492 036	13 408	17 038	658 435	4 978 045	103.52	961 704
20	郑州	615.36	0.342 4	677 425	5 287 601	10 433	6 768	387 252	5 135 338	84.66	696 848
21	武汉	740.20	0.586 9	1 211 291	7 506 085	9 793	15 442	604 658	5 748 055	149.20	1 314 766
22	长沙	582.47	0.310 7	1 146 367	3 098 179	8 706	5 718	323 660	3 461 244	69.57	596 986
23	广州	685.00	0.621 4	1 600 738	23 348 139	22 007	23 854	1 761 499	20 401 811	182.81	3 047 594
24	深圳	119.85	0.793 1	299 662	20 368 295	8 754	4 274	1 847 908	9 519 900	91.26	1 890 338
25	南宁	285.87	0.406 4	720 486	1 149 691	5 130	3 293	149 700	2 190 918	45.09	371 809
26	海口	54.38	0.835 4	44 815	717 461	5 345	2 356	115 174	1 626 800	19.01	198 138

续表

城市序号	城市名称	年底总人口（万人）	非农业人口比（%）	农业总产值（万元）	工业总产值（万元）	客运总量（万人）	货运总量（万吨）	地方财政预算内收入（万元）	城乡居民年底储蓄余额（万元）	在岗职工人数（万人）	在岗职工工资总额（万元）
27	重庆	3 072.34	0.206 7	4 168 780	8 585 525	52 441	25 124	898 912	9 090 969	223.73	1 606 804
28	成都	1 003.56	0.335	1 935 590	5 894 289	40 140	19 632	561 189	7 479 684	132.89	1 200 671
29	贵阳	321.50	0.455 7	362 061	2 247 934	15 703	4 143	197 908	1 787 748	55.28	419 681
30	昆明	473.39	0.386 5	793 356	3 605 729	5 604	12 042	524 216	4 127 900	88.11	842 321
31	西安	674.50	0.409 4	739 905	3 665 942	10 311	9 766	408 896	5 863 980	114.01	885 169
32	兰州	287.59	0.544 5	259 444	2 940 884	1 832	4 749	169 540	2 641 568	65.83	550 890
33	西宁	133.95	0.522 7	65 848	711 310	1 746	1 469	49 134	855 051	27.21	219 251
34	银川	95.38	0.570 9	171 603	661 226	2 106	1 193	74 758	814 103	23.72	178 621
35	乌鲁木齐	158.92	0.824 4	78 513	1 847 241	2 668	9 041	254 870	2 365 508	55.27	517 622

```
% 2  min2.m,  比较两数大小,返回较小的值
function v1=min2(v2,v3);
if v2>v3
   v1=v3;
else
   v1=v2;
end
% 3  bzh.m,用极差标准化法标准化矩阵
function B=bzh(Matrix)
max_Matrix=max(Matrix)% 对列求最大值
min_Matrix=min(Matrix)
[a,b]=size(Matrix);% 矩阵大小,a 为行数,b 为列数
for i=1:a
   for j=1:b
      B(i,j)=(Matrix(i,j)-min_Matrix(j))
            /(max_Matrix(j)-min_Matrix(j));
   end
end
% 4   absd.m   用绝对值法求距离
function d=absd(vector);
[a,b]=size(vector);
d=zeros(a);
for i=1:a
   for j=1:a
      for k =1:b
         d(i,j)=d(i,j)+abs(vector(i,k)-vector(j,k));
      end
   end
end
fprintf('绝对值距离矩阵如下:\n');
disp(d)
% 5  zdjljl.m,  最短距离聚类法
function y=zdjljl(Matrix);
[a,b]=size(Matrix);
```

```
max_Matrix=max(max(Matrix));
for i=1:a
    for j=i:b
        Matrix(i,j)=max_Matrix;
    end
end
disp(Matrix)
Z=zeros(b-1,3);
for k=1:(b-1)
    [c,d]=size(Matrix);
    fprintf('第%g次聚类:\n',k);
    [e,f,g]=min1(Matrix);
    fprintf('最小值=%g,将第%g区和第%g区并为一类,记作C%g
          \n\n',g,e,f,c+1);
    Z(k,1)=e;
    Z(k,2)=f;
    Z(k,3)=g;
    for l=1:c
        if l<=min2(e,f)
            Matrix(c+1,l)=min2(Matrix(e,l),Matrix(f,l));
        else
            Matrix(c+1,l)=min2(Matrix(l,e),Matrix(l,f));
        end
    end
    Matrix(1:c+1,c+1)=max_Matrix;
    Matrix(1:c+1,e)=max_Matrix;
    Matrix(1:c+1,f)=max_Matrix;
    Matrix(e,1:c+1)=max_Matrix;
    Matrix(f,1:c+1)=max_Matrix;
    Matrix
end
y=Z
% 6 主程序,输入数据,输出数据并画图
X=[7.90 39.77 8.49 12.94 19.27 11.05 2.04 13.29
```

```
    7.68 50.37 11.35 13.3 19.25 14.59 2.75 14.87
    9.42 27.93 8.20 8.14 16.17 9.42 1.55 9.76
    9.16 27.98 9.01 9.32 15.99 9.10 1.82 11.35
    10.06 28.64 10.52 10.05 16.18 8.39 1.96 10.81];
fprintf('标准化结果如下: \n')
v1 = bzh(X);
V2 = absd(v1);
Z = zdjljl(v2);
[H,T] = dendrogram(Z)
```

8.3.14 模拟退火算法应用举例

例 8.68 已知敌方 100 个目标的经度、纬度如表 8-3-9 所示.

我方有一个基地,经度和纬度为(70,40).假设我方飞机的速度为 1 000 km/h.我方派一架飞机从基地出发,侦察完敌方所有目标,再返回原来的基地.在敌方每一目标点的侦察时间不计,求该架飞机所花费的时间(假设我方飞机巡航时间可以充分长).

这是一个旅行商问题.我方基地编号为 1,敌方目标依次编号为 2,3,…,101,最后我方基地再重复编号为 102(这样便于程序中计算).距离矩阵 $\boldsymbol{D}=(d_{ij})_{102\times102}$,其中 d_{ij} 表示 i,j 两点间的距离,$i,j=1,2,\cdots,102$,这里 $\boldsymbol{D}$ 为实对称矩阵,这样,问题就成为求一个从点 1 出发,走遍所有中间点,到达点 102 的最短路径问题.

上面问题中给定的是地理坐标(经度和纬度),必须求两点间的实际距离.设 A,B 两点间的地理坐标分别为 (x_1,y_1),(x_2,y_2),过 A,B 两点的大圆的劣弧长即为两点的实际距离.以地心为坐标原点 O,以赤道平面为 xOy 平面,以 0 度经线圈所在的平面为 xOy 平面建立三维直角坐标系,则 A,B 两点的直角坐标分别为

$$A=(R\cos x_1\cos y_1,R\sin x_1\cos y_1,R\sin y_1),$$
$$B=(R\cos x_2\cos y_2,R\sin x_2\cos y_2,R\sin y_2),$$

其中 $R=6\ 370$ 为地球半径.A,B 两点的实际距离为

$$d=R\arccos\left(\frac{\overrightarrow{OA}\cdot\overrightarrow{OB}}{\left|\overrightarrow{OA}\right|\cdot\left|\overrightarrow{OB}\right|}\right),$$

化简得

表 8-3-9 敌方目标经度和纬度数据表

目标号	经度	纬度	目标号	经度	纬度	目标号	经度	纬度	目标号	经度	纬度
2	53.712 1	15.304 6	27	51.175 8	0.032 2	52	46.325 3	28.275 3	77	30.331 3	6.934 8
3	56.543 2	21.418 8	28	10.819 8	16.252 9	53	22.789 1	23.104 5	78	10.158 4	12.481 9
4	20.105 0	15.456 2	29	1.945 1	0.205 7	54	26.495 1	22.122 1	79	31.484 7	8.964 0
5	26.241 8	18.176 0	30	44.035 6	13.540 1	55	28.983 6	25.987 9	80	38.472 2	20.173 1
6	28.269 4	29.001 1	31	32.191 0	5.869 9	56	36.486 3	29.728 4	81	0.971 8	28.147 7
7	8.958 6	24.663 5	32	16.561 8	23.614 3	57	10.559 7	15.117 8	82	50.211 1	10.294 4
8	8.151 9	9.532 5	33	22.107 5	18.556 9	58	0.121 5	18.872 6	83	48.207 7	16.888 9
9	31.949 9	17.630 9	34	0.773 2	0.465 6	59	47.413 4	23.778 3	84	41.867 1	3.566 7
10	43.547 4	3.906 1	35	53.352 4	26.725 6	60	30.816 5	13.459 5	85	27.713 3	5.070 6
11	23.922 2	7.630 6	36	51.961 2	22.851 1	61	12.793 8	15.730 7	86	4.956 8	8.366 9
12	21.505 1	24.090 9	37	15.254 8	27.211 1	62	6.207 0	5.144 2	87	49.243 0	16.704 4
13	17.116 8	20.035 4	38	34.168 8	22.757 1	63	9.440 2	3.920 0	88	11.581 2	14.567 7
14	52.118 1	0.408 8	39	9.555 9	11.421 9	64	24.450 9	6.563 4	89	26.721 3	28.566 7
15	37.584 8	16.847 4	40	35.661 9	9.933 3	65	24.465 4	3.164 4	90	0.777 5	6.957 6
16	14.470 3	13.636 8	41	19.866 0	15.122 4	66	3.161 6	4.242 8	91	18.524 5	14.359 8
17	58.684 9	27.148 5	42	39.516 8	16.937 1	67	56.508 9	13.709 0	92	52.521 1	15.795 7
18	38.430 0	8.464 8	43	51.818 1	23.015 9	68	8.998 3	23.644 0	93	50.115 6	23.781 6
19	13.790 9	1.951 0	44	34.057 4	23.396 0	69	23.062 4	8.431 9	94	19.985 7	5.790 2
20	40.880 1	14.297 8	45	58.828 9	14.522 9	70	18.663 5	6.743 6	95	52.842 3	27.288 0
21	39.949 4	29.511 4	46	47.509 9	24.066 4	71	10.112 1	27.266 2	96	28.781 2	27.665 9
22	8.083 1	27.670 5	47	9.155 6	14.130 4	72	53.798 9	0.219 9	97	33.649 0	0.398 0
23	1.349 6	16.835 9	48	49.981 6	6.082 8	73	19.363 5	17.662 2	98	36.954 5	23.026 5
24	15.732 0	19.569 7	49	11.511 8	17.388 4	74	44.039 8	16.263 5	99	39.713 9	28.420 3
25	6.990 9	23.180 4	50	38.339 2	19.995 0	75	24.654 3	19.605 7	100	36.998 0	24.399 2
26	4.159 1	3.185 3	51	40.140 0	20.303 0	76	23.987 6	9.403 0	101	41.108 4	27.714 9

$$d=R\arccos[\cos(x_1-x_2)\cos y_1\cos y_2+\sin y_1\sin y_2].$$

求解本题的模拟退火算法描述如下：

(1) 解空间

解空间 S 可表示为 $\{1,2,\cdots,101,102\}$ 的所有固定起点和终点的循环排列集合，即

$S=\{(\pi_1,\cdots,\pi_{102})\mid\pi_1=1,(\pi_2,\cdots,\pi_{101})$ 为 $\{2,3,\cdots,101\}$ 的循环排列，$\pi_{102}=102\}$，

其中每一个循环排列表示侦察 100 个目标的一个回路，$\pi_i=j$ 表示在第 i 次侦察 j 点，初始解可选为 $(1,2,\cdots,102)$，本题使用蒙特卡罗方法求初始解.

(2) 目标函数

此时的目标函数为侦察所有目标的路径长度或称代价函数. 要求

$$\min\quad f(\pi_1,\pi_2,\cdots,\pi_{102})=\sum_{i=1}^{101}d_{\pi_i\pi_{i+1}}.$$

而一次迭代由下列三步构成：

① 新解的产生

(i) 2 变换法

任选序号 $u,v(u<v)$，交换 u 与 v 之间的顺序，此时的新路径为

$\pi_1\cdots\pi_{u-1}\pi_v\pi_{v-1}\cdots\pi_{u+1}\pi_u\pi_{v+1}\cdots\pi_{102}$（原为 $\pi_1\cdots\pi_{u-1}\pi_u\pi_{u+1}\cdots\pi_{v-1}\pi_v\pi_{v+1}\cdots\pi_{102}$）.

(ii) 3 变换法

任选序号 u,v 和 w，将 u 和 v 之间的路径插到 w 之后，对应的新路径为（设 $u<v<w$）

$$\pi_1\cdots\pi_{u-1}\pi_{v+1}\cdots\pi_w\pi_u\cdots\pi_v\pi_{w+1}\cdots\pi_{102}$$

（原为 $\pi_1\cdots\pi_{u-1}\pi_u\pi_{u+1}\cdots\pi_{v-1}\pi_v\pi_{v+1}\cdots\pi_{w-1}\pi_w\pi_{w+1}\cdots\pi_{102}$）.

② 代价函数差

对于 2 变换法，路径差可表示为

$$\Delta f=(d_{\pi_{u-1}\pi_v}+d_{\pi_u\pi_{v+1}})-(d_{\pi_{u-1}\pi_u}+d_{\pi_v\pi_{v+1}}).$$

③ 接受准则

$$P=\begin{cases}1, & \Delta f<0,\\ \exp(-\Delta f/T), & \Delta f\geqslant 0,\end{cases}$$

如果 $\Delta f<0$，则接受新的路径，否则，以概率 $\exp(-\Delta f/T)$ 接受新的路径，即若 $\exp(-\Delta f/T)$ 大于 0 到 1 之间的随机数则接受.

(3) 降温

利用选定的降温系数 α 进行降温即：$T\leftarrow\alpha T$，得到新的温度，这里

取$\alpha=0.999$.

(4) 结束条件

用选定的终止温度 $e=10^{-30}$,判断退火过程是否结束. 若 $T<e$,算法结束,输出当前状态.

为实现这个算法,编写 MATLAB 程序如下:

```
clc,clear
load sj.txt  % 加载敌方 100 个目标的数据,数据按照表格中的位置保
               存在纯文本文件 sj.txt 中
x=sj(:,1:2:8);x=x(:);
y=sj(:,2:2:8);y=y(:);
sj=[x y];
d1=[70,40];
sj=[d1;sj;d1];
sj=sj*pi/180;
% 距离矩阵 d
d=zeros(102);
for i=1:101
      for j=i+1:102
      temp=cos(sj(i,1)-sj(j,1))*cos(sj(i,2))*cos(sj
      (j,2))+sin(sj(i,2))*sin(sj(j,2));
      d(i,j)=6370*acos(temp);
   end
end
d=d+d';
S0=[];Sum=inf;
rand('state',sum(clock));
for j=1:1000
   S=[1 1+randperm(100),102];
   temp=0;
   for i=1:101
      temp=temp+d(S(i),S(i+1));
   end
   if temp<Sum
      S0=S;
```

```
        Sum=temp;
    end
end
e=0.1^30;L=20000;at=0.999;T=1;
% 退火过程
for k=1:L
% 产生新解
    c=2+floor(100*rand(1,2));
    c=sort(c);
    c1=c(1);
    c2=c(2);
% 计算代价函数值
    df=d(S0(c1-1),S0(c2))+d(S0(c1),S0(c2+1))
    -d(S0(c1-1),S0(c1))-d(S0(c2),S0(c2+1));
% 接受准则
    if df<0
        S0=[S0(1:c1-1),S0(c2:-1:c1),S0(c2+1:102)];
        Sum=Sum+df;
    elseif exp(-df/T)>rand(1)
        S0=[S0(1:c1-1),S0(c2:-1:c1),S0(c2+1:102)];
        Sum=Sum+df;
    end
    T=T*at;
    if T<e
        break;
    end
end
% 输出巡航路径及路径长度
S0,Sum
```

其中 sj.txt 的内容如下：

```
53.7121,15.3046,51.1758,0.0322,46.3253,28.2753,30.3313,6.9348
56.5432,21.4188,10.8198,16.2529,22.7891,23.1045,10.1584,12.4819
20.1050,15.4562,1.9451,0.2057,26.4951,22.1221,31.4847,8.9640
26.2418,18.1760,44.0356,13.5401,28.9836,25.9879,38.4722,20.1731
```

28.2694,29.0011,32.1910,5.8699,36.4863,29.7284,0.9718,28.1477
8.9586,24.6635,16.5618,23.6143,10.5597,15.1178,50.2111,10.2944
8.1519,9.5325,22.1075,18.5569,0.1215,18.8726,48.2077,16.8889
31.9499,17.6309,0.7732,0.4656,47.4134,23.7783,41.8671,3.5667
43.5474,3.9061,53.3524,26.7256,30.8165,13.4595,27.7133,5.0706
23.9222,7.6306,51.9612,22.8511,12.7938,15.7307,4.9568,8.3669
21.5051,24.0909,15.2548,27.2111,6.2070,5.1442,49.2430,16.7044
17.1168,20.0354,34.1688,22.7571,9.4402,3.9200,11.5812,14.5677
52.1181,0.4088,9.5559,11.4219,24.4509,6.5634,26.7213,28.5667
37.5848,16.8474,35.6619,9.9333,24.4654,3.1644,0.7775,6.9576
14.4703,13.6368,19.8660,15.1224,3.1616,4.2428,18.5245,14.3598
58.6849,27.1485,39.5168,16.9371,56.5089,13.7090,52.5211,15.7957
38.4300,8.4648,51.8181,23.0159,8.9983,23.6440,50.1156,23.7816
13.7909,1.9510,34.0574,23.3960,23.0624,8.4319,19.9857,5.7902
40.8801,14.2978,58.8289,14.5229,18.6635,6.7436,52.8423,27.2880
39.9494,29.5114,47.5099,24.0664,10.1121,27.2662,28.7812,27.6659
8.0831,27.6705,9.1556,14.1304,53.7989,0.2199,33.6490,0.3980
1.3496,16.8359,49.9816,6.0828,19.3635,17.6622,36.9545,23.0265
15.7320,19.5697,11.5118,17.3884,44.0398,16.2635,39.7139,28.4203
6.9909,23.1804,38.3392,19.9950,24.6543,19.6057,36.9980,24.3992
4.1591,3.1853,40.1400,20.3030,23.9876,9.4030,41.1084,27.7149

计算结果为 44 h 左右. 其中的一个巡航路径如图 8-3-3 所示.

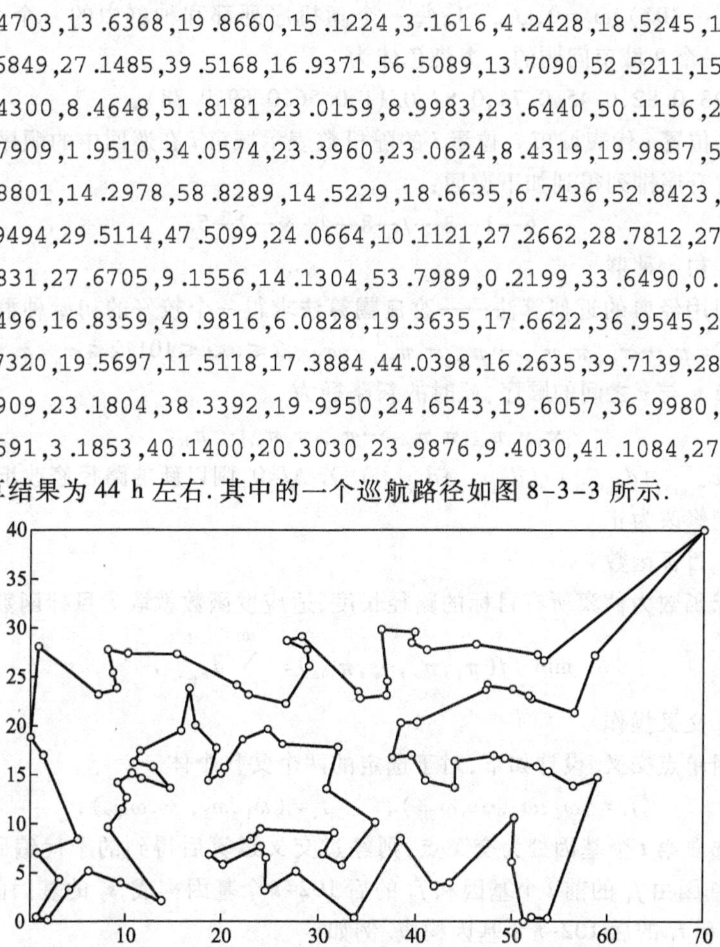

图 8-3-3　模拟退火算法求得的巡航路径示意图

8.3.15 遗传算法应用举例

例 8.69 现在用遗传算法来求解上述问题. 求解时遗传算法的参数设定如下:

种群大小:$M=50$;

最大代数:$G=1\ 000$;

交叉率:$p_c=1$,交叉概率为 1 能保证种群的充分进化;

变异率:$p_m=0.1$,一般而言,变异发生的可能性较小.

(1) 编码策略

采用十进制编码,用随机数列$(\omega_1,\omega_2,\cdots,\omega_{102})$作为染色体,其中$0<\omega_i<1$ $(i=2,3,\cdots,101)$,$\omega_1=0$,$\omega_{102}=1$;每一个随机序列都和种群中的一个个体相对应,例如一个 9 城市问题的一个染色体为

$(0.23,0.82,0.45,0.74,0.87,0.11,0.56,0.69,0.78)$,

其中编码位置 i 代表城市 i,位置 i 的随机数表示城市 i 在巡回中的顺序. 将这些随机数按升序排列得到如下巡回:

$$6—1—3—7—8—4—9—2—5.$$

(2) 初始种群

先利用经典的近似算法——**改良圈算法**求得一个较好的初始种群. 即对于初始圈 $C=\pi_1\cdots\pi_{u-1}\pi_u\pi_{u+1}\cdots\pi_{v-1}\pi_v\pi_{v+1}\cdots\pi_{102}$,$2\leqslant u<v\leqslant 101$,$2\leqslant \pi_u<\pi_v\leqslant 101$.

交换 u 与 v 之间的顺序,此时的新路径为

$$\pi_1\cdots\pi_{u-1}\pi_v\pi_{v-1}\cdots\pi_{u+1}\pi_u\pi_{v+1}\cdots\pi_{102}.$$

记 $\Delta f=(d_{\pi_{u-1}\pi_v}+d_{\pi_u\pi_{v+1}})-(d_{\pi_{u-1}\pi_u}+d_{\pi_v\pi_{v+1}})$,若 $\Delta f<0$,则以新的路径修改旧的路径,直到不能修改为止.

(3) 目标函数

目标函数为侦察所有目标的路径长度,适应度函数就取为目标函数. 要求

$$\min \quad f(\pi_1,\pi_2,\cdots,\pi_{102})=\sum_{i=1}^{101} d_{\pi_i\pi_{i+1}}.$$

(4) 交叉操作

采用单点交叉. 设计如下,对于选定的两个父代个体

$$f_1=(\omega_1,\omega_2,\cdots,\omega_{102}),\qquad f_2=(\omega_1,\omega_2,\cdots,\omega_{102}),$$

随机地选取第 t 个基因处为交叉点,则经过交叉运算后得到的子代编码为 s_1 和 s_2,s_1 的基因由 f_1 的前 t 个基因和 f_2 的后 $102-t$ 个基因构成,s_2 的基因由 f_2 的前 t 个基因和 f_1 的后 $102-t$ 个基因构成. 例如

$f_1=(0,\ 0.23,\ 0.82,\ 0.45,\ 0.74,\ |0.87,\ 0.11,\cdots,0.56,\ 0.69,0.78,\ 1)$,

$f_2=(0, 0.13, 0.32, 0.65, 0.54, |0.24, 0.16,\cdots,0.36, 0.65,0.27, 1)$.

设交叉点在第 5 个基因处,则

$s_1=(0, 0.23, 0.82, 0.45, 0.74, |0.24, 0.16,\cdots,0.36, 0.65,0.27, 1)$,

$s_2=(0, 0.13, 0.32, 0.65, 0.54, |0.87, 0.11,\cdots,0.56, 0.69,0.78, 1)$.

交叉操作的方式有很多种选择,应该尽可能选取好的交叉方式,保证子代能继承父代的优良特性. 同时这里的交叉操作也蕴含了变异操作.

(5) 变异操作

变异也是实现群体多样性的一种手段,同时也是全局寻优的保证. 具体设计如下,按照给定的变异率,对选定变异的个体,随机地取三个整数 u,v,w,满足 $1<u<v<w<102$,把 u,v 之间(包括 u 和 v)的基因段插到 w 后面.

(6) 选择

采用确定性的选择策略,也就是说选择目标函数值最小的 M 个个体进化到下一代,这样可以保证父代的优良特性被保存下来.

根据这个算法,编写 MATLAB 程序如下:

```
tic
clc
clear
load sj.txt    % 加载敌方100 个目标的数据
x=sj(:,1:2:8);
x=x(:);
y=sj(:,2:2:8);
y=y(:);
sj=[x y];
d1=[70,40];
sj0=[d1;sj;d1];
% 距离矩阵 d
sj=sj0*pi/180;
d=zeros(102);
for i=1:101
    for j=i+1:102
        temp=cos(sj(i,1)-sj(j,1))*cos(sj(i,2))
        *cos(sj(j,2))+sin(sj(i,2))*sin(sj(j,2));
        d(i,j)=6370*acos(temp);
    end
```

```
end
d=d+d';
L=102;
w=50;
dai=100;
% 通过改良圈算法选取优良父代 A
for k=1 :w
    c=randperm(100);
    c1=[1,c+1,102];
    flag=1;
    while flag>0
        flag=0;
        for m=1 :L-3
            for n=m+2 :L-1
                if d(c1(m),c1(n))+d(c1(m+1),c1(n+1))<d
                (c1(m),c1(m+1))+d(c1(n),c1(n+1))
                    flag=1;
                    c1(m+1 :n)=c1(n :-1 :m+1);
                end
            end
        end
    end
    J(k,c1)=1 :102;
end
J=J/102;
J( :,1)=0;
J( :,102)=1;
rand('state',sum(clock));
% 遗传算法实现过程
A=J;
for k=1 :dai% 产生 0 ~1 间随机数列进行编码
    B=A;
    c=randperm(w);
    % 交配产生子代 B
```

```
    for i=1:2:w
        F=2+floor(100*rand(1));
        temp=B(c(i),F:102);
        B(c(i),F:102)=B(c(i+1),F:102);
        B(c(i+1),F:102)=temp;
    end
    % 变异产生子代 C
    by=find(rand(1,w)<0.1);
    if length(by)==0
        by=floor(w*rand(1))+1;
    end
    C=A(by,:);
    L3=length(by);
    for j=1:L3
        bw=2+floor(100*rand(1,3));
        bw=sort(bw);
        C(j,:)=C(j,[1:bw(1)-1,bw(2)+1:bw(3),bw(1):bw
        (2),bw(3)+1:102]);
        end
        G=[A;B;C];
        TL=size(G,1);
        % 在父代和子代中选择优良品种作为新的父代
    [dd,IX]=sort(G,2);temp(1:TL)=0;
    for j=1:TL
        for i=1:101
            temp(j)=temp(j)+d(IX(j,i),IX(j,i+1));
        end
    end
    [DZ,IZ]=sort(temp);
    A=G(IZ(1:w),:);
end
path=IX(IZ(1),:)
long=DZ(1)
toc
```

```
xx=sj0(path,1);yy=sj0(path,2);
plot(xx,yy,'-o')
```

计算结果为 40 h 左右. 其中的一个巡航路径如图 8-3-4 所示.

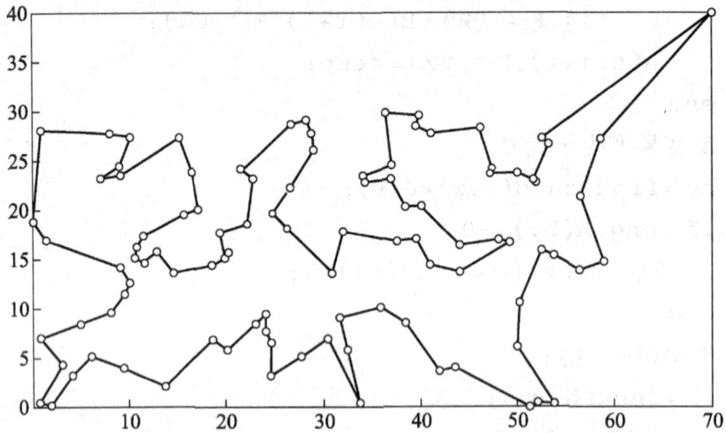

图 8-3-4　遗传算法求得的巡航路径示意图

在这里,我们看到,用不同的算法实现同一个例子的计算,得到了不同的结果. 其实,用同一个算法进行多次运行也得到不同的结果,大家通过分析算法不难发现,这个算法中间使用了随机数,这就决定了结果是随着随机数的不同而不同的.

8.3.16　灰色系统预测实例的 MATLAB 实现

由模型 GM(1,1)(见本书 7.4.4)所得到的指定时区内的预测值,根据实际问题的需要,给出相应的预测预报.

灾变预测

给定原始数据列 $\boldsymbol{x}^{(0)}=(x^{(0)}(1),x^{(0)}(2),\cdots,x^{(0)}(n))$,如果指定某个定值 ζ,并认为 $\boldsymbol{x}^{(0)}$ 中那些大于 ζ 的点为具有异常值的点,然后将这些数据挑出来另组一数列,则称这一数列为上限灾变数列. 例如,给定数列 $\boldsymbol{x}^{(0)}=(2.4,0.8,3.5,5.2)$,若取 $\zeta=1.2$,则其上限灾变数列为 $\boldsymbol{x}_{\zeta}^{(0)}=(2.4,3.5,5.2)$. 同理,可定义下限灾变数列这个概念. 注意,灾变预测不是预测数据本身的大小,而是预测异常值出现的时间. 考虑下面这个问题.

例 8.70　某地区年平均降雨量数据如表 8-3-10.

表 8-3-10　某地区年平均降雨量数据

年	1	2	3	4	5	6	7	8	9
降雨量	390.6	412	320	559.2	380.8	542.4	553	310	561
年	10	11	12	13	14	15	16	17	
降雨量	300	632	540	406.2	313.8	576	587.6	318.5	

规定 $\zeta=320$,并认为 $x^{(0)}(i)\leqslant\zeta$ 为旱灾.预测下一次旱灾发生的时间.

解　先写出初始数列

$$\boldsymbol{x}^{(0)}=(390.6,412,320,559.2,380.8,542.4,553,310,561,300,632,540,406.2,313.8,576,587.6,318.5).$$

由于满足 $x^{(0)}(i)\leqslant320$ 的 $x^{(0)}(i)$ 即为异常值,易得下限灾变数列为

$$\boldsymbol{x}_{\zeta}^{(0)}=(320,310,300,313.8,318.5),$$

其对应的时刻数列为

$$\boldsymbol{t}=(3,8,10,14,17).$$

将数列 $\boldsymbol{t}$ 做 1 次累加,得

$$\boldsymbol{t}^{(1)}=(3,11,21,35,52).$$

建立 GM(1,1)模型,得

$$\hat{\boldsymbol{u}}=(a,b)^{\mathrm{T}}=(-0.2536,6.2585),$$

$$\hat{t}^{(1)}(k+1)=27.6774\mathrm{e}^{0.2536k}-24.6774.$$

通过(*)式,预测到第 6 个及第 7 个数据为

$$t^{(0)}(6)=22.034,\quad t^{(0)}(7)=28.3946.$$

由于 22.034 与 17 相差 5.034,这表明下一次旱灾将发生在 5 年以后.

实现计算过程的 MATLAB 程序如下:

```
clc,clear
a=[390.6,412,320,559.2,380.8,542.4,553,310,561,300,632,
540,406.2,313.8,576,587.6,318.5]';
t0=find(a<=320);
t1=cumsum(t0);n=length(t1);
B=[-0.5*(t1(1:end-1)+t1(2:end)),ones(n-1,1)];
Y=t0(2:end);
r=B\Y
y=dsolve('Dy+a*y=b','y(0)=y0');
y=subs(y,{'a','b','y0'},{r(1),r(2),t1(1)});
yuce1=subs(y,'t',[0:n+1])
```

```
digits(6),y=vpa(y)% 为提高预测精度,先计算预测值,再显示微分方程的解
yuce=diff(yuce1);
yuce=[t0(1),yuce]
```

8.3.17 指派问题的计算机求解

整数规划问题的求解可以使用 LINGO 等专用软件. 对于一般的整数规划问题,无法直接利用 MATLAB 的函数,必须利用 MATLAB 编程实现分支定界法或割平面法. 但对于指派问题等 0-1 整数规划问题,可以直接利用 MATLAB 的函数 bintprog 进行求解.

例 8.71 求解下列指派问题,已知指派矩阵为

$$\boldsymbol{C}=\begin{pmatrix}3&8&2&10&3\\8&7&2&9&7\\6&4&2&7&5\\8&4&2&3&5\\9&10&6&9&10\end{pmatrix}.$$

解 编写 MATLAB 程序如下:

```
c=[3 8 2 10 3;8 7 2 9 7;6 4 2 7 5;8 4 2 3 5;9 10 6 9 10];
c=c(:);
a=zeros(10,25);
for i=1:5
    a(i,(i-1)*5+1:5*i)=1;
    a(5+i,i:5:25)=1;
end
b=ones(10,1);
[x,y]=bintprog(c,[],[],a,b);
x=reshape(x,[5,5]),y
```

求得最优指派方案为 $x_{15}=x_{23}=x_{32}=x_{44}=x_{51}=1$,最优值为 21.

如用 LINGO 求解,则程序如下:

```
model:
sets:
var/1..5/;
link(var,var):c,x;
endsets
```

```
data :
c=3 8 2 10 3
8 7 2 9 7
6 4 2 7 5
8 4 2 3 5
9 10 6 9 10;
enddata
min=@sum(link :c*x);
@for(var(i) :@sum(var(j) :x(i,j))=1);
@for(var(j) :@sum(var(i) :x(i,j))=1);
@for(link :@bin(x));
end
```

8.3.18 非线性规划的 MATLAB 求解

MATLAB 中非线性规划的数学模型写成以下形式

$$\begin{aligned} \min\ & f(\boldsymbol{x}), \\ \text{s.t.}\ & \boldsymbol{Ax} \leqslant \boldsymbol{B}, \\ & \mathbf{Aeq} \cdot \boldsymbol{x} = \mathbf{Beq}, \\ & C(\boldsymbol{x}) \leqslant 0, \\ & \mathrm{Ceq}(\boldsymbol{x}) = 0, \end{aligned}$$

其中 $f(\boldsymbol{x})$ 是标量函数，$\boldsymbol{A}$，$\boldsymbol{B}$，$\mathbf{Aeq}$，$\mathbf{Beq}$ 是相应维数的矩阵和向量，$C(\boldsymbol{x})$，$\mathrm{Ceq}(\boldsymbol{x})$ 是非线性向量函数.

MATLAB 中求解该问题的命令是

```
x=FMINCON(FUN,XO,A,B,Aeq,Beq,LB,UB,NONLCON,OPTIONS)
```

它的返回值是向量 $\boldsymbol{x}$，其中 FUN 是用 M 文件定义的函数 $f(\boldsymbol{x})$，X0 是 x 的初始值，A，B，Aeq，Beq 定义了线性约束 $\boldsymbol{Ax} \leqslant \boldsymbol{B}$，$\mathbf{Aeq} \cdot \boldsymbol{x} = \mathbf{Beq}$，如果没有线性约束，则 A=[ ]，B=[ ]，Aeq=[ ]，Beq=[ ]；LB 和 UB 是变量 $\boldsymbol{x}$ 的下界和上界，如果上界和下界没有约束，则 LB=[ ]，UB=[ ]，如果 $\boldsymbol{x}$ 无下界，则 LB 的各分量都为 -inf，如果 $\boldsymbol{x}$ 无上界，则 UB 的各分量都为 inf；NONLCON 是用 M 文件定义的非线性向量函数 $C(\boldsymbol{x})$，$\mathrm{Ceq}(\boldsymbol{x})$，OPTIONS 定义了优化参数，可以使用 MATLAB 缺省的参数设置.

例 8.72 求下列非线性规划：

$$\begin{aligned} \min\ & f(x) = x_1^2 + x_2^2 + x_3^2 + 8, \\ \text{s.t.}\ & x_1^2 - x_2 + x_3^2 \geqslant 0, \end{aligned}$$

$$x_1+x_2^2+x_3^2\leqslant 20,$$
$$-x_1-x_2^2+2=0,$$
$$x_2+2x_3^2=3,$$
$$x_1,x_2,x_3\geqslant 0.$$

解 (1) 编写 M 文件 fun1.m,定义目标函数.

```
function f=fun1(x);
f=sum(x.^2)+8;
```

(2) 编写 M 文件 fun2.m,定义非线性约束条件.

```
function[g,h]=fun2(x);
g=[-x(1)^2+x(2)-x(3)^2
x(1)+x(2)^2+x(3)^3-20];% 非线性不等式约束
h=[-x(1)-x(2)^2+2
x(2)+2*x(3)^2-3];% 非线性等式约束
```

(3) 编写主程序文件 example2.m 如下:

```
options=optimset('largescale','off');
[x,y]=fmincon('fun1',rand(3,1),[],[],[],[],zeros(3,1),
[],'fun2',options)
```

就可以求得当 $x_1=0.5522$, $x_2=1.2033$, $x_3=0.9478$ 时,最小值$y=10.6511$.

8.3.19 非线性整数规划蒙特卡罗法(随机取样法)的求解

对于非线性整数规划目前尚未有一种成熟而准确的求解方法,因为非线性规划本身的通用有效解法尚未找到,更何况是非线性整数规划.

尽管整数规划由于限制变量为整数而增加了难度;然而由于整数解是有限个,于是为枚举法提供了方便.当然,当自变量维数很大且取值范围很宽情况下,用枚举法计算出最优值是不现实的,但是应用概率理论可以证明,在一定的计算量的情况下,完全可以得出一个满意解.

例 8.73 已知非线性整数规划为

$$\max\quad z=x_1^2+x_2^2+3x_3^2+4x_4^2+2x_5^2-8x_1-2x_3-x_4-2x_5,$$
$$0\leqslant x_i\leqslant 99\qquad (i=1,2,3,4,5),$$
$$\text{s.t.}\quad x_1+x_2+x_3+x_4+x_5\leqslant 400,$$
$$x_1+2x_2+2x_3+x_4+6x_5\leqslant 800,$$
$$2x_1+x_2+6x_3\leqslant 200,$$

$x_3+x_4+5x_5 \leqslant 200.$

如果用显枚举法试探,共需计算 $100^5=10^{10}$ 个点,其计算量非常之大. 然而应用蒙特卡罗去随机计算 10^6 个点,便可找到满意解,那么这种方法的可信度究竟怎样呢?

下面就分析随机取样采集 10^6 个点计算时,应用概率理论来估计一下可信度. 不失一般性,假定一个整数规划的最优点不是孤立的奇点.

假设目标函数落在高值区的概率分别为 0.01,0.000 01,则当计算 10^6 个点后,有任一个点能落在高值区的概率分别为

$$1-0.99^{1\,000\,000} \approx \underbrace{0.99\cdots99}_{100多个},$$

$$1-0.999\,99^{1\,000\,000} \approx 0.999\,954\,602.$$

解 (1) 首先编写 M 文件 mente.m,定义目标函数 f 和约束向量函数 g,程序如下:

```
function[f,g]=mente(x);
f=x(1)^2+x(2)^2+3*x(3)^2+4*x(4)^2+2*x(5)-8*x(1)
-2*x(2)-3*x(3)-x(4)-2*x(5);
g=[     x(1)+x(2)+x(3)+x(4)+x(5)-400
        x(1)+2*x(2)+2*x(3)+x(4)+6*x(5)-800
    2*x(1)+x(2)+6*x(3)-200
        x(3)+x(4)+5*x(5)-200];
```

(2) 编写 M 文件 mainint.m,求问题的解:

```
rand('state',sum(clock));
p0=0;
tic
for i=1:10^6
    x=99*rand(5,1);
    x1=floor(x);
    x2=ceil(x);
    [f,g]=mente(x1);
    if sum(g<=0)==4
        if p0<=f
            x0=x1;
            p0=f;
        end
```

```
        end
        [f,g]=mente(x2);
        if sum(g<=0)==4
            if p0<=f
                x0=x2;
                p0=f;
            end
        end
    end
    x0,p0
    toc
```

以上是用 MATLAB 求解本题的程序,本题还可以使用 LINGO 软件求得精确的全局最优解,程序如下:

```
model:
sets:
    row/1..4/:b;
    col/1..5/:c1,c2,x;
    link(row,col):a;
endsets
data:
    c1=1,1,3,4,2;
    c2=-8,-2,-3,-1,-2;
    a=1 1 1 1 1
    1 2 2 1 6
    2 1 6 0 0
    0 0 1 1 5;
    b=400,800,200,200;
enddata
    max=@sum(col:c1*x^2+c2*x);
    @for(row(i):@sum(col(j):a(i,j)*x(j))<b(i));
    @for(col:@gin(x));
    @for(col:@bnd(0,x,99));
end
```

8.4 图形绘制深入

为了在论文中将题目给出的图形画得比较漂亮，就需要自己重新把图形按照题目给出的数据进行重新绘制.

例 8.74 2012 年 ICM 的题目中，pdf 文档中有如图 8-4-1 的一张带箭头的网络图.

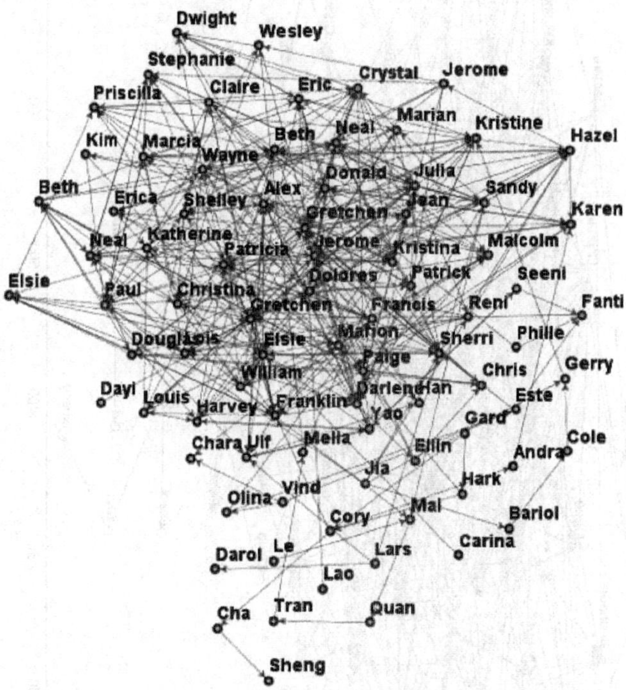

图 8-4-1 ICM2012 年题图

一般情况下，在题目的重述中都是将它用截取图形的方法复制到 Word 文档中，但我们通过 MATLAB 编程，能够利用题目给出的数据，自己画出这个图形来.

首先需要从 MATLAB 官网下载一个专门用于画箭头的函数 `arrow.m`，这是免费的开放程序，利用这个程序，就可以轻松地画出这个图形了，画出的图形如图 8-4-2.

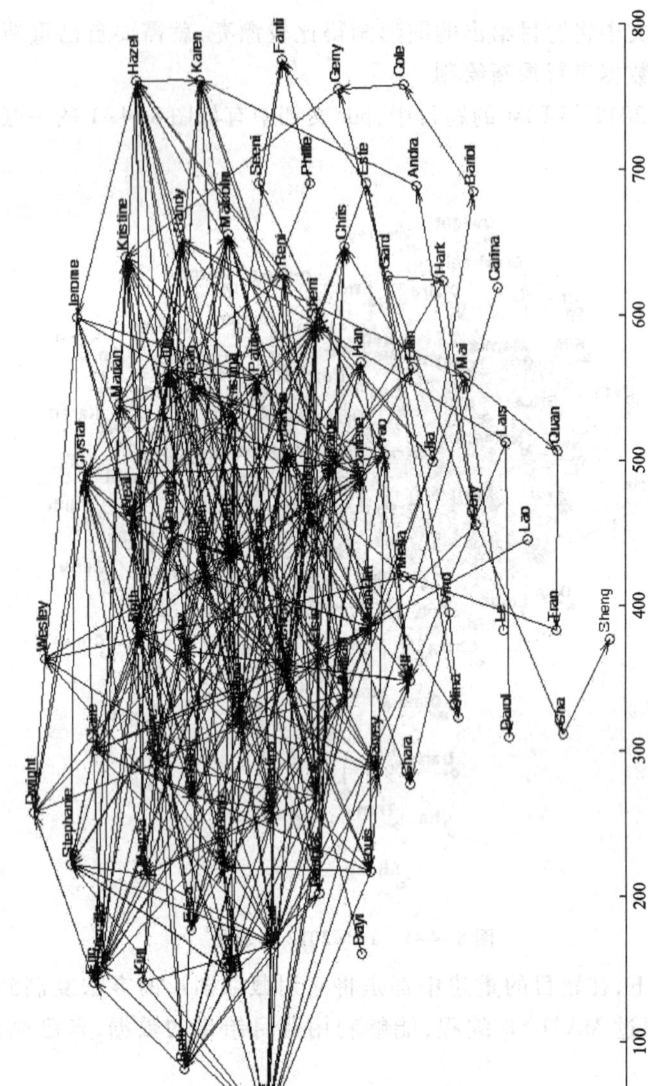

图 8-4-2　根据题目数据自己绘制的图

这个图可以保存为多种格式,包括向量图,也就是图形的质量有充分的保证.而绘制这个图形的程序其实并不复杂,除了数据的准备以外,主要的程序非常简单,我们写在下面,给读者参考:

```
data
n=length(messages( :,1))
m=length(name( :,1))
hold on
for i=1 :m
    plot(position(i,1),865-position(i,2),'o')
end
for i=1 :m
    txt=name(i, :)
    text(position(i,1)+6,865-position(i,2)+5,txt)
end
for j=1 :n
arrow([position(messages(j,1)+1,1),865-position(messages(j,1)+1,2)],
[position(messages(j,2)+1,1),865-position(messages(j,2)+1,2)],'BaseAngle',20,'Length',6);
end
```

而其中的 data.m 是我们的数据,里面就是把题目提供的 Excel 数据转化为 MATLAB 格式的数据,变量名就采用题目提供的 Excel 文件名,意义也完全一致.

```
    name=['Chris      '
          'Kristina'
          'Paige      '
          ......................]
    messages=[19   24
              78    3
              43    6
              .............]
% messages( :,1)是起始节点的值,messages( :,2)是结束节点的值
    topic=[4      0     0
          12      0     0
          10      0     0
```

```
                ……………]
```

这里 topic 的数据是原来 messages.xls 中的第 3—5 列，和 messages 协同使用.

```
    position =[647    474
               532    320
               497    457
               ………………]
```

position 表示员工在图形里的位置.

例 8.75 根据 MCM1994 年 A 题“逢山开路”的数据重绘图形.

1994 年 A 题指出：要在一山区修建公路，首先测得一地点的高程，数据见表 8-4-1（平面区域 $0 \leqslant x \leqslant 5\ 600$，$0 \leqslant y \leqslant 4\ 800$，表中数据为坐标点的高程，单位：m）. 数据显示：在 $y=3\ 200$ 处有一东西走向的山峰；从坐标（2 400，2 400）到（4 800，0）有一西北—东南走向的山谷；在（2 000，2 800）附近有一山口湖，其最高水位略高于 1 350 m，雨季在山谷中形成一溪流（原题以下部分略，读者可参考有关书籍）. 仅根据这些数据，对理解题意和求解过程的表述都不够直观，根据数据绘制出山体的模拟图（图 8-4-3，图 8-4-4），对问题的理解就很直观了.

表 8-4-1

↑北

4 800	1 350	1 370	1 390	1 400	1 410	960	940	880	800	690	570	430	290	210	150
4 400	1 370	1 390	1 410	1 430	1 440	1 140	1 110	1 050	950	820	690	540	380	300	210
4 000	1 380	1 410	1 430	1 450	1 470	1 320	1 280	1 200	1 080	940	780	620	460	370	350
3 600	1 420	1 430	1 450	1 480	1 500	1 550	1 510	1 430	1 300	1 200	980	850	750	550	500
3 200	1 430	1 450	1 460	1 500	1 550	1 600	1 550	1 600	1 600	1 600	1 550	1 500	1 500	1 550	1 550
2 800	950	1 190	1 370	1 500	1 200	1 100	1 550	1 600	1 550	1 380	1 070	900	1 050	1 150	1 200
2 400	910	1 090	1 270	1 500	1 200	1 100	1 350	1 450	1 200	1 150	1 010	880	1 000	1 050	1 100
2 000	880	1 060	1 230	1 390	1 500	1 500	1 400	900	1 100	1 060	950	870	900	930	950
1 600	830	980	1 180	1 320	1 450	1 420	1 400	1 300	700	900	850	840	380	780	750
1 200	740	880	1 080	1 130	1 250	1 280	1 230	1 040	900	500	700	780	750	650	550
800	650	760	880	970	1 020	1 050	1 020	830	800	700	300	500	550	480	350
400	510	620	730	800	850	870	850	780	720	650	500	200	300	350	320
0	370	470	550	600	670	690	670	620	580	450	400	300	100	150	250
y/x	0	400	800	1 200	1 600	2 000	2 400	2 800	3 200	3 600	4 000	4 400	4 800	5 200	5 600

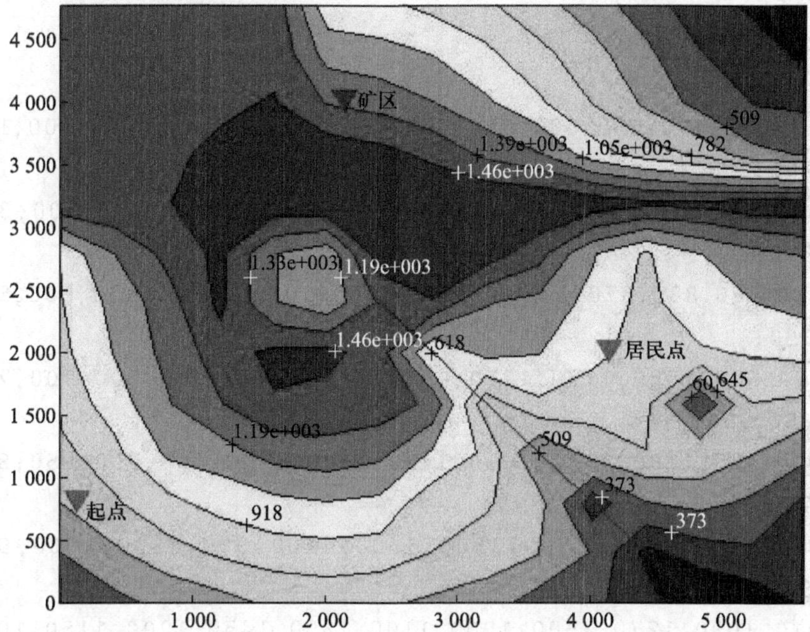

图 8-4-3 等高线图

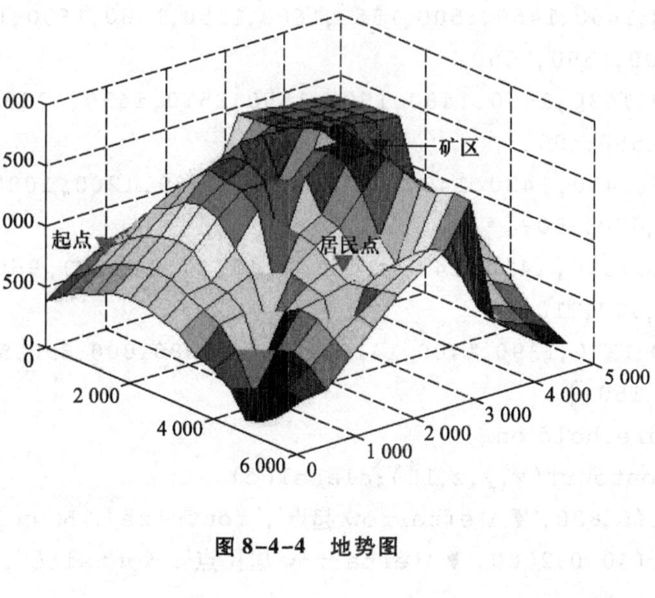

图 8-4-4 地势图

```
clc;
clf;
x=0:400:5600;
y=0:400:4800;
z=[370,470,550,600,670,690,670,620,580,450,400,300,100,
150,250;
510,620,730,800,850,870,850,780,720,650,500,200,300,
350,320;
650,760,880,970,1020,1050,1020,830,800,700,300,500,550,
480,350;
740,880,1080,1130,1250,1280,1230,1040,900,500,700,780,
750,650,550;
830,980,1180,1320,1450,1420,1400,1300,700,900,850,810,
380,780,750;
880,1060,1230,1390,1500,1500,1400,900,1100,1060,950,
870,900,930,950;
910,1090,1270,1500,1200,1100,1350,1450,1200,1150,1010,
880,1000,1050,1100;
950,1190,1370,1500,1200,1100,1550,1600,1550,1380,1070,
900,1050,1150,1200;
1430,1450,1460,1500,1550,1600,1550,1600,1600,1600,1550,
1500,1500,1550,1550;
1420,1430,1450,1480,1500,1550,1510,1430,1300,1200,980,
850,750,550,500;
1380,1410,1430,1450,1470,1320,1280,1200,1080,940,780,
620,460,370,350;
1370,1390,1410,1430,1440,1140,1110,1050,950,820,690,
540,380,300,210;
1350,1370,1390,1400,1410,960,940,880,800,690,570,430,
290,210,150;]
figure,hold on
c=contourf(x,y,z,10);clabel(c)
text(0,800,'▼ \leftarrow 起点','fontsize',15 'color','r')
text(4000,2000,'▼ \leftarrow 居民点','fontsize',15 'color',
```

```
'r')
    text(2000,4000,'▼ \leftarrow 矿区','fontsize',15 'color',
'b')
    line([2400,4800],[2400,0])
    figure
    surf(x,y,z),view(50,30),hold on
    text(0,800,680,'▼','fontsize',15,'color','r')
    text(0,600,880,'起点','fontsize',15,'color','r')
    text(4000,2000,950,'▼','fontsize',15,'color','r')
    text(4200,2000,1150,'居民点','fontsize',15,'color','w')
    text(2000,4000,1320,'▼ \leftarrow 矿区','fontsize',
    15,'color','b')
```

参考文献

[1] 姜启源,谢金星,叶俊.数学模型.北京:高等教育出版社,2003.
[2] 谭永基,蔡志杰,等.数学模型.上海:复旦大学出版社,1997.
[3] 杨启帆,谈之奕,何勇.数学建模.杭州:浙江大学出版社,2006.
[4] 韩中庚.数学建模方法及其应用.北京:高等教育出版社,2005.
[5] 洪毅,林键良,陶志穗.数学模型.北京:高等教育出版社,2004.
[6] 李尚志.数学建模竞赛教程.南京:江苏教育出版社,1996.
[7] 湖北省大学生数学建模竞赛专家组.数学建模.武汉:华中科技大学出版社,2006.
[8] 李志林,欧宜贵.数学建模及典型案例分析.北京:化学工业出版社,2007.
[9] 刘承平.数学建模方法.北京:高等教育出版社,2002.
[10] 陈义华.数学模型.重庆:重庆大学出版社,1995.
[11] 刘来福,曾文艺.数学模型与数学建模.北京:北京师范大学出版社,1997.
[12] 徐全智,杨晋浩.数学建模入门.成都:成都电子科技大学出版社,1996.
[13] 齐欢.数学模型方法.武汉:华中理工大学出版社,1996.
[14] 李伯德.数学建模方法.兰州:甘肃教育出版社,2005.
[15] Lucas W F.离散与系统模型.成礼智,等译.长沙:国防科技大学出版社,1996.
[16] Lucas W F.微分方程模型.朱煜民,等译.长沙:国防科技大学出版社,1988.
[17] Lucas W F.生命科学模型.翟晓燕,等译.长沙:国防科技大学出版社,1996.
[18] Lucas W F.政治及有关模型.王国秋,等译.长沙:国防科技大学出版社,1996.
[19] 袁震东,洪渊,林武忠,蒋鲁敏.数学建模.上海:华东师范大学出版社,2000.

[20] 寿纪麟,等.数学建模——方法与范例. 西安:西安交通大学出版社,1993.
[21] 吴翔,吴孟达,成礼智.数学建模的理论与实践. 长沙:国防科技大学出版社,1999.
[22] 白其峥.数学建模案例分析. 北京:海洋出版社,2000.
[23] 叶其孝.大学生数学建模竞赛辅导教材(1—5). 长沙:湖南教育出版社,2001.
[24] 朱道元.数学建模精品案例.南京:东南大学出版社,1999.
[25] 马知恩,周义仓,等. 传染病动力学的数学建模与研究.北京:科学出版社,2004.
[26] 沈伯骞.油压缓冲器油孔的设计与计算.系统工程理论与实践杂志,1979,9(2):21-27.
[27] 裘哲勇.燃气输配问题数学模型.数学的实践与认识,2004,34(12):1-7.
[28] 王宁,金海铭,程辉,局部脑血流量的测定.数学的实践与认识,1991,21(4):76-80.
[29] J. B. Keller. Optimal Velocity in a Race. The American Mathematical Monthly. 1974(81):474.
[30] 《运筹学》教材编写组.运筹学. 北京:清华大学出版社,1990.
[31] Wei Li. On wireless sensors covering and movement problem. Proceedings of WiCOM 2007, 2592-2594.
[32] 邢文训,谢金星.现代优化计算方法,北京: 清华大学出版社,2005.
[33] 谢金星,薛毅,优化建模与 Lingdo/Lingo 软件.北京:清华大学出版社,2005.
[34] M. H. Alsuwaiyel. 算法设计技巧与分析. 北京:电子工业出版社,2004.
[35] Christelle Guéret, Christian Prins, Marc Sevaux. 运筹学案例. DashOptimization 有限公司出版,2006.
[36] 唐恒永,赵传立. 排序引论. 北京:科学出版社,2005.
[37] 谢政. 网络算法与复杂性理论. 长沙:国防科技大学出版社,2003.
[38] 殷剑宏,吴开亚. 图论及其算法. 合肥:中国科学技术大学出版社,2003.
[39] 姚恩瑜,何勇,陈仕平. 数学规划与组合优化. 杭州:浙江大学出版社,2001.
[40] 邓成梁.运筹学的原理和方法.武汉:华中理工大学出版社,2001.
[41] 复旦大学数学系. 概率论与数理统计. 北京:高等教育出版社,1985.
[42] 中山大学概率统计系. 概率论与数理统计.北京:高等教育出版社,1984.
[43] 范大茵,陈永华. 概率论与数理统计.杭州:浙江大学出版社,1996.
[44] 陈希孺. 概率论与数理统计. 合肥:中国科技大学出版社, 1993.

[45] 沈凤麟,钱玉姜. 信号统计分析基础. 合肥:中国科技大学出版社, 1989.
[46] 胡迪鹤. 随机过程论. 武汉:武汉大学出版社,2005.
[47] 中国现场统计研究会三次设计组全国总工会电教中心. 正交法和三次设计. 北京:科学出版社,1985.
[48] 陈兆能,等. 试验分析与设计. 上海:上海交通大学出版社, 1991.
[49] 韩之俊,章谓基. 质量工程学. 北京:科学出版社, 1991.
[50] 钱小军. 数量方法. 北京:高等教育出版社, 1998.
[51] 袁荫棠. 概率论与数理统计. 北京:中国人民大学出版社, 1989.
[52] 茆诗松, 王静龙, 璞晓龙. 高等数理统计. 北京:高等教育出版社, 1998.
[53] 何书元. 应用时间序列分析. 北京:北京大学出版社, 2003.
[54] 徐昌文,俞铭华. 工程结构多目标模糊优化的研究进展. 上海建材学院学报,1993,6(3):268-279.
[55] 刘杨,程耿东. 关于结构模糊优化若干问题的讨论. 计算结构力学及其应用,1989,6(3):61-62.
[56] 王彩华,宋连天. 模糊论方法学. 北京:中国建筑工业出版社,1988.
[57] 潘旭峰,胡子正,邬惠东. 发动机支承参数的模糊多目标优化设计. 机械工程学报,1989,25(4):61-67.
[58] 邓斌,黄洪钟,王金诺. 多目标模糊优化的数学模型及其求解原理和方法. 机械设计与研究,1996,1:8-13.
[59] 中国国家旅游局. 中国旅游统计年鉴(1999—2002). 北京:中国统计出版社,1999,2000,2001,2002.
[60] 邓聚龙. 灰理论基础. 武汉:华中科技大学出版社,2002.
[61] 刘思峰,郭天榜,党耀国. 灰色系统理论及其应用. 北京:科学出版社,2000.
[62] 袁嘉祖. 灰色系统理论及应用. 北京:科技出版社,1991.
[63] 朱晓华,杨秀春,蔡运龙. 基于灰色系统理论的旅游客源预测模型——以中国入境旅游客源为例. 经济地理,2005,25(2):232-235.
[64] 唐启义,冯明光. 实用统计分析及其 DPS 数据处理系统. 北京:科学出版社,2002.
[65] 孙静,邱菀华. 北京市旅游产业发展战略研究. 系统工程理论与实践,2003(6):116-120.
[66] 汪培庄. 模糊集合论及其应用. 上海:上海科学技术出版社,1983.
[67] 李希灿,程汝光,李克志. 空气环境质量模糊综合评价及趋势灰色预测. 系统工程理论与实践,2003,23(4):124-129.
[68] 王岩. 数理统计与 MATLAB 工程数据分析. 北京:清华大学出版社,2006.

[69] 李庆扬、王能超、易大义. 数值分析. 北京:清华大学出版社,施普林格出版社,2001.
[70] 杨振华. 数学实验. 北京:科学出版社,2002.
[71] 万中. 数学实验. 北京:科学出版社,2001.
[72] 李胡锡. MATLAB 循序渐进. 上海:上海交通大学出版社,1997.
[73] 王家文. MATLAB 7.0 图形图像处理. 北京:国防工业出版社,2006.
[74] 徐建华. 计量地理学. 北京:高等教育出版社,2005.
[75] 张文修,梁怡. 遗传算法的数学基础. 西安:西安交通大学出版社,2002.
[76] Back T, Hoffimeister F and Schwefel H P. A survey of evolution strategies. 4th ed. Genetic Algorithms Conference, CA: Morgan Kaufmann Publishers, 1991:2-9.
[77] Fogel D B. An introduction to simulated evolutionary optimization. IEEE Transaction Neural Network,1994,5(1):3-14.
[78] Wei C. J, Yao S. S and He Z. Y. A modified evolutionary programming. Evolutionary Computation Conference, NJ, IEEE Press,1996:135-138.
[79] Rudolph G. Local convergence rates of simple evolutionary algorithms with Cauchy mutations. IEEE Transaction Evolutionary Computation, 1997, 1 (4): 249-258.
[80] Chellapilla K. Combining mutation operators in evolutionary programming. IEEE Trans on Evolutionary Computation,1998,2(3):91-96.
[81] 吴祥兴,陈忠. 混沌学导论. 上海:上海科学技术文献出版社,1996.
[82] 吴翊,吴孟达,成礼智. 数学建模的理论与实践. 长沙:国防科技大学出版社,1999.
[83] 玄光男,程润伟. 遗传算法与工程设计. 汪定伟 ,等,译. 北京:科学出版社,2000.
[84] 萧树铁. 数学实验. 北京:高等教育出版社,1999.
[85] 杨启帆,方道元. 数学建模. 杭州:浙江大学出版社,1999.
[86] 叶其孝. 大学生数学建模竞赛辅导教材(一). 长沙:湖南教育出版社,1993.
[87] 叶其孝. 大学生数学建模竞赛辅导教材(二). 长沙:湖南教育出版社,1997.
[88] 叶其孝. 大学生数学建模竞赛辅导教材(三). 长沙:湖南教育出版社,1998.
[89] 姜启源. 数学模型. 2 版. 北京:高等教育出版社,1993.
[90] 赵静,但琦. 数学建模与数学实验. 北京:高等教育出版社,2000.

[91] 王沫然. MATLAB 5. X与科学计算. 北京:清华大学出版社,2000.
[92] 李涛,贺勇军,刘志俭. MATLAB工具箱应用指南:应用数学篇. 北京:电子工业出版社,2000.
[93] 胡运权. 运筹学习题集. 3版. 北京:清华大学出版社,2003.
[94] 雷功炎. 数学模型讲义. 北京:北京大学出版社,1999.
[95] 谢金星,刑文训. 网络优化. 北京:清华大学出版社,2000.
[96] 现代应用数学手册编委会. 现代应用数学手册:运筹学与最优化理论卷. 北京:清华大学出版社,1998.
[97] 白其峥. 数学建模案例分析. 北京:海洋出版社,2000.
[98] 李火林. 数学模型及方法. 江西:江西高校出版社,1997.
[99] 陈理荣. 数学建模导论. 北京:北京邮电大学出版社,1999.
[100] 丁丽娟. 数值计算方法. 北京:北京理工大学出版社,1997.
[101] 李哲岩,张永曙. 变分法及其应用. 西安:西北工业大学出版社,1989.
[102] 盛骤,谢式千,潘承毅. 概率论与数理统计. 2版. 北京:高等教育出版社,1989.
[103] 飞思科技产品研发中心. MATLAB 6.5辅助优化计算与设计. 北京:电子工业出版社,2003.
[104] 谢云荪,张志让. 数学实验. 北京:科学出版社,2000.
[105] 蔡锁章. 数学建模原理与方法. 北京:海洋出版社,2000.
[106] 陈桂明,戚红雨,潘伟. MATLAB数理统计(6. X). 北京:科学出版社,2002.
[107] 陆君安,尚涛,谢进,等. 偏微分方程的MATLAB解法. 武汉:武汉大学出版社,2001.
[108] 边肇祺,张学工,等. 模式识别. 2版. 北京:清华大学出版社,2001.
[109] 王振龙. 时间序列分析. 北京:中国统计出版社,2000.
[110] 唐焕文,贺明峰. 数学模型引论. 2版. 北京:高等教育出版社,2002.
[111] 范金城,梅长林. 数据分析. 北京:科学出版社,2002.
[112] 张宜华. 精通MATLAB 5. 北京:清华大学出版社,2000.
[113] 黎锁平,张秀媛,杨海波. 人工蚁群算法理论及其在经典TSP问题中的实现. 交通运输系统工程与信息,2002,2(1):54-57.
[114] 王志良,田景环,邱林. 城市供水绩效的数据包络分析. 水利学报,2005,36(12):1486-1491.
[115] 杨文鹏,贺兴时,杨选良. 新编运筹学教程:模型、解法及计算机实现. 西安:陕西科学技术出版社,2005.

[116] 沈继红,施久玉,高振滨,等.数学建模.哈尔滨:哈尔滨工程大学出版社,2002.
[117] 杨虎,刘琼荪,钟波.数理统计.北京:高等教育出版社,2004.
[118] 高惠璇.两个多重相关变量组的统计分析(3).数理统计与管理,2003,21(2):58-64.
[119] 王惠文.偏最小二乘回归方法及其应用.北京:国防工业出版社,2000.
[120] 宁宣熙,刘思峰.管理预测与决策方法.北京:科学出版社,2003.
[121] 刘思峰,党耀国,方志耕,等.灰色系统理论及其应用.北京:科学出版社,2005.
[122] 王福建,李铁强,俞传正.道路交通事故灰色 Verhulst 预测模型.交通运输工程学报,2003,6(1):122-126.
[123] 谭永基,蔡志杰,俞文刺.数学模型.上海:复旦大学出版社,2004.
[124] 管志忠.合作对策问题的 MATLAB 程序实现及应用.池州学院学报,2008,22(3).
[125] 邱启荣,吕蓬.运筹学及其应用.北京:中国电力出版社,2009.
[126] 薛毅,耿美英.运筹学与试验.北京:电子工业出版社,2008.
[127] 闻英友,姜月秋,赵林亮,等.传感器网络中基于树的感知器分布优化.通信学报,2005,26(3).
[128] H. Swanson, R. E. D. Woolsey. Cuver fitting with linear programming. Colorado school of mines,1976.
[129] 刘开第,吴和琴,庞彦军,等.不确定性信息数学处理及应用.北京:科学出版社,1999.
[130] Wei Li, Guixiang Wang, A Purchase Model with Unascertained Information, Proceedings of ICMLC:2006(3):1840-1844.
[131] 余锦华,杨维权.多元统计分析与应用.广州:中山大学出版社,2005.
[132] 袁震东.数学建模方法.上海:华东师范大学出版社,2003.
[133] 郇学军,周凯,宋军全.数学建模竞赛辅导教程.杭州:浙江大学出版社,2009.
[134] 沈继红,施久玉.数学建模习题解答.哈尔滨:哈尔滨工程大学出版社,2002.
[135] 洪毅,林健良,陶志穗.数学模型.北京:高等教育出版社,2004.
[136] 方兆本,缪柏其.随机过程.3 版.北京:科学出版社,1993.
[137] 罗万成.大学生数学建模案例精选.成都:西南交通大学出版社,2007.
[138] 王冬琳.数学建模及实验.北京:国防工业出版社,2004.

[139] 朱道元.数学建模精品案例.南京:东南大学出版社,1999.
[140] 寿纪麟.数学建模:方法与范例.西安:西安交通大学出版社,1993.
[141] 茆诗松,王静龙,濮晓龙.高等数理统计.北京:高等教育出版社,1998.
[142] 谢中华.MATLAB 统计分析与应用:40 个案例分析.北京:北京航空航天大学出版社,2010.
[143] MATLAB 中文论坛著,MATLAB 神经网络 30 个案例分析.北京:北京航空航天大学出版社,2010.
[144] 张智丰.数学实验.北京:科学出版社,2008.
[145] 张智丰,韩曙光.数学软件与大学数学实验.北京:高等教育出版社,2013.

郑重声明

读者意见反馈

为收集对教材的意见建议，进一步完善教材编写并做好服务工作，读者可将对本教材的意见建议通过如下渠道反馈至我社。

咨询电话　400-810-0598

反馈邮箱　hepsci@pub.hep.cn

通信地址　北京市朝阳区惠新东街4号富盛大厦1座
高等教育出版社理科事业部

邮政编码　100029